C语言

实用编程 550 例

李长荣 齐峰 王一萍 编著

550 集视频教程 + 源文件

清華大学 出版社

北京

内 容 简 介

这是一本实例版的 C 语言编程图书，通过编码求解问题的方式讲解 C 语言的编程知识、数据结构和算法。全书共 15 章，第 1~10 章着重介绍 C 语言的基础知识，包括选择语句、循环控制语句、函数、数组、指针、字符串、结构体、结构体数组与链表、位运算和文件等；第 11~15 章侧重于算法和数据结构基础，包括递归、栈和队列、前缀和与差分、贪心算法、动态规划等。本书包含了 400 个实例和 150 个实练题目，每个实例都有实际的应用背景，通过分析和编码来培养读者的计算机思维和解决实际问题的能力。每个实例实练都配备了相应的视频讲解，以帮助读者解决学习中的疑难问题，加深对所学知识的理解和运用。本书提供代码源文件，便于读者下载练习。另外，本书还提供网站在线刷题，提高读者的编程实战能力。

本书旨在帮助读者系统学习和掌握 C 语言编程的核心知识和应用技巧，无论是计算机相关专业的新生、程序设计竞赛的入门级选手、培训学员、C 语言程序设计的深入理解和提高者，还是 C 语言编程的教师和毕业求职者，本书都将提供有价值的帮助。

图书在版编目（CIP）数据

C 语言实用编程 550 例：550 集视频教程+源文件 / 李长荣，齐峰，王一萍编著. -- 北京：清华大学出版社，2024. 8. -- ISBN 978-7-302-66962-3

Ⅰ. TP312.8

中国国家版本馆 CIP 数据核字第 20243VX151 号

责任编辑：袁金敏
封面设计：墨　白
责任校对：徐俊伟
责任印制：丛怀宇
出版发行：清华大学出版社
　　　　网　　　址：https://www.tup.com.cn，https://www.wqxuetang.com
　　　　地　　　址：北京清华大学学研大厦 A 座　　　　邮　　编：100084
　　　　社 总 机：010-83470000　　　　　　　　　　邮　　购：010-62786544
　　　　投稿与读者服务：010-62776969，c-service@tup.tsinghua.edu.cn
　　　　质量反馈：010-62772015，zhiliang@tup.tsinghua.edu.cn
印 装 者：天津鑫丰华印务有限公司
经　　销：全国新华书店
开　　本：185mm×260mm　　　　**印　　张**：33.25　　　　**字　　数**：985 千字
版　　次：2024 年 8 月第 1 版　　　　**印　　次**：2024 年 8 月第 1 次印刷
定　　价：118.00 元

产品编号：108094-01

前　言

　　C 语言非常强大和灵活，常被作为专业程序员学习编程的入门语言。一旦掌握了 C 语言，学习其他语言（如 C++、Java 和 C#）将会变得更加轻松，因为这些语言基于 C 语言发展而来。掌握 C 语言的基础知识将为未来的编程学习奠定坚实的基础。由于 C 语言与底层计算机结构紧密关联，只要计算机体系结构不发生革命性变革，C 语言就不会被淘汰。C 语言简洁明了，非常适合描述算法。同时，C 语言贴近硬件，能够开发高效率、高性能的程序。许多重要操作系统和编程接口都采用 C 语言实现。C 语言的适用领域广泛，涵盖了从底层操作系统内核、各种运行时库、开发环境与工具、游戏引擎、高性能服务器、嵌入式应用到各种行业应用等。根据编程语言排行榜，C 语言近二三十年来一直位居前两名。只有真正掌握 C 语言，才能深入理解现代计算机系统的工作原理；反之亦然。

　　本书的目的是通过丰富的编程实例，引导读者轻松进入 C 语言程序设计的世界。强调在实践中学习，并鼓励读者与自己的集成开发环境互动，从而深入理解 C 语言编程。我们希望读者能够在解决各种问题的过程中，循序渐进地提高编程能力，通过实践获取乐趣和挑战。

　　对于不同层次的读者，本书提供了适合的编程实例、训练题目及深度理解核心概念的材料，具有循序渐进、由浅入深的编程学习路径。

　　对于入门者来说，本书提供了许多实用的编程实例和题目，并通过解题过程逐步提升读者的编程能力，实现循序渐进式的编程学习。在解决这些问题的过程中，读者能够从实践中获得成就感和维持编程兴趣，并加深对 C 语言编程的理解。

　　对于提高者来说，本书介绍了 C 语言的核心概念与解决问题时采用的算法和数据结构。读者将深入了解问题解决过程中各种关键因素的原理和实现方法，有助于读者深入理解 C 语言编程。

　　对于求职就业者来说，本书提供了 C 语言编程的全面指南，涵盖了语言基础、编程实例、算法和数据结构等方面。同时，书中还提供了大量实用的代码案例，供读者参考学习，帮助求职者掌握 C 语言编程所需的各种技能和能力。

　　本书注重实例的分类和丰富性，提供了 400 个实例和 150 道实练题目，让读者的学习过程充满挑战和乐趣。采用通俗易懂的语言，确保每位读者都能够轻松理解。

　　本书采用实例讲解的方式，着重解释 C 语言的核心知识点。以应用为重点，训练读者的计算机编程思维。书中的实例和实练都遵循相同的风格。注重选择有趣的实例，其中一些实例存在多个解决方案，以比较不同方法的特点，并强调算法设计思维和效率分析。此外，书中还融入了常用的算法设计方法，如枚举、递推、减治、分治、回溯、动态规划、贪心算法等。总之，通过实际应用和丰富的实例，帮助读者全面理解 C 语言的核心概念，并培养编程思维能力。

本书章节介绍

　　第 1 章　C 语言编程入门。共包含 35 个实例，主要涵盖了 C 语言的基本数据类型、常量和变量的概念、输入/输出方法、数学函数的使用、运算符的分类，以及表达式和语句的概念等基础知识。通过学习本章的实例，读者可以快速入门 C 语言编程，并掌握基本的编程技巧。

　　第 2 章　选择语句。共包含 25 个实例，详细介绍了 C 语言中的选择控制语句，包括单分支 if 语句、双分支 if 语句、多分支 if 语句和 switch 语句等。通过学习本章的实例，读者可以学会根据问题的需求选择合适的选择语句，并掌握选择语句的嵌套使用，解决更加复杂的问题。

　　第 3 章　循环控制语句。共包含 42 个实例，重点介绍了 C 语言中的三种循环语句：for、

while 和 do…while。通过学习本章的实例，读者能够全面掌握循环语句的使用方法，并理解循环语句之间的相互替代关系及循环嵌套等高级概念。在实践中逐步提升自己在计算机编程方面的能力，并体验到计算机高效解决问题的潜力。

第 4 章　函数。共包含 29 个实例，主要介绍了函数的声明、定义和调用。通过将代码组织为函数，可以将程序分解为更小、更易于理解和维护的模块。使用函数来组织代码不仅增强了程序的可读性，还使得代码更加清晰、易于维护。通过学习本章的实例，可以帮助读者掌握自定义函数的方法和模块化程序设计思想。

第 5 章　数组。共包含 46 个实例，主要介绍了一维数组和二维数组的定义、初始化和访问等基本操作。通过学习本章的实例，读者将能够熟练运用一维数组和二维数组来存储和操作数据，并能够根据具体问题的需求选择合适的算法和处理方式，实现代码的高效和可靠运行。无论是初学者还是进阶者，本章的内容都能够为读者在程序设计中的学习和实践提供重要的指导。

第 6 章　指针。共包含 40 个实例，主要介绍了指针的定义、用途、与数组的关系、与函数的关系，以及动态内存分配等方面的内容。掌握指针是掌握 C 语言的重要一步，它可以让我们直接操作内存，提高程序的效率和灵活性。通过学习本章的实例，读者将全面掌握指针在 C 语言中的使用方法，并能够熟练运用指针来编写高效和可靠的程序，以及灵活应用指针来解决实际问题。

第 7 章　字符串。共包含 40 个实例，着重介绍了 C 语言中字符串相关的基础知识和常见操作。C 语言提供了字符串处理函数库 string.h，常用于进行字符串处理操作。通过学习本章的实例，将帮助读者在 C 语言编程中更加熟练地处理字符串，为解决实际问题提供强大的工具和技巧。无论是初学者还是进阶者，都能从本章的内容中获得丰富的字符串处理经验。

第 8 章　结构体、结构体数组与链表。共包含 30 个实例，着重介绍了结构体数组和链表在编程中的应用。本章的实例将深入讲解如何构建复杂的数据存储结构，如何综合运用结构体、数组和指针等知识，以及如何使用结构体数组和链表方便地组织和存储数据。无论是初学者还是进阶者，都可以通过本章的学习获得丰富的实践经验，为解决实际问题提供有力的支持。

第 9 章　位运算。共包含 15 个实例，介绍了位运算符的使用，包括位与、位或、位异或、位取反、位左移和位右移等。位运算是一种高效的运算方式，通过学习这些实例，读者可以理解位运算的概念和应用场景。

第 10 章　文件。共包含 6 个实例，介绍了文件读/写函数的选择原则和使用方法。通过这些实例的学习，读者可以灵活地进行文件操作，并根据需要选择适合的读/写函数。

第 11 章　递归。共包含 26 个实例，主要讲解了如何使用递归思想解决问题的算法，采用不同的策略应对不同类型的问题。常用策略包括减治策略、分治策略、回溯策略和深度优先搜索策略。通过学习本章的实例，能够培养读者的递归思维，以便更好地应用递归算法解决问题。

第 12 章　栈和队列。共包含 20 个实例，重点介绍了栈和队列在问题求解中的应用。通过学习本章的实例，读者将掌握栈和队列在程序设计中的应用技巧，为解决实际问题提供强大的工具和技巧。对于编写算法和处理复杂数据结构的程序设计人员而言，了解和掌握栈和队列的运用都是至关重要的。

第 13 章　前缀和与差分。共包含 9 个实例，重点介绍了前缀和与差分在程序设计中的应用。通过学习本章的实例，读者将深入了解前缀和与差分的应用，并掌握如何巧妙地利用它们解决实际问题。这些技巧能够有效降低对某个区间进行频繁操作时的查询时间复杂度，简化问题的求解过程。

第 14 章　贪心算法。共包含 10 个实例，主要介绍了使用贪心算法解决最优化问题的方法。贪心算法的核心思想是每一步选择当前最优的策略，以达到全局最优解。通过学习本章的实例，读者将深入理解贪心算法的原理和应用。

第 15 章　动态规划。共包含 27 个实例，主要介绍了递推、最长上升子序列、背包问题等几类问题的解决方法。通过学习本章的实例，读者将掌握动态规划的基本思想和解决问题的方法。

动态规划在算法竞赛和实际开发中都是一种强大的工具，能够高效地解决各种复杂的优化问题，对算法设计和解决实际问题都具有重要的帮助。

本书资源与服务

本书配有丰富的配套资源，包括全书实例实练的讲解视频、全部实例的源代码、全部实练的参考代码以及选择填空等客观在线练习题等，以帮助读者更好地学习和实践 C 语言编程。讲解视频请使用手机扫描书中的二维码进行观看，图书资源请扫描以下二维码获取下载链接。

作者在写作过程中虽力求严谨细致，但由于时间与精力有限，书中疏漏之处在所难免。如果读者在阅读过程中有任何疑问，也请扫描下面的二维码，与我们取得联系。读者也可在群内交流，共同学习。

致谢

本书由李长荣统稿，李长荣、齐峰和王一萍共同编著，其中李长荣编写了第 1、2、6、8、12 章，齐峰编写了第 4、9、10、11、14 章，王一萍编写了第 3、5、7、13、15 章。其他编写人员还有于宝泉、李延春、于子涵、李瑾，在此对他们的付出一并表示感谢！

由于编者水平有限，书中难免存在疏漏和不当之处，敬请广大读者批评指正。

我们希望这本书能够满足您的期待，并帮助您在 C 语言编程的学习和实践中取得成功。无论您是计算机相关专业的新生、程序设计竞赛的入门级选手、培训学员、C 语言程序设计的深入理解和提高者，还是 C 语言编程的教师和毕业求职者，本书都将为您提供有价值的帮助。

感谢您对本书的支持！祝愿您在 C 语言编程的学习之旅中收获满满，实现自己的编程梦想。

编　者

2024 年 5 月

目　录

第 6 章　指针 ·································· 193

📹　视频讲解：276 分钟

第 14 章　贪心算法 ·············460

　　　🎬 视频讲解：79 分钟

第 15 章　动态规划 ·············478

　　　🎬 视频讲解：312 分钟

附录 A　运算符的优先级与结合性 ········516
附录 B　常用字符的 ASCII 码对照表······517

第 1 章 C 语言编程入门

本章的知识点：

➥ C 语言程序代码的基本框架。
➥ 数据类型。
➥ 算术运算符和算术表达式。
➥ 变量和常量。
➥ 其他运算符。
➥ 数据的输入与输出。

当你选择本书学习 C 语言时，我相信你已经了解到 C 语言是一种广泛使用的编程语言。有关 C 语言的历史和特点等内容在许多书籍和互联网资源中都有详细阐述，因此这里不再赘述。

本章的目的很简单，即引导你轻松进入 C 语言程序设计的世界。开始时，可以先模仿已有的程序实例编写程序，由浅入深地掌握程序设计的原理和计算思维。简而言之，学习 C 语言的关键在于"实践、实践再实践"。

开始学习 C 语言时，不必过于追求完全理解程序设计的语法，也不要过于纠结细节。随着编写程序数量的增多，很多不懂的东西会在学习过程中逐渐变得清晰。首先要确保你的程序可以成功运行，然后在有一定基础之后，再去深入探索程序背后的原理和细节。

过早地过于关注细节可能会阻碍你的学习进度。当然，在学习过程中遇到各种问题是很正常的，问题本身就是用来解决的。没有遇到问题的学习过程往往是有问题的。只要你不害怕困难，踏实地进行实践，相信你很快就能学有所成。

本章的实例较为简单，主要涉及编程基础的核心概念。对这些概念的理解和掌握都非常重要，因为它们是构建复杂程序的基石。

通过本章的实例，我们将学习到各种重要的内容，包括**数据类型、变量和常量、运算符、输入和输出、表达式及语句**等。无论程序的复杂程度如何，都会用到这些基本概念。

计算机的主要功能在于**存储和计算**。数据需要存储，程序代码也需要存储。而计算涵盖多个方面，包括**算术运算、赋值运算、关系运算、逻辑运算、位运算**等。本章所展示的实例主要集中在算术运算和赋值运算。

下面的代码是基本的 C 语言程序框架。

```
#include <stdio.h>
int main(void)
{
    return 0;
}
```

C 语言程序使用<stdio.h>头文件来包含标准输入和输出函数。

在这个程序中，定义了一个名为 **main** 的函数，它是程序的入口。main 函数没有任何参数（void），并且返回一个整数（int）。

如果希望在 main 函数中执行一些操作，可以在函数的花括号{}中添加代码。当前，花括号内除了 return 0;以外没有其他内容，这意味着程序没有执行任何具体的操作。

这是一个简单的 C 语言程序模板，你可以在 main 函数中添加自己的代码逻辑，用于实现想要的功能。

一个程序应该至少有输出信息，并且在大部分情况下都需要输入数据，因此程序的开头通常包含**预处理指令**#include <stdio.h>。这个指令的主要目的是告诉 C 编译器，需要在编译时把 stdio.h 头文件的内容加入程序中。

在开始学习编程时，你可能对某些术语和语言语法不熟悉，这并没有关系。最好的学习方法是先模仿一些程序的写法，运行它们，然后再尝试理解其中的原理，这样能加速掌握编程技能。

实际上，计算机程序就是按照你所编写的"它懂得"的语句来执行**数据的存储和计算**。因此，在学习编程之前，你需要了解计算机如何存储数据，数据存储在哪里，以及如何处理数据。我们可以通过一些具体实例来解释这些概念。

一个 C 语言程序至少包含一个函数，即 main 函数。在执行程序时，操作系统会自动调用 main 函数。在接下来的三章编程实例中，所有程序只包含一个 main 函数，但会使用 C 语言的库函数，如输入/输出函数和数学函数等。

main 函数是每个 C 语言程序不可或缺的一部分。根据 ANSI（American National Standards Institute，美国国家标准协会）标准，应该在 main 函数后的圆括号中写上 void，表示 main 函数不接收任何参数。在 main 函数中，一对花括号中的语句称为函数体。通常情况下，程序从函数体的第一条语句开始执行，一直执行到最后一条语句。根据 ANSI 标准，main 函数体中不能缺少 return 语句。

在 C 语言中，函数体内的代码是以语句为单位的。C 语言中的语句是以分号作为结束符的。函数体中的每条语句都是独立的执行单元，执行完一条语句后才执行下一条语句，以此类推，直到函数执行完毕。

先来编写第一个程序实例，结果输出 Hello World!。同时，你可以通过这个实例搭建自己的编程环境，并开始使用 C 语言进行编程。

【实例 01-01】输出 Hello World!

扫一扫，看视频

描述：在计算机屏幕上输出 Hello World!。

分析：想要在屏幕上输出信息，需要用到标准输出函数 printf。

本实例的参考代码如下：

```c
#include <stdio.h>        //包含 stdio.h 头文件，用于输入/输出操作
int main(void)
{
    printf("Hello World!");   //使用 printf 函数输出 Hello World!
    return 0;                 //返回整数值 0，表示程序正常结束
}
```

运行结果如下：

```
Hello World!
```

这个 main 函数中共有两条语句，以英文分号作为结束标记的代码称为语句。由双引号引起来的内容是字符串常量。

printf 是一个标准库函数，用于输出文本。在这里，它被用于输出 Hello World!。return 0; 语句表示程序正常结束，并将整数值 0 返回给操作系统。

通过编译和执行这段代码，你将得到一个可执行程序，它将在命令行或终端中输出 Hello World!。

当阅读程序代码时，通常会从程序的主函数 main 开始，然后按照从上到下的顺序逐行阅读。主函数是每个 C 语言程序的入口点，只能有一个。

C 语言是一种编译型语言，这意味着要运行上面的代码，首先需要将代码转换为机器可以理解的形式，这个转换过程由编译器完成。源代码是自己编写的代码，而可执行代码或机器代码是编译器生成的可以直接在计算机上执行的代码。

上面提供的代码可以保存为一个扩展名为.c 的文件，如 helloworld.c。

在开始编写程序之前，首先需要准备一个适合自己的开发环境，以帮助我们完成代码的编写、编译、调试和运行等任务。目前有许多不同的编程平台、**编译器**和**集成开发环境**（Integrated Development Environment，IDE）可供选择。对于初学者来说，选择一个简单易上手的开发工具是一个不错的选择。在积累了一些经验之后，可以尝试使用其他开发工具。

程序员使用计算机语言来表达自己的思想和算法。然而，高级语言（如 C 语言）并不能被计算机直接识别和执行。实际上，我们编写的代码需要经过一系列必要的步骤才能生成可执行程序。这个过程通常包括预处理、编译和链接三个步骤。在这个过程中，预处理器会处理程序中的各种预处理指令并生成预处理后的代码，编译器将预处理后的代码转换为汇编代码，然后汇编器将汇编代码转换为机器码，最后链接器将各个模块的机器码组合成最终的可执行程序。通过这个过程，我们的代码才可以在计算机上运行。

C 语言的预处理命令主要有三种形式：宏定义、文件包含和条件编译。

由于我们通常使用集成开发环境（IDE），预处理、编译和链接三个步骤通常是自动完成的，因此无须过多关注这些步骤的细节。IDE 会自动处理预处理指令、将源代码转换为可执行文件，并最终生成可在计算机上运行的程序。这样，我们可以专注于编写代码和实现算法，而无须手动执行这些步骤。

双斜线（//）后面的内容称为注释，程序代码中的注释是给程序员看的。编译器将源代码转换为目标代码后，完全忽略所有的注释和空白。也就是说，注释不会影响可执行程序。总之，应该在源代码中多加注释、多留空白，提高代码的可读性，方便后期维护。本书的代码都会有注释，目的也是帮助读者理解代码。

> C 语言中有两种注释方式：一种是以/*开头、以*/结尾的块注释；另一种是以//开头、直到行末的行注释。行注释是在 C99 标准中引入的。

 【实例 01-02】输出多行信息

扫一扫，看视频

描述：在计算机屏幕上输出两行信息。

分析：想要实现换行，需要使用转义字符\n。

本实例的参考代码如下：

```c
#include <stdio.h>
int main(void)
{
    printf("我喜欢C语言!\n");
    printf("学好编程需要多写代码，实践、实践再实践!!!\n");
    return 0;
}
```

运行结果如下：

```
我喜欢C语言!
学好编程需要多写代码，实践、实践再实践!!!
```

这段代码调用两次 printf 函数，会在屏幕上输出两行信息。printf 函数双引号里的\n 称为转义字符，目的是告诉计算机本行输出结束时，后面的输出要另起一行。

你要做的就是在 IDE 中编辑、编译并运行实例 01-02，看一下运行结果。之后把第一个 printf 函数中的\n 去掉，再运行一下这个程序，看看是不是所有的信息都输出在同一行上了。

下面需要模仿前面两个实例编写你自己的程序，是不是觉得编写代码并不是很难，而且还很有趣！

【实练 01-01】编程输出直角三角形

扫一扫，看视频

```
*
**
***
****
```

【实练 01-02】编程输出个人信息

使用 printf 函数在计算机屏幕上输出自己的姓名、爱好以及来自哪里。

扫一扫，看视频

【实例 01-03】输出学生个人信息

描述：以表格的形式输出学生的学号、姓名、性别和年龄。

分析：可以使用转义字符\t 让信息对齐。

本实例的参考代码如下：

```c
#include <stdio.h>
int main(void)
{
    printf("学号\t 姓名\t 性别\t 年龄\n");
    printf("001\t 李四\t 男\t20\n");
    return 0;
}
```

运行结果如下：

```
学号    姓名    性别    年龄
001     李四    男      20
```

转义字符可以提供特殊的格式控制。**转义字符是以反斜杠（\）开头的字符序列**。常用的转义字符见表 1.1。

表 1.1　常用的转义字符

转义字符	含　义
\t	水平制表
\v	垂直制表
\a	响铃
\b	后退一格
\0	空字符（Null），通常用作字符串结束标志
\?	问号
\n	换行
\r	回车
\"	双引号
\'	单引号
\\	反斜杠
\ddd	1~3 位八进制 ASCII 码值所表示的字符
\xhh	1~2 位十六进制 ASCII 码值所表示的字符

在 C 语言中，一些特殊字符具有特殊的含义，如双引号、单引号、反斜杠和问号。如果要在输出中显示这些特殊字符本身，而不是其特殊含义，可以使用转义字符反斜杠来实现。

反斜杠（\）可以告诉 printf 函数以特殊的方式解释下一个字符，如\n 代表换行符，\t 代表制表符。如果想要输出一个双引号字符，可以使用\"；而如果想要输出一个反斜杠字符，可以使用\\。这样，编译器就会知道应该输出这些特殊字符本身，而不是将其解释为其他含义。

请运行以下代码，以深入理解转义字符的使用方法。理解并熟练掌握转义字符的使用方法，有助于编写代码和处理字符串相关的任务。

```c
#include <stdio.h>
int main(void)
{
    printf("Hello World!\r");        //回车符，注意不换行，使下一次输出从本行开始
```

```
    printf("China is good!");
    printf("\n");                    //换行符，将下一次输出移到新的一行
    printf("Hello World!");
    printf("\b\b\b\b\b\b");          //六个退格符
    printf("China!\n");              //输出 China!并换行到新的一行
    printf("It\'s my pleasure. \n"); //转义字符\'输出单引号
    return 0;
}
```

运行结果如下：

```
China is good!
Hello China!
It's my pleasure.
```

仅能输出信息是不够的，计算机最重要的能力是计算，所以下面的程序实例介绍如何实现计算，先从最简单的数学计算开始。

【实例 01-04】计算 1+2 和 3+4 并输出结果

描述：在屏幕上输出 1+2 和 3+4 的计算结果。

分析：想要计算，就需要使用表达式。

本实例的参考代码如下：

```
#include <stdio.h>
int main(void)
{
    printf("1+2=%d\n", 1 + 2);       //输出 1+2 的计算结果 3
    printf("3+4=%d\n", 3 + 4);       //输出 3+4 的计算结果 7
    return 0;
}
```

运行结果如下：

```
1+2=3
3+4=7
```

在 C 语言中，**算术表达式是指使用算术运算符对数值进行计算的表达式**。常见的**算术运算符**包括加法运算符（+）、减法运算符（−）、乘法运算符（*）、除法运算符（/）和求余数运算符（%）。

代码中的 1 + 2 就是一个算术表达式，即使用加法运算符对两个整数进行相加计算。

本实例的 printf 函数由两部分组成，一部分是用双引号引起的**格式控制字符串**，另一部分是**输出项列表**。格式控制字符串的作用是控制输出项的格式和输出一些提示信息。格式控制字符串中的%d 表示输出项以十进制整数输出。**由百分号（%）和一个转换字符组成转换说明符**，转换说明符告诉 printf 函数如何解释待输出项的值，同时也起到**占位**的目的，指明在输出时对应值的输出位置，因此**格式控制字符串中的%也称为占位符**。

计算机处理的数据被分为不同的类型。在这段代码中，1 和 2 被称为**字面整型常量**，它们代表整数值。当这两个整数相加时，计算机将它们作为整数类型进行处理，并返回一个整数类型的结果。

编写 C 语言程序需要遵循语法和语义规则，以确保程序代码的正确性。初学者可能会犯一些简单的错误，如忘记写分号或误将英文分号写成中文分号，但只要遵循语法规则并注意语义错误，就能编写出正确的程序代码。

运行以下代码，并分析它的运行结果。

```
#include <stdio.h>
int main(void)
{
    printf("1+2=%d\n", 1 + 2); //输出 1+2=3
    printf("3-4=%d\n", 3 - 4); //输出 3-4=-1
    printf("5*6=%d\n", 5 * 6); //输出 5*6=30
    printf("8/7=%d\n", 8 / 7); //输出 8/7=1
```

```
        return 0;
    }
```

运行结果如下：

```
1+2=3
3-4=-1
5*6=30
8/7=1
```

为什么 8/7 的结果是 1 呢？因为 8 和 7 是两个整数，在 C 语言里，除法运算中的两个运算数如果都是整数，结果也是整数，即这里的"/"是整除的含义。

如果把代码中的"/"改成"%"会是什么结果呢？8％7 的结果是 1，因为"%"是求余数的意思，也就是整除后的余数，从数学的角度也就是 8 除 7 的商是 1 并且余数是 1，所以 14/3 的结果是 4，14%3 的结果是 2。可以自行编写代码测试一下。

通过上面的代码及练习，目前我们已经掌握了 5 个算术运算符，由运算符和运算数组成的式子称为**表达式**。在计算机编程中，表达式是算术、逻辑或其他类型的运算过程或计算公式。运算符表示操作的类型，运算数则是参与运算的值。

【实例01-05】编程计算并输出(1+8)×2−9÷4+5 的结果

扫一扫，看视频

描述：在屏幕上输出(1+8)×2−9÷4+5 的计算结果。

分析：只需要写出正确的算术表达式，通过 printf 函数就可以让计算机输出正确的计算结果。

本实例的参考代码如下：

```
#include <stdio.h>
int main(void)
{
    printf("(1 + 8) * 2 - 9 / 4 + 5 = %d\n", (1 + 8) * 2 - 9 / 4 + 5); //结果为21

    return 0;
}
```

运行结果如下：

```
(1 + 8) * 2 - 9 / 4 + 5 = 21
```

在表达式中，**运算符具有优先级**。如果一个表达式中存在多个算术运算符，按照数学计算规则，乘除法的优先级高于加减法。当然，也可以使用括号改变运算的顺序，先计算括号内的表达式，再计算括号外的表达式。这与数学计算的规则是相同的。因此，对于表达式(4 − 3)* 2，计算结果是 2。因为先计算括号内的减法，得到 1；然后再乘以 2，得到 2。而对于表达式 4 − 3 * 2，计算结果是−2。这是因为先计算乘法，得到 6；然后再计算减法，得到−2。

在这些算术运算符中，求余数运算（%）和乘除运算（*/）的优先级是相同的。当优先级相同时，按照从左到右的顺序进行计算。

由于参与运算的运算数都是整数，因此整个表达式的计算结果也会是整数。对于本实例中的表达式，计算结果是 21。

【实例01-06】输出数字的平方和立方

扫一扫，看视频

描述：编写一个程序，以表格的形式输出数字 1～5 的平方和立方的计算结果。

分析：通过乘法运算计算数字 1～5 的平方和立方，并使用水平制表符（\t）将相关结果对齐，最终以表格的形式输出。

本实例的参考代码如下：

```
#include <stdio.h>
int main(void)
{
    printf("number square cube\n");
    printf("%d\t%d\t%d\n", 1, 1 * 1, 1 * 1 * 1);
```

```
    printf("%d\t%d\t%d\n", 2, 2 * 2, 2 * 2 * 2);
    printf("%d\t%d\t%d\n", 3, 3 * 3, 3 * 3 * 3);
    printf("%d\t%d\t%d\n", 4, 4 * 4, 4 * 4 * 4);
    printf("%d\t%d\t%d\n", 5, 5 * 5, 5 * 5 * 5);
    return 0;
}
```

运行结果如下：

```
number  square  cube
1       1       1
2       4       8
3       9       27
4       16      64
5       25      125
```

这段代码的重复性很高，等学会使用循环语句后，可以对这段代码进行重构，写出更简洁且具有良好可读性的代码。

【实例 01-07】十进制整数 13 的八进制数和十六进制数

扫一扫，看视频

描述：输出十进制整数 13 的十进制数、八进制数和十六进制数。

分析：一个整数不同的进制数的输出可以通过格式控制转换说明实现。

本实例的参考代码如下：

```
#include <stdio.h>
int main(void)
{
    printf("十进制整数 13 的十进制数是：%d\n", 13); //十进制
    printf("十进制整数 13 的八进制数是：%o\n", 13); //八进制
    printf("十进制整数 13 的十六进制数是：%x", 13); //十六进制

    return 0;
}
```

运行结果如下：

```
十进制整数 13 的十进制数是：13
十进制整数 13 的八进制数是：15
十进制整数 13 的十六进制数是：d
```

整型常量通常使用**十进制**（**Decimal**）数字表示，但有时也会用**十六进制**（**Hexadecimal**）或**八进制**（**Octal**）数字表示。然而，在计算机内存中，这些整数值实际上被转换为**二进制**（**Binary**）形式来存储和处理。不同进制的整型常量的表示形式见表 1.2。

表 1.2　不同进制的整型常量的表示形式

进　制	实　例	特　　　点
十进制	13	以 10 为基数。由 0~9 数字序列组成
二进制	1101	以 2 为基数。由 0~1 数字序列组成
八进制	015	以 8 为基数。由数字 0 开头，后跟 0~7 数字序列
十六进制	0xd	以 16 为基数。由 0x 或 0X 开头，后跟 0~9、a~f 或 A~F 序列

当需要在程序中输出整数时，可以使用格式控制的方式来指定所需的输出格式，如十进制、八进制或十六进制等。通过在输出函数中使用相应的格式控制字符串，如**%d 表示十进制格式，%o 表示八进制格式，%x 或%X 表示十六进制格式**，程序可以根据需要以特定的形式输出整数。

运行以下代码，以深入理解 %#o、%#x 和 %#X 这些转换说明符的含义。

```
#include <stdio.h>
int main(void)
{
```

```
    printf("十进制整数 13 的八进制数是：%#o\n", 13);
    printf("十进制整数 13 的十六进制数是：%#x\n", 13);
    printf("十进制整数 13 的十六进制数是：%#X", 13);
    return 0;
}
```

运行结果如下：

```
十进制整数 13 的八进制数是：015
十进制整数 13 的十六进制数是：0xd
十进制整数 13 的十六进制数是：0XD
```

在格式控制字符串中，可以使用**%#o、%#x 和 %#X** 来输出整数，并且这些转换说明符会在结果前**添加前缀**，以表示所使用的进制类型。%#o 会添加 0 作为八进制前缀，%#x 会添加 0x 作为十六进制前缀（小写），而 %#X 则会添加 0X 作为十六进制前缀（大写）。

计算机处理的数据不仅仅是整数，还可以是带小数点的浮点数，**浮点数是数学上实数概念在计算机中的近似**。

【实例 01-08】计算 1.1+2.2 和 3.3+4.4 并输出结果

扫一扫，看视频

描述：在屏幕上输出 1.1+2.2 和 3.3+4.4 的计算结果。

分析：如果算术表达式的运算数中有浮点数，那么运算结果也是浮点数，想要输出浮点数，需要用到%f转换说明符。

本实例的参考代码如下：

```
#include <stdio.h>
int main(void)
{
    printf("1.1+2.2=%f\n", 1.1 + 2.2);    //输出 1.1+2.2=3.300000
    printf("3.3+4.4=%f\n", 3.3 + 4.4);    //输出 3.3+4.4=7.700000
    return 0;
}
```

运行结果如下：

```
1.1+2.2=3.300000
3.3+4.4=7.700000
```

形如 1.1、2.2 这样具有小数点的非整数，在 C 语言里称为浮点数，浮点数有两种表示形式，一种是 1.1、2.2 这样的形式，另一种是科学记数法形式，10 的次方通过指数表示，指数符号为 e 或 E。小数点可以是第一个字符，也可以是最后一个字符，所以 10.、.01、2.34e5、12e–10 都是合法的浮点数。

在使用 printf 函数时，可以使用格式控制字符串中的%f来告诉计算机以浮点数形式输出数据，并默认保留 6 位小数。如果要以指数形式输出，可以使用%e 或%E。而如果要以更简短的形式输出浮点数，并且不显示无意义的 0，可以使用%g 或%G，它会选择两种形式中较短的一种输出。

运行以下代码，以深入理解 %e、%E 和 %g 这 3 个转换说明符的含义。

```
#include <stdio.h>
int main(void)
{
    printf("1.1+2.2=%e\n", 1.1 + 2.2);
    printf("3.3+4.4=%E\n", 3.3 + 4.4);
    printf("5.5+6.6=%g\n", 5.5 + 6.6);
    return 0;
}
```

运行结果如下：

```
1.1+2.2=3.300000e+000
3.3+4.4=7.700000E+000
5.5+6.6=12.1
```

转换说明符很多，并不需要刻意去记。相反，可以通过观察代码的运行结果来理解各种转换说明符的使用方法。经常使用转换说明符，就会逐渐熟悉它们，并能够正确地运用在代码中。

【实例 01-09】计算并输出 $\sqrt{8}+\sin 30°$ 的结果

扫一扫，看视频

描述：在屏幕上输出 $\sqrt{8}+\sin 30°$ 的计算结果。

分析：这个问题涉及数学的平方根运算和正弦函数，我们可以在程序代码中添加预编译指令#include <math.h>，这样就可以使用数学函数库中的函数来完成复杂的数学计算了。

本实例的参考代码如下：

```
#include <stdio.h>
#include <math.h>          //预编译指令包含 math.h 头文件
int main(void)
{
    printf("%f", sqrt(8) + sin(30 * 3.14159 / 180));
    return 0;
}
```

运行结果如下：

```
3.328427
```

数学中的 30° 对应的弧度值是 $\frac{\pi}{6}$，也就是 30 * 3.14159 / 180。sqrt 和 sin 是函数名，分别是求平方根的函数和求正弦的函数，而 sqrt(8)就是函数调用，是不是与我们学的数学函数调用类似？

在 C 语言中，math.h 库提供了丰富的数学函数，包括三角函数、指数函数、对数函数、幂函数等，在编写代码时使用这些函数能够大大简化数学计算的过程。只需调用相应的函数，就可以得到需要的计算结果。

对于初学者来说，并不需要记住这些函数的具体用法和实现原理，只需要知道在需要使用它们时，根据函数的参数和返回值进行调用即可。其中常用的一些函数如 sin、cos、tan、log、exp、sqrt 等，它们的功能都比较容易理解。

当把代码中的表达式 30 * 3.14159 / 180 改为 30 / 180 *3.14159 时，计算顺序会变成先进行除法运算，再进行乘法运算。整数 30 除以整数 180 的结果为 0，然后将 0 乘以浮点数 3.14159，最终的计算结果为 0.00000。

【实练 01-03】求表达式的值

编程计算并输出 $8^2+4^5-3\cos 30°$的结果。

扫一扫，看视频

提示：8 的平方可以用 8*8 表达，4 的 5 次方可以使用 pow(4,5)来表达，pow 是数学函数库中的函数，需要两个参数，相当于数学的二元函数，cos 为余弦函数。

【实例 01-10】IPv6 的地址能分配多久

扫一扫，看视频

描述：因特网 IPv6 的地址占 128 位（二进制位），假设以每秒 100 万个地址的速度分配，请问分配完需要花费多少年。

分析：IPv6 的地址占 128 位，则总共有 2^{128} 个地址，假设每秒分配 100 万个，分配完共需要 $2^{128}÷1000000$ 秒，再把这个数值转换成年，一年有 365×24×60×60 秒。math.h 中的 ldexp 库函数用于计算 $x×2^n$，这个函数有两个参数，分别是 x 和 n，可以让 x 的值为 1.0，n 为 128，即用 ldexp(1.0, 128)计算 2^{128}，计算结果是浮点数。

本实例的参考代码如下：

```
#include <stdio.h>
#include <math.h>
int main(void)
{
    printf("IPv6 的地址可以分配：%f 年\n",
```

```
                     ldexp(1.0, 128) / 1000000 / (365 * 24 * 60 * 60));
        return 0;
    }
```

运行结果如下：

    IPv6 的地址可以分配：10790283070806013000000000.000000 年

这个结果很令人吃惊，所以 IPv6 的地址完全可以满足目前互联网对地址量的需求。

目前的这些实例告诉我们，只要表达式正确无误，便可以使用 printf 函数输出正确的计算结果。

实际上，编写代码的目的是告知计算机计算的规则，而更加具体的计算任务则由计算机自行完成。

> 编写代码是一项需要深入思考和琢磨的工作。只有充分理解问题的本质，使用恰当的逻辑思维和计算表达式，才能写出正确、优美、高效的代码。一个出色的程序员必须具备严密、清晰的思维和良好的逻辑表达能力。

【实练 01-04】求一元二次方程的根

编程计算并输出一元二次方程 $4x^2 + 5x - 3 = 0$ 的两个不等实根。

提示： 利用一元二次方程的求根公式计算。

扫一扫，看视频

每种类型的字面常量都有自己的特征：一串数字（如 123、2 或 987）表示一个整数，在单引号中的一个字符（如'&'、'a'）表示一个字符，带小数点的一串数字（如 123.3、0.12 或.123）表示一个浮点值，在双引号中的一串字符（如"1234"、"hello"）表示一个字符串。

前面编写的程序能力比较有限，不够灵活，因为其中的计算数都是字面常量。同样的计算规则，输入不同的数据，应该有不同的计算结果，这时就需要定义变量，利用变量存储输入的数据，通过引用变量的值完成计算。

【实例 01-11】计算两个整数的和

扫一扫，看视频

描述： 输入两个整数，输出这两个整数的和。

分析： 程序通常都需要存储数据，这时需要定义变量，通过变量使用计算机的内存，把数据存储到内存中，之后通过访问内存中的数据进行计算。

本实例的参考代码如下：

```
#include <stdio.h>
int main(void)
{
    int a, b;                      //定义两个整型变量
    printf("请输入两个整数，两个整数中间用空格分隔：");
    scanf("%d%d", &a, &b);         //格式化输入函数，输入两个整数并存储到变量 a 和 b 中
    printf("%d+%d=%d", a, b, a + b);  //输出运算结果
    return 0;
}
```

运行结果如下：

    请输入两个整数，两个整数中间用空格分隔：4 5↙
    4+5=9

其中，4 5 是通过键盘输入的两个整数，两个整数间有一个空格，↙表示回车键。后面的程序运行结果都采用这种方式表示输入数据，不再特别说明。

程序离不开数据。把数字、字母或文字输入计算机，就是希望利用这些数据完成某些任务。本实例就是输入两个整数，之后输出这两个整数的和。输入的数据需要存储在计算机内存中。

计算机内存的基本单元是位（bit）。 每位的取值或为 0 或为 1，所以计算机内部的数据用二进制形式表示。8 位可以有 256 种不同组合，可表示 256 个不同的值；同理，16 位可以表示

65536 个不同的值。通常，**8 位的内存单元称为字节，计算机内存通常按字节进行编址**，一个字节看作是一个内存单元。

C 语言是一种静态类型语言。它通过**定义变量**来使用内存存储数据，并要求在使用变量之前先进行声明或定义。每个变量都有一个特定的数据类型，这个数据类型决定了变量所占用的字节大小。定义的每个变量有自己的**标识符**，可用于标识和区分不同的变量。

```
int a, b;
```

这条语句定义了两个整型变量，每个变量都可以存储一个整数数据。

可以将变量简单地看作带有标识符和类型的容器。这个标识符是变量的名字，用于访问和操作容器中的数据。通过使用变量的标识符，可以**对变量进行读取、赋值等各种操作**。

每个变量在内存中都有自己的地址，通过这个地址可以直接访问变量所在内存位置中存储的数据。

> 理解内存地址的概念对于编写有效的计算机程序至关重要。通过操作内存地址，可以在程序运行过程中快速、准确地访问和修改数据，从而实现各种复杂的计算和逻辑处理。内存地址与指针变量密切相关，而指针变量是 C/C++ 语言中的一个重要概念，我们将在第 6 章重点学习。

接下来使用**格式化输入函数 scanf**，按用户指定的控制转换说明，从键盘上将数据输入指定的变量中。scanf 是 scan format 的缩写，scanf 函数的一般形式如下：

```
scanf("格式控制字符串", 地址列表);
```

其中，格式控制字符串的作用与 printf 函数相同。可以通过使用&运算符来获取变量在内存中的实际位置。例如，&a, &b 分别表示变量 a 和变量 b 的地址。

这个地址就是编译系统在内存中给 a、b 变量分配的地址。变量的地址是 C 编译系统分配的，用户不必关心具体的地址是什么。

本实例的 scanf 语句的格式控制字符串中由于没有在"%d%d"之间加入任何其他内容，因此在输入数据时要用一个或一个以上的空格或回车键作为每两个输入整数之间的间隔。如果把

```
scanf("%d%d", &a, &b);
```

改为

```
scanf("%d %d", &a, &b);
```

在输入数据时，仍然要用一个或一个以上的空格或回车键作为每两个输入整数之间的间隔。但是，如果改成

```
scanf("%d,%d", &a, &b);
```

则输入的两个整数中间要用逗号（,）作为分隔符，如 3,4。

在编写程序时，为变量、函数、宏和其他实体赋予一个名称是很重要的，这些名称被称为**标识符**。标识符的组成规则是，它们只能包含字母（a~z，A~Z）、数字（0~9）和下画线（_），并且只能以字母或下画线开头。此外，**标识符是区分大小写的**，这意味着大小写不同的标识符被视为不同的实体。为了避免混淆，不能使用编程语言中的关键字作为标识符，同时标识符也不应与系统预定义的库函数重名。

标识符的概念可以理解为我们在这个世界上有一个名字来识别自己。在编写程序时，经常需要为变量、函数、数组等赋予名称（即标识符）。良好的命名规范能够提高代码的可读性和可理解性。以下是一些建议的命名规范。

（1）尽量使用直观的命名，让人一目了然，如用 age 表示年龄，用 length 表示长度。

（2）最好使用英文单词或组合，而不是汉语拼音。

（3）避免仅仅通过大小写区分标识符，尽量避免使用类似 x 和 X 的标识符名称。

关键字是具有特定含义的、专门用来说明 C 语言特定成分的一类单词，下面是 ISO C 的关键字。

auto	extern	short	while
break	float	singed	_Alignas
case	for	sizeof	_Alignof
char	goto	static	_Atomic
const	if	struct	_Bool
continue	inline	switch	_Complex
default	int	typedef	_Generic
do	long	union	_Imaginary
double	register	unsigned	_Noreturn
else	restrict	void	_Static_anssert
enum	return	volatile	_Thread_local

其中，C99 标准新增了 5 个关键字：inline、restrict、_Bool、_Complex 和_Imaginary。C11 标准新增了 7 个关键字：_Alignas、_Alignof、_Atomic、_Static_assert、_Noreturn、_Thread_local 和_Generic。这些关键字不能作为标识符使用。

【实例 01-12】变量的地址

描述：输出一个整型变量的地址、所占用的内存空间大小和变量的值。

分析：要了解一个变量的内存情况，需要知道以下三个方面的信息：存储的值、内存空间大小，以及在内存中的地址。通过分析下面的代码和程序的运行结果，就可以了解到这些信息。

```c
#include <stdio.h>
int main(void)
{
    int a = 10;                        //定义整型变量 a 并初始化为 10
    printf("变量 a 的地址是：%#x, 变量的值是：%d\n", &a, a);
    printf("变量 a 占%d 字节! ", sizeof(a));    //sizeof 是运算符，计算变量 a 所占字节数
    return 0;
}
```

运行结果如下：

```
变量 a 的地址是：0x62fe1c, 变量的值是：10
变量 a 占 4 字节!
```

在定义变量时可以进行初始化，这涉及赋值运算符（=）。赋值运算符用于将值赋给变量。赋值实际上是将数据存储到内存中的过程。这个过程包含变量所占用的内存块的三个重要信息：①地址，即在内存中的位置；②大小，即该变量占用的内存空间的大小；③值，即存储在该内存空间中的数据。

一般情况下，当想要使用某个内存区域时，需要告诉计算机该内存区域将存储什么类型的数据。这是因为不同的数据类型需要分配不同大小的内存空间。例如，一般情况下，存储一个整数需要 4 字节的内存空间，而存储一个字符只需要 1 字节的内存空间。

如果一个内存区域占多个字节，则其第 1 个字节的地址就是该内存区域的地址。

为了更形象地理解变量的概念，可以借助图 1.1 来说明。在图 1.1 中，矩形框代表占用一定字节数的内存区域，而变量 a 则是这个内存区域被命名的名字。内存区域的起始地址是 0x62fe1c，类似于家庭的门牌号码。通过这个地址，就可以找到内存区域，并在内存中存取数据。在编写代码时，通过变量名来使用这个内存区域。整数 10 则是变量 a 的值，即存储在内存区域中的数据。

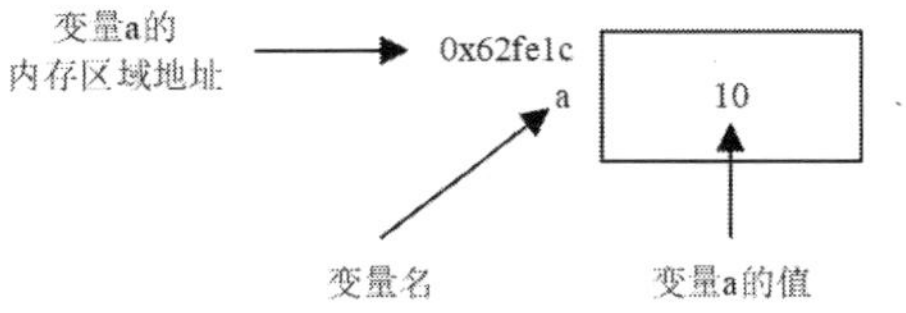

変量a的
内存区域地址 ⟶ 0x62fe1c

a ⟶ 10

变量名   变量a的值

图 1.1　整型变量 a 的内存区域示意图

sizeof 是一个运算符，其作用是返回一个数据对象或类型所占的内存区域字节数，正如运行结果所看到的，整型变量 a 占 4 字节，32 位，这是一个有符号整数，最高位为符号位。所以这个整数能表示的整数范围是 $-2^{31} \sim 2^{31}-1$。可以用下面的语句输出 32 位整数的最大值和最小值：

```
printf("%.0f~%.0f", -ldexp(1,31), ldexp(1,31)-1);
```

有符号整数在计算机中存储时采用补码形式，正数的补码就是其本身，负数的补码是在其原码的基础上，符号位不变，其余各位取反，再加 1。例如，5 的补码是 0000 0000 0000 0000 0000 0000 0000 0101，而−5 的补码是 1111 1111 1111 1111 1111 1111 1111 1011。

【实练 01-05】计算三个整数的平均值

编程输入三个整数，输出这三个整数的平均值。

扫一扫，看视频

【实例 01-13】定义整型变量

描述：使用 signed、unsigned、short、long 修饰 int 来定义不同的整型变量并计算各种整型变量所占字节数。

扫一扫，看视频

分析：int 是整数类型说明符，定义整型变量存储的是有符号整数。实际上在定义整型变量时，还可以使用 signed、unsigned、short、long 修饰 int 来定义不同的整型变量，看下面的程序代码，掌握各种整数类型。

本实例的参考代码如下：

```
#include <stdio.h>
int main(void)
{
    int iVar = 10;                      //有符号整型变量
    signed siVar = -10;                 //等价于 signed int siVar;
    unsigned uiVar = 20;                //等价于 unsigned int uiVar;
    short sVar = 10;                    //等价于 short int sVar;
    long lVar = 40;                     //等价于 long int lVar;
    unsigned long ulVar;                //等价于 unsigned long int lVar;
    long long llVar = 200;              //等价于 long long int llVar;
    unsigned long long ullVar = 100;    //等价于 unsigned long long int ullVar;
    printf("int      占的字节数：%d, iVar = %d\n", sizeof(int), iVar);
    printf("short    占的字节数：%d, sVar = %hd\n", sizeof(short), sVar);
    printf("long     占的字节数：%d, lVar = %ld\n", sizeof(long), lVar);
    printf("long long 占的字节数：%d, llVar = %lld\n",
            sizeof(long long), llVar);
    return 0;
}
```

运行结果如下：

```
int       占的字节数：4, iVar = 10
short     占的字节数：2, sVar = 10
long      占的字节数：4, lVar = 40
long long 占的字节数：8, llVar = 200
```

signed 表示有符号整数类型，一般省略；而 **unsigned** 表示无符号整数类型。**short** 表示短整型，而 **long** 表示长整型。C99 还引入了 **long long int** 型。无论定义何种类型的整型变量，在内存中的数据都是二进制的。对于 32 位的有符号整数，其最高位为符号位，所以整数的范围是 $-2^{31} \sim 2^{31}-1$；而 32 位无符号整数的最高位不是符号位，也是数值的一部分，因此整数的范围是

$0 \sim 2^{32}-1$。

在 C 语言标准中只定义了整数类型最小的存储空间：short 类型至少占 2 字节，long 类型至少占 4 字节，而 long long 类型至少占 8 字节。虽然整数类型实际占用的空间可能大于它们的最小空间，但是不同类型的空间大小一定遵循以下次序。

```
sizeof(short)≤sizeof(int)≤sizeof(long) ≤sizeof(long long)
```

int 类型是最适应计算机系统架构的整数类型，它具有和 CPU 寄存器相对应的空间大小和位格式。

目前的计算机普遍使用 64 位处理器，为了存储 64 位的整数，才引入了 long long int 类型。

个人计算机上最常见的设置，long long 类型占 64 位，long 类型占 32 位，short 类型占 16 位，int 类型占 32 位。输出 short 型整数时，使用%hd；输出 long 型整数时，使用%ld；输出 long long 型整数时，使用%lld。

运行以下代码，以更好地理解数据在计算机中的存储。

```c
#include <stdio.h>
int main(void)
{
    unsigned int a = -5;
    printf("%u %d\n", a, a);
    short b = 40000;
    printf("%hd\n", b);
    return 0;
}
```

运行结果如下：

```
4294967291 -5
-25536
```

变量 a 的类型为 unsigned int，但是它的值被赋为了-5。由于 unsigned int 是无符号类型，因此补码运算结果是将-5 转换为无符号整数的值，并且使用 %u 输出时，会把这个值解释成无符号整数，即解释为 4294967291；而使用%d 输出时，则把这个值解释成有符号整数，即解释为-5。因此，输出的结果是受转换说明符的影响的，输出的值取决于程序代码如何使用这个数据。

变量 b 的类型为 short，但是其赋值为 40000，超出了 short 类型的范围（-32768～32767）。这将导致变量 b 的值被截断，输出一个不符合预期的结果，即变量 b 实际上只能表示-32768～32767 之间的值，而在此范围之外的值会被截断。

【实例 01-14】数据溢出

扫一扫，看视频

描述：整型变量 x 存储的值是 2147483647，之后把 x+1 赋值给整型变量 y，看看会发生什么。

分析：4 字节的有符号整型变量能存储的最大值是 $2^{31}-1$，即 2147483647。2147483648 大于这个最大值了，出现了数据溢出问题。

本实例的参考代码如下：

```c
#include <stdio.h>
int main(void)
{
    int x = 2147483647;        //这是有符号整数的最大值：2^31-1
    int y = x + 1;             //y 不是 2147483648
    printf("x=%d, y=%d\n", x, y);
    return 0;
}
```

因为 x 是有符号的整数，在内存中存储的二进制是 0111 1111 1111 1111 1111 1111 1111 1111，加 1 后的二进制结果是 1000 0000 0000 0000 0000 0000 0000 0000，这时最高位已经是 1 了，这个数是负数，因此 y 的结果是-2147483648。

在编写程序处理数据时，需要注意数据溢出问题。数据溢出主要是因为每种数据类型都有一定的数据范围限制。需要注意的是，C 标准并没有明确定义有符号类型数据的溢出规则，因此在编程时必须自行注意和处理这类问题。避免数据溢出是编程中的一项重要任务，需要确保所处理的数据不会超出其数据类型所能表示的范围，以预防数据溢出带来的错误和不确定性。

内存中的数据以二进制形式存储，不受数据类型的影响。计算机只是将数据当作一串二进制编码进行处理，只有我们解释数据时才赋予其意义。因此，在编程中，需要明确数据类型，以正确解释和处理内存中的数据。

运行以下代码，以更好地理解对同一个数据对象的不同解释。

```c
#include <stdio.h>
#include <math.h>
int main(void)
{
    int x = -1; //内存中的二进制: 11111111111111111111111111111111
    printf("x 的十六进制结果:%x\n", x);
    printf("x 解释为有符号整数值: %d\n", x);
    printf("x 解释为无符号整数值: %u\n", x);
    printf("            2^32-1: %.0f\n", ldexp(1,32)-1);
    return 0;
}
```

运行结果如下：

```
x 的十六进制结果:ffffffff
x 解释为有符号整数值: -1
x 解释为无符号整数值: 4294967295
            2^32-1: 4294967295
```

【实例 01-15】计算 1～n 的和

扫一扫，看视频

描述：输入正整数 n，计算 1～n 的和。

分析：可以用求和公式来计算，也就是 1～n 的和是 $\dfrac{n(n+1)}{2}$。

本实例的参考代码如下：

```c
#include <stdio.h>
int main(void)
{
    unsigned int s, n;          //定义变量
    scanf("%u", &n);
    s = (n + 1) * n / 2;        //利用求和公式计算 1~n 的和
    printf("s = %u\n", s);      //输出求和结果
    return 0;
}
```

运行结果如下：

```
10✓
s = 55
```

本实例中的 unsigned int 表示的是无符号整数，定义无符号整数变量时可以省略 int，即 unsigned s 等价于 unsigned int s。无符号整数的控制符是%u，一般情况下，unsigned int 的整数范围为 0～$2^{32}-1$。

【实练 01-06】等差数列第 n 项的值

扫一扫，看视频

已知一个等差数列的前两项 a_1 和 a_2，并且这两个数均为整数。现在需要计算该等差数列第 n 项的值。请编写一个程序，接收三个整数作为输入，分别代表 a_1、a_2 和 n，并输出该等差数列第 n 项的值。例如，如果输入 1、3 和 8，则应输出 15。

01

【实例 01-16】把秒数转换为天、小时、分钟和秒的方式输出

描述：使用 long long 变量存储输入的秒，然后以天、小时、分钟和秒的方式显示这段时间。

分析：首先读入输入的秒数，并依次计算出总天数、总小时数、总分钟数和剩余秒数，最终输出转换后的时间。

本实例的参考代码如下：

```c
#include <stdio.h>
int main(void)
{
    long long seconds;                          //存储输入的秒数
    printf("输入秒数: ");
    scanf("%lld", &seconds);
    printf("%lld 秒 = ", seconds);
    int days = seconds / 86400;                 //1 天的秒数 86400
    int hours = (seconds % 86400) / 3600;       //1 小时的秒数 3600
    int minutes = (seconds % 3600) / 60;        //1 分钟的秒数 60
    int remaining_seconds = seconds % 60;
    printf("%d 天, %d 小时, %d 分钟, %d 秒", days, hours, minutes, remaining_seconds);
    return 0;
}
```

运行结果如下：

输入秒数: 2000000↙
2000000 秒 = 23 天, 3 小时, 33 分钟, 20 秒

上面的代码中出现了很多不易理解的常数值，我们把这样的数值称为"**魔数**"。为了提高代码的可读性和可维护性，可以使用**符号常量**来替换代码中的魔数。

在 C 语言中，**符号常量是指被赋予一个不可修改的、固定值的标识符**。符号常量在程序中用于代表某个特定的值，使得代码更具可读性、易于维护和理解。C 语言中的符号常量可以使用 #define 预处理指令或者 const 关键字来定义。

使用 #define 预处理指令可以将一个标识符定义为一个常量。语法如下：

```c
#define 标识符 值
```

例如：

```c
#define PI 3.14159
#define MAX_SIZE 100
```

注意，用#define 定义符号常量这行的末尾没有分号。通常#define 指令放在源码的开头部分。#define 指令定义的常量也常称为**宏常量**。

对实例 01-16 的代码使用#define 预处理指令定义常量，修改后的代码如下：

```c
#include <stdio.h>
#define SECONDS_PER_DAY 86400              //宏常量
#define SECONDS_PER_HOUR 3600              //宏常量
#define SECONDS_PER_MINUTE 60              //宏常量
int main(void)
{
    long long seconds;                          //存储输入的秒数
    printf("输入秒数: ");
    scanf("%lld", &seconds);
    printf("%lld 秒 = ", seconds);
    int days = seconds / SECONDS_PER_DAY;
    int hours = (seconds % SECONDS_PER_DAY) / SECONDS_PER_HOUR;
    int minutes = (seconds % SECONDS_PER_HOUR) / SECONDS_PER_MINUTE;
    int remaining_seconds = seconds % SECONDS_PER_MINUTE;
    printf("%d 天,%d 小时,%d 分钟,%d 秒",days, hours, minutes, remaining_seconds);
    return 0;
}
```

代码中使用#define 预处理指令定义了三个符号常量 SECONDS_PER_DAY、 SECONDS_PER_HOUR 和 SECONDS_PER_MINUTE，分别表示 1 天、1 小时和 1 分钟的秒数。通过使用这些符号常量替代相关的魔数，使得代码更易读且可维护。如果以后需要修改这些常量的值，只需修改一处即可更新整个代码中对应的数值。

还可以**使用 const 关键字定义符号常量**。使用 const 关键字可以定义具有只读属性的变量，使得它的值不可更改。使用 const 关键字定义符号常量时，需要显式地指定类型，并赋予一个初始值。语法如下：

```
const 类型 标识符 = 值;
```

例如：

```
const double PI = 3.14159;
const int MAX_SIZE = 100;
```

所以，上面代码中的三条#define 预处理指令可做如下替换。

```
const int SECONDS_PER_DAY = 86400;
const int SECONDS_PER_HOUR = 3600;
const int SECONDS_PER_MINUTE = 60;
```

用 const 关键字定义符号常量时，const 实际上是一个修饰词，可应用于任何变量定义的前面，且必须进行初始化，在程序执行期间，不可修改 const 关键字定义的变量的值。与宏常量相比，const 常量的优点是有数据类型，某些集成化调试工具可以对 const 常量进行调试。

> 符号常量的命名通常使用全大写字母，以便与变量进行区分，并且符号常量在整个程序中都是全局可见的。

【实例 01-17】3 位整数的逆序数

扫一扫，看视频

描述：输入一个 3 位整数，反转后输出，如输入 321，输出 123。

分析：可以分离这个 3 位数的每一位，再逆序输出每一位即可。

本实例的参考代码如下：

```c
#include <stdio.h>
int main(void)
{
    int x, a, b, c;
    scanf("%d", &x);
    a = x / 100;            //百位
    b = x /10 % 10;         //十位
    c = x % 10;             //个位
    printf("%d%d%d\n", c, b, a);
    return 0;
}
```

运行结果如下：

```
120↙
021
```

想要分离出每一位，要借助整除和求余运算。

上面的代码，输入的是 120，输出的结果是 021，如何改进上面的代码，不输出反转后整数前面的 0 呢？

实际上，只需要用一个数学计算即可实现，也就是把

```
printf("%d%d%d\n", c, b, a);
```

这条语句改成

```
printf("%d\n", c * 100 + b * 10 + a);
```

> 方法总比问题多，在编写代码的过程中，一定要勤于思考，动手动脑，当然也要常常总结，随着解决的问题越来越多，你编程的经验会越来越丰富，思路也就越来越多。写出好的程序，没有捷径，多写多练是关键。

【实练 01-07】4 位正整数的数字平方和

求一个四位正整数的各个数字的平方和。例如，如果输入 1234，则输出结果为 30，因为 $1^2+2^2+3^2+4^2=30$。请基于实例 01-17 的方法，写出你自己的程序。

 【实例 01-18】变量的值自增 1

描述：定义整型变量并赋初值，之后使整型变量的值增 1。

分析：作用于整型变量的运算符除了前面的五种外，还有自增和自减运算符。下面的代码用三种方法使变量的值增 1。

本实例的参考代码如下：

```c
#include <stdio.h>
int main(void)
{
    int a = 7, b = 7, c, d;
    a = a + 1;              //将 a 变量的值增 1
    c = a++;                //后缀方式：先返回 a 的值，再增 1
    d = ++b;                //前缀方式：先增 1，再返回 b 值
    printf("a = %d, b = %d, c = %d, d = %d\n", a, b, c, d);
    return 0;
}
```

运行结果如下：

```
a = 9, b = 8, c = 8, d = 8
```

C 语言提供了特有的**自增（++）和自减运算符（--）**，它们的操作对象只有一个且只能是简单变量。

++、--运算符作用于变量有两种方式：**前缀方式和后缀方式**。

前缀方式就是运算符放在变量的前面，如++ a 或-- a；**后缀方式就是运算符放在变量的后面**，如 a ++或 a --。前缀方式表示先让变量的值增 1 或减 1，再返回变量值；后缀方式表示先返回变量值，再让变量的值增 1 或减 1。

从执行结果可知，表达式 a ++的值是 8，因为先返回 a 值作为表达式的值，a 值再自增 1 变成了 9，所以 c 的值是 8，而 a 的值是 9。而表达式++ b 的值是 8，是因为 b 先自增变为 8，返回 b 的值作为表达式的值，所以 c 和 d 的值都是 8。

虽然对于变量的++、--运算完全可用赋值语句代替，如 a++可用 a+=1 或 a = a+1 代替，但使用++、--运算可以提高程序的执行效率。这是因为++、--运算只需要一条机器指令就可以完成，而 a = a+1 要对应三条机器指令。

自增、自减运算符的运算对象只能是简单变量，不能是常数或包含运算符的表达式，如 5++、-- (a+b)是错误的。

在程序中尽可能不要出现 ans = num/2 + 5*(1+num++)这样的表达式，因为编译器可能不会按预想的顺序来执行。你可能认为，先计算第 1 项 num/2，接着计算第 2 项 5*(1+num++)，但是，编译器可能先计算第 2 项，递增 num，然后在 num/2 中使用 num 递增后的新值，因此，无法保证编译器到底先计算哪一项。所以，如果一个变量多次出现在一个表达式中，不要对该变量使用自增运算符或自减运算符。

 【实例 01-19】交换两个变量的值

描述：输入两个整数，交换两个元素值后再输出这两个整数（本书中提到的整数如果没有特别说明，则默认为 int 类型）。

分析：输入的两个整数存储在两个变量中，变量是有名字的容器，交换两个变量值，相当于把两个容器中的内容做对换，这可利用第 3 个变量，或者说是再拿一个同类型的容器来完成交换。

本实例的参考代码如下：

```c
#include <stdio.h>
int main(void)
{
    int a, b, t;
    printf("请输入两个变量的值: ");
    scanf("%d %d", &a, &b);
    printf("交换前 a = %d, b = %d\n", a, b);
    t = a;          //a 的值放入变量 t 中
    a = b;          //b 的值放入变量 a 中
    b = t;          //t 的值放入变量 b 中
    printf("交换后 a = %d, b = %d\n", a, b);
    return 0;
}
```

运行结果如下：

```
请输入两个变量的值: 10 20✓
交换前 a = 10, b = 20
交换后 a = 20, b = 10
```

内存变量除了存储输入的数据外，还可以存储中间计算结果，两个变量的值交换使用了三条赋值语句。

【实例 01-20】统计学生总数

扫一扫，看视频

描述：某学院计算机专业共有 8 个班，lcr 老师知道每个班的学生数，现在请你帮助她计算一下该学院计算机专业的学生总数。分别输入 8 个班的学生数，输出学生总数。

分析：需要 8 个整型变量存储 8 个班的学生数。

本实例的参考代码如下：

```c
#include <stdio.h>
int main(void)
{
    int c1, c2, c3, c4, c5, c6, c7, c8;
    scanf("%d%d%d%d%d%d%d%d", &c1, &c2, &c3, &c4, &c5, &c6, &c7, &c8);
    printf("%d\n", c1 + c2 + c3 + c4 + c5 + c6 + c7 + c8);
    return 0;
}
```

本程序定义了 8 个变量存储 8 个班级的学生数，这段代码看起来很不友好，等我们学习了数组和循环控制语句后，就可以改写这段代码了。

前面的实例目前只使用了整型变量，只能存储整数。接下来的实例将会使用浮点类型、字符类型和布尔类型的变量存储数据。

【实例 01-21】计算圆的面积和周长

扫一扫，看视频

描述：输入圆的半径（浮点数），输出该圆的面积和周长。

分析：想要存储浮点数，就需要定义浮点类型的变量存储数据。

本实例的参考代码如下：

```c
#include <stdio.h>
#define PI 3.14159                        //宏常量
int main(void)
{
    float radius, area, circumference;     //单精度的浮点变量
    printf("请输入一个圆的半径: ");
    scanf("%f", &radius);                  //输入半径
    area = PI * radius * radius;           //计算圆的面积
    circumference = 2 * PI * radius;       //计算圆的周长
    printf("半径为%.2f 的圆的面积是: %.2f\n", radius, area);
    printf("半径为%.2f 的圆的周长是: %.2f\n", radius, circumference);
```

```
        return 0;
    }
```

运行结果如下：

请输入一个圆的半径：4.5↙
半径为 4.50 的圆面积是：63.62
半径为 4.50 的圆周长是：28.27

在上面的程序中，定义了三个浮点类型变量：radius、area 和 circumference，用于存储圆的半径、面积和周长。虽然浮点类型用于表示实数，但是计算机并不能精确地表示所有实数，因为**计算机所能够表示的实数是有限的，存在一定的精度误差。**

由于浮点数在计算机中使用有限的存储单元，因此只能提供有限的有效数字，并且超出有效位数的数字将被舍去。

在 C 语言中，通常使用 float 和 double 类型的变量来存储浮点数。float 变量通常占据 4 字节的存储空间，能够提供大约 7 位有效数字；而 double 变量通常占据 8 字节的存储空间，提供约 15 位有效数字。在进行浮点数运算时，由于存在精度误差，可能会对最终的计算结果产生一定的影响。

运行以下代码，以更好地理解 float 和 double 数据类型。

```
#include <stdio.h>
int main(void)
{
    float fVar;              //单精度浮点类型变量
    double dVar;             //双精度浮点类型变量
    scanf("%f %lf", &fVar, &dVar);
    printf("fVar = %.6f, dVar = %.6f\n", fVar, dVar);
    printf("float 所占字节数：%d, double 所占字节数：%d", sizeof(float),
            sizeof(double));
    return 0;
}
```

运行结果如下：

7.8 8.9↙
fVar = 7.800000, dVar = 8.900000
float 所占字节数：4, double 所占字节数：8

单精度浮点类型变量值的输入用%f，而双精度浮点类型变量值的输入用%lf。

运行以下代码，以更好地理解 float 和 double 数据类型的常量表示形式。

```
#include <stdio.h>
int main(void)
{
    float x = 3.3f;
    double y = 3.3;
    printf("x=%.15f\ny=%.15f", x, y);
    return 0;
}
```

运行结果如下：

x=3.299999952316284
y=3.300000000000000

代码中的 3.3 是浮点类型的字面值，是双精度的；如果想表示成单精度的浮点类型字面值，可以写成 3.3f 或 3.3F。

在将一个包含小数点的常量赋值给 float 类型的变量时，为了避免引发编译器的警告，通常最好在该常量后面添加字母 f，表示这是一个 float 类型的常量。这样做有助于提高代码的可读性和明确性。没有添加 f 的常量可能被认为是 double 类型的常量，如果将其直接赋给 float 类型的变量，可能会引发编译器的警告，因为存在数据类型转换的可能性。

【实例 01-22】计算表达式的值

扫一扫，看视频

描述：有一个表达式为 $2x+5-y$，现要求你输入 x、y 的值，计算出该表达式的值并输出。例如，输入 5.6、7.8，输出结果为 8.4。

分析：显然，这个表达式是一个算术表达式，有两个未知量 x 和 y，而且是浮点数，所以可以定义两个浮点类型变量存储输入的 x 和 y 值，之后使用 printf 函数输出表达式的计算结果。

本实例的参考代码如下：

```c
#include <stdio.h>
int main(void)
{
    double x, y;                        //双精度浮点变量
    scanf("%lf %lf", &x, &y);
    printf("%g\n", 2 * x + 5 - y);
    return 0;
}
```

对于双精度浮点数，使用 scanf 函数输入数据时，转换说明符要使用%lf，输出时可以使用%f、%g 或%e。

运行以下代码，以更好地理解 float 和 double 浮点类型的精度。

```c
#include <stdio.h>
int main(void)
{
    double d_var = 12345.6;
    float f_var = (float)d_var;         //强制类型转换运行
    printf("%18.10f\n", d_var);
    printf("%18.10f\n", f_var);
    printf("%18.10f\n", d_var - f_var);
    return 0;
}
```

运行结果如下：

```
12345.6000000000
12345.5996093750
    0.0003906250
```

本实例中，最接近 12345.6 的表示值是 12345.5996093750。因为实数在计算机内部也是用二进制数表示的，无法被精确表示出来。这涉及浮点数的二进制表示法，有兴趣的读者可以学习一下浮点数的二进制表示。

本实例中使用了类型转换运算符，把一个 double 类型的变量值转换为 float 类型，这时会有精度损失。

【实练 01-08】3 个实数的平均值

扫一扫，看视频

输入 3 个实数，输出它们的平均值，保留 3 位小数。

【实例 01-23】计算多项式的值

扫一扫，看视频

描述：对于多项式 $f(x) = ax^3 + bx^2 + cx + d$ 和给定的 a、b、c、d、x 值，计算 $f(x)$ 的值。输入仅一行，包含 5 个实数，分别是 x 及参数 a、b、c、d 的值，每个数都是绝对值不超过 100 的双精度浮点数。数与数之间以一个空格分开。输出一个实数，即 $f(x)$ 的值，保留到小数点后 7 位。

分析：定义双精度浮点类型变量存储 x 及多项式的系数，之后用表达式完成计算。

本实例的参考代码如下：

```c
#include<stdio.h>
int main(void)
{
```

```
    double x, a, b, c, d, f;
    scanf("%lf%lf%lf%lf%lf", &x, &a, &b, &c, &d);
    f = a * x * x * x + b * x * x + c * x + d;
    printf("%.7f",f);
    return 0;
}
```

运行结果如下：

2.31 1.2 2 2 3✓

33.0838692

本实例中的多项式系数及自变量 x 是实数，所以定义了 5 个 double 类型的变量来存储输入的 5 个浮点数。

运行以下代码，以更好地理解 float 和 double 变量的格式化输出。

```
#include <stdio.h>
int main(void)
{
    float fNum = 3.1415926;
    double dNum = 3.14159265358979323846;
    printf("%.2f\n", fNum);      //输出 float 类型，保留小数点后 2 位
    printf("%.10f\n", dNum);     //输出 double 类型，保留小数点后 10 位
    printf("%.6e\n", dNum);      //输出 double 类型，以科学记数法形式，保留小数点后 6 位
    printf("%g\n", dNum);        //输出 double 类型，自动选择较短的格式
    return 0;
}
```

运行结果如下：

3.14
3.1415926536
3.141593e+000
3.14159

扫一扫，看视频

【实例 01-24】输出字符及其 ASCII 值

描述：请编写一个程序，从键盘输入一个字符，输出该字符及它的 ASCII 值。

分析：getchar 是 C 语言的一个标准库函数，它被用来在程序中读取单个字符，包括空格符和回车符。

本实例的参考代码如下：

```
#include <stdio.h>
int main(void)
{
    char c;
    printf("请输入一个字符: ");
    c = getchar();                  //从标准输入获取一个字符，并将其赋值给变量 c
    printf("您输入的字符是: ");
    putchar(c);                     //将字符 c 输出到标准输出流
    printf("\n 该字符的 ASCII 值是: %d", c);
    return 0;
}
```

运行结果如下：

请输入一个字符：a✓
您输入的字符是：a
该字符的 ASCII 值是

在上面的程序中，使用 getchar 函数获取用户输入的一个字符，并将其存储在变量 c 中。然后，使用 putchar 函数把字符输出到屏幕上。getchar 函数在用户按下 Enter 键之前不会返回，因此用户需要按下 Enter 键才能继续执行程序。

getchar 和 putchar 都是 C 语言标准库中的函数，用于从标准输入流中读取一个字符，以及将一个字符输出到标准输出流中。

【实例 01-25】计算两点的中点

扫一扫，看视频

描述：输入平面上两个点的坐标值，之后计算出这两个点的中点坐标。输入的坐标点的格式为 (x,y)，如 (3.4, 4.5)。

分析：用 4 个浮点类型变量存储两个点的坐标，之后用公式计算出中点坐标。

本实例的参考代码如下：

```c
#include <stdio.h>
int main(void)
{
    double x1, y1, x2, y2;
    printf("输入第一个点的坐标:");
    scanf("(%lf,%lf)", &x1, &y1);        //输入时形如(3.4,5.6)表示点坐标
    getchar();                           //接收回车符
    printf("输入第二个点的坐标:");
    scanf("(%lf,%lf)", &x2, &y2);
    double x, y;
    x = (x1 + x2) / 2;
    y = (y1 + y2) / 2;
    printf("中点是: (%f,%f)", x, y);
    return 0;
}
```

运行结果如下：

```
输入第一个点的坐标:(3.4,5.6)↙
输入第二个点的坐标:(4.7,8.8)↙
中点是: (4.050000,7.200000)
```

getchar 是读取一个字符的函数，如果不在两条 scanf 语句中间加这条语句，那么第二个 scanf 函数执行时就会有问题，因为当从键盘输入时，键盘输入的字符会保存在缓冲区，当按下 Enter 键时，缓冲区被清空，缓冲区的内容按 scanf 格式转换接收数据，但这时缓冲区里还有一个字符'\n'，如果不加 getchar 函数，缓冲区会把这个'\n'字符写进下一个 scanf，这时程序就会直接结束。而加了 getchar 函数，它会接收缓冲区里的'\n'字符，这时缓冲区中才是真的什么都没有了。

读者可以自己实践一下，把上面代码中的 getchar();语句去掉，看看会有什么现象发生。

【实例 01-26】复利本利计算

扫一扫，看视频

描述：某人向一个年利率为 rate 的定期储蓄账户内存入本金 capital（以元为单位），存期为 n 年，请编写一个程序，按照如下复利计息公式计算到期时他能从银行得到的本利之和。

$$deposit = capital * (1 + rate)^n$$

分析：定义两个浮点型变量 rate 和 capital 分别存储年利率和本金，定义一个整数变量 n 存储存期。之后，利用复利计息公式计算本利之和即可。计算 n 次方，可以使用 pow 函数。

本实例的参考代码如下：

```c
#include <stdio.h>
#include <math.h>
int main(void)
{
    float rate, capital, deposit;
    int n;
    //用户输入
    printf("请输入本金（元）: ");
    scanf("%f", &capital);
    printf("请输入年利率（%%）: ");
    scanf("%f", &rate);
    printf("请输入存款年限: ");
    scanf("%d", &n);
    //计算复利
```

```
        float factor = 1.0 + rate / 100;
        deposit = capital * pow(factor, n);
        //输出结果
        printf("到期时您将获得的本利之和为：%.2f 元\n", deposit);
        return 0;
}
```

运行结果如下：

请输入本金（元）：20000↙
请输入年利率（%）：6.0↙
请输入存款年限：5↙
到期时您将获得的本利之和为：26764.50 元

在 C 语言中，如果想要输出一个百分号（%），需要在格式控制字符串中使用两个百分号（%%）。这是因为在 printf 函数中，单个百分号被解释为转义字符的开始，用于表示如换行符和制表符等特殊字符。为了输出一个字面上的百分号，需要使用两个连续的百分号进行转义。

【实例 01-27】计算贷款余额

描述：编程计算第 1、2、3 个月还贷后剩余的贷款余额。输入贷款总额、贷款年利率及每月还款金额，输出每次还款后的贷款余额，输出时保留两位小数。

扫一扫，看视频

分析：每次还款后的贷款余额为减去还款金额后，再加上贷款余额与月利率的乘积。月利率的计算方法是把用户输入的利率转换为百分数再除以 12。

本实例的参考代码如下：

```
#include <stdio.h>
int main(void)
{
        //定义 5 个变量：贷款总额、年利率、每月还款金额、每月利率、剩余贷款
        float loan, rate, payment, interestRate, remaining;
        //获取用户输入
        printf("请输入贷款总额（元）：");
        scanf("%f", &loan);
        printf("请输入年利率（%%）：");
        scanf("%f", &rate);
        printf("请输入每月还款金额（元）：");
        scanf("%f", &payment);
        interestRate = rate / 1200;              //计算每月利率
        //计算前 3 个月还款后的余额
        remaining = loan + loan * interestRate - payment;
        printf("第 1 次还款后的贷款余额为：%.2f 元\n", remaining);
        remaining = remaining + remaining * interestRate - payment;
        printf("第 2 次还款后的贷款余额为：%.2f 元\n", remaining);
        remaining = remaining + remaining * interestRate - payment;
        printf("第 3 次还款后的贷款余额为：%.2f 元\n", remaining);
        return 0;
}
```

运行结果如下：

请输入贷款总额（元）：20000↙
请输入年利率（%）：6.0↙
请输入每月还款金额（元）：1000
第 1 次还款后的贷款余额为：19100.00 元
第 2 次还款后的贷款余额为：18195.50 元
第 3 次还款后的贷款余额为：17286.48 元

【实例 01-28】输入一个字符，用该字符输出一个等边三角形

描述：输入一个字符，用这个字符输出一个边长由 5 个字符组成的等边三角形。

分析：定义一个字符类型变量，之后用 5 个 printf 函数输出这个等边三角形。

本实例的参考代码如下：

```
#include <stdio.h>
int main(void)
{
    char ch;                                 //定义存储 1 个字符的变量
    printf("请输入 1 个字符：");
    scanf("%c", &ch);

    printf("    %c\n", ch);                  //第 1 行 1 个字符，前面 4 个空格
    printf("   %c %c\n", ch, ch);            //第 2 行 2 个字符，前面 3 个空格
    printf("  %c % c %c\n", ch, ch, ch);     //第 3 行 3 个字符，前面 2 个空格
    printf(" %c %c %c %c\n", ch, ch, ch, ch); //第 4 行 4 个字符，前面 1 个空格
    printf("%c %c %c %c %c\n", ch, ch, ch, ch, ch); //第 5 行 5 个字符，前面 0 个空格
    return 0;
}
```

运行结果如下：

```
请输入 1 个字符：*↙
    *
   * *
  * * *
 * * * *
* * * * *
```

字符型变量用于存储 1 个单一字符（如字母或标点符号），在 C 语言中用 char 表示，其中每个字符型变量都会占用 1 字节。从本质上来讲，char 是整数类型，因为 char 类型实际上存储的是整数而不是字符。**计算机使用数字编码来处理字符**，即用特定的整数表示特定的字符。

在 C 语言里，用单引号括起来的单个字符是字符常量，字符型变量在输入/输出时的格式控制符为%c。

本实例的实现代码比较烦琐，有很多重复的代码，实际上，等以后学会循环结构时就可以简化该程序的代码了。

【实例 01-29】把输入的小写字母转换为大写字母

描述：输入一个小写字母，输出对应的大写字母。

分析：小写字母与大写字母之间的 ASCII 值相差 32，字符型变量本质上也是整数，所以可以进行算术计算。想要完成小写到大写的转换，只要把其 ASCII 值减掉 32 即可；同理，大写变小写，只要把其 ASCII 值增加 32 即可。

本实例的参考代码如下：

```
#include <stdio.h>
int main(void)
{
    char lowerch, upperch;
    printf("请输入小写字母：");
    scanf("%c", &lowerch);
    upperch = lowerch - 32;              //将小写字母的 ASCII 值减 32
    printf("%c 对应的大写字母为：%c\n", lowerch, upperch);
    printf("%c 和%c 对应的 ASCII 码值分别为%d 和%d\n", lowerch, upperch,
            lowerch, upperch);
    return 0;
}
```

运行结果如下：

请输入小写字母：a↙

a 对应的大写字母为：A
a 和 A 对应的 ASCII 码值分别为 97 和 65

阅读并运行下面的程序，以更好地了解字符的 ASCII 值。

```c
#include <stdio.h>
int main(void)
{
    char c1, c2, c3;
    c1 = 'A';                            //'A'是字符常量
    c2 = '6';
    c3 = '*';
    printf("字符\t 十进制 ASCII 值\n");
    printf("%2c\t%6d\n", c1, c1);        //字母字符'A'的 ASCII 值是 65
    printf("%2c\t%6d\n", c2, c2);        //数字字符'6'的 ASCII 值是 54
    printf("%2c\t%6d\n", c3, c3);        //符号字符'*'的 ASCII 值是 42
    return 0;
}
```

字符的 ASCII 码对照表见附录 B。

扫一扫，看视频

 【实例 01-30】将大写字母替换为字母表中后 n 位的字母

描述：把输入的大写字母用字母表中后 n 位对应的字母来代替，这样就得到了密文。例如，n 为 5 时，字符'A'用'F'来代替，而'Z'则替换成'E'。输入一个大写字母和整数 n，输出这个大写字母后 n 位的字母。

分析：英文字母的 ASCII 值是连续的，是整数值，所以可以利用算术运算完成这个转换。
本实例的参考代码如下：

```c
#include <stdio.h>
int main(void)
{
    char ch;
    int n;
    scanf("%c%d", &ch, &n);
    printf("%c 替换成了 %c\n", ch, (ch - 'A' + n) % 26 + 'A');
    return 0;
}
```

运行结果如下：

```
E 5
E 替换成了 J
```

因为字母 Z 的下一个字母是 A，所以这里用到了求余运算，('Z'-'A' +1) %26 +'A'表示字母 Z 的下一个字母是 A，所以表达式(ch-'A' + n) % 26 + 'A' 表示的就是字母 ch 后 n 位的字母。

> 编写代码时，了解并掌握计算机的计算思维，以表达问题的解决逻辑，是计算机编程的魅力之一。这种能力需要经验的逐步积累，通过不断解决问题的过程来提升。

 【实例 01-31】用_Bool 类型判断命题结果

扫一扫，看视频

描述：命题的判断结果或为真或为假，为了存储命题的判断结果，需要用到布尔类型。

分析：C99 标准添加了_Bool 类型，用于表示布尔值，即逻辑值 true 和 false。_Bool 类型的值是整数 1 或 0，1 表示真，0 表示假。关于_Bool 类型的使用，可以参考下面的代码。

```c
#include <stdio.h>
int main(void)
{
    _Bool b;
    printf("sizeof(_Bool) = %d\n", sizeof(_Bool));
    b = 3;                  //因为 3 非 0，所以 b 的值为 1
    printf("b = %d \n", b);
```

```
    b = b - 3;                //因为 b - 3 表达式的值为-2，所以 b 的值为 1
    printf("b = %d \n", b);
    b = 0;
    printf("b = %d \n", b);
    return 0;
}
```

运行结果如下：

```
sizeof(_Bool) = 1
b = 1
b = 1
b = 0
```

_Bool 类型的变量占 1 字节，通过上面的程序运行结果可以看出，_Bool 类型变量的值用 1 表示真，0 表示假。可以把一个表达式的值赋值给_Bool 类型的变量，如果表达式的值非 0，则该_Bool 类型变量的值就是 1；如果表达式的值为 0，则该_Bool 类型变量的值就是 0。

如果想像 C++语言一样使用 bool 关键字来定义布尔类型的变量，需要使用 stdbool.h 头文件。

```
#include <stdio.h>
#include <stdbool.h>
int main(void)
{
    bool b1 = true;                             //bool 类型本质上还是 _Bool 类型
    bool b2 = false;
    printf("sizeof(bool) = %d \n", sizeof(bool));   //1
    printf("b1 = %d \n", b1);                       //1
    printf("b2 = %d \n", b2);                       //0
    return 0;
}
```

目前我们接触到的数据类型主要有**整型、浮点型和字符型**，这些数据类型都属于基本数据类型，通过定义变量来使用内存，不同类型的变量一般情况下会分配不同字节大小的空间，由于存储数据的内存空间是有限的，因此数据的表示也是有范围的。

【实例 01-32】浮点数相加后取整和取整后相加

描述：定义两个浮点类型变量，求两个浮点类型变量的和，和为整数。

分析：C 语言中，数据类型的转换方式有两种，一种是隐式类型转换，另一种是强制类型转换。关于数据类型转换可以参考下面的代码。

```
#include <stdio.h>
int main(void)
{
    int a, b;
    a = 29.99 + 10.98;          //隐式类型转换
    b = (int) 29.99 + (int) 10.99;   //强制类型转换
    printf("a = %d, b = %d", a, b);
    return 0;
}
```

运行结果如下：

```
a = 40, b = 39
```

本实例中首先将两个浮点数相加，结果为 40.97，将这个值赋值给整型变量 a 时，它被取整为 40，这是隐式类型转换。但在进行加法运算前使用强制类型转换时，这两个值分别为 29 和 10，因此 b 的值为 39。

【实例 01-33】苹果和虫子 I

描述：你买了一箱苹果，共 *n* 个，很不幸的是箱子里混进了一条虫子。虫子每 *x* 小时能吃掉一个苹果，假设虫子在吃完一个苹果之前不会吃另一个，那么经过 *y* 小时后你还有多少个完整的苹果？输入仅一行，包括 n、x 和 y（均为整数）。输入数据保证 $y \leq n * x$。输出也仅一行，为剩下的苹果个数。

输入样例：

```
10 4 9
```

输出样例：

```
7
```

分析：想要计算剩余的苹果数，可以利用数学公式 $n - \lceil y/x \rceil$，上取整可以使用 math.h 中的 ceil 函数，ceil(4.5)的结果是 5，因为 x 和 y 都是整数，所以 y/x 的结果还是整数，想要 y/x 的结果为浮点数，可以应用隐式类型转换或强制类型转换。

本实例的参考代码如下：

```c
#include<stdio.h>
#include<math.h>
int main(void)
{
    int n,x,y;
    scanf("%d%d%d", &n, &x, &y);
    int num = n - ceil((double)y / x);      //强制类型转换或隐式类型转换
                                            //int num = n - ceil(y * 1.0 / x);
    printf("%d", num);
    return 0;
}
```

隐式类型转换发生在不同数据类型的混合运算时，编译系统自动完成。各种类型的转换顺序如图 1.2 所示。

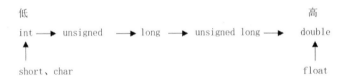

图 1.2　隐式数据类型转换顺序

数据类型的隐式转换遵循以下规则。

（1）参与运算的对象数据类型不同，会先转换为同一类型，然后进行运算。

（2）转换按数据长度增加的方向进行，以保证精度不降低。

（3）所有浮点运算都是按双精度进行的，即使是仅含 float 单精度运算的表达式，也会先转换为 double 类型。

（4）char 类型和 short 类型参与运算时，必须先转换为 int 类型。

（5）在赋值运算中，赋值运算符两边的数据类型不同时，右值表达式的类型将转换为左值表达式的类型。如果右值的类型长度比左值长，会丢失部分数据，丢失的部分按四舍五入取舍。

（6）有符号数据类型转换为无符号数据类型时，符号位直接作为数值位。

强制类型转换是通过类型转换运算符来实现的，其语法如下：

（数据类型）（表达式）

其功能是把表达式的运算结果强制转换为指定的数据类型。

在使用强制类型转换时，类型说明符和表达式都必须加括号（除非表达式是单个变量，表达式可不加括号）。

　　　无论强制类型转换还是隐式类型转换，都只是为了本次运算的需要对变量的数据类型进行临时性转换，而不会改变变量本身的类型。

【实例01-34】复合赋值运算符

扫一扫，看视频

描述：使用复合赋值运算符完成计算。
分析：在 C 语言中，复合赋值运算符允许将运算操作与赋值操作结合在一起，以简化代码并提高效率。**算术运算的复合赋值运算符有 5 个，分别是+=、−=、*=、/=、%=。**

本实例的参考代码如下：

```c
#include <stdio.h>
int main(void)
{
    int num = 10;
    num += 5;                //复合赋值运算符 +=，相当于 num = num + 5
    printf("num += 5 的结果为：%d\n", num);
    num -= 3;                //复合赋值运算符 -=，相当于 num = num - 3
    printf("num -= 3 的结果为：%d\n", num);
    num *= 2;                //复合赋值运算符 *=，相当于 num = num * 2
    printf("num *= 2 的结果为：%d\n", num);
    num /= 4;                //复合赋值运算符 /=，相当于 num = num / 4
    printf("num /= 4 的结果为：%d\n", num);
    num %= 3;                //复合赋值运算符 %=，相当于 num = num % 3
    printf("num %%= 3 的结果为：%d\n", num);
    return 0;
}
```

运行结果如下：

```
num += 5 的结果为：15
num -= 3 的结果为：12
num *= 2 的结果为：24
num /= 4 的结果为：6
num %= 3 的结果为：0
```

 【实例01-35】逗号运算符和逗号表达式

扫一扫，看视频

描述：使用逗号表达式完成计算。

分析：在 C 语言中，逗号也是一种运算符，被称为逗号运算符。它可以将两个或多个表达式连接在一起，形成逗号表达式。逗号表达式的计算过程按照从左到右的顺序依次执行多个表达式，并且最终的结果是最右边表达式的值。逗号运算符和逗号表达式可以在一条语句中实现多个操作。

本实例的参考代码如下：

```c
#include <stdio.h>
int main(void)
{
    int a = 10, b = 20, c = 30;
    a = b, c;                //先执行 a = b，再执行 c
    printf("a=%d\n", a);     //因此 a 的值是 20
    a = (b, c);              //(b,c)是一个表达式，结果是 c
    printf("a=%d\n", a);     //因此 a 的值 30
    return 0;
}
```

运行结果如下：

```
a=20
a=30
```

逗号运算符在 C 语言中的优先级是最低的。因此，如果希望将逗号表达式的结果用于另一个赋值运算中，需要使用括号来明确指定运算的顺序。例如：

01

```
y = (x = 2.7, sqrt( 2 * x ));
```

这条语句的执行顺序是，先执行 x = 2.7，然后执行 sqrt(2 * x)，所以会把 5.4 的平方根赋值给 y。其实这样的语句可读性比较差，完全可以把上述语句写成如下两条语句。

```
x = 2.7;
y = sqrt( 2 * x );
```

阅读并运行下面的程序，并自行分析它的运行结果，以进一步理解逗号运算符的作用。

```c
#include<stdio.h>
int main(void)
{
    int a;
    int x = (a = 5, a * 4, a + 5);
    printf("a = %d, x = %d\n", a, x);
    x = a = 5, a * 4, a + 5;
    printf("a = %d, x = %d\n", a, x);
    return 0;
}
```

运行结果如下：

```
a = 5, x = 10
a = 5, x = 5
```

小　结

本章是 C 语言编程入门的内容，涉及了很多知识点。编程的核心在于解决问题。程序代码本质上就是一系列指令的集合，按照语句的顺序执行这些指令，完成数据的存储和计算，最终得出计算结果。

本章内容涉及的主要知识点包括 C 语言基本数据类型（整型、浮点型、字符型和布尔型）、常量和变量的概念、输入和输出的方法（使用 scanf 和 printf 函数）、数学函数的使用（可以通过预编译指令#include <math.h>来调用数学库函数）、运算符的分类（如算术运算符、赋值运算符和逗号运算符），以及表达式和语句的概念。

在学习编程时，通过实践来理解语言原理是最好的方式，这样可以避免使学习过程变得枯燥乏味，同时编写更多的代码有助于提升编程能力和理解能力。

C 语言非常强大且灵活，经常作为专业程序员学习编程的入门语言。学习 C 语言后再学习其他的语言会更加轻松，因为 C++、Java 和 C#都源自 C 语言。

第2章 选择语句

本章的知识点：

- 关系运算符和关系表达式。
- 逻辑运算符和逻辑表达式。
- 选择控制语句。
- 条件运算符。

第 1 章的程序代码通常是按照一定顺序从前往后执行的，这被称为顺序结构的程序设计。尽管顺序结构能够解决简单问题，但在实际开发中，往往需要根据顺序执行过程中产生的数据结果来决定接下来要执行哪些操作，因此需要引入**选择语句**，也称为**分支语句**。

选择语句的作用是对表达式进行求值，并根据求值结果选择要执行的操作，这使得我们能够编写程序来解决相对复杂的问题。

通过使用选择语句，我们可以根据是否满足特定条件来选择不同的代码执行路径。在实际编程中，需要根据条件分支进行决策，并执行相应的操作，从而实现对问题的处理和解决。

【实例 02-01】3 个整数中的最大值和最小值

扫一扫，看视频

描述：输入 3 个整数，输出 3 个整数中的最大值和最小值。

分析：这个问题要求找出 3 个整数中的最大值和最小值，涉及对数据的大小进行比较。可以定义 3 个整型变量 a、b 和 c 来存储输入的 3 个整数，并分别定义两个整型变量 maxV 和 minV 来存储最大值和最小值。

首先，将变量 a 的值赋给 maxV 和 minV，然后依次将 b 与 maxV 的值进行比较，如果 b 大于 maxV，就将 b 的值赋给 maxV；再将 b 与 minV 的值进行比较，如果 b 小于 minV，就将 b 的值赋给 minV。同样的操作也适用于变量 c。

通过这 4 次比较操作，就可以把最大值存储在 maxV 变量中、最小值存储在 minV 变量中。

找最大值和最小值的过程可以用算法描述。**算法就是为了解决一个具体问题而采取的计算机能够执行的、确定的、有限的操作步骤**，简单地说，就是告诉计算机按照怎样的逻辑和步骤去完成一项任务。这里我们用流程图来描述算法。**流程图是一种用图形方式表示程序执行流程的工具**，它以图形化的形式展示了程序中各个步骤之间的关系和执行顺序。

为了找到最大值和最小值，需要使用两个变量进行比较，并根据比较结果做出相应的决策。在这种情况下，可以使用单分支的 if 语句。

单分支的 if 语句表示程序将根据一个判断条件进行分支判断，如果判断条件为真，程序将执行相应的语句 A；如果判断条件为假，则不进行任何操作。菱形框表示判断条件，标记着程序分支的选择点，如图 2.1 所示。

如果 b 大于 maxV，则将 maxV 的值更新为 b，流程图如图 2.2 所示。

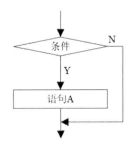

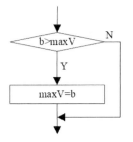

图 2.1　单分支 if 语句流程图　　　　图 2.2　整数 b 与 maxV 比较的流程图

为了帮助读者更好地理解程序设计思想，本书只使用流程图描述主要的执行步骤，而不是全部步骤。这样可以使描述更加简洁明了。

单分支 if 语句的语法如下：

```
if(表达式)
    语句A
```

单分支 if 语句根据表达式的值来决定是否执行相应的语句。在执行前，会先计算表达式的值。如果表达式的值非零，即为真，则执行相应的语句；如果表达式的值为 0，即为假，则不执行相应的语句。

语句 A 可以是一条语句，也可以是用花括号（{}）括起来的一条或多条语句，**用一对花括号括起来的一条或多条语句称为一条复合语句**。复合语句也被称为**块语句**。

在 C 语言中，通常使用关系表达式或逻辑表达式作为判断条件，但不限于这两种类型的表达式。0 被视为假，而非零值被视为真。因此，可以根据表达式的真、假值来决定是否执行相应的代码。

本实例的参考代码如下：

```c
#include <stdio.h>
int main(void)
{
    int a, b, c;          //3 个变量存储输入的 3 个整数
    int maxV, minV;       //2 个变量用于存储 3 个数中的最大值和最小值
    printf("请输入 3 个整数: \n");
    scanf("%d %d %d", &a, &b, &c);
    maxV = a;             //假定 a 是最大值
    minV = a;             //假定 a 是最小值
    //之后的两个整数 b 和 c 与 maxV 进行比较，如果大，则进行替换
    if (b > maxV)
        maxV = b;
    if (c > maxV)
        maxV = c;
    //之后的两个整数 b 和 c 与 minV 进行比较，如果小，则进行替换
    if (b < minV)
        minV = b;
    if (c < minV)
        minV = c;
    printf("最大值是:%d\n 最小值是:%d\n", maxV, minV);
    return 0;
}
```

运行结果如下：

```
请输入 3 个整数:
5 8 3✓
最大值是:8
最小值是:3
```

在计算过程中经常需要比较两个数据的大小关系，所以 C 语言提供了 6 个关系运算符，见表 2.1。

表 2.1 关系运算符

运 算 符	含 义	优先级	结 合 性
>	大于	高	自左向右
>=	大于或等于		
<	小于		
<=	小于或等于		
==	等于	低	
!=	不等于		

由关系运算符连接起来的表达式就是**关系表达式**。

关系表达式的值只能是整数 1 或 0。当关系成立时，表达式的值为 1；当关系不成立时，表达式的值为 0。**关系运算常用于具有流程控制的程序设计中**，根据关系的成立与否来进行后续操作的选择。

阅读并执行以下程序，以进一步了解 6 个关系运算符。

```c
#include <stdio.h>
int main(void)
{
    int x = 10, y = 20;
    printf("x=%d,y=%d,所以: \n", x, y);
    printf("x<y的值是: %d\n", x < y);      //10 < 20 成立，所以结果为1
    printf("x<=y 的值是: %d\n", x <= y);    //10 <= 20 成立，所以结果为1
    printf("x>y的值是: %d\n", x > y);       //10 > 20 不成立，所以结果为0
    printf("x>=y 的值是: %d\n", x >= y);    //10 >= 20 不成立，所以结果为0
    printf("x==y 的值是: %d\n", x == y);    //10 == 20 不成立，所以结果为0
    printf("x!=y 的值是: %d\n", x != y);    //10 != 20 成立，所以结果为1
    return 0;
}
```

运行结果如下:

```
x=10,y=20,所以:
x<y 的值是: 1
x<=y 的值是: 1
x>y 的值是: 0
x>=y 的值是: 0
x==y 的值是: 0
x!=y 的值是: 1
```

阅读并执行以下程序，分析程序的运行结果。

```c
#include <stdio.h>
int main(void)
{
    int n = 2;
    int y = 0;
    if(n = 3) y = 3;    //单分支 if 语句，把 n = 3 改写成 n == 3 重新运行一下
    printf("y = %d", y);
    return 0;
}
```

运行结果如下:

```
y = 3
```

因为 n=3 是赋值运算，所以此时 n=3 这个表达式的值是 3。

　在 C 语言中，用于判断两个数据是否相等的运算符是 "=="，而不是 "="；判断不相等的运算符则是 "!="。初学者经常会错误地用 "=" 来表示判断相等关系。要牢记 "=" 是用来进行赋值操作的，而 "==" 是用来判断相等关系的操作。这是一个常见的错误，但必须避免。正确使用运算符可以避免产生一些难以察觉的错误，从而提高程序的可靠性。

阅读并执行以下程序，分析程序的运行结果。

```c
#include <stdio.h>
int main(void)
{
    int x = -1;
    if(x > 0);
        printf("x is positive.\n");

    return 0;
}
```

运行结果如下：

```
x is positive.
```

上面的程序编译能通过，也能执行，那为什么说这是一个错误的程序呢？原因在于**程序出现了语义错误**，这是初学者常犯的一个错误，if(x>0)语句后面的分号表示一条空语句，所以无论 x 是否大于 0，程序输出的结果都是一样的。读者自己实验一下，去掉这个分号，程序运行的结果是不是不一样了。

在代码编写过程中，经常会出现由于多一个分号或少一个分号而导致语义错误。除了通过测试运行结果来发现这类错误外，还需要学会阅读和审查代码，以避免这些错误的发生。

 对于多一个分号或少一个分号的错误，往往需要仔细检查代码的具体语法结构，尤其是在选择语句、循环语句或函数调用等地方。通过细心地审查代码，可以发现这些常见的语法错误，并及时进行修复，以保证代码的正确性。

【实例 02-02】计算整数 x 的绝对值

扫一扫，看视频

描述：求给定整数 x 的绝对值，即如果输入 5，则输出 5；如果输入–5，输出也是 5。

分析：如果输入的整数是正数，则直接使用该数本身作为结果；而如果输入的整数是负数，则可以通过将其变为相反数来得到结果。因此，只需要判断输入的整数是否小于 0，如果是，就将其改为其相反数。算法流程图如图 2.3 所示。

本实例的参考代码如下：

```c
#include <stdio.h>
int main(void)
{
    int x;
    printf("输入一个整数：");
    scanf("%d", &x);
    printf("%d 的绝对值是：", x);
    if (x < 0)
        x = -x;          //取相反数
    printf("%d\n", x);
    return 0;
}
```

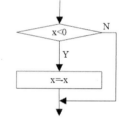

图 2.3　计算整数 x 的绝对值的算法流程图

运行结果如下：

```
输入一个整数：-9✓
-9 的绝对值是：9
```

【实练 02-01】学生的成绩

输入一个学生的成绩，如果成绩≥60，输出"恭喜你及格了！"。

【实练 02-02】偶数

判断某个整数是不是偶数，即如果输入的是偶数，则输出"该数是偶数"。

扫一扫，看视频

扫一扫，看视频

提示：偶数对 2 求模的余数是 0。

【实例 02-03】判断一个字符是否为小写字母

扫一扫，看视频

描述：输入一个字符，判断该字符是否为小写字母。

分析：如果一个字符的 ASCII 值在 'a' 和 'z' 之间（包括'a' 和 'z'），那么这个字符就被认为是小写字母。

本实例的参考代码如下：

```c
#include <stdio.h>
int main(void)
{
    char ch;
    printf("请输入一个字符: ");
    scanf("%c", &ch);
    if (ch >= 'a' && ch <= 'z')
    {
        printf("%c 是小写字母。\n", ch);
    }
    return 0;
}
```

运行结果如下：

```
请输入一个字符: s↙
s 是小写字母。
```

程序中的 ch >= 'a' && ch <= 'z' 是一个**逻辑表达式**，它的结果为 true 或 false。在 C 语言中，true 和 false 分别用数字 1 和 0 来表示，它们的类型为布尔型。因此，当 ch 的 ASCII 值在'a'和'z'之间时，该表达式的结果为 true，即 1；否则，该表达式的结果为 false，即 0。

C 语言提供了逻辑运算符来进行逻辑表达式的操作。表 2.2 是 C 语言的逻辑运算符。

表 2.2　C 语言的逻辑运算符

运算符	意义	示例	结果	结合性
&&	逻辑与	x && y	如果 x 和 y 任何一个都不为 0，值为 1；否则为 0	左到右
||	逻辑或	x || y	如果 x 和 y 都为 0，值为 0；否则为 1	左到右
!	逻辑非	!x	如果 x 为 0，则值为 1；否则为 0	右到左

逻辑运算符通常用于控制流程中的条件判断，如 if 语句中的条件判断。**通过使用逻辑运算符，可以将多个条件组合起来进行复杂的逻辑判断。**

逻辑非运算符的优先级最高，其次是逻辑与运算符，最后是逻辑或运算符。C 语言将先计算高优先级的运算符，然后再计算低优先级的运算符。也可以使用括号来改变运算符的优先级顺序，以满足我们需要的表达式逻辑。

需要注意的是，**逻辑运算符具有短路求值的特性**。即在判断整个表达式的结果时，如果已经可以确定最终的结果，那么剩下的条件将不再被计算。这种特性可以提高程序的效率，并且有助于避免可能引发错误的计算。

阅读并执行以下程序，以加深对逻辑运算符短路特性的理解。

```c
#include <stdio.h>
int main(void)
{
    int a = 0, b = 2, c;
    c = !a || ++b && a--;
    printf("a=%d, b=%d, c=%d\n", a, b, c);
    return 0;
}
```

运行结果如下：

```
    a=0, b=2, c=1
```

根据优先级的高低，表达式 !a || ++b && a-- 等价于 (!a)||((++b)&&(a--))，而逻辑或运算符（||）的左操作数 !a 为真，此时足以判断该表达式的值为真，故发生"短路"，即 || 的整个右操作数 ((++b)&&(a--)) 不再被执行。所以该程序的运行结果为 a=0, b=2, c=1。

如果将变量 a 的值设为 1，变量 b 的值设为-1，再运行该程序，将会得到以下输出结果。

```
    a=1, b=0, c=0。
```

因为!a 结果为 0，所以需要计算逻辑或运算符右侧的 ++b && a--，先计算++b 结果为 0，这时 b 的值已经为 0 了，因为短路，a--未计算，所以 a 的值未改变。最终逻辑表达式!a || ++b && a--的结果为 0，这样 c 的值就是 0。

C 语言的运算符很多，一个表达式中经常有多种运算符，表达式的计算顺序与运算符的优先级有关，还与结合律有关，我们不需要全部记住，只需要简要记住"逻辑非运算符 > 算术运算符 > 关系运算符 > 逻辑与运算符 > 逻辑或运算符 > 赋值运算符"即可。一个表达式就是一个计算，为了保证表达式计算准确，可以通过添加括号的方法明确表达式中各个运算符的计算次序，增强代码的可读性。

【实例 02-04】两个整数的排序

扫一扫，看视频

描述：输入两个整数，按由小到大的顺序输出这两个整数。

分析：可以通过比较两个整数 a 和 b 的值进行排序。如果 a<b，就输出 a,b；否则输出 b,a。这需要用到**双分支 if 语句**，双分支 if 语句的流程图如图 2.4 所示。

对两个整数进行排序的流程图如图 2.5 所示。

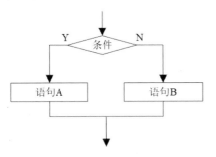

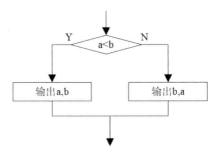

图 2.4　双分支 if 语句流程图　　　　图 2.5　对两个整数进行排序流程图

双分支 if 语句首先进行条件的判断，如果条件表达式的值为真，则会执行语句 A；如果条件表达式的值为假，则会执行语句 B。

图 2.4 所示的双分支 if 语句的语法如下：

```
if(表达式)
    语句 A
else
    语句 B
```

双分支 if 语句的执行流程是，先计算表达式的值，如果表达式的值非 0，则执行语句 A；否则执行语句 B。语句 A 和语句 B 只有一个会被执行。**可以把"双分支 if 语句"用在"二选一"的场景中**。

本实例的参考代码如下：

```
#include <stdio.h>
int main(void)
{
    int a, b;
    scanf("%d %d", &a, &b);
    if (a < b)
        printf("%d %d\n", a, b);        //输出 a 和 b
```

```
    else
        printf("%d %d\n", b, a);        //输出b和a
    return 0;
}
```

当然，也可以使用另一种方法来排序两个数，即引入第三个变量 t。如果 a>b，就交换 a 和 b 的值。这种方法是将变量视为数据的容器，通过改变变量的值来达到排序的目的。它是计算机程序设计中常用的策略之一。

参考代码如下：

```
#include <stdio.h>
int main(void)
{
    int a, b, t;
    scanf("%d %d", &a, &b);
    //如果a大于b，就交换a和b的值
    if (a > b)
    {
        t = a;
        a = b;
        b = t;
    }
    printf("%d %d\n", a, b);        //输出排序后的结果
    return 0;
}
```

第二种方法用的是单分支 if 语句。

在上面的代码中，使用一对花括号将三条交换变量值的语句括起来，这被称为复合语句。**复合语句中的多条语句被视为一个逻辑整体，可以作为一个单独的语句来执行。**

当条件 a > b 成立时，需要执行这三条语句来交换变量 a 和 b 的值。而使用花括号将这些语句括起来，使它们成为一组，并且作为整体在条件为真时执行。这意味着，要么这三条语句全部执行，要么全部不执行。

通过这个实例，可以看到在编程中解决同一个问题通常有多种方法。通过编写更多的程序，我们可以积累解决问题的方法。

【实练 02-03】整数的奇偶性

判断某个整数的奇偶性，即如果输入的整数是偶数，则输出"该数是偶数"，否则输出"该数是奇数"。

【实练 02-04】苹果和虫子

使用双分支 if 语句编写程序，解决实例 01-33 中的苹果和虫子问题。

提示：如果 y 是 x 的整数倍，则苹果数为 $n-y/x$；否则为 $n-y/x-1$。

【实例 02-05】苹果和虫子 II

描述：你买了一箱苹果，共 n 个，很不幸的是箱子里混进了一条虫子。虫子每 x 小时能吃掉一个苹果，假设虫子在吃完一个苹果之前不会吃另一个，那么经过 y 小时你还有多少个完整的苹果？输入仅一行，包括 n、x 和 y（均为整数）；输出也仅一行，为剩下的苹果个数。

输入样例 1：

```
10 4 9
```

输出样例 1：

```
7
```

输入样例 2：

```
10 4 50
```

输出样例 2：

0

分析：先计算剩余的苹果数 num，如果 num≥0，则输出 num；否则输出 0。算法流程图如图 2.6 所示。

本实例的参考代码如下：

```c
#include <stdio.h>
#include <math.h>
int main(void)
{
    int n, x, y, num;
    scanf("%d%d%d", &n, &x, &y);
    num = n - ceil(y * 1.0 / x);      //剩余苹果数
    if (num >= 0)
        printf("%d", num);
    else
        printf("0");                  //保证苹果数不会是负数
    return 0;
}
```

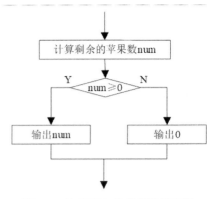

图 2.6　计算剩余的苹果数流程图

当然，也可以用单分支 if 语句实现，代码如下：

```c
#include <stdio.h>
#include <math.h>
int main(void)
{
    int n, x, y, num;
    scanf("%d%d%d", &n, &x, &y);
    num = n - ceil(y * 1.0 / x);      //剩余苹果数
    if (num < 0)
        num = 0;
    printf("%d", num);
    return 0;
}
```

【实例 02-06】输出两个浮点数中的较大值

描述：输入两个浮点数，输出其中较大的值。

分析：本实例可使用双分支 if 语句来实现，不过这里我们使用 C 语言的条件运算符来实现。

本实例的参考代码如下：

```c
int main(void)
{
    double a, b, maxV;
    printf("请输入两个实数：");
    scanf("%lf %lf", &a, &b);
    maxV = a > b ? a : b;             //maxV 是 a、b 中的最大值
    printf("两个数中较大的数为：%.2f", maxV);
    return 0;
}
```

运行结果如下：

请输入两个实数：4.6 7.8↙
两个数中较大的数为：7.80

C 语言中的条件运算符是一个**三元运算符**，也称为三目运算符，它的格式如下：

表达式 1 ? 表达式 2 : 表达式 3

其中，表达式 1 是一个条件表达式，如果其结果为真，则返回表达式 2 的值；否则返回表达式 3 的值。

运行以下程序并分析其运行结果，以帮助更好地理解条件运算符。

```c
#include <stdio.h>
int main(void)
{
```

```
    unsigned int a = 6;
    int b = -20;
    (a + b > 6) ? printf(">") : printf("<");     //int 隐式转换为 unsigned int
    return 0;
}
```

运行结果如下：

```
>
```

这里的 a + b 的运算结果是 unsigned int 类型的，即 int 隐式转换为 unsigned int，所以 a + b >
6 的结果为 1。

【实练 02-05】整数的绝对值

使用条件运算符输出一个整数的绝对值。

扫一扫，看视频

【实例 02-07】3 个整数的排序

描述：输入 3 个整数，按由小到大的顺序输出这 3 个整数。

分析：首先，比较前两个整数 a 和 b，如果 a 大于 b，则交换它们的值，这样 a
成为最小值。接下来，比较 a 和第 3 个整数 c，如果 a 大于 c，则交换它们的值，这
时 a 成为 3 个数中的最小值。最后，比较 b 和 c，如果 b 大于 c，则交换它们的值，
确保 b 的值小于等于 c。通过这样的比较和交换操作，就可以完成对 3 个整数的排序。现在，a
是最小的数，b 是中间的数，c 是最大的数。

扫一扫，看视频

本实例的参考代码如下：

```c
#include <stdio.h>
int main(void)
{
    int a, b, c, t;
    scanf("%d %d %d", &a, &b, &c);
    //将最小的整数放在 a 的位置
    if (a > b)
    {
        t = a; a = b; b = t;
    }
    //再次比较，确保 a 是其中最小的数
    if (a > c)
    {
        t = a; a = c; c = t;
    }
    //比较 b 和 c，确保 b 的值小于等于 c 的值
    if (b > c)
    {
        t = b; b = c; c = t;
    }
    printf("%d %d %d\n", a, b, c);
    return 0;
}
```

这个实例只用到了单分支的 if 语句，即通过交换两个变量的值达到排序的目的。目前看到，
if 语句用起来挺简单。

【实练 02-06】4 个整数的排序

提示：与 3 个整数的排序方法一样，通过 3 次比较，把 4 个数中的最小值放入 a；
再用 2 次比较，把 b、c 和 d 中的最小值放入 b；再用 1 次比较，把 2 个数中较小的
数放入 c，较大的数放入 d，共 6 次比较完成 4 个整数的排序。

扫一扫，看视频

【实例02-08】判断闰年

扫一扫，看视频

描述：输入一个表示年份的整数（小于 3000 的正整数），编程判断该年份是不是闰年，如果是，则输出 Y；否则输出 N。

分析：如果一个年份能被 4 整除但不能被 100 整除，或者能被 400 整除，那么就是闰年；否则不是闰年。这就意味着 1000 年不是闰年，但 2000 年是闰年；1996 年是闰年，而 1995 年不是闰年。

一个年份能被 4 整除但不能被 100 整除可以写成如下的表达式：

```
year % 4 == 0 && year % 100 != 0
```

能被 400 整除可以写成如下的表达式：

```
year % 400 == 0
```

这两个表达式只要其一成立，就是闰年。可以使用逻辑或运算符将这两个条件连接成一个逻辑表达式，以此进行闰年的判断。

本实例的参考代码如下：

```c
#include <stdio.h>
int main(void)
{
    int year;
    printf("请输入一个年份：");
    scanf("%d", &year);
    if ((year % 4 == 0 && year % 100 != 0) || year % 400 == 0)
    {
        printf("Y\n");    //是闰年
    }
    else
    {
        printf("N\n");    //不是闰年
    }
    return 0;
}
```

使用逻辑运算符可以方便地进行条件的组合和判断，从而实现复杂的逻辑控制。

> 混合使用逻辑与运算符（&&）和逻辑或运算符（||）时，为了增强程序的可读性，建议使用括号来明确表达式的计算顺序。这样能够更清晰地传达条件的逻辑关系，使程序更易于理解和维护。

【实练02-07】两位正整数

输入一个正整数，不超过 1000。若该正整数是两位数，输出 YES，否则输出 NO。

 【实例02-09】判断某个整数是否与 7 有关

扫一扫，看视频

描述：输入一个不多于两位的正整数，判断这个整数是否与 7 有关。

分析：如果一个正整数能够被 7 整除，或者它在十进制下的某一位上的数字为 7，那么它就被称为与 7 相关的数。

本实例的参考代码如下：

```c
#include <stdio.h>
int main(void)
{
    int x;
    scanf("%d", &x);
    if (x % 7 == 0 || x / 10 == 7 || x % 10 == 7)    //是 7 的倍数或个位是 7 或十位是 7
        printf("该数与 7 有关");
    else
        printf("该数与 7 无关");
    return 0;
}
```

由于输入的是一个不多于两位的正整数，所以只需考虑它是否能被 7 整除，或者它的个位数字是 7，或者十位数字是 7。因此，可以使用逻辑或运算符（||）将这三种情况连接成一个逻辑表达式。

在编写代码的过程中，表达式能够明确地传达程序的意图，让程序根据预先设定的语义进行计算和判断。

扫一扫，看视频

【实例02-10】三角形判断

描述：给定三个正整数，分别表示三条线段的长度。判断这三个长度能否构成一个三角形。输入的三个正整数之间以空格分隔。如果它们能够构成三角形，则输出 yes；否则输出 no。

分析：要判断三条线段能否构成一个三角形，需要根据三角形的定义，即任意两条边之和大于第三条边的条件。因此，在编写代码时，可以以这个条件为基础，通过判断三条线段的长度是否满足该条件来判断是否能构成一个三角形。

本实例的参考代码如下：

```
#include<stdio.h>
int main(void)
{
    int a, b, c;
    scanf("%d %d %d", &a, &b, &c);
    if (a + b > c && a + c > b && b + c > a)     //任意两条边的和大于第三条边
        printf("yes\n");
    else
        printf("no\n");
    return 0;
}
```

上面的代码用逻辑与运算符把三个关系表达式连在一起形成一个逻辑表达式，实际上也可以用逻辑或运算符编写判断条件，参考代码如下：

```
#include<stdio.h>
int main(void)
{
    int a, b, c;
    scanf("%d %d %d", &a, &b, &c);
    if (a + b <= c || a + c <= b || b + c <= a) //存在两条边之和小于等于第三条边的情况
        printf("no\n");
    else
        printf("yes\n");
    return 0;
}
```

从这两种判断条件的编写可以看出，同样的语义可以有不同的表达。

> 语言只是工具，关键在于要用正确的语句表达正确的语义，这就需要我们在学习编程的过程中不断地练习和编写代码，以提高编码能力。

【实例02-11】数字拆分

描述：请编写一个程序，将一个 4 位的整数 n 拆分为两个两位的整数 a 和 b。例如，$n = -2304$，则拆分后的两个整数分别为 $a = -23$，$b = -4$，计算拆分出的两个整数的加、减、乘、除和求余运算的结果。

扫一扫，看视频

分析：根据题目要求，可以按如下步骤处理。

首先，将输入的整数 n 拆分为两个两位的整数 a 和 b，可以通过整数除法和求余运算来实现：$a = n / 100$，$b = n \% 100$。

之后分别计算 a 和 b 的加法、减法、乘法、除法和求余运算的结果。但在计算过程中要判断 b 是否为 0，因为除法和求余运算中 b 不能为 0，否则程序运行会异常。

本实例的参考代码如下：

```c
#include <stdio.h>
int main(void)
{
    int n = -2304;
    printf("请输入一个 4 位整数:");
    scanf("%d", &n);
    //拆分 n 为两个两位的整数 a 和 b
    int a = n / 100;
    int b = n % 100;
    int addition = a + b;
    int subtraction = a - b;
    int multiplication = a * b;
    printf("拆分后的两个整数: a = %d, b = %d\n", a, b);
    printf("加法结果: %d\n", addition);
    printf("减法结果: %d\n", subtraction);
    printf("乘法结果: %d\n", multiplication);
    if (b != 0)
    {
        int division = a / b;
        int remainder = a % b;
        printf("除法结果: %d\n", division);
        printf("求余结果: %d\n", remainder);
    }
    else
    {
        printf("b 为 0 了，无法进行除法和求余运算!");
    }
    return 0;
}
```

第一次运行结果如下：

请输入一个 4 位整数:-2304✓
拆分后的两个整数: a = -23，b = -4
加法结果: -27
减法结果: -19
乘法结果: 92
除法结果: 5
求余结果: -3

第二次运行结果如下：

请输入一个 4 位整数:1200✓
拆分后的两个整数: a = 12，b = 0
加法结果: 12
减法结果: 12
乘法结果: 0
b 为 0 了，无法进行除法和求余运算!

程序逻辑比较简单，但在**进行除法和求余运算时，需要注意 *b* 不能为 0，**否则会发生运行时错误。因此，程序中添加了对 *b* 是否为 0 的判断，可以防止程序出现异常情况，保证程序能正确运行，提高程序的健壮性和稳定性。

【实例 02-12】谁做了好事

描述：清华附中有 4 位同学中的一位同学做了好事不留名。表扬信来了之后，校长问这 4 位同学是谁做的好事。

A 说：不是我。

B 说：是 C。

C 说：是 D。

D 说：C 胡说。

已知有 3 位同学说的是真话，1 位同学说的是假话。现需要根据这些信息找出做好事的同学。

分析：可以将人们对问题的思考或所说的话表达成计算机能够理解的表达式，然后通过 if 语句对问题的结果进行判定，从而让计算机有分析问题的能力。

可以使用一个字符型变量 thisman 表示做好事的同学，它的取值范围是'A'~'D'，对应着 4 位同学。再把 4 位同学分别说的话表示成关系表达式。例如，"A 说：不是我"，可以表示成 thisman != 'A'，因为 thisman 表示做好事的同学，如果这个表达式的值为 1，则表示 A 说的是真话。对于其他 3 位同学的话，也可以类似地使用关系表达式来表示。

本实例的参考代码如下：

```c
#include <stdio.h>
int main(void)
{
    char thisman = 'A';                         //假设做好事的同学是 A
    int ATalk, BTalk, CTalk, DTalk;
    ATalk = thisman != 'A';                     //A 说的话
    BTalk = thisman == 'C';                     //B 说的话
    CTalk = thisman == 'D';                     //C 说的话
    DTalk = thisman != 'D';                     //D 说的话
    if (ATalk + BTalk + CTalk + DTalk == 3)     //3 位同学说了真话
        printf("%c 是做好事的同学！", thisman);
    else
        printf("%c 不是做好事的同学！", thisman);
    return 0;
}
```

运行结果如下：

A 不是做好事的同学！

因为这 4 位同学中有 3 位同学说的是真话，所以可以将 4 位同学说话的结果相加，如果结果等于 3，则说明有 3 句话为真，1 句话为假。通过这个条件进行判断，就可以知道 thisman 是否是那个做好事的同学。

可以将以上代码运行 4 次，分别让 thisman 的取值为'A'、'B'、'C'、'D'，通过运行结果可知 C 是做好事的同学。

【实练 02-08】最佳车的车号

4 位专家对 4 款赛车进行评论。A 说：2 号赛车是最好的；B 说：4 号赛车是最好的；C 说：3 号不是最佳赛车；D 说：B 说错了。事实上，只有 1 款赛车是最佳的，且只有 1 位专家说对了，其他 3 位专家都说错了。编程找出最佳车的车号，以及哪位专家说对了。

扫一扫，看视频

【实例 02-13】有一门课不及格的学生

扫一扫，看视频

描述：给出一名学生的语文和数学成绩，需要判断他是否恰有一门课不及格（成绩小于 60 分）。输入两个整数，范围为 0~100，分别表示该名学生的数学成绩和语文成绩。如果该名学生恰有一门成绩不及格，就输出 1；否则输出 0。

分析：一门课不及格是指两门课中有且仅有一门课不及格，所以可以使用逻辑表达式来表示。

本实例的参考代码如下：

```c
#include <stdio.h>
int main(void)
{
    int math, chinese;
    scanf("%d %d", &math, &chinese);
    //有且仅有一门课不及格
    if (math < 60 && chinese >= 60 || math >= 60 && chinese < 60)
        printf("1\n");
    else
        printf("0\n");
```

```
    return 0;
}
```

也可以先计算 math < 60 和 chinese < 60 两个关系表达式的值，之后对结果进行求和，如果和是 1，说明有且只有一个关系成立，同样可以表达两门课中有且仅有一门课不及格。所以同样的逻辑可以有不同的表达方法，需要我们在编程中积累经验，参考代码如下：

```c
#include <stdio.h>
int main(void)
{
    int math, chinese;
    scanf("%d %d", &math, &chinese);
    int t1 = (math < 60);              //数学成绩小于 60，t1 为 1
    int t2 = (chinese < 60);           //语文成绩小于 60，t2 为 1
    if (t1 + t2 == 1)                  //关系成立，则表明两门课中有且仅有一门课不及格
        printf("1\n");
    else
        printf("0\n");
    return 0;
}
```

> 使用求和的方式对关系表达式或逻辑表达式的结果进行统计，这种方法非常实用，因为可以用求和的结果来表示逻辑或。

【实练 02-09】判断一个给定的点是否在正方形内

有一个正方形，四个角的坐标(x,y)分别是$(1,-1)$、$(1,1)$、$(-1,-1)$、$(-1,1)$，x 是横轴，y 是纵轴。编写一个程序，判断一个给定的点是否在这个正方形内（包括正方形边界）。输入为两个整数 x、y，以一个空格分开，表示坐标(x,y)。如果点在正方形内，则输出 yes；否则输出 no。

【实例 02-14】鸡兔同笼

描述：一个笼子里面关了鸡和兔子（鸡有 2 只脚，兔子有 4 只脚，没有例外）。已经知道了笼子里面脚的总数 legs，问笼子里面最少有多少只动物，最多有多少只动物。编程输入一个整数表示笼子里脚的个数；输出两个正整数，第一个是最少的动物数，第二个是最多的动物数，两个正整数用一个空格分开。如果没有满足要求的答案，则输出两个 0，中间用一个空格分开。

分析：这个问题显然有三种情况，当脚的个数是 4 的整数倍时，最少的动物数是 legs/4，最多的动物数是 legs/2；当脚的个数不是 4 的整数倍但是 2 的整数倍时，最少的动物数是 legs/4+1，最多的动物数是 legs/2；当脚的个数不是 2 的整数倍时，显然没有答案。

这是一个三选一的情况，需要用到**多分支 if 语句**。多分支 if 语句的流程图如图 2.7 所示。如果条件 1 为真，则执行语句 1；否则如果条件 2 为真，则执行语句 2，……，否则如果条件 n 为真，则执行语句 n。如果前面的 n 个条件都为假，则执行语句 $n+1$。语句 $n+1$ 是可选的，也就是说，如果前面的 n 个条件都为假，则什么都不做。

鸡兔同笼问题的三分支流程图如图 2.8 所示。

多分支 if 语句的语法如下：

```c
if(表达式 1)
    语句 1;
else if(表达式 2)
    语句 2;
    ...
else if(表达式 n)
    语句 n;
else
    语句 n+1;
```

其中 else 子句可以没有。

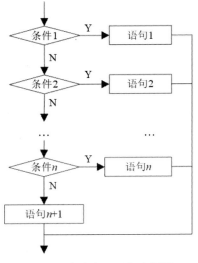

图 2.7 多分支 if 语句流程图

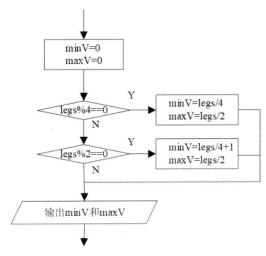

图 2.8 鸡兔同笼问题的三分支流程图

本实例的参考代码如下：

```c
#include <stdio.h>
int main(void)
{
    int legs;
    scanf("%d", &legs);
    int minNum = 0, maxNum = 0;
    if (legs % 4 == 0)          //脚的个数是 4 的倍数
    {
        minNum = legs / 4;
        maxNum = legs / 2;
    }
    else if (legs % 2 == 0)    //脚的个数不是 4 的倍数但是 2 的倍数
    {
        minNum = legs / 4 + 1;
        maxNum = legs / 2;
    }
    printf("%d %d", minNum, maxNum);
    return 0;
}
```

当使用多分支 if 语句时，程序会自上而下逐个计算条件表达式的值。如果某个条件表达式的结果为真（非 0），则执行与之对应的语句，然后整个 if 语句就会结束执行。如果所有条件表达式的结果都为假（0），那么就会执行可能存在的最后一个语句，也就是 else 语句。

因此，在鸡兔同笼问题的代码中，条件表达式 legs % 2 == 0 只有在 legs % 4 == 0 的结果不成立的情况下，即关系表达式的结果为 0 时才会被执行。

【实练 02-10】分段函数

编写程序，计算下列分段函数 $y = f(x)$ 的值。

扫一扫，看视频

$$y = \begin{cases} -x + 2.5, & 0 \leqslant x < 5 \\ 2 - 1.5(x-3)^2, & 5 \leqslant x < 10 \\ x/2 - 1.5, & 10 \leqslant x < 20 \end{cases}$$

输入一个浮点数 $x(0 \leqslant x < 20)$，输出 x 对应的分段函数值 y，结果保留到小数点后三位。

【实例02-15】摄氏温度与华氏温度的换算

扫一扫，看视频

描述：输入温度并指出该值是摄氏温度（℃）还是华氏温度（℉），然后根据输入换算为另一种温度单位。

分析：输入可分为三种情况：摄氏温度、华氏温度和其他（错误温度），因此可以用多分支语句（三选一）来表达。摄氏温度转华氏温度的换算公式为：华氏度 = 32℉（华氏温标单位）+ 摄氏度×1.8。所以可以根据输入的温度标识字母 C 或字母 F 来完成两个温度单位间的转换，如果输入的温度值后面不是字母 c、C、f、F 之一，则输入的是一个错误的温度值，此时不进行转换，直接让两种温度值都为 0。

本实例的参考代码如下：

```c
#include <stdio.h>
#define FAC 1.8                          //华氏温度转摄氏温度的比例因子
#define INC 32.0                         //华氏温度转摄氏温度的常量偏移量
int main(void)
{
    float t, tc, tf;                     //读入的温度值、摄氏温度、华氏温度
    char corf;                           //表示华氏温度或摄氏温度的字母
    printf("Enter temperature:");
    scanf("%f %c", &t, &corf);
    if (corf == 'c' || corf == 'C')      //摄氏温度转华氏温度
    {
        tc = t;
        tf = t * FAC + INC;
    }
    else if (corf == 'f' || corf == 'F') //华氏温度转摄氏温度
    {
        tf = t;
        tc = (t - INC) / FAC;
    }
    else                                 //输入错误
        tc = tf = 0.0;
    printf("The temperature is: %gC = %gF\n", tc, tf);
    return 0;
}
```

运行结果如下：

```
Enter temperature:43.5C↙
The temperature is:43.5C=110.3F
```

【实例02-16】计算邮资

扫一扫，看视频

描述：根据邮件的重量和用户是否选择加急计算邮资。计算规则：重量在 1000g 以内（包括 1000g），基本费为 8 元。超过 1000g 的部分，每 500g 加收超重费 4 元，不足 500g 部分按 500g 计算；如果用户选择加急，则多收 5 元。

分析：在计算邮资时根据重量需要分三种情况，所以需要使用多分支 if 语句。如果邮件重量小于等于 1000g，则邮资为 8 元；否则当邮件重量减去 1000g 能被 500 整除时，邮资计算公式为 8+((x-1000)/500)*4；其他情况下，邮资计算公式为 8+((x-1000)/500+1)*4。然后，再根据是否加急，使用单分支 if语句修改最后的邮资。

本实例的参考代码如下：

```c
#include <stdio.h>
int main(void)
{
    int weight, y;                       //邮件重量，邮资
    char isUrgent;                       //是否加急
    scanf("%d %c", &weight, &isUrgent);
    if (weight <= 1000)
        y = 8;                           //如果重量小于等于1000g，则邮资为8元
```

```
    else if ((weight - 1000) % 500 == 0)
        y = 8 + ((weight - 1000) / 500) * 4;      //如果重量减去 1000g 能被 500 整除
    else
        y = 8 + ((weight - 1000) / 500 + 1) * 4;  //其他情况下
    if (isUrgent == 'y')
        y += 5;                                   //如果加急，则邮资加 5 元
    printf("%d\n", y);
    return 0;
}
```

运行结果如下：

```
3000 y↙
29
```

程序代码的执行过程就是一个计算过程，计算逻辑需要程序员表达正确，因为如果计算逻辑表达错误了，编译器无法检查出来。因此，在编写程序后，需要阅读审查代码，并多次使用不同的数据进行测试。

目前我们已经学习了三种选择语句，实际上这三种选择语句可以嵌套使用。在阅读代码时需要注意的是，**选择语句中的 else 语句总是与最近的且没有被 else 语句匹配的 if 语句匹配**。

编写可读性好的程序代码是每个程序员必备的技能之一。

阅读下面的程序代码，分析代码中的两个 else 语句都与哪个 if 语句匹配，代码执行后，b 的值是多少。运行此代码，验证分析结果是否与实际运行结果一致。

```
#include <stdio.h>
int main(void)
{
    int a = 0, b = 0;
    if (a == 1)
        b++;
    else if (a == 0)
        if (a)
            b += 2;
    else
        b += 3;
    printf("b=%d", b);
    return 0;
}
```

运行结果如下：

```
b=3
```

这段程序中使用了选择语句 if-else，但是在书写过程中，else 语句与前面的 if 语句没有对齐，造成了代码可读性较差。更加规范的书写方式是将 else 语句和最近的且没有被 else 语句匹配的 if 语句对齐，这样可以增强代码的可读性，让代码更加易懂、易读。因此，在撰写代码时，不仅要考虑代码逻辑的正确性，也要注意代码的可读性，让代码易于维护和理解。下面是修改后的代码：

```
#include <stdio.h>
int main(void)
{
    int a = 0, b = 0;
    if (a == 1)
        b++;
    else if (a == 0)        //else 语句总是与它匹配的 if 语句对齐
    {
        if (a)
            b += 2;
        else                //else 语句总是与它匹配的 if 语句对齐
            b += 3;
    }
    printf("b=%d", b);
    return 0;
```

```
    }
```

📚 【实例 02-17】判断成绩等级

扫一扫，看视频

描述：输入一个学生的成绩（0～100），输出其对应的等级（A～E）。其中，A：90～100；B：80～89；C：70～79；D：60～69；E：0～59。

分析：这个问题显然涉及 5 种情况，所以可用多分支 if 语句，5 个分支需要 4 个关系表达式，从 5 个分支中选择各个等级对应的条件，以确定等级。

本实例的参考代码如下：

```c
#include <stdio.h>
int main(void)
{
    int score;                    //存放成绩的整型变量
    char grade;                   //存放成绩对应的等级
    printf("输入 0~100 的成绩: ");  //提示输入成绩
    scanf("%d", &score);
    if (score >= 90)              //成绩在 90~100 分之间的等级为 A
        grade = 'A';
    else if (score >= 80)         //成绩在 80~89 分之间的等级为 B
        grade = 'B';
    else if (score >= 70)         //成绩在 70~79 分之间的等级为 C
        grade = 'C';
    else if (score >= 60)         //成绩在 60~69 分之间的等级为 D
        grade = 'D';
    else                          //成绩在 0~59 分之间的等级为 E
        grade = 'E';
    printf("%d 对应的等级为：%c\n", score, grade); //输出成绩及等级
    return 0;
}
```

运行结果如下：

输入 0~100 的成绩: 78✓
78 对应的等级为: C

由于输入的成绩在 0～100 之间，因此需要判断成绩是否大于等于 90，如果是，则等级为 A；否则进行第 2 个条件的判断。因此，第 2 个条件不需要写成 score >= 80 && score < 90，以此类推。

🔔　编写代码时不仅需要注意代码的逻辑正确性，而且要兼顾代码的效率和可读性，只有这样才能在实际运用中更好地发挥代码的价值。

如果要判断某个整数的值是否在 1～10 之间，可以使用表达式 a >= 1 && a <= 10；而如果要判断某个整数的值是否不在 1～10 之间，可以使用表达式!(a >= 1 && a <= 10)，或者简化为 a < 1 || a > 10。这些写法能够正确地进行范围的判断。

那表达式 1 < a < 10 正确吗？

运行以下程序代码，以测试表达式 1 < a < 10 的运行结果。

```c
#include <stdio.h>
int main(void)
{
    int a;
    scanf("%d", &a);
    int re = (1 < a < 10);
    printf("表达式的计算结果是：%d\n", re);
    return 0;
}
```

为什么上面的代码当输入整数 5 时运行结果是 1，输入整数 20 时，运行结果还是 1 呢？

1 < a < 10 也是一个语法正确的表达式，因为关系运算符的结合性是从左到右的，所以先进

行 1 < a 的计算，结果是 1；再进行 1 < 10 的计算，结果还是 1，所以整个表达式的结果是 1。如果想要判断一个整数是否在 1~10 之间，要使用逻辑表达式：a > 1 && a < 10。

 编写表达式最重要的原则是准确地表达语义。虽然表达式的语法可能是正确的，但仅从语法角度来看并不能保证其语义的准确性。实际上，语义的准确性需要程序员自己来保证。

【实练 02-11】输出星期几对应的英文单词

输入一个整数（1~7），输出对应的星期几的英文单词，输入的数值如果不在 1~7 范围内，则提示输入错误。

扫一扫，看视频

【实例 02-18】判断字符类型

描述：输入一个字符，判断输入字符的类型。字符类型分为数字字符、字母字符、空白字符和其他字符。

分析：显然可以使用多分支 if 语句对输入字符的类型进行判断，共四种情况，代码的逻辑比较简单。本实例在实现字符类型判断时引入了 ctype.h 头文件。

扫一扫，看视频

本实例的参考代码如下：

```c
#include <stdio.h>
#include <ctype.h>
int main(void)
{
    char c;
    printf("请输入一个字符：");
    scanf("%c", &c);
    if (isdigit(c))
        printf("%c 是一个数字字符\n", c);
    else if (isalpha(c))
        printf("%c 是一个字母字符\n", c);
    else if (c=='')
        printf("%c 是一个空白字符\n", c);
    else
        printf("%c 是其他字符\n", c);
    return 0;
}
```

在上面的程序中，首先使用 scanf()函数将输入的字符存储到变量 c 中，之后判断变量 c 的字符类型。在判断字符类型时，使用 isdigit()函数判断是否为数字字符，使用 isalpha()函数判断是否为字母字符。

ctype.h 是一个 C 标准库头文件，提供一些用于判断字符属性和转换字符的函数。这些函数主要用于处理字符分类和大小写转换等常见操作。例如：

- isalpha：判断一个字符是否是字母字符。
- isdigit：判断一个字符是否是数字字符。
- isspace：判断一个字符是否是空白字符。
- isalnum：判断一个字符是否是字母或数字字符。
- isupper：判断一个字符是否是大写字母。
- islower：判断一个字符是否是小写字母。
- toupper：将一个字符转换为大写字母。
- tolower：将一个字符转换为小写字母。

用这些函数可以方便地处理字符属性和字符值的转换，避免手动处理字符时出现错误，以提高代码的可读性和可维护性。

【实例 02-19】疯狂的"双 11"

扫一扫，看视频

描述："双 11"购物季就快来了，小明喜欢吃的开心果在"双 11"将有活动推出。活动的规则是，第 1 件商品 8 折，第 2 件商品 6 折，第 3 件商品 5.5 折，第 4 件商品之后都是 5 折。购买商品超过 50 元包邮，否则邮费 10 元，请帮小明算算购买 N 袋价格为 W 的开心果需要花费多少钱。

输入包括两个数字，第 1 个数字为小明要购买的商品数量，为整数；第 2 个数字为商品的原始价格，为带小数的数字。输出小明要付的钱，保留两位小数。

输入样例：

```
5 6.0
```

输出样例：

```
27.70
```

分析：在计算小明要付的钱数时，可以分为四种情况：买 1 件、买 2 件、买 3 件及多于 3 件。所以可以使用多分支 if 语句。

本实例的参考代码如下：

```
#include <stdio.h>
int main(void)
{
    int n;                  //小明要购买的商品数量
    float price;            //开心果的原始价格
    scanf("%d%f", &n, &price);
    float money = 0;
    if (n == 1)             //1 件
        money = price * 0.8;
    else if (n == 2)        //2 件
        money = price * 0.8 + price * 0.6;
    else if (n == 3)        //3 件
        money = price * 0.8 + price * 0.6 + price * 0.55;
    else                    //多于 3 件
        money = price * (0.8 + 0.6 + 0.55) + (n - 3) * price * 0.5;
    if (money <= 50)        //购物金额不大于 50 元加 10 元邮费
        money += 10;
    printf("%.2f\n", money);
    return 0;
}
```

如果计算出的金额小于或等于 50，则需要增加 10 元邮费，这只需要一个单分支 if 语句即可。

【实例 02-20】求一元二次方程的根

扫一扫，看视频

描述：利用公式 $\dfrac{-b \pm \sqrt{b^2 - 4ac}}{2a}$ 求一元二次方程 $ax^2 + bx + c = 0$ 的根，其中 a 不等于 0。输入为 1 行，包含 3 个浮点数 a、b、c（它们之间以 1 个空格分开），分别表示方程 $ax^2 + bx + c = 0$ 的系数。输出为 1 行，表示方程的解。若 $b^2 = 4ac$，则两个实根相等，输出形式为 x1=x2=...；若 $b^2 > 4ac$，则两个实根不等，输出形式为 x1=...;x2=...，其中 x1>x2。若 $b^2 < 4ac$ 有两个虚根，则输出：x1=实部+虚部 i; x2=实部−虚部 i，即 x1 的虚部系数大于等于 x2 的虚部系数，实部为 0 时不可省略。实部 $= -b / (2a)$，虚部 $= \pm\sqrt{4ac - b^2} / (2a)$。所有实数部分要求精确到小数点后 5 位，数字、符号之间没有空格。

输入样例 1：

```
1.0 2.0 8.0
```

输出样例 1：

```
x1=-1.00000+2.64575i;x2=-1.00000-2.64575i
```

输入样例 2：

```
1 0 6
```

输出样例 2：

```
x1=0.00000+2.44949i;x2=0.00000-2.44949i
```

输入样例 3：

```
1 -5 6
```

输出样例 3：

```
x1=3.00000;x2=2.00000
```

分析：求一元二次方程的根，要根据 b^2-4ac 的值，分为三种情况进行求值，因此，需要用到多分支 if 语句。可以先计算出 deta=b^2-4ac 的值，如果 deta>0，有两个实根，由于输出时还要求 x1>x2，所以还要分两种情况；当 deta<0 时，有两个虚根，这时，还需要考虑输出不能出现+-或—的情况；当 deta=0 时，有两个相等实根。求一元二次方程的根的算法流程图如图 2.9 所示。

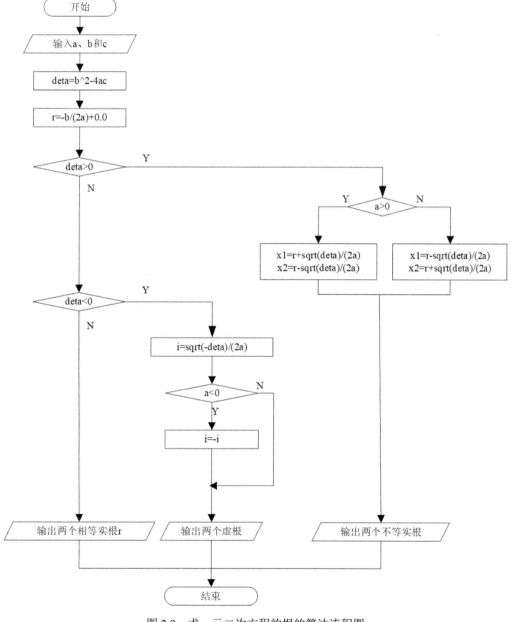

图 2.9　求一元二次方程的根的算法流程图

02

本实例的参考代码如下：

```c
#include <stdio.h>
#include <math.h>
int main(void)
{
    float a, b, c, x1, x2, deta, r, i;
    scanf("%f%f%f", &a, &b, &c);
    deta = b * b - 4 * a * c;
    r = -b / (2 * a) + 0.0;           //为了避免-0
    if (deta > 0)                     //两个实根
    {
        if (a > 0)                    //因为要求 x1>x2，所以又分为两种情况
        {
            x1 = r + sqrt(deta) / (2 * a);
            x2 = r - sqrt(deta) / (2 * a);
        }
        else
        {
            x1 = r - sqrt(deta) / (2 * a);
            x2 = r + sqrt(deta) / (2 * a);
        }
        printf("x1=%.5f;x2=%.5f\n", x1, x2);
    }
    else if (deta < 0)                //两个虚根
    {
        i = sqrt(-deta) / (2 * a);
        if (a < 0)                    //分两种情况以保证不输出"+-"和"--"
        {
            i = -i;
        }
        printf("x1=%.5f+%.5fi;x2=%.5f-%.5fi\n", r, i, r, i);
    }
    else                              //相等的实根
        printf("x1=x2=%.5f\n", r);
    return 0;
}
```

程序中的 r 变量的值是-b/(2a)，当 b=0 时，r 的值是-0，所以在计算时，再加一个 0.0 就可以避免这种情况。可以把这个+0.0 去掉，再运行这个程序。例如，输入的是 1 0 6，运行结果如下：

```
x1=-0.00000+2.44949i;x2=-0.00000-2.44949i
```

这个结果不是我们期望的。

由于要求输出的结果要保证 x1>x2（两个不等实根时），所以在 deta>0 时的多分支 if 语句中又使用了一个双分支 if 语句。这称为**嵌套的 if 语句**。同理，在 deta<0 时也是如此。代码看起来有点复杂，其实只要将选择控制语句当作一条语句，理解这段代码就容易很多了。

　　在编写程序时，要尽可能多地考虑多种输入情况，实际上也就是在编程前先编写测试用例，把不同情况下可能的输入都考虑到，当代码编写完成时，用这些数据测试自己的代码，看程序是否满足实际需求。

运行下面的程序代码，分析运行结果。

```c
#include <stdio.h>
int main(void)
{
    float a = 0.25;
    float b = 0.35;
    float c = a + b;
    if (c == 0.6)
        printf("0.25 + 0.35 == 0.6\n");
    else
```

```
        printf("0.25 + 0.35 != 0.6\n");
        printf("因为:\n");
        printf("c = %.8f\n", c);
        printf("0.6 = %.8f\n", 0.6);
        return 0;
    }
```

运行结果如下：

```
0.25 + 0.35 != 0.6
因为:
c = 0.60000002
0.6 = 0.60000000
```

由于计算机在存储浮点数时会存在精度损失，因此不建议使用 "=="操作符判断两个浮点数是否相等。一般而言，可以通过比较两个浮点数的差的绝对值判断它们是否相等。只要它们的差的绝对值足够小，如小于 1E–6，就可以认为它们是相等的。

所以判断两个数是否相等的代码可以改为如下内容。

```
if (fabs(c - 0.6) < 1E-6)
    printf("0.25 + 0.35 == 0.6\n");
else
    printf("0.25 + 0.35 != 0.6\n");
```

🎐【实例 02-21】计算 BMI

扫一扫，看视频

描述：请编写一个程序，根据下面的公式计算 BMI，同时根据我国的标准判断你的体重属于何种类型。

$$t = w / h^2$$

其中，t 表示 BMI；w（以 kg 为单位，如 70kg）表示某人的体重；h（以 m 为单位，如 1.74m）表示某人的身高。当 $t<18.5$ 时，属于偏瘦；当 $18.5 \leqslant t < 24$ 时，属于正常的体重；当 $24 \leqslant t < 28$ 时，属于过重；当 $t \geqslant 28$ 时，属于肥胖。

分析：根据问题描述，需要根据 BMI 的值判断体重类型。体重类型分为四种情况，所以可以使用多分支 if 语句，程序的逻辑比较简单。

本实例的参考代码如下：

```
#include <stdio.h>
int main(void)
{
    double h, w, t;
    //输入身高和体重
    printf("请输入您的身高（以 m 为单位）: ");
    scanf("%lf", &h);
    printf("请输入您的体重（以 kg 为单位）: ");
    scanf("%lf", &w);
    t = w / (h * h);        //计算 BMI
    //判断体重类型
    if (t < 18.5)
    {
        printf("您的 BMI 为%.2f，属于偏瘦。\n", t);
    }
    else if (t >= 18.5 && t < 24)
    {
        printf("您的 BMI 为%.2f，属于正常的体重。\n", t);
    }
    else if (t >= 24 && t < 28)
    {
        printf("您的 BMI 为%.2f，属于过重。\n", t);
    }
    else
    {
```

```
        printf("您的BMI为%.2f，属于肥胖。\n", t);
    }
    return 0;
}
```

扫一扫，看视频

【实例02-22】月之天数

描述：输入年份 year 和月份 month 的值，输出 year 年 month 月的天数，0<year ≤3000，1≤month≤12。

输入样例：

```
2023 7
```

输出样例：

```
31
```

分析：我们知道一年有 12 个月，分为三种情况：平月、二月和大月。其中，平月指 4、6、9 和 11 月，每月有 30 天；二月份的天数还与当年是否为闰年有关，如果是闰年，则天数是 29 天，否则是 28 天；而其他月份则是大月，每月有 31 天。因此，可以使用多分支 if 语句判断每个月的天数。

本实例的参考代码如下：

```
#include <stdio.h>
int main(void)
{
    int year, month;
    int days;
    scanf("%d %d", &year, &month);
    if (month == 4 || month == 6 || month == 9 || month == 11)    //平月
        days = 30;
    else if (month == 2)                                          //二月
    {
        //判断是不是闰年
        if ((year % 4 == 0 && year % 100 != 0) || year % 400 == 0)
            days = 29;
        else
            days = 28;
    }
    else
        days = 31;                                                //大月
    printf("%d\n", days);
    return 0;
}
```

判断月份是否是平月，可以使用条件表达式 month == 4 || month == 6 || month == 9 || month == 11。用这个表达式可以判断变量 month 是否等于 4、6、9 或 11 这几个值，如果是其中任意一个值，表达式的结果将为真。

然而，将表达式改为 month == 4, 6, 8, 11 是不正确的。尽管这样的表达式在语法上是合法的，但它的语义是不正确的。实际上，无论 month 的值是多少，这个表达式的结果总是 11，导致了错误的判断。

为了清晰地表达判断条件，在使用多个比较值时，应该逐个列出每个需要比较的值，而不能简单地用逗号连接。这样可以确保正确地判断条件，避免产生语义错误。

在处理二月份的分支时，可以将内部的 if 语句视为一条普通的语句来理解。尽管这种嵌套结构可能会使代码看起来复杂一些，但实际上在编写代码时，我们可以**按层次有序地组织代码，先写外层的逻辑，再写内层的逻辑**。这样的编码方式可以让代码的逻辑更加清晰易读，方便后续的维护和开发工作。

另外一个常用的多分支选择语句是**多分支 switch 语句**，也称为**开关语句**。下面是用多分支 switch 语句计算月份天数的代码。

```
#include <stdio.h>
int main(void)
{
    int year, month;
    int days;
    scanf("%d %d", &year, &month);
    switch (month)
    {
    case 4:
    case 6:
    case 9:
    case 11:
        days = 30;                  //平月
        break;
    case 2:                         //二月，还要看是不是闰年
        if ((year % 4 == 0 && year % 100 != 0) || year % 400 == 0)
            days = 29;              //闰年
        else
            days = 28;              //非闰年
        break;
    default:
        days = 31;                  //默认情况下是大月，有 31 天
        break;
    }
    printf("%d\n", days);
    return 0;
}
```

上面的代码使用了**多分支 switch 语句**，语法如下：

```
switch(表达式)
{
case 常量值 1：语句 1；[break;]
case 常量值 2：语句 2；[break;]
        ...
case 常量值 n：语句 n；[break;]
[default:语句 n+1;] [break;]
}
```

执行 switch 语句时，先计算表达式的值，根据表达式的值在每个 case 分支中进行比较，如果匹配，则执行该分支内的语句；如果没有一个 case 分支与表达式的值匹配，则执行 default 分支（如果存在）中的语句；如果不存在 default 分支，则直接跳过整个 switch 语句。

每个 case 后的常量值的类型应与 switch 后面圆括号内表达式的类型一致，并且该表达式的值只能是整型、字符类型或枚举类型。

关键字 case 后面只能跟常量，case 与常量值之间至少有一个空格，常量值后再跟一个冒号，表示是一个语句标号，也称为 **case 标签**。一条 switch 语句中的 case 标签互不相同。case 标签只起到标识语句的作用，它本身不能被执行，所以不能是一个表达式。

case 标签冒号后的语句可以省略不写，此时如果匹配到这个常量值，将执行后续 case 标签后面的语句，一般用于多个 case 共享可执行语句的情况，如本实例中平月的四个 case 标签共享一条赋值语句。

switch 语句中的 break 语句出现在每个分支的最后，以保证形成真正意义的多分支，这是大多数情况下的 switch 语句流程。这样可以使程序在执行完当前 case 分支的语句后，跳出 switch 语句，以避免继续执行下一个 case 分支的语句。如果不加 break 语句，程序会继续顺序执行下一个 case 分支的语句，直到遇到 break 语句或 switch 语句结束。

但某些情况下，若想让程序在匹配到某个 case 标签后，继续执行后续的 case 分支语句。这种情况下，可以在相应的 case 分支中省略 break 语句。

default 标签可以出现在 switch 语句中的任意位置，不一定非要出现在结尾。它的作用是处理所有未匹配到 case 标签的情况。同时，default 标签也是可选的，可以根据具体需求决定是否需要包含该标签。建议在 switch 语句的末尾添加一个 default 分支来处理未匹配到任何 case 标签的情况，以防止出现意外的结果。

多分支 switch 语句流程图如图 2.10 所示。该流程图可以帮助我们更好地理解 switch 语句。

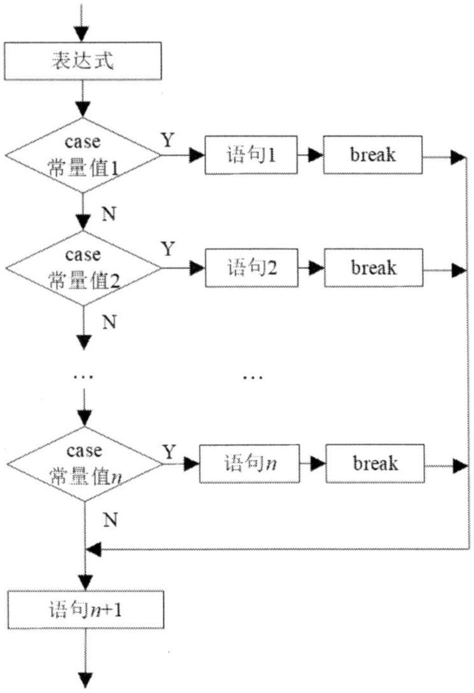

本实例的代码未验证输入的正确性。如果输入的年份或月份不符合要求，代码可能会产生不正确的结果。为了提高代码的健壮性，应该考虑对输入进行验证，确保它们在有效的范围内。下面的代码加入了数据验证。读者可以自行尝试，掌握如何进行数据验证。

图 2.10　多分支 switch 语句流程图

```c
#include <stdio.h>
int main(void)
{
    int year, month;
    int days;
    printf("请输入年份和月份（以空格分隔）: ");
    if (scanf("%d %d", &year, &month) != 2)
    {
        printf("输入格式错误! \n");
        return 1;               //输入格式错误，退出程序
    }
    if (year <= 0 || month < 1 || month > 12)
    {
        printf("输入的年份或月份无效! \n");
        return 1;               //输入的年份或月份无效，退出程序
    }
    switch (month)
    {
    case 4:
    case 6:
    case 9:
    case 11:
        days = 30;              //平月
        break;
    case 2:                     //二月，还要看是不是闰年
        if ((year % 4 == 0 && year % 100 != 0) || year % 400 == 0)
            days = 29;          //闰年
        else
            days = 28;          //非闰年
        break;
    default:
        days = 31;              //默认情况下是大月，有 31 天
        break;
    }
    printf("%d 年%d 月有%d 天\n", year, month, days);
    return 0;
}
```

阅读并运行以下代码，以理解在 switch 语句中使用 break 语句的作用。

```c
#include <stdio.h>
int main(void)
{
```

```
int k = 10;
char c;
scanf("%c", &c);
switch (c)
{
case 'a': k++;
case 'b': k--;
case 'c': k += 3; break;
case 'd': k %= 4;
default: k -= 6;
}
printf("%d\n", k);
return 0;
}
```

（1）当输入字符 a 时，k 的值是 13。因为当 c 的值是字符'a'时，与第 1 个 case 常量匹配，连续执行 3 条语句后遇到了 break 语句，这时 switch 语句结束。

（2）当输入字符 d 时，k 的值是-4。因为当 c 的值是字符'd'时，与第 4 个 case 常量匹配，连续执行 2 条语句后遇到了 switch 语句的结束符"}"，这时 switch 语句结束。

【实例 02-23】不多于 5 位的正整数的处理

描述：输入一个不多于 5 位的正整数 x，要求：

（1）求出它是几位数。

（2）输出每一位数字，每位数字中间用一个空格隔开。

（3）输出该整数的逆序数，如原数为 321，应输出 123，而 120 则输出 21。

扫一扫，看视频

分析：如果要计算一个正整数的位数，可以使用数学方法。对于整数 x，其位数可以通过公式 $\lceil \log_{10}(x+1) \rceil$ 计算得出。由于最多只有 5 位数，因此可以使用多分支 switch 语句，对正整数五种可能的位数分别进行处理。通过使用数学方法计算位数，可以提高程序的运行效率；同时，通过使用多分支 switch 语句，可以使代码更简洁、易读，使处理逻辑更加明确。

本实例的参考代码如下：

```
#include <stdio.h>
#include <math.h>
int main(void)
{
    int x, numDigits, ones, tens, hundreds, thousands, tenThousands;
    scanf("%d", &x);
    numDigits = ceil(log10(x + 1));          //计算整数的位数
    //提取各位数字
    ones = x % 10;                           //个位
    tens = (x / 10) % 10;                    //十位
    hundreds = (x / 100) % 10;               //百位
    thousands = (x / 1000) % 10;             //千位
    tenThousands = (x / 10000) % 10;         //万位
    printf("位数：%d\n", numDigits);          //输出整数的位数
    switch (numDigits)
    {
    case 1: //1 位数
        printf("%d\n", ones);
        printf("%d\n", ones);
        break;
    case 2: //2 位数
        printf("%d %d\n", tens, ones);
        printf("%d\n", ones * 10 + tens);
        break;
    case 3: //3 位数
        printf("%d %d %d\n", hundreds, tens, ones);
        printf("%d\n", ones * 100 + tens * 10 + hundreds);
        break;
```

```
case 4: //4 位数
    printf("%d %d %d %d\n", thousands, hundreds, tens, ones);
    printf("%d\n", ones * 1000 + tens * 100 + hundreds * 10 + thousands);
    break;
case 5: //5 位数
    printf("%d %d %d %d %d\n", tenThousands, thousands,
            hundreds, tens, ones);
    printf("%d\n", ones * 10000 + tens * 1000 +
            hundreds * 100 + thousands * 10 + tenThousands);
    break;
default: //位数超过 5 位
    printf("输入无效\n");
    break;
    }
    return 0;
}
```

　　这个问题的逻辑非常清晰。第 1 步首先计算整数的位数；第 2 步则通过使用整除和取余运算分离出整数的每位数字；第 3 步，因为整数的位数最多只有 5 位，所以采用多分支 switch 语句来处理每种情况。

　　对于每种情况，该代码都通过正向输出每一位数字，并通过算术计算得出该整数的逆序数。采用这种计算方法，而不是逆序输出数的每位，主要是为了避免出现数字前面的 0。例如，如果整数是 1000，如果直接逆序输出它的每位，结果将是 0001，而我们需要的结果是 1。因此，通过计算逆序数的方法可以得到正确的结果。

　　这段代码是不是有点长，先别着急，等到后面学会了循环控制语句，可以使这段代码的行数至少缩短一半，是不是很期待呢？

【实练 02-12】不多于 5 位的正整数的处理

　　采用多分支 if 语句编写代码。

扫一扫，看视频

📖 【实例 02-24】检测输入的字母是否为元音字母

扫一扫，看视频

　　描述：要求编写一个程序，用于检测输入的字母是否为元音字母。元音字母是英语字母表中的 5 个字母，即 a、e、i、o、u。

　　分析：当判断一个字母是否为元音字母时，需要考虑字母的大小写。为了简化比较过程，可以将输入的字母统一转换为大写字母，然后使用多分支 switch 语句进行判断。

　　本实例的参考代码如下：

```
#include <stdio.h>
#include <ctype.h>
int main(void)
{
    char inputChar;
    printf("请输入一个字母：");
    scanf("%c", &inputChar);
    char uppercaseChar = toupper(inputChar); //将输入的字母转换为大写字母，方便进行比较
    switch (uppercaseChar)
    {
    case 'A':
    case 'E':
    case 'I':
    case 'O':
    case 'U':
        printf("%c 是元音字母\n", inputChar);
        break;
    default:
        printf("%c 不是元音字母\n", inputChar);
        break;
```

```
    }
    return 0;
}
```

以上代码通过使用 toupper 函数将输入字母转换为大写字母，然后使用 switch 语句判断字母是否为元音字母。若是，则输出信息提示该字母为元音字母；否则提示该字母不是元音字母。程序只会处理一次输入，如果需要重复输入并检测，则需要添加循环语句来实现。

【实例 02-25】简单计算器

描述：一个最简单的计算器，支持 +、-、*、/ 四种运算。仅需考虑输入和输出为整数的情况，数据和运算结果不会超过 int 表示的范围。输入只有一行，共有 3 个参数，其中第 1 个和第 2 个参数为整数，第 3 个参数为操作符（+、-、*、/）。输出只有一行，即一个整数。但是：

（1）如果出现除数为 0 的情况，则输出 Divided by zero!。

（2）如果出现无效的操作符（即不为 +、-、*、/ 之一），则输出 Invalid operator!。

输入样例 1：

```
3 4 +
```

输出样例 1：

```
7
```

输入样例 2：

```
5 0 /
```

输出样例 2：

```
Divided by zero!
```

分析：通过对简单计算器这个问题进行分析，存在五种情况，即四种运算符和无效运算符。因此可使用多分支 switch 语句。

本实例的参考代码如下：

```c
#include <stdio.h>
int main(void)
{
    int num1, num2;    //两个运算的整数
    char oper;          //运算符
    scanf("%d %d %c", &num1, &num2, &oper);
    //根据运算符进行相应的运算
    switch (oper)
    {
    case '+':
        printf("%d\n", num1 + num2);
        break;
    case '-':
        printf("%d\n", num1 - num2);
        break;
    case '*':
        printf("%d\n", num1 * num2);
        break;
    case '/': //需要判断是否为 0，避免除数为 0 的情况
        if (num2 == 0)
            printf("Divided by zero!\n");
        else
            printf("%d\n", num1 / num2);
        break;
    default: //无效的运算符
        printf("Invalid operator!\n");
        break;
    }
    return 0;
}
```

这段代码使用了多分支 switch 语句，并嵌套了一个双分支 if 语句。

> 选择语句在逻辑上可以互相嵌套，关键在于厘清逻辑思路。选择语句本质上也是语句，因此可以将一个选择语句用作另一个选择语句的分支语句。

扫一扫，看视频

【实练 02-13】简单计算器

采用多分支 if 语句编写代码，实现简单计算器。

【实练 02-14】成绩等级

采用多分支 switch 语句编写实例 02-17 的程序代码。

扫一扫，看视频

小　　结

在本章中，我们先学习了关系运算符和逻辑运算符。关系运算符用于比较两个值之间的关系，如大于、小于、等于等；逻辑运算符用于组合关系表达式，形成更复杂的逻辑条件。

关系表达式和逻辑表达式都会计算出一个布尔值，即 1 表示真，0 表示假。这些表达式通常用作流程控制语句中的条件表达式，用于决定程序的执行路径。通过运用关系运算符和逻辑运算符，可以根据条件的真假来控制程序的流程。

此外，我们还学习了 C 语言中的三元运算符：条件运算符（?:）。条件运算符是 C 语言中唯一的三元运算符，它可以根据条件的真假返回不同的值。

另外，C 语言提供了四种选择控制语句来帮助我们根据不同的情况做出选择和决策。这些选择控制语句包括：

（1）单分支 if 语句。用于判断一个条件是否成立，如果条件为真，则执行相应的语句块。

（2）双分支 if 语句。除了判断条件是否成立外，还可以在条件不成立时执行另外一组语句块。

（3）多分支 if 语句。用于根据多个条件的不同情况执行不同的语句块。

（4）多分支 switch 语句。根据一个表达式的值选择执行与其值对应的一种情况的语句块。

我们可以根据问题的需求灵活选择合适的语句结构，并且这四种选择控制语句可以相互嵌套，从而可以解决更加复杂的问题。

第 3 章　循环控制语句

本章的知识点:

❥ for、while 和 do...while 循环语句。
❥ 循环嵌套、循环中断。
❥ 用循环解决图形输出、枚举等问题。

虽然计算机可以在短时间内批量处理上万条指令,但对于一些具有规律性的问题,如计算多个学生的平均成绩或对多个学生的成绩进行排序,仅使用顺序或选择控制语句实现每一步操作是不可能的。可以利用循环控制语句让计算机反复执行类似的任务,这也是计算机最擅长的领域之一。

在本章中,我们将通过一些实例来介绍循环结构的程序设计,同时也会回顾之前学过的知识。通过本章的学习,读者将初步感受到计算机高效解决问题的能力。

【实例 03-01】1~n 的整数和

扫一扫,看视频

描述:输入正整数 n($n \leq 10000$),输出 1~n 的整数和。

分析:如果只使用顺序结构,那么在输入 n 值后,可以利用公式 $n * (n + 1) / 2$ 来求解 1~n 的整数和。不过,现在可以换一种思路来解决这个问题。可以使用公式 sum = 1 + 2 + … + n,首先初始化 sum 为 0;然后,依次取 i 的值为 1,2,…,n,每次将 i 的值累加到 sum 中。这个操作过程类似于使用计算器逐步计算,首先将计算器清零(相当于 sum = 0),然后进行+1,+2,…,+n 的操作,最后 sum 的值就等于 1~n 的整数和。

本实例的参考代码如下:

```c
#include <stdio.h>
int main(void)
{
    int n, sum = 0, i;          //sum 存放最后的和,相当于累加器
    scanf("%d", &n);
    for (i = 1; i <= n; i++)    //i 的值从 1 变到 n
        sum += i;               //将 i 的值加到累加器 sum 中
    printf("sum = %d\n", sum);
    return 0;
}
```

运行结果如下:

```
100↙
sum = 5050
```

程序中使用了**循环控制语句**,在给定条件(称为**循环条件**)成立的情况下,重复执行某个特定程序段(称为**循环体**);否则不执行这个特定程序段,而执行这个特定程序段的后续语句。

循环控制语句包括三个重要要素:循环初始化操作、循环条件和循环体。在使用循环控制语句时,必须清楚地了解这三个要素的作用和关系。

(1)循环初始化操作用于设置循环的起始状态,通常包括变量的初始化或赋初值等操作。

(2)循环条件是一个逻辑表达式,用于判断循环是否继续执行。只有当循环条件为真时,循环体才会执行;当循环条件为假时,循环中止。

（3）循环体是包含在循环中的语句，它们被反复执行，直到不满足循环条件为止。

for 循环语句前的 sum = 0 和 for 语句中的 i = 1 为循环初始化操作，而 for 语句中的 i <= n 为循环条件表达式，sum += i 和 i++ 构成了循环体。

for 循环语句的语法如下：

```
for (表达式1; 表达式2; 表达式3)
    语句
```

for 循环语句的 "( )" 中有且仅有两个分号将三个表达式隔开，且在括号之后不需要再添加分号。

在 for 循环体中，可以是一个简单的语句，也可以是用一对花括号括起来的一条或多条语句构成的复合语句，甚至可以是只包含一个分号的**空语句**。在 C 语言的语法中，通常会将 for 循环语句视为一个整体，所以任何可以出现单一语句的地方，都可以使用 for 循环语句。这一点对于理解嵌套循环非常有帮助。

如果将本实例程序中的 for 循环语句改成下面形式后运行（其他处不修改）：

```
for(i = 1; i <= n; i++);
```

运行结果如下：

```
100✓
sum = 101
```

显然，运行结果是不正确的。原因是**分号本身构成了空语句**，成了 for 语句的循环体，这时 sum += i;就不是 for 循环语句的一部分了，所以 for 循环语句结束后 i 的值为 101，因此 sum 的值为 0+101=101。

for 循环语句中的表达式 1 通常完成的是循环初始化操作；表达式 2 表示循环条件，理论上任何表达式都可以作为循环条件，但常见的是关系表达式或逻辑表达式，如果表达式的值为非 0，则表示循环条件成立；否则表示循环条件不成立。表达式 3 和语句则是循环体。for 循环语句的执行流程如图 3.1 所示。

在 C99 标准中，for 循环语句允许在表达式 1 中定义变量，如 for(int i = 1;...)。但需要注意的是，仅在该 for 循环语句中表达式 1 中定义的变量才能使用。

运行以下程序，观察在每次循环中变量 i 和 sum 的值是如何变化的。

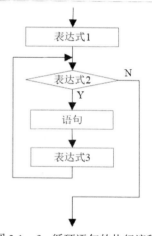

图 3.1　for 循环语句的执行流程

```c
#include <stdio.h>
int main(void)
{
    int n = 5, sum = 0, i;
    for (i = 1; i <= n; i++)
    {
        sum += i;
        printf("i = %d, sum = %d\n", i, sum);
    }
    printf("\ni = %d, sum = %d\n", i, sum);
    return 0;
}
```

运行结果如下：

```
i = 1, sum = 1
i = 2, sum = 3
i = 3, sum = 6
i = 4, sum = 10
i = 5, sum = 15

i = 6, sum = 15
```

虽然 for 循环会反复执行相同的语句，但每次迭代中的 i 和 sum 的值是不同的。

当 i 为 1 时，i <= 5 成立，执行 sum += 1，此时 sum 的值为 1，并将 i 自增 1。

当 i 为 2 时，i <= 5 成立，执行 sum += 2，此时 sum 的值为 3，并将 i 自增 1。

当 i 为 3 时，i <= 5 成立，执行 sum += 3，此时 sum 的值为 6，并将 i 自增 1。

当 i 为 4 时，i <= 5 成立，执行 sum += 4，此时 sum 的值为 10，并将 i 自增 1。

当 i 为 5 时，i <= 5 成立，执行 sum += 5，此时 sum 的值为 15，并将 i 自增 1。

当 i 为 6 时，i <= 5 不成立，跳出循环，并执行 for 循环语句的后续语句，将 i 和 sum 的值输出为 i = 6，sum = 15。

上面的执行过程对于理解 for 循环语句十分有用，建议读者启动编译器的调试功能，观察变量 i 和 sum 值的变化。

在循环结构中，循环初始化操作只会在第一次迭代前执行一次，循环条件至少会执行一次，而循环体则可能在执行过程中被跳过。例如，在第一次迭代时循环条件就不成立，导致循环体不会被执行。**如果循环体被执行了 k 次，那么循环条件被执行的次数就是 $k+1$ 次**。这是因为在执行第 $k+1$ 次迭代时，循环条件表达式的值将会为 0，导致循环结束。

循环控制语句是指实现循环结构的语句，除 for 循环语句外，还有 **while、do…while** 和 **if** 与 **goto** 结合使用的语句。

【实练 03-01】求区间内整数的和

给定非负整数 m 和 n（其中满足 $0 \leqslant m \leqslant n \leqslant 100000$），编程求解闭区间 $[m, n]$ 内所有整数的和。

【实例 03-02】等差数列的和

描述：输入等差数列的首项 a，等差 d 及 n（a、d 均为整数），输出等差数列前 n 项的和。

分析：求等差数列前 n 项的和可以使用公式 $(a + a_n)*n/2$，其中 a_n 为第 n 项的值，这里使用循环语句实现。实例 03-01 实际上是求首项为 1、等差为 1 的等差数列前 n 项的和。参考实例 03-01 的代码，并相应地进行修改，即可得到本实例所需的代码。

本实例的参考代码如下：

```c
#include <stdio.h>
int main(void)
{
    int a, d, n, sum = 0;
    scanf("%d %d %d", &a, &d, &n);
    for (int i = 1; i <= n; i++)
    {
        sum += a;      //将第 i 项加到 sum 中
        a += d;        //求第 i + 1 项
    }
    printf("sum = %d\n", sum);
    return 0;
}
```

运行结果如下：

```
1 2 5↵
sum = 25
```

在编程时，如果循环次数明确，使用 for 循环语句是最好的选择。例如，对于 for(int i = 1; i <= n; i++)，可以理解为 i 从 1 开始递增，直到为 n 为止。因为 i 依次取 1, 2, …, n，所以循环体将被执行 n 次。在这里，i 的作用只是一个计数器，用于控制循环次数。

当然，也可以使用 for(int i = 0; i < n; i++)这种形式，实际上 for 循环语句有多种写法，只要能够正确地控制循环次数为 n 即可。**需要记住的是，for 循环语句中的三个表达式必须能够正确地实现循环计数和循环条件的判断**。

在循环体中，包含了将第 i 项累加到总和 sum 中和求第 i+1 项两个语句。由于循环体语句超过了一条，因此需要使用复合语句。

如果没有使用复合语句，也就是没有把 sum += a; 和 a += d; 这两条语句用{}括起来，那么只有 sum += a; 一条语句会被循环执行，而另一条语句 a += d; 则不会被循环执行，这将导致错误的运行结果。

 建议初学者在使用循环控制语句时，无论循环体是否只有一条语句，都应该用{}括起来。这是因为在没有{}时，循环体只能包含一条语句，这将导致在循环中执行多条语句时，只有循环体中的第一条语句被循环执行，而其他语句没有被循环执行。这可能会影响程序的正确性和执行结果，最终导致错误的输出。因此，为了确保循环正常执行，最好将循环体用{}括起来，避免因缺少{}而导致错误。

 在编写循环体时，有两个重要问题需要注意。首先是变量的初始值，在循环中变量的值会被重复修改，因此初始值必须正确设置。其次是要仔细检查循环体内每条语句的逻辑和变量值的修改。只有这样，才能确保循环按预期执行，以及程序的输出结果是正确的。因此，编写循环体时需要注意初始值和语句逻辑的正确性，以确保程序的正确性。

【实练 03-02】求区间内奇数的和

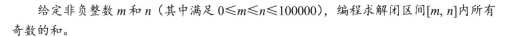

给定非负整数 m 和 n（其中满足 $0 \leq m \leq n \leq 100000$），编程求解闭区间 $[m, n]$ 内所有奇数的和。

扫一扫，看视频

【实例 03-03】整数 n 的阶乘

描述：输入整数 n（$n \leq 15$），输出 $n!$ 的值。

分析：参考实例 03-01，定义 n 及存放 $n!$ 值的变量 fact，使用 for 循环语句，只需要将循环体改为 fact *= i，就可以实现 fact = 1 * 2 * ... * n。

本实例的参考代码如下：

```c
#include <stdio.h>
int main(void)
{
    int n;
    int fact = 1;
    scanf("%d", &n);  //运行时注意 n 的值不能大于 15
    for (int i = 1; i <= n; i++)
    {
        fact *= i;     //累乘
    }
    printf("%d! = %d\n", n, fact);
    return 0;
}
```

运行结果如下：

```
10✓
10! = 3628800
```

前三个实例都展示了循环控制语句的迭代应用。此类问题具有一定的规律性，每次循环都需要从上一次的运算结果中获取数据，同时每次循环得到的结果都是为下一次循环做准备。在本实例的程序中，当 i=3 时，阶乘 fact 的值来自 i=2 时的结果 2，基于这个结果，计算出 fact=2*3=6，从而为下一次 i=4 时的循环做好准备。这个过程中，i 的值也逐渐递增。因此，在编写这类循环程序时，需要仔细推敲变量如何递增或递减，以及如何控制循环结束条件，以确保每次循环都能够正确执行。

再次运行程序，输入 n 的值为 18，运行结果如下：

```
18✓
18! = -898433024
```

这是因为计算阶乘时，结果的值可能非常大，超出了 int 类型的表示范围，出现了数据溢出问题。

当 n!超出 int 类型的表示范围时，可以使用更大的整数类型或者使用浮点类型存储阶乘值。

对于本实例的程序，可进行两处修改。首先，将变量 fact 的类型从 int 改为 long long，即 long long fact;其次，将%d 改为%lld，即 printf("%d! = %lld\n", n, fact)。

再次运行程序，输入 n 的值为 18，运行结果如下：

```
18✓
18! = 6402373705728000
```

通过修改数据类型，代码可以正确处理较大的阶乘值。

int 类型能够存储的最大阶乘是 15!，而 long long 类型可以存储的最大阶乘是 20!。如果需要计算超过 20 的阶乘，可以使用浮点类型来存储结果。在处理较大的阶乘值时，可以通过使用浮点类型变量确保结果的准确性。

> 在编写程序时，需要预估所处理数据的范围，并选择合适的数据类型来存储这些数据。如果所选数据类型的表示范围不足以容纳所求需的结果数据，将会导致程序的运行结果产生错误。

【实练 03-03】x 的 n 次幂

输入一个 double 类型的数据 x 和一个 int 类型的数据 n，其中 n 需满足 $0 \leqslant n \leqslant 15$。程序将计算 x 的 n 次幂，并将输出结果保留到小数点后 4 位（保证该结果在 double 类型的表示范围内）。

扫一扫，看视频

【实例 03-04】平均年龄问题

扫一扫，看视频

描述：班级有 n 名学生，给出每名学生的年龄（整数），求所有学生的平均年龄，保留到小数点后两位。输入学生人数 n（$1 \leqslant n \leqslant 100$）和 n 个学生的年龄，整数之间用一个空格隔开；输出一个表示平均年龄的小数，保留到小数点后两位。

分析：解决这个问题的第一步是考虑如何存储 n 个学生的年龄。由于学生人数在运行时才能确定，因此不能定义 n 个变量来存储。可以通过定义一个临时变量 age 来存储每个学生的年龄。每次循环时，先将一个年龄存储到 age 中，然后将 age 的值加到年龄总和变量 sum 中，共循环 n 次。循环结束后，sum 的值将是 n 个学生的年龄总和，这时再计算平均年龄就很容易了。

本实例的参考代码如下：

```c
#include <stdio.h>

int main(void)
{
    int n;
    double sum = 0;

    printf("输入学生数：");
    scanf("%d", &n);
    int age;                    //学生的年龄
    for (int i = 1; i <= n; i++)   //循环 n 次
    {
        scanf("%d", &age);
        sum += age;             //累加求和
    }
    printf("平均年龄为：%.2f\n", sum / n);

    return 0;
}
```

运行结果如下：

输入学生数：5✓

```
16 17 18 19 20↙
平均年龄为：18.00
```

【实例 03-05】最大跨度值

扫一扫，看视频

描述：给定一个长度为 n 的非负整数序列，计算序列的最大跨度值，即最大值减去最小值的差。输入共两行：第一行输入序列的个数 n，满足 1 ≤ n ≤1000；第二行输入序列的 n 个非负整数，每个整数都不超过 1000，并且整数之间以一个空格分隔。输出一个整数，表示序列的最大跨度值。

分析：首先，读取序列整数的个数 n；然后，读取序列的 n 个整数，并通过比较找到序列中的最大值 maxV 和最小值 minV；最后，计算最大跨度值并将其输出。

本实例的参考代码如下：

```c
#include <stdio.h>
int main(void)
{
    int n, maxV, minV;
    scanf("%d", &n);                //n 个整数
    scanf("%d", &maxV);             //读第一个整数到变量 maxV 中
    minV = maxV;                    //第一个数既是最大值也是最小值
    int tmp;
    for (int i = 2; i <= n; i++)
    {
        scanf("%d", &tmp);          //读一个整数到变量 tmp 中
        if (tmp > maxV)             //与最大值比
            maxV = tmp;
        if (tmp < minV)            //与最小值比
            minV = tmp;
    }
    printf("%d\n", maxV - minV);    //输出最大跨度值
    return 0;
}
```

运行结果如下：

```
6↙
34 2 6 7 12 5↙
32
```

定义变量 n 用于存储输入的整数个数，以及变量 maxV 和 minV，分别用于保存当前的最大值和最小值。

使用 scanf 函数依次读取输入的整数，将第一个整数赋值给 maxV 并将其同时赋值给 minV，此时第一个数既是最大值也是最小值。

进入 for 循环，从第二个整数开始，使用 scanf 函数读取输入的整数并保存到临时变量 tmp 中。使用 if 语句判断 tmp 是否大于当前的最大值 maxV，如果是，则更新 maxV 的值为 tmp。同理，使用 if 语句判断 tmp 是否小于当前的最小值 minV，如果是，则更新 minV 的值为 tmp。

循环结束后，计算最大跨度值，即最大值与最小值之差，并使用 printf 函数输出结果。

因为非负整数序列不超过 1000，因此可以将 maxV 的初值赋为–1，minV 的初值赋为 1001。这样，使用这两个变量来追踪最大值和最小值时，与所遍历的数据进行比较，可以确保它们能够被正确更新。也就是说，在事先知道数据范围的情况下，给 maxV 赋一个小于所有数据的数，给 minV 赋一个大于所有数据的数，可以确保循环比较后得到正确的结果。

运行以下程序并理解初始化 maxV 和 minV 的思想。

```c
#include <stdio.h>
int main(void)
{
    int n, maxV = -1, minV = 1001;
    scanf("%d", &n);
    int tmp;
```

```
        for (int i = 1; i <= n; i++)
        {
            scanf("%d", &tmp);
            if (tmp > maxV)
                maxV = tmp;
            if (tmp < minV)
                minV = tmp;
        }
        printf("%d\n", maxV - minV);
        return 0;
    }
```

扫一扫，看视频

📚【实例 03-06】真因子之和

描述：编写一个程序，接收一个整数 n（$n \le 1000$），然后计算 n 的所有真因子之和。真因子是指除了 n 本身以外的所有因子。例如，如果输入的是 6，那么 6 的真因子之和是 1+2+3=6。

分析：首先定义一个变量 sum 存储求和的结果，并且将 sum 初始化为 0。对于计算整数 n 的真因子之和，可以通过使用 for 循环从 1 到 n–1 遍历每个数，并将能被 n 整除的数累加到 sum 中来实现。这样可以得到最终的因子和。

本实例的参考代码如下：

```
#include <stdio.h>
int main(void)
{
    int n;
    scanf("%d", &n);            //输入一个整数 n
    int sum = 0;                //初始化因子和（不包括本身）为 0
    int i;
    for (i = 1; i < n; i++)     //从 1 到 n-1 遍历每个数
    {
        if (n % i == 0)         //如果 i 是 n 的因子（可以整除），则进行下面的操作
            sum += i;           //将 i 加到 sum 中
    }
    printf("%d", sum);          //输出因子和
    return 0;
}
```

📚【实例 03-07】球弹跳的高度

扫一扫，看视频

描述：一个球从某一高度落下（整数，单位为米），每次落地后反弹回原来高度的一半，再落下。编程计算球在第 10 次落地时，共经过多少米？第 10 次反弹多高？输入一个整数 h，表示球的初始高度；输出球第 10 次落地时，一共经过多少米及第 10 次弹跳的高度。

分析：在编写循环迭代的程序代码时，重要的是对计算过程进行分析，并理解每次循环后变量值的变化规律。正确地分析计算顺序是编写正确代码的关键。

如果想要计算球经过 10 次反弹后的总距离及第 10 次弹跳的高度，可以定义一个变量 distance 来记录球经过的距离，初始值为 0。同时，可以定义一个变量 h 来记录球的初始高度。在第一次球落地时，将 distance 的值设定为 h。在接下来的 9 次弹跳中，每次球反弹回原来高度的一半并重新落地，因此需要将 h 的值更新为原来的一半，并将 2h 累加到 distance 上。

为了实现这个过程，可以使用一个 for 循环，重复执行 9 次。在每次循环中，先将 h 的值更新为原来的一半，再将 2h 累加到 distance 上。通过这样的循环迭代计算，最终可以得到球经过 10 次反弹后的总距离 distance 及第 10 次弹跳的高度 h。

本实例的参考代码如下：

```
#include <stdio.h>
int main(void)
{
    double distance = 0, h;
```

```
    scanf("%lf", &h);
    distance = h;                        //第 1 次落地
    for (int i = 2; i <= 10; i++)        //第 2~10 次落地
    {
        distance += h;
        h = h / 2;                       //落地后弹起的高度为原来高度的一半
    }
    printf("球在第 10 次落地时，共经过%g 米\n", distance);
    printf("第 10 次反弹%g 米\n", h / 2);
    return 0;
}
```

运行结果如下：

20↙

球在第 10 次落地时，共经过 59.9219 米
第 10 次反弹 0.0195313 米

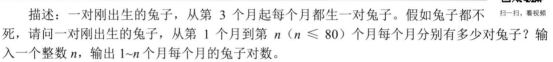

【实例 03-08】兔子繁殖问题

扫一扫，看视频

描述：一对刚出生的兔子，从第 3 个月起每个月都生一对兔子。假如兔子都不死，请问一对刚出生的兔子，从第 1 个月到第 n（$n \le 80$）个月每个月分别有多少对兔子？输入一个整数 n，输出 1~n 个月每个月的兔子对数。

分析：兔子第 3 个月才会生出兔子。因此，第 1 个月有 1 对兔子，第 2 个月也是 1 对兔子，第 3 个月有 2 对兔子（1 对老兔子+1 对老兔子新生的兔子），第 4 个月是 3 对兔子（1 对老兔子+1 对由老兔子又新生的兔子和 1 对第 3 个月出生的兔子），第 5 个月是 5 对兔子（1 对老兔子+1 对由老兔子新生的兔子+1 对第 3 个月出生的兔子+1 对由第 3 个月出生的兔子新生的兔子+1 对第 4 个月出生的兔子），以此类推，可以发现，这构成了斐波那契数列（Fibonacci）：1，1，2，3，5，…。斐波那契数列的特点是前面相邻两项之和构成了后一项。如果用 F_n 表示数列的第 n 项，那么 $F_n = F_{n-1} + F_{n-2}$，$F_2 = 1$，$F_1 = 1$。因此，可以利用这个数列递推式，应用循环语句完成本实例的程序设计。

定义变量 f 来表示第 n 个月兔子的数量（以对为单位）。如果 n 等于 1 或 2，那么 f 的值为 1。否则，可以利用斐波那契数列的性质来求得第 n 个月兔子的数量。具体做法是从第 1 个月和第 2 个月的兔子数量推导出第 3 个月的兔子数量，然后再从第 2 个月和第 3 个月的兔子数量推导出第 4 个月的兔子数量，以此类推，直到求得第 n 个月的兔子数量。为了实现这个过程，可以使用 for 循环语句来循环计算第 3 个月到第 n 个月的兔子数量。

f1 和 f2 为 f 的前两项的值，初始时，f1 = 1，f2 = 1，从第 3 项开始用 f = f1+f2 计算数列的第 i 项。

本实例的参考代码如下：

```
#include <stdio.h>
int main(void)
{
    int n;
    long long f = 1;
    scanf("%d", &n);
    if (n == 1)
        printf("%lld", f);                  //只输出第 1 个月的兔子对数
    else if (n == 2)
        printf("%lld% lld", f, f);          //输出前两个月的兔子对数
    else                                     //输出 1~n 月中每月兔子的对数
    {
        printf("%lld% lld", f, f);
        long long f1 = 1, f2 = 1;           //f1 和 f2 分别为 f 的前两项
        for (int i = 3; i <= n; i++)
        {
            f = f1 + f2;                     //f 为数列中前两项的和
```

```
            printf(" %lld", f);
            f1 = f2;                    //迭代
            f2 = f;                     //迭代
        }
    }
    return 0;
}
```

运行结果如下：

50↙

```
1 1 2 3 5 8 13 21 34 55 89 144 233 377 610 987 1597 2584 4181 6765 10946 17711 28657
46368 75025 121393 196418 317811 514229 832040 1346269 2178309 3524578 5702887
9227465 14930352 24157817 39088169 63245986 102334155 165580141 267914296 433494437
701408733 1134903170 1836311903 2971215073 4807526976 7778742049 12586269025
```

从运行结果可以看出，斐波那契数列的值增长得非常快。因此，在设计程序时，为了避免溢出问题，必须选择正确的数据类型对变量 f1、f2 和 f 进行定义。

斐波那契数列在自然科学中有许多应用。例如，树木的生长问题，由于新生的枝条往往需要一段“休息”时间，供自身生长，而后才能萌发新枝。所以，一株树苗在一段间隔（如一年间隔）后长出一条新枝；第 2 年新枝“休息”，老枝依旧萌发；此后，老枝与“休息”过一年的枝条同时萌发，当年生的新枝则次年“休息”。这样，一株树苗各个年份的枝丫数便构成了斐波那契数列。

【实例 03-09】猴子吃桃

描述：一只猴子第 1 天摘下了若干个桃子，吃了一半，还不过瘾，又多吃了一个；第 2 天早上它将剩下的桃子吃掉一半，还是又多吃了一个。以后每天早上都吃了前一天剩下的一半加一个桃子。到第 n 天早上想再吃时，发现只剩下一个桃子了。求第 1 天这只猴子共摘了多少个桃子？输入正整数 n（$1<n\leqslant 10$），输出第 1 天猴子摘下的桃子数。

分析：采用逆向思维用倒推法从后往前推，设 peaches(n) 表示第 n 天早上没吃桃子时的桃子数，则有 peaches(n) = 1，peaches($n-1$)/2-1 = peaches(n)，peaches($n-2$)/2-1 = peaches($n-1$)，…，peaches(1)/2-1 = peaches(2)，从而可以从第 n 天的桃子数 1 倒推出第 1 天共摘了多少个桃子。

本实例的参考代码如下：

```
#include <stdio.h>
int main(void)
{
    int n, peaches = 1;                 //初始时第 n 天有 1 个桃子
    scanf("%d", &n);
    for (int i = n - 1; i >= 1; i--)
    {
        peaches = (peaches + 1) * 2;    //peaches(i)=(peaches(i+1)+1)*2
    }
    printf("%d\n", peaches);
    return 0;
}
```

运行结果如下：

10↙

```
1534
```

注意循环的次数，已知第 n 天的桃子数为 1，可以倒推出第 $n-1$ 天的桃子数为 4，再由第 $n-1$ 天的桃子数倒推出第 $n-2$ 天的桃子数……最后再由第 2 天的桃子数倒推出第 1 天的桃子数，所以循环执行 $n-1$ 次。

实际上，每天的桃子数形成了一个数列。初值 $a_n=1$，并且具有递推式 $a_i=2(a_{i+1}+1)$。

在这段代码中，变量 peaches 表示第 i 项的值。已知第 n 项的值，之后通过使用 for 循环循环 $n-1$ 次，以递推出第 1 项的值。由于是通过第 $i+1$ 项推导第 i 项，所以在 for 循环中，变量 i

的值是递减的。这种递推的方式可以最终得到第 1 项的值。

【实练 03-04】求年龄

扫一扫，看视频

有 6 个小孩排在一起，问第 1 个小孩多大年龄，她说：比第 2 个小孩小 2 岁；问第 2 个小孩多大年龄，她说：比第 3 个小孩小 2 岁。以此类推，问第 6 个小孩多大年龄，她说：自己 16 岁。求第 1 个小孩的年龄。

【实例 03-10】交错序列前 n 项的和

扫一扫，看视频

描述：计算序列 1–2/3+3/5–4/7+5/9–6/11+…前 n 项之和。输入一个正整数 n，表示序列中前 n 项的总数。编程计算前 n 项的和，计算结果会保留到小数点后三位。

分析：如果需要计算数列的和，且数列共有 n 项，可以使用循环迭代的方法解决。在每次循环中，可以将数列的第 i 项加到累加器中。要计算第 i 项的值，可以使用数列的通项公式。n 项数列求和的处理流程如图 3.2 所示。对于本实例，通过分析，数列的第 i 项的通项公式为 $(-1)^i \dfrac{i}{2i-1}$，利用循环程序设计的特点，用变量 sign 表示每项的正负，初始时为 1.0，之后每循环一次，使用 sign = –sign 即可实现相邻两项的符号交错出现，处理流程如图 3.3 所示。

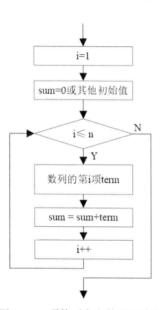

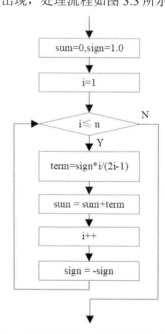

图 3.2　n 项数列求和的处理流程　　　　图 3.3　交错序列前 n 项求和的处理流程

本实例的参考代码如下：

```c
#include <stdio.h>
int main(void)
{
    int n;
    double sum = 0;
    double sign = 1.0;                  //sign 存放各项的正负符号
    scanf("%d", &n);
    for (int i = 1; i <= n; i++)
    {
        sum += sign * i / (2 * i - 1);  //累加第 i 项
        sign = -sign;                   //改变下一项的符号
    }
    printf("%.3f\n", sum);
    return 0;
```

```
}
```

运行结果如下：

```
10
0.380
```

如果把程序中的变量 sign 定义为 int 类型，会发现运行结果是 1.000。因为 sign 和 i 都是 int 类型的，因此表达式 sign * i / (2 * i − 1)的结果也是 int 类型的，就会出现除第 1 项值为 1 外，其他各项均为 0，因此交错序列前 n 项和会为 1.000，结果是不正确的，所以这里的 sign 定义为 double 类型，这样可以保证第 i 项的值是 double 类型的，这些编程细节需要注意。

当从形式上看是几个整数的表达式时，要根据实际情况分析结果是否为整数，需要恰当地选择数据类型，以保证运算结果正确。一种常见的处理方法是，在表达式的第 1 个操作数前添加 "1.0 *"，以将其转换为浮点类型。这样做可以确保最终的运算结果是浮点类型而不是整数类型。

【实练 03-05】分数序列前 n 项和

计算分数序列 2/1+3/2+5/3+8/5+…前 n 项之和。注意该序列从第 2 项起，每项的分子是前一项分子与分母的和，分母是前一项的分子。输入一个正整数 n，输出前 n 项的和，精确到小数点后两位。

扫一扫，看视频

【实例 03-11】特殊 a 串数列的和

扫一扫，看视频

描述：给定两个均不超过 9 的正整数 a 和 n，编写程序求 $a+aa+aaa+\cdots+aa\cdots a$（$n$ 个 a）之和。输入正整数 a 和 n，输出 $a+aa+aaa+\cdots+aa\cdots a$ 的和。

输入样例：

```
2 5
```

输出样例：

```
24690
```

分析：计算过程的关键是构建由 i（$1 \le i \le n$）个 a 组成的整数序列，并将每个整数累加到最终结果中。例如，如果 a 为 2，n 为 5，则需要计算 2+22+222+2222+22222 的和。为了实现这个目标，需要使用循环结构来逐步构建每个整数，并将其累加到结果中。

该问题本质上还是数列求和问题，如果 term 表示数列中的第 i 项，那么 term 的下一项可以利用递推式 term=term*10 + a 计算获得。初始时 term=0，这时就可以利用 for 循环语句边计算 term 的值边累加求和。接着考虑 term 与 sum 的类型，因为 n 和 a 的最大值为 9，可以预估出最后的和不超过 int 类型的最大值，所以可以将 term 和 sum 定义为 int 类型。

本实例的参考代码如下：

```c
#include <stdio.h>
int main(void)
{
    int a, n, term = 0, sum = 0;
    scanf("%d %d", &a, &n);
    for (int i = 1; i <= n; i++)
    {
        term = term * 10 + a;        //数列中的第 i 项
        sum += term;                 //数列累加求和
    }
    printf("%d", sum);
    return 0;
}
```

对于这类数列求和问题，关键还是找到数列中第 i 项的递推式，之后利用编程语言的循环迭代可以轻松写出代码，代码写多了，你就会发现一些编码的套路，也能逐步培养计算机解决问题的思维模式。

【实例 03-12】完数

描述：所谓完数，是指该数恰好等于除自身外的所有因子的和。例如，6 是完数，因为 6=1 + 2 + 3，其中 1、2、3 为 6 的因子。编写程序判断给定整数 n 是否为完数。输入一个整数 n，如果 n 是完数，则输出"完数＝因子 1＋因子 2＋…＋因子 k"，否则输出 Not perfect number。

输入样例：

```
6
```

输出样例：

```
6 = 1 + 2 + 3
```

分析：计算整数 n 除自身外的所有因子的和，我们在实例 03-06 中已经实现了，这里做一点改进。因为对于任何整数 n，除自身外的最大因子不会超过 n 的一半，所以循环条件可以写为 $i \le n/2$。计算完因子和 sum 后，只需要判断 sum 与 n 是否相等。如果 sum 等于 n，则 n 为完数。按照题目要求的输出格式输出结果，这需要再次使用 for 循环进行输出。如果 sum 不等于 n，则 n 不是完数，输出 Not perfect number。

本实例的参考代码如下：

```c
#include <stdio.h>
int main(void)
{
    int n, sum = 0;                         //sum 存放 1 ~ n-1 间 n 的因子和
    scanf("%d", &n);
    for (int i = 1; i <= n / 2; i++)        //不包含整数本身的因子不超过 n/2
        if (n % i == 0)
            sum += i;
    if (n == sum)                           //条件成立，说明 n 是完数
    {
        printf("%d = 1", n);                //1 是第 1 个因子
        //循环输出各个因子
        for (int i = 2; i <= n / 2; i++)
            if (n % i == 0)
                printf(" + %d", i);
    }
    else
        printf("Not perfect number\n");
    return 0;
}
```

本实例的代码用到了嵌套结构，可以在 if 语句中嵌套循环语句，也可以在循环语句中嵌套 if 语句。

【实例 03-13】质数

描述：输入一个整数 n，如果是质数，则输出 Yes；否则输出 No。

分析：如果 n 为质数，则它只能被 1 和 n 整除，且 1 不是质数。换种说法就是，n 不能被 2～$n-1$ 之间的任意整数 i 整除，即 $n\%i==0$ 不成立。可以使用 for 循环语句，将 2～$n-1$ 之间的所有整数 i 依次枚举出来。循环体只需要判断 $n \% i == 0$ 是否成立，如果有一个 i 使 $n \% i == 0$ 成立，就无须再枚举下一个 i 了。因为有一个 i 使 $n \% i == 0$ 成立时，说明 n 除了 1 和 n 外还至少有一个因子 i，这样就可以判断 n 不是质数。所以当 $n \% i == 0$ 成立时，需要从循环语句中跳出来（循环中断），可以使用 break 语句。如果发生中断，i 的值一定小于 n；如果不发生中断，循环结束时，i 的值一定等于 n，可以基于这一点，在循环结束后来判断 n 是否为质数。

本实例的参考代码如下：

```c
#include <stdio.h>
int main(void)
{
```

```
    int n, i;
    scanf("%d", &n);
    //使用循环找到 2~n-1 之间的第一个能整除 n 的数
    //如果找到了，就跳出循环；否则循环结束后变量 i 会等于 n
    for (i = 2; i < n; i++)
    {
        if (n % i == 0)    //如果 n 能被 i 整除，说明 i 是 n 的因子
            break;
    }
    //判断 i 是否等于 n，如果等于 n，则说明 n 是质数；否则，n 不是质数
    if (i == n)
        printf("Yes\n");
    else
        printf("No\n");
    return 0;
}
```

break 语句除了在 switch 语句中用于中断外，还可以在循环体中使用，用于中断包含 break 语句的一层循环。在其他地方使用 break 语句是非法的。通常在循环体中使用 break 语句的格式如下：

```
if( ... ) break;
```

是否可以把程序中的 for 循环语句进行如下修改？

```
if (n % i == 0)
    break;
else
    printf("Yes\n");
```

显然是不可以的。只有循环结束后，如果 2~n-1 之间没有 n 的因子，才能判断出 n 是质数。

实际上可以减少循环的次数，因为任何一个整数 n，均存在两个整数 A、B 使得 n = A * B，其中 $A \leqslant \sqrt{n}$，$B \geqslant \sqrt{n}$。因此，只需枚举 2~ $\sqrt{n}$ 之间是否有能被 i 整除的数即可。$i \leqslant \sqrt{n}$，即 i <= sqrt(n)，当然循环的结束条件也可以是 i*i<=n。

使用循环语句时，通过减少循环的次数可以提高程序的执行效率。

阅读下面的程序代码，学习如何使用标志变量 isPrime 来判断给定的数 n 是否为质数。

```
#include <stdio.h>
int main(void)
{
    int n, i, isPrime = 1;        //isPrime 初始化为 1（默认为质数）
    scanf("%d", &n);
    for (i = 2; i * i <= n; i++)  //从 2 开始遍历到 n 的平方根，i 每次增加 1
    {
        if (n % i == 0)           //如果 n 能整除 i，则说明 i 是 n 的因子
        {
            isPrime = 0;          //将 isPrime 赋值为 0，表示 n 不是质数
            break;                //当找到一个因子时，跳出循环
        }
    }
    if (n!=1&&isPrime)            //如果 isPrime 为 1，即没有找到 n 的因子，说明 n 是质数
        printf("Yes\n");
    else
        printf("No\n");
    return 0;
}
```

这段代码用于判断给定的正整数 n 是否为质数，其中使用了一个标志变量 isPrime 来标记结果。标志变量 isPrime 的初始值为 1，表示 n 是质数；如果在判断过程中存在 2~ $\sqrt{n}$ 之间的因子，就将 isPrime 更新为 0，表示 n 不是质数。最终，如果 n 不为 1 且 isPrime 为 1，就输出 Yes，表示 n 是质数；否则输出 No，表示 n 不是质数。

【实例 03-14】平方根序列求和

扫一扫，看视频

描述：计算平方根序列 $\sqrt{1}+\sqrt{2}+\sqrt{3}+\cdots$ 前 n 项之和。输入正整数 n，按照 sum = S 的格式输出前 n 项的和 S，精确到小数点后两位。

输入样例：

```
4
```

输出样例：

```
sum = 6.15
```

分析：此处使用 while 循环语句来实现平方根序列的求和，相对于 for 循环语句，使用 while 循环语句一样简单。

本实例的参考代码如下：

```
#include <stdio.h>
#include <math.h>
int main(void)
{
    int n;
    double sum = 0;
    scanf("%d", &n);
    int i = 1;                  //循环初始化在 while 前完成，相当于 for 循环语句中的表达式 1
    while (i <= n)              //()中为表示循环条件的表达式，相当于 for 循环语句中的表达式 2
    {
        sum += sqrt(i);  //sqrt(i)返回 i 的平方根
        i++;                    //相当于 for 循环语句中的表达式 3，这里看作循环体的一部分
    }
    printf("sum = %.2f", sum);
    return 0;
}
```

while 循环语句的语法如下：

```
while(表达式)
    语句
```

循环的三要素中，初始化操作在 while 之前完成，循环条件放在 while 之后的()中，语句构成了循环体。如果循环体超过一条语句，必须用{}将循环体括起来，()后如果紧跟分号，此时的循环体是一个空语句。

在本实例中，如果忘记在 while 循环体内写 i++语句，程序就会出现**死循环**。这是因为在循环体中没有对循环条件进行操作，表达式 i <= n 始终成立，从而导致循环无法退出，程序会一直执行下去。因此，**在编写循环时，必须避免出现死循环的情况**。初学者在使用 while 语句时，经常会忽略循环体中的关键语句，如本实例中的i++操作，这会导致循环无法正常终止。只有确保循环体中有正确的修改循环条件的代码，才能编写出正确的循环程序。

 在编写循环控制语句时，一定要写对循环条件。对于 while 循环来说是括号中的表达式，而对于 for 循环来说是表达式 2。这个条件在经过若干次循环后应该变为假，以结束循环。或者，在循环体中使用 break 语句，在满足某个条件时提前结束循环语句。这通常需要结合 if 语句来判断循环是否需要中断。更重要的是，循环体内的语句应该能够改变循环条件表达式中变量的值，以便在经过若干次循环后能够结束循环，否则程序会进入死循环。只有牢记这些注意事项，才能编写出正确的循环程序。

【实练 03-06】求数列的和

扫一扫，看视频

计算数列前 n 项的和，其中数列的定义如下：第一项为 m，以后各项为前一项的平方根。用户需输入两个整数 m（$m<10000$）和 n（$n<1000$），程序会计算数列前 n 项的和，并以保留 2 位小数的形式输出结果。

输入样例:

```
8 14
```

输出样例:

```
24.08
```

【实例 03-15】求 π 的近似值

扫一扫，看视频

描述:根据下面的公式求 π 的近似值,直到最后一项小于给定精度 eps。

$$\frac{\pi}{2} = 1 + \frac{1!}{3} + \frac{2!}{3 \times 5} + \frac{3!}{3 \times 5 \times 7} + \cdots + \frac{i!}{3 \times 5 \times \cdots \times (2i+1)} + \cdots$$

输入表示精度的 eps,可以使用语句 scanf("%le", &eps);;输出 π 的近似值 s(保留小数点后5 位)。

输入样例:

```
1E-5
```

输出样例:

```
PI = 3.14158
```

分析:如果一个数列的第 i 项需要用数列的前一项或前几项递推出来,首先要找到这个递推公式,之后可以用图 3.4所示的流程进行数列求和。

本实例也是一个数列求和问题。数列的第 i 项为

$\dfrac{i!}{3 \times 5 \times \cdots \times (2i+1)}$,可以把第 i 项分成分子和分母。分子和

分母也是数列,分子和分母都可以用前一项递推出来。设tmp1 表示分子,tmp2 表示分母,它们的初值均为 1,表示数列的第 0 项。tmp1 的递推式为 tmp1=tmp1*i,tmp2 的递推式为 tmp2=tmp2*(2i+1),而数列的第 i 项为 term=tmp1/tmp2。

由于本实例无法确定循环次数,所以使用 while 循环语句较好。while 循环语句是当型循环,当条件满足时,进入循环体,本实例的循环条件是 term >= eps。

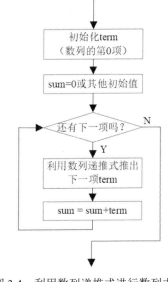

图 3.4　利用数列递推式进行数列求和的处理流程

本实例的参考代码如下:

```c
#include <stdio.h>
int main(void)
{
    double eps, PI = 1;                  //PI 存放 π/2 的近似值
    double tmp1 = 1, tmp2 = 1, term = 1; //分别存放每项的分子、分母及每项的值
                                         //初值都为 1,表示第 0 项(数列从第 0 项开始)

    scanf("%le", &eps);
    int i = 1;                           //从第 1 项开始迭代计算并累加到 PI 中
    while (term >= eps)                  //保证加到累加器中的每一项不小于 eps
    {
        tmp1 = tmp1 * i;                 //分子:递推出第 i 项,前一项*i
        tmp2 = tmp2 * (2 * i + 1);       //分母:递推出第 i 项,前一项*(2i+1)
        term = tmp1 / tmp2;              //求第 i 项的值:分子/分母
        PI += term;                      //将第 i 项累加到 PI 中
        i++;                             //为下一次循环做准备
    }
    printf("PI = %.5f", PI * 2);
    return 0;
}
```

在编写循环体时,需要根据给定的表达式找到循环体的规律。对于本实例的问题,可以根据数列中第 i 项的分子和分母的通项公式生成数列的后一项。使用之前学习的知识,可以很容

易地编写出一个迭代公式，使得数列的下一项可以通过前一项计算得出。

将 while 的循环条件改为整数 1，通过 break 语句中断循环，分析程序是否正确。

```c
#include <stdio.h>
int main(void)
{
    double eps, PI = 1;
    double tmp1 = 1, tmp2 = 1, term = 1;
    scanf("%le", &eps);
    int i = 1;
    while(1)
    {
        if(term < eps) break;
        tmp1 = tmp1 * i;
        tmp2 = tmp2 * (2 * i + 1);
        term = tmp1 / tmp2;
        PI += term;
        i++;
    }
    printf("PI = %.5f", PI*2);
    return 0;
}
```

程序是正确的，只不过是把循环的结束条件放在循环体中，通过 break 语句来结束循环。

程序中的 while 循环语句也可以替换为 for 循环语句。

```c
#include <stdio.h>
int main(void)
{
    double eps, PI = 1;                         //PI 存放 π/2 的近似值
    double tmp1 = 1, tmp2 = 1, term = 1;        //分别存放每项的分子、分母及每项的值
    scanf("%le", &eps);
    for(int i = 1; term >= eps; i++)
    {
        tmp1 = tmp1 * i;
        tmp2 = tmp2 * (2 * i + 1);
        term = tmp1 / tmp2;
        PI += term;
    }
    printf("PI = %.5f", PI*2);
    return 0;
}
```

运行该程序，结果仍然正确，当然，也可以将 for 循环语句的表达式 2 写成整数 1，将循环结束条件写到循环体的第一条语句之前。

在实际编程中，需要灵活运用 for 循环和 while 循环，选择最适合问题需求的循环语句。无论使用哪种循环语句，其实现的效果是一样的，只是在代码的可读性方面存在差异。

> 循环语句的选择应该根据具体情况决定，并且要保证代码的可读性和易于理解。因此，尽管可以用不同的循环语句实现同样的循环逻辑，但是应该根据需要选择最合适的循环语句实现。

【实例 03-16】一共来了多少客人

扫一扫，看视频

描述：一妇人在河边洗碗，共洗了 65 个碗。有人问妇人家中来了多少客人，妇人道："客人们两个人用一个饭碗，三个人同喝一碗汤，四个人同吃一碗菜。"问：最少可能有多少客人？

分析：客人的人数应该是 12 的倍数，可以从可能的最少人数开始枚举，直到找到答案为止。

本实例的参考代码如下：

```c
#include <stdio.h>
int main(void)
{
    int nums = 12;      //客人最少的可能人数
```

```
    while (1)
    {
        if (nums / 2 + nums / 3 + nums / 4 == 65)
        {
            break;
        }
        nums += 12;   //增加 12 人
    }
    printf("家中共来了%d 个客人。\n", nums);
    return 0;
}
```

运行结果如下：

家中共来了 60 个客人。

代码首先定义了一个变量 nums，初始值为 12，表示最少的可能人数。

这之后是一个无限循环 while (1){}，在循环体内，通过条件语句判断 nums 除以 2、3 和 4 的商之和是否等于 65。如果相等，即找到符合条件的最少人数，则通过 break 语句跳出循环。如果条件不满足，说明当前的 nums 值不是符合条件的最少人数，则将 nums 的值增加 12，继续下一次循环。

当找到符合条件的最少人数时，跳出循环，程序将最终的 nums 值通过 printf 函数输出。

【实例 03-17】分离正整数

扫一扫，看视频

描述：给定一个正整数 n（$1 \leqslant n \leqslant 10^9$），求各位上的数字，要求从个位开始依次输出每一位上的数字，并用一个空格隔开。

输入样例：

2023

输出样例：

3 2 0 2

分析：根据 n 的范围，可将 n 定义为 int 类型，本实例的目的是分离整数的各位数字，并逆序输出，每位数字之间有一个空格。可以用 $n \% 10$ 得到 n 的个位上的数字，$n /= 10$ 能得到 n 去掉个位数字后的数，所以可用循环语句依次求 n 的各位上的数字，循环条件是 $n != 0$。

本实例的参考代码如下：

```
#include <stdio.h>
int main(void)
{
    int n;
    scanf("%d", &n);
    //当 n=0 时表示原来的 n 各位上的数均输出了
    while (n != 0)
    {
        printf("%d ", n % 10); //输出当前 n 的个位上的数字
        n /= 10;               //将当前 n 的个位数去掉
    }
    return 0;
}
```

因为循环次数未知，所以比较适合使用 while 循环语句，每循环迭代一次，n 的值就缩小到 n/10，当 n 为 0 时，循环语句结束。

虽然在编写循环条件时，可以将 while(n != 0) 改为 while(n)，因为 n 也是一个表达式，当 n 的值为 0 时，循环条件就会变成假，从而退出循环。但是，建议使用前者，因为这样有利于提高代码的可读性。

使用本实例的方法，可以计算一个正整数的位数，也可以遍历一个正整数的每一位数字。

阅读并运行以下程序，它的功能是输出非负整数 n 的位数。如果输入的 n 值为 0，结果会

是怎样的？

```c
#include <stdio.h>
int main(void)
{
    int n, ans = 0;              //ans 存放 n 的位数
    scanf("%d", &n);
    while (n != 0)
    {
        ans++;                   //位数加 1
        n /= 10;                 //将当前 n 的个位数去掉
    }
    printf("%d", ans);
    return 0;
}
```

程序输出结果为 0，这是一个 bug。问题出在 while 循环语句，因为当 n 为 0 时，循环条件不满足，导致循环体一次都没有执行，也就没有计算位数。为了解决这个问题，可以使用 **do...while 循环语句**。

使用 do...while 循环语句，无论循环的条件是否满足，循环体至少会执行一次。所以可以重写代码，将计算位数的逻辑放在 do 部分，然后在 while 部分判断是否继续循环。这样，即使输入为 0，代码也会至少执行一次计算位数，从而正确地输出结果。使用 do...while 循环语句的代码如下：

```c
#include <stdio.h>
int main(void)
{
    int n, ans = 0;              //ans 存放 n 的位数
    scanf("%d", &n);
    do
    {
        ans++;
        n /= 10;                 //将当前 n 的个位数去掉
    } while (n != 0);
    printf("%d", ans);
    return 0;
}
```

这时若输入 0，程序的输出结果为 1。这段程序让我们学到另一个循环语句：do...while 循环语句。

do...while 循环语句的语法如下：

```c
do
{
    语句
}while(表达式);
```

其中，while()后的分号千万不要丢掉，因为这是一个句子，没有分号，表示语句没有结束。

下面看一下 while 循环语句和 do...while 循环语句的区别。

while 循环语句是先判断循环条件是否成立，如果成立，才执行循环体；否则执行循环的后续语句，所以循环体有可能一次也不执行；而 do...while 循环语句是先执行一次循环体，再判断循环条件是否成立，如果成立，则再次执行循环体；否则执行循环的后续语句，所以 do...while 语句至少执行一次循环。

当循环至少执行一次时，二者是完全等价的。当循环有可能一次都不执行时，尽量不要使用 do...while 循环语句，如果非要使用它，可在循环体中使用 break 语句。

可以用流程图表示这两种循环，如图 3.5 和图 3.6 所示。

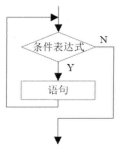

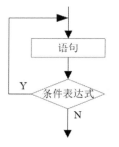

图 3.5　while 循环　　　　　　　图 3.6　do...while 循环

【实练 03-07】统计非负整数中某个数字出现的次数

给定一个不超过 10^9 的非负整数 n 和一个整数 a，要求统计 n 中 a 出现的次数。例如，对于数字 21252，整数 2 在其中出现了 3 次。

【实练 03-08】含 k 个 3 的数

输入两个整数 m 和 k（$1<m<100000$，$1<k<5$），判断 m 能否被 19 整除，且恰好含有 k 个 3，如果满足条件，则输出 Yes；否则输出 No。

【实例 03-18】黑洞数

描述：黑洞数也称为陷阱数，又称"Kaprekar 问题"，是一类具有奇特转换特性的数。任何一个各位数字不全相同的三位数，经过有限次"重排求差"操作，总会得到 495。所谓"重排求差"操作，是指组成该数的数字重排后的最大数减去重排后的最小数。输入一个正整数 n（$0 < n < 1000$），如果 n 的三位数字全相等，则在一行内输出 $n - n = 000$；否则计算的每一步在一行内输出，直到 495 作为差出现。

输入样例：

```
207
```

输出样例：

```
1: 720 - 027 = 693
2: 963 - 369 = 594
3: 954 - 459 = 495
```

分析：可以使用循环语句，将给定的数 n 循环执行重排求差操作，即重排后的最大数减去重排后的最小数，那么如何对一个三位数进行重排求最大数呢？首先，求 n 的个（g）、十（s）、百（b）位上的数字，根据已有知识，很容易求得 g、s、b 的值，然后再利用第 2 章的实例就能得到 3 个整数 g、s、b 从小到大的排序结果，假设排序后结果为 g、s、b，则最大数为 maxV = b * 100 + s * 10 + g，最小数 minV = g * 100 + s * 10 + b，计算新的 n 值为 maxV - minV，循环条件为 n 不是 0 或不是 495，即 n && n != 495，可以确定上面的循环至少执行一次，所以可以使用 do...while 循环语句。

本实例的参考代码如下：

```c
#include <stdio.h>
int main(void)
{
    int n, k = 0;                    //k 记录变换次数
    scanf("%d", &n);                 //输入一个整数 n
    do
    {
        int t, maxV, minV, g, s, b;  //定义局部变量 t、maxV、minV、g、s、b
        g = n % 10;                  //提取个位数
        s = n / 10 % 10;             //提取十位数
        b = n / 100;                 //提取百位数
        //下面的 3 个 if 语句对 g,s,b 排序，确保 g <= s <= b
```

```
        if (g > s)
            t = g, g = s, s = t;
        if (g > b)
            t = g, g = b, b = t;
        if (s > b)
            t = s, s = b, b = t;
        maxV = b * 100 + s * 10 + g;                    //构造最大值
        minV = g * 100 + s * 10 + b;                    //构造最小值
        n = maxV - minV;                                //计算差值
        printf("%d: %03d - %03d = %03d\n", ++k, maxV, minV, n); //输出变换结果
    } while (n && n != 495);                //当 n 不为 0 且不等于 495 时继续循环
    return 0;
}
```

上述代码中 main 函数中的语句相对较多，实际上可以分解出一些子问题，如整数排序、将整数的各位数分离出来等。一种改进的方式是在学习完指针和函数后，重新组织代码，将每个子问题分别封装到一个函数中。

【实例 03-19】数字反转

描述：将给定的整数 a 各位上的数字反转，$-10^9 \leq a \leq 10^9$，得到一个新数。新数也必须满足整数的常见形式，即除非原数为 0，否则新数的最高位数字不应为 0。

输入样例：

```
-380
```

输出样例：

```
-83
```

分析：可以使用循环和数学运算的方式获取一个整数的反转数。用变量 b 存放整数 a 反转后的整数初始时，变量 b 的值为 0。通过while 循环，在每次循环中取 a 除以 10 的余数，得到最后一位数字，然后让 b 乘以 10 并加上当前位的数字，这样即可一位一位地将原整数反转并保存在变量 b 中。接着，将 a 除以 10 取整，更新为下一位上的数字，继续进行下一次循环，直到 a 为 0。算法流程如图 3.7 所示。

本实例的参考代码如下：

```
#include <stdio.h>
int main(void)
{
    int a, b = 0;
    scanf("%d", &a);
    //通过循环和数学运算进行反转
    while (a)
    {
        //取 a 除以 10 的余数，得到最后一位数字，然后乘以 10 并加上当前位的数字
        b = b * 10 + a % 10;
        a /= 10;                //将 a 除以 10 取整
    }
    printf("%d\n", b);          //输出反转后的结果
    return 0;
}
```

图 3.7　数字反转的算法流程

【实练 03-09】判断是否为回文数

扫一扫，看视频

给定一个小于 10^9 的非负整数，判断其是否为回文数。如果是，则输出 Yes；否则输出 No。

提示：可以使用循环生成一个整数的逆序数，如 121 的逆序数是 121，这个数就是回文数，而 123 的逆序数是 321，则 123 就不是回文数。也就是说，如果一个非负整数的逆序数和原数相等，就是回文数；如果不相等，则不是。

【实例 03-20】统计字符

扫一扫，看视频

描述：输入一行字符，分别统计出其中数字、英文字母、空格以及其他字符的个数。

输入样例：

```
I have 26 Books and 68 &A*c5$
```

输出样例：

```
digits = 5  letters = 15  spaces = 6  others = 3
```

分析：针对一行字符数据，可以将其看作一个字符串，但是在目前的学习阶段，还不知道如何存放字符串。因此，可以通过定义一个 char 类型的变量 tmp 存放循环输入的各个字符，并通过多分支 if 语句对 tmp 进行判断，判断它是数字、英文字母、空格还是其他字符。由于一行字符的数量不确定，因此使用 while 循环语句进行循环更加合适。循环条件表达式为(tmp = getchar()) != '\n'，这是因为赋值运算符的优先级较低，需要先读取一个字符给 tmp，所以必须将赋值表达式用括号括起来。

本实例的参考代码如下：

```c
#include <stdio.h>
int main(void)
{
    char tmp;
    int digits = 0, letters = 0;    //分别存放数字、字母的个数
    int spaces = 0, others = 0;     //分别存放空格、其他字符的个数
    while ((tmp = getchar()) != '\n')
    {
        if (tmp >= '0' && tmp <= '9')
            digits++;
        else if (tmp >= 'a' && tmp <= 'z' || tmp >= 'A' && tmp <= 'Z')
            letters++;
        else if (tmp == ' ')
            spaces++;
        else
            others++;
    }
    printf("digits = %d  letters = %d  ", digits, letters);
    printf("spaces = %d  others = %d\n", spaces, others);
    return 0;
}
```

可以使用 ctype.h 函数库中的字符处理函数改写程序，以更方便地对字符进行处理。修改后的代码如下：

```c
#include <stdio.h>
#include <ctype.h>
int main(void)
{
    char tmp;
    int digits = 0, letters = 0;    //分别存放数字、字母的个数
    int spaces = 0, others = 0;     //分别存放空格、其他字符的个数
    while ((tmp = getchar()) != '\n')
    {
        if (isdigit(tmp))
            digits++;                   //isdigit(tmp)返回 tmp 是否为数字
        else if (isalpha(tmp))
            letters++;                  //isalpha(tmp)返回 tmp 是否为字母
        else if (isspace(tmp))
            spaces++;                   //isspace(tmp)返回 tmp 是否为空格
        else
            others++;
    }
    printf("digits = %d  letters = %d  ", digits, letters);
```

```
        printf("spaces = %d   others = %d\n", spaces, others);
        return 0;
}
```

🔔　　　使用库函数编码是一个良好的编程习惯。库函数提供了封装好的功能，可以简化代码编写过程并提高代码的可读性和可维护性。通过使用库函数，可以降低代码出错的风险，并且库函数经过充分测试和优化，通常具有较高的性能和可靠性。

【实例03-21】提取数字

扫一扫，看视频

　　描述：输入一个以换行符结束的字符串，内有数字字符和非数字字符，请找出字符串中所有由连续数字字符组成的整数，并按出现的顺序输出。每个连续数字串组成的整数大小不超过 10^9。

　　输入样例：

```
a123*456U017960?302tab5876hello0world!2023
```

　　输出样例：

```
123 456 17960 302 5876 0 2023
```

　　分析：使用循环语句，依次读取各个字符，直至读取到换行符'\n'。读取字符时可以使用 getchar 函数，也可以使用 scanf("%c", ...)语句。定义 char 类型变量 tmp 存放每次读取的字符，定义 int 类型变量 num 存放连续数字字符组成的正整数，初始化为 0。当读到数字字符时，将数字字符转换为整数 tmp-'0'，利用实例 03-19 的思想将数字串转换为整数 num = num*10+tmp-'0'。同时设置 flag=1，标志读取过数字，这样在处理完一个数字串时能够输出，同时将 flag 置为 0，避免刚处理完的整数串多次输出。

　　本实例的参考代码如下：

```c
#include <stdio.h>
#include <ctype.h>
int main(void)
{
    char tmp;
    int num = 0, flag = 0;        //分别存放每个数字串转换为的整数、是否进行了数字串的转换的标志
    while (1)
    {
        tmp = getchar();
        if (isdigit(tmp))                //如果 tmp 是数字字符
        {
            flag = 1;                    //开始处理数字
            num = num * 10 + tmp - '0'; //将数字串转换为对应的整数
        }
        else
        {
            if (flag)                    //当前字符不是数字，之前有数字
                printf("%d ", num);      //输出刚提取的整数
            flag = 0;
            num = 0;                     //清零
        }
        if (tmp == '\n')                 //遇到换行符，结束循环
            break;
    }
    return 0;
}
```

　　运行下面的程序，将(tmp = getchar()) != '\n' 作为循环条件，查看程序运行结果是否正确。

```c
#include <stdio.h>
int main(void)
{
    char tmp;
```

```
    int num = 0, flag = 0;       //分别存放每个数字串转换为的整数、是否进行了数字串的转换的标志
    while ((tmp = getchar()) != '\n')
    {
        if (isdigit(tmp))
        {                                          //如果 tmp 是数字字符
            flag = 1;                              //开始处理数字
            num = num * 10 + tmp - '0';            //将数字串转换为对应的整数
        }
        else
        {
            if (flag)                              //当前字符不是数字，之前有数字
                printf("%d ", num);                //输出刚提取的整数
            flag = 0;
            num = 0;
        }
    }
    return 0;
}
```

运行结果如下：

```
a123*456⊔17960?302tab5876↵
123 456 17960 302
```

运行结果不对，最后一个整数没有输出。原因是 while 循环语句的循环条件在遇到\n时就结束了，而最后一个整数还没有输出。当然，如果最后一个字符不是数字，运行结果还是正确的。

　　　　要判断一个程序是否正确，需要进行详尽的测试，覆盖各种可能的输入情况。然而，软件测试需要一定的技能和经验。对于初学者来说，可以将输入情况进行分类，尽量测试各种类别的输入，以提高代码的质量。通过多组测试数据，包括基本情况、边界情况、一般情况和随机情况，可以更全面地验证程序的正确性，并确保它能正确处理各种输入情况。这样的测试方法能够提高代码的质量和可靠性。

　　在代码编写过程中，一定要正确使用逻辑运算符和赋值运算符。特别是在类似于while((tmp = getchar()) != '\n') 的语句中，务必注意将赋值运算部分用括号括起来，以确保运算顺序正确。不要将其写成 while(tmp = getchar() != '\n')，因为这会导致赋值运算的优先级低于逻辑运算，从而会将表达式 getchar() != '\n'的结果存放到 tmp 中，而不是存放每次读取的字符。

【实例 03-22】最大公约数

扫一扫，看视频

　　描述：已知两个正整数 a 和 b，a 和 b 的值均不超过 10^9，求它们的最大公约数，如 18 和 27 的最大公约数为 9。

　　分析：如果两个正整数 a 和 b 的最大公约数是 m，则 m 既是 a 的因子，同时也是 b 的因子，即 a % m == 0 && b % m == 0 成立，并且是满足这个条件的所有因子中最大的因子，可以从 a、b 中的较小者 m 开始，循环检查 a % m == 0 && b % m == 0 是否成立，如果成立，则所得 m 就是 a、b 的最大公约数；否则 m 减 1，这种方法不失一般性。

　　本实例的参考代码如下：

```
#include <stdio.h>
int main(void)
{
    int a, b;
    printf("输入两个正整数: ");
    scanf("%d %d", &a, &b);                        //读入两个正整数
    int m = a < b ? a : b;                         //取两个数中的最小值，作为起始最大公约数
    //循环查找最大公约数
    while (a % m != 0 || b % m != 0)
    {
        m--;                                       //递减
```

```
        }
        printf("%d 和%d 的最大公约数是：%d", a, b, m);    //输出结果
        return 0;
    }
```

运行结果如下：

输入两个正整数：`45 24↙`
45 和 24 的最大公约数是：3

这种方法采用了一种从可能的最大公约数开始试的枚举方法。这种方法的优点是容易理解，但缺点是效率比较低。求两个数的最大公约数，可以使用**欧几里得算法**。这种方法效率更高，相比于枚举法更加优秀。

欧几里得算法的核心思想是，如果用 gcd(a, b)表示 a 和 b 的最大公约数，那么当 a % b ≠ 0 时，gcd(a, b)等价于 gcd(b, a % b)。直到 a % b = 0 时，b 即为最大公约数。例如，gcd(27, 18) = gcd(18, 9) = 9。

可以使用循环语句来求解最大公约数。具体方法是，当 a % b ≠ 0 时，执行 r = a % b，然后更新 a = b 和 b = r。循环这一过程，直到条件 a % b = 0 成立。此时的 b 就是所求的最大公约数。

需要注意的是，循环结束后，a 和 b 的值可能已经不再是初始值，因为在循环中一直在进行辗转相除的操作。

使用欧几里得算法求最大公约数的参考代码如下：

```
#include <stdio.h>
int main(void)
{
    int a, b, r;        //分别存放两个正整数及它们的余数
    printf("输入两个正整数：");
    scanf("%d %d", &a, &b);
    printf("%d 和%d 的最大公约数是：", a, b);
    while (a % b != 0)
    { //用辗转求余法求 a、b 的余数，直到余数为 0
        r = a % b;
        a = b;
        b = r;
    }
    printf("%d ", b);
    return 0;
}
```

如果把程序中的 printf("%d 和%d 的最大公约数是：", a, b);语句移到 while 语句后面，则运行结果如下：

输入两个正整数：`12 18↙`
12 和 6 的最大公约数是：6

显然运行结果是错误的。因为循环中 a 和 b 的值在不停地改变。因此，在循环结束后，再输出 a 和 b 的值时，可能已经不是最初的值了。这提醒我们在编写代码时要有顺序性，确保语句的执行顺序是正确的。

是否可以使用 do...while 循环语句呢？看下面的代码。

```
#include <stdio.h>
int main(void)
{
    int a, b, r;
    printf("输入两个正整数：");
    scanf("%d %d", &a, &b);
    printf("%d 和%d 的最大公约数是：", a, b);
    do
    {
        r = a % b;
        a = b;
        b = r;
    } while (r != 0);       //等价于 while(r);
    printf("%d\n", b);
```

```
        return 0;
    }
```

运行结果如下：

输入两个正整数：`12 18↙`

12 和 18 的最大公约数是：0

发现运行结果是错误的。

通过分析程序可知，程序首先执行 r = a % b 的操作。当 r = 0 时，之前的 b 就是所要求的最大公约数。然而，接下来的操作 a = b; b = r; 却修改了 b 的值为 r（即 0），同时将修改之前的 b 的值传给了 a。因此，在循环结束后，真正的最大公约数应该是最后的 a 值。

为了纠正这个错误，只需要将输出语句修改为 printf("%d\n", a); 即可。这样可以保证在循环结束后输出正确的最大公约数。

【实练 03-10】约分最简分式

分数表示为"分子/分母"的形式。要求对输入的一个分数，将其约分为最简分式。当分子大于分母时，不需要表达为整数又分数的形式，即 11/8 还是 11/8；而当分子分母相等时，仍然表达为 1/1 的分数形式。

提示：可以先找出分子和分母的最大公约数，之后把分子和分母同时除以这个最大公约数即为最简分式。

【实例 03-23】有理数加法

描述：计算两个有理数的和。可以按照 a_1/b_1 a_2/b_2 的格式输入两个分数形式的有理数。其中，分子和分母都是正整数且在 int 类型范围内。然后，按照 a/b 的格式输出两个有理数的和。需要注意的是，输出结果必须是最简分数形式。如果分母为 1，则只输出分子部分。

输入样例：

`1/3 1/6`

输出样例：

`1/2`

分析：两个有理数 a_1/b_1 和 a_2/b_2 的加法运算实际上是模拟两个分数相加的过程。首先需要将两个分式通分相加，具体来说，就是将两个分式的分母相乘作为分式和的分母，同时将每个分式的分子与另一个分式的分母相乘后相加，得到分式和的分子。具体地，可以用 a_1 存放和的分子，即 $a_1 = a_1 * b_2 + a_2 * b_1$；用 b_1 存放和的分母，即 $b_1 *= b_2$。

接下来，需要对 a_1/b_1 进行化简。化简的过程就是将 a_1 和 b_1 分别除以它们的最大公约数，以得到它们的最简分数形式。

本实例的参考代码如下：

```c
#include <stdio.h>
int main(void)
{
    int n, a1, b1, a2, b2;
    scanf("%d/%d %d/%d", &a1, &b1, &a2, &b2);   //输入两个有理数 a1/b1、a2/b2
    a1 = a1 * b2 + a2 * b1;                      //通分相加 a1/b1 = a1/b1+a2/b2
    b1 *= b2;
    int a = a1, b = b1;
    while (a % b)                                //求 a1、a2 的最大公约数
    {
        int r = a % b;
        a = b;
        b = r;
    }
    a1 /= b;
    b1 /= b;                                     //化简
```

```
        printf("%d", a1);
    if (b1 != 1)
        printf("/%d", b1);
    return 0;
}
```

【实例03-24】分解质因子

描述：输入一个正整数 n（$2 \leq n \leq 10^9$），把 n 分解成质因子的乘积。

输入样例：

```
140
```

输出样例：

```
140=2*2*5*7
```

分析：根据图 3.8 所示的计算过程，计算整数 140 的质因子的方法如下：首先，从最小的质因子 2 开始尝试除法，如果 2 能够整除，则 2 是整数 140 的质因子，此时剩余数值为 70；然后再用 2 尝试除法，仍然能够整除，所以 2 也是第二个质因子，剩余数值变为 35；接着用 2 再次尝试除法，无法整除，所以换成 3 进行尝试，同样无法整除，接着用 4 进行尝试，仍然无法整除；接下来，尝试用 5 进行除法，能够整除，所以 5 是第三个质因子，剩余数值变为 7；此后，用 6 进行尝试，仍然无法整除；最后尝试用 7 进行除法，能够整除。此时，7 成为第四个质因子，剩余数值为 1。这样，所有的质因子已经找到。通过以上计算过程可以发现，能够整除的因子一定是质数。

```
2 | 140
2 |  70
5 |  35
7 |   7
  |   1
```

图 3.8　计算整数 140 的质因子的过程

本实例的参考代码如下：

```c
#include <stdio.h>
int main(void)
{
    int n;
    scanf("%d", &n);
    printf("%d=", n);
    int start = 1;      //标志将要输出的质因子是否为第一个质因子，值为 1 表示是，值为 0 表示不是
    int k = 2;          //质因子从最小的 2 开始
    while (n != 1)
    {
        if (n % k == 0)          //成立表示 k 是 m 的一个质因子
        {
            if (!start)
                printf("*");      //要输出的质因子不是第一个质因子,前面需要先输出*
            printf("%d", k);
            start = 0;
            n /= k;
        }
        else
            k++;                  //n % k == 0 不成立，试探 k+1 是否为 n 的质因子
    }
    return 0;
}
```

在编写代码之前，建议先对问题进行分析。可以通过手动模拟测试数据的方式来找到解决问题的方法。本实例就是通过模拟找质因子的过程来解决问题的。

程序的主要思路是对输入的整数 n 进行质因子分解，找出 n 的所有质因子，并输出质因子的乘积。

在一个循环中，程序通过试探从最小的质因子 $k=2$ 开始，判断 n 是否能被 k 整除。如果能被整除，则说明 k 是 n 的一个质因子，程序将 k 输出，并将 n 除以 k，更新 n 的值。如果不能被整除，则将 k 自增 1，继续试探下一个可能的质因子。

循环会一直进行，直到 n 的值变为 1，此时表明 n 已经被完全分解为质因子。

该算法只能处理正整数，并且质因子按从小到大的顺序输出。

为了输出样例所示的效果，程序中使用了一个 start 变量，初始值为 1，利用它，可以把质因子的输出分为两种情况。如果是第一个质因子，质因子前没有*；否则先输出*，再输出质因子。

【实例 03-25】龟兔赛跑

扫一扫，看视频

描述：龟与兔进行赛跑。乌龟的速度为 3 米/分钟，兔子的速度为 9 米/分钟；兔子嫌乌龟跑得慢，觉得肯定能跑赢乌龟，于是每跑 10 分钟就回头看一下乌龟；如果它发现自己超过了乌龟，就休息 30 分钟，否则继续跑 10 分钟；而乌龟非常努力，一直在跑。假定乌龟与兔子在同一起点同时开始起跑，求 T 分钟后乌龟和兔子谁跑得快？输入比赛时间 T（分钟），在一行中输出比赛的结果：乌龟赢输出@_@，兔子赢输出^_^，平局则输出-_-；后跟一个空格，再输出胜利者所跑的距离，如输入 242，输出@_@ 726。

分析：首先需要定义一些变量来存储比赛的相关信息。变量 t，用于存放剩余的比赛时间，初始值为给定的比赛时间；变量 runt，用于存放兔子接下来需要向前跑的时间，初始值为 10；变量 sleept，用于存放兔子接下来需要睡觉的时间，初始值为 30；变量 rd，用于表示兔子距离起始点的距离，初始值为 0；变量 td，用于表示乌龟距离起始点的距离，初始值为 0。

在比赛进行期间，需要不断判断兔子和乌龟的位置，根据比赛时间和两者的距离，决定它们下一步要进行的操作。如果兔子不在乌龟前面，那么就让它们同时向前跑一段时间；如果兔子在乌龟前面，那么就让乌龟自己跑一段时间。

所以，可以按照以下步骤循环执行，直到比赛时间为 0。

（1）比较兔子和乌龟的位置，如果兔子不在乌龟前面（即 rd <= td），则用变量 x 记录 t 和 runt 的较小值，让兔子和乌龟同时向前跑 x 分钟。

（2）如果兔子在乌龟前面（即 rd > td），则用变量 x 记录 t 和 sleept 的较小值，让乌龟单独向前跑 x 分钟。

（3）更新兔子和乌龟距离起始点的距离。

（4）更新剩余比赛时间 t，即减去已经花费的时间 x。

（5）如果比赛时间已经用完，退出循环。

在比赛结束后，可以根据兔子和乌龟的距离输出三种不同的情况，即兔子胜利、乌龟胜利和平局。

本实例的参考代码如下：

```c
#include <stdio.h>
int main(void)
{
    int t;                          //剩余的比赛时间
    int runt = 10, sleept = 30;
    int rd = 0, td = 0;             //兔子和乌龟距离起始点的距离
    scanf("%d", &t);
    while (t > 0)
    {
        if (rd <= td)               //兔子不在乌龟的前面，龟兔都在跑
        {
            int x = runt;           //龟兔跑的时间
            if (x > t)
                x = t;
            t -= x;                 //修改剩余时间
            rd += 9 * x;            //计算兔子距离起始点的距离
            td += 3 * x;            //计算乌龟距离起始点的距离
        }
        else                        //兔子在乌龟的前面，乌龟在跑，兔子在睡觉
        {
            int x = sleept;         //兔子睡觉的时间
            if (x > t)
```

```
            x = t;
        t -= x;                    //修改剩余时间
        td += 3 * x;
    }
    if (td > rd)
        printf("@_@ %d", td);
    else if (td < rd)
        printf("^_^ %d", rd);
    else
        printf("-_- %d", rd);
    return 0;
}
```

建议在程序中添加适当的输出语句，并测试多组数据，以便观察龟兔赛跑过程中的各种情况。通过这样的步骤，可以更好地理解程序的运行逻辑，同时也有助于验证程序的正确性。

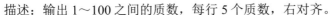 **【实例 03-26】1～100 之间的质数**

扫一扫，看视频

描述：输出 1～100 之间的质数，每行 5 个质数，右对齐。

分析：可以使用循环语句 for(m = 2; m <= 100; m++)，循环遍历 2～100 之间的所有整数 m。每次循环判断当前整数 m 是否为质数，如果是质数，则输出 m；否则不输出。判断整数 m 是否为质数的方法可以参考实例 03-13。

本实例的参考代码如下：

```
#include <stdio.h>
int main(void)
{
    int m, i, n = 0;                  //n 为记录输出质数个数
    for (m = 2; m <= 100; m++)
    {
        //枚举 2~100，依次判断 m 是否为质数，如果是，输出并计数，每 5 个一换行
        for (i = 2; i * i <= m; i++)
            if (m % i == 0)
                break;
        if (i * i > m)
        {
            n++;                      //计数
            printf("%2d ", m);
            if (n % 5 == 0)
                printf("\n");         //如果已经输出 5 个质数，换行
        }
    }
    return 0;
}
```

运行结果如下：

```
 2  3  5  7 11
13 17 19 23 29
31 37 41 43 47
53 59 61 67 71
73 79 83 89 97
```

循环体中包含循环语句的结构被称为循环嵌套。在本实例中，存在两层循环，其中循环体内部包含的是单层循环语句。如果循环体内包含一个双重循环语句，我们称之为三重循环结构。同理，还有四重循环结构等。**循环嵌套在编程时很常见，但建议不要超过三层嵌套，除非特殊需要**。每层循环语句可以采用 for、while 或 do...while 语句等形式。

     for、while 及 do...while 等循环语句都被视为一条完整的语句，可以出现在任何其他语句可以出现的地方，包括循环体内和选择语句中。理解语句的本质有助于处理复杂的程序代码和编写复

杂的逻辑。领悟和理解这些概念需要不断地努力和积累经验。通过不断地学习和实践，你的思路将变得更加清晰，能够更好地处理复杂的程序逻辑。

运行以下代码，观察外层循环变量 i 和内层循环变量 j 在双层循环中是如何变化的。

```c
#include <stdio.h>
int main(void)
{
    for (int i = 1; i <= 4; i++)
    {
        for (int j = 1; j <= 5; j++)
            printf("i = %d,j = %d   ", i, j);
        printf("\n");
    }
    return 0;
}
```

运行结果如下：

```
i = 1,j = 1    i = 1,j = 2    i = 1,j = 3    i = 1,j = 4    i = 1,j = 5
i = 2,j = 1    i = 2,j = 2    i = 2,j = 3    i = 2,j = 4    i = 2,j = 5
i = 3,j = 1    i = 3,j = 2    i = 3,j = 3    i = 3,j = 4    i = 3,j = 5
i = 4,j = 1    i = 4,j = 2    i = 4,j = 3    i = 4,j = 4    i = 4,j = 5
```

通过观察运行结果，会发现每当外层循环变量 i 增加一次时，内层循环变量 j 会重新从初始值开始循环，这正是循环嵌套的一个重要特性。

另外，相较于内层循环变量，外层循环变量变化的速度较慢。当外层循环变量 i 的值等于 1 时，内层循环变量 j 需要从 1 变化到 5；当 i 的值等于 2 时，j 又需要从 1 变化到 5，以此类推。这也就意味着，只要外层循环变量的值变化一次能够满足循环条件，就会进入它的循环体。外层循环体会先执行 for 循环语句，然后再执行 printf("\n"); 语句。每个 i 值的循环体都包含一个 for 循环语句和一个 printf 语句，因此，外层 for 循环体必须使用 {}括起来。

【实练 03-11】第 *n* 小的质数

输入一个正整数 *n*（*n*≤1000），输出第 *n* 小的质数。例如，输入 10，输出 29，即第 10 小的质数是 29。

扫一扫，看视频

【实例 03-27】数字统计

描述：给定正整数 *L*、*R* 和数字 *d*，其中 *L* ≤ *R*。统计在闭区间 [*L*, *R*] 内所有整数中数字 *d* 出现的次数。例如，当 *L* = 2、*R* = 22 和 *d* = 2 时，数字 2 总共出现了 6 次。输入 *L*、*R* 和 *d*，用单个空格隔开，输出闭区间 [*L*, *R*] 内所有整数中数字 *d* 出现的次数。

扫一扫，看视频

分析：在实例 03-17 中，我们学会了如何将一个整数 *m* 的每一位分离开，通过单层循环即可实现。循环体中，使用 *m* % 10 可以依次扫描 *m* 的每一位，这样就可以判断每一位是否等于数字 *d*，从而统计出整数中数字 *d* 出现的次数。

为了统计闭区间 [*L*, *R*] 内所有整数中数字 *d* 出现的次数，可以使用双重循环。外层循环通过枚举变量 i 从 *L* 到 *R*，依次遍历各个整数；内层循环用于完成统计步骤，统计变量 i 中数字 *d* 出现的次数。

需要注意的是，在遍历整数 i 的每一位时，需要先用一个临时变量 tmp 存放 i 的值。使用 tmp 来计算变量 i 中数字 *d* 出现的次数。

本实例的参考代码如下：

```c
#include <stdio.h>
int main(void)
{
    int L, R, d, ans = 0;              //ans 存放数字 d 出现的次数
    scanf("%d %d %d", &L, &R, &d);
    for (int i = L; i <= R; i++)       //i 从 L 至 R 依次取值
```

```
    {
        int tmp = i;                       //用 tmp 存放 i，否则循环结束后 i 的值变为 0
        //判断 tmp 的各位是否为 d，如果是，则 ans 加 1
        while (tmp)
        {
            if (tmp % 10 == d)
                ans++;
            tmp /= 10;                     //将 tmp 的个位去掉
        }
    }
    printf("%d", ans);
    return 0;
}
```

要深刻理解多重循环的执行流程，特别是对于双重循环，外层循环变量的每次变化都会引发内层循环的执行。

如果将代码中的 while 循环中的 tmp 全部替换为 i，那么该程序将是错误的。这是因为当 while 循环结束时，i 已经被赋值为 0。接着执行 i++，i 的值变为 1，满足条件 1 <= R，所以 while 循环会继续执行。但是，这会导致程序进入一个无限循环的状态。同时，从第二次开始的每次 while 循环，统计的都是数字 1 中 d 出现的次数，这无法实现所需的功能。

【实练 03-12】与 7 无关的数的平方和

对于一个正整数，如果它能被 7 整除，或者它的十进制表示法中某一位上的数字为 7，则称其为与 7 相关的数。现输入一个正整数 n，求所有小于等于 n（$n < 100$）的与 7 无关的正整数的平方和。例如，输入 21，则输出 2336。

扫一扫，看视频

【实例 03-28】数字方格

描述：有 3 个方格，如图 3.9 所示，每个方格里面都有一个整数 a_1、a_2、a_3。已知 $0 \le a_1$, $a_2, a_3 \le n$，而且 $a_1 + a_2$ 是 2 的倍数，$a_2 + a_3$ 是 3 的倍数，$a_1 + a_2 + a_3$ 是 5 的倍数。你的任务是找到一组 a_1、a_2、a_3，使得 $a_1 + a_2 + a_3$ 最大。输入一行，包含一个整数 n（$0 \le n \le 100$）；输出一个整数，即 $a_1 + a_2 + a_3$ 的最大值。

a_1	a_2	a_3

图 3.9　数字方格

输入样例：

3

输出样例：

5

分析：本实例要求获得满足条件的最大值，所以可以采用枚举的方法，从可能的最大值开始去验证条件，直到找到解为止。假设 m 是最终的解，那么 m 一定是 5 的倍数。已知 $0 \le a_1$, $a_2, a_3 \le n$，因为要找 $a_1 + a_2 + a_3$ 的最大值且这个最大值是 5 的倍数，因此，可以将 m 的初值设为小于等于 $3n$ 且能被 5 整除的最大整数。例如，当 $n=3$ 时，m 的初值为 5。

接下来利用**枚举算法**，枚举 a_1、a_2 和 a_3 的组合，三个数的组合需要三重循环，又因为 $a_1 + a_2 + a_3 = m$，a_1 可以计算出来，所以可以用双重循环进行枚举。

```
for (int a3 = n; a3 >= 0; a3--)
    for (int a2 = n; a2 >= 0; a2--)
    {
        a1 = m - a2 - a3;
        ...
    }
```

在双重循环里编写题目中给的判定条件，一旦找到满足条件的 m 值，中断循环。

因为 break 语句只能退出当前循环，所以需要设置标志变量，以便从多重循环中退出。如果当前 m 值未找到问题的解，就迭代让 m 的值减 5，重新执行双重循环，因此还需要一层循环。

本实例的参考代码如下：

```
#include <stdio.h>
```

```
#include <stdbool.h>
int main(void)
{
    int n;
    scanf("%d", &n);
    int m = 3 * n;                  //可能的最大值从大到小枚举
    while (m % 5 != 0)
        m--;                        //while 循环结束后，m 一定是 5 的倍数
    bool find = false;              //设置找到与否的标志，初始为未找到
    //外层循环用于确定当前 m 的值，直到找到满足条件的 a1、a2、a3
    while (!find)
    {
        //内层嵌套一个双重循环用于遍历 a1、a2 和 a3 的所有可能组合
        for (int a3 = n; a3 >= 0 && !find; a3--)
        {
            for (int a2 = n; a2 >= 0 && !find; a2--)
            {
                int a1 = m - a2 - a3;
                if (a1 > n)   //如果 a1 超出 n 的范围，则继续下一次循环
                    continue;
                //检查是否满足条件
                if ((a1 + a2) % 2 == 0 && (a2 + a3) % 3 == 0)
                {
                    find = true;
                }
            }
        }
        //如果未找到满足条件的 a1、a2 和 a3，则减小 m 的值，再次进行循环
        if (!find)
            m -= 5;
    }
    printf("%d\n", m);              //输出满足条件的 m
    return 0;
}
```

枚举算法是一种常用的解决问题的方法，即通过尝试所有可能的情况来寻找解决方案。在枚举算法中，问题的解决方案通常通过一个或多个嵌套的循环来生成，通过遍历所有可能的情况，从中找到满足条件的解。

 　　枚举算法的效率通常较低，尤其当可能取值的范围较大时。因此，在使用枚举算法时应谨慎选择枚举变量和其范围，并考虑是否存在其他更高效的解决方法。

有了循环和枚举思想，就可以更新实例 02-12 的代码了。可以枚举 thisman 的值从'A'到'D'。修改后的代码如下：

```
#include <stdio.h>
int main(void)
{
    int ATalk, BTalk, CTalk, DTalk;
    for (char thisman = 'A'; thisman <= 'D'; thisman++)          //枚举四个人
    {
        ATalk = thisman != 'A';                                 //A 说的话
        BTalk = thisman == 'C';                                 //B 说的话
        CTalk = thisman == 'D';                                 //C 说的话
        DTalk = thisman != 'D';                                 //D 说的话
        if (ATalk + BTalk + CTalk + DTalk == 3)                 //3 个人说了真话
        {
            printf("%c 是做好事的人! ", thisman);
            break;
        }
    }
    return 0;
}
```

运行结果如下：

```
c 是做好事的人！
```

在枚举过程中，只要找到了做好事的人就从循环中退出。

【实例 03-29】多项式求值

扫一扫，看视频

描述：给定浮点数 x 和正整数 n，计算多项式 $x^n + x^{n-1} + x^{n-2} + \cdots + x + 1$ 的值。x 在 double 类型范围内，$n \leq 10^6$，保证最终结果在 double 类型范围内，输出多项式的值精确到小数点后两位。

输入样例：

```
2 4
```

输出样例：

```
31.00
```

分析：这里介绍三种方法。

方法一：使用头文件 math.h 中的库函数 pow(a, x) 来计算 a 的 x 次幂。注意，函数 pow(a, x) 的参数 a 和 x 需要是 double 类型。在本实例中，每一项的指数是 int 类型。虽然可以使用库函数 pow，但是在要求高精度的情况下，使用 pow 可能会引入小误差。

可以使用 for (int i = 0; i <= n; i++) 循环语句，对于每一个 i，利用 pow(x, i) 求得 x 的 i 次幂，再将 x 的 i 次幂的值累加到 double 类型的变量 sum 中。

方法一的参考代码如下：

```c
#include <stdio.h>
#include <math.h>
int main(void)
{
    double x, sum = 0;
    int n;
    scanf("%lf %d", &x, &n);   //double 类型的 x 需要用%lf 格式输出
    for (int i = 0; i <= n; i++)
        sum += pow(x, i);      //pow(x,i)为 math.h 中求 x 的 i 次幂
    printf("%.2f\n", sum);     //double 类型的 sum 输出格式可以是%f，也可以是%lf
    return 0;
}
```

方法二：采用双重循环的方式。外层循环与第一种方法相同，使用 for 循环来迭代从 0 到 n 的所有可能的指数值。而内层循环则使用 for 循环语句来计算 x 的 i 次幂。

方法二的参考代码如下：

```c
#include <stdio.h>
int main(void)
{
    double x, sum = 0;
    int n;
    scanf("%lf %d", &x, &n);
    for (int i = 0; i <= n; i++)
    {
        double tmp = 1;
        for (int j = 1; j <= i; j++)    //求 x 的 i 次幂
            tmp *= x;
        sum += tmp;
    }
    printf("%.2f\n", sum);
    return 0;
}
```

方法三：使用数列求和的方法。循环语句与第一种方法相同，但每次循环迭代时，x^i 的值可用 x^{i-1} 的结果直接乘以 x 得到，即 $x^i = x^{i-1} * x$。

方法三的参考代码如下：

```c
#include <stdio.h>
int main(void)
{
    double x, sum = 0;
    int n;
    scanf("%lf %d", &x, &n);
    double tmp = 1;    //x^0:x 的 0 次幂是 1
    for (int i = 0; i <= n; i++)
    {
        sum += tmp;
        tmp *= x;      //x^i = x^(i-1)*x
    }
    printf("%.2f\n", sum);
    return 0;
}
```

从代码语句的角度来看，方法一和方法三在循环结构上都只有一层，都使用单重循环。然而，从循环次数的角度来看，方法三的效率更高。

方法三的循环结构与之前的数列求和算法套路是一样的，这也为我们提供了更丰富的编程经验。

【实例 03-30】棋盘放粮食

扫一扫，看视频

描述：现在要在有 64 个格子的棋盘上放粮食，如果在第 1 个格子放 1 粒粮食，第 2 个格子放 2 粒，第 3 个格子放 4 粒，以此类推，每个格子放的粮食都是前一个格子里粮食的 2 倍，直到放到第 64 个格子，求这 64 个格子里一共放了多少千克的粮食？假如 1 粒粮食重 0.02 克，以科学记数法格式输出，保留到小数点后 4 位。

分析：这个问题是一个实际应用问题，即多项式求值的例子。问题的背景是有 64 个格子，共有 $n = 1 + 2 + 2^2 + \cdots + 2^{63}$ 粒粮食。每粒粮食的重量为 0.02 克，因此总重量为 $n * 0.02 / 1000$ 千克。可以使用多项式求值的方法三来解决这个问题。

本实例的参考代码如下：

```c
#include <stdio.h>
int main(void)
{
    double weight = 1, term = 1;    //weight 为存放 64 个格子的粮食总粒数
    for (int i = 1; i < 64; i++)
    {
        term *= 2;
        weight += term;
    }
    printf("%.4e\n", weight * 0.02 / 1000);
    return 0;
}
```

【实例 03-31】幂级数展开的部分和

扫一扫，看视频

描述：已知函数 e^x 可以展开为幂级数 $1 + x + x^2/2! + x^3/3! + \cdots + x^k/k! + \cdots$。现给定一个实数 x，利用此幂级数的部分和求 e^x 的近似值，求和时一直继续到最后一项的绝对值小于 0.00001。输入一个实数 x，$x \in [0,5]$，输出 e^x 的值，保留小数点后 4 位。

分析：可以使用循环迭代法计算幂级数中的各项，将各项累加到和中，循环条件是除最后一项外，每项的绝对值不小于 0.00001。

本实例的参考代码如下：

```c
#include <stdio.h>
#include <math.h>
#define esp 1E-5
int main(void)
{
    double x, tmp = 1, fact = 1, sum = 1;    //tmp、fact 分别存放各项分子、分母的值
    scanf("%lf", &x);
    //使用循环计算和
```

```
    for (int i = 1; fabs(tmp / fact) >= esp; i++)
    {
        tmp *= x;                           //更新 tmp 的值
        fact *= i;                          //更新 fact 的值
        sum += tmp / fact;                  //更新和的值
    }
    printf("%.4f\n", sum);
    return 0;
}
```

当 $x \geqslant 0$ 时，各项的值近似为正数。然而，由于 double 类型数据的精度问题，在机器中表示大于 0 且接近 0 的数时可能会出现不精确的情况。因此，在计算每一项时使用绝对值函数 fabs(x) 会更加准确。

双重循环的一个典型应用就是输出平面图形，下面 4 个实例是关于平面图形的输出。

【实例03-32】输出直角三角形 I

描述：编程实现输出图 3.10 所示的图形。

分析：图 3.10 是一个平面图形，由于平面图形具有行和列的结构，因此通常需要使用双重循环进行输出。外层循环用于控制行数，内层循环用于控制每行中的列数。在内层循环中，可以根据需要输出每个位置的符号或字符。**在每行输出结束后，需要进行换行操作**，以便进行下一行的输出。因此，平面图形的循环结构通常如下：

```
*
**
***
****
*****
******
```
图 3.10　直角三角形

```
for (int row = 1; row <= numRows; row++)
{
    for (int col = 1; col <= numCols; col++)
    {
        //输出每个位置的符号或字符
    }
    printf("\n");  //换行
}
```

其中，numRows 表示图形的行数，numCols 表示图形的列数或每行的字符数。在内层循环中，可以根据具体需求输出每个位置的符号或字符。在外层循环中，在每行输出结束后添加一个换行符，以实现换行的效果。

对于图 3.10，总共有 6 行。可以用一个整型变量 row 来表示行号，行号从 1 到 6；每行的字符数等于行号 row。使用平面图形的循环结构，可以很容易地编写代码输出图 3.10 所示的图形。

本实例的参考代码如下：

```
#include <stdio.h>
int main(void)
{
    for (int row = 1; row <= 6; row++)
    {
        for (int col = 1; col <= row; col++)
        {
            printf("*");        //输出每个位置的符号或字符
        }
        printf("\n");
    }
    return 0;
}
```

这里的(row,col)构成了二维平面上的一个点，在该点上输出一个符号。通过在不同的点上输出相应的符号，可以输出所需的图形。

阅读以下程序代码并分析其功能。

```
#include <stdio.h>
int main(void)
{
    for (int row = 1; row <= 6; row++)
    {
```

```
        for (int col = 1; col <= row; col++)
            printf("%d", row);
        printf("\n");
    }
    return 0;
}
```

row 表示行号，共 6 行，每行连续输出 row 个 row。

运行结果如下：

```
1
22
333
4444
55555
666666
```

阅读以下程序代码并分析其功能。

```
#include <stdio.h>
int main(void)
{
    for (int row = 1; row <= 9; row++)
    {
        for (int col = 1; col <= row; col++)
            printf("%d*%d=%2d ", col, row, row * col);
        printf("\n");
    }
    return 0;
}
```

该程序可以输出直角形的九九乘法表。运行结果如下：

```
1*1= 1
1*2= 2 2*2= 4
1*3= 3 2*3= 6 3*3= 9
1*4= 4 2*4= 8 3*4=12 4*4=16
1*5= 5 2*5=10 3*5=15 4*5=20 5*5=25
1*6= 6 2*6=12 3*6=18 4*6=24 5*6=30 6*6=36
1*7= 7 2*7=14 3*7=21 4*7=28 5*7=35 6*7=42 7*7=49
1*8= 8 2*8=16 3*8=24 4*8=32 5*8=40 6*8=48 7*8=56 8*8=64
1*9= 9 2*9=18 3*9=27 4*9=36 5*9=45 6*9=54 7*9=63 8*9=72 9*9=81
```

【实练 03-13】输出三角形字符阵列

扫一扫，看视频

给定一个整数 n（$1 \leqslant n < 7$），输出一个由大写字母 A 开始构成的三角形字符阵列，输出的格式请参考输出样例，每个字母后跟一个空格。

输入样例：

```
4
```

输出样例：

```
A B C D
E F G
H I
J
```

【实例 03-33】输出直角三角形 Ⅱ

扫一扫，看视频

描述：编程实现输出图 3.11 所示的直角三角形。

分析：图 3.11 是一个 6 行 6 列的平面图形，可以仍然采用平面图形的循环结构来输出该图形。为了实现输出，需要确定每个位置应输出什么字符，这个字符可以是空格，也可以是星号（*）。如果该位置的行号和列号之和小于或等于 6，则该位置应输出空格，否则应输出星号。因此，只需要在平面图形的循环结构里添加一个判断语句即可实现该功能。

本实例的参考代码如下：

```
     *
    **
   ***
  ****
 *****
******
```

图 3.11　直角三角形

```
#include <stdio.h>
int main(void)
{
    for (int row = 1; row <= 6; row++)
    {
        for (int col = 1; col <= 6; col++)
        {
            if (row + col <= 6)          //如果行号和列号之和小于等于6，则输出空格
                printf(" ");
            else
                printf("*");             //否则输出*
        }
        printf("\n");                    //换行
    }
    return 0;
}
```

除了上述方法，还可以使用循环来输出图 3.11 所示的图形。也就是说，对于每行的输出，可以先使用一个循环输出 6 – row 个空格，然后再输出 row 个星号。代码如下：

```
#include <stdio.h>
int main(void)
{
    for (int row = 1; row <= 6; row++)
    {
        for (int i = 1; i <= 6 - row; i++)    //输出6-row 个空格
            printf(" ");
        for (int i = 1; i <= row; i++)        //输出 row 个星号
            printf("*");
        printf("\n");                         //换行
    }
    return 0;
}
```

无论采用何种方法，平面图形的输出关键在于识别图形的规律，并使用嵌套循环来实现输出。只要能理解图形的特性，就能确定适合的循环嵌套方式。

【实练 03-14】输出倒置的直角三角形

编程实现输出图 3.12 所示的倒置的直角三角形。

扫一扫，看视频

```
******
 *****
  ****
   ***
    **
     *
```

图 3.12　倒置的直角三角形

【实例 03-34】输出钻石图形

扫一扫，看视频

描述：输入一个整数 n 和一个字符 c，分别代表生成正三角形的行数和钻石图形是否为实心状态。如果输入的字符 c 为'y'，则生成实心钻石图形；如果输入的字符 c 为'n'，则生成空心钻石图形。图 3.13 和图 3.14 分别是 n 为 4 的实心和空心的钻石图形。

图 3.13　实心钻石图形

图 3.14　空心钻石图形

分析：观察实心钻石图形每行的特点，首先在每行开始时输出一些空格，然后是一些字符，最后换行；输出空格和字符可以通过单层循环实现，循环的次数是空格数和字符的个数。根据实例 03-33，可以使用 n – row 计算第 row 行的空格数；而每行的字符个数可以用 2*row-1 计算，其中外层循环的变量 row 从 1 变化到 n，内层循环用于完成每行的输出。这样就可以绘制出钻石图形的前 n 行。

对于钻石图形的后 n-1 行，可以利用图形的对称性，将相应的行号转换为前 n 行的对应行号，即使用行号转换公式 row=2n-i，其中 i 为钻石图形的第 i 行。

考虑空心图形与实心图形的区别：空心图形只在图形的边缘处输出字符，其他地方则输出空格。在内层循环中控制输出字符时，可以使用循环变量 j。如果 j 是边缘位置，则无论是实心图形还是空心图形，都需要输出字符；而如果 j 不在边缘位置，则在实心图形中输出字符，而在空心图形中输出空格。可以使用 if … else 条件语句根据图形是实心还是空心进行不同的输出。

本实例的参考代码如下：

```c
#include <stdio.h>
int main(void)
{
    int n;
    char c;
    scanf("%d %c", &n, &c);
    for (int i = 1; i <= 2 * n - 1; i++)          //钻石图形的总行数 2*n-1
    {
        int row = (i - n > 0) ? 2 * n - i : i;    //转换为前 n 行所对应的行号
        for (int j = 1; j <= n - row; j++)        //输出 n-row 个空格
            printf(" ");
        for (int j = 1; j <= 2 * row - 1; j++)    //输出 2*row-1 个字符，包括空格
        {
            if (j == 1 || j == 2 * row - 1 || c == 'y') //输出非空格字符
                printf("*");
            else
                printf(" ");                      //输出空格
        }
        printf("\n");                             //每行结束要换行
    }
    return 0;
}
```

当然，要输出钻石形状，可以利用前面的平面图形的循环结构。读者可以自己尝试编写代码实现，也可以参考下面的代码理解输出图形的逻辑。

```c
#include <stdio.h>
int main(void)
{
    int n;
    char c;
    scanf("%d %c", &n, &c);
    for (int i = 1; i <= 2 * n - 1; i++)                      //控制行数
    {
        int row = (i - n > 0) ? 2 * n - i : i;               //根据行数确定每行的星号数量
        for (int col = 1; col <= 2 * n - 1; col++)           //逻辑行号
        {
            if (row + col >= n + 1 && col - row <= n - 1)    //钻石图形区域内
            {
                if (c == 'y')                                //实心
                    printf("*");
                else                                         //空心
                {
                    if (row + col == n + 1 || col - row == n - 1) //图形的边界
                        printf("*");
                    else
                        printf(" ");
                }
            }
            else
                printf(" ");                                 //钻石图形区域外
        }
        printf("\n");                                        //每行结束要换行
    }
    return 0;
```

03

```
        }
```

【实练 03-15】绘制矩形

扫一扫，看视频

给定四个参数，其中前两个参数 h 和 w 是整数，分别代表矩形的高度和宽度（要求 h 的取值范围为 3～10，w 的取值范围为 5～10）；第三个参数是一个字符，用于表示绘制矩形的符号；第四个参数为 0 或 1，其中 0 表示绘制空心矩形，1 表示绘制实心矩形。

【实练 03-16】输出沙漏形状

扫一扫，看视频

使用给定数量的符号输出沙漏形状。例如，给定 17 个符号"*"，按照图 3.15 进行输出。沙漏形状的定义是每行输出奇数个符号，各行符号在中心对齐，相邻两行符号个数相差 2，符号个数先从大到小递减到 1，然后再从小到大递增，首尾行的符号数相等。使用尽可能多的符号来输出沙漏形状。输入一个正整数 N（N≤1000）和一个字符，中间用空格隔开。首先输出按给定符号组成的最大沙漏形状，然后在下一行输出剩余未使用的符号数量。图 3.16 是输入 20 个"*"时的输出结果。

```
    *****              *****
     ***                ***
      *                  *
     ***                ***
    *****              *****
    0                  3
```

图 3.15　17 个"*"组成的最大沙漏图　　　　图 3.16　输入 20 个"*"时的输出结果

【实例 03-35】金币数

扫一扫，看视频

描述：国王将金币作为工资发放给骑士。在第一天，骑士收到一枚金币；接下来的两天（第二天和第三天），每天收到两枚金币；再接下来的三天（第四天到第六天），每天收到三枚金币；然后是连续的四天（第七天到第十天），每天收到四枚金币，以此类推。这种发放模式将一直持续下去，即连续 n 天每天收到 n 枚金币（n 为任意正整数）。请编写程序计算骑士在从第一天开始的 n 天内共收到的金币数。输入一个整数 n（1≤n≤10000），表示天数；输出一个整数，代表骑士获得的金币总数。

输入样例：
```
6
```

输出样例：
```
14
```

分析：要计算在给定的 n 天内骑士共获得的金币数，就需要模拟每天获得的金币数，将获得的金币数从左到右、从上到下排列成 n 个数字，并将它们相加，如图 3.17 所示，这是一个数字金字塔。用输出金字塔的方法计算金币总数，即输出数字改为数字累加求和，同时执行操作 n--，当 n==0 时，需要中断内层循环，外层循环的循环条件为 n>0。当循环结束时，所有数字的累加和就是骑士一共得到的金币数。

```
第几天：              拿到的金币数：
1                    1
2  3                 2 2
4  5  6              3 3 3
7  8  9  10          4 4 4 4
11 12 13 14 15       5 5 5 5 5
......               ......
```

图 3.17　第几天和与这天对应拿到的金币数

本实例的参考代码如下：

```c
#include <stdio.h>
int main(void)
{
```

```
    int n;                              //天数
    scanf("%d", &n);
    int sum = 0;                        //n 天一共得到的金币数
    for (int gold = 1; n > 0; gold++)   //每天拿到的金币数为 gold
    {
        for (int i = 1; i <= gold; i++)
        {
            sum += gold;                //将当前的金币数加入 sum 中
            n--;
            if (n == 0)
                break;                  //如果 n 已经减为 0，则中断循环
        }
    }
    printf("%d\n", sum);                //输出获得的金币数
    return 0;
}
```

【实例 03-36】连续因子

扫一扫，看视频

描述：对于一个正整数 n，它的因子中可能存在连续的数字。例如，数值 630 可以分解为 $3 \times 5 \times 6 \times 7$，其中 5、6、7 就是 3 个连续的数字。给定一个正整数 n，编写程序计算最长连续因子的个数，并输出最小连续因子的序列。输入一个正整数 n（$1 < n < 2^{31}$）；输出共两行，第一行是一个整数 k，表示最长连续因子的个数，第二行按"因子 1 * 因子 2 * … * 因子 k"的格式输出最少连续因子的序列。在序列中，因子按递增顺序输出，但不包括 1。

输入样例：

```
630
```

输出样例：

```
3
5*6*7
```

分析：定义两个整型变量 maxlen 和 start，分别用于存储数字 n 的最长连续因子的长度和第一个因子的值。根据要求，不考虑 1 作为因子，因此从数字 2 开始试探第一个因子 i，尝试的最大值是 n 的平方根。如果数字 i 是数字 n 的一个因子，则使用一个循环语句 for ($j = i$; j <= sqrt(n); j++)。在循环体中，计算 mul *= j，然后判断条件 n % mul != 0 是否成立。如果条件成立，则说明从数字 i 开始，连续因子的最大长度是 i、$i+1$、…、$j-1$，长度为 $j - i$。此时需要中断循环，比较当前长度 $j - i$ 和存储的最大长度 maxlen，根据比较结果决定是否更新 maxlen 和 start 的值。直到数字 i 等于 n 的平方根时循环结束。如果 start 的值为 0，则说明从数字 2 到 n 的平方根之间都不是数字 n 的因子，即数字 n 是一个质数，输出 1 和数字 n 本身；否则，输出最大长度 maxlen 和从数字 start 开始的连续 maxlen 个因子的乘积。

本实例的参考代码如下：

```
#include <stdio.h>
#include <math.h>
int main(void)
{
    int n;
    scanf("%d", &n);
    int maxlen = 0, start = 0;     //分别存放连续因子的最大长度、最长连续因子中的第一个因子
    int rootn = sqrt(n);
    for (int i = 2; i <= rootn; i++)
    {
        if (n % i == 0)            //条件成立时，i 才可能成为连续因子中的第一个因子
        {
            int mul = 1, j;
            for (j = i; j <= rootn; j++) //试探 i*(i+1)*…是否为 n 的最长连续因子
            {
                mul *= j;                //乘积迭代
```

```
                    if (n % mul != 0)
                        break;
                }
                if (j - i > maxlen)                    //如果当前连续因子的长度大于maxlen
                {
                    maxlen = j - i;
                    start = i;                         //更新maxlen和start
                }
            }
        }
        if (start == 0)                                //若起始因子为0，则说明n为质数
            printf("%d\n%d\n", 1, n);
        else
        {
            printf("%d\n%d", maxlen, start);           //输出因子长度，第一个因子
            for (int i = start + 1; i < start + maxlen; i++) //输出其他因子
                printf("*%d", i);
        }

        return 0;
    }
```

本程序采用的设计思想是**枚举法**，通过枚举所有可能的连续因子，以找出最长的连续因子。在初学编程时，经常会使用这种枚举法的策略。这种方法可以帮助我们系统地探索问题的所有可能性，从而找到最佳解决方案。

【实例03-37】不定方程的解

扫一扫，看视频

描述：给定三个正整数 a、b 和 c，求解不定方程 $ax+by=c$，其中 x 和 y 是未知数。要找到所有满足等式的非负整数解，并输出解的数量。输入部分包含三个数：a、b 和 c。输出部分的第一行是 $ax+by=c$ 表达式；如果方程有解，则从第二行开始每行输出一组解，解的格式为 $x = \cdots$，$y = \cdots$。最后一行输出解的总数；如果方程无解，则第二行输出 0。

分析：这是循环枚举法的典型应用。假设输入参数 $a = 2$，$b = 4$，$c = 10$，那么方程就是 $2x+4y=10$。考虑到 x 和 y 都是非负整数，我们的思路是对 x 进行循环枚举，范围在 0～5 之间（10/2）；对 y 进行循环枚举，范围在 0～2 之间（10/4）。在每对 x 和 y 的组合中，判断是否满足条件 $2*x+4*y=10$。如果满足条件，那么该对 x 和 y 的值就是一个解；如果不满足条件，则该对 x 和 y 的值就不是解。通过这个循环枚举的方法，就可以找到满足条件的 x 和 y 的所有解。

这个问题可以通过双重循环解决。外层循环逐个枚举 x 的可能值，内层循环再逐个枚举 y 的可能值。在每次内层循环体中，判断当前的 x 和 y 是否满足方程 $ax+by=c$，即 $a*x + b * y == c$ 是否成立。如果成立，那么该组合就是方程的一个解。通过这种方式，就可以逐个检查所有可能的 x 和 y 的组合，找到满足方程的所有解。

本实例的参考代码如下：

```
#include <stdio.h>
int main(void)
{
    int a, b, c, cnt = 0;
    scanf("%d %d %d", &a, &b, &c);
    printf("%dx + %dy = %d\n", a, b, c);           //输出方程
    for (int x = 0; x <= c; x++)                    //x在可能范围内依次枚举各个整数
    {
        for (int y = 0; y <= c; y++)                //y在可能范围内依次枚举各个整数
        {
            if (a * x + b * y == c)                 //如果成立，则x、y是方程的一组解
            {
                cnt++;
                printf("x = %d,y = %d\n", x, y);    //输出这组解
            }
```

```
        }
    }
    printf("%d\n", cnt);                         //输出解的组数
    return 0;
}
```

运行结果如下：

```
2 4 10↙
2x + 4y = 10
x = 1,y = 2
x = 3,y = 1
x = 5,y = 0
3
```

在这个问题中，可以通过只枚举 x 的取值解决。因为给定的 a、b 和 c 都是正整数，所以 x 的最大取值是 c/a，而 y 的值可以通过计算得出。如果满足条件(c − a*x)%b == 0，那么 y 的值可以使用(c − a*x)/b 计算得到。通过这种方法，可以用单层循环实现不定方程的解的代码。在循环中，按顺序枚举 x 的取值，并根据上述公式计算相应的 y 值。

用循环结构实现枚举是循环的典型应用。枚举算法的思想是将问题的所有可能答案一一列举，然后根据条件判断此答案是否符合条件，保留合适的，丢弃不合适的。

【实例 03-38】找零钱问题

扫一扫，看视频

描述：给定一个面值 x，将其用 5 元、2 元和 1 元硬币兑换，要求每种硬币至少一枚，求有几种不同的兑换方式。输入一个整数 x（单位为元），并按照 5 元、2 元和 1 元硬币的数量从大到小输出所有的兑换方案。每行输出一种兑换方案，最后一行输出方案总数。输入的面值 x 应该在 0 和 100 之间。

分析：因为 $0<x<100$，所以可以定义三个整型变量：yuan5、yuan2 和 yuan1，分别代表兑换 5 元、2 元和 1 元硬币的数量。由于要求每种硬币至少一枚，所以 yuan5 的取值范围在[1, x/5]之间，yuan2 的取值范围在[1, x/2]之间，yuan1 的取值范围在[1, x]之间。

例如，如果输入的待兑换金额为 13，那么 yuan5、yuan2 和 yuan1 的取值范围分别为[1, 2]、[1, 6]和[1, 13]。可以使用枚举法遍历所有可能的硬币组合情况。对于每种硬币的数量组合，如果它们的总面值等于 x，即 yuan5 * 5 + yuan2 * 2 + yuan1 == x 成立，那么这就是一种有效的兑换方案。

使用枚举法解决该问题，可以采用三重循环的结构依次枚举 5 元、2 元和 1 元硬币的可能数量。

```
for (yuan5 = x / 5; yuan5 >= 1; yuan5--)
    for (yuan2 = x / 2; yuan2 >= 1; yuan2--)
        for (yuan1 = x; yuan1 >= 1; yuan1--)
        {
            if (yuan5 * 5 + yuan2 * 2 + yuan1 == x)
            {
                    //输出此种方案
                    //方案数加 1 并计算硬币总数
            }
        }
```

本实例的参考代码如下：

```
#include <stdio.h>
int main(void)
{
    int x, total = 0, count = 0;  //分别存待兑换的零钱数额、兑换枚数及兑换方案数
    scanf("%d", &x);                             //输入待兑换的零钱数额
    for (int yuan5 = x / 5; yuan5 >= 1; yuan5--)  //yuan5 存放 5 元硬币枚数
    {
        for (int yuan2 = x / 2; yuan2 >= 1; yuan2--)  //yuan2 存放 2 元硬币枚数
```

```
            {
                for (int yuan1 = x - 1; yuan1 >= 1; yuan1--) //yuan1存放1元硬币枚数
                {
                    if (yuan1 + 2 * yuan2 + 5 * yuan5 == x)  //总数额正好等于x
                    {
                        count++;                              //方案数加1
                        total = yuan1 + yuan2 + yuan5;        //计算此种方案硬币总枚数
                        printf("5元:%d枚, 2元:%d枚, 1元:%d枚, 总计:%d枚\n",
                               yuan5, yuan2, yuan1, total);
                    }
                }
            }
        }
    }
    printf("共 %d 种方案", count);                            //输出方案数
    return 0;
}
```

运行结果如下：

13↙
```
5元:2枚, 2元:1枚, 1元:1枚, 总计:4枚
5元:1枚, 2元:3枚, 1元:2枚, 总计:6枚
5元:1枚, 2元:2枚, 1元:4枚, 总计:7枚
5元:1枚, 2元:1枚, 1元:6枚, 总计:8枚
共 4 种方案
```

运行以下程序代码并分析其功能。

```
#include <stdio.h>
int main(void)
{
    int x, total = 0;
    int exif = 0;            //找到一种方案的退出标志变量，值为1表示找到，值为0表示未找到
    scanf("%d", &x);
    for (int yuan5 = x / 5; yuan5 >= 1; yuan5--)
    {
        for (int yuan2 = x / 2; yuan2 >= 1; yuan2--)
        {
            for (int yuan1 = x - 1; yuan1 >= 1; yuan1--)
            {
                if (yuan1 + 2 * yuan2 + 5 * yuan5 == x)
                {
                    total = yuan1 + yuan2 + yuan5;
                    printf("5元:%d枚, 2元:%d枚, 1元:%d枚, 总计:%d枚\n",
                           yuan5, yuan2, yuan1, total);
                    exif = 1;        //标志为找到
                    break;           //退出最内层循环
                }
            }
            if (exif) break;         //退出第二层循环
        }
        if (exif) break;             //退出最外层循环
    }

    return 0;
}
```

运行结果如下：

26↙
```
5元:4枚, 2元:2枚, 1元:2枚, 总计:8枚
```

在该程序中，通过设置一个退出标志变量 exif，使得在找到第一种符合条件的方案后结束所有循环。在程序中，会首先设置 exif = 0，表示尚未找到符合条件的方案。

在循环体内部，如果找到一种符合条件的方案，而且根据题目要求，需要输出各面值总枚数最少的方案，因此这个方案一定是在最内层循环开始枚举的硬币数量下找到的。此时，会将

exif 设置为 1，并执行 break 语句来中断最内层循环。然而，break 语句只能中断包含它的最内层循环，如果需要中断外层循环，就需要在外层循环前增加一个条件判断，只有在找到方案时（即 exif == 1）才能退出循环，即只有在 exif 为 1 时才能执行 break 语句。

阅读并运行以下程序代码并分析其功能。

```c
#include <stdio.h>
int main(void)
{
    int x, total = 0;
    scanf("%d", &x);
    for (int yuan5 = x / 5; yuan5 >= 1; yuan5--)
    {
        for (int yuan2 = x / 2; yuan2 >= 1; yuan2--)
        {
            for (int yuan1 = x - 1; yuan1 >= 1; yuan1--)
            {
                if (yuan1 + 2 * yuan2 + 5 * yuan5 == x)
                {
                    total = yuan1 + yuan2 + yuan5;
                    printf("5元:%d枚, 2元:%d枚, 1元:%d枚, 总计:%d枚\n",
                            yuan5, yuan2, yuan1, total);
                    goto L;          //goto 语句把执行流程转到标号 L 处，直接跳出三重循环
                }
            }
        }
    }
L:
    return 0;
}
```

当需要快速从内层循环跳转到最外层循环时，可以使用 **goto 语句**。**在结构化程序设计中，建议慎用 goto 语句**，但是如果需要从多重循环的内部跳转到任意位置，可以使用 goto 语句。使用方法是在想要跳转到的目标语句前加上标号 L:，然后使用 goto L 语句将程序流程跳转到该位置。

【实练 03-17】百马百石

扫一扫，看视频

有 100 石粮食，每匹大马驮 2 石，每匹中马驮 1 石，每两匹小马驹一起驮 1 石。要用 100 匹马驮完 100 石粮食，应如何安排？

循环控制语句经常被用于设计逻辑推理问题的程序，通过循环体中的语句来描述逻辑推理过程。下面的实例就是循环在逻辑推理问题中的应用。

【实例 03-39】跳水比赛

扫一扫，看视频

描述：在一场 10m 高台跳水决赛中，共有五位跳水高手参加。他们中的每一位都预测了比赛结果，但每位选手的预测都只对了一半，即一对一错。没有出现并列的情况。以下是五位选手的预测。

A 选手说：B 选手第二名，我自己第三名。

B 选手说：我自己第二名，E 选手第四名。

C 选手说：我自己第一名，D 选手第二名。

D 选手说：C 选手最后，我自己第三名。

E 选手说：我自己第四名，A 选手第一名。

编写一个程序，按名次输出从第一名到第五名的跳水高手。

分析：跳水比赛共有五位选手：A、B、C、D、E。每个人的名次在 1 到 5 之间，且没有并列情况。可以使用五重循环来枚举每个人的名次，并在循环体中进行判断。如果遇到两个人的名次相同，可以使用 continue 跳出本轮循环，然后继续枚举下一个名次。

在最内层循环的循环体中，已经得到了不同选手的名次。接下来，可以定义五个整型变量 LA、LB、LC、LD、LE 分别存放选手 A、B、C、D、E 预测正确的个数。根据题目描述，可以列出以下表达式：

```
LA = (B == 2) + (A == 3)
LB = (B == 2) + (E == 4)
LC = (C == 1) + (D == 2)
LD = (C == 5) + (D == 3)
LE = (E == 4) + (A == 1)
```

这里使用了一个简便的写法，即将比较结果（true 或 false）作为整型变量的值，当比较成立时，整型变量的值为 1，否则为 0。

由于每个选手的预测结果都有一半正确，可以使用 LA == 1 && LB == 1 && LC == 1 && LD == 1 && LE == 1 判断五个人的实际名次。

在输出他们的名次时，可以使用循环语句遍历名次。循环变量 i 的值从 1 开始循环到 5，在循环体中判断 A、B、C、D、E 中哪个变量的值等于 i，即可输出名次为 i 的选手。

本实例的参考代码如下：

```c
#include <stdio.h>
int main(void)
{
    int A, B, C, D, E;            //分别存放 A、B、C、D、E 的名次，取值范围为 1~5
    for (A = 1; A <= 5; A++)
    {
        for (B = 1; B <= 5; B++)
        {
            if (B == A)
                continue;         //每个名次只有一个人，所以 B 不能等于 A
            for (C = 1; C <= 5; C++)
            {
                if (C == A || C == B)
                    continue;
                for (D = 1; D <= 5; D++)
                {
                    if (D == A || D == B || D == C)
                        continue;
                    E = 15 - A - B - C - D;    //5 个人的名次总和为 15
                    int LA, LB, LC, LD, LE;    //存放 A、B、C、D、E 的预测
                    LA = (B == 2) + (A == 3); //B 第二，A 第三
                    LB = (B == 2) + (E == 4); //B 第二，E 第四
                    LC = (C == 1) + (D == 2); //C 第一，D 第二
                    LD = (C == 5) + (D == 3); //C 最后，D 第三
                    LE = (E == 4) + (A == 1); //E 第四，A 第一
                    //LA == 1 表示 A 只预测对了一半，即预测对一句话
                    if (LA == 1 && LB == 1 && LC == 1 && LD == 1 && LE == 1)
                    {
                        //按名次 1~5 输出各选手
                        for (int i = 1; i <= 5; i++)
                        {
                            if (A == i)
                                printf("第%d 名为：A\n", i);
                            else if (B == i)
                                printf("第%d 名为：B\n", i);
                            else if (C == i)
                                printf("第%d 名为：C\n", i);
                            else if (D == i)
                                printf("第%d 名为：D\n", i);
                            else
                                printf("第%d 名为：E\n", i);
                        }
                    }
                }
```

```
                }
            }
        }
    }
    return 0;
}
```

运行结果如下：
```
第 1 名为：B
第 2 名为：D
第 3 名为：A
第 4 名为：E
第 5 名为：C
```

在本程序中，使用了关键字 continue。**continue 是指提前结束本轮循环而进入下一轮循环。**

> 　　continue 和 break 都是控制流语句，用于改变程序的执行流程。在使用这两个语句时，通常需要配合条件语句，根据不同的条件来决定是否执行这些语句。其中，break 用于终止循环，跳出循环体并开始执行下一个语句，而 continue 则用于跳过当前循环，继续下一次循环。需要注意的是，break 语句只终止循环，而不会跳过任何语句，而 continue 语句只跳过当前循环，而不会终止循环。另外，break 语句除了可以用于循环语句中，还可以用于 switch 语句中跳出 switch 语句，而 continue 语句只能在循环体中使用，跳过当前循环并继续下一次循环。

　　在实现本程序时，使用了四重循环而不是五重循环。这是因为选手的名次都是不同的，所以可以通过条件 A+B+C+D+E=15 直接得到选手 E 的名次，避免了多一层循环的遍历。

　　在计算选手名次时，使用了类似以下的表达式：
```
LA = (B == 2) + (A == 3)
```

　　表达式中应当加上括号，即 (B == 2) + (A == 3)。因为关系运算符（如 ==）的优先级低于算术运算符，所以在没有括号的情况下，表达式会先计算 2+A 的值，然后再与 B 进行判断。这与程序实际要表达的含义不一致。为了保证语句的执行顺序，需要通过添加括号明确优先级。

　　阅读以下程序并理解 continue 关键字的作用，同时预测程序的运行结果。

```c
#include <stdio.h>
int main(void)
{
    for (int i = 1; i <= 20; i++)
    {
        if (i % 2 != 0)
            continue;    //后面的语句不执行，直接执行 i++
        printf("%d ", i);
    }
    return 0;
}
```

运行结果如下：
```
2 4 6 8 10 12 14 16 18 20
```

　　通过观察运行结果，可以发现在范围为 1～20 的数字中，所有的奇数都被跳过，没有被输出。

　　在跳水比赛程序中，可以通过添加一个额外的条件确保选手 A、B、C、D、E 的取值互不相同。这个条件是 A * B * C * D * E == 120。通过这个条件，可以保证选手的名次都是不同的。

　　这样，就可以在程序中省略使用 continue 关键字，利用这个额外的条件来实现相同的效果。修改的代码如下：

```c
for (A = 1; A <= 5; A++)
{
    for (B = 1; B <= 5; B++)
    {
        for (C = 1; C <= 5; C++)
        {
```

```
for (D = 1; D <= 5; D++)
{
    E = 15 - A - B - C - D; //5个的名次总和为15
    ...
    if (LA == 1 && LB == 1 && LC == 1 && LD == 1 && LE == 1
            && A * B * C * D * E == 120)
    {
        for (int i = 1; i <= 5; i++)
        {
            ...
        }
    }
}
```

【实练 03-18】比饭量

扫一扫，看视频

有 A、B、C 三个人，他们的饭量不同。现在需要比较他们的饭量大小，并根据每个人所说的两句话确定他们的顺序。以下是每个人的陈述。

A 说："B 比我吃得多，C 和我吃得一样多。"

B 说："A 比我吃得多，A 也比 C 吃得多。"

C 说："我比 B 吃得多，B 比 A 吃得多。"

事实是：饭量越小的人说对的话越多。请编写程序按照饭量从大到小输出这三个人的顺序。

【实练 03-19】谁是嫌疑犯

扫一扫，看视频

在审理一起盗窃案时，一位法官对嫌疑犯 A、B、C、D 进行了审问。他们分别做出了以下供述。

A："罪犯在 B、C、D 三人之中。"

B："我没有作案，是 C 偷的。"

C："在 A 和 D 中间有一个是罪犯。"

D："B 说的是事实。"

通过充分的调查，发现只有两个人说了真话，而且只有一个人是罪犯。请根据这些信息编写一个程序，帮助法官确定真正的罪犯。

📖【实例 03-40】水仙花数

扫一扫，看视频

描述：水仙花数是指一个三位数，其各位上的数字的立方和等于其本身。例如，$153 = 1^3 + 5^3 + 3^3$。现在，要求输出在给定范围 $[m, n]$ 内的所有水仙花数。输入数据有多组，每组占据一行，包括两个整数 m 和 n（$100 \leqslant m \leqslant n \leqslant 999$）。对于每组 m 和 n，按照从小到大的顺序输出范围内的水仙花数，以空格分隔。每组数据输出一行，如果给定范围内不存在水仙花数，则输出 no。

输入样例：

```
100 120
300 380
```

输出样例：

```
no
370 371
```

分析：可以使用 while(scanf("%d %d", &m, &n) != EOF) 语句输入每组数据。在循环体中，需要遍历范围 $[m, n]$ 内的每个数，并判断它是否是水仙花数。为了做到这一点，可以根据前面的知识轻松计算出每个数 i 的个（g）、十（s）、百（b）位上的数字，并判断水仙花数公式 i ==

$g*g*g+s*s*s+b*b*b$ 是否成立。如果成立，则输出 i。

在循环前，需要初始化一个标志 flag，用于判断范围内是否有水仙花数。初始化时，flag = 0。在循环体中，如果遍历到一个水仙花数，则将 flag 设为 1。最后根据 flag 的值确定是否输出 no。

另外，如果有多个水仙花数，需要在两个数之间加上一个空格。如果需要在一个水仙花数之后输出空格，可以使用 flag 的值判断。初始化时 flag = 0，表示当前并未输出任何数。然后对于每个水仙花数，如果 flag 的值为 1，则在前面加上一个空格。这样输出所有的水仙花数可以保证输出的末尾不会出现多余的空格。

本实例的参考代码如下：

```c
#include <stdio.h>
int main(void)
{
    int m, n;
    while (scanf("%d %d", &m, &n) != EOF)
    {
        int flag = 0; //标志[m,n]间是否有水仙花数，也作为是否为第一个水仙花数的标志
        for (int i = m; i <= n; i++)
        {
            int g, s, b;
            g = i % 10;
            s = i / 10 % 10;
            b = i / 100;
            if (i == g * g * g + s * s * s + b * b * b)
            {
                if (flag == 1)        //前面已经出现水仙花数，此时 i 不是本区间的第一个水仙花数
                    printf(" ");
                flag = 1;             //设置此区间已出现过水仙花数
                printf("%d", i);
            }
        }
        if (flag == 0)
            printf("no\n");
        else
            printf("\n");
    }
    return 0;
}
```

【实例 03-41】同行列对角线的格

扫一扫，看视频

描述：编写一个程序，要求输入三个自然数 n、i 和 j。n 表示棋盘的大小，i 和 j 分别表示目标格子的行和列，行、列均从 1 开始编号。要求在一个 $n×n$ 的棋盘中找到与目标格子在同行、同列或同一对角线的其他格子，并将它们输出到屏幕上。输出共四行：第一行从左到右输出与 (i, j) 在同一行格子的位置；第二行从上到下输出与 (i, j) 在同一列格子的位置；第三行从左上到右下输出与 (i, j) 在同一对角线格子的位置；第四行从左下到右上输出与 (i, j) 在同一对角线格子的位置。

输入样例：

```
4 2 3
```

输出样例：

```
(2,1) (2,2) (2,3) (2,4)
(1,3) (2,3) (3,3) (4,3)
(1,2) (2,3) (3,4)
(4,1) (3,2) (2,3) (1,4)
```

分析：给定 n、i 和 j 后，使用两个循环语句，很容易输出与 (i, j) 同行和同列的元素。而要找到与 (i, j) 在同一对角线的格子位置 (r, c)，下面是两种情况的计算方法。

（1）如果 (r, c) 和 (i, j) 在从左上到右下的对角线上，则有 r–c == i–j，使用双重 for 循环，遍

历矩阵的所有元素，当条件满足时，则输出 (r,c) 的位置信息。

（2）如果 (r, c)和 (i, j)在从左下到右上的对角线上，则有 r+c == i+j，使用双重 for 循环，遍历矩阵的所有元素，当条件满足时，则输出 (r, c)的位置信息。

本实例的参考代码如下：

```c
#include <stdio.h>
int main(void)
{
    int n, i, j;
    scanf("%d %d %d", &n, &i, &j);
    for (int c = 1; c <= n; c++)          //同行格子的位置
        printf("(%d,%d) ", i, c);
    printf("\n");
    for (int r = 1; r <= n; r++)          //同列格子的位置
        printf("(%d,%d) ", r, j);
    printf("\n");
    for (int r = 1; r <= n; r++)          //左上到右下对角线上的格子的位置
        for (int c = 1; c <= n; c++)
        {
            if (r - c == i - j)           //成立时在同一左上到右下对角线上
                printf("(%d,%d) ", r, c);
        }
    printf("\n");
    for (int r = n; r >= 1; r--)          //左下到右上对角线上的格子的位置
        for (int c = 1; c <= n; c++)
        {
            if (r + c == i + j)           //成立时在同一左下到右上对角线上
                printf("(%d,%d) ", r, c);
        }
    printf("\n");
    return 0;
}
```

扫一扫，看视频

【实例 03-42】第几天

描述：给定一个日期，求这个日期是该年的第几天。输入数据有多组，每组占一行，数据格式为 YYYY/MM/DD，要确保所有的输入数据是合法的。对于每组输入数据，输出一行，表示该日期是该年的第几天。

输入样例：

```
2021/1/20
2020/3/12
```

输出样例：

```
20
72
```

分析：定义三个 int 型变量 year、month 和 day，分别代表日期中的年、月和日。为了计算给定日期是这一年的第几天，需要先计算 1 月到 month−1 月的天数，并使用整型变量 sum 存储计算结果。

使用一个 for 循环遍历 1 到 month−1 的月份。循环体中，将第 m 月的天数累加到 sum 中。可以通过引用实例 02-22 的代码轻松获取每个月的天数。

循环结束后，将 1～month−1 月的总天数 sum 加上 day 的值，即可得到给定日期是这一年的第几天。

为了实现输入多组数据的情况，每组数据进行相同的计算，可以使用 while 循环和 scanf 函数。当 scanf("%d/%d/%d", &year, &month, &day) != EOF 条件不满足时，循环结束。

本实例的参考代码如下：

```c
#include <stdio.h>
int main(void)
{
```

```
        int year, month, day;
        while (scanf("%d/%d/%d", &year, &month, &day) != EOF)
        {
            int sum = 0;
            for (int m = 1; m < month; m++)        //1~month-1 月整月的天数
            {
                int mdays;                         //存放 m 月的天数
                if (m == 2)
                {
                    if (year % 400 == 0 || (year % 4 == 0 && year % 100 != 0))
                        mdays = 29;
                    else
                        mdays = 28;
                }
                else if (m == 4 || m == 6 || m == 9 || m == 11)
                    mdays = 30;
                else
                    mdays = 31;
                sum += mdays;
            }
            sum += day;
            printf("%d\n", sum);
        }
        return 0;
    }
```

如果要求输入 0/0/0 结束，则循环部分可进行以下修改。

```
while (1)
{
    scanf("%d/%d/%d", &year, &month, &day);
    if (year == 0 && month == 0 && day == 0)
        break;
    ...
}
```

小　结

C 语言中有四种循环语句可供使用，分别是 for、while、do…while 和 goto。这四种语句通常可以互相代替，但一般不推荐使用 goto 语句。

在 while 语句和 do…while 语句中，while 后面的括号内是循环的条件。为了确保循环能够正常结束，需要在循环体内部包含让循环趋于结束的语句。

对于 for 语句，可以在表达式 3 中包含使循环趋于结束的语句，甚至可以将循环体的某些操作放在表达式 3 中。这使得 for 语句在功能上更加灵活。

在使用 while 和 do…while 语句时，需要在 while 和 do…while 语句之前完成循环变量的初始化操作。而在 for 语句中，可以在表达式 1 中实现循环变量的初始化。

无论是 while 循环、do…while 循环还是 for 循环，都可以使用 break 语句跳出循环，使用 continue 语句结束当前循环。然而，对于使用 goto 和 if 语句构建的循环，不能使用 break 语句和 continue 语句控制循环流程。

第 4 章 函 数

本章的知识点：

❑ 函数的声明、定义与调用。
❑ 函数的形参与实参。
❑ 局部变量和全局变量。
❑ 变量的生存期与作用域。

实际上复杂问题的程序设计需要"**模块化程序设计思想**"。一个程序往往由多个函数组成，函数是"过程化程序设计"的自然产物。

C 语言中，一个程序无论大小，总是由一个或多个函数构成，这些函数分布在一个或多个源文件中，C 语言把函数作为程序代码的构成单位。每个完整的 C 程序总是有一个 main 函数，它是程序的组织者，程序也总是由 main 函数开始执行。

我们之前写的程序中除了 main 函数，还使用了 C 语言的库函数，如用于计算正弦值的数学函数 sin 和用于计算平方根的数学函数 sqrt，再如输入函数 scanf 和输出函数 printf。这些函数已经预先定义在标准库中，因此可以直接使用。

除了可以调用 C 标准库提供的函数外，还可以自定义函数。实际上，主函数 main 也是一种自定义函数。main 函数的特殊之处在于，当程序执行时，操作系统会自动调用它作为程序的入口。相比之下，其他的标准库函数和自定义函数需要在其他函数中进行调用才能使用。

函数充分体现了分而治之和相互协作的理念，可以将一个大的程序设计任务分解为若干个小的任务，这样便于实现、协作及复用，可以有效避免做什么都要从头开始的问题。

函数是已命名的、执行单一任务的独立代码段，可以对传入给它的数据进行处理，并向调用它的程序返回一个值或者执行某些动作，如 strlen 是把指定字符串的长度返回给程序，而 printf 是把数据输出到屏幕上。

通过本章编程实例的学习，可以掌握如何**自定义函数和模块化程序设计思想**。使用函数组织代码不仅增强了程序的可读性，还使得代码更加清晰、易于维护。

【实例 04-01】输出 3 个整数中的最大值

扫一扫，看视频

描述：输入 3 个整数，输出 3 个整数中的最大值。

分析：可以先找出两个数中的较大值，再找出这个较大值和第 3 个数中的较大值，因此，可以设计一个找两个数中较大值的函数。

本实例的参考代码如下：

```
#include <stdio.h>
int max(int a, int b);              //函数原型：求两个整数中的较大值
int main(void)
{
    int a, b, c;
    printf("请输入 3 个整数：");
    scanf("%d %d %d", &a, &b, &c);
    a = max(a, b);                  //函数调用：求出两个整数 a 和 b 中的较大值赋值给变量 a
    a = max(a, c);                  //函数调用：求出两个整数 a 和 c 中的较大值赋值给变量 a
    printf("最大值为：%d\n", a);    //输出最大值
```

```
        return 0;
    }
    int max(int a, int b)                //函数定义
    {
        return a > b ? a : b;
    }
```

在 C 语言中，最基础的程序模块就是函数。**函数被视为程序中的基本逻辑单位**，除了库函数之外，**C 程序中还有一个 main 函数和若干个其他自定义函数**。本实例的代码中有两个函数。

下面对代码进行分析，掌握什么是函数原型、函数定义和函数调用。

```
    int max(int a, int b);
```

上面这条语句是函数原型，**函数原型中声明了一个函数名、参数类型和个数、返回值类型。**在代码中一般单独写一个函数原型后加分号（;）结束，一般放在 main 函数的前面。这种写法也称为函数声明。本实例中的函数名为 max，有两个 int 类型的形参变量，这个形参（形式参数）类似于数学函数的自变量，返回一个 int 类型的值。这是告诉编译器，在使用这个函数时，需要给它两个整数，函数执行结束时，会获得一个整数值作为函数的计算结果。函数原型中的参数名可写可不写，即 int max(int, int);也是正确的函数声明。

如果希望判断一个整数是否为质数，是则返回 1，否则返回 0，就可以写成如下的函数原型。

```
    int isPrime(int x);
```

这是有一个形参的函数，isPrime 是函数名，函数的返回值类型为 int。

如果希望计算两个浮点数的和，则可以写成如下的函数原型。

```
    double sum(double x, double y);
```

这是有两个形参的函数，sum 是函数名，函数的返回值类型为 double。

声明一个函数的语法如下：

```
    返回类型标识符 函数名(形式参数表);
```

一般会有以下四种函数。

（1）形式参数表不空，有返回值，例如：

```
    int max(int,int);
```

（2）形式参数表不空，无返回值，例如：

```
    void space(int m);
```

（3）形式参数表为空，有返回值，例如：

```
    int getInt(void);
```

（4）形式参数表空，无返回值，例如：

```
    void message(void);
```

函数定义由函数头和函数体组成。函数头与函数原型相同，只是函数头的末尾没有分号，且形参必须有名字。大括号括起来的是函数体。函数体中的语句负责对数据进行处理，如果函数的返回类型不是 void，则函数体中必须包含 return 语句，返回一个与返回类型匹配的值。即使函数的返回类型是 void，也可以在函数中包含没有返回值的 return 语句。在所有的函数中包含 return 语句是很好的编程习惯。

使用自定义函数组织代码，可以使程序代码更简洁并体现模块化程序设计思想。

定义变量时可以把相同类型的变量列在一起，而函数的形参却不可以，所以下面的函数定义是错误的。

```
    int max(int a, b)
    {
        return a > b ? a : b;
    }
```

函数调用就是把实参值（实际参数）传给函数，让函数执行。自定义函数的调用与库函数调用的原理是一样的。实参值要与对应的形参类型匹配，实参可以是常数、变量、与形参类型匹配的表达式，也可以是函数调用。所以下面本例 max 函数的调用形式都是正确的。

```
a = max(a, b);
a = max(3, 5);
a = max(max(a, b), c);
```

C 语言的函数是一个独立完成某个功能的语句块，函数调用发生时，输入数据给函数，调用结束时返回运算结果。可以把函数看作是一个黑盒，如图 4.1 所示。

图 4.1　声明一个函数就好比在盒子上贴上了标签

【实练 04-01】两数的调和平均数

两数的调和平均数是这样计算的：先得到两个数的倒数，然后计算两个倒数的平均值，最后取计算结果的倒数。编写一个函数，接收两个 double 类型的参数，返回这两个数的调和平均数。之后，编写 main 函数，循环要求用户输入两个数，直到其中的一个数为 0。每次输入后，计算并输出这两个数的调和平均数。

扫一扫，看视频

提示：调和平均数的计算公式为：$2.0xy/(x+y)$。

【实练 04-02】检测 x 和 y 是否在闭区间[0, n–1]内

扫一扫，看视频

编写函数 check(x,y,n)：如果 x 和 y 都落在 0～n–1 的闭区间，则函数返回 true；否则函数返回 false。假设 x、y 和 n 都是 int 类型。同时编写完整的程序调用 check 函数，完成这个函数的测试。

📖 【实例 04-02】找出 3 个数的中间数

扫一扫，看视频

描述：输入 3 个浮点类型的数，输出这 3 个数的中间数。

分析：可以把 3 个数由小到大排序，之后返回中间的数即是 3 个数的中间数。因此可以声明一个函数：double median(double, double, double)，该函数的参数是 3 个 double 类型的浮点数，它会返回这 3 个数中间的数值。函数的返回类型也是 double 类型的。

本实例的参考代码如下：

```c
#include <stdio.h>
double median(double, double, double);      //函数声明，形参名可以省略
int main(void)
{
    double x, y, z;
    scanf("%lf %lf %lf", &x, &y, &z);
    printf("median is %.2f", median(x, y, z)); //函数调用
    return 0;
}
double median(double x, double y, double z)   //函数定义：形参名不可省略
{
    double t;
    if (x > y)
    {                                          //x 与 y 值互换
        t = x;
        x = y;
        y = t;
    }
    if (x > z)
    {                                          //x 与 z 值互换
        t = x;
        x = z;
        z = t;
    }
    if (y > z)
```

```
{ //y 与 z 值互换
    t = y;
    y = z;
    z = t;
}
return y;
}
```

本实例中有三处要交换两个变量的值，是否可以设计一个交换两个变量值的函数呢？
阅读并运行以下代码，了解什么是局部变量。

```c
#include <stdio.h>
void swap(int x, int y);
int main(void)
{
    int x = 5, y = 6;

    printf("函数调用前：");
    printf("x = %d y = %d\n", x, y);
    swap(x, y);
    printf("函数调用后：");
    printf("x = %d y = %d\n", x, y);
    return 0;
}
void swap(int x, int y)
{
    int t;
    t = x;
    x = y;
    y = t;
}
```

运行结果如下：

```
函数调用前：x = 5 y = 6
函数调用后：x = 5 y = 6
```

main 函数中的变量 x 和 y，以及 swap 函数中定义的变量 t 和形参 x、y 都属于函数内部定义的**局部变量**。它们在自己所在函数的作用域内有效，因此互不干扰，即使变量名相同，也不会产生影响。在函数内部，这些局部变量会占用内存空间存储值，它们的生命周期也仅限于函数的执行过程。

C 语言中的函数调用是通过**值传递**的方式进行的。也就是说，当调用一个函数时，它的实参值会被复制一份，然后传递给函数中的对应形参，如图 4.2 所示。

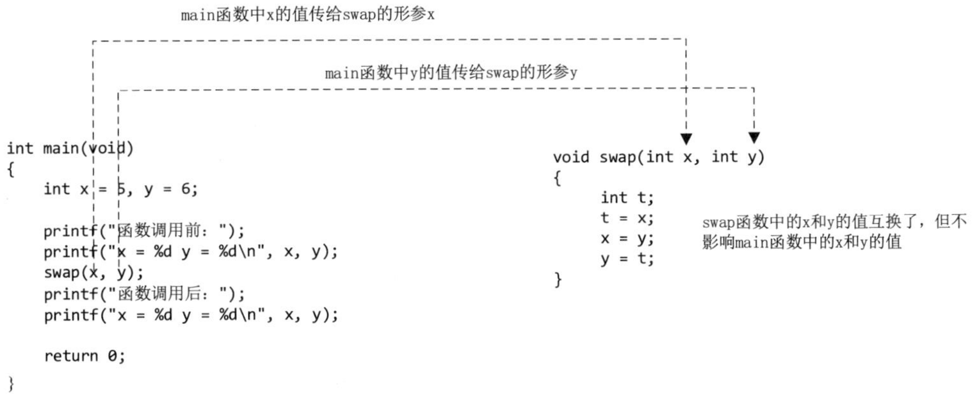

图 4.2　传值调用

如果想通过函数交换两个变量的值，可以使用指针变量作为参数。指针变量存储的是内存地址，通过传递变量的地址给函数，可以在函数内部直接修改这些变量的值。后面学习指针时，再使用指针类型的函数参数。目前的 swap 函数还无法实现交换两个变量值的目的。

 【实例 04-03】计算 $m \sim n$ 之间所有整数的和

扫一扫，看视频

描述：输入两个整数 m 和 n（其中 $m < n$），然后输出 $m \sim n$ 之间（包括 m 和 n）所有整数的和。

分析：可以设计一个名为 sum 的函数，它的原型是 int sum(int m, int n)。该函数用于计算两个整数 m 和 n 之间（包括 m 和 n）所有整数的和。在 main 函数中调用该函数，可以方便地计算求得 $m \sim n$ 之间所有整数的和，并将结果输出。

本实例的参考代码如下：

```c
#include <stdio.h>
int sum(int m, int n)                    //函数定义放在 main 函数的前面
{
    int s = 0;
    for (int i = m; i <= n; i++)
        s += i;                          //累加求和
    return s;                            //返回求和的结果
}
int main(void)
{
    int m, n;
    scanf("%d %d", &m, &n);
    printf("sum = %d\n", sum(m, n));     //函数调用
    return 0;
}
```

本实例程序中将函数定义放在了 main 函数的前面，由于函数定义出现在 main 函数之前，就可以省略对函数的显式声明了。但这种方式并不推荐。

🔔 为了代码的一致性和可读性，建议将函数声明放在 main 函数之前，并将函数定义放在 main 函数之后。这样做可以提高代码的可读性，方便他人理解代码并避免潜在的错误。

【实练 04-03】求整数 n!

定义一个求 $n!$（$n \leqslant 15$）的函数，函数原型为 int fact(int n)，通过函数调用计算 $n!$。

扫一扫，看视频

 【实例 04-04】完美立方

描述：编写一个程序，用于寻找满足完美立方等式的所有四元组 (a, b, c, d)。其中，完美立方等式是指形如 $a^3 = b^3 + c^3 + d^3$ 的等式。程序接收一个正整数 n（$n \leqslant$ 100）作为输入，然后在给定的范围内寻找满足条件的四元组。其中，a、b、c 和 d 的取值范围都是大于 1 且小于等于 n，并且要求 $b \leqslant c \leqslant d$。程序按照 a 的值从小到大依次输出。当有多个完美立方等式具有相同的 a 值时，按照规定的顺序输出（即先比较 b 值，再比较 c 值，最后比较 d 值）。

扫一扫，看视频

输出的格式为 Cube = a, Triple = (b, c, d)，其中 a、b、c、d 分别代表符合条件的四元组的值，且 a、b、c、d 以实际求出的四元组值代入。

输入样例：

```
24
```

输出样例：

```
Cube = 6, Triple = (3,4,5)
Cube = 12, Triple = (6,8,10)
Cube = 18, Triple = (2,12,16)
Cube = 18, Triple = (9,12,15)
Cube = 19, Triple = (3,10,18)
Cube = 20, Triple = (7,14,17)
```

```
Cube = 24, Triple = (12,16,20)
```

分析：可以定义一个 cube 函数，用于计算一个数的立方值。该函数接收一个整数参数 x，返回 x 的立方值。该函数的原型如下：

```
int cube(int x);
```

要找出所有的四元组，可采用枚举的思想枚举出四元组的所有组合，用完美立方等式去验证每个组合，以找出所有的完美立方等式。可以用四重循环枚举出所有组合。

```
for (int a = 6; a <= n; a++)
    for (int b = 2; b < a; b++)
        for (int c = b; c < a; c++)         //保证b<=c
            for (int d = c; d < a; d++) //保证c<=d
            {

            }
```

根据输入样例和输出样例可以得知，变量 a 的最小值应该为 6。因此，在这个问题中，可以从 6 开始枚举 a，直到给定的正整数 n 为止。变量 b 的范围应该从 2 开始枚举，直到 a–1 为止，而变量 c 应该从 b 开始枚举，直到 a–1 为止。类似地，变量 d 应该从 c 开始枚举，直到 a–1 为止。这样就可以生成所有可能的四元组组合。同时，满足条件 c≥b 和 d≥c。

本实例的参考代码如下：

```
#include <stdio.h>
int cube(int x); //函数声明
int main(void)
{
    int n;
    scanf("%d", &n);
    for (int a = 6; a <= n; a++)
        for (int b = 2; b < a; b++)
            for (int c = b; c < a; c++)
                for (int d = c; d < a; d++)
                {
                    if (cube(a) == cube(b) + cube(c) + cube(d))
                    {
                        printf("Cube = %d, Triple = (%d,%d,%d)\n", a, b, c, d);
                    }
                }
    return 0;
}
//函数功能：计算整数 x 的立方值
int cube(int x) //函数定义
{
    return x * x * x;
}
```

由于定义了一个名为 cube() 的函数，这样就可以通过调用这个函数来方便地计算一个整数的立方值了。这个函数不仅在当前程序中可用，还可以被其他程序复用。

【实例 04-05】1 的个数

描述：给定一个十进制整数 x，求其对应二进制数中 1 的个数。输入的第一个整数表示有 n 组测试数据，其后 n 行是对应的测试数据，每行为一个整数。输出为 n 行，每行输出对应一个输入。

输入样例：

```
4
2
100
1000
66
```

输出样例：

```
1
3
6
2
```

分析：可以定义一个函数，该函数用于计算给定十进制整数对应的二进制数中 1 的个数。该函数的原型如下：

```
int countOnes(int x);
```

该函数通过不断除以 2 并判断最低位是否为 1 的方式，计算出一个十进制整数 x 对应的二进制数中 1 的个数。在主函数中，首先获取用户输入的十进制整数 x，然后调用 countOnes 函数计算 1 的个数，并输出结果。

本实例的参考代码如下：

```
#include <stdio.h>
int countOnes(int x);                    //函数声明
int main(void)
{
    int n, x;
    scanf("%d", &n);
    while (n--)                          //循环 n 次
    {
        scanf("%d", &x);
        printf("%d\n", countOnes(x));    //每循环一次，调用一次 countOnes 函数
    }
    return 0;
}
//函数功能：计算出一个十进制整数 x 对应的二进制数中 1 的个数
int countOnes(int x)
{
    int count = 0;
    while (x > 0)
    {
        if (x % 2 == 1)
        {                                //判断最低位是否为 1
            count++;
        }
        x = x / 2;                       //去掉最低位
    }
    return count;
}
```

编写函数的主要目的之一是使用函数简化 main 函数中的代码，提高代码的可读性。模块化编程的优势之一就是可以将程序划分为独立的模块，每个模块专注于完成特定的任务，使得代码更易于理解和维护。通过定义一个单独的函数计算给定十进制整数对应的二进制数中 1 的个数，就可以在 main 函数中简洁地调用该函数，让代码更具可读性。

【实例 04-06】哥德巴赫猜想

扫一扫，看视频

描述：哥德巴赫猜想指出，对于每一个大于 4 的偶数 n，都可以用两个质数的和表示。给定一个偶数 n，需要找到满足条件 $a+b=n$、$a \leqslant b$ 的质数 a 和 b，且它们的乘积最大。举例来说，当 $n=8$ 时，满足条件的质数 a 和 b 分别是 3 和 5；当 $n=10$ 时，存在两组满足条件的质数对：3 和 7，5 和 5。在这两组质数对中，乘积较大的是 5 和 5。

分析：为了解决本问题中的一个子问题，即判断一个整数是否为质数，可以设计一个函数 int isPrime(int x)。

为了找到满足条件的一对质数 a 和 b，使得它们的和为给定的偶数 n，可以将 a 和 b 的初始值设置为 $n/2$，这样在满足 $a \leqslant b$ 的前提下，它们的差 $b-a$ 最小，乘积 $a \times b$ 最大。接着，让 a

每次自减 1，*b* 每次自增 1，直到找到一对同为质数的 *a* 和 *b* 为止。在这个过程中，不需要枚举所有的 *a* 和 *b* 的组合，而是通过改变 *a* 和 *b* 的值，逐步逼近满足条件的质数对。同时，*a* 的值是从较大的值开始往小枚举，这样可以避免在多组质数中找最大乘积的情况，并提高程序的执行效率。

本实例的参考代码如下：

```c
#include <stdio.h>
int isPrime(int x);                             //函数声明
int main(void)
{
    int n;
    scanf("%d", &n);
    int a = n / 2;                              //a 的值从大到小枚举
    while (1)
    {
        if (isPrime(a) + isPrime(n - a) == 2)   //都是质数，相加结果为2
        {                                       //a 和 n - a 都是质数
            printf("%d %d\n", a, n - a);        //输出结果
            break;                              //跳出循环
        }
        a--;                                    //枚举下一组 a 和 b
    }
}
//函数功能：判断一个正整数 x 是否为质数，是则返回1；否则返回 0
int isPrime(int x)
{
    if (x <= 1)                                 //因为最小的质数是 2
    {
        return 0;
    }
    for (int i = 2; i * i <= x; i++)
    {
        if (x % i == 0)
        {
            return 0;                           //不是质数，返回 0
        }
    }
    return 1;
}
```

当编写函数时，应该尽可能地保证其能够正确地处理任何合法的参数。在 isPrime 函数中，该函数采用了三个 return 语句，当函数执行到其中任意一个 return 语句时，函数就会立即结束。也就是说，三个 return 语句中的任意一个被触发，函数都会返回一个值并中止执行。

📖【实例 04-07】完数统计

扫一扫，看视频

描述：输出 *n* 以内所有的完数。*n* 是[1,1000000]的数，由键盘输入。如果输入的 *n* 不在此区间，则输出 Input Error！。

输入样例：

```
1000
```

输出样例：

```
6
28
496
```

分析：关于完数的定义及判断完数的算法，在第 3 章已经有所介绍，因此这里不再进行讨论。

为了判断一个整数 *m* 是否是完数，可以首先定义一个名为 isPerfectNumber 的函数，函数的原型为 bool isPerfectNumber(int m)。该函数接收一个参数 *m*，判断 *m* 是否是完数，并返回一个

bool 值。如果 m 是完数，则函数返回 true；否则返回 false。

接下来，就可以通过调用 isPerfectNumber 函数来输出 n 以内的所有完数。因为已知最小的完数是 6，所以可以循环遍历 6～n 之间的每个整数，并在每次循环中调用 isPerfectNumber 函数判断当前整数是否是完数。如果是完数，则将其输出。

本实例的参考代码如下：

```c
#include <stdio.h>
#include <stdbool.h>
bool isPerfectnumber(int m);                //函数声明
int main(void)
{
    int n;
    scanf("%d", &n);
    if (n < 1 || n > 1000000)               //数据验证
        printf("Input Error!\n");
    else
    {
        for (int i = 6; i <= n; i += 2)     //因为完数一定是偶数
        {
            if (isPerfectnumber(i))
            {
                printf("%d\n", i);
            }
        }
    }
    return 0;
}
//函数功能：判断整数 m 是否是完数，如果是，则返回 true；否则返回 false
bool isPerfectnumber(int m)
{
    int sum = 0;
    for (int i = 1; i <= m / 2; i++)
        if (m % i == 0)
            sum += i;
    return m == sum;
}
```

为了提高判断完数的效率，经过测试，发现最小的完数是 6。此外，根据完数的定义，我们可以得出一个结论：完数一定是偶数。因此，在迭代循环时，只需要枚举介于 6 和 n 之间的所有偶数，以提高程序的执行效率。

编写循环语句时，应该在保证逻辑的正确性的同时，尽量减少循环的次数，以提高程序的执行效率。

【实例 04-08】既是质数又是回文数的个数

描述：求 11～n 之间（包括 n）既是质数又是回文数的整数有多少个。输入一个大于 11 小于 10^6 的整数 n，输出 11～n 之间既是质数又是回文数的个数。

分析：可以设计两个函数，一个用于判断一个整数是不是质数，另一个用于判断一个整数是不是回文数。

函数原型分别如下：

```c
int isPalindrome(int x);     //判断正整数 x 是否为回文数，如果是，则返回 1；否则返回 1
int isPrime(int x);          //判断正整数 x 是否为质数，如果是，则返回 1；否则返回 0
```

本实例的参考代码如下：

```c
#include <stdio.h>
int isPalindrome(int x);
int isPrime(int x);
int main(void)
{
```

```
    int n, cnt = 0, i;
    scanf("%d", &n);
    for (i = 11; i <= n; i++)
    {                                           //枚举 11~n 内的所有整数
        if (isPalindrome(i) && isPrime(i))  //既是回文数又是质数
            cnt++;                              //统计个数
    }
    printf("%d\n", cnt);
    return 0;
}
//函数功能：判断正整数 x 是否是回文数，如果是，则返回 1；否则返回 1
int isPalindrome(int x)
{
    int y = 0, z = x;            //y 是 x 的反序数
    while (z != 0)
    {
        y = y * 10 + z % 10;
        z /= 10;
    }
    return x == y;              //如果 x 的反序数 y 与 x 相等，那么这个整数就是回文数
}
//函数功能：判断一个正整数 x 是否为质数，如果是，则返回 1，否则返回 0
int isPrime(int x)
{
    if (x <= 1)                 //最小的质数是 2
    {
        return 0;
    }
    for (int i = 2; i * i <= x; i++)
    {
        if (x % i == 0)
        {
            return 0;           //不是质数，返回 0
        }
    }
    return 1;
}
```

本实例中有两个自定义函数，每个函数具有单一的功能，这样可以简化程序的复杂度，而且**之前已经实现了判断质数的函数，可以直接复用之前的代码**，这样可以提高代码的开发效率。同时，因为之前的代码是经过测试的正确的代码，也可避免引入新的错误。因此，更好地体现了模块化程序设计的优势。

在函数原型中，形参的名字和后续函数定义中给出的名字并不需要完全匹配。实际上，在函数原型中可以省略形参的名字，只指定类型即可。因此，对于本实例的两个函数声明，下面的形式也都是合法的。

```
int isPalindrome(int);
int isPrime(int);
```

或者

```
int isPalindrome(int xint);
int isPrime(int aaa);
```

在函数原型中省略形参的名字可以避免编译时可能出现的问题。这种做法通常是为了防止预处理时出现参数名字与宏名字相同而导致的问题。如果出现这种情况，预处理时参数的名字会被替换，从而破坏相应的函数原型。虽然在一个人编写的小程序中不容易发生这种情况，但在大型应用程序中可能会存在多人编写的情况，因此采取这种防御性的做法是有必要的。

本书选择在函数声明时为形参指定明确的名字，并在函数声明和函数定义中使用相同的名字。这种做法可以提高函数的可读性和易于维护性，因为使用明确的参数名称可以使代码的阅读和理解变得更加容易。

【实练04-04】输出质数

编写一个程序，接收一个整数 N 作为输入，并输出 2～N 之间的所有质数。程序要求使用前面实例中判断质数的函数，并且输出格式要美观，每行输出 5 个质数。

【实练04-05】寻找质数

小明对质数非常感兴趣，他不仅能迅速列出 100 以内的所有质数，还希望找出不超过给定整数 n 的最大质数。现在需要你帮助小明编写一个程序来实现这个目标。例如，当 $n=6$ 时，最大的质数不超过 6 的是 5；当 $n=23$ 时，最大的质数不超过 23 的是 23 本身；当 $n=100$ 时，最大的质数不超过 100 的是 97。

【实例04-09】判断是否与 7 无关

描述：编写一个函数，判断给定的整数 a（$1 \leq a \leq 10^9$）是否与 7 无关。若 a 不是 7 的倍数且各个位上都没有 7，则认为 a 与 7 无关。如果判断结果为无关，则函数应返回 true；否则返回 false。

分析：可以设计一个名为 isNoSeven 的函数，该函数对整数 a 进行判断，如果与 7 无关，则返回 true；否则返回 false。函数原型如下：

```
bool isNoSeven(int a);
```

可以在 main 函数中输入一个整数，之后调用 isNoSeven 函数，完成对输入整数的判断，输出判断结果。

本实例的参考代码如下：

```c
#include <stdio.h>
#include <stdbool.h>
bool isNoSeven(int a);          //函数声明
int main(void)
{
    int a;
    scanf("%d", &a);
    if (isNoSeven(a))           //函数调用
        printf("%d 是一个与 7 无关的数! ", a);
    else
        printf("%d 是一个与 7 有关的数! ", a);
    return 0;
}
bool isNoSeven(int a)           //函数定义
{
    do
    {
        if (a % 7 == 0)         //如果是 7 的倍数
            return false;
        if (a % 10 == 7)        //如果整数 a 的某一位是 7
            return false;
        a /= 10;
    } while (a != 0);
    return true;                //不存在某一位是 7 并且也不是 7 的倍数
}
```

运行结果如下：

```
188↙
188 是一个与 7 无关的数!
```

【实例04-10】丑数

描述：编写一个程序，用于判断给定的数是否是丑数。所谓丑数，是指只包含质因数 2、3、5 的正整数。已知最小的丑数是 1，并且输入的数不会超过 32 位有符号整数的范围。

分析：可以基于丑数的定义设计一个判断一个整数是否为丑数的函数，函数原型为 bool isUgly(int num)，如果是丑数，则该函数返回 true；否则返回 false。判断丑数的算法流程图如图 4.3 所示。

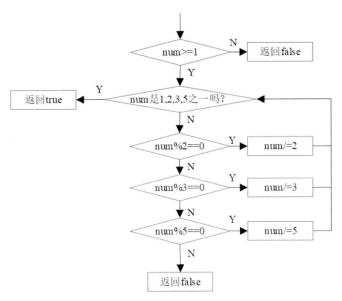

图 4.3　判断丑数的算法流程图

判断丑数的函数定义如下：

```
//函数功能：判断整数 num 是否为丑数，如果是，则返回 true；否则返回 false
bool isUgly(int num)
{
    if (num <= 0)            //丑数是正整数
    {
        return false;
    }
    while (1)
    {
        if (num == 1 || num == 2 || num == 3 || num == 5)
        { //1、2、3、5 是丑数
            return true;
        }
        if (num % 2 == 0)
            num /= 2;
        else if (num % 3 == 0)
            num /= 3;
        else if (num % 5 == 0)
            num /= 5;
        else
            return false; //不是丑数
    }
}
```

可以编写一个 main 函数调用上述的 isUgly 函数，完成对丑数的判断。

本实例的参考代码如下：

```
#include <stdio.h>
#include <stdbool.h>
bool isUgly(int num);  //函数原型
int main(void)
{
    int x;
    scanf("%d", &x);
    if (isUgly(x))
```

```
        printf("%d is ugly number!\n", x);
    else
        printf("%d is not ugly number!\n", x);
    return 0;
}
```

运行结果 1 如下：

`486↙`

`486 is ugly number!`

运行结果 2 如下：

`88↙`

`88 is not ugly number!`

注意：读者在运行本实例程序时，把 isUgly 函数放在 main 函数的后面，确保程序的完整性。后面遇到类似情况不再特殊说明。

【实例 04-11】x 的算术平方根

描述：编写一个函数，对给定的非负整数 x（$0 \leqslant x \leqslant 2^{31}-1$）计算并返回 x 的算术平方根。所谓算术平方根，是指一个数的平方根的整数部分。实现这个函数时，不允许使用标准库函数（如 pow(x, 0.5)）完成计算。举例来说，对于数值 4，其算术平方根是 2；对于数值 8，其算术平方根也是 2；而对于数值 1000，其算术平方根是 31。

分析：首先给出计算非负整数 x 的算术平方根的函数原型：int mySqrt(int x);。

为了求出整数 x 的算术平方根，可以使用二分查找的思想。初始时，将搜索范围设为 [left, right]，其中 left = 1，right = x。然后，计算这个范围的中间值 mid，并将 mid 的平方与 x 进行比较。如果 mid 的平方等于 x，那么就已经找到了 x 的算术平方根，直接返回 mid；如果 mid 的平方小于 x，则解必定在 mid 的右侧，因此将搜索范围缩小到 [mid+1, right]；如果 mid 的平方大于 x，则解必定在 mid 的左侧，因此将搜索范围缩小到 [left, mid-1]。

在每次迭代中，将搜索范围缩小到原来的一半，直到找到满足条件的平方根或者 left > right。如果无法找到精确的平方根，即最后一次迭代时 left > right，则返回最后一次迭代的结果 right，它是最接近真实平方根的整数。

这种方法能够高效地找到整数的算术平方根，因为每次迭代都将搜索范围缩小一半。

mySqrt()函数的参考代码如下：

```
int mySqrt(int x)
{
    int left = 1, right = x, mid;
    while (left <= right)
    {
        mid = left + (right - left) / 2;    //避免数据溢出
        if (mid == x / mid)    //当 mid*mid = x 时，找到了结果，直接返回
        {
            return mid;
        }
        if (mid < x / mid)     //如果 mid*mid < x，说明结果在 mid 的右侧，更新 left
        {
            left = mid + 1;
        }
        else                   //如果 mid*mid > x，说明结果在 mid 的左侧，更新 right
        {
            right = mid - 1;
        }
    }
    return right;              //当 left > right 时，收敛到了最终结果，在 right 处截断
}
```

在进行代码实现时，需要特别注意数据溢出的问题。首先，计算中间值 mid 时，在传统的

方法中使用 (left+right)/2 的方式计算 mid 可能会导致数据溢出。例如，如果 *x* 的值是最大值 2147483647，当执行 left+right 时就会导致数据溢出。为了避免这个问题，可以改写为 mid = left + (right − left) / 2。这样可以避免直接相加可能导致的数据溢出风险。

此外，在比较 mid*mid 与 *x* 的值时，也需要考虑数据溢出的问题。直接计算 mid*mid 可能会导致结果数据溢出。为了避免这个问题，可以比较 mid 与 *x*/mid 的值。这样可以有效地避免直接计算乘法可能导致的数据溢出问题。**编码时，一定要考虑数据溢出问题，要安全地处理边界情况，提高代码的可靠性。**

可以自己编写一个 main 函数并在其中调用 mySqrt 函数来计算给定整数的算术平方根。例如，可以在 main 函数中调用 mySqrt(1000)来计算整数 1000 的算术平方根，并将结果输出到控制台。

【实例 04-12】输出 *n* 行数字金字塔

描述：请编写一个程序，输入一个范围为 1～9 的正整数 *n*，并根据输入的 *n* 值输出如图 4.4 所示的 *n* 行数字金字塔。

分析：用以下函数原型输出数字金字塔。

```
void pyramid(int n);
```

该函数的参数 n 表示数字金字塔的行数，函数会根据输入的 n 输出 *n* 行数字金字塔。该函数没有返回值，因此函数的返回类型为 void。

```
         1
        2 2
       3 3 3
      4 4 4 4
     5 5 5 5 5
    6 6 6 6 6 6
```

图 4.4　6 行的数字金字塔

本实例的参考代码如下：

```c
#include <stdio.h>
void printSpaces(int n);
void printNumbers(int n);
void printPyramid(int n);
int main(void)
{
    int n;                      //数字金字塔的行数
    scanf("%d", &n);            //输入 n
    printPyramid(n);           //调用函数输出 n 行数字金字塔
    return 0;
}
//函数功能：输出 n 行数字金字塔
void printPyramid(int n)
{
    for (int i = 1; i <= n; i++)
    {
        printSpaces(n - i);    //输出 n-i 个空格
        printNumbers(i);       //输出 i 个 i
        printf("\n");          //换行
    }
}
//函数功能：输出 n 个空格
void printSpaces(int n)
{
    for (int i = 1; i <= n; i++)
        printf(" ");
}
//函数功能：输出 n 个 n
void printNumbers(int n)
{
    for (int i = 1; i <= n; i++)
        printf("%d ", n);
}
```

为了实现输出数字金字塔的功能，设计了如下 3 个带有形参且无返回值的函数。

```c
void printSpaces(int n);
```

```
void printNumbers(int n);
void printPyramid(int n);
```

函数 printSpaces 的参数 n 表示要输出的空格数量。该函数的作用是输出 n 个空格，用于对齐数字金字塔的形状。

函数 printNumbers 的参数 n 表示要输出的数字。该函数的作用是按照要求输出 n 个数字。

函数 printPyramid 的参数 n 表示要输出的数字金字塔的行数。该函数调用 printSpaces 和 printNumbers 函数来完成数字金字塔的输出。

需要注意的是，**返回类型为 void 表示函数不返回任何值**。虽然这样的函数可以使用 return 语句，但 return 后面没有返回值，仅表示遇到 return 语句时函数可以结束。函数的结束可以通过遇到 return 语句或函数结束的右花括号（}）来表示。

为了输出数字金字塔，本实例中的 printPyramid 函数调用了两个自定义的函数 printSpaces 和 printNumbers，用于输出相应数量的空格和数字。在 C 程序中，可以包含多个函数，而且这些函数之间是平等的，任何一个函数都可以调用除 main 函数以外的其他函数，包括它自己。能够调用自己的函数称为递归函数，在后续的实例中将会用到。

在 C 语言中，也可以定义没有参数也没有返回值的函数。这样的函数定义很常见，可以把一些常用的代码片段封装到一个函数中，方便复用。

扫一扫，看视频

【实例04-13】输出个人名片

描述：实现一个输出个人名片信息的程序，名片信息包括自己的名字、电话和QQ号。

分析：为了使名片美观，可以实现一个输出一行星号的函数，该函数无形参也无返回值。

本实例的参考代码如下：

```c
#include <stdio.h>
void starbar(void);   //写成 void starbar();也可以，但不推荐
int main(void)
{
    starbar();          //函数调用
    printf("name: lcr\n");
    printf("Tel : 13300000000\n");
    printf("QQ  : 61100055\n");
    starbar();          //函数调用
    return 0;
}
void starbar(void)    //函数定义
{
    printf("***********************\n");
}
```

运行结果如下：

```
***********************
name: lcr
Tel : 13300000000
QQ  : 61100055
***********************
```

starbar 函数只是输出一行星号，该函数没有形参，当然调用时就不需要实参，但调用函数时，一对圆括号是不可以缺少的。

因为 void 类型的函数没有返回值，所以不能在 printf 函数中调用。

【实例04-14】正整数的处理

描述：输入一个正整数（不超过 int 类型的范围），输出该整数是几位数，正序输出每一位，并输出该正整数的逆序数。

输入样例：

```
123400
```

输出样例：

```
6
1 2 3 4 0 0
4321
```

分析：基于**分而治之**的策略，可以将这个问题分解为三个子问题。首先，可以利用数学函数直接计算出一个正整数的位数；其次，需要设计两个函数来完成输出正整数的每一位和，以计算正整数的逆序数。这两个函数的原型如下：

```
void printEachDigit(int x);
int reverseNumber(int x);
```

本实例的参考代码如下：

```
#include <stdio.h>
#include <math.h>
void printEachDigit(int x);
int reverseNumber(int x);
int main(void)
{
    int x;
    scanf("%d", &x);
    int n = ceil(log10(x + 1));          //通过数学函数计算一个正整数的位数
    printf("%d\n", n);                   //输出该正整数的位数
    printEachDigit(x);                   //输出正整数的每一位
    printf("%d\n", reverseNumber(x));    //输出逆序数
    return 0;
}
//函数功能：输出正整数 x 的每一位
void printEachDigit(int x)
{
    int n = ceil(log10(x + 1));
    int power = 1, digit;
    for (int i = 1; i < n; i++)          //power 是 10^(n-1)
        power *= 10;
    while (n--)
    {
        digit = x / power % 10;          //计算正整数 x 的最高位整数值
        power /= 10;
        printf("%d ", digit);
    }
    printf("\n");
    return;                              //因为函数的返回类型为 void
}
//函数功能：计算正整数 x 的逆序数
int reverseNumber(int x)
{
    int s = 0;
    while (x)
    {
        s = s * 10 + x % 10;
        x /= 10;
    }
    return s;                            //返回正整数 x 的逆序数 s
}
```

这个程序中的两个函数的实现代码相对简单，可以自己阅读代码并理解其实现逻辑。

在这个实例中涉及三个子问题：计算正整数的位数、正向输出每一位数字、计算正整数的逆序数。其中，计算位数可以直接调用数学函数实现，无须额外设计函数。而正向输出每一位数字和计算正整数的逆序数则需要分别设计函数来完成，每个函数只负责单一的功能。

04

本实例可以利用分而治之的策略将复杂的任务分解为一个或多个单一功能的子任务，并为每个子任务编写对应的独立函数实现，这就是模块化程序设计思想。对于初学者来说，培养这种模块化程序设计思想非常重要。由于函数的设计和实现与 main 函数主体完全分离，因此可以使代码更加清晰，并易于维护和修改。

【实例 04-15】月之天数

扫一扫，看视频

问题描述见实例 02-22。

分析：要解决给定年月的天数问题，需要分别处理两个子问题。一个是判断是否为闰年，另一个是计算给定年份和月份的天数。为解决这两个问题，可以设计两个独立的自定义函数。

首先，针对判断闰年的子问题，可以设计一个函数，命名为 isLeap，函数原型为 bool isLeap(int year)。该函数通过判断输入的年份是否为闰年，并返回一个布尔值，用来表示是否是闰年。其次，对于计算给定年份和月份的天数的子问题，可以设计一个函数，命名为 days，函数原型为 int days(int year, int month)。在这个函数中，通过输入年份和月份，计算并返回该月的天数。

通过这两个自定义函数的设计，可以分别解决判断闰年与计算给定年份和月份的天数的问题。在第 2 章已经介绍过如何判断闰年和计算月份的天数，这里不再赘述。

这样的设计使得程序具备了模块化的特性，将复杂问题拆解成了两个子问题，并通过独立的函数来解决。整个程序的模块化程度得到了提高。

本实例的参考代码如下：

```c
#include <stdio.h>
#include <stdbool.h>
bool isLeap(int year);                          //函数声明
int days(int year, int month);                  //函数声明
int main(void)
{
    int year, month;
    scanf("%d %d", &year, &month);
    printf("%d\n", days(year, month));          //函数调用
    return 0;
}
//函数功能：判断 year 是否是闰年，如果是，则返回 true；否则返回 false
bool isLeap(int year)
{
    return year % 400 == 0 || (year % 4 == 0 && year % 100 != 0);
}
//函数功能：计算给定年份和月份的天数
int days(int year, int month)                   //函数定义
{
    int ds = 0;
    if (month == 4 || month == 6 || month == 9 || month == 11) //平月
    {
        ds = 30;
    }
    else if (month == 2)                        //二月
    {
        if (isLeap(year))                       //函数调用：判断是否为闰年
            ds = 29;
        else
            ds = 28;
    }
    else                                        //大月
        ds = 31;
    return ds;
}
```

【实练 04-06】第几天

编写一个名为 daysOfYear 的函数，借助本实例提供的 days 函数。该函数接收三个参数：month、day 和 year，并根据这三个参数确定的日期，返回是该年的第几天。

提示：可以在 daysOfYear 函数内部调用 days 函数计算给定月份之前的所有天数，然后再加上 day 参数的值，即可得到结果。

【实例 04-16】输出 n 天后的日期

描述：输入一个日期（年、月、日）和一个整数 n，输出 n 天后的日期，格式为 yyyy-mm-dd。

输入样例：

```
2023 11 8 100
```

输出样例：

```
2024-02-16
```

分析：可以使用实例 04-15 中的 isLeap 和 days 两个函数完成本实例的程序设计。

通过一个循环，每次循环开始时，先使用 days 函数计算当前月份的天数，并将结果存储在变量 ds 中。接下来，根据日期的情况做出相应的更新。

● 如果当前的日期 day 小于当月的天数 ds，表示在当月范围内，就将日期加 1。

● 如果当前的日期已经是当月的最后一天，并且月份小于 12，表示不是年末的当月最后一天，就将月份加 1，日期重置为 1。

● 如果当前的日期已经是当年的最后一天，即月份为 12，就将年份加 1，月份重置为 1，日期也重置为 1，即进入下一年的第一天。

通过循环可以逐步更新日期，直到 n 天后。这样，就可以得到 n 天后的日期。

本实例的参考代码如下：

```c
#include <stdio.h>
#include <stdbool.h>
bool isLeap(int year);
int days(int year, int month);
int main(void)
{
    int year, month, day, n;
    int ds;
    //输入年、月、日、n 的值
    scanf("%d %d %d %d", &year, &month, &day, &n);
    while (n--)
    {
        ds = days(year, month);
        if (day < ds)                          //月内
        {
            day++;
        }
        else if (month < 12)                   //非年末的当月最后一天
        {
            month++;
            day = 1;
        }
        else                                   //年末
        {
            year++;
            month = 1;
            day = 1;
        }
    }
    printf("%4d-%02d-%02d", year, month, day); //输出日期
    return 0;
```

04

```
}
//函数功能：判断 year 是否是闰年，如果是，则返回 true；否则返回 false
bool isLeap(int year)
{
    return year % 400 == 0 || (year % 4 == 0 && year % 100 != 0);
}
//函数功能：计算给定年月的天数
int days(int year, int month)
{
    int ds = 0;
    if (month == 4 || month == 6 || month == 9 || month == 11) //平月
    {
        ds = 30;
    }
    else if (month == 2)   //二月
    {
        if (isLeap(year)) //调用 isLeap 函数判断是否是闰年
            ds = 29;
        else
            ds = 28;
    }
    else                     //大月
    {
        ds = 31;
    }
    return ds;
}
```

本实例直接复用了实例 04-15 的两个函数，这就是模块化程序设计思想为我们带来的好处。

在 main 函数中，通过读取输入的年、月、日和整数 n 的值，并使用 days 函数计算出对应月份的天数。然后，在循环中不断更新日期，直到达到指定的 n 天。最后，输出更新后的日期。

通过这样的模块化编程，可以更好地组织和管理代码，使得代码结构清晰、易读、易于维护。

【实例 04-17】最大公约数

扫一扫，看视频

描述：编写一个程序求解多组输入数据中每对正整数的最大公约数。每行输入两个正整数，且保证不超过 int 类型可以表示的范围。

输入样例：

```
24 36
27 36
144 70
33 50
```

输出样例：

```
12
9
2
1
```

分析：可以设计一个函数计算给定的两个正整数的最大公约数，从而通过函数调用的方式求出任意一对正整数的最大公约数。这个函数需要接收两个正整数作为输入，并返回它们的最大公约数。函数可以使用欧几里得算法计算最大公约数。

以下是求最大公约数的函数，函数名为 gcd，函数形参为两个整数 m 和 n，返回值为最大公约数。

```
int gcd(int m, int n);
```

本实例的参考代码如下：

```
#include <stdio.h>
int gcd(int m, int n);
int main(void)
```

```
{
    int m, n;
    //循环读取输入数据，直到读取到文件结尾（EOF）
    while (scanf("%d%d", &m, &n) != EOF)
    {
        printf("%d\n", gcd(m, n)); //调用gcd函数并输出结果
    }
    return 0;
}
//函数功能：计算两个整数的最大公约数
int gcd(int m, int n)
{
    int r = 0;
    //使用欧几里得算法计算最大公约数
    do
    {
        r = m % n;              //计算余数
        m = n;                  //更新m
        n = r;                  //更新n
    } while (r);                //余数为0时退出循环
    return m;                   //返回最大公约数
}
```

由于实现了求最大公约数的函数，main 函数的语句行数相对较少，而且逻辑更清晰。

为了让程序能够持续读取用户输入，可以使用 while 循环和 scanf 函数。在本实例中，使用 scanf("%d%d", &m, &n) != EOF 作为循环执行的条件，也就是说，只要 scanf 函数未遇到文件结尾（EOF），程序就会一直运行。

为了结束程序的运行，可以按 Ctrl + Z 组合键（在 Windows 系统上）或按 Ctrl + D 组合键（在 Linux 和 macOS 系统上）来模拟文件结尾。这样就可以让 scanf 函数返回 EOF，使得程序跳出循环并结束执行。

【实练 04-07】最小公倍数

设计一个函数，用于计算两个整数的最小公倍数。然后编写一个 main 函数，在其中反复要求用户输入两个数，直到其中的一个数为 0 为止。每次输入两个数之后，输出它们的最小公倍数。

【实例 04-18】双亲数

描述：小 D 是一个对数字着迷的数学爱好者，他对数字的热爱已经达到了疯狂的程度。他认为，那些有特殊"亲密"关系的数字足以用双亲来形容。具体地说，用 $d = gcd(a, b)$ 表示数字 a 和 b 的最大公约数，而小 D 称有序整数对 (a, b) 为数字 d 的"双亲数"。但与一般的双亲不同的是，对于同一个 d 值，存在很多双亲数。例如，$(4, 6)$、$(6, 4)$ 和 $(2, 100)$ 都是数字 2 的双亲数。现在问题来了：对于给定范围内的正整数 A、B（$0 < a \leq A$，$0 < b \leq B$），有多少有序整数对 (a, b) 是数字 d 的双亲数？请注意，这里约定 A 和 B 的值不超过 1000。

输入只有一行，包含三个正整数 A、B、d（其中 $d \leq A$、B）。输出应为一个整数，表示满足条件的双亲数的数量。

输入样例：

5 5 2

输出样例：

3

分析：可以复用实例 04-17 求两个整数的最大公约数的函数 gcd，然后用双重循环枚举出所有的有序对，对每一对有序对计算它们的最大公约数，如果 gcd(a,b) 等于给定的 d，则将计数器加 1。最后输出满足条件的有序对个数即可。

本实例的参考代码如下：

```c
#include <stdio.h>
int gcd(int m, int n);
int main(void)
{
    int A, B, d;
    scanf("%d%d%d", &A, &B, &d);
    int cnt = 0;
    //遍历满足条件的整数对
    for (int a = d; a <= A; a += d)
    {
        for (int b = d; b <= B; b += d)
        {
            if (gcd(a, b) == d)
                cnt++;
        }
    }
    printf("%d", cnt);
    return 0;
}
//函数功能：计算两个整数的最大公约数
int gcd(int m, int n)
{
    int r = 0;
    //使用欧几里得算法计算最大公约数
    do
    {
        r = m % n;        //计算余数
        m = n;            //更新m
        n = r;            //更新n
    } while (r);          //余数为 0 时退出循环
    return m;             //返回最大公约数
}
```

为了求解满足条件的有序对 (a, b) 的个数，可以从 d 开始枚举 a 和 b，因为 a 和 b 的最大公约数一定是 d 的倍数。对于循环语句，在设计时要仔细分析，尽可能减少循环次数，提高程序的执行效率。

【实例04-19】计算组合数

扫一扫，看视频

描述：参数是两个非负整数，返回组合数 $C_n^m = \dfrac{n!}{m!(n-m)!}$，其中 $m \leqslant n \leqslant 25$。例如，$n = 25$，$m = 12$ 时，答案为 5200300。

分析：为了计算组合数，首先需要实现一个函数来计算 $n!$。然后，可以设计一个函数来计算组合数，它接收两个参数 m 和 n，并返回一个 long long 类型的结果。

本实例的参考代码如下：

```c
#include <stdio.h>
long long combination(int n, int m);
long long factorial(int n);
int main(void)
{
    int n, m;
    scanf("%d %d", &n, &m);
    printf("%lld\n", combination(n, m)); //输出组合数
    return 0;
}
//函数功能：计算组合数
long long combination(int n, int m)
{
```

```
        return factorial(n) / (factorial(m) * factorial(n - m));
//函数功能: 计算 n!
long long factorial(int n)
{
    long long res = 1;            //阶乘的初始值为 1
    for (int i = 1; i <= n; i++)
        res *= i;                 //递推计算阶乘
    return res;                   //返回计算结果
}
```

上面的代码完全按照计算组合数的公式计算，会存在两个主要问题。

（1）代码的执行效率问题，factorial 函数调用三次。

（2）存在数据溢出问题，如果运行上面的程序，输入 25 12，运行结果是不正确的，因为 25!的运算结果已经超出了 long long 类型数据所能存储的最大值。第一种解决办法是把计算 $n!$ 的函数数据类型由 long long 改写成 double 类型；第二种解决方法是对这个计算公式进行化简，也就是 $C_n^m = \dfrac{n!}{m!(n-m)!} = \dfrac{(m+1)*\cdots*n}{1*2*\cdots*(n-m)}$，如 $C_5^3 = \dfrac{4*5}{1*2} = 10$。可以用第二种解决方法进行改进，修改后的计算组合数的函数如下：

```
long long combination(int n, int m)
{
    long long res = 1;            //用 res 保存组合数
    for (int i = 1; i <= m; i++)
    {
        res *= n - m + i;
        res /= i;
    }
    return res;                    //返回计算结果
}
```

在重新实现计算组合数的函数中，通过循环迭代，累乘 (n−m−i)并依次除以 i 来计算组合数并返回结果。这样的方式可以避免数据溢出，并且计算效率非常高。

程序在设计过程中，时刻要考虑计算效率和数据存储问题。

【实例 04-20】统计某个整数中某位数字出现的次数

扫一扫，看视频

描述：编写一个程序，统计输入的整数中 0～9 之间的某个数字出现的次数。例如，对于整数−21252 来说，数字 2 在其中出现了 3 次。

分析：可以设计一个函数 countDigit 统计任一整数 x 中数字 d 出现的次数。函数的原型是 int countDigit(int x, const int d)，其中 x 是一个整数，其范围不超过 int 的取值范围，而 d 是一个取值范围为 [0, 9] 的整数。函数返回的结果是数字 d 在整数 x 中出现的次数。

为了实现这个功能，首先把 x 修改为它的绝对值。然后，对 x 中的每一位数进行检查，判断其是否等于 d，并计数匹配的次数。

本实例的参考代码如下：

```
#include <stdio.h>
int countDigit(int x, int d);
int main(void)
{
    int n, d;
    scanf("%d %d", &n, &d);
    printf("%d\n", countDigit(n, d));
    return 0;
}
//函数功能: 统计整数 x 中数字 d 出现的次数
int countDigit(int x, int d)
{
    int cnt = 0;
```

```
    if (x == 0 && d == 0)          //当 x=0 且 d=0 时，返回 1
        return 1;
    if (x < 0)                     //如果 x 为负数，将其取绝对值
        x = -x;
    while (x)                      //在 x 中循环查找数字 d
    {
        if (x % 10 == d)           //如果某一位是数字 d，则计数器+1
            cnt++;
        x /= 10;                   //将 x 右移一位，继续查找下一位
    }
    return cnt;
}
```

 　　为了处理具有单一功能的子问题，可以使用函数来定义，并提供函数原型（也称为函数声明）。函数原型的主要目的是明确说明函数将要处理的数据，也就是函数的参数（形参），以及函数的计算结果将会是什么（函数返回值）。而具体如何处理数据，则是在函数定义时需要考虑的。通过使用函数原型，可以在程序中明确地定义函数的接口，使得代码更加清晰，易于理解和维护。

【实例 04-21】计算 sinx 和 cosx 的近似值

扫一扫，看视频

描述：编写一个程序计算 sinx 和 cosx 的近似值。使用如下的泰勒级数：

$$\sin x = \frac{x}{1!} - \frac{x^3}{3!} + \frac{x^5}{5!} - \frac{x^7}{7!} + \cdots$$

$$\cos x = \frac{x^0}{0!} - \frac{x^2}{2!} + \frac{x^4}{4!} - \frac{x^6}{6!} + \cdots$$

舍去的绝对值应小于 ε（预定值），ε 由自己决定。

分析：使用泰勒级数计算 sinx 和 cosx 都是累加求和，这个求和需要计算 $n!$，所以可以实现一个计算 $n!$ 的函数，之后再分别实现 sinx 和 cosx 函数，因为累加时一旦累加项的绝对值小于 ε，累加就结束了，所以可以定义一个常量 EPSILON，为了测试实现的 sinx 和 cosx 函数。可以调用 math.h 文件中的 sinx 和 cosx 函数，对计算结果进行测试。

本实例的参考代码如下：

```
#include <stdio.h>
#include <math.h>
const double EPSILON = 1E-6;
const double PI = 3.14159;
double mysin(double x);
double mycos(double x);
long long factorial(int n);
int main(void)
{
    printf("sin(PI/6)=%.10f\n", sin(PI / 6));        //30 度的正弦值
    printf("mySin(PI/6)=%.10f\n", mysin(PI / 6));
    printf("cos(PI/6)=%.10f\n", cos(PI / 6));        //30 度的余弦值
    printf("mycos(PI/6)=%.10f\n", mycos(PI / 6));
    return 0;
}
//函数功能：计算 sinx，x 是弧度值
double mysin(double x)
{
    double term = x, sum = 0;
    int sign = 1;                                    //符号
    int i = 1;
    while (term > EPSILON)
    {
        sum += sign * term;                          //泰勒级数累加求和
        sign = -sign;                                //符号取负
```

```
            i += 2;
            term = pow(x, i) / factorial(i);          //x^i/i!
        }
        return sum;
    }
    //函数功能：计算cosx，x是弧度值
    double mycos(double x)
    {
        double term = 1, sum = 0;
        int sign = 1;
        int i = 0;
        while (term > EPSILON)
        {
            sum += sign * term;
            sign = -sign;
            i += 2;
            term = pow(x, i) / factorial(i);          //x^i/i!
        }
        return sum;
    }
    //函数功能：计算n!
    long long factorial(int n)
    {
        long long res = 1;
        for (int i = 1; i <= n; i++)
            res *= i;
        return res;
    }
```

运行结果如下：

```
sin(PI/6)=0.4999996170
mySin(PI/6)=0.4999996089
cos(PI/6)=0.8660256249
mycos(PI/6)=0.8660254852
```

从这个运行结果可以看出，自行实现的正弦和余弦函数与 math.h 库中的函数计算结果有一定的误差。这种误差的大小与 EPSILON 的值有关。如果将 EPSILON 的值修改为 1E-10 并重新运行程序，会发现结果是相同的。因此，通过减小 EPSILON 的值，可以提高计算结果的精确性。

【实例 04-22】计算 e 值

扫一扫，看视频

描述：设计一个函数 double eValue(int n)，用于计算 e 的值。该函数的输入是一个整数 n，根据公式 $e = 1 + 1/1! + 1/2! + \cdots + 1/n!$ 进行计算。在主函数中，调用 eValue 函数并输出计算出的 e 值，结果保留小数点后 10 位。

分析：e 值的计算仍然是数列的求和。在实现计算 e 值的函数时，不建议使用已经实现的阶乘函数计算阶乘值。相反，可以使用递推的方式直接计算阶乘值，并将其应用于计算 e 值的过程中。通过这种方式，可以避免额外的函数调用，提高代码的效率和性能。

本实例的参考代码如下：

```
#include <stdio.h>
double eValue(int n);
int main(void)
{
    int n;
    scanf("%d", &n);
    double y = eValue(n);      //函数调用
    printf("%.10f", y);
    return 0;
}
//函数功能：计算e值
double eValue(int n)
{
    double sum = 2;
```

```
    double f = 1;                      //阶乘值：1!
    for (int i = 2; i <= n; i++)
    {
        f = f * i;                     //i!
        sum += 1 / f;                  //累加求和
    }
    return sum;
}
```

扫一扫，看视频

【实例04-23】四则运算长算式

描述：编写一个程序，用于计算一行不包含括号且没有空格的+、-、*、/长算式。这个长算式的结束标志是=。在这个长算式中，如果是有效的运算，则输出其运算结果；如果存在除零错误（也就是除数为0的情况），则输出 No 0；如果包含非法的运算符（即除+、-、*、/外的其他符号），则输出 Error。

输入样例：

```
1+5-7/6*3-2+19=
```

输出样例：

```
20
```

分析：由于长算式中没有空格和括号，所以可以从左到右依次读取操作数和运算符，并在读取的同时进行计算。整个长算式可以看作是 a op1 b op2 c 这样的形式，其中 a 的初始值为 0，op1 初始为加号（+），b 用于读取第一个操作数。

接下来可以使用一个循环语句实现读取第二个运算符的操作。循环体中，可以使用变量 op2 读取输入的运算符，然后根据 op2 的取值进行相应的处理，以完成整个长算式的计算。

根据读取的第二个运算符 op2 的取值，可以进行以下不同的处理。

（1）如果 op2 是等号（=），那么计算 a op1 b，整个长算式计算结束，输出计算结果，退出循环。

（2）如果 op2 是+、-，那么 a = a op1 b，op1 = op2，然后使用 scanf 函数读取下一个操作数到 b 中，接着循环进行下一轮处理。

（3）如果 op2 是*、/，那么使用 scanf 函数读取下一个操作数到 c 中，b = b op2 c，接着循环进行下一轮处理。

（4）如果 op2 不是上述三种运算符，则输出 Error 的提示信息并结束处理。

通过这种方式可以逐步读取运算符和操作数，并进行计算，直至整个长算式计算完成。

另外，在循环过程中，如果遇到除法运算符（/）且除数为 0，也需要终止循环并输出错误信息。

为了简化程序实现的复杂度，可以将长算式中的四则运算封装成一个函数 compute(int a, int b, char op)。通过调用这个函数，能够方便地完成对两个整数 a、b 和运算符 op 进行相应运算的操作。该函数的返回值为计算结果。

总之，通过在循环中逐步读取输入的运算符和数字，并根据不同的运算符调用 compute 函数计算，就可以完成整个长算式的计算。

本实例的参考代码如下：

```
#include <stdio.h>
int compute(int a, int b, char op);        //函数声明
int main(void)
{
    char op1, op2;                          //2 个运算符，3 个运算数，a op1 b op2 c
    int a = 0, b;                           //a 初值为 0
    op1 = '+';                              //将 op1 的初值设为'+'
    scanf("%d", &b);                        //读入一个整数到变量 b 中
    while (1)
    {
        scanf("%c", &op2);                  //读入一个字符到变量 op2 中
```

04

```
        if (op2 == '=')                          //结束计算并输出结果
        {
            if (op1 == '/' && b == 0)      //如果除数为 0, 则输出 No 0
            {
                printf("No 0");
                break;
            }
            printf("%d\n", compute(a, b, op1)); //调用 compute 函数计算结果并输出
            break;
        }
        else if (op2 == '+' || op2 == '-')          //+或-, 执行相加或相减运算
        {
            a = compute(a, b, op1);       //a = a op1 b
            op1 = op2;                    //将 op2 的值赋给 op1, 用于下一次计算
            scanf("%d", &b);              //读入下一个数字
        }
        else if (op2 == '*' || op2 == '/')          //*或/, 执行相乘或相除运算
        {
            int c;                        //定义整型变量 c
            scanf("%d", &c);              //读入下一个数字 c
            if (op2 == '/' && c == 0)     //如果除数为 0, 则输出 No 0
            {
                printf("No 0");
                break;                    //跳出 while 循环
            }
            else                          //否则调用 compute 函数进行计算并赋值给 b
            {
                b = compute(b, c, op2);
            }
        }
        else //如果读入的字符不是上述字符, 则输出 Error 信息并结束计算
        {
            printf("Error");
            break;                        //跳出 while 循环
        }
    }
    return 0;
}
//函数功能: 根据 op 的不同值, 执行不同的运算并返回结果
int compute(int a, int b, char op)
{ //op 是+、-、*、/之一
    switch (op)
    {
    case '+':
        return a + b;
    case '-':
        return a - b;
    case '*':
        return a * b;
    case '/':
        return a / b;
    }
}
```

【实例 04-24】一个整数的随机因子

扫一扫, 看视频

描述: 设计一个函数, 对给定的一个正整数, 返回该整数的随机因子, 因子包括 1 和整数本身。

分析: 用一个函数获取一个整数的随机因子, 可以用如下的函数声明 (函数原型)。

```
int getRandomFactor(int num);
```

使用 srand 函数以当前时间作为随机数生成器的种子, 以保证每次运行时生成的随机数序列不同。接下来, 使用循环查找随机因子, 每循环一次使用 rand 函数生成一个在 1~ num 之间的随机数, 如果该数能被 num 整除, 则表示找到了随机因子, 退出循环, 返回结果; 否则重复, 直到找到一个随机因子为止。

本实例的参考代码如下：

```c
#include <stdio.h>
#include <stdlib.h>
#include <time.h>
int getRandomFactor(int num);
int main(void)
{
    int num;
    printf("请输入一个整数: ");
    scanf("%d", &num);
    int factor = getRandomFactor(num);
    printf("整数 %d 的一个随机因子为: %d\n", num, factor);
    return 0;
}
int getRandomFactor(int num)
{
    int factor;
    int count = 0;                  //用于记录随机因子个数
    srand(time(0));
    do                              //循环找出随机因子
    {
        factor = rand() % num + 1;  //生成一个随机因子
        if (num % factor == 0)
        { //判断该因子是否为随机因子
            count++;
        }
    } while (count != 1);
    return factor;
}
```

运行结果如下：

请输入一个整数：20↙
整数 20 的一个随机因子为：4

因为是随机生成的因子，所以可能每次运行结果都会不同。在找随机因子时，使用了 do…while 循环，利用 count 变量记录是否找到，初始时值为 0，找到后值为 1。

【实例 04-25】100 以内四则运算口算自动出题

扫一扫，看视频

描述：设计一个训练小学生口算的 100 以内四则运算程序，开始时由用户选择口算类型（加、减、乘、除），之后给出口算题的数据范围（100 以内），要求回答每道题时给 3 次回答机会，如果 3 次都回答错误，给出正确答案。

分析：这个实例适合采用模块化程序设计思想。首先，可以单独实现一个函数显示程序运行的初始界面，让用户选择口算题型。这个函数的作用是展示一个用户友好的界面，引导用户进行功能选择。该函数的原型为 void menu(void);。

其次，需要实现一个判断用户回答是否正确的函数。这个函数的作用是比较用户给出的答案与计算结果是否一致，返回一个布尔值表示回答的准确性。该函数的原型为 bool answer(int a, int b, char op);。

另外，可以复用实例 04-23 中的 compute 函数实现四则运算功能。

通过将功能划分成独立的模块，可以提高代码的可读性、可维护性和可扩展性。每个模块都有特定的功能，可以单独进行测试和调试，使得整个程序更加清晰和易于管理。

下面给出 answer 函数的定义：

```c
bool answer(int a, int b, char op)
{
    int c = 0;                      //统计答题的次数
    bool isCorrect = false;
    while (c < N)
```

```
    {
        int ans;
        printf("%d%c%d=", a, op, b);        //出题
        scanf("%d", &ans);                  //输入答案
        c++;
        if (ans == computer(a, b, op))
        {                                   //如果答题结果与正确结果相同
            isCorrect = true;
            break;
        }
    }
    return isCorrect;
}
```

程序中的 N 是一个常量，可在全局给出它的值，表示最多可以答题的次数。这个函数功能是单一的，按照参数形成一个 a op b 的运算式，由用户输入答案，并对答案正确与否进行判断，如果在 N 次回答问题的机会里回答正确，则返回 true；如果 N 次回答都是错误的，则返回 false。

下面给出显示程序运行初始界面的 menu 函数的定义：

```
void menu(void)
{
    printf("-------------欢迎使用计算器-----------\n");
    printf("  1.加法运算          2.减法运算\n");
    printf("  3.乘法运算          4.除法运算\n");
    printf("  0.退出                          \n");
    printf("------------------------------------\n");
    printf("请选择 0~4:\n");
}
```

因为选择时输入的是数字，所以可以设计一个函数 oper 完成数字到运算符的转换，该函数接收一个数字选择参数 choice，并根据其值返回相应的运算符，该函数定义如下：

```
char oper(int choice)
{
    switch (choice)
    {
    case 1: return '+';
    case 2: return '-';
    case 3: return '*';
    case 4: return '/';
    }
}
```

下面开始主函数 main 的设计。

在主函数 main 中，首先需要提供一个四则运算的选择界面。用户可以选择想要的运算类型（加、减、乘、除）。然后程序会询问用户想要的运算题目范围，如输入数字 20，代表生成范围在 20 以内的计算题。

接下来，根据用户所选的运算类型，程序会随机生成两个运算数，然后调用 answer 函数自动生成一道口算题目。用户需要进行口算并给出答案。如果用户在 N 次作答机会内回答正确，则程序会提供相应的信息告诉他答对了。否则，程序会给出正确答案。

完成口算题目后，程序会询问用户是否继续测试。如果用户选择继续，则程序会生成新的题目并继续进行口算测试；如果用户选择不继续，则程序会回到最初的四则运算选择界面。

由于口算题需要自动生成，因此运算数可以直接使用标准库函数 rand 生成。生成的两个运算数 a 和 b 应该保证 a≥b。

如果是除法运算，首先除数不能为 0，其次除法运算应该保证两个运算数能整除，可以先生成一个随机整数 a，之后调用实例 04-24 的 getRandomFactor 函数产生 a 的一个因子 b，这样就可以保证整除运算了。当然也可以等学习数组后，利用数组存储整数 a 的全部因子，再随机使用其中的一个因子作为除数 b。那时可以只更新 getRandomFactor 函数的实现，这是模块化编

程的优势，增强了程序的可修改性。

这个实例的主要目的是帮助初学者培养模块化编程的思维方式。对于初学者而言，这个程序可能会显得有些复杂。

以下是本实例的五个函数声明和 main 函数的参考代码。运行本程序时，请确保五个函数的定义放在 main 函数后面。

```c
#include <stdio.h>
#include <time.h>
#include <stdlib.h>
#include <stdbool.h>
const int N = 3;                              //最多回答问题的次数
int computer(int a, int b, char op);          //四则运算函数
void menu(void);                              //菜单
bool answer(int a, int b, char op);           //回答是否正确
char oper(int choice);                        //整数转换为对应的运算符
int getRandomFactor(int num);                 //获取整数 a 的随机因子
int main(void)
{
    int choice = 0;                           //选择 0~4
    int end;                                  //出题范围
    int a, b;
    char op;
    srand(time(0));                           //设置随机数种子
    do
    {
        system("cls");                        //清屏
        menu();                               //菜单
        scanf("%d", &choice);
        op = oper(choice);                    //整数转换为对应的运算符
        if (choice == 0)
            break;
        if (choice < 1 || choice > 4)
            continue;
        printf("请输入计算范围（100 以内）: ");
        scanf("%d", &end);
        char ok = 'y';                        //是否继续出题
        do
        {
            a = rand() % (end + 1);           //产生[0,end]范围的随机数
            b = rand() % (end + 1);           //产生[0,end]范围的随机数
            if (a < b)
            {                                 //保证 a>=b
                int t = a;
                a = b;
                b = t;
            }
            if (op == '/')
            { //为了使除法题能整除，这里的除数使用函数产生 a 的随机因子
                if (a == 0)
                    a = end + 1;
                b = getRandomFactor(a);       //b 是 a 的一个随机因子
            }
            bool isCorrect = answer(a, b, op); //调用函数出题并作答
            if (!isCorrect)
            {                                 //N 次都没答对
                printf("你需要努力了! ");
                printf("正确答案是: %d%c%d=%d\n", a, op, b, computer(a, b, op));
            }
            else
                printf("恭喜你, 答对了! \n");  //答对了
            getchar();
            printf("是否继续（Y/N）? ");
            scanf("%c", &ok);
```

```
            } while (ok == 'y' || ok == 'Y');
        } while (1);
        printf("\n\n 欢迎下次使用! \n");
        return 0;
    }
```

程序的一次运行结果如下：

```
------------欢迎使用计算器-----------
    1.加法运算        2.减法运算
    3.乘法运算        4.除法运算
    0.退出
------------------------------------
请选择 0~4：
4✓
请输入计算范围（100 以内）：100✓
54/27=2✓
恭喜你，答对了！
是否继续（Y/N）? y✓
56/28=3✓
56/28=4✓
56/28=5✓
你需要努力了！正确答案是：56/28=2
是否继续（Y/N）? y✓
97/97=1✓
恭喜你，答对了！
是否继续（Y/N）? y✓
8/2=4✓
恭喜你，答对了！
是否继续（Y/N）?
```

上述运行结果展示了除法运算的计算过程，读者可以自行运行该程序，并通过这个实例来理解模块化程序设计思想在程序设计中的应用。

该程序还有其他可以改进的地方，如对出题的数据范围进行验证，确保在 100 以内。读者可以根据自己的理解对程序做进一步的优化。

【实练 04-08】掷骰子游戏

每次投掷两个骰子，第一次投掷时，如果点数之和为 7 或 11，则获胜；如果点数之和为 2、3 或 12，则落败。否则，点数之和成为"目标"，游戏继续进行。在随后的投掷中，若玩家再次投掷出"目标"点数，则获胜；若投掷出 7，则落败；其他情况则不产生影响，游戏继续。每局游戏结束时，程序会询问玩家是否再玩一次。若玩家输入的回答不是 y 或 Y，程序会显示胜败的次数，然后终止。

提示：设计两个函数。

```
//生成两个随机数（每个在 1~6 之间），并返回它们的和
int rollDice(void);
//一次掷骰子游戏，若玩家胜，则返回 1；若玩家败，则返回 0
int playgame(void);
```

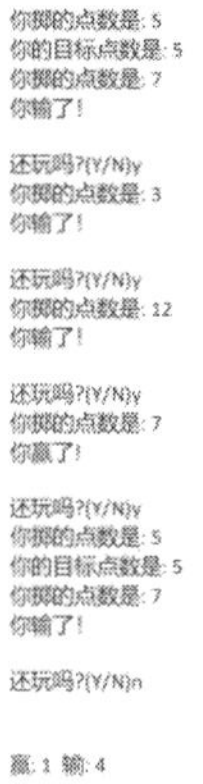

图 4.5 掷骰子游戏的运行效果

掷骰子游戏的运行效果可参考图 4.5。

【实例 04-26】局部变量和全局变量

变量的作用域是指变量的可用范围。变量的作用域取决于它们在程序中被定义的位置。每个变量仅在定义它的语句块内有效。

全局变量是在函数外定义的变量，是在程序的任何地方都可以访问的变量，其作用域范围

超出单个函数或代码块。在程序的多个函数中都可以访问和修改全局变量的值。

局部变量是在特定的代码块或函数中定义的变量，其作用域限制在该代码块或函数内部。局部变量只在其所在的代码块或函数中有效，无法在其他函数中直接访问，并且在离开代码块或函数时会被自动销毁。全局变量的示例代码如下：

```c
#include <stdio.h>
int gV = 10;              //定义全局变量
void fun();               //函数声明
int main(void)
{
    printf("初始全局变量的值: %d\n", gV);
    fun();                //调用函数更新全局变量
    printf("更新全局变量后的值: %d\n", gV);
    return 0;
}
void fun()
{
    gV = 20;              //更新全局变量的值
}
```

运行结果如下：

```
初始全局变量的值: 10
更新全局变量后的值: 20
```

上述示例代码中，定义了一个全局变量 gV，它可以在程序的任何地方被访问和修改。在 main 函数中，首先输出初始全局变量的值，然后调用 fun 函数修改全局变量的值，最后输出更新后的全局变量的值。

全局变量和局部变量的主要区别在于作用域和生命周期。全局变量具有全局作用域，在整个程序中的任何地方都可以访问，生命周期伴随整个程序的执行。而局部变量具有局部作用域，只能在其所在的代码块或函数内部访问，生命周期随着代码块或函数的执行而开始和结束。

> 全局变量通常用于需要在多个函数之间共享数据的情况，而局部变量则用于临时存储和处理特定代码块或函数中的数据。在使用全局变量时需要注意避免滥用，因为全局变量的修改可能会对程序的其他部分产生意外的影响。

【实例 04-27】局部变量同名时的作用域

扫一扫，看视频

当在一个代码块或函数内部定义了与外部作用域中的局部变量同名的局部变量时，内层作用域中的同名局部变量会隐藏外层作用域中的同名局部变量。看以下示例代码：

```c
#include <stdio.h>
int main(void)
{
    int x = 5;            //外层作用域的局部变量 x
    {
        int x = 10;       //内层作用域的局部变量 x 覆盖了外层作用域的局部变量 x
        printf("内层作用域 x = %d\n", x);
    }
    printf("外层作用域 x = %d\n", x);
    return 0;
}
```

运行结果如下：

```
内层作用域 x = 10
外层作用域 x = 5
```

这个示例代码中有两个作用域，内层作用域和外层作用域。在外层作用域中定义了一个局部变量 x 并初始化为 5，在内层作用域中又定义了一个同名的局部变量 x 并初始化为 10。在内层作用域中输出的是内层作用域的局部变量 x 的值 10，而在外层作用域中输出的是外层作用域的局部变量 x 的值 5。

同名的局部变量在不同的作用域中拥有不同的值，并且内层作用域的局部变量会隐藏外层作用域的局部变量。当内层作用域结束后，外层作用域的局部变量将再次生效。

【实例 04-28】局部变量和全局变量同名时的作用域

扫一扫，看视频

在 C 语言程序设计中，当局部变量和全局变量同名时，局部变量具有优先权，即在同名情况下，局部变量的作用域覆盖全局变量。看以下示例代码：

```c
#include <stdio.h>
int x = 10;                                //全局变量 x
void fun();                                //函数声明
int main(void)
{
    printf("全局变量 x = %d\n", x);         //输出全局变量 x 的值
    fun();                                 //调用函数 fun
    return 0;
}
void fun()
{
    int x = 5;                             //局部变量 x，覆盖了全局变量 x
    printf("局部变量 x = %d\n", x);
}
```

运行结果如下：

```
全局变量 x = 10
局部变量 x = 5
```

这个示例代码中全局变量 x 的值为 10，而在函数 fun 中定义了一个同名的局部变量 x，其值为 5。当调用函数 fun 时，输出的是局部变量 x 的值 5，而在 main 函数中直接输出的是全局变量 x 的值 10。

04

局部变量和全局变量同名时，局部变量在其作用域内优先生效，覆盖了全局变量的影响。当退出局部作用域时，如函数执行完毕，又会回到使用全局变量的状态。

【实例 04-29】静态局部变量

扫一扫，看视频

C 语言中的**静态局部变量**是指在函数内部被定义但生命周期为整个程序运行期间的变量。与普通的局部变量不同，**静态局部变量在函数被调用时只会被初始化一次**，并保留在内存中直到程序运行结束。看以下示例代码：

```c
#include <stdio.h>
void fun();                                //函数声明
int main(void)
{
    fun();
    fun();
    return 0;
}
void fun()
{
    static int v = 0;                      //定义静态局部变量，只会初始化一次
    printf("静态局部变量的值: %d\n", v);     //输出静态局部变量的值
    v++;                                   //更新静态局部变量的值
}
```

运行结果如下：

```
静态局部变量的值: 0
静态局部变量的值: 1
```

这个示例代码中定义了一个静态局部变量 v。静态局部变量只会在第一次进入函数时进行初始化，再次调用时，不会被重复初始化。

在 main 函数中，两次调用函数 fun，每次调用时，在输出当前静态局部变量的值之后，都会将它自增 1。通过运行结果可以观察到，第二次调用函数 fun 时，并没有执行 v = 0，v 是上次自增 1 后的结果。

> 静态局部变量可以被函数内的语句访问，但在函数外部是不可见的。因此，静态局部变量常用于需要在函数调用间保留数据的情况。函数内部的静态局部变量的作用域仅限于定义它的函数内部。

小　　结

函数是一种完成特定任务的独立程序代码单元。使用函数可以避免重复编写代码，提高代码的可读性和可维护性。通过本章的实例，需要关注函数的三个方面：函数声明、函数定义和函数调用。

函数声明（函数原型）用于告诉编译器存在一个函数，并指定了函数的名称、参数列表和返回类型。函数声明关注的是函数的接口，包括输入的数据类型和输出的数据类型，以及函数的功能描述。

函数定义则是实际编写函数的实现代码。函数定义关注的是函数内部的具体计算过程，通过算法和语句来完成函数的功能。

函数调用是在程序中使用函数的一种方式。通过函数调用，可以将实际参数（实参）传递给函数，并接收函数的返回结果作为返回值。函数调用建立了函数之间的通信和数据传递机制。

总之，函数声明关注函数的输入和输出，以及函数的功能描述；函数定义关注函数内部的实现细节，完成具体的计算任务；函数调用通过传递实参和接收返回值，实现了与函数之间的交互。这样的分工方式使得程序的设计更加清晰和模块化，方便代码的维护和复用。

每个函数都与其他函数平等，它们可以相互调用，包括直接或间接调用自己（递归）。除了 main 函数之外，所有函数必须被其他函数调用才能执行。关于递归函数将会在第 11 章介绍。

本章重点要掌握模块化程序设计思想，通过合理划分模块、提高代码复用性、增强可维护性和可读性，能够极大地提升程序的开发效率和质量。

第5章 数　　组

本章的知识点：

➥ 数组的定义和初始化。
➥ 数组元素的访问。
➥ 一维数组的应用。
➥ 二维数组的定义、初始化和应用。

在之前的程序设计中，通常会读取数据后立即对其进行处理，因此并不需要再次使用这些数据。然而，在某些情况下，可能需要保留已读取的数据以备将来使用。当需要存储少量数据时，可以通过定义一些变量来实现。然而，当需要存储大量数据时，定义大量的变量会导致代码难以管理和维护。

为了解决这个问题，可以使用数组存储数据。**数组用于存储一组相同类型的数据，这些数据按照一定的顺序排列**，其中的每个数据称为**数组元素**。虽然数组的所有元素共享相同的数组名，但它们具有不同的**下标**，下标与元素的位置之间存在一一对应的关系。根据元素下标的数量，数组可以分为**一维数组**、**二维数组**或**多维数组**。

通过使用数组，我们能够高效地存储和访问大量数据，而无须重复定义大量变量。数组提供了一种便捷的方式来管理和处理数据。在编写程序时，可以巧妙地利用数组的下标与元素之间的关系解决实际问题。通过正确**使用下标访问和操作数组元素**，可以轻松地进行排序、查找、统计等各种数据处理操作。

因此，数组的强大功能使得我们能够更加高效地编写程序，并且能够处理复杂的数据结构和算法。无论是存储大量数据还是处理复杂问题，数组都提供了一种有效的方法。

📚 【实例 05-01】与指定数相同的数的个数

扫一扫，看视频

描述：统计一组整数中与特定整数相同的个数。输入共三行：第一行是整数 n（$n \leqslant 100$），表示整数的个数；第二行为 n 个整数，每个整数的值不超过 10^6，且用空格隔开；第三行包含一个指定的整数 m。输出 n 个整数中与 m 相同的整数个数。

输入样例：

```
6
2 20 20 0 8
0
```

输出样例：

```
3
```

分析：根据输入要求，在统计一组整数中与指定整数相同的个数前，需要先将这组整数存储起来。输入指定的整数 m 之后，才能从 n 个整数中统计与 m 相同的个数。对于输入样例，有 6 个整数需要存储。一种方法是提前定义 6 个简单变量（如 a1、a2、a3、a4、a5、a6），分别保存每个整数。输入整数 6、6 个整数及指定的数 0 之后，使用 6 个 if 语句依次判断每个简单变量的值是否为 0，统计与 0 相同的个数。针对这组输入数据能够求出答案，但问题是 n 的值在运行时才能确定，所以事先定义若干个变量存放 n 个整数是不现实的。

对于输入 n 个整数及统计 n 个整数中与指定数相同的操作是一种重复的操作。可以使用循环语句避免这种重复，但如果使用简单变量存储 *n* 个整数，就无法使用循环语句完成这个过程。这时就需要用到**数组**了。

本实例的参考代码如下：

```c
#include <stdio.h>
int main(void)
{
    int n, m;
    int a[100];                    //定义能存放100个元素的整型数组a
    scanf("%d", &n);
    for (int i = 0; i < n; i++)
        scanf("%d", &a[i]);        //a[i]是下标为i的数组元素
    scanf("%d", &m);
    int cnt = 0;
    for (int i = 0; i < n; i++)    //使用数组下标遍历数组的n个元素
        if (a[i] == m)
            cnt++;                 //比较元素a[i]与m是否相同，如果相同，则计数器加1
    printf("%d", cnt);
    return 0;
}
```

最简单的数组就是**一维数组，数组常被用于存储类型相同的一组数据**，并且存储在地址连续的内存单元中。为了定义数组，需要指明数组元素的类型和数量。数组的定义如下：

```c
int a[100];
```

int 为数组元素的类型，a 为数组名，"[]" 中的 100 表示数组元素的数量，数组 a 可以存储 100 个元素，100 也称为数组的长度，"[]" 中要求是一个整型的常量或常量表达式，C99 标准允许使用变量，但建议尽可能不用变量。

为了存取特定的数组元素，需要使用下标，也称为索引，数组元素的下标从 0 开始，所以长度为 *n* 的数组元素的下标为 0～*n*–1。数组元素的下标一般从 0 开始，当然也可以从其他值开始。本实例由于 *n*≤100，所以定义时要按最大可能值定义数组的元素个数，编译器分配的合法下标为 0~99。本实例的 a 数组含有 100 个元素，这些元素标记为 a[0],a[1],…,a[99]，如图 5.1 所示。

					...		
a[0]	a[1]	a[2]	a[3]		...		a[99]

图 5.1　a 数组的 100 个元素

数组 a 中的每个元素 a[i] 就是一个简单变量。可以使用 scanf("%d", &a[i]) 输入元素 a[i] 的值，也可以使用 printf("%d", a[i]) 输出元素 a[i] 的值，记住绝对不能使用 scanf("%d", &a) 输入数组 a 的所有元素的值，也不能使用 printf("%d", a) 输出数组 a 的所有元素的值。数组的元素不能整体输入或输出，只能分别对各个数组元素进行操作。可以用循环语句完成元素的输入、输出及其他操作，以下标作为循环变量。

在 C 语言中，在定义处的 a[100] 和非定义处的 a[i] 表示的含义是不同的。前者中的 100 表示数组 a 的元素个数，即 a 数组最多可以存放 100 个元素。后者中的 i 表示元素 a[i] 的下标，可以使用整数变量、常量或表达式访问数组元素。i 的合法范围是 0~99，因为数组的第一个元素是 a[0]，而不是 a[1]，同时数组 a 最多可以存放 100 个元素，所以最后一个元素的下标是 a[99]。在 C 语言中，编译器不会自动检查数组的下标是否越界。因此，在编写程序时，我们需要注意数组下标的使用，以避免访问越界元素引起的不可预测问题。

【实例 05-02】数组内存布局

扫一扫，看视频

描述：定义一个长度为 10 的整型数组 a，并为数组中的每个元素赋值。把数组 a 的第 *i* 个元素的值设置为 2 * *i*，其中 *i* 的取值范围为 0～9。然后，输出数组 a 中每个元素的值和地址。

分析：在程序中定义一个数组时，编译器会根据数组的类型和大小为其分配连续的内存空

间。数组的元素类型决定了每个元素占用的字节数，数组的大小决定了占用的总字节数。数组的内存空间分配是在编译时确定的，并在程序运行时自动分配。

数组的内存空间分配通常在栈上进行，**数组名 a 代表数组的首地址，即第一个元素的地址。通过数组名加上元素的索引，可以访问数组中具体位置的元素。**

本实例的参考代码如下：

```c
#include <stdio.h>
int main(void)
{
    int a[10];
    for (int i = 0; i < 10; i++)
        a[i] = 2 * i;
    printf("a[0]~a[9]的值：\n");
    for (int i = 0; i < 10; i++)                    //输出数组元素的值
    {
        printf("a[%d] = %2d  ", i, a[i]);
        if ((i + 1) % 5 == 0)
            printf("\n");
    }
    printf("&a[0]~&a[9]的值：\n");
    for (int i = 0; i < 10; i++)                    //输出数组元素的地址
    {
        printf("&a[%d] = %d  ", i, &a[i]);
        if ((i + 1) % 5 == 0)
            printf("\n");
    }
    printf("a = %d\n", a);
    printf("sizeof(a) = %d\n", sizeof(a));
    return 0;
}
```

运行结果如下：

```
a[0]~a[9]的值：
a[0] =  0  a[1] =  2  a[2] =  4  a[3] =  6  a[4] =  8
a[5] = 10  a[6] = 12  a[7] = 14  a[8] = 16  a[9] = 18
&a[0]~&a[9]的值：
&a[0] = 6487520  &a[1] = 6487524  &a[2] = 6487528  &a[3] = 6487532  &a[4] = 6487536
&a[5] = 6487540  &a[6] = 6487544  &a[7] = 6487548  &a[8] = 6487552  &a[9] = 6487556
a = 6487520
sizeof(a) = 40
```

数组名指向数组中的第一个元素的地址，也就是下标为 0 的元素的地址。从运行结果可以观察到，变量 a 的值为 6487520，而 &a[0] 的值也是 6487520。需要注意的是，即使在使用数组时将第一个元素存储在下标为 1 的位置，数组名仍将指向下标为 0 的元素的地址。一旦数组被定义，数组名将成为一个常量。在这个实例中，输出的地址值是以十进制形式表示的。

编译器会根据数组元素的类型和数组名后方括号中的值为数组分配连续的内存空间。根据上面程序的测试结果，sizeof(a)的值为 40，因为每个 int 类型的大小是 4 字节，所以 4 * 10 = 40，这就是分配给数组 a 的 40 字节。

通过观察运行结果，可以发现以下情况：&a[0] 的值为 6487520，&a[1]的值为 6487524。也就是说，从地址 6487520 到 6487523 的 4 字节用于存储 a[0]的值，从地址 6487524 开始的 4 字节用于存储 a[1]的值，以此类推。最终，从地址 6487556 到 6487559 的 4 字节用于存储 a[9]的值。

通过计算，可以得知 6487559 - 6487520 + 1 = 40。这证实了 sizeof(a)的结果为 40。

以下几点需要在使用数组时特别注意：

（1）要区分在定义数组时使用的 a[10]和在非定义的情况下使用的 a[10]，它们的含义是不同的。

（2）在定义一个数组之后，该数组的名称将成为一个常量。它的值就是数组的第一个元素的首地址，通常称为数组的基地址。

（3）需要注意的是，编译器有时会忽略对数组下标的合法性检查，这是为了简化编译过程而做出的优化。因此，在使用数组时需要自行确保使用的下标在合法范围内。

【实例 05-03】整数的统计

描述：n 个整数从左向右排放，统计每个整数左边有多少个比它小的整数。输入共两行：第一行输入一个整数 n（$1 \leq n \leq 100$），表示第二行整数的个数，第二行输入 n 个整数，用空格间隔。输出共一行，输出 n 个整数，用空格间隔，依次表示各整数左边比它小的整数个数。

输入样例：

```
6
4 3 0 5 1 2
```

输出样例：

```
0 0 0 3 1 2
```

分析：为了增强程序的可维护性，通常会定义一个符号常量来代表在定义数组时使用的长度。在本程序中，使用预处理命令 #define N 100 定义长度。在定义数组 arr 和 cnt 时，可以使用常量 N 作为数组的长度。

数组 arr 用于存储输入的 n 个整数，而数组 cnt 则用于存储每个元素 arr[i] 左边比它小的元素个数。在初始化过程中，可以将 cnt 数组的所有元素都设置为 0。由于第一个元素 arr[0] 的左边没有数字，所以 cnt[0] 的值为 0。从第二个元素开始，通过使用双重循环统计每个元素左边比它小的元素的个数。通过这种方式可以实现所需的功能。

本实例的参考代码如下：

```
#include <stdio.h>
#define N 100
int main(void)
{
    int arr[N], cnt[N] = {0};              //cnt[i]存放 arr[i] 左边比它小的元素个数
    int n;
    scanf("%d", &n);
    for (int i = 0; i < n; i++)            //读入整数的值 arr[i]
        scanf("%d", &arr[i]);
    for (int i = 1; i < n; i++)            //从第二个元素下标开始
        for (int j = i - 1; j >= 0; j--)
        {                                  //从第 i-1 个位置倒着往前找
            if (arr[j] < arr[i])
                cnt[i]++;                  //如果找到比它小的元素，则 cnt[i] 加 1
        }
    for (int i = 0; i < n; i++)            //输出每个整数左边比它小的元素个数
        printf("%d ", cnt[i]);
    return 0;
}
```

可以使用语句 const int N = 100; 代替程序中的 #define N 100; 定义常量。

当多个数组具有关联性时，通常通过下标进行关联。在本程序中，数组 cnt 与 arr 相关联，对于相同的下标 i，cnt[i] 存储的是元素 arr[i] 左边比它小的元素的个数。

在本程序中，int cnt[N] = {0};是一种数组元素的初始化方式，它将数组中的所有元素值都初始化为 0。在接下来的实例 05-04 中，我们将继续介绍其他数组初始化的方法。

【实例 05-04】月之天数

问题描述见实例 02-22。

分析：在第 4 章中已经实现了一个函数版的月份天数的计算方法，即通过自定义函数计算月份的天数。实际上，这种月份天数的映射可以使用一维数组实现。可以将一维数组视为一个一维

表格，通过查表的方式获取所需月份的天数。除了二月份有两种情况外，一年中其他月份的天数是固定的。如果一个数组中的元素值是确定的，就可以在定义数组时对数组元素的值进行初始化。

下面定义一个数组 mdays 存放非闰年中每个月的天数。为了使下标值与月份值保持一致，使用 int mdays[13] 定义该数组。这样，mdays[7] 的值就表示七月份的天数。在程序中，当输入年份 y 和月份 m 后，如果 y 是闰年，就会修改 mdays[2] 的值为 29（表示二月份的天数为 29 天）。

本实例的参考代码如下：

```c
#include <stdio.h>
int isLeap(int year);
int main(void)
{
    int y, m;
    int mdays[13] = {0, 31, 28, 31, 30, 31, 30,        //第一个元素值任意
                     31, 31, 30, 31, 30, 31};          //但不能没有
    scanf("%d %d", &y, &m);
    if (isLeap(y))
        mdays[2] = 29;
    printf("%d\n", mdays[m]);
    return 0;
}
int isLeap(int year)
{
    return year % 400 == 0 || (year % 4 == 0 && year % 100 != 0);
}
```

该程序的功能与实例 02-22 的程序相同。在定义数组 mdays 时对数组进行了初始化。以下是数组元素初始化的格式，以 int a[5] 为例。

（1）完全初始化：数组长度和元素一个也不缺。例如：

```c
int a[5] = {2, 1, 3, 6, 5};
```

（2）省略长度的初始化：与完全初始化等价。例如：

```c
int a[] = {2, 1, 3, 6, 5};
```

（3）不完全初始化：初始化的元素个数少于数组长度，这时未被初始化的元素的值为 0。例如：

```c
int a[5] = {2, 1, 3};        //这时数组的元素值为 2, 1, 3, 0, 0
int a[5] = {0};              //这时数组的元素值全为 0
int a[5] = {1};              //这时数组的元素值为 1, 0, 0, 0, 0
```

到目前为止，我们已经给出了 3 个版本的月之天数的计算方法，读者通过对比它们，会发现这些方法的实现越来越优化，特别是利用数组的方法。通过将数组的下标值与数组元素值进行映射，可以实现一种类似一元函数的效果。这种方法在编程中常被称作"**打表法**"。

在初始化数组时，大括号（{ }）中的数据个数不能大于数组定义时中括号（[ ]）中的数组长度。此外，需要避免以下几类错误。

（1）定义数组后，不能直接使用 a[5] = {1, 2, 3, 4, 5} 的方式进行初始化。

（2）定义数组时，若大括号（{ }）中的数据个数大于数组定义时中括号（[ ]）中的数组长度，则会出现错误。例如，int a[5] = {1, 2, 3, 4, 5, 6}。

（3）将数组名作为左值出现是不正确的，因为数组名被视为常量，不能被赋值。所以下面的代码是错误的。

```c
int a[5] = {1, 2, 3, 4, 5}, b[5];        //数组定义没问题
b = a;                                   //错误，数组名作为左值出现
```

【实练 05-01】计算天数

使用数组存储每月天数，编写程序计算某年某月某日是该年中的第几天，如输入 2021/05/10，则输出 130。

扫一扫，看视频

【实例 05-05】兔子繁殖问题

扫一扫，看视频

描述见实例 03-08。

分析：这是典型的斐波那契数列（Fibonacci）问题，由第 3 章的实例已经得到Fibonacci 数列为 1,1,2,3,5,8,13,…。这里定义长度为 81 的 long long 数组 fib（由第 3 章可知，Fibonacci 数列中第 81 个数据的范围已经超出 int 范围），fib[i]存放数列中第 i 月的兔子的对数，则 fib[1] = fib[2] = 1，fib[i] = fib[i−1] + fib[i−2]（$i \geq 3$）。

本实例的参考代码如下：

```c
#include <stdio.h>
int main(void)
{
    long long fib[81];
    fib[1] = fib[2] = 1;
    for (int i = 3; i <= 80; i++)
        fib[i] = fib[i - 1] + fib[i - 2];
    int n;
    scanf("%d", &n);
    for (int i = 1; i <= n; i++)
        printf("%lld ", fib[i]);
    return 0;
}
```

我们发现在使用数组实现求 Fibonacci 数列中第 i 项的值时，通过利用公式 fib[i] = fib[i−1] + fib[i−2]，可以更好地体现数列中各项之间的关系。同时，这种方法还能够将数列的前 n 项都存储起来，而不仅仅是计算出第 i 项的值。

【实练 05-02】母牛的故事

扫一扫，看视频

假设有一头母牛，它每年年初都会生一头小母牛。而从第 4 年开始，每头小母牛也会每年年初生一头小母牛。计算在第 n 年时共有多少头母牛。输入年数 n（其中 $0 < n < 55$），输出第 n 年共有多少头母牛。

【实例 05-06】摘桃子

扫一扫，看视频

描述：小明家的院子里有一棵桃树，每到秋天树上就会结出 10 个桃子。桃子成熟时，小明会跑去摘桃子。如果他不能直接用手摘到桃子，他会踩上一个高为 30 厘米的板凳再次尝试。现在已知这 10 个桃子离地面的高度，并且已知小明把手伸直时能够达到的最大高度。需要计算出小明能够摘到的桃子个数。

输入两行数据，第一行是 10 个整数，分别表示这 10 个桃子离地面的高度，每个整数的范围为 100～200 厘米，各整数间用一个空格隔开。第二行是一个整数，表示小明把手伸直时能够达到的最大高度。程序将输出一个整数，代表小明能够摘到的桃子个数。

输入样例：

```
100 200 150 140 129 134 167 198 200 111
110
```

输出样例：

```
5
```

分析：由于输入数据时是先输入 10 个桃子的高度，再输入小明能达到的最大高度。为了保存这 10 个桃子的高度，可以定义一个包含 10 个整数类型元素的数组 peach。

程序的逻辑很简单，首先输入数组元素和小明可以达到的最大高度值 height。然后使用 for 循环语句遍历数组元素，比较 height + 30 和 peach[i] 的大小，统计小明能够摘到的桃子个数。

本实例的参考代码如下：

```c
#include <stdio.h>
int main(void)
```

```
{
    int peach[10], height, cnt = 0;          //peach 存放 10 个桃子高度
    for (int i = 0; i < 10; i++)             //输入 10 个桃子高度
        scanf("%d", &peach[i]);
    scanf("%d", &height);
    for (int i = 0; i < 10; i++)             //统计小明能摘到的桃子个数
        if (height + 30 >= peach[i])
            cnt++;
    printf("%d\n", cnt);
    return 0;
}
```

通常情况下，会使用一个递增的下标从 0 开始遍历数组，但是也可以从后往前遍历数组。因此，可以将程序中的第二个 for 循环语句改为如下代码。

```
for (int i = 9; i >= 0; i--)                 //统计小明能摘到的桃子个数
    if (height + 30 >= peach[i])
        cnt++;
```

这样，就可以从后往前遍历数组了。

 为了遍历整个数组，通常情况下，需要按顺序使用递增或递减的下标。但其实只要确保数组的每个元素都被遍历到，遍历顺序并不影响程序的正确性。

【实例 05-07】大于平均年龄的人

扫一扫，看视频

描述：一个班级有 n（$n \leqslant 30$）名学生，求出这个班级学生的平均年龄，并统计大于平均年龄的学生数量。输入时，先输入 n，随后输入 n 个整数，代表每个学生的年龄。输出平均年龄，保留小数点后两位。

输入样例：

```
6
16 20 18 21 18 17
```

输出样例：

```
18.33 2
```

分析：在实例 03-04 的问题中，可以使用一个临时变量 tmp，并结合循环语句输入每个学生的年龄。在输入过程中，每个学生的年龄会被累加到一个变量 sum 中。当循环结束时，就可以计算出平均年龄。

然而，这个问题不仅需要计算平均年龄，还需要统计大于平均年龄的学生数量。由于平均年龄的计算需要在输入所有学生的年龄后进行，为了统计大于平均年龄的学生数量，需要重新访问学生的年龄。

用临时变量最后只会保存最后一名学生的年龄，其他学生的年龄不会保存，这时自然想到用数组存放所有学生的年龄。可以定义一个长度为 30 的整型数组（实际元素个数 n 可能小于 30），然后使用循环语句逐个输入学生的年龄。在输入过程中，可以同时对这些年龄进行求和。当循环结束后，就可以计算出平均年龄了。

接着使用另一个循环，通过下标的变化依次访问每个学生的年龄，并统计大于平均年龄的学生数量。

本实例的参考代码如下：

```
#include <stdio.h>
#define N 30
int main(void)
{
    int n, age[N], cnt = 0;          //将第一个学生的年龄存放到下标 0 中
    double ave = 0;
    scanf("%d", &n);                 //输入学生数 n
    for (int i = 0; i < n; i++)
    {                                //这里可看出下标为 0 的位置存放第一个学生的年龄
```

```
        scanf("%d", &age[i]);
        ave += age[i];
    }
    ave /= n;
    for (int i = 0; i < n; i++)         //由上面的输入可知，此时的下标也需要从 0 开始
        if (age[i] > ave)
            cnt++;
    printf("%.2f   %d\n", ave, cnt);
    return 0;
}
```

如果使用 age[1] 存放第一个学生的年龄，那么在对数组进行访问时就需要从下标 1 开始。因此原本的 for 循环语句应该改成 for(int i=1;i<=n;i++)。

此外，为了避免数组越界，建议将数组的空间定义得大一些。因此，上面的数组定义可以改为 int age[N+1]。

【实练 05-03】与平均年龄相差几岁

输入 n（$n \leqslant 30$）个学生的年龄（整数），输出与平均年龄相差 2 岁以内的学生数。

扫一扫，看视频

输入样例：

```
6
16 20 18 21 18 17
```

输出样例：

```
4
```

【实例 05-08】数组逆置存放

扫一扫，看视频

描述：给定一个数组，需要按照逆置重新存放数组中的值。例如，原始顺序为 18, 26, 15, 24, 11，要求重新排列为 11, 24, 15, 26, 18。输入共两行，第一行为数组中元素的个数 n（其中 $1 < n < 100$），第二行为 n 个整数，每两个整数之间用空格分隔。输出结果为逆序后的数组整数，每两个整数之间用空格分隔。

分析：可以按照下标从大到小的顺序输出数组元素。然而，这仅仅是输出，并没有实现数组元素的逆置存放。如果希望实现逆置存放，可以通过交换数组元素的方式来实现。

具体方法是使用循环语句，在数组 a 中，逐一交换距离首元素 a[0] 和尾元素 a[n-1] 相等距离的元素的值。可以使用变量 i 表示需要交换的左元素的下标，即 a[i] 和 a[n-1-i] 进行交换。通过循环，i 的值从 0 变化到 n/2-1。

本实例的参考代码如下：

```
#include <stdio.h>
const int N = 100;
int main(void)
{
    int a[N];                       //定义有 N 个整数元素的数组 a
    int n;
    scanf("%d", &n);                //输入整数个数
    for (int i = 0; i < n; i++)     //输入数组 a 的 n 个元素
        scanf("%d", &a[i]);         //输入元素 a[i]
    for (int i = 0; i < n / 2; i++)
    { //逆置，距离首元素（a[0]）和尾元素（a[n-1]）相等的元素交换值
        int t;
        t = a[i];
        a[i] = a[n - 1 - i];
        a[n - 1 - i] = t;           //交换 a[i] 与 a[n-1-i] 的值
    }
    for (int i = 0; i < n; i++)     //输出 a 的 n 个元素
        printf("%d ", a[i]);
    return 0;
```

```
    }
```

如果将逆置操作的 for 循环语句改为 for(i = 0; i < n; i++)，那么该程序是无法正确实现逆置存放的。这是因为当 i >= n / 2 时，数组元素 a[i] 与 a[n–1–i] 已经进行了交换操作，再进行一次交换实际上只是将它们交换回去了，没有实现实际的逆置操作。因此，在进行逆置操作时，循环语句需要仅限于遍历距离首尾相等的元素位置，控制好逆置操作的下标范围，才能正确地实现逆置存放的功能。

实际上，可以通过定义两个整型变量 i 和 j 实现数组的逆置操作。

首先将 i 初始化为 0，j 初始化为 n-1，分别指向数组的第一个元素 a[0] 和最后一个元素 a[n-1]。然后使用 while 循环判断 i<j 是否成立，如果成立，则交换 a[i] 和 a[j] 的值，并将 i 和 j 分别增加和减少 1。重复这个操作直到 i >= j 为止，即完成了数组的逆置操作。

使用这种方法实现的数组逆置的代码如下：

```
int i = 1, j = n - 1;
while (i < j)
{ //交换 a[i]与 a[j]的值
    int t = a[i];
    a[i] = a[j];
    a[j] = t;
    i++;
    j--;
}
```

 【实例 05-09】向量的点积

扫一扫，看视频

描述：在线性代数、计算几何中，向量点积运算是十分重要的。给定两个 n 维向量 $\boldsymbol{a} = (a_1, a_2, \cdots, a_n)$，$\boldsymbol{b} = (b_1, b_2, \cdots, b_n)$，求点积 $\boldsymbol{a} \cdot \boldsymbol{b} = a_1 b_1 + a_2 b_2 + \cdots + a_n b_n$。输入共三行，第一行是一个整数 $n(1 \leqslant n \leqslant 1000)$，第二行包含 n 个整数 $a_1, a_2, \cdots, a_n$，第三行包含 n 个整数 $b_1, b_2, \cdots, b_n$，相邻整数之间用一个空格隔开，每个整数的绝对值都不超过 1000。输出一个整数，即两个向量的点积结果。

输入样例：

```
3
1 4 6
2 1 5
```

输出样例：

```
36
```

分析：为了存放给定的两个向量，可以定义两个长度为 1000 的一维数组。根据向量的长度不超过 1000，并且每个整数的绝对值不超过 1000 的限制，点积结果的绝对值不会超过 1000×1000×1000。因此，可以将点积的结果作为 int 类型数据存储。

本实例的参考代码如下：

```
#include <stdio.h>
const int N = 1000;
int main(void)
{
    int a[N], b[N], n;        //数组 a、b 分别存放两个向量的元素
    scanf("%d", &n);
    for (int i = 0; i < n; i++)
        scanf("%d", &a[i]);
    for (int i = 0; i < n; i++)
        scanf("%d", &b[i]);
    int result = 0;
    for (int i = 0; i < n; i++)
        result += a[i] * b[i];
    printf("%d\n", result);
```

```
        return 0;
    }
```

本实例比较简单，定义两个数组存储两个向量，而求点积的过程就是把两个数组对应的元素值乘积再累加求和的过程，使用一个 for 语句即可。

【实例05-10】人民币支付

扫一扫，看视频

描述：给定一个金额（单位为元），输出支付该金额的各种面额的人民币数量，显示 100 元、50 元、20 元、10 元、5 元、1 元各多少张，要求尽量使用大面额的钞票。输入一个小于 1000 的正整数，输出一行，从左到右分别表示 100 元、50 元、20 元、10 元、5 元、1 元人民币的张数，每两个整数之间用一个空格隔开，如输入 735，则输出 7 0 1 1 1 0。

分析：学会了循环和数组的知识，就可以简化很多用分支语句完成的程序，本实例可以用一维数组存放人民币的各种面值（假设数组名为 rmb），输入正整数 x 元后，使用循环语句从高面值开始依次遍历各个面值 rmb[i]，则输入的 x 中可以支付 rmb[i]面值的人民币张数为 x / rmb[i]；输出 x / rmb[i]。接着再遍历下一个稍低的面值前，需要将 x 的值修改为支付 x / rmb[i]张 rmb[i]后剩余的钱数，即 x%= rmb[i]。循环完成时，各种面值的张数已经输出，因为最小的面值为 1 元，最后 x 的值为 0。

x/rmb[i]表示支付 rmb[i]面值的货币张数，而 x%rmb[i]表示付完 rmb[i]后剩余要支付的，因为首先是用最大面额的货币开始支付，所以可以保证用最小的张数付款。

本实例的参考代码如下：

```
#include <stdio.h>
int main(void)
{
    int rmb[] = {100, 50, 20, 10, 5, 1};    //一维表存储人民币的各种面值
    int n, x;                               //分别存放 rmb 数组的长度、输入的正整数
    n = sizeof(rmb) / sizeof(int);          //计算 rmb 中元素的个数，即 rmb 数组的长度
    scanf("%d", &x);
    for (int i = 0; i < n; i++)
    {
        printf("%d\n", x / rmb[i]);
        x %= rmb[i];
    }
    return 0;
}
```

在元素值固定的情况下，可以将元素值作为初始值而省略数组长度；接着可以使用 sizeof(数组名)/sizeof(元素类型) 计算数组元素的个数。这种方法对于数组元素值固定的情况非常方便，因为不必手动计算数组元素的个数。

【实例05-11】发工资

扫一扫，看视频

描述：学校财务处的工作人员需要准备各种面值的人民币，以确保在给每位老师发工资时不需要找零。假设老师的工资为正整数，单位为元，人民币面值有 100 元、50 元、10 元、5 元、2 元和 1 元。

输入数据包含多组测试数据，每组数据的第一行是一个整数 n（$n<100$），表示老师的人数。接下来的一行包含 n 个整数，表示每位老师的工资。当 n 为 0 时，表示输入结束。对于每组测试数据，输出两行，第一行为需要的人民币总张数，第二行包含 6 个整数，分别表示需要准备的 100 元、50 元、10 元、5 元、2 元和 1 元人民币的张数，以空格分隔。

输入样例：

```
3
735 1234 7832
4
11 22 33 44
```

```
0
```

输出样例：

```
110
97 0 9 1 3 0
16
0 0 10 0 4 2
```

分析：使用实例 05-10 的方法，定义数组 rmb 存放六种面值的人民币，对于每组测试数据，需要 6 个计数器存放给 n 位老师开工资时需要的每种面值的张数，对于 n 位老师，循环输入每位老师的工资金额 m，然后嵌套循环各种面值的人民币 rmb[j]，将 m 中含有的该种面值的张数 m / rmb[j] 累加到总张数计数器 total、计数器 cnt[j]（rmb[j]面值张数）中，之后计算 m 去掉该种面值张数后剩余的金额：m %= rmb[j]，按输出样例输出。

本实例的参考代码如下：

```c
#include <stdio.h>
int main(void)
{
    int rmb[] = {100, 50, 10, 5, 2, 1}, n;
    while (1)
    {
        scanf("%d", &n);
        if (n == 0)
            break;
        int cnt[6] = {0};              //cnt[i]为存放 n 位老师需要面值为 rmb[i]的计数器
        int total = 0, m;              //total 为需要的人民币总张数，m 存放每位老师的工资
        for (int i = 1; i <= n; i++)
        {
            scanf("%d", &m);
            for (int j = 0; j < 6; j++)
            {                          //依次计算工资为 m 时需要各种面值的张数
                total += m / rmb[j];
                cnt[j] += m / rmb[j];  //面值为 rmb[j]的计数器 cnt[j]累加
                m %= rmb[j];           //去掉 m/rmb[j]张 rmb[j]后的金额
            }
        }
        printf("%d\n", total);
        for (int i = 0; i < 6; i++)
        {
            if (i != 0)
                printf(" ");           //首元素前没有空格
            printf("%d", cnt[i]);
        }
        printf("\n");
    }
    return 0;
}
```

上面的程序使用了数组存储人民币的面值和老师工资所需的面值计数器。首先，定义了一个整型数组 rmb[]，其中存储了人民币的面值，即 100 元、50 元、10 元、5 元、2 元和 1 元；接着定义了一个整型变量 n，用于记录老师的数量。

其次，程序进入一个循环，通过输入 n 的值确定循环次数。在每次循环中，首先通过 scanf 函数读取一个整数 n，如果 n 的值为 0，则跳出循环。

最后，定义了一个整型数组 cnt[]，用于存储各面值的计数器，初始值全为 0。同时定义了一个整型变量 total，用于存储需要的人民币总张数。还定义了一个整型变量 m，用于存放每位老师的工资。

【实例 05-12】疯狂的"双 11"

描述见实例 02-19。

分析：为了避免使用过多的 if 语句，可以将商品的折扣数据存放在一个 float 类型的数组 discount 中。其中，discount[i] 存放第 i 件商品的折扣，如 8 折对应的是 0.8。在输入商品件数 n 和商品价格 price 之后，可以使用循环将第 i 件商品的花费 price * discount[i] 累加到总花费 money 中。在计算完 n 件商品的总花费之后，再考虑是否需要加上邮费。

本实例的参考代码如下：

```c
#include <stdio.h>
int main(void)
{
    int n;                                        //小明要购买的商品数量
    float price;                                  //开心果的原始价格
    float discount[] = {0, 0.8, 0.6, 0.55, 0.5};  //discount[i]为存放第 i 件的折扣
    scanf("%d%f", &n, &price);                    //输入商品件数和价格
    float money = 0;                              //存放总花费
    for (int i = 1; i <= n; i++)
    {
        if (i <= 3)
            money += price * discount[i];         //前 4 件的情况
        else
            money += price * discount[4];         //第 4 件之后的情况
    }
    if (money <= 50)
        money += 10;                              //购物金额不大于 50 元加 10 元邮费
    printf("%.2f", money);
    return 0;
}
```

🔔　　一维数组就是一维表格，可以把已知的数据存储在一维数组中，数组下标与数组元素之间的对应关系可以简化程序的设计，所以在编程时，要很好地利用数组的这一特点。

【实练 05-04】疯狂的"双 11"（升级版）

"双 11"购物季就快来了，小丽喜欢吃的开心果在"双 11"将有活动推出。活动的规则是，第一件商品 8 折，第二件商品 6 折，第三件商品 5.5 折，第四件商品之后都是 5 折。购买商品超过 50 元包邮，否则邮费 10 元。请帮小明算算他的钱最多能给小丽买多少袋开心果。输入两个数字，第一个数字是小明一共有多少钱,第二个数字是每袋开心果的价格。输出一个整数，输出小明最多能给小丽买多少袋开心果。

输入样例：

```
28.5 6.0
```

输出样例：

```
5
```

【实例 05-13】逆序对数

描述：对于一个长度为 n 的整数序列 a，满足 $i < j$ 且 $a_i > a_j$ 的数对 (i, j) 称为整数序列 a 的一个逆序对，求出整数序列 a 的所有逆序对个数。输入共两行，第一行为整数 $n(1 \leqslant n \leqslant 100)$，代表序列中整数的个数，第二行为用一个空格隔开的 n 个整数（整数的绝对值不超过 10^9），输出一个整数，代表逆序对的个数。

输入样例：

```
5
5 4 3 2 1
```

输出样例：

```
10
```

分析：根据描述和输入要求，可以使用长度为 100 的整型数组 arr 存储输入的整数序列。考虑到目前学过的知识，最简单的暴力穷举方法是想到的第一种思路。对于每个数 arr[i]，可以统计它后面所有数中与它成逆序对的个数。为了实现这个思路，可以使用双重循环。外层的循环用来穷举前面 *n*–1 个数 arr[i] 的下标（0 ～ *n*–2），内层的循环用来穷举 arr[i] 后面的所有数 arr[j]，并在内层循环体中统计 arr[i] 与 arr[j] 成逆序对的个数。

本实例的参考代码如下：

```
#include <stdio.h>
const int N = 100;
int main(void)
{
    int n, arr[N];
    int cnt = 0;                           //存放数组中的逆序对数
    scanf("%d", &n);
    for (int i = 0; i < n; i++)
        scanf("%d", &arr[i]);
    for (int i = 0; i < n - 1; i++)        //i 对应前面 n-1 个数的下标
        for (int j = i + 1; j < n; j++)    //j 对应 arr[i] 后面所有数的下标
            if (arr[i] > arr[j])
                cnt++;
    printf("%d", cnt);
    return 0;
}
```

目前，着重考虑如何实现功能，不涉及程序的优化问题。当读者学到更多的算法知识时，再来考虑如何对程序进行优化。

【实例 05-14】两倍问题

描述：给定 2～15 个不同的正整数，计算这些数里面有多少个数对满足：数对中的一个数是另一个数的两倍。例如，给定 1 4 3 2 9 7 18 22，得到的答案是 3，因为 2 是 1 的两倍，4 是 2 的两倍，18 是 9 的两倍。输入一行，给出 2～15 个两两不同且小于 100 的正整数，最后用 0 表示输入结束。输出一个整数，即有多少个数对满足其中一个数是另一个数的两倍的条件。

输入样例：

```
1 4 3 2 9 7 18 22 0
```

输出样例：

```
3
```

分析：根据问题描述，需要先把整数序列存储到数组中，之后枚举出所有数对，统计具有两倍关系的数对的个数。

本实例的参考代码如下：

```
#include <stdio.h>
const int N = 20;
int main(void)
{
    int a[N];
    int x, k = 0, cnt = 0;
    while (scanf("%d", &a[k]) && a[k] != 0)    //读数据到数组 a 中，并统计元素个数
    {
        k++;
    }
    for (int i = 0; i < k - 1; i++)            //枚举出所有数对
        for (int j = i + 1; j < k; j++)
        {
            if (a[i] == a[j] * 2 || a[j] == a[i] * 2)
                cnt++;                          //统计满足两倍关系的个数
```

```
        }
        printf("%d\n", cnt);
        return 0;
    }
```

由于输入数据的个数一开始是未知的，因此当读取到数组中的元素值为 0 时，就可以判定数据的读取结束，并将读取到的元素个数统计到变量 k 中。

实际上，因为问题中的整数序列是 2～15 个两两不同且小于 100 的正整数，因此，本实例还可以采用**散列**的方法记录整数序列。首先创建一个元素值全为 0 的整数数组作为初始数组。对于读取到的整数 x，可以将数组中下标为 x 的元素值设置为 1。通过充分利用数组下标与数组元素之间的对应关系，就可以判断整数 i 是否出现在整数序列中，即只需判断数组中下标为 i 的元素值 a[i] 是否为 1。接下来，只需要使用单层循环遍历整数数组，在每次循环中，若同时满足a[i] 和 a[2*i] 的元素值为 1，就表示存在一对具有两倍关系的数对。

参考代码如下：

```c
#include <stdio.h>
#define N 100
int main(void)
{
    int a[N] = {0};          //定义数组并初始化数组元素的值全部为 0
    int x;
    do
    {
        scanf("%d", &x);
        a[x] = 1;            //标识为 1，说明 x 在整数序列中
    } while (x != 0);

    int cnt = 0;
    for (int i = 1; i < 50; i++)
    {
        if (a[i] == 1 && a[2 * i] == 1)
            cnt++;
    }
    printf("%d\n", cnt);
    return 0;
}
```

当然，这种方法是有局限性的。如果整数的值比较大且数据量比较少，这种方法并不可取，所以在解决实际问题时，不同的方法会有不同的适用背景，读者要学会选择适合的方法。

【实例 05-15】两数之和

描述：给定一个整数 n（$n \leqslant 1000$），以及 n 个整数，找出这组数中有多少对的和等于目标值 target。输入共三行，第一行是一个整数 n，第二行是 n 个由空格隔开的整数，第三行是目标值 target。输出一个整数，即有多少对整数的和等于目标值 target。

扫一扫，看视频

输入样例：

```
4
1 4 2 3
5
```

输出样例：

```
2
```

分析：仍然采取暴力枚举的方法，也就是采用双重循环枚举出所有数对，对数对进行求和，统计出和等于 target 的数对个数。这种方法简单直观，但效率可能比较差，后面我们会用更好的算法解决此问题。

本实例的参考代码如下：

```c
#include <stdio.h>
const int N = 1000;                          //定义数组的最大长度
```

```
int main(void)
{
    int arr[N];                               //定义一个大小为 N 的整数数组
    int n, target;                            //n 表示数组的长度，target 表示目标值
    scanf("%d", &n);                          //输入数组的长度
    //输入数组的元素值
    for (int i = 0; i < n; i++)
    {
        scanf("%d", &arr[i]);
    }
    scanf("%d", &target);                     //输入目标值
    int cnt = 0;                              //用于记录符合要求的数对个数
    //遍历数组，找出所有符合要求的数对
    for (int i = 0; i < n - 1; i++)
    {
        for (int j = i + 1; j < n; j++)
        {
            if (arr[i] + arr[j] == target)    //判断当前两个元素之和是否等于目标值
            {
                cnt++;                        //符合要求的数对个数加 1
            }
        }
    }
    printf("%d", cnt);                        //输出符合要求的数对个数
    return 0;
}
```

【实练 05-05】数组的距离

已知两个长度分别为 n 和 m 的数组 x 和 y。从 x 中任意取出一个元素 x[i]，然后从 y 中任意取出一个元素 y[j]，它们的差的绝对值为 $|x[i]-y[j]|$，一共有 $n×m$ 对这样的差值，其中最小的值称为数组的距离。求出数组的距离。输入共三行，第一行输入两个整数 n、$m(1≤n,m≤1000)$，第二行输入 n 个整数表示数组 x，第三行输入 m 个整数表示数组 y。输入的数组元素的绝对值小于等于 10^5。输出一个整数表示两个数组的距离。

输入样例：

```
5 5
1 2 3 4 5
6 7 8 9 10
```

输出样例：

```
1
```

【实例 05-16】进制转换

描述：输入一个十进制数 N，将它转换为 R 进制数输出。输入数据有多组，每组数据包含两个正整数 N（$0<N<10^9$）和 R（$2≤R<10$），输出每组数据中的 N 转换为的 R 进制数。

输入样例：

```
7 2
4 3
```

输出样例：

```
111
11
```

分析：以二进制为例，将十进制数 N 转换为 R 进制数的规则是"除以 R 取余，逆序排列"。具体做法如下：首先使用 N 除以 R，得到一个商和余数。将余数作为 R 进制数的最低位。然后再用商除以 R，又得到一个商和余数，将余数作为次低位，如此进行直到商等于 0 时为止。此时的余数就是 R 进制数的最高位。举例来说，如果要将十进制数 12 转换为二进制数，转换过程如下：

$12 \div 2 = 6$，余数为 0

$6 \div 2 = 3$，余数为 0

$3 \div 2 = 1$，余数为 1

$1 \div 2 = 0$，余数为 1

因此，十进制数 12 对应的二进制数为 1100。

在转换过程中，可以将求得的余数依次保存在整型数组中。对于 32 位（4 字节）的十进制整数，转换为 R 进制数后的数组长度可以定义为 32。获得的 R 进制数在数组中是以逆序存放的，因此，输出时要逆序输出数组。

本实例的参考代码如下：

```c
#include <stdio.h>
int main(void)
{
    int a[32];                  //用于存储转换后的 R 进制数的数组
    int N, R;
    //循环读取输入的 N 和 R，直到输入结束
    while (scanf("%d %d", &N, &R) != EOF)
    {
        int r, i = 0;           //r 用于存储每一步的余数，i 用于记录转换后的 R 进制数的位数
        do
        {
            r = N % R;          //求 N 除以 R 的余数
            a[i++] = r;         //将余数保存在数组中，同时递增 i
            N /= R;             //更新 N 为商，进行下一次循环
        } while (N);            //当商为 0 时，停止循环，得到最后的余数即最高位

        for (int j = i - 1; j >= 0; j--) //逆序输出 R 进制数
            printf("%d", a[j]);
        printf("\n");
    }
    return 0;
}
```

本程序只能处理大于 0 的正整数，且 R 的值小于 10。如果 R 大于 10，则可以根据十六进制的数字规则（如用 'A' 表示 10，以此类推）处理相应的数字。这时，需要把存储 R 进制数的数组修改为字符数组。

【实例 05-17】校门外的树

扫一扫，看视频

描述：在某所学校的大门外，有一条长度为 L 米的马路。沿着马路种着一排树木，相邻两棵树之间的距离为 1 米。每个区域都有起始点和终止点表示，这些点的坐标是相对于马路起点的距离。已知区域的起始点和终止点均为整数坐标，而且区域之间可能会重叠。由于需要在某些区域建设地铁，因此需要将这些区域中的树木移走，包括区域端点处的两棵树。请计算移走所有树木后，马路上剩余的树木数量。

输入的第一行包含两个整数 L 和 M（$1 \leq L \leq 10000$，$1 \leq M \leq 100$），其中 L 表示马路的长度，M 表示区域的数量。L 和 M 之间用一个空格隔开。接下来的 M 行每行包含两个整数，用一个空格隔开，表示一个区域的起始点和终止点的坐标。请输出一个整数，表示剩余的树木数量。

输入样例：

```
500 3
150 300
100 200
470 471
```

输出样例：

```
298
```

分析：可以先定义一个长度为 $L+1$ 的整型数组，名为 tree。初始化该数组中的所有元素为 0，

表示所有点都有树。数组中的元素 tree[i]表示第 i 个位置的树是否被移走，如果 tree[i]的值为 0，说明第 i 个位置有树没有被移走；如果 tree[i]的值为 1，说明第 i 个位置的树已被移走。

接下来，可以使用循环逐个输入每个区域的起始点和终止点。然后使用嵌套的 for 循环，从起始点 a 遍历到终止点 b，将区域[a, b]中的整数点的树标记为已移走，也就是把区域内对应的数组元素值设为 1。

循环结束后，再使用一个循环语句 for(int i = 0; i <= L; i++)，统计[0, L]范围内还有多少棵树。具体做法是判断 tree[i] == 0 是否成立，如果成立，则计数器加 1。

最后，输出计数器的值，即表示剩余的树的数量。

本实例的参考代码如下：

```c
#include <stdio.h>
#define N 10001                    //数组长度
int tree[N] = {0};                 //定义一个长度为 N 的整型数组 tree，初始值全部为 0
int main(void)
{
    int L, M;                      //L 代表马路的长度，M 代表区域的数量
    scanf("%d %d", &L, &M);
    int a, b;                      //a 为区域的起始点，b 为区域的终止点
    for (int i = 0; i < M; i++)
    {
        scanf("%d %d", &a, &b);    //输入每个区域的起始点和终止点
        for (int j = a; j <= b; j++)
        { //遍历区域[a,b]中的整数点，并将对应的 tree 值设为 1，表示该位置的树已被移走
            tree[j] = 1;
        }
    }
    int cnt = 0;                   //用于统计剩余的树木数量
    for (int i = 0; i <= L; i++)
    {                              //遍历整个马路的范围，判断每个位置的树木情况
        if (tree[i] == 0)
            cnt++;                 //如果 tree[i]的值为 0，说明该位置的树木没有被移走，计数器加 1
    }
    printf("%d\n", cnt); //输出剩余的树木数量
    return 0;
}
```

因为 L 的最大值为 10000，所以数组的长度定义为 10001。

对于数组长度超过 1000 的情况，建议将数组定义为全局变量，而不是在函数内部或局部作用域中定义。这与计算机的内存分配有关。

在 C 语言中，全局数组和静态局部数组的元素会在声明时自动初始化为 0，无须显式赋初值。但对于函数内部的局部数组，如果没有显式初始化，其值是不确定的。因此，如果需要使用全局数组且需要将其元素初始化为 0，只需声明全局数组并将其范围定义在整个程序中即可。

【实练 05-06】线段覆盖

给定 n 条数轴上的线段，线段的端点都是整数。线段可以相互交叉，每条线段的参数是左端点和右端点的坐标。输出所有没有被线段覆盖的点。一条线段会覆盖它

扫一扫，看视频

的端点。输入的第一行包含两个整数 n 和 m，然后输入 n 行，每一行包含两个整数 l 和 r（$1 \leqslant n, m \leqslant 100$，$1 \leqslant l \leqslant r \leqslant m$），为线段的左右端点。输出第一行为一个整数 k，代表没有被覆盖的点数，第二行输出 k 个任意顺序的整数，代表没有被覆盖的点的坐标。如果没有这样的点，则输出只有一个整数 0。

输入样例：

```
3 5
2 2
1 2
```

```
5 5
```

输出样例：

```
2
3 4
```

扫一扫，看视频

【实例 05-18】开关灯问题

描述：假设有 *N* 盏灯（*N*≤5000），它们的编号从 1 到 *N*。初始状态下，所有灯都是开启的。现在有 *M* 个人（*M*≤*N*），第一个人将所有灯关闭，第二个人将编号为 2 的倍数的灯打开，第三个人将编号为 3 的倍数的灯进行相反操作（即开的变为关，关的变为开）。随后的人按编号递增顺序进行相同的操作，即将其自身编号的倍数的灯进行反转。当进行到第 *M* 个人的操作后，关闭的灯的编号将被输出。

输入正整数 *N* 和 *M*，以单个空格隔开。然后输出关闭的灯的编号，按从小到大排列，用逗号隔开。

输入样例：

```
10 10
```

输出样例：

```
1,4,9
```

分析：为了存放各盏灯的状态，可以定义一个整型数组 int lamp[N+1]，其中 lamp[i] 表示编号为 i 的灯的开关状态。可以将 lamp 数组的所有元素初始化为 0，通过在定义时直接为数组赋初值来实现。

使用一个循环语句 for(k = 1; k <= M; k++)，依次模拟第 k 个人对灯的操作。在循环体中，可以通过遍历 k 的倍数来改变相关灯的状态，如使用语句 lamp[i] = !lamp[i] 可以将灯的状态由 0 变成 1 或由 1 变成 0。

执行完所有人的操作后，需要遍历 *N* 盏灯的状态，将值为 1 的灯号输出。因为输出的灯号之间用逗号分隔，因此可以使用一个变量 start 表示当前输出的元素是否是第一个数，初始值为 1。输出时，根据 start 的值决定是否输出逗号，如果值为 1，则不输出逗号；否则输出逗号。输出第一个数后，将 start 的值设置为 0。

总体的设计思想就是使用数组存放灯的状态，并使用循环语句模拟每个人的操作。最后，遍历灯的状态，输出关闭的灯号。

本实例的参考代码如下：

```c
#include <stdio.h>
#define MAXN 5001
int lamp[MAXN] = {0};                //定义灯的状态数组，初始值为0表示所有灯都是开灯状态
int main(void)
{
    int N, M;
    scanf("%d %d", &N, &M);          //输入灯的总数N和人的总数M
    for (int k = 1; k <= M; k++)
    {
        for (int i = k; i <= N; i += k) //根据当前人的编号k进行操作
            lamp[i] = !lamp[i];      //改变灯的状态，由0变为1或由1变为0
    }
    int start = 1;                   //用于标识是否是第一个输出的数
    for (int i = 1; i <= N; i++)
    {
        if (lamp[i])                 //灯的状态为1表示关闭
        {
            if (start == 0)
                printf(",");         //如果不是第一个输出的数，先输出逗号
            else
                start = 0;           //否则将start设为0，表示接下来的数不是第一个数
```

```
        printf("%d", i);    //输出关闭的灯号
        }
    }

    return 0;
}
```

使用 lamp[i] = 1 – lamp[i]或 lamp[i] = (lamp[i] + 1) % 2 都可以实现将灯的状态由 0 变为 1 或由 1 变为 0。

使用哪一种方式取决于个人的喜好和习惯。

 【实例 05-19】筛选法找出 1～100 之间的质数

扫一扫，看视频

描述：使用筛选求 1～100 之间的质数。输出时每行为 5 个质数，右对齐。

分析：筛选法是一种判断质数的高效方法。它将所有的数字都看作沙子，在每一轮中筛去非质数，从而找出质数。具体的操作是从小到大依次筛去质数 i 的 2 倍数、3 倍数等。其中，质数 i 是 2～$\sqrt{100}$ 之间的数。被筛去的数是因为它们能被除了 1 和自身以外的其他数整除，因此不是质数。剩下的数就是质数。

在实现程序时，可以定义一个大小为 N+1（N=100）的数组 isPrime，其中 isPrime [i] 存放关于 i 是否被筛去的信息（isPrime [i] 为 0 表示 i 还没有被筛去，为 1 表示 i 已经被筛去了）。实际上，当 isPrime [i] 最后的值为 0 时，说明 i 是质数。初始时，将 isPrime 数组的所有元素都置为 0，表示 1～100 之间的所有数初始时都在筛子上。当数 i 被筛去时，可以将 isPrime [i] 置为 1。最后，遍历所有的数组元素，并输出筛子上的数，也就是将 isPrime [i] 为 0 的 i 输出（质数）。

本实例的参考代码如下：

```
#include <stdio.h>
#define N 100
int main(void)
{
    int isPrime[N + 1] = {0};        //isPrime[i]为 0 表示 i 在筛子上，为 1 表示 i 不在筛子上
    isPrime[1] = 1;                  //1 不是质数，所以标记为 1
    for (int i = 2; i * i <= N; i++)     //最小的质数是 2
    {
        if (isPrime[i] == 1)             //不用去筛非质数的倍数，所以跳过
            continue;
        for (int j = 2 * i; j <= N; j += i)//筛去质数 i 的倍数 j，从两倍开始
            isPrime[j] = 1;
    }
    int cnt = 0;
    for (int i = 2; i <= N; i++)
    {
        if (isPrime[i] == 0)
        {
            printf("%2d ", i);          //输出质数 i
            cnt++;
            if (cnt % 5 == 0)
                printf("\n");           //每输出 5 个质数就换行
        }
    }
    return 0;
}
```

本程序从最小的质数 2 开始筛选，第一轮将所有大于 2 且是 2 的倍数的数全部筛掉。接着，第二轮将所有大于 3 且是 3 的倍数的数全部筛掉。当 i 等于 4 时，由于 isPrime [4] 的值为 1，说明 4 不是质数，可以跳过。第三轮筛大于 5 的 5 的倍数，第四轮筛选大于 7 的 7 的倍数。通过应用筛选法，只需进行四轮即可找到 1～100 之间的所有质数。

筛选法可用于求解 1～n 之间的所有质数，其中 n 的值可以很大，而且效率很高。该方法通

常被用于预处理，因为可以在此基础上计算一段区间内的质数或者找到第 k 小的质数等。

利用数组存储后续计算中所需的值，是编码中常用的技术。

扫一扫，看视频

【实例 05-20】第 n 小的质数

描述：给定一个整数 n（$1 \leqslant n < 100000$），求第 n 小的质数。输入多组数据，每组数据为一个整数 n，占一行。输出对应每组数据的第 n 小的质数。

输入样例：

```
10
20
```

输出样例：

```
29
71
```

分析：如果每次输入一个整数 n 时都通过计算来找到第 n 小的质数，会造成大量的重复计算，从而导致效率低下。为了提高效率，我们可以使用预处理技术，事先使用筛选法找到一定范围内的所有质数，然后将这些质数按从小到大的顺序存储在一个数组中。这样，当需要输出第 n 小的质数时，只需要直接通过数组索引来获取即可，无须进行重复计算。

为了满足题目要求，可以使用全局定义的数组，并使用一个符号常量 N 指定数组的大小。这样可以确保数组足够大，能够存储所需范围内的质数。通过一次预处理，即可将质数全部找到并存储在数组中，之后只需要根据输入的 n 直接输出对应数组索引的元素，即可得到第 n 小的质数。

这种预处理的方法能够大大提高查询第 n 小质数的效率，避免了重复计算的问题，是一种常用且高效的处理质数问题的方法。

本实例的参考代码如下：

```c
#include <stdio.h>
#define N 1300000
#define M 110000
int prime[M];              //存储 2~N 之间的所有质数
int isPrime[N + 1];        //用于筛选法查找质数的数组，因为是全局数组，可以不用初始化
int main(void)
{
    //预处理：采用筛选法把 2~N 以内的所有质数放入数组 prime
    isPrime[1] = 1;
    for (int i = 2; i * i <= N; i++)
    {
        if (isPrime[i] == 1)
            continue;
        for (int j = 2 * i; j <= N; j += i)
            isPrime[j] = 1;
    }
    int k = 0;             //k 记录质数的个数
    for (int i = 2; i <= N; i++)
    {
        if (isPrime[i] == 0)
        {
            prime[k++] = i;
        }
    }
    int n;
    //输入 n，输出第 n 小质数
    while (scanf("%d", &n) != EOF)
    {
        printf("%d\n", prime[n - 1]);
    }
    return 0;
}
```

经过测试，可以发现在 1300000 以内共有 100021 个质数，这个数量完全满足本实例的需求。因此，我们可以通过运行程序确定 N 的值，并在最终的程序中将这个确定的值应用于数组的大小。

通过这种方式确定 N 的值，可以确保数组足够大，能够存储所需范围内的所有质数，并且避免了数组过大造成的资源浪费。

【实练 05-07】质数对猜想

质数对猜想是数论中的一个猜想。根据这个猜想，存在无限多对相邻的质数，它们的差值恰好为 2。也就是说，质数对可以写成形如 $(p, p+2)$ 的形式，其中 p 是质数。现在给定一个正整数 N（$N < 10^5$），要求计算不超过 N 的所有满足质数对猜想的质数对的个数。输入一行，给出正整数 N；输出一行，表示不超过 N 的所有满足质数对猜想的质数对的个数。

扫一扫，看视频

输入样例：

```
20
```

输出样例：

```
4
```

【实例 05-21】查找特定的值

扫一扫，看视频

描述：给定一个序列，需要在其中查找一个给定的值，并输出该值第一次出现的位置。输入共三行，第一行包含一个正整数 n，表示序列中元素的个数，范围为 $1 \leqslant n \leqslant 10000$；第二行包含 n 个整数，每个整数之间用一个空格隔开，表示序列的具体元素，且元素的绝对值不超过 10000；第三行包含一个整数 x，表示需要查找的值。如果序列中存在 x，则输出 x 第一次出现的位置（位序）；否则输出 -1。

输入样例：

```
5
2 3 6 7 3
3
```

输出样例：

```
2
```

分析：根据问题描述，给定的序列中元素的个数范围为 $1 \leqslant n \leqslant 10000$，每个元素的绝对值不超过 10000。可以定义一个整型数组 a[10000]，其中下标从 0 开始，用于存放序列的元素。查找时可以使用最简单的暴力枚举法，从序列的开头开始逐个比较元素和待查找的值 x 是否相等。由于要求返回最小的位序，所以应该从前往后进行查找。

本实例的参考代码如下：

```c
#include <stdio.h>
#define N 10000
int main(void)
{
    int a[N], n, x, i, pos;
    scanf("%d", &n);                //输入序列元素个数
    for (i = 0; i < n; i++)
        scanf("%d", &a[i]);         //输入序列元素
    scanf("%d", &x);                //输入需要查找的值
    for (i = 0; i < n; i++)         //从头开始逐个比较元素和待查找的值 x 是否相等
    {
        if (a[i] == x)
            break;
    }
    if (i == n)                     //如果 i 等于 n，则说明未找到待查找的值 x
        pos = -1;
    else
```

```
        pos = i + 1;              //否则，将 pos 设置为 x 第一次出现的位序（i+1）
    printf("%d\n", pos);
    return 0;
}
```

如果待查找的元素不在序列中，需要逐个比较序列中的所有元素才能确定它不存在，此时循环结束时变量 i 的值等于 n。如果待查找的元素在序列中，执行 break 语句可以提前退出循环。因此，在 for 循环结束后，通过判断 i 是否等于 n 可以判断序列中是否包含待查找的元素。

【实例 05-22】求最小值及其下标

扫一扫，看视频

描述：给定 n 个整数，每个整数的绝对值都不会超过 10^9。现在要找出这 n 个整数中的最小值，并输出它的最小下标（下标从 0 开始）。

输入共两行：第一行包含一个正整数 n（$1 < n \leq 10$），表示整数的个数；第二行包含 n 个整数，以空格分隔。输出最小值及其对应的最小下标，用一个空格分隔。

输入样例：

```
6
2 8 10 1 9 10
```

输出样例：

```
1 3
```

分析：对于给定的 n（$1 < n \leq 10$）个整数，由于其绝对值不超过 10^9，因此可以定义一个大小为 10 的整型数组 a 来存储这 n 个整数。其中数组下标 0 对应第一个元素的下标，也就是题目要求的最小值的下标。

由于通过数组下标可以直接访问对应的元素，因此只需要定义一个整型变量 mink 存储最小元素的下标，就可以获得最小值及其对应的最小下标。

本实例的参考代码如下：

```
#include <stdio.h>
int main(void)
{
    int a[10], n;
    scanf("%d", &n);                    //输入整数个数
    for (int i = 0; i < n; i++)         //输入 n 个整数
        scanf("%d", &a[i]);
    int mink = 0;                       //假设最小元素的下标为 0
    //寻找最小元素的下标
    for (int i = 1; i < n; i++)
        if (a[i] < a[mink])
            mink = i;
    printf("%d %d\n", a[mink], mink);   //输出最小值及其对应的最小下标
    return 0;
}
```

数组通常被称为随机存取结构，因为可以通过给定元素的下标存取该元素的值。在编程中，应该善于将元素与下标进行关联，这种思想可以提高程序的效率。

【实例 05-23】移动 0

扫一扫，看视频

描述：编写一个程序来移动给定数组 nums 中的所有 0 元素到数组末尾，同时保持非零元素的相对顺序不变。在原数组中进行操作，不使用额外的数组。输入共两行，第一行为一个正整数 n（$1 < n \leq 100$），第二行为 n 个整数，用空格分隔。输出移动 0 元素后的数组。

输入样例：

```
5
0 1 0 3 12
```

输出样例：

1 3 12 0 0

分析：可以定义一个长度为 100 的整型数组 nums 存储元素，并将一个整型变量 *k* 初始化为–1。这个变量将用于记录非零元素的位置。然后遍历数组，将遇到的非零元素放在数组下标 *k*+1 的位置，并将 *k* 的值增加 1。遍历结束后，*k* 将记录最后一个非零元素的下标位置，然后将 *k* 下标之后的所有数组元素赋值为 0。通过这样的操作，就可以将所有 0 元素移动到数组末尾并保持非零元素的相对顺序不变。

本实例的参考代码如下：

```c
#include <stdio.h>
const int N = 100;
int main(void)
{
    int nums[100];
    int n;
    scanf("%d", &n);
    for (int i = 0; i < n; i++)
        scanf("%d", &nums[i]);
    int k = -1;                //定义变量 k 并初始化为-1, 用于记录非零元素的位置
    //遍历数组，将非零元素移动到数组前面，同时记录最后一个非零元素的位置 k
    for (int i = 0; i < n; i++)
    {
        if (nums[i] != 0)
            nums[++k] = nums[i];
    }
    //将 k 之后的元素全部赋值为 0, 实现将所有 0 元素移到数组末尾的目标
    for (int i = k + 1; i < n; i++)
        nums[i] = 0;
    for (int i = 0; i < n; i++)
        printf("%d ", nums[i]);
    return 0;
}
```

本程序中，使用一个 for 循环遍历数组中的元素。如果当前元素不为 0，则通过 nums[++k] = nums[i]将其前移，即将 nums[i]放到数组的 k+1 位置。注意，使用++k 是为了保证赋值后 k 的值为最后一个非零元素的位置。然后，使用另一个 for 循环将剩余的位置填充为 0，即从 k+1～n–1 的位置都赋值为 0。

【实例 05-24】真因子之和

描述：给定一个整数 *n*，找出 *n* 的所有因子，并计算它们的和。其中，*n* 的真因子是指比 *n* 小且能整除 *n* 的所有正整数。例如，对于 *n*=12，它的真因子有 1、2、3、4 和 6，它们的和为 1+2+3+4+6=16。输入的第一行是一个数字 *t*（1≤*t*≤500000），表示测试数据的组数。接下来是 *t* 组测试数据，每组测试数据只有一个数字 *n*（1≤*n*≤500000）。需要输出 *t* 行，每行为对应测试数据 *n* 的所有真因子的和。

输入样例：

3
2
10
20

输出样例：

1
8
22

分析：可以使用筛选法求解 1～*N*（*N*=500000）之间每个数的真因子之和。定义一个数组 factorSum[500001]，并将所有元素初始化为 0。factorSum[*i*] 存放整数 *i* 的真因子之和。

对于任意一个整数 i，它的最大真因子不超过 $i/2$。因此，为了求解 $1\sim N$ 之间每个整数的真因子之和，只需要遍历从 1 到 $N/2$ 的整数 i，并将 i 作为某个数 j 的因子，然后遍历 j 的所有整数倍 i，这样 i 就是 j 的一个真因子。可以通过累加的方式，对每个 j 的真因子 i 的值执行 factorSum[j] += i 的操作。这个过程通过双重循环实现，外层循环变量 i 从 1 遍历到 $N/2$。

在结束循环后，就得到了 $1\sim N$ 范围内所有整数的真因子之和。这样，在处理 t 组测试数据时，可以直接输出 factorSum[n]，其中 n 表示对应的测试数据。

本实例的参考代码如下：

```c
#include <stdio.h>
#define N 500000
int factorSum[N + 1] = {0};                    //a[i]存放 i 的真因子之和
int main(void)
{
    for (int i = 1; i <= N / 2; i++)            //N 的最大真因子<= N/2
    {
        for (int j = i + i; j <= N; j += i)     //遍历 2i~N 中以 i 为因子的整数 j
            factorSum[j] += i;                  //i 为 j 的一个真因子
    }
    int t, n;
    scanf("%d", &t);
    while (t--)
    {
        scanf("%d", &n);
        printf("%d\n", factorSum[n]);
    }
    return 0;
}
```

本程序使用数据预处理技术，使用数组 factorSum 存储每个数的真因子之和。这种预处理的好处是在主循环中只需要进行一次计算，然后通过数组直接访问结果，而不需要每次都重新计算真因子之和。

 预处理数组可以提高算法的执行效率。预处理数组的大小由 N 决定，如果 N 值较大，则需要更多的内存空间存储预处理结果。

【实例 05-25】均值与误差

描述：一家医院进行临床研究，观察某种新抗生素对疾病的治疗效果。他们采集了 n 份白细胞数量的样本。为了减少误差，需要去除一个最高值和一个最低值的样本，然后计算剩余样本的平均值作为分析指标。为了评估治疗效果的稳定性，还需要计算平均值的误差，即剩余样本与平均值之差的最大绝对值。根据给出的 n 个白细胞数量样本，计算出平均白细胞数量和相应的误差。

扫一扫，看视频

输入包含两行，第一行是一个正整数 n（$1<n\leqslant300$）表示样本数，第二行是 n 个用空格分隔的浮点数，每个浮点数代表一个样本的白细胞数量（单位为 10^9/L）。输出包含两个浮点数，中间以一个空格分隔，分别是平均白细胞数量和相应的误差，单位为 10^9/L，并保留两位小数。

输入样例：

```
5
12.0 13.0 11.0 9.0 10.0
```

输出样例：

```
11.00 1.00
```

分析：根据输入要求，需要存储 n 个样本数值的数组，并找出其中的最大值和最小值。然后，计算去除最大值和最小值后的 $n-2$ 个样本的平均值。同时，需要找出剩余样本与平均值之间的最大差值，作为误差。为了方便计算，可以记录最大值和最小值的下标，并通过循环计算平均值并找出误差中的最大差值。

本实例的参考代码如下：

```c
#include <stdio.h>
#include <math.h>
const int N = 300;
int main(void)
{
    double a[N], sum = 0;                  //数组 a 存放每个样本的白细胞数量
    int n, maxk, mink;                     //分别存放样本数量、白细胞数量最多和最少的样本序号
    scanf("%d", &n);
    maxk = mink = 0;
    for (int i = 0; i < n; i++)
    {
        scanf("%lf", &a[i]);               //输入序号为 i 的样本数据（序号 0 对应第一个样本）
        sum += a[i];                       //将各样本的白细胞数量累加到 sum 中
        if (a[i] > a[maxk])                //找最大样本值元素的下标
            maxk = i;
        if (a[i] < a[mink])                //找最小样本值元素的下标
            mink = i;
    }
    double ave = (sum - a[maxk] - a[mink]) / (n - 2); //求平均值
    double maxsub = 0;
    for (int i = 0; i < n; i++)     //求最大误差
        if (i != maxk && i != mink && fabs(a[i] - ave) > maxsub)
            maxsub = fabs(a[i] - ave);
    printf("%.2f %.2f\n", ave, maxsub);
    return 0;
}
```

本程序首先使用数组存储输入的数据，并通过循环读取每个样本数据。在读取样本数据的同时，程序进行累加求和、记录最大值和最小值的位置。读取完所有样本数据后，再去掉一个最大值和一个最小值，计算出平均值，这样可以提高效率。然后再次使用循环计算剩余样本值与平均值的误差，并找出最大的误差值。其中误差计算使用 fabs 函数确保计算结果的准确性。

【实练 05-08】青年歌手大奖赛

扫一扫，看视频

在青年歌手大奖赛中，评委会给参赛选手打分。选手的得分规则是去掉一个最高分和一个最低分，然后计算平均得分。现在需要编程输出某个选手的得分。输入包含多组测试数据，每组数据占据一行。每行的第一个数字是 n（$2<n\leqslant100$），表示评委的人数，接下来的 n 个数字是评委们的打分。对于每组输入数据，输出选手的得分，结果保留两位小数，每组输出占一行。

输入样例：

```
3 99 98 97
4 100 99 98 97
```

输出样例：

```
98.00
98.50
```

 【实例 05-26】装箱问题

扫一扫，看视频

描述：现有 N 件物品的体积，需要把它们装进容积为 100 的若干个箱子中（箱子的序号为 $1\sim N$）。具体的装箱过程如下：对于每件物品，扫描箱子序列并选择能够放得下该物品、序号最小的箱子，将该物品放入该箱子中。现需要编写程序来模拟这个装箱过程，输出每个物品的体积及其所在的箱子序号，以及放置所有物品所需的总箱子数。

输入共两行，第一行为物品个数 N（$N\leqslant1000$），第二行为 N 个正整数 v_i（$1\leqslant v_i\leqslant100$），表示第 i 个物品的体积。程序应按照输入顺序输出每个物品的体积和所在的箱子序号，每个物品占 1 行。最后再输出一行，表示放置所有物品所需的总箱子数。

输入样例：

```
8
60 70 80 90 30 40 10 20
```

输出样例：

```
60 1
70 2
80 3
90 4
30 1
40 5
10 1
20 2
5
```

分析：为了实现将 N 件物品装入若干个箱子的功能，需要使用数组存储相关信息。具体来说，可以使用两个数组 goods 和 no 分别存放每件物品的体积及对应的箱子序号。同时，定义一个包含 101 个元素的数组 box，用于存放每个箱子目前所装物品的总体积。

在实现过程中，可以使用循环语句 for(i = 1; i <= N; i++)处理每件物品。首先将第 i 件物品的体积读入，并存储到数组 goods[i]中。随后，检查所有的非空箱子：box[1]～box[k]（k 的初始值为 0）。如果找到一个能够放下当前物品的箱子（序号为 pos），需要保证该 pos 是最小的，然后将该物品放入 box[pos]中。如果当前不存在能够放下物品的箱子，即已开启的箱子放不下当前物品，则开启一个新的箱子（序号为 k+1），将该物品放入 box[k+1]中。同时，还需要记录物品 goods[i]所装入的箱子序号，将其存储到 no[i]中。循环结束后，k 的值就是 N 件物品所需的总箱子数。

最后，根据输出要求输出每件物品的体积及对应的箱子序号，以及需要的总箱子数。

本实例的参考代码如下：

```c
#include <stdio.h>
#define MSize 1001
int main(void)
{
    int goods[MSize];              //goods[i]存放编号为 i 的物品的体积
    int box[MSize] = {0};          //box[i]为编号为 i 的箱子目前已装物品的体积
    int no[MSize];                 //no[i]存放编号为 i 的物品的装箱号
    int N, k = 0;                  //存放物品数量、当前已用箱子数
    scanf("%d", &N);
    for (int i = 1; i <= N; i++)
    {                              //依次处理各个物品
        scanf("%d", &goods[i]);    //输入物品 i 的体积
        int ans = 0;
        for (int j = 1; j <= k; j++)
        {
            if (100 - box[j] >= goods[i])
            {
                ans = j;
                break;
            }
        }
        if (ans != 0)
        {                          //装箱号为 1~k
            no[i] = ans;           //记录物品 i 的装箱号
            box[ans] += goods[i];  //修改装箱号为 ans 的目前物品总体积
        }
        else
        { //箱号为 k + 1
            k++;
            no[i] = k;             //记录物品 i 的装箱号
            box[k] = goods[i];     //修改装箱号为 k 的目前物品体积
        }
```

```
    }
    for (int i = 1; i <= N; i++)              //输出每件物品的体积、装箱号
        printf("%d %d\n", goods[i], no[i]);
    printf("%d", k);                          //输出使用的总箱子数
    return 0;
}
```

【实例 05-27】删除元素

扫一扫，看视频

描述：从给定的一组整数中删除特定数值的元素。输入包含两行，第一行为一个整数 n（$n<20$），表示给定整数的数量，后跟 n 个整数，每个整数的绝对值不超过 10^9；第二行为一个整数 m，表示要删除的元素值。输出为一行，按原始顺序输出删除第一个值为 m 的元素后的剩余元素。

输入样例：

```
4 1 2 3 4
3
```

输出样例：

```
1 2 4
```

分析：定义一个大小为 20 的 int 类型数组。首先，输入数组中的元素及要删除的特定值。然后在数组中查找值为特定值的元素，如果找到该元素，则从数组中删除。删除的方法如下：假设找到的元素最小下标为 i，那么删掉该元素后，下标为 $i+1\sim n-1$ 的元素需要依次向前移动一位，并且数组元素的数量 n 也需要减 1。

本实例的参考代码如下：

```c
#include <stdio.h>
#define N 20
int main(void)
{
    int arr[N], n, m;
    scanf("%d", &n);
    for (int i = 0; i < n; i++)
        scanf("%d", &arr[i]);
    scanf("%d", &m);
    int i = 0;
    while (i < n && arr[i] != m)                  //找与 m 相等的元素
    {
        i++;
    }
    if (i < n)                                    //存在与 m 相等的元素
    {
        for (int j = i + 1; j < n; j++)
        {
            arr[j - 1] = arr[j];                  //下标为 i+1~n-1 的元素向前移动一个位置
        }
        n--;
    }
    for (int i = 0; i < n; i++)
        printf("%d ", arr[i]);
    return 0;
}
```

【实例 05-28】最长平台问题

扫一扫，看视频

描述：假设有一个有序数组（从小到大排列，允许有相同元素）。在该数组中，连续相同的一组元素被称为平台，并且这个平台不能再延伸。例如，在数组 1，2，2，3，3，3，4，5，5，6 中，1，2-2，3-3-3，4，5-5，6 都是平台。请编写一个程序，找出给定数组中最长的平台。例如，在上述实例中，3-3-3 就是最长的平台。

输入包含两行：第一行为一个整数 n（$n \le 100000$），表示数组的元素个数；第二行为 n 个整数，整数之间用空格隔开。输出一个整数，表示最长平台的长度。

输入样例：

```
10
1 2 2 3 3 3 4 5 5 6
```

输出样例：

```
3
```

分析：为了尽量减少访问数组的次数以找到最长平台，可以在访问每个元素时进行比较。可以比较当前元素所在平台的长度与之前已得到的最长平台的长度，如果发现一个新的最长平台，就更新最长平台的长度。

具体实现方式如下：首先定义一个长度为 N（N=100000）的整型数组 a（数组下标从 0 开始）；然后定义两个变量 maxlen 和 tmplen，分别用来存储最长平台的长度和当前元素所在平台的长度；由于平台的最短长度为 1，所以 maxlen 和 tmplen 都初始化为 1；从 i=1 开始（即从第二个元素开始），逐个比较 a[i]是否等于 a[i–1]；如果相等，表示当前元素属于同一个平台，则 tmplen 加 1；如果不相等，表示当前元素是一个新的平台的起始处，则将 tmplen 重置为 1；接着，可以比较 tmplen 是否大于 maxlen，如果是，则更新 maxlen 为 tmplen。

本实例的参考代码如下：

```c
#include <stdio.h>
#define N 100000
int main(void)
{
    int n, a[N], maxlen = 1, tmplen = 1;
    //maxlen 存储最长平台长度，tmplen 存储当前平台长度
    scanf("%d %d", &n, &a[0]);          //读入 n 和平台中第一个平台的元素值
    for (int i = 1; i < n; i++)
    {                                    //依次读入平台中的第二元素到最后一个元素
        scanf("%d", &a[i]);
        if (a[i] == a[i - 1])            //相同元素属于同一平台，当前平台长度+1
            tmplen++;
        else
            tmplen = 1;                  //元素变化，进入下一平台的第一个元素
        if (tmplen > maxlen)
            maxlen = tmplen;             //若当前平台长度大于之前的最长平台长度，更新 maxlen 的值
    }
    printf("%d\n", maxlen);
    return 0;
}
```

本实例是处理数组中相同元素连续出现的问题。这种思想经常被应用到各种算法中，因此需要掌握这种处理方法。

为了计算每个平台的长度，并得到最长平台的长度，也可以使用循环嵌套的方法。程序代码如下：

```c
#include <stdio.h>
#define N 100000
int main(void)
{
    int n, a[N];
    scanf("%d", &n);
    for (int i = 0; i < n; i++)
        scanf("%d", &a[i]);
    int maxlen = 1;                      //maxlen 存放最长平台的长度
    int i = 0;                           //第一个平台的第一个元素的下标
    while (i < n)
    {
        int tmplen = 1, j = i + 1;       //tmplen 为 i 元素所在平台的长度
        while (j < n && a[i] == a[j])
```

```
        {
            tmplen++;                           //判断 j 元素与 i 元素是否在一个平台上
            j++;                                //i 元素所在平台长度加 1
        }
        if (tmplen > maxlen)
            maxlen = tmplen;
        i = j;                                  //将 i 指向下一个平台的第一个元素
    }
    printf("%d\n", maxlen);
    return 0;
}
```

这种循环嵌套的方法虽然简单易懂，但是在处理大量数据时，效率可能比较低。因为对于每一个元素都需要一个一个地比较其与前一个元素是否相同，并同时还要进行内层循环才能找到最长平台的长度。

【实例 05-29】有序整数的去重

描述：给定一个按照递增顺序排列的 n 个整数序列，现在需要对这个序列进行去重操作。也就是说，序列中每个重复出现的数只保留一个。输入共两行，第一行是一个正整数 n（$1\leqslant n\leqslant 20\,000$），表示序列中整数的个数；第二行是 n 个整数（每个整数的范围为 $10\sim5000$），整数之间用一个空格分隔。输出一行，按照输入的顺序输出不重复的整数，整数之间用一个空格分隔。

输入样例：

```
10
1 2 2 3 3 3 4 5 5 6
```

输出样例：

```
1 2 3 4 5 6
```

分析：可以定义一个长度为 20000 的整型数组 arr 存放给定的整数序列。由于序列有序，因此如果有重复元素，它们一定是相邻的。使用循环从第二个元素开始与前一个元素进行比较，若它们相同，则删除该重复元素。可以使用求解最长平台问题的思想，通过单层循环解决此问题。

具体来说，可以将第一个元素 arr[0] 作为不重复的第一个元素，然后使用一个整型变量 k 存放去重后的元素个数，初始值设为 1。接着，用循环依次处理第二个元素到最后一个元素：读入下标为 i 的元素，然后比较它与前面的元素是否相同。只要 arr[i] 与 arr[i–1] 不相同，就说明当前元素是一个新的不重复元素，就可以将它放到下标为 k 的 arr[k] 中，并让 k 的值加 1。这样，经过这个循环后，k 的值就是去重后元素的个数。

本实例的参考代码如下：

```
#include <stdio.h>
#define N 20000
int main(void)
{
    int n, arr[N];
    scanf("%d %d", &n, &arr[0]);            //输入 n 值和第一个数据
    int k = 1;                              //记录删除相同元素后数组的实际长度，初始化为 1
    //循环读取数据，并去重
    for (int i = 1; i < n; i++)
    {
        scanf("%d", &arr[i]);               //读取数据
        if (arr[i] != arr[i - 1])
        {
            arr[k] = arr[i];                //将不同的数据存入 arr[k]中
            k++;                            //更新数组的长度
        }
    }
    //输出结果
```

```
        for (int i = 0; i < k; i++)
        {
            if (i != 0)
                printf(" ");              //格式化输出，每个数值之间用空格分隔
            printf("%d", arr[i]);         //输出去重后的数组 arr
        }
        return 0;
    }
```

【实例05-30】移除数组值为特定值的所有元素

描述：给定一个包含 n 个整数的数组和一个整数 val，现在需要在原数组中（不能使用额外的数组）移除所有与 val 值相等的元素，并输出移除后数组的新长度。

输入共三行，第一行是一个正整数 n（$1 \leq n \leq 20000$），表示第二行整数的个数；第二行是 n 个整数（整数的范围为 $10 \sim 5000$），整数之间用一个空格分隔；第三行是一个整数 val（范围为 $10 \sim 5000$）。输出共两行，第一行是一个整数，表示移除 val 后整数的个数；第二行是删除 val 后的整数序列。

输入样例：

```
6
3 6 7 8 6 3
3
```

输出样例：

```
4
6 7 8 6
```

分析：这个问题的解决方法类似于有序整数数组去重的方法。具体实现时，可以假设第一个元素的下标为 0，定义一个大小为 20000 的整型数组 arr，并定义两个整型变量 i 和 j，初始值均为 0。其中，i 记录删除 val 后数组中剩余整数的个数；j 用于访问原数组中的各个元素。如果 arr[j]不等于 val，即 arr[j] != val 时，可以将 arr[j]这个元素移动到 arr[i]的位置，同时让 i 的值加 1。

这种方法能确保删除特定值后的数组中的值依然保持原来的顺序。

本实例的参考代码如下：

```
#include <stdio.h>
#define N 20000
int main(void)
{
    int n, arr[N], val;
    scanf("%d", &n);
    for (int i = 0; i < n; i++)
        scanf("%d", &arr[i]);
    scanf("%d", &val);                //输入要移除的值
    int k = 0;                        //记录剩余元素的个数
    for (int i = 0; i < n; i++)
    {
        if (arr[i] != val)
        {
            arr[k++] = arr[i];        //将不等于 val 的元素移动到前面
        }
    }
    printf("%d\n", k);                //输出剩余元素的个数
    for (int i = 0; i < k; i++)
    {
        printf("%d ", arr[i]);        //输出删除 val 后的数组
    }
    return 0;
}
```

【实例 05-31】第 k 小的数

描述：小明需要在给定的 n 个正整数中找到第 k 小的数。输入共两行。第一行包含两个整数 n 和 k（其中 n 的范围为 $10 \sim 10^4$，k 不大于 n），n 和 k 之间用空格分隔；第二行包含 n 个正整数，每个整数的值不超过 10^9，数字之间用空格分隔。输出一个整数，表示第 k 小的数。

输入样例：

```
10 5
1 3 8 20 2 9 10 12 8 9
```

输出样例：

```
8
```

分析：根据给定的数据范围，可以定义一个长度为 N 的整数数组 arr，用于存储给定的 n 个正整数。通过一次循环，可以找到最小的数及其对应的下标 mink。将 mink 与下标为 1 的数进行交换，即 arr[1] 存放 n 个数中的最小值。同样的方法可以应用于剩余的 n–1 个数，以找到第 2 小的数，并将其存放在 arr[2] 中。可以重复这个过程，从第 k 个数到第 n 个数的剩余 n–k+1 个数中找出最小的数，并将其与下标为 k 的数进行交换，即 a[k] 存放第 k 小的数。

本实例的参考代码如下：

```c
#include <stdio.h>
#define N 10001
int main(void)
{
    int n, k, arr[N];
    scanf("%d %d", &n, &k);
    for (int i = 1; i <= n; i++)        //arr[1]存放第一个数
        scanf("%d", &arr[i]);
    for (int i = 1; i <= k; i++)
    {                                    //筛选第 i 小的数存放到 arr[i]中
        int mink = i;                    //存放第 i 小的数的下标
        for (int j = i + 1; j <= n; j++)
            if (arr[j] < arr[mink])
                mink = j;
        if (mink != i)
        {                                //将第 i 小的数与 arr[i]进行交换
            int tmp = arr[i];
            arr[i] = arr[mink];
            arr[mink] = tmp;
        }
    }
    printf("%d", arr[k]);               //输出第 k 个数
    return 0;
}
```

可以将程序中的双重循环语句的外层 for 循环的条件改为 i < n，这样每个 a[i] 都会存放第 i 小的数，也就是这 n 个数已经按递增顺序排序了。这种排序方法称为**选择排序**，它利用筛选法实现，就像在每次循环中筛选出无序数中的最小值，然后将其放在已排序序列的末尾。

 【实例 05-32】王老师随机点名

描述：王老师的班级共有 100 名学生，学生的编号为 1～100。现在他想随机点名，用计算机生成了 20 个 1～100 之间的随机整数，并去除了重复的数字。接下来，他将这些数字按照从小到大的顺序排序，生成了一个点名名单。这个名单包含即将被点名的学生的编号。

分析：首先，可以使用整型一维数组 arr 存储 20 个随机数。为了让这些数字按照从小到大的顺序排列，可以使用选择排序算法进行排序。排序完成后，可以对排好序的数组 arr 进行去重操作，得到一个不包含重复数字的有序数组。最后，输出这个有序数组即可。

本实例的参考代码如下：

```c
#include <stdio.h>
#include <stdlib.h>
#include <time.h>
const int N = 20;
int main(void)
{
    int arr[N];
    srand(time(NULL));                    //随机数种子
    for (int i = 0; i < N; i++)
    {
        arr[i] = rand() % 100 + 1;        //生成 1~100 的随机数
    }
    //选择排序
    for (int i = 0; i < N - 1; i++)
    {
        int mink = i;                     //存放第 i 小的数的下标
        for (int j = i + 1; j < N; j++)
            if (arr[j] < arr[mink])
                mink = j;
        if (mink != i)
        {                                 //将第 i 小的数与 arr[i]进行交换
            int tmp = arr[i];
            arr[i] = arr[mink];
            arr[mink] = tmp;
        }
    }
    //去重
    int n = 1;
    for (int i = 1; i < N; i++)
    {
        if (arr[i] != arr[i - 1])
        {
            arr[n] = arr[i];
            n++;
        }
    }
    //输出结果
    printf("点名名单为：\n");
    for (int i = 0; i < n; i++)
    {
        if (i != 0)
            printf(" ");
        printf("%d", arr[i]);
    }
    printf("\n 名单中共有%d 名学生", n);
    return 0;
}
```

运行结果如下：

点名名单为：
11 13 21 30 38 39 47 49 56 57 60 67 69 80 81 87 91 93 98
名单中共有 19 名学生

由于生成的 N 个整数是随机产生的，因此每次运行结果都会有所不同。正因如此，王老师可以通过每次运行程序实现随机点名的效果。

【实练 05-09】绝对值排序

输入 n 个不同绝对值的整数，n≤100。按照它们的绝对值从大到小排序并输出。

扫一扫，看视频

扫一扫，看视频

扫一扫，看视频

【实练 05-10】最接近的数

给定 n 个整数，找到其中最接近的两个数并输出。若有多对最接近的数，输出较小的一对。

【实例 05-33】数列有序

描述： 给定一个已经按照从小到大顺序排列好的序列，其中包含 n（$n \leqslant 100$）个整数，每个整数的绝对值不超过 10^9。现在需要将一个整数 x 插入到这个序列中，并保持新的序列仍然有序。输入共包含三行：第一行是整数 n，第二行是有序的 n 个整数，第三行是要插入的整数 x。输出共一行，即插入新元素后的有序序列。

输入样例：

```
3
1 2 4
3
```

输出样例：

```
1 2 3 4
```

分析： 给定的 n 个整数已经按从小到大的顺序排好放在数组 arr 中。现在假设 x 是一个新的整数，需要找到在数组中插入 x 的位置，以保持数组的有序性。

可以将问题类比成一个排队的场景，其中有 n 个小朋友已经按照从低到高的顺序站好一排，最矮的小朋友站在第一个位置。x 代表一个新来的小朋友，现在需要确定 x 应该站在哪个位置。

为了找到 x 应该站的位置，可以让 x 按顺序（从低到高）与每个小朋友比较身高。如果 x 比当前小朋友高，则继续与下一个小朋友比较，直到 x 不再比当前小朋友高。这时，x 应该站在当前小朋友的前面。

在数组中，需要把要插入 x 的位置空出来。这时就需要先将最后一个元素向后移动一位，然后将倒数第二个元素向后移动一位。不断重复这个操作，直到把 x 的位置空出来为止。所以这种从低到高比较寻找插入位置，再去一个一个后移的方法并不可取。

实际上，可以从后向前比较。假设给定的已排序数组为 arr，插入元素为 x。首先，从数组最后一个元素开始比较（即数组中最大的元素）。如果 x 比当前待比较元素小，则将当前元素向后移动一位，直到找到 x 应插入的位置或者没有元素需要比较为止。最终，将 x 插入到找到的位置上（即 arr[j + 1] = x），保持数组的有序性。这种方法是边比较边后移，可以提高插入效率。

本实例的参考代码如下：

```c
#include <stdio.h>
#define N 101
int main(void)
{
    int n, arr[N], x;
    scanf("%d", &n);
    for (int i = 0; i < n; i++)
        scanf("%d", &arr[i]);
    scanf("%d", &x);
    int j = n - 1;                 //j 为已排序的最后元素的下标
    while (j >= 0 && x < arr[j])
    {                              //x 比元素 arr[j]小
        arr[j + 1] = arr[j];       //将 arr[j]元素值赋给 arr[j+1]
        j--;
    }
    arr[j + 1] = x;         //当 j<0 或者 x>=arr[j]时，循环结束，j+1 对应的元素修改为 x
    for (int i = 0; i <= n; i++)
    {
        if (i != 0)
            printf(" ");
        printf("%d", arr[i]);
```

05

```
        }
        return 0;
    }
```

使用本实例的方法可以实现一个插入排序，可以自己写一个数组的**直接插入排序程序**。

【实练 05-11】寻找第 k 大的数

扫一扫，看视频

一个含有 n 个整数的集合。现在要求找到这个集合中第 k 大的整数，其中"第 k 大"是指这些整数去重后，按照从大到小的顺序排列，排在第 k 个位置上的整数。

输入共两行，第一行包含两个整数 n 和 k，$1 \leq k \leq n \leq 10^5$；第二行有 n 个整数，用空格分隔，每个整数的取值范围为 $1 \sim 10^9$。编写程序输出这个第 k 大的整数。

输入样例：

```
5 3
1 2 3 2 4
```

输出样例：

```
2
```

【实例 05-34】组成最小数

扫一扫，看视频

描述：分别给定数字 0~9 若干个，目标是将它们排列成一个最小的数（注意 0 不能放在首位）。例如，假设拥有两个 0、两个 1、三个 5、一个 8，那么得到的最小的数就是 10015558。现在，给出 10 个非负整数，表示拥有数字 0、数字 1、……、数字 9 的个数，数字个数不超过 9，且至少拥有 1 个非 0 的数字。请编写程序输出能够组成的最小的数。

输入样例：

```
2 2 0 0 0 3 0 0 1 0
```

输出样例：

```
10015558
```

分析：为了得到最小的数，需要满足以下条件：首先，数的最高位不能为 0；其次，其他位上的数需要按非递减的顺序排列。

可以定义一个长度为 10 的整型数组 cnt，将给定的 10 个整数存放到数组 cnt 中，其中 cnt[i] 表示数字 i 的个数。需要确定最小数的最高位上的数字。从 cnt[1] 开始扫描数组，找到第一个不为 0 的 cnt[i]（即给定的 10 个整数中最小的非 0 数），确定最高位后，初始化最小数为 i，并且将 cnt[i] 的值减 1。

然后，扫描数组 cnt 中的元素 cnt[0]~cnt[9]，对于值不为 0 的 cnt[i]，将 i 作为最小数 ans 的最低位上的数。具体做法是利用循环将 i 添加到 ans 中 cnt[i] 次，即 for(int j = 0; j < cnt[i]; j++) ans = ans * 10 + i。

最后，扫描完数组 cnt 后，得到的 ans 即为能够组成的最小数。

本实例的参考代码如下：

```c
#include <stdio.h>
int main(void)
{
    int cnt[10];              //cnt[i]存放给定数中i的个数
    for (int i = 0; i <= 9; i++)
        scanf("%d", &cnt[i]);
    int i = 1;               //从下标1开始查找第一个cnt[i]!=0的i
    while (i <= 9 && cnt[i] == 0)
        i++;
    cnt[i]--;
    int ans = i;             //用i组成最小数的最高位
    //将这组数按从小到大的顺序依次组成最小数的次高位、……
    for (int i = 0; i <= 9; i++)
    {
```

```
            if (cnt[i] != 0)
            {
                for (int j = 1; j <= cnt[i]; j++)
                    ans = ans * 10 + i;
            }
        }
        printf("%d\n", ans);
        return 0;
    }
```

在该程序中，变量 ans 存放能够组成的最小数。由于 10 个数字的总个数不超过 9，所以最小的数本质上是一个不超过 9 位数的整数。所以可以将 ans 定义为 int 类型。

【实例 05-35】直方图

描述：给定一个非负整数序列，统计每个整数出现的次数。假设序列中整数的最大值为 fmax（fmax < 10000），统计 $0\sim$fmax 之间每个整数出现的次数。

输入共两行：第一行为一个整数 n（$1 \leqslant n \leqslant 10000$），表示整数序列的元素个数；第二行为 n 个整数，整数之间用一个空格分隔。输出共一行，按照顺序输出每个数出现的次数；如果某个数没有出现过，则输出 0；每个次数之间用一个空格分隔。

输入样例：

```
5
1 1 2 3 1
```

输出样例：

```
0 3 1 1
```

分析：定义一个整型数组 cnt[10000]，用于存放每个整数出现的次数。初始时，cnt 数组中所有元素的值为 0。定义一个整型变量 fmax，初始值为 0，用于存放所有整数中的最大值。在循环读入 n 个整数的过程中，每次读入一个整数 tmp 时，将 cnt[tmp] 的值加 1，即 cnt[tmp]++。同时，如果 tmp>fmax，则更新 fmax 的值。

循环结束后，通过遍历数组 cnt[0]$\sim$cnt[fmax]，输出每个数出现的次数 cnt[i] 的值。

本实例的参考代码如下：

```
#include <stdio.h>
#define N 1000
int cnt[N] = {0};              //初始化所有计数为 0
int main(void)
{
    int n, fmax = 0, tmp; //n 表示元素个数，fmax 表示最大值，tmp 用于读取输入的整数值
    scanf("%d", &n);
    for (int i = 0; i < n; i++)
    {
        scanf("%d", &tmp);      //读取整数序列的每个元素
        cnt[tmp]++;             //统计该整数出现的次数，计数数组对应位置的值加 1
        if (tmp > fmax)
            fmax = tmp;         //更新最大整数值
    }
    for (int i = 0; i <= fmax; i++)     //遍历计数数组的范围
        printf("%d ", cnt[i]);          //输出每个整数出现的次数
    return 0;
}
```

【实练 05-12】数字统计

给定一本书的总页码 n，页码从自然数 1 开始顺序编码直到 n。每个页码按照通常的习惯编排，不含多余的前导数字 0。现在需要计算在这本书的所有页码中，分别使用了数字 $0\sim9$ 多少次。

输入一个整数 n（$1 \leqslant n \leqslant 1000$），表示书的总页码数。输出为一行，按照顺序输出数字 $0\sim9$

在页码中出现的次数，每个数字之间用一个空格分隔。

输入样例：
```
12
```
输出样例：
```
1 5 2 1 1 1 1 1 1 1
```

【实例 05-36】颜色分类

扫一扫，看视频

描述：给定一个包含红色、白色和蓝色的数组，分别用 0、1 和 2 表示。现在需要按照红色、白色和蓝色的顺序对数组进行重排。

输入包含两行：第一行是一个正整数 n（$1 \leqslant n \leqslant 300$），表示第二行序列中整数的个数；第二行包含 n 个整数，以空格分隔。输出只有一行，表示颜色分类后的结果，整数之间以空格分隔。

输入样例：
```
6
2 0 2 1 1 0
```
输出样例：
```
0 0 1 1 2 2
```

分析：对只包含三种整数的数组进行颜色分类，主要思想是将 0 往前交换，将 2 往后交换。这里可以定义三个整型变量 i、j 和 k，分别记录元素 0 的最后一个位置、元素 2 的第一个位置和当前遍历的位置。初始时，让 i 的值为–1，j 的值为 n，k 的值为 0，其中 n 表示数组的长度。

然后，使用一个 while 循环，循环的条件是 k<j，如果 k<j 成立，说明还有未处理的元素。

在循环中，使用 if 语句判断当前元素的值。如果当前元素是 2，则将 j 减 1，并判断 k 是否仍然小于 j。如果小于，就将当前元素与位置 j 的元素交换。如果当前元素是 0，则将 i 加 1，并判断 i 是否等于 k。如果不相等，就将当前元素与位置 i 的元素交换；否则，只将 k 加 1。如果当前元素既不是 0 也不是 2，就只需将 k 加 1 即可。

本实例的参考代码如下：

```c
#include <stdio.h>
int main(void)
{
    int colors[300];
    int n;
    scanf("%d", &n);                    //输入整数 n，表示数组中元素的个数
    for (int i = 0; i < n; i++)
        scanf("%d", &colors[i]);
    int i = -1, j = n, k = 0;           //定义三个指针变量 i、j 和 k，分别初始为-1、n 和 0
    while (k < j)                       //循环遍历数组，直到 k 不小于 j
    {
        if (colors[k] == 2)             //如果当前元素为 2
        {
            j--;                        //j 指针左移（表示 2 往后交换）
            if (k < j)                  //注意判断条件，确保 k 不超过 j
            {
                int t = colors[k];      //交换当前元素与位置 j 的元素
                colors[k] = colors[j];
                colors[j] = t;
            }
        }
        else if (colors[k] == 0)        //如果当前元素为 0
        {
            i++;                        //i 指针右移（表示 0 往前交换）
            if (i != k)                 //注意判断条件，确保 i 不等于 k
            {
                int t = colors[k];      //交换当前元素与位置 i 的元素
                colors[k] = colors[i];
```

```
                colors[i] = t;
            }
            else
                k++;                    //当 i 等于 k 时，只需将 k 右移
        }
        else
            k++;                        //如果当前元素为 1，无须交换，只需将 k 右移
    }
    for (int i = 0; i < n; i++)
        printf("%d ", colors[i]);
    return 0;
}
```

还可以使用**计数排序**的思想将数组中的元素按照顺序进行重排。首先，定义三个变量 a、b 和 c，并初始化为 0。这些变量用于记录数组中红色、白色和蓝色的个数。

接下来，通过一个循环遍历数组 colors，并对元素进行计数。如果元素是红色（值为 0），则将变量 a 加 1；如果元素是白色（值为 1），则将变量 b 加 1；如果元素是蓝色（值为 2），则将变量 c 加 1。统计结束后，就可以通过三个循环分别将红色、白色和蓝色的元素按照顺序放入数组 colors 中。代码如下：

```
...
int a = 0, b = 0, c = 0;
for (int i = 0; i < n; i++)
{
    if (colors[i] == 0)
        a++;
    else if (colors[i] == 1)
        b++;
    else
        c++;
}
int k = 0;
for (int i = 0; i < a; i++)
    colors[k++] = 0;
for (int i = 0; i < b; i++)
    colors[k++] = 1;
for (int i = 0; i < c; i++)
    colors[k++] = 2;
...
```

同一种问题经常有多种解决方法，上面两种方法的执行效率都比较好。

【实例 05-37】大于平均年龄

扫一扫，看视频

描述：有三个班级，每个班级都有 n（$n \leqslant 30$）名学生。求出每个班级学生的平均年龄，并计算大于平均年龄的学生人数。

输入共四行：第一行为整数 n，表示每个班级的学生人数；接下来的三行，每行包含 n 个整数，分别表示 1 班、2 班和 3 班学生的年龄。输出共三行，分别对应 1 班、2 班和 3 班的平均年龄和大于平均年龄的学生人数。

输入样例：

```
6
16 20 18 21 18 17
17 18 17 16 15 18
18 19 20 18 19 20
```

输出样例：

```
18.33  2
16.83  4
19.00  2
```

分析：在实例 05-07 中，如果存放一个班级学生的年龄需要定义一个一维数组，那么如何

存放三个班级学生的年龄呢？针对本实例，可以使用下面两种方法。

（1）定义一个长度为 30 的一维数组，依次存放各个班级的学生年龄，然后求出平均年龄及大于平均年龄的学生数。这种做法较为简单，但最终只能存储最后一个班级的年龄数据。

（2）定义一个由三个一维数组组成的二维数组，每个一维数组都是长度为 30 的整型数组。这种做法代码实现简单，可读性也较好，是最常用的方法。

本实例使用二维数组存储三个班级的成绩。

本实例的参考代码如下：

```c
#include <stdio.h>
int main(void)
{
    int n, age[3][30];                      //定义一个二维数组存放三个班级的学生年龄
    double ave[3] = {0};                    //定义一个一维数组存放三个班级的平均年龄
    scanf("%d", &n);                        //输入每个班级的学生人数
    for (int i = 0; i < 3; i++)
    {
        for (int j = 0; j < n; j++)
        {
            scanf("%d", &age[i][j]);        //输入每个班级学生的年龄，并存放到二维数组中
            ave[i] += age[i][j];            //统计每个班级学生的年龄总和
        }
        ave[i] /= n;                        //计算每个班级的平均年龄
    }
    for (int i = 0; i < 3; i++)
    {
        int cnt = 0;                        //用于统计大于平均年龄的学生数量
        for (int j = 0; j < n; j++)
            if (age[i][j] > ave[i])
                cnt++;                      //统计大于平均年龄的学生数量
        printf("%.2f  %d\n", ave[i], cnt);  //输出平均年龄和大于平均年龄的学生数量
    }
    return 0;
}
```

二维数组也称为矩阵，需要指定行数和列数，**元素在内存中的排列按行优先**。访问二维数组的元素需要使用行下标和列下标的方式。**二维数组通常需要使用双重循环操作**。除了二维数组，还有三维数组和更高维的数组，数组的维度可以是任意值。

本实例定义了一个 3 行 30 列的二维数组 age。可以把二维数组 age 理解为由三个一维数组组成的数组，即 age 由 age[0]、age[1]、age[2]三个元素组成。每个元素都是一个由 30 个整型元素组成的一维数组。

二维数组的定义语法如下：

```
数据类型  数组名[行数][列数];
```

在定义二维数组时，需要指定数组的行数和列数。其中，数据类型表示数组元素的类型，可以是任意合法的数据类型。**行数和列数可以是常量或者常量表达式，并且都必须是正整数**。二维数组元素的**行下标和列下标都是从 0 开始**计数的。

　　在编程中，可以将二维数组看作一个有行和列的二维表格，用于存储和组织数据。每个元素在表格中的位置由行号和列号确定。通过行号和列号的组合，可以精确定位和访问特定的数组元素。将二维数组看作是一个有行和列的二维表格，在编程中能够提供一种有效的数据组织和处理方式。

【实例 05-38】二维数组在内存中的布局

扫一扫，看视频

下面的程序代码展示了二维数组在内存中的布局和访问方法。该程序定义了一个 2 行 3 列的二维数组，然后遍历了数组中的每个元素，并输出其值和地址。

```c
#include <stdio.h>
int main()
```

```
{
    int array[2][3] = {{1, 2, 3}, {4, 5, 6}};  //定义二维数组的同时进行初始化
    //遍历数组，输出元素值和地址
    for (int i = 0; i < 2; i++)
    {
        for (int j = 0; j < 3; j++)
        {
            printf("array[%d][%d] = %d,  addr = %p\n",
                    i, j, array[i][j], &array[i][j]);
        }
    }
    printf("二维数组 array 所占字节数是:%d", sizeof(array));
    return 0;
}
```

运行结果如下：

```
array[0][0] = 1,   addr = 000000000062FE00
array[0][1] = 2,   addr = 000000000062FE04
array[0][2] = 3,   addr = 000000000062FE08
array[1][0] = 4,   addr = 000000000062FE0C
array[1][1] = 5,   addr = 000000000062FE10
array[1][2] = 6,   addr = 000000000062FE14
二维数组 array 所占字节数是:24 字节
```

在该程序中，定义了一个 2 行 3 列的整型二维数组 array，并使用双重 for 循环遍历其中的每个元素。在遍历时，输出每个元素的地址和值。

通过输出结果，可知每行元素在内存中是紧密相连的，并且数组的地址是从第一个元素的地址开始不断增加的。这种存储方式是按照行优先的方式进行的，并且这个大小为 2 行 3 列的整型二维数组在内存中占用了 24 字节。

在定义二维数组时，可以对二维数组进行初始化，可采用下面的方法之一。

（1）分行初始化（全部初始化）。

```
int a[2][3]={{1,2,3},{4,5,6}};          //使用这种方法定义时，第一维长度可以省略
```

（2）分行初始化（每行部分元素初始化） //未初始化的元素为默认值（int 为 0）。

```
int a[2][3]={{1,2}, {4}};               //等价于 int a[2][3]={{1,2,0}, {4,0,0}};
```

（3）按元素的顺序初始化（全部初始化）。

```
int a[2][3]={1, 2, 3, 4, 5, 6};
```

（4）部分初始化。

```
int a[2][3]={1, 2};                     //等价于 int a[2][3]={1, 2, 0, 0, 0, 0};
```

【实例 05-39】矩阵交换行

扫一扫，看视频

描述：给定一个 5×5 的矩阵（在数学上，一个 $R×C$ 的矩阵由 R 行 C 列元素组成并排列成一个矩形阵列），请将第 m 行和第 n 行进行交换，并输出交换后的结果。

输入共六行，前五行表示矩阵的每一行元素，每个元素之间以一个空格分隔；第六行包含两个整数 m 和 n（$1≤m,n≤5$），这两个整数之间以一个空格分隔。输出按照交换后的顺序显示的矩阵，矩阵的每一行元素占据一行，每行中的元素以一个空格分隔。

输入样例：

```
1 2 2 1 2
5 6 7 8 3
9 3 0 5 3
7 2 1 4 6
3 0 8 2 4
1 5
```

输出样例：

```
3 0 8 2 4
5 6 7 8 3
```

```
9 3 0 5 3
7 2 1 4 6
1 2 2 1 2
```

分析：矩阵是科学与工程计算问题中常见的研究对象，而矩阵中的元素通常用二维数组进行存储。根据描述，可以定义一个行数和列数均为 6 的二维数组存放 5×5 的矩阵元素，其中行标 1 对应矩阵中的第一行（当然，也可以定义行数和列数均为 5 的二维数组，行标 0 对应第一行）。

接下来，可以使用嵌套的 for 循环结构输入二维数组元素的值。然后，根据输入的 m 和 n，使用一个 for 语句遍历列标 j 从 1 到 5，对于每个 j，完成行标为 m 和 n 的元素交换操作。

最后，再次使用嵌套的 for 循环结构输出交换后的二维数组的所有元素。在输出每一行的元素后，需要输出一个换行。

本实例参考代码如下：

```c
#include <stdio.h>
int main(void)
{
    int arr[6][6], m, n;
    for (int i = 1; i < 6; i++)          //行标为 i
        for (int j = 1; j < 6; j++)    //列标为 j
            scanf("%d", &arr[i][j]); //输入 a[i][j]
    scanf("%d %d", &m, &n);
    //第 m 行与第 n 行相同列标的 5 个元素分别交换
    for (int j = 1; j < 6; j++)
    {
        int tmp;
        tmp = arr[m][j];
        arr[m][j] = arr[n][j];
        arr[n][j] = tmp;
    }
    for (int i = 1; i < 6; i++)
    { //对于每个 i,输出 i 行列标从 0 变到 4 的 5 个元素
        for (int j = 1; j < 6; j++)
            printf("%d ", arr[i][j]);
        printf("\n");
    }
    return 0;
}
```

本实例中的代码相对简单，并假设输入的 m 和 n 在行和列的范围内。然而，**在实际编程中，为了避免数组越界的问题，通常需要在操作二维数组时对行索引和列索引进行检查。**

在这个实例中，可以使用条件判断语句确保输入的 m 和 n 在合法的行和列范围内。只有当 m 和 n 满足条件时，才执行交换操作，以确保不会越界。

【实练 05-13】矩阵交换列

给定一个 5×5 的矩阵及 m 和 n 的值，将第 m 列和第 n 列交换，输出交换后的结果。 扫一扫，看视频

【实例 05-40】计算矩阵边缘元素之和

描述：输入共 $R + 1$ 行的数据。首先是第一行，包含两个整数，分别表示矩阵的行数 R 和列数 C。这两个整数必须满足 $1<R<100$ 和 $1<C<100$，并且以一个空格分隔。接着是 R 行数据，每行包含 C 个整数，整数之间以一个空格分隔。输出结果是对应矩阵的边缘元素之和。

输入样例：

```
3 3
3 4 1
3 7 1
2 0 1
```

输出样例：

```
15
```

分析：可以定义一个行数和列数均为 100 的整型二维数组，并将其作为全局数组。

为了输入二维数组的元素，可以使用双重 for 循环语句。通过在循环中检查行标和列标，就可以累加矩阵边缘元素的值。在这里，边缘元素是指行标为 0 或行标为 $R-1$，以及列标为 0 或列标为 $C-1$ 的元素。

本实例的参考代码如下：

```c
#include <stdio.h>
int arr[100][100];
int main(void)
{
    int R, C, sum = 0;
    scanf("%d %d", &R, &C);
    for (int i = 0; i < R; i++)           //输入矩阵的 R 行 C 列元素
        for (int j = 0; j < C; j++)
        {
            scanf("%d", &arr[i][j]);
            if (i == 0 || i == R - 1 || j == 0 || j == C - 1)
                sum += arr[i][j];         //边缘元素累加到 sum 中
        }
    printf("%d", sum);
    return 0;
}
```

【实练 05-14】主次对角线上的元素之和

输入一个 $N \times N$ 整数矩阵，计算位于主次对角线上的元素之和（两条对角线相交的点只计算一次）。

扫一扫，看视频

输入样例：

```
3
3 4 1
3 7 1
2 0 1
```

输出样例：

```
14
```

提示：如果行列下标都从 0 开始计数，则矩阵的主对角线元素下标为 (i, j)，其中 i 和 j 相等；次对角线元素的下标为 (i, j)，其中 $i+j$ 等于矩阵的行数 $N-1$。

【实例 05-41】图像模糊处理

扫一扫，看视频

描述：给定一个 R 行 C 列像素点的图像，其中每个像素点都有一个灰度值。现在需要对这个图像进行模糊化处理。具体地，最外侧的像素点保持不变，而中间各像素点的新灰度值应为该像素点及其上、下、左、右相邻的四个像素点原灰度值的平均值（四舍五入到最接近的整数）。

共有 $R+1$ 行输入：第一行包含两个整数 R 和 C，表示图像的行数和列数，满足 $1 \leqslant R, C \leqslant 100$；接下来的 R 行每行包含 C 个整数，表示图像中每个像素点的灰度值，每个元素之间用单个空格隔开，每个元素的值均在 $0 \sim 255$ 之间。输出应包含 R 行，每行包含 C 个整数，表示模糊处理后的图像，每个元素之间用单个空格隔开。

输入样例：

```
4 5
100 0 100 0 50
50 100 200 0 0
50 50 100 100 200
100 100 50 50 100
```

输出样例：

```
100 0 100 0 50
50 80 100 60 0
```

```
50 80 100 90 200
100 100 50 50 100
```

分析：给定行数和列数均为 100 的两个二维数组 a 和 b，分别存储原始图像各像素点的灰度值和经过模糊处理后的图像各像素点的灰度值。首先输入 a 的各元素值，然后使用双重 for 循环遍历 b 数组的每个元素。对于边缘位置的元素 b[i][j]，将其值设置为对应的 a[i][j] 的值；对于非边缘位置的元素 b[i][j]，将其值设置为 a[i][j] 及其上、下、左、右四个相邻元素的平均值的四舍五入整数值，可以使用 math.h 头文件中的 round 函数实现或者使用简化的语句 b[i][j] = (int)((a[i][j] + a[i−1][j] + a[i+1][j] + a[i][j−1] + a[i][j+1]) / 5.0 + 0.5)实现。

本实例的参考代码如下：

```
#include <stdio.h>
#include <math.h>
int a[100][100], b[100][100];
int main(void)
{
    int R, C;
    scanf("%d %d", &R, &C);
    for (int i = 0; i < R; i++)
    {
        for (int j = 0; j < C; j++)
        {
            scanf("%d", &a[i][j]);
        }
    }
    //对数组 b 进行模糊化处理
    for (int i = 0; i < R; i++)
    {
        for (int j = 0; j < C; j++)
        {
            //如果元素位于边缘位置，则保持原值
            if (i == 0 || i == R - 1 || j == 0 || j == C - 1)
            {
                b[i][j] = a[i][j];
            }
            else
            {
                //根据自身与四周元素的平均值进行四舍五入取整
                b[i][j] = (int)round((a[i][j] + a[i - 1][j] +
                a[i + 1][j] + a[i][j - 1] + a[i][j + 1]) / 5.0);
            }
        }
    }
    for (int i = 0; i < R; i++)
    {
        for (int j = 0; j < C; j++)
        {
            printf("%d ", b[i][j]);
        }
        printf("\n");
    }
    return 0;
}
```

对于本实例的程序，可以将二维数组的输入和输出封装成函数，以提高代码的结构性。在下一章中，我们将结合使用指向数组的指针对二维数组进行操作，将代码封装为函数。

对于本实例中的计算 b[i][j] 及其四周元素的和，可以利用循环实现。可以定义一个表示方向的二维数组：int dir[4][2] = {{−1,0},{1,0},{0,−1},{0,1}}，其中每个元素表示上、下、左、右四个方向的偏移量。这样，就可以使用一个循环遍历这四个方向，并累加对应位置的元素值。利用循环实现计算 b[i][j] 及其四周元素的求和的代码如下：

```
double s = a[i][j];
for (int d = 0; d < 4; d++)
    s += a[i + dir[d][0]][j + dir[d][1]];
```

【实练 05-15】矩阵的加法

扫一扫，看视频

给定两个矩阵 A 和 B，它们分别为 R 行 C 列的矩阵。计算矩阵 A 和矩阵 B 的和，并将结果输出。输入共有 $2R+1$ 行，第一行是两个整数 R 和 C，表示矩阵的行数和列数（$1 \leq R \leq 100$，$1 \leq C \leq 100$）；接下来的 $2R$ 行为两个 R 行 C 列的矩阵。输出为 R 行，每行 C 个整数，表示矩阵加法的结果。

输入样例：

```
3 3
1 2 3
1 2 3
1 2 3
1 2 3
4 5 6
7 8 9
```

输出样例：

```
2 4 6
5 7 9
8 10 12
```

【实练 05-16】图像相似度

扫一扫，看视频

给定两幅相同大小的黑白图像，用 0-1 矩阵表示。需要计算它们的相似度，相似度定义为两幅图像在相同位置上的像素点颜色相同的个数占总像素点数的百分比。

输入的第一行包含两个整数 R 和 C，表示图像的行数和列数，数值之间用单个空格隔开，$1 \leq R,C \leq 100$；之后的 R 行表示第一幅黑白图像的像素点颜色，每行包含 C 个整数，取值为 0 或 1，相邻两个数之间用单个空格隔开；紧接着的 R 行表示第二幅黑白图像的像素点颜色，每行也包含 C 个整数，取值 0 或 1，相邻两个数之间同样用单个空格隔开。输出为一个实数，表示相似度，以百分比形式给出，精确到小数点后两位。

输入样例：

```
3 3
1 0 1
0 0 1
1 1 0
1 1 0
0 0 1
0 0 1
```

输出样例：

```
44.44%
```

【实例 05-42】矩阵的乘法

扫一扫，看视频

描述：给定两个矩阵 A（$n \times m$）和 B（$m \times p$），需要计算它们的乘积。乘积矩阵 C 是一个 $n \times p$ 阶的矩阵，满足如下公式：$C[i][j] = A[i][0] \times B[0][j] + A[i][1] \times B[1][j] + \cdots + A[i][m-1] \times B[m-1][j]$，其中 $C[i][j]$ 表示矩阵 C 中第 i 行第 j 列的元素。

输入共有 $n+m+1$ 行，第一行包含三个整数 n、m、p，表示矩阵 A 是 n 行 m 列，矩阵 B 是 m 行 p 列，且 n、m、p 均小于 100；接下来依次输入 A 和 B 两个矩阵，矩阵 A 占据 n 行 m 列，

矩阵 **B** 占据 m 行 p 列，矩阵中的每个元素的绝对值不会超过 1000。输出为矩阵 **C**，共 n 行，每行包含 p 个整数，整数之间以一个空格分开。

输入样例：

```
3 2 3
1 1
1 1
1 1
1 1 1
1 1 1
```

输出样例：

```
2 2 2
2 2 2
2 2 2
```

分析：可以定义两个 int 类型数组 a[100][100] 和 b[100][100] 分别存放矩阵 **A** 和 **B**。由于乘积矩阵 **C** 中元素的值不超过 $100 \times 100 \times 1000$，因此可以定义 int 类型数组 c[100][100] 存放乘积矩阵 **C** 的元素。

在读入输入的 n、m、p 和 A、B 元素后，就可以计算出 $C = A \times B$。根据矩阵乘法的定义，**C** 的行数等于 **A** 的行数，**C** 的列数等于 **B** 的列数，即 **C** 的行数为 n、列数为 p。根据乘积的计算公式 c[i][j] = a[i][0]×b[0][j] + a[i][1]×b[1][j] + … +a[i][m−1]×b[m−1][j]，可以使用三重循环语句实现。

本实例的参考代码如下：

```c
#include <stdio.h>
int a[100][100], b[100][100], c[100][100] = {0};
int main(void)
{
    int n, m, p;
    scanf("%d %d %d", &n, &m, &p);
    for (int i = 0; i < n; i++)              //输入 a 矩阵的 n 行 m 列元素
        for (int j = 0; j < m; j++)
            scanf("%d", &a[i][j]);
    for (int i = 0; i < m; i++)              //输入 b 矩阵的 m 行 p 列元素
        for (int j = 0; j < p; j++)
            scanf("%d", &b[i][j]);
    //计算矩阵 c = a*b, n 行 p 列
    for (int i = 0; i < n; i++)
        for (int j = 0; j < p; j++)
            for (int k = 0; k < m; k++)
                c[i][j] += a[i][k] * b[k][j];

    //输出矩阵 c
    for (int i = 0; i < n; i++)
    {
        for (int j = 0; j < p; j++)
            printf("%d ", c[i][j]);
        printf("\n");
    }
    return 0;
}
```

【实例 05-43】杨辉三角

描述：给定一个正整数 n，输出杨辉三角的前 n 行。输入一个正整数 n（$1 \leqslant n \leqslant 30$），表示要输出的杨辉三角的行数。输出杨辉三角的 n 行数据，每行的整数之间用一个空格隔开。

扫一扫，看视频

输入样例：

```
4
```

输出样例：

```
1
```

```
1 1
1 2 1
1 3 3 1
```

分析：定义一个二维数组 arr[N][N]用于存储杨辉三角的元素。根据杨辉三角的特点，第一行有一个元素，第二行有两个元素，以此类推，第 n 行有 n 个元素。同时，第一列（列标为 0）和主对角线上的元素（行标和列标相等的元素）都为 1。从第三行开始，每个元素（行标为 i，列标为 j）都等于其左上方元素（行标为 $i-1$，列标为 $j-1$）和正上方元素（行标为 $i-1$，列标为 j）的和，即 $arr[i][j] = arr[i-1][j-1] + arr[i-1][j]$。

在输出时，可以使用双重循环语句，外层循环变量控制输出元素的行标，使用 for(i = 0; i < n; i++);，内层循环变量控制输出元素的列标。

本实例的参考代码如下：

```c
#include <stdio.h>
#define N 30
int main(void)
{
    int arr[N][N], n;
    scanf("%d", &n);
    for (int i = 0; i < n; i++)          //第一列和主对角线的元素赋值为1
        arr[i][0] = arr[i][i] = 1;
    for (int i = 2; i < n; i++)          //求其他元素
        for (int j = 1; j < i; j++)
            arr[i][j] = arr[i - 1][j - 1] + arr[i - 1][j];
    for (int i = 0; i < n; i++)
    {
        for (int j = 0; j <= i; j++)
            printf("%2d ", arr[i][j]);
        printf("\n");
    }
    return 0;
}
```

【实例 05-44】魔方矩阵

描述：魔方矩阵是一个非常奇特的 $n \times n$ 矩阵（其中 n 为奇数）。它的每行、每列及对角线上的数字和都相等。可以按照以下规律构建一个魔方矩阵：将数字 $1 \sim n^2$ 按照以下规则逐个放入矩阵中。

（1）将数字 1 放在第一行的中间位置。

（2）下一个数字放置在上一个数字的右上方。如果当前数字在第一行，则下一个数字将被放置在最后一行，列数为当前数字的右侧一列。如果当前数字在最后一列，则下一个数字将被放置在第一列，行数为当前数字的上一行。如果当前数字位于右上角，或者当前数字的右上方已经有数字，则下一个数字将被放置在当前数字的正下方。

输入一个奇数 n（其中 $n<20$），输出按照以上规则构建的 $n \times n$ 魔方矩阵。图 5.2 所示就是一个 5×5 的魔方矩阵。

```
17 24  1  8 15
23  5  7 14 16
 4  6 13 20 22
10 12 19 21  3
11 18 25  2  9
```

图 5.2 5×5 的魔方矩阵

分析：定义一个二维数组用于存储魔方矩阵，并将数组中的元素全部初始化为 0（如果某个位置不为 0，则说明这个位置已经放好数字了）。在该矩阵中，使用行号 row 与列号 col 表示每个数的位置。

构建魔方矩阵的方法如下：首先将数字 1 放置在第一行的中间位置，即第 $n/2$ 列，此时 row=0，col=$n/2$。随后，从数字 2 开始，依次放置数字，直至 n^2。设当前需放置的数字为 k，则按照构建魔方矩阵的规则计算 k 应该放置的 row 和 col 的值。首先计算右上方的位置，即执行 row-- 及 col++ 之后判断该位置的右上方可不可以放数字，即检查该位置是否行越界、列越界，是否已有数字存在等，依情况不同做不同的处理。

需要注意的是，该算法仅适用于 n 为奇数的情况。对于 n 为偶数的情况，构建魔方矩阵的规则会有所区别。

本实例的参考代码如下：

```c
#include <stdio.h>
#define N 20
int main(void)
{
    int a[N][N] = {0};                 //各元素均初始化为 0，表示所有位置上还没有填充数字
    int row, col, n;
    scanf("%d", &n);
    if (n < 0 || n > 19 || n % 2 == 0)
        printf("请输入[1,19]区间内的一个奇数");
    else
    {
        row = 0;
        col = n / 2;                   //计算 1 的位置
        a[row][col] = 1;               //填充 1
        //依次填充 k：2~n*n
        for (int k = 2; k <= n * n; k++)
        {
            int rowtmp = row, coltmp = col; //k-1 数字的位置，临时保存一下
            row--;
            col++;                     //计算 k 的位置下标（右上方）
            if (row == -1)
                row = n - 1;           //如果行号越界，则更改 row = n -1
            if (col == n)
                col = 0;               //如果列号越界，则更改 col = 0
            if (a[row][col] != 0)
            {                          //如果此位置有数，则将 k 放在 k-1 下方
                row = rowtmp + 1;
                col = coltmp;
            }
            a[row][col] = k;
        }
        //输出魔方矩阵
        for (int i = 0; i < n; i++)
        {
            for (int j = 0; j < n; j++)
                printf("%2d ", a[i][j]);
            printf("\n");
        }
    }
    return 0;
}
```

因为当 row 值为-1 时，row 值修改为 n-1，而 col 为 n 时，col 值修改为 0。实际上可以用求余运算计算右上方的位置，即 row = (row-1 + n) % n，col = (col + 1) % n。这样就解决了行、列越界问题。因此可以对本实例的代码进行简化处理。

具体来说，用求余方法计算完右上方的位置后，只需要判断该位置是否为空，若为空，则直接将数字 k 放置在该位置；若不为空，则将数字 k 放置在数字 k-1 的下方。

这时，添加数字 k 的代码可修改如下：

```c
int rowtmp = row, coltmp = col;                           //k-1 数字的位置，临时保存一下
row = (row - 1 + n) % n;    col = (col + 1) % n;           //计算 k 的位置下标（右上方）
if (a[row][col] != 0)
{ //如果此位置有数，则将 k 放在 k-1 下方
    row = rowtmp + 1;
    col = coltmp;
}
a[row][col] = k;
```

这个实例再一次让我们看到了求余运算在程序设计中的重要性。

【实例 05-45】螺旋矩阵

描述：给定一个整数 n（$0 < n < 20$），求 $n \times n$ 的螺旋矩阵。螺旋矩阵是指顺时针方向或逆时针方向依次填充的矩阵。对于一个 $n \times n$ 的矩阵，请从矩阵的左上角（第 1 行第 1 列）出发，向右、向下、向左、向上依次填入 1, 2, 3, …, n^2，构成了一个螺旋矩阵。遇到边界或已经访问过的元素时，改变方向继续添数，直到添满为止。螺旋矩阵如图 5.3 所示。

```
 1  2  3  4  5
16 17 18 19  6
15 24 25 20  7
14 23 22 21  8
13 12 11 10  9
```

图 5.3　螺旋矩阵

分析：定义数组 a[20][20] 存放螺旋矩阵元素，矩阵的实际阶数为输入的整数 n。用 k 表示待填充的数字，k 的取值为 $1 \sim n^2$。填充过程从第一行开始，按照顺时针方向，通过不断更新行列号的方式完成。流程如下：

（1）定义初始行列号 $i=0$，并以 (i, i) 作为入口，首先将 $n-2i$ 个元素按列标从小到大的顺序填充到行标为 i 的行中。然后将接下来的 $n-2i-1$ 个元素按行标从小到大的顺序填充到列标为 $n-1-i$ 的列中。接下来将 $n-2i-1$ 个元素按列标从大到小的顺序填入该矩阵的 $n-1-i$ 行。再接下来将 $n-2i-2$ 个元素按行标从大到小依次填入该矩阵的第 i 列，这样就完成了矩阵四周的填充。

（2）将行列号 i 增加 1，并重复以上过程，直到 i 大于 $(n-1)/2$。

经过上述步骤，整个螺旋矩阵的填充过程就完成了。

本实例的参考代码如下：

```c
#include <stdio.h>
int a[20][20];
int main(void)
{
    int n;
    scanf("%d", &n);
    int k = 1;                          //存放待填充的数字
    for (int i = 0; i < (n + 1) / 2; i++)   //共(n+1)/2 圈
    {                                       //(i, i)入口
        int r, c;
        //上面的一行，行标:i，列标:i~n-1-i
        for (c = i; c <= n - 1 - i; c++)
            a[i][c] = k++;
        //右面的一列，列标:n-1-i，行标: i+1~n-1-i
        for (r = i + 1; r <= n - 1 - i; r++)
            a[r][n - 1 - i] = k++;
        //下面的一行，行标:n-1-i，列标:n-2-i~i
        for (c = n - 2 - i; c >= i; c--)
            a[n - 1 - i][c] = k++;
        //左面的一列，列标:i，行标:n-2-i~i+1
        for (r = n - 2 - i; r >= i + 1; r--)
            a[r][i] = k++;
    }
    //输出螺旋矩阵
    for (int i = 0; i < n; i++)
    {
        for (int j = 0; j < n; j++)
            printf("%3d ", a[i][j]);
        printf("\n");
    }
    return 0;
}
```

整个程序设计的主要逻辑是按顺时针方向对矩阵一圈一圈地填充。共有$(n+1)/2$ 圈，每一圈的起始位置是(i,i)，i 从 0 到$(n-1)/2$。

每一圈通过四个循环进行填充操作。按上、右、下、左四个边去填充。

通过逐步增加 k 的值，可以完成顺时针螺旋填充的过程。

最后，遍历输出二维数组的内容，即可输出完整的螺旋填充结果。

【实练 05-17】矩阵的螺旋（回形）遍历

给定一个 R 行 C 列的矩阵，要求从矩阵的左上角元素开始，按回形从外向内顺时针遍历整个矩阵。遍历顺序如图 5.4 所示。

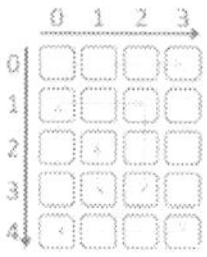

扫一扫，看视频

图 5.4　螺旋遍历顺序

【实例 05-46】蛇形矩阵

扫一扫，看视频

描述：以数字 $1,2,3,4,\cdots,n^2$ 填充一个 $n\times n$ 的方阵，采用蛇形填充方法。填充的规则如下：对于每一条从左下到右上的斜线，从左上方开始依次编号为 $1,2,\cdots,2n-1$。按照编号从小到大的顺序，将数字按照蛇形的方式填入各个斜线。在填写斜线时，奇数编号的从左下向右上填写，偶数编号的从右上向左下填写。4×4 的蛇形矩阵如图 5.5 所示。

输入一个不大于 10 的正整数 n，表示方阵的行数，输出 $n\times n$ 的蛇形矩阵。

```
1  2  6  7
3  5  8  13
4  9  12 14
10 11 15 16
```

图 5.5　4×4 的蛇形矩阵

分析：为了实现填充蛇形矩阵的功能，可以定义：一个整型二维数组 arr[10][10]存储填充后的矩阵元素、n 存储矩阵的阶数、k 存放待填充的数字、row 和 col 存放待填充数字的行号和列号、up 存放填充方向（1 表示右上方向，0 表示左下方向）。输入矩阵的阶数 n 之后，按如下步骤填充蛇形矩阵。

（1）初始化 k 的值为 1，将 1 填充到 arr[0][0]，即 row=col=0。

（2）根据变量 up 的值计算下一个元素的位置。

①如果 up=1，则表示当前填充方向为右上方向。如果 k 填充的位置是第一行或最后一列，则 $k+1$ 填充的位置会超出矩阵范围，所以需要判断 k 的位置是否为第一行或最后一列。如果 k 的位置不是第一行也不是最后一列，则 $k+1$ 的位置是右上方，即 row--，col++；如果 k 的位置是第一行但不是最后一列，则 $k+1$ 的位置是同行的下一列，即 col++，同时填充方向变为左下方向，即 up=0；如果 k 的位置是最后一列，则 $k+1$ 的位置是同列的下一行，即 row++，同时填充方向也变为左下方向，即 up=0。

②如果 up=0，则表示当前填充方向为左下方向。如果 k 填充的位置是第一列或最后一行，则 $k+1$ 填充的位置会超出矩阵范围，所以需要判断 k 的位置是否为第一列或最后一行。如果 k 的位置不是第一列也不是最后一行，则 $k+1$ 的位置是左下方，即 row++，col--；如果 k 的位置是第一列但不是最后一行，则 $k+1$ 的位置是同列的下一行，即 row++，同时填充方向变为右上方向，即 up=1；如果 k 的位置是最后一行，则 $k+1$ 的位置是同行的下一列，即 col++，同时填充方向也变为右上方向，即 up=1。

（3）将 $k+1$ 填充到矩阵的 row 行、col 列，即 arr[row][col]=++k。

（4）重复步骤（2）和（3），直到 k 的值等于 n*n 为止。

经过上述步骤，就可以按照要求获得蛇形填充后的矩阵 arr。

本实例的参考代码如下：

```c
#include <stdio.h>
int main(void)
{
    int arr[10][10];
    int k = 1, n;           //k 存放待填充的数字
    int row = 0, col = 0;   //存放待填充的数字的行号和列号
    int up = 1;             //1 表示右上方向，0 表示左下方向
    scanf("%d", &n);
    arr[row][row] = k;
    while (k <= n * n)
    {
        if (up)
        { // 右上
            if (row > 0 && col < n - 1)
```

```
                    {                           //k 的位置不是第一行也不是最后一列
                        row--;
                        col++;              // 右上
                    }
                    else if (col < n - 1)
                    {                           //k 的位置是第一行但不是最后一列
                        col++;
                        up = 0;             //改成左下
                    }
                    else
                    {                           //k 的位置是最后一列
                        row++;
                        up = 0;             //改成左下
                    }
                }
                else
                {                               // 左下
                    if (col > 0 && row < n - 1)
                    {                           //k 的位置不是第一列也不是最后一行
                        row++;
                        col--;
                    }
                    else if (row < n - 1)
                    {                           //k 的位置是第一列但不是最后一行
                        row++;
                        up = 1;             //改成右上
                    }
                    else
                    {                           //k 的位置是最后一行
                        col++;
                        up = 1;             //改成右上
                    }
                }
                arr[row][col] = ++k;        //将 k+1 填充到 row 行、col 列
        }
        //输出蛇形矩阵
        for (int i = 0; i < n; i++)
        {
            for (int j = 0; j < n; j++)
                printf("%2d ", arr[i][j]);
            printf("\n");
        }
        return 0;
    }
```

【实练 05-18】右上左下遍历

给定一个 ROW 行 COL 列的矩阵 matrix，要求从 matrix[0][0]元素开始，按从右上到左下的对角线顺序遍历整个矩阵，如图 5.6 所示。

输入的第一行有两个整数，依次为 R 和 C；余下有 R 行，每行包含 C 个整数，构成一个矩阵，输入的 R 和 C 保证 0 < R,C < 100。输出共一行，按遍历顺序输出每个整数。

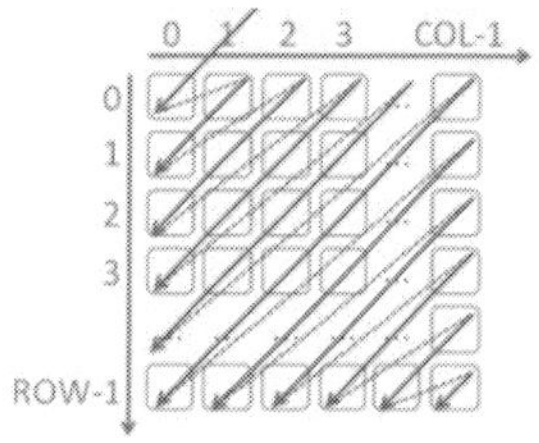

输入样例：

```
3 4
1 2 4 7
3 5 8 10
6 9 11 12
```

输出样例：

```
1 2 3 4 5 6 7 8 9 10 11 12
```

图 5.6 从右上到左下遍历矩阵

小　　结

当需要存储多个相同类型的数据时，可以选择使用数组。数组在程序设计中是最重要的存储模式之一，可以存储多个相同类型的数据，并在内存中以连续的地址块进行存储。

本章的实例涉及了一维数组和二维数组。一维数组适用于存储一行数据，而二维数组则适用于存储二维表格数据。无论是一维数组还是二维数组，它们的索引都是从 0 开始的，访问数组元素需要指定对应的索引号。

当使用数组时，需要注意数组的大小和内存管理，避免出现越界访问。

通过学习本章的实例，我们可以掌握如何使用一维数组和二维数组存储和操作数据。对于数组的操作，需要根据具体的需求和数据特点选择合适的算法和处理方式。

第6章　指　　针

指针是 C 语言的核心概念，也是其特色和精华所在。掌握指针是掌握 C 语言的重要一步，要相信学习 C 语言的指针既简单又有趣。在计算机内存中存储的数据是按字节编码的，每个内存单元都有自己的地址。指针变量的本质是存储内存地址，而一般的变量则存放值。

理解指针最重要的一点是：**指针就是内存地址，指针变量就是存储内存地址的变量**。掌握这一点后，才能更好地应用指针。

使用指针变量可以间接获取指针所指向的内存空间的值，这是指针如此重要的原因。

然而，指针也是一把双刃剑。如果对指针不能正确理解和灵活有效地应用，那么利用指针编写的程序也会更容易出错；同时，程序的可读性也会大打折扣。

本章通过多个实例讲解指针，并通过这些实例理解如何将指针应用到具体的程序设计中。

扫一扫，看视频

【实例 06-01】使用指针变量存储整型变量的地址

描述：定义一个指针变量存储整型变量的地址，并通过指针变量间接地改变整型变量的值。

分析：定义一个整型变量 a 和一个指针变量 p，将 p 赋值为 a 的地址。这样就可以通过指针变量 p 间接地访问并修改整型变量 a 的值了。

本实例的参考代码如下：

```
#include <stdio.h>
int main(void)
{
    int a = 5;         //定义整型变量a，并赋值为5
    int *p = &a;       //定义指针变量p，并将a的地址存储在其中
    *p = *p + 1;       //使用指针变量p间接访问a的值，将a的值加1并重新赋值给a
    printf("变量p的值：%x\n", p);                  //输出指针变量p的值
    printf("变量a的地址：%x，变量a的值：%d\n", &a, a);    //输出变量a的地址和值
    return 0;
}
```

运行结果如下：

```
变量p的值：62fe14
变量a的地址：62fe14，变量a的值：6
```

指针变量与其他类型的变量一样，必须在使用之前进行定义。

```
int *p = &a;
```

这条语句定义一个指针变量 p，类型是 int*，表示存储的是整型变量的地址。而且可以在定义的同时对指针变量进行初始化，给它赋值为变量 a 的地址。

指针变量是一种特殊的变量，存储的是计算机内存的地址。通过指针变量，可以访问和操

作内存中存储的数据。

本实例代码中共定义了两个变量：一个整型变量 a 和一个指针变量 p。这两个变量分别有自己的存储空间。当对这两个变量进行定义并初始化后，它们各自保存了自己的值。

通过将&a 赋值给指针变量 p，使 p 指向了变量 a 的内存地址。这样就可以通过间接引用指针变量 p 访问和修改变量 a 的值，如通过*p 访问和修改 a 的值。

由于变量 p 的值是变量 a 的地址，所以这两个变量的关系如图 6.1 所示。

内存空间的地址，类似于家里的门牌号，用于唯一标识计算机内存中的每个单元。通过地址值，我们可以访问并操作该地址所标识的内存空间的内容。

图 6.1　指针变量 p 指向整型变量 a 示意图

在本实例中，我们更加关注指针变量 p 和整型变量 a 之间的关系。**指针变量 p 的值就是整型变量 a 的地址**，因此可以说"p 指向了 a"。在语句*p = *p + 1;中，*p 表示通过指针间接引用的值，实际上就是变量 a 的值。**星号（*）通常被称为指针间接运算符、指针运算符或解引用运算符**。需要注意的是，*p 是一个数值，而 p 是一个地址。这里将*p 视为变量，它表示了 p 指向的内存单元，而这个内存单元的类型与定义指针变量时星号前面的数据类型相同。

指针变量定义的语法如下：

```
数据类型 *  变量名 ［ =初值 ］;
```

因此，如果要定义一个存储 double 类型变量地址的指针变量，可以定义如下：

```
double *p;
```

在定义指针变量时，可以通过赋值语句进行初始化，也可以选择不进行初始化。不过，**在使用指针变量之前，一定要对其进行初始化**。

当使用一条语句定义多个指针变量时，每个指针变量的名称前都必须添加*。例如，如果要定义 p1 和 p2 为 int 指针，可以使用 int *p1, *p2;。

如果要输出指针变量的值，可以使用转换说明符%x、%X 或%p。计算机内存的地址通常用十六进制表示。

运行以下程序代码，了解这三个转换说明符的用法。

```c
#include <stdio.h>
int main(void)
{
    int a = 5;
    int *p = &a;
    printf("变量 p 的值：%x\n", p); //以十六进制输出地址，字母小写
    printf("变量 p 的值：%X\n", p); //以十六进制输出地址，字母大写
    printf("变量 p 的值：%p\n", p); //以十六进制输出地址，不足十六位左边补 0
    return 0;
}
```

运行结果如下：

```
变量 p 的值：62fe14
变量 p 的值：62FE14
变量 p 的值：000000000062FE14
```

上述代码中，使用 printf 函数输出变量 p 的值。第一条输出语句使用了%x，它以十六进制小写的方式输出地址值；第二条输出语句使用了%X，它以十六进制大写的方式输出地址值；第三条输出语句使用了%p，它以十六进制输出地址，并且不足十六位时在左边补 0。

【实练 06-01】指针变量

定义一个 char 类型的变量 x 和一个 double 类型的变量 y，然后再定义两个指向它们的指针变量 p1 和 p2，用于存储变量 x 和变量 y 的地址。通过指针变量 p1 和 p2 分别对变量 x 和变量 y 进行赋值操作，修改它们的值。之后，使用 printf 函数输出变量 x 和变量 y 的值。

【实例 06-02】使用未初始化的指针变量

描述：定义一个未初始化的指针变量，访问这个指针所指的内存单元。

分析：当一个指针变量未初始化时，它会包含一个未知的值。因此，访问未初始化的指针变量所指向的内存单元是危险的，因为无法确定该内存单元中存储的是什么数据。

为了避免潜在的错误，通常情况下，只有在指针变量有明确的指向时才通过该指针访问它所指向的内存单元。

本实例的参考代码如下：

```c
#include <stdio.h>
int main(void)
{
    double a = 5.5;    //定义 double 类型变量
    double *p;         //定义指向 double 类型的指针变量且未初始化
    *p = 8.8;          //给未初始化的指针所指单元赋值，运行异常
    p = &a;            //把变量 a 的地址赋值给 p
    return 0;
}
```

读者可以在自己的计算机上运行本实例，会发现程序产生异常退出。所以在指针变量没有明确的指向位置时，不要通过该指针访问它所指的内存单元。

有时，**在定义一个指针变量时，可以给它赋 NULL 初始值**。需要注意的是，对于被初始化为 NULL 的指针变量，不能使用*运算符访问其所指向的内存单元。

NULL 表示空指针，当某个指针变量的值为 NULL 时，表示该指针变量没有有效的内存地址，因此不能通过该指针变量访问内存。例如，int *p = NULL; *p = 10; 的操作是错误的。

为了避免此类错误的发生，可以使用 if 语句判断指针变量的值是否为 NULL，以避免访问无效的内存。下面是一个示例程序。

```c
#include <stdio.h>
int main(void)
{
    double a = 5.5;              //定义一个 double 类型变量 a，赋值为 5.5
    double *p = NULL;           //定义一个指向 double 类型的指针变量 p，并将其初始化为 NULL
    printf("%d\n", NULL);        //输出 NULL 的值，即 0
    if (p == NULL)              //判断指针变量 p 是否为 NULL
        printf("该指针未指向具体的内存单元! ");   //如果 p 为 NULL，则输出提示信息
    else
    {
        *p = 10;                //如果 p 不为 NULL，则通过指针 p 访问所指内存单元，并赋值为 10
        printf("p 所指单元 a 的值是%.2f\n", *p);   //输出指针 p 所指向的内存单元的值
    }
    return 0;
}
```

运行结果如下：

```
0
该指针未指向具体的内存单元!
```

在这段代码中，使用 if 语句的判断条件是指针变量 p 是否为 NULL，由于 p 的初始值是 NULL，所以判断条件为真，程序会执行 if 代码块中的语句，并输出"该指针未指向具体的内存单元!"，从而避免执行 else 代码块中的语句。这是因为当指针为 NULL 时，对其进行解引用和赋值操作会导致程序错误。

> 通过指针变量访问内存之前，必须检查指针的合法性。指针变量的值要么为 NULL，要么指向具体的已知内存单元。可以通过判断指针变量的值是否为 NULL 保证进行有效的内存访问。但需注意，值为 NULL 的指针并不一定就是指向地址为 0 的单元的指针，因为不同的 C 编译器可以用不同的方式表示 NULL 指针，并且并非所有的编译器都使用 0 地址。例如，某些编译器可能会为 NULL 指针使用不存在的内存地址。

【实例06-03】指向无效内存空间的指针

在 C 语言中，函数内部定义的局部变量在函数执行完毕后，该局部变量的生存期就结束了。如果将局部变量的地址返回给调用函数，并且在该函数中进行操作，就会引用一个无效的内存空间，导致程序错误。

下面是一个简单的示例，演示了通过函数返回局部变量的地址所导致的问题。

```c
#include <stdio.h>
int *getPointer()
{
    int num = 10;                           //定义一个整数类型的局部变量 num，赋值为 10
    int *ptr = &num;                        //定义一个指向整数类型的指针变量 ptr，指向局部变量 num
    return ptr;                             //返回指针变量 ptr 的值
}
int main(void)
{
    int *wildPtr = getPointer();            //调用函数 getPointer，并将返回的指针赋值给 wildPtr
    printf("Value: %d\n", *wildPtr);        //输出 wildPtr 所指向的内存单元的值
    return 0;
}
```

在这个示例中，函数 getPointer 内部定义了一个整数类型的局部变量 num，并返回了它的地址。在 main 函数中，尝试通过指针 wildPtr 访问 num 的值，但这是不安全的，因为该指针指向了一个已不存在的局部变量。这样的操作会产生未定义的行为，可能导致程序崩溃或产生不可预测的结果。

返回指向局部变量的指针会导致访问无效的内存地址，从而发生未定义的行为。这种指针被称为**野指针**，是编程中常见的错误之一。

为了避免野指针的问题，可以采取以下措施。

（1）始终初始化指针，并确保它指向有效的内存。

（2）在释放了指针所指向的内存后，将其设置为 NULL 或另一个有效的地址。

（3）避免返回局部变量的指针，尤其是在函数调用结束后依然使用该指针。

> 在编程中，要小心避免通过错误操作得到的野指针，这样可以提高程序的稳定性和安全性。

 【实例06-04】指针变量所占字节数

描述：定义 4 个基本数据类型变量和 4 个指针变量，计算指针变量所占字节数。

分析：使用 sizeof 运算符计算指针变量所占内存空间的大小。

本实例的参考代码如下：

```c
#include <stdio.h>
int main(void)
{
    short vshort = 12;
    int vint = 20;
    float vfloat = 3.14159;
    char vchar = 'a';
    short *pvshort = &vshort;
    int *pvint = &vint;
    float *pvfloat = &vfloat;
    char *pvchar = &vchar;
    printf("%X:%10hd %8d %8d\n", pvshort, vshort, sizeof(pvshort), sizeof(vshort));
    printf("%X:%10d %8d %8d\n", pvint, vint, sizeof(pvint), sizeof(vint));
    printf("%X:%10f %8d %8d\n", pvfloat, vfloat, sizeof(pvfloat), sizeof(vfloat));
    printf("%X:%10c %8d %8d\n", pvchar, vchar, sizeof(pvchar), sizeof(vchar));
    return 0;
}
```

运行结果如下：

62FDFE:	12	8	2
62FDF8:	20	8	4
62FDF4:	3.141590	8	4
62FDF3:	a	8	1

在这个实例中，共有 4 个指针变量，分别指向不同类型的变量。指针变量中存储的是它所指向变量的第一个字节的地址。为了说明指针变量的字节数，在本实例中用 sizeof 计算这 4 个指针变量所占字节数。

编译器是知道指针所指向的变量空间的大小的，因此它可以进行适当的指针运算。尽管指针变量存储的是不同类型变量的地址，但是指针变量本身所占的字节数是相同的。在本实例中，4 个指针变量所占的字节数都是 8。这是因为本实例使用的是 64 位系统，指针变量通常在这种系统中占据 8 字节。如果是 32 位系统，指针变量通常会占据 4 字节。

需要注意的是，读者的运行结果可能与本实例中的运行结果不同，这取决于编译器和正在使用的系统。但这不重要，重要的是读者要清楚**在同样的编译器和系统下，指针变量所占字节数是相同的**，无论它们指向何种类型的变量。

指针变量通常更多地用作函数的形参，主要是通过指针间接运算符改变指针所指变量的值。

【实例 06-05】3 个整数的排序

扫一扫，看视频

描述：输入 3 个整数，对这 3 个整数进行排序后从小到大输出。

分析：为了完成 3 个整数的排序，可以使用两两比较交换值的方法。这个过程中需要多次进行值的交换，因此可以定义一个交换两个变量值的函数作为子任务帮助完成 3 个整数的排序。

本实例的参考代码如下：

```c
#include <stdio.h>
void swap(int *p1, int *p2);            //交换两个指针变量所指空间的值
int main(void)
{
    int a, b, c;
    printf("请输入 3 个整数：");        //程序运行提示信息
    scanf("%d %d %d", &a, &b, &c);      //输入 3 个整数
    if (a > b) swap(&a, &b);
    if (a > c) swap(&a, &c);
    if (b > c) swap(&b, &c);
    printf("3 个整数由小到大排序为：");  //程序运行提示信息
    printf("%d %d %d\n", a, b, c);
    return 0;
}
void swap(int *p1, int *p2)
{
    int temp = *p1;                     //将 p1 指向的值存储到 temp 变量中
    *p1 = *p2;                          //将 p2 指向的值赋给 p1 指向的值
    *p2 = temp;                         //将 temp 的值赋给 p2 指向的值
}
```

指针变量通常用作函数的形参，因为这样的形参可以指向调用函数中的变量。通过指针间接运算符（*），我们可以间接使用调用函数中的变量。在函数调用时，将变量的地址传递给函数作为实参，这就是传值调用。

在这个程序代码中，理解的关键在于函数调用时的实参&x 和&y，以及形参指针变量 p1 和 p2。局部整型变量 x 和 y 定义在 main 函数内部，而指针变量 p1 和 p2 定义在 swap 函数内部。

通过调用 swap(&a, &b)，相当于执行了两条赋值语句，即 p1 = &x 和 p2 = &y。因此，p1 的值是变量 x 的地址，p2 的值是变量 y 的地址，这就意味着 p1 指向了变量 x，p2 指向了变量 y。

可以用图 6.2 表示这种关系。

通过指针变量 p1 和 p2，使用指针间接运算符（*）操作变量 x 和 y，从而在 swap 函数内实现交换 main 函数中变量 x 和 y 的值。

运行下面的程序，会发现 x 的值改变了，而 y 的值未改变。

```
#include <stdio.h>
void func(int *p, int b);
int main(void)
{
    int x = 10, y = 10;
    printf("x = %d, y = %d\n", x, y);
    func(&x, y);                        //函数调用
    printf("x = %d, y = %d\n", x, y);

    return 0;
}
void func(int *p, int b)
{
    *p = (*p) * (*p);
    b *= b;
}
```

运行结果如下：

```
x = 10, y = 10
x = 100, y = 10
```

因为 func 函数的形参 p 是指针变量，b 是整型变量，所以函数调用时，指针变量 p 指向了 main 函数中的 x 变量，而 b 的值是 y 的值，如图 6.3 所示。

图 6.2　main 函数中的变量 x、y 和 swap 函数的形参 p1、p2 关系示意图　　图 6.3　main 函数中的变量 x、y 和 func 函数的形参 p、b 关系示意图

所以，func 函数通过指针变量把 x 变量的值改为了 100，而 b 和 y 是两个独立的变量，改变变量 b 的值对变量 y 无任何影响。

【实练 06-02】4 个整数的排序

使用实例 06-05 中的 swap 函数完成 4 个整数的排序程序设计，即输入 4 个整数，按由小到大的顺序输出这 4 个整数。注意，不要使用数组。

【实例 06-06】const 与指针变量

当使用关键字 const 定义变量时，它会通知编译器该变量的值不可以被修改。这样的变量被称为常量。const 也可以用于指针变量，但是其位置不同，表示的含义也不同。

在定义指针变量时，如果把 const 放在数据类型前面，表示指针指向的值为常量，即不允许通过该指针修改所指向的值。例如：

```
const int *p;
```

在这条语句中，p 是一个指向 int 类型常量的指针，它指向的值不能被修改，但可以通过其他指针修改。

如果将 const 放在指针变量的 *后面时，表示指针本身是常量，即不允许修改该指针的值。例如：

```
int * const p = &a;
```

在这条语句中，p 是一个指向 int 类型常量的指针，一旦指针被初始化，它的值就不能被修改，也就是说不能将它指向其他地址，但是可以通过该指针修改所指向的值。

看下面的一个示例程序。

```
#include <stdio.h>
int main(void)
{
    int x = 5, y = 6;
    const int *p1 = &x;        //p1 是一个指向 const int 类型的指针，指向的值不能修改
    int *const p2 = &y;        //p2 是一个指向 int 类型常量的指针，指针本身的值不能修改
    *p1 = 7;                   //错误：不能通过 p1 修改所指向的值
    x++;                       //可以：通过其他方式修改 x 的值
    p1 = &y;                   //可以：可以将 p1 修改为指向 y
    *p2 = 8;                   //可以：可以通过 p2 修改所指向的值
    p2 = &x;                   //错误：不能修改 p2 的值
    return 0;
}
```

常量指针与指向常量的指针之间有着微妙的区别。常量指针表示指针变量本身是常量，而指向常量的指针表示不能通过指针修改指针所指向的内存单元的值。

可以通过在星号（*）的前后都加上 const 来定义一个既是常量指针又是指向常量的指针。例如：

```
const int * const p = &x;
```

这条语句告诉编译器，p 是一个既是常量指针又是指向常量的指针。这意味着，在这种情况下，既不能通过 p 修改所指向的值，也不能修改 p 的指针地址。

下面的程序代码中定义了 4 个指针变量。理解一下这 4 个指针变量的特点，并思考赋值语句中哪些是合法的，哪些是不合法的。

```
#include <stdio.h>
int main(void)
{
    int x = 5, y = 6;           //定义两个整型变量 x 和 y
    const int z = 10;           //定义一个常量整型变量 z
    int *p1 = &x;               //定义指向整型变量的指针 p1，并将其指向 x
    const int *p2 = &y;         //定义指向常量整型变量的指针 p2，并将其指向 y
    int *const p3 = &x;         //定义指向整型变量的常量指针 p3，并将其指向 x
    const int *const p4 = &y;   //定义指向常量整型变量的常量指针 p4，并将其指向 y
    *p1 = 20;                   //可以吗？
    *p2 = 20;                   //可以吗？
    y = y + 10;                 //可以吗？
    z = z + 10;                 //可以吗？
    p1 = &z;                    //可以吗？
    p2 = &z;                    //可以吗？
    p3 = &y;                    //可以吗？
    *p4 = 10;                   //可以吗？
    p4 = &x;                    //可以吗？
    return 0;
}
```

指向常量的指针经常在函数参数中出现，目的是避免在函数中通过指针改变调用函数中的变量的值，从而提高程序代码的质量。这也是 C 程序员应该养成的良好编程习惯。

看下面的示例程序，函数参数是指向常量的指针。

```
#include <stdio.h>
void func(const int *ptr);       //ptr 是指向常量的指针
int main(void)
{
    int y;
    func(&y);
    return 0;
}
void func(const int *ptr)
{
    *ptr = 100;          //编译错误，因为 ptr 是指向常量对象的指针，不能通过指针修改所指向的值
}
```

通过函数调用让 ptr 指向 main 函数的 y 变量，在 func 函数中想通过 ptr 指针修改 y 的值是错误的。

在字符串处理的库函数中，我们经常可以看到这样的形参，例如：

```
size_t strlen ( const char * str );
```

【实例 06-07】日期转换

扫一扫，看视频

描述：给定一个年份和一年中的某一天（即该年的第几天），使用以下函数原型计算并输出这一天是该年的第几个月和第几天。

```
void monthDay(int year, int yearDay, int *pMonth, int *pDay);
```

分析：给定一个年份和一年中的某一天，该函数的功能是计算对应的月份和日。由于需要返回两个计算结果，因此可以通过指针形参将结果传递给调用函数。

本实例的参考代码如下：

```c
#include <stdio.h>
#include <stdbool.h>
void monthDay(int year, int yearDay, int *pMonth, int *pDay);
bool isLeap(int year);
int main()
{
    int year, yearDay, month, day;
    scanf("%d %d", &year, &yearDay);
    if (isLeap(year) && yearDay > 366)
        printf("输入的天数不合法，闰年最多 366 天!");
    else if (!isLeap(year) && yearDay > 365)
        printf("输入的天数不合法，非闰年最多 365 天!");
    else
    {
        monthDay(year, yearDay, &month, &day);
        printf("%d 年的第%d 天的日期是:%4d-%02d-%02d\n", year, yearDay, year, month, day);
    }
    return 0;
}
void monthDay(int year, int yearDay, int *pMonth, int *pDay)
{
    int daysInMonth[] = {0, 31, 28, 31, 30, 31, 30, 31, 31, 30, 31, 30, 31};
    int i;
    //判断是否为闰年，闰年的二月有 29 天
    if (isLeap(year))
        daysInMonth[2] = 29;
    for (i = 1; i <= 12; i++)
    {
        if (yearDay <= daysInMonth[i])
        {
            *pMonth = i;
            *pDay = yearDay;
            break;
        }
        yearDay -= daysInMonth[i];
    }
}
bool isLeap(int year)
{
    return year % 400 == 0 || (year % 4 == 0 && year % 100 != 0);
}
```

运行结果如下：

```
2023 100
2023 年的第 100 天的日期是:2023-04-10
```

在 monthDay 函数中，首先，根据给定的年份判断是否为闰年，如果是，则将 daysInMonth

数组中闰年的二月天数设置为 29。然后，通过遍历 daysInMonth 数组找到与输入的 yearDay 对应的月份和日期。最后，通过指针将计算结果存储到调用该函数的变量中。

在主函数中，进行了输入的合法性判断。如果给定的年份是闰年，并且输入的天数大于 366，则输出相应的错误提示信息。如果给定的年份不是闰年，并且输入的天数大于 365，则输出相应的错误提示信息。这样可以避免计算错误的日期。

【实例 06-08】通过指针访问数组

扫一扫，看视频

描述：定义一个指针变量，将其指向数组元素，并通过指针访问数组元素的值。

分析：由于指针变量可以存储内存地址，而数组中的每个元素也都有自己的地址，因此可以通过定义指针变量指向数组元素访问该元素的地址和值。

本实例的参考代码如下：

```c
#include <stdio.h>
int main(void)
{
    int a[5] = {1, 3, 5, 7, 9};
    int *p = a;   //初始化为 a 数组的首地址
    printf("a 的值是：%#X, a[0]的地址是：%#X\n", a, &a[0]);
    p[2] = 10;    //等价于 a[2] = 10;
    for (int i = 0; i < 5; i++)
    {
        //使用指针变量 p 输出数组 a 每个单元的地址及数组元素值
        printf("a[%d]的地址是：%#X a[%d]的值是：%d\n", i, p + i, i, *(p + i));
    }
    return 0;
}
```

运行结果如下：

```
a 的值是：0X62FDF0, a[0]的地址是：0X62FDF0
a[0]的地址是：0X62FDF0 a[0]的值是：1
a[1]的地址是：0X62FDF4 a[1]的值是：3
a[2]的地址是：0X62FDF8 a[2]的值是：10
a[3]的地址是：0X62FDFC a[3]的值是：7
a[4]的地址是：0X62FE00 a[4]的值是：9
```

在 C 语言中，**数组名可以看作一个指向数组首个元素的指针**，因此将数组名 a 赋值给指针变量 p，相当于让 p 指向数组的第一个元素 a[0] 的地址。因此，输出数组名 a 的值和输出数组第一个元素的地址 &a[0] 的值会得到相同的结果。

在这个程序中，指针 p 指向数组 a 的首地址，而 a 是一个 int 类型的数组。所以 p[2] 实际上对于数组 a 来说，就是取第二个元素的值。同时，由于 p 和 a 指向相同的内存空间，所以 p[2] = 10;等价于 a[2] = 10;，都表示将数组 a 的第二个元素的值修改为 10。

指针变量可以进行加减算术运算，因此 p + i 表示 p 所指向的数组元素后面的第 i 个单元。因此，p + i 是数组元素 a[i] 的地址，*(p + i) 自然就代表数组元素 a[i]。

尽管可以使用指针变量访问数组元素，但在习惯上，更倾向于使用数组下标的方式引用数组元素。

【实例 06-09】将数组的元素值逆置后输出

扫一扫，看视频

描述：将数组元素内容逆置后输出。

分析：可以使用两个指针变量操作数组。一个指针变量指向数组的第一个元素的地址，另一个指针变量指向数组的最后一个元素的地址。通过利用指针变量的自增和自减运算，可以让这两个指针相向而行。在交换两个指针变量所指内存单元的值的同时，也就实现了对数组元素值的逆置操作。

本实例的参考代码如下：

```
#include <stdio.h>
void swap(int *p1, int *p2);
int main(void)
{
    int a[5] = {1, 3, 5, 7, 9};
    int *p = a, *q = &a[4];     //p 指向第一个元素 a[0]，q 指向最后一个元素 a[4]
    while (p < q)               //一旦 p>=q，数组也就完成了逆置
    {
        swap(p, q);            //交换 p 和 q 两个指针变量所指内存单元的值
        p++;                   //p 指针后移指向数组的下一个元素
        q--;                   //q 指针前移指向数组的前一个元素
    }
    for (int i = 0; i < 5; i++)
    {
        printf("a[%d]的值是：%d\n", i, a[i]);
    }
    return 0;
}
void swap(int *p1, int *p2)
{
    int temp = *p1;
    *p1 = *p2;
    *p2 = temp;
}
```

指针变量可以使用自增自减运算符，如果一个指针变量指向某个数组元素，那么 p++表示指向数组的下一个元素，p--表示指向数组的前一个元素。代码中有两个指针变量 p 和 q，一开始的时候 p 指向 a[0]，q 指向 a[4]，如图 6.4 所示，即指向了数组的第一个元素和最后一个元素，交换这两个指针所指内存单元的值后，两个指针相向而行，一个向后移动，一个向前移动。

图 6.4　p 指向 a[0]而 q 指向 a[4]

在 C 语言中，指针变量除了可以进行算术运算，如加、减外，也可以使用关系运算符。例如，p < q 是判断两个指针变量所指向的地址的大小关系。当指针变量 p 大于等于指针变量 q 时，说明数组逆置操作已经完成。

注意，指针加 1 的操作并不能够直接增加 1，而是会增加一个存储单元的大小。在操作数组时，将指针变量加 1 后，它所指向的地址就会变成下一个元素的地址；而将指针变量减 1 后，它所指向的地址就会变成前一个元素的地址。这也是为什么在定义指针变量时，一定要说明所指向对象的类型。

请阅读并执行下面的程序，以加深对与指针变量相关的运算的理解。

```
#include <stdio.h>
int main(void)
{
    int data[10] = {1, 3, 5, 7, 9, 2, 4, 6, 8, 10};
    int *p1, *p2, *p3, *p;
    int x = 10;
    p1 = &x;                    //p1 指向变量 x
    p2 = data;                  //p2 指向 data 数组的第一个元素
    p3 = &data[9];              //p3 指向 data 数组的最后一个元素
    *p1 = x + *p2 + *p3;        //等价于 x = x + data[0] + data[9]
    p = p1;                     //p 也指向变量 x
    printf("x=%d,*p=%d\n", x, *p);  //x 的值是 21
    p1 = &*data;                //*data 是 a[0]单元，所以 p1 指向 a[0]
    printf("*p1=%d\n", *p1);    //*p1 的值是 1
    p2 += 4;                    //指针变量加整数 4，表示把指针后移 4 个单元
    printf("*p2=%d\n", *p2);    //p2 指向的是 a[4]，*p2 的值是 9
    p3--;                       //自减运算符，指针指向数组的前一个单元
    printf("*p3=%d\n", *p3);    //*p3 的值是 8
```

```
        printf("p3-p2=%d\n", p3 - p2);        //两个指针变量可以相减但不能相加
        p3--;
        p2++;
        if (p3 < p2)
            printf("p3 在 p2 的前面!");         //指针变量可以比较
        else
            printf("p3 在 p2 的后面!");
        return 0;
}
```

运行结果如下：

```
x=21,*p=21
*p1=1
*p2=9
*p3=8
p3-p2=4
p3 在 p2 的后面!
```

当指针变量指向数组的某个元素时，可以进行以下运算操作。

（1）指针与整数相加：使用加法运算符（+）可以将指针与整数相加，或者将整数与指针相加。在这种情况下，整数会乘以指针所指单元类型的大小（以字节为单位），然后将结果与初始地址相加。如果相加的结果超出初始指针所指向的数组范围，计算结果将是未定义的。但是，只要没有超过数组的最后一个位置，C 语言保证该指针仍然有效。

（2）指针减去一个整数：使用减法运算符（−）可以从一个指针中减去一个整数。需要注意的是，指针可以减去一个整数，但不能用一个整数去减去一个指针。

（3）递增指针：递增指向数组元素的指针可以将该指针移动到数组的下一个元素。

（4）递减指针：递减指向数组元素的指针可以将该指针移动到数组的前一个元素。

（5）指针求差：可以计算两个指针之间的差值。通常情况下，两个指针指向同一数组的不同元素，通过求差可以得到这两个元素之间的距离。只要两个指针指向同一数组，C 语言就可以保证求差的结果是有效的。但是，如果对不同数组的指针进行求差（没有实际意义），就可能会得到一个值，或者导致运行时错误。

（6）比较：可以使用关系运算符比较两个指针的值，前提是这两个指针都指向相同类型的对象。

 　指针的加减运算、自增自减操作实际上是改变指针的偏移量，从而指向其他内存位置，主要用于数组编程。如果对一个不指向任何数组元素的指针执行算术运算，将会导致未定义的行为。此外，只有当两个指针指向同一个数组时，它们之间的减法操作才是有意义的。

【实例 06-10】 *p++、*++p 和(*p)++

扫一扫，看视频

一元运算符 * 和自增运算符 ++具有相同的优先级，但结合律是从右向左的。另外，自增运算符又分为前置自增和后置自增，因此在理解计算顺序时需要注意。

以下代码可以帮助我们更好地理解一元运算符 * 和自增运算符 ++ 的运算顺序。

```
#include <stdio.h>
int main(void)
{
    int data[10] = {1, 3, 5, 7, 9, 2, 4, 6, 8, 10};
    int *p1 = data, *p2 = data;    //p1 和 p2 都指向 a[0]
    int *p3 = data + 3;             //p3 指向 data[3]
    printf("*p1 = %d, *p2 = %d, *p3 = %d\n", *p1, *p2, *p3);
    printf("*p1++ = %d, *++p2 = %d, (*p3)++ = %d\n", *p1++, *++p2, (*p3)++);
    printf("*p1 = %d, *p2 = %d, *p3 = %d\n", *p1, *p2, *p3);
    return 0;
}
```

运行结果如下：

```
*p1 = 1, *p2 = 1, *p3 = 7
*p1++ = 1, *++p2 = 3, (*p3)++ = 7
*p1 = 3, *p2 = 3, *p3 = 8
```

因为初始化时，p1 和 p2 都指向 data[0]，而 p3 指向 data[3]，所以第一行输出结果为 1、1、7。

在 *p1++ 这一行中，由于是后置自增，先输出 p1 所指单元 data[0] 的值，然后将 p1 后移一个单元，指向 data[1]。在 *++p2 这一行中，由于是前置自增，先将 p2 后移一个单元，指向 data[1]，然后输出 p2 所指单元 data[1] 的值。而在 (*p3)++ 这一行中，由于括号改变了优先级，首先输出 p3 所指单元的值 data[3]，然后对 *p3 的值进行自增 1。因此，第二行输出结果为 1、3、7。

在执行完第二个 printf 后，p1 和 p2 都指向 data[1]，而 p3 仍然指向 data[3]。但是，data[3] 的值已经变成了 8，所以第三行的输出结果是 3、3、8。

在编程时，不建议使用这种风格的代码，因为它的可读性较差，容易引起误解。实际上，*p++ 可以表示为 *p, p++，而 *++p 最好表示为 ++p, *p。

【实例 06-11】整数序列的元素最大跨度值

问题描述见实例 03-05。

分析：在第 3 章中，我们已经讨论了一种处理方法。现在，打算采用另一种编码方法，即利用函数处理数据，并将这些数据存储在数组中。因此，可以设计一个函数，用于处理包含 *n* 个元素的数组，找出这 *n* 个整数中的最大值和最小值，并返回它们之间的差值。本实例的目的是研究指针形参与数组之间的关系。

本实例的参数代码如下：

```c
#include <stdio.h>
const int N = 1000;
void input(int *a, int n);
int diffMax(const int *a, int n);
int main(void)
{
    int n;
    int a[N];
    scanf("%d", &n);
    input(a, n);                    //调用 input 函数，读取 n 个整数
    printf("%d\n", diffMax(a, n));  //调用 diffMax 函数，计算最大跨度值并输出
    return 0;
}
//函数功能：读取 n 个整数存入数组 a 中
void input(int *a, int n)
{
    for (int i = 0; i < n; i++)
        scanf("%d", &a[i]);
}
//函数功能：计算最大跨度值
int diffMax(const int *a, int n)
{
    int maxV = a[0], minV = a[0];
    for (int i = 1; i < n; i++)
    {
        if (a[i] > maxV)            //更新最大值
            maxV = a[i];
        if (a[i] < minV)            //更新最小值
            minV = a[i];
    }
    return maxV - minV;             //返回最大跨度值
}
```

如果一个函数要对一个数组进行操作，通常使用指针变量和整型变量作为函数的形参，其

中指针变量表示数组的起始地址，整型变量表示数组的元素个数。在本实例中，input 和 diffMax 函数都具有这样的形参。

更准确地说，对于 diffMax 函数，形参 const int *a 可以替换为 const int a[]。

int *a 和 int a[]这两种形式都表示 a 是一个指向 int 类型的指针变量。但是，int a[]这种形式可以更加清晰地告诉读者，a 不仅仅是一个 int 类型的指针，形式上看起来像是一个 int 类型的数组（尽管实际上并不是真正的数组）。

在函数调用时采用传值调用的方式，实际上是将数组的起始地址传递给函数的指针形参。这样，在函数执行时，就可以通过指针来访问在 main 函数中定义的数组，从而实现对 main 函数中数组的操作。

input 函数和 diffMax 函数都具有指针形参，只是 input 函数的指针形参没有使用 const 修饰符。相比之下，diffMax 函数中的指针形参加上了 const 修饰符，即将其定义为常量指针，从而明确表明 diffMax 函数不对数组的内容进行修改。

运行下面的程序，通过实际操作进一步加深对指针形式的数组参数的理解。

```c
#include <stdio.h>
int sum(int *p, int n);
int main(void)
{
    int a[10] = {1, 3, 5, 7, 9, 11, 13, 15, 17, 19};
    printf("前 5 个元素的和是：%d\n", sum(a, 5));
    printf("后 5 个元素的和是：%d\n", sum(a + 5, 5));
    return 0;
}
int sum(int *p, int n)
{
    int s = 0;
    for (int i = 0; i < n; i++) //通过指针访问数组元素
    {
        s += *p;
        p++;
    }
    return s;
}
```

运行结果如下：

```
前 5 个元素的和是：25
后 5 个元素的和是：75
```

理解这段程序代码的关键在于理解指针变量是存储地址的变量。因此，在函数调用 sum(a, 5)时，形参 p 指向 main 函数中数组 a 的第 1 个元素 a[0]，如图 6.5 所示。因此，我们对以第 1 个元素为起点的连续 5 个元素进行了累加求和。另外，当函数调用 sum(a + 5, 5)时，由于 a + 5 代表了数组元素 a[5]的地址，形参 p 指向了 main 函数中数组 a 的第 6 个元素 a[5]，如图 6.6 所示。因此，我们对以第 6 个元素为起点的连续 5 个元素进行了累加求和。

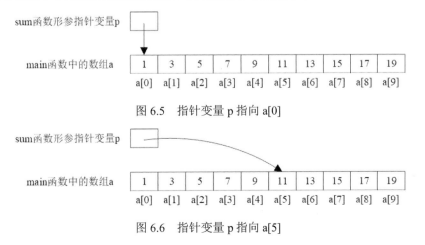

图 6.5　指针变量 p 指向 a[0]

图 6.6　指针变量 p 指向 a[5]

针对需要对数组进行访问的函数 sum，通常更倾向于使用以下形式来编写。

```c
int sum(int a[], int n)    //等价于 int sum(int *a, int n)
{
    int s = 0;
    for (int i = 0; i < n; i++)
        s += a[i];
    return s;
}
```

把数组型形参声明为*a 和 a[]，哪种风格更好呢？可能不同的程序员会有不同的见解，一种观点认为*a 是不明确的，不知道函数到底是希望形参指针指向数组还是指向单个对象？所以 a[] 更好。但另一种观点认为把形参声明为*a 更准确，因为它会提醒我们传递的仅仅是指针而不是数组的副本。这里希望读者不要对此困惑，作者认为哪种风格都是合理的，本书将采用 a[] 形式。

运行下面的程序，以便理解 fun 函数中的 sizeof(a)和 main 函数中的 sizeof(a)之间的区别。

```c
#include <stdio.h>
void fun(int a[], int n)
{
    printf("sizeof(a)=%d\n", sizeof(a)); //测试指针变量 a 所占字节数
}
int main(void)
{
    int a[10] = {1, 3, 5, 7, 9, 2, 4, 6, 8, 10};
    fun(a, 10);
    printf("sizeof(a)=%d\n", sizeof(a)); //测试数组 a 所占字节数
    return 0;
}
```

运行结果如下：

```
sizeof(a)=8
sizeof(a)=40
```

main 函数中，sizeof(a)测试的是数组所占空间的大小，因此输出结果为 40 字节。相比之下，fun 函数中的形参 a 是指针变量，因此 sizeof(a)测试的是指针变量所占空间的大小，输出结果为 8 字节（在运行 64 位系统的情况下）。

【实练 06-03】向量的点积

设计一个函数 innerProduct，其原型为 double innerProduct(const double *a, const double *b, int n)。a 和 b 都指向长度为 n 的数组。函数返回 a[0]*b[0]+a[1]*b[1]+⋯+a[n−1]*b[n−1]。要求使用指针算术运算而不是取下标访问数组元素。读者可自行完成对这个函数的测试。

【实例 06-12】与最大数不相同的数的和

描述：求一个整数序列中与最大数不相同的所有整数之和。输入共两行，第一行为整数 N（$N \leq 100$），代表序列的长度；第二行为 N 个整数，每个整数的绝对值不超过 10^6，两数之间有一个空格。输出一个整数，代表与最大数不相同的所有整数之和。

输入样例：

```
5
2 3 6 7 3
```

输出样例：

```
14
```

分析：根据问题的需求，我们可以采用模块化程度设计思想，将问题分解为两个子问题。第一个子问题是在整数数组中找到最大值，第二个子问题是计算不与某个值相同的数组元素的

总和。因此，可以设计如下两个函数。

```
int findMax(int a[], int n);               //找到数组中最大值并返回最大值的下标
int sumFun(int a[], int n, int x);         //计算与 x 不相同的元素的和并返回这个和
```

当然，数组的输入也可以利用 input 函数。

本实例的参考代码如下：

```
#include <stdio.h>
const int N = 100;
void input(int a[], int n);
int findMax(int a[], int n);
int sumFun(int a[], int n, int x);
int main(void)
{
    int a[N], n;
    scanf("%d", &n);
    input(a, n);                   //调用函数 input 输入 n 个整数到数组 a 中
    int idx = findMax(a, n);       //调用函数 findMax 求数组 a 中最大元素值的下标
    int maxV = a[idx];             //获取数组中的最大值
    int sum = sumFun(a, n, maxV);  //调用函数 sumFun 求数组 a 中不与 maxV 元素相同的和
    printf("%d\n", sum);           //输出结果
    return 0;
}
//函数功能：用于输入 n 个整数到数组 a 中
void input(int a[], int n)
{
    for (int i = 0; i < n; i++)
        scanf("%d", &a[i]);
}
//函数功能：找到数组中的最大值并返回最大值的下标
int findMax(int a[], int n)
{
    int idx = 0;                   //最大元素值下标
    for (int i = 1; i < n; i++)
        if (a[i] > a[idx])
            idx = i;
    return idx;
}
//函数功能：计算与 x 不相同的元素的和并返回这个和
int sumFun(int a[], int n, int x)
{
    int sum = 0;
    for (int i = 0; i < n; i++)
        if (a[i] != x)
            sum += a[i];
    return sum;
}
```

通过采用**模块化程序设计思想**，程序的代码结构更加清晰、易于理解。在 main 函数中，我们可以看到整个执行流程：首先读入 n 值；然后调用 input 函数将 n 个整数读入数组；接着调用 findMax 函数找到数组中最大值的下标，知道下标，也就知道最大值了；再根据这个最大值，调用 sumFun 函数对整个数组遍历一次，累加与最大值不同的元素值，最后输出结果。

将问题分解为子问题并封装成函数，有助于简化函数的实现和降低代码的复杂度，同时也便于今后代码的复用和修改。例如，本实例中的 input 函数就是复用了之前的代码。而 findMax 函数也可以用于后续问题的求解。

另外，本实例处理的整数序列元素个数不超过 100 个，且每个整数的绝对值不超过 10^6，因此将 sumFun 函数的返回值定义为 int 类型是合理的。

【实练 06-04】多数元素

设计一个函数 findMajority，其原型为 int findMajority(int a[], int n)。该函数的功

扫一扫，看视频

能是在一个大小为 n 的整数数组中查找多数元素，并返回该多数元素的值。

多数元素是指在数组中出现次数大于⌊n/2⌋的元素。此处假设数组非空，并且给定的数组中一定存在多数元素。

【实例06-13】选组长

扫一扫，看视频

描述：小丽所在的小组需要选出一名组长。小组内共有 n 个组长候选人，分别编号为 1～n。小组内 m 人参与了投票，得票最多的人将被选为组长。如果有两个人得票相同，则选择编号最小的那个人。本题包含多组数据，每组数据有两行，第一行有两个正整数 n 和 m，中间以空格隔开；第二行是 m 个整数，每个整数表示所投的候选人的编号；输入以 EOF 结束。输出与输入对应的若干行，每行输出被选为组长的候选人的编号。限制条件：1≤n≤1000，1≤m≤100000。

输入样例：

```
7 4
7 7 2 7
5 5
2 2 3 4 3
```

输出样例：

```
7
2
```

分析：可以按如下步骤进行处理。

（1）定义整型数组 cnt，并将它的每个元素初始化为 0。

（2）循环读取输入直到文件末尾，每次读入 n 和 m。

（3）在循环中，统计每个候选人的得票数。也就是循环读入 m 个整数 vote，表示每个人所投的候选人的编号。然后，在 cnt 数组中，将对应编号的候选人的得票数加 1，即 cnt[vote] ++。

（4）调用 findMax 函数，找到 cnt 数组中值最大的元素的下标 k。

（5）输出 k，表示被选为组长的候选人的编号。

本实例的参数代码如下：

```c
#include <stdio.h>
#define N 1001
int findMax(int a[], int n);
int main(void)
{
    int n, m, cnt[N] = {0};                     //cnt[i]存放编号为 i 的候选人的得票数
    while (scanf("%d %d", &n, &m) != EOF)        //读入候选人数、投票人数
    {
        for (int i = 0; i < m; i++)              //每个投票人投票
        {
            int vote;
            scanf("%d", &vote);                  //第 i 个人投给候选人 vote
            cnt[vote]++;                         //候选人 vote 的票数增 1
        }
        int k = findMax(cnt, n + 1);             //在 cnt 数组中查找票数最多的候选人
        printf("%d\n", k);
    }
    return 0;
}
int findMax(int a[], int n)
{
    //可复用实例 06-12 的代码，此处省略，实际编码过程中需补齐完整的代码
}
```

在这个程序中，为什么调用 findMax 函数时，是 findMax(cnt, n + 1)，而不是 findMax(cnt, n)呢？原因是候选人的编号是从 1 开始的，所以在统计得票数时，需要使用一个具有 n + 1 个元素的数组 cnt。由于数组的索引从 0 开始，在这个问题中，cnt[0]的值为 0，对结果没有影响。

当然，这条语句也可以写成 findMax(cnt+1, n) + 1。如果对指针与数组的关系很清楚，那么这条语句就不难理解了。读者可以自己思考一下这两种写法的等价关系。

在本实例中，使用了实例 06-13 实现的 findMax 函数。为了简洁起见，在本实例的参考代码中省略了 findMax 函数的具体实现部分，请在实际编码过程中补充完整的代码。

在今后的代码中，如果需要复用之前已经实现的函数，会在提供的参考代码中省略实现细节。请读者根据需要自行补充完整的代码，今后不再特别说明。

【实例 06-14】出现次数最多的整数

扫一扫，看视频

描述：在给定的一组整数序列中，统计出现次数最多的整数及其出现次数。输入为一行，首先是一个整数 N（$0 < N \leqslant 1000$），表示接下来有 N 个整数，N 个整数之间用空格分隔。输出为一行，表示出现次数最多的整数及其出现的次数，两个数字之间用空格分隔。输入数据要保证只有一个整数出现的次数最多。

输入样例：

```
10 3 2 -1 5 3 4 3 0 3 2
```

输出样例：

```
3 4
```

分析：为了统计一组整数中出现次数最多的数，可以定义两个数组：一个数组 arr 用于存放这组整数，但相同的整数只存储一个；另一个数组 cnt 用于存放每个整数出现的次数。可以用一个整数变量 k 记录 arr 中已存储整数的个数，初始时 k 为 0。

在输入每个整数时，需要判断它是否已经在数组 arr 中存在。如果存在，则找到该整数在数组 arr 中的位置，并将对应位置的 cnt 值加 1；如果不存在，则将该整数添加到数组 arr 的末尾，并将对应位置的 cnt 值置为 1，同时 k 值增 1。这样，通过数组 arr 和 cnt 可以将每个整数与其出现的次数对应起来。

最后，通过遍历数组 cnt 找到出现次数最多的整数的位置 maxk。输出 arr 数组中 maxk 位置的整数和 cnt 数组中 maxk 位置的次数，即为出现次数最多的整数及其出现的次数。

本实例的参考代码如下：

```c
#include <stdio.h>
#define N 1000
int find(int a[], int n, int x);
int findMax(int a[], int n);
int main(void)
{
    int arr[1000], cnt[1000] = {0};      //cnt[i]存放 arr[i]出现的次数
    int n, tmp, k = 0;                   //k 记录数组 arr 中存储了几个不同的整数
    scanf("%d", &n);                     //输入整数的数量
    for (int i = 0; i < n; i++)          //读入 n 个整数
    {
        scanf("%d", &tmp);               //读入一个整数 tmp
        int idx = find(arr, k, tmp);     //在 arr[0:k-1]中查找 tmp
        if (idx == -1)                   //如果没有找到，则说明 tmp 是首次出现
        {                                //将 tmp 存放到数组 arr[k]中，对应的次数 cnt[k]设为 1
            arr[k] = tmp;                //将 tmp 存放到数组 arr[k]中
            cnt[k] = 1;                  //tmp 对应的次数加 1
            k++;                         //数组 a 中不同的数增加一个
        }
        else                             //数组 arr 中已经存储了 tmp，只需要将对应的次数加 1 即可
            cnt[idx]++;                  //tmp 对应的次数加 1
    }
    int maxk = findMax(cnt, k);          //找到出现次数最多的整数的下标
    printf("%d %d", arr[maxk], cnt[maxk]);   //输出出现次数最多的整数以及出现的次数
    return 0;
}
//函数功能：用于查找数组 a 的前 n 个元素中是否存在元素 x，
```

```
//如果存在，则返回其下标，否则返回-1
int find(int a[], int n, int x)
{
    for (int i = 0; i < n; i++)
    {
        if (a[i] == x)
            return i;
    }
    return -1;
}
int findMax(int a[], int n)
{
    //自己补齐完整的代码
}
```

我们仍然采用模块化程序设计思想，本问题可以拆分为两个子问题：在数组中找到最大值和在数组中进行查找操作。

找数组中的最大值，可以直接使用之前实现的函数。而在本实例中则实现了一个名为 find 的函数。

```
int find(int a[], int n, int x);
```

这个函数在数组 a 中查找元素 x，如果找到，则返回 x 在数组中的索引；如果未找到，则返回 −1。

 通过将问题拆分为更小的子问题并利用模块化程序设计思想，能够提高代码的可读性和可维护性。这种方式还能促进代码的复用和升级。

【实例 06-15】存在重复元素

扫一扫，看视频

描述：设计一个函数 hasDuplicates，其原型为 bool hasDuplicates (int* nums, int n)。该函数的功能是判断数组中是否存在重复元素。如果数组中至少存在两个值相等的元素，则函数返回 true；如果数组中每个元素都不相同，则函数返回 false。读者自己完成对这个函数的测试。

分析：要实现 hasDuplicates 函数，可以从数组的第二个元素开始遍历，在其前面的所有元素中进行查找。如果找到与当前元素相同的元素，则说明数组中存在重复元素，直接返回 true。如果从第二个元素开始的每一个元素都与其前面的元素不相同，则说明数组中不存在重复元素，返回 false。

可以在 main 函数中定义一个整数数组，并使用 hasDuplicates 函数对其进行测试。在 hasDuplicates 函数的实现中，可以直接调用之前实现的 find 函数进行查找操作。

本实例的参考代码如下：

```
#include <stdio.h>
#include <stdbool.h>
int find(int a[], int n, int x);
bool hasDuplicates(int *nums, int n);
int main(void)
{
    int a[] = {3, 2, 3, 5, 6};
    bool ret = hasDuplicates(a, sizeof(a) / sizeof(int));
    if (ret)
        printf("存在重复元素! ");
    else
        printf("不存在重复元素! ");
    return 0;
}
bool hasDuplicates(int *nums, int n)
{
    int k;
```

```
    for (int i = 1; i < n; i++)
    {
        k = find(nums, i, nums[i]);        //寻找重复元素的下标
        if (k != -1)                       //如果下标不为-1，说明存在重复元素
            return true;
    }
    return false;                          //循环结束后，没有找到重复元素
}
int find(int a[], int n, int x)
{
    //自己补齐完整的代码
}
```

扫一扫，看视频

【实例 06-16】无序整数的去重

描述：给定包含 n 个整数的序列，需要对这个序列进行去重操作。输入包含两行，第一行是一个正整数 n（$1 \leq n \leq 20000$），表示第二行序列中整数的个数；第二行包含 n 个整数，整数之间用一个空格分隔，每个整数的范围为 10～5000。输出只有一行，按照输入的顺序输出其中不重复的整数，整数之间用一个空格分隔。

输入样例：

```
5
10 12 93 12 75
```

输出样例：

```
10 12 93 75
```

分析：给定一个序列，使用一个整型数组 arr 存储序列，并用变量 k 记录去重后的元素个数。开始时，k=1。然后，遍历序列中的每个元素，并检查它是否已经出现过。如果没有，就将它添加到数组 arr 中，并让 k 自增。最后，输出数组 arr 中的元素作为去重后的序列。

本实例的参考代码如下：

```
#include <stdio.h>
#define N 20000
void input(int *a, int n);
void output(int *a, int n);
int find(int a[], int n, int x);
int arr[N];                                //定义一个大小为N的数组 arr，用于存放输入的 n 个整数
int main(void)
{
    int n;
    scanf("%d", &n);                       //输入 n 的值
    input(arr, n);                         //输入 n 个整数到数组 arr 中
    int k = 1;                             //初始化变量 k 为1，表示数组 arr 的前 1 个元素是不重复的
    for (int i = 1; i < n; i++)            //从数组 arr 的第 2 个元素开始遍历
    {
        //查找数组 arr 的前 k 个元素中是否存在元素 arr[i]
        int idx = find(arr, k, arr[i]);
        if (idx == -1)                     //如果不存在
            arr[k++] = arr[i];             //将 arr[i]加入到数组 arr 中的不重复元素之后，且 k 加 1
    }
    output(arr, k);                        //输出数组 arr 的前 k 个元素
    return 0;
}
int find(int a[], int n, int x)
{
    //自己补齐完整的代码
}
void input(int *a, int n)
{
    //自己补齐完整的代码
}
```

```
//函数定义：用于输出数组的前 n 个元素
void output(int *a, int n)
{
    for (int i = 0; i < n; i++)
    {
        if (i != 0)
            printf(" ");              //第 1 个元素前没有空格
        printf("%d", a[i]);
    }
}
```

我们仍然采用模块化程序设计思想。对于本实例，只需要再实现一个输出数组的前 n 个元素的函数即可，而对于输入和在数组中查找元素，可以使用之前实例中实现的函数。这种模块化编程的方式能够提高代码的开发效率，同时也能提高代码的可读性和可维护性。

【实练 06-05】将数组分成和相等的三个部分

设计一个函数 splitThree，其原型为 bool splitThree (int* arr, int n)。一个有 n 个元素的整数数组 arr，可以将其划分为三个和相等的非空部分时返回 true，否则返回 false。读者自己完成对这个函数的测试。

形式上，如果可以找出索引 $i+1<j$ 且满足(arr[0] + arr[1] + … + arr[i] == arr[i + 1] + arr[i + 2] + … + arr[j–1] == arr[j] + arr[j + 1] + … + arr[arr.length–1])，就可以将数组三等分。

【实例 06-17】循环右移数组

描述：给定一个整型数组，将数组中的元素向右移动 k 个位置，其中 k 是非负整数。具体来说，就是将数组的后 k 个元素移到数组前面，然后将前 n−k 个元素移到数组后面，从而完成循环右移的操作。例如，给定数组为 1,2,3,4,5,6，移动两个位置，则结果为 5,6,1,2,3,4。输入共两行，第一行为两个整数 n 和 k（1≤n≤100，k≥0），表示数组的长度和移动的位数；第二行为 n 个整数，表示要进行操作的数组元素。输出为一行，为完成右移操作后的整数序列，相邻元素之间用空格分隔，而序列结尾不能存在多余的空格。

输入样例：

```
6 2
1 2 3 4 5 6
```

输出样例：

```
5 6 1 2 3 4
```

分析：根据问题描述，可以采用以下方法解决数组循环右移的问题：首先，将数组中的前 n−k 个元素移出，放到一个新的数组中；接着，将剩下的 k 个元素移到数组的前 k 个位置；最后，将之前移出的 n−k 个元素放回到数组后面的 n−k 个位置。通过这种操作，就能完成数组元素的循环右移。

本实例的参考代码如下：

```
void cycleR(int a[], int n, int k)
{ //把数组 a 中的元素循环右移 k 位
    int b[N]; //辅助数组，用于临时存放数组 a 的前 n-k 个元素
    for (int i = 0; i < n - k; i++)
    { //复制 n-k 个元素到数组 b 中
        b[i] = a[i];
    }
    int m = 0;
    for (int i = n - k; i < n; i++)
    { //将后 k 个元素复制到数组的前 k 个数组单元中
        a[m++] = a[i];
    }
    for (int i = 0; i < n - k; i++)
    { //将数组 b 中的 n-k 个元素重新放回数组 a
```

```
        a[m++] = b[i];
    }
}
```

这种方法需要额外的辅助数组，是否有更好的解决方法呢？

如果要将数组后面的 k 个元素移到数组的最前面，可以考虑采用数组逆序存放的思路解决。具体来说，可以分为三步完成这个操作：首先，将前面 $n-k$ 个元素逆序存放；其次，将后面 k 个元素也逆序存放；最后，对整个数组进行逆序存放。

这样前面 $n-k$ 个元素会移到后面，而后面 k 个元素会移到前面，从而完成循环右移的操作。

可以使用一个函数完成数组元素逆序存放的过程。函数的输入参数包括数组的开始位置和结束位置。可以把实例 06-09 对数组逆序存放的代码设计成如下函数。

```
void invert(int a[], int l, int r);   //把数组 a[l]~a[r]的元素逆序存放
```

本实例的完整代码中复用了 swap 函数、input 函数和 output 函数。

本实例的参考代码如下：

```
#include <stdio.h>
#define N 100
void swap(int *p1, int *p2)
void invert(int a[], int l, int r);
void input(int a[], int n);
void output(int a[], int n);
int main(void)
{
    int arr[N], n, k;
    scanf("%d %d", &n, &k);
    input(arr, n);
    k = k % n;                          //求余后可以加快速度（k 有可能大于 n）
    invert(arr, 0, n - k - 1);          //将数组 arr 的前面 n-k 个元素逆序存放
    invert(arr, n - k, n - 1);          //将数组 arr 的后面 k 个元素逆序存放
    invert(arr, 0, n - 1);              //将数组 arr 的 n 个元素逆序存放
    output(arr, n);
    return 0;
}
void swap(int *p1, int *p2)
{
    //自己补齐完整的代码
}
//函数功能：对数组 a 中索引 l~r 的元素进行逆序存放
void invert(int a[], int l, int r)
{ //将 a[l]~a[r]之间的所有元素逆序存放
    int i = l, j = r;
    while (i < j)
    {
        swap(&a[i], &a[j]);
        i++;
        j--;
    }
}
void input(int a[], int n)
{
    //自己补齐完整的代码
}
void output(int a[], int n)
{
    //自己补齐完整的代码
}
```

在主函数中有三个对 invert 函数的调用，这表明了设计函数的重要性。在编码过程中，逐步培养模块化程序设计思想是非常关键的。

当然，也可以把循环右移数组也设计成函数。

【实练 06-06】循环左移数组

给定一个数组，将数组中的元素向左移动 k 个位置，其中 k 是非负整数。输入共两行，第一行为两个整数 n 和 k（$1 \leqslant n \leqslant 100$，$k \geqslant 0$），第二行为用空格分隔的 n 个整数。输出为一行，输出循环左移 k 位后的整数序列。

输入样例：

```
6 2
1 2 3 4 5 6
```

输出样例：

```
3 4 5 6 1 2
```

提示：可以通过修改实例 06-17 的代码实现循环左移数组。

【实例 06-18】数组形式的整数加法

描述：给定非负整数 X 的数组形式 A（X 的数组形式是每位数字按从左到右的顺序排列），编写一个程序计算整数 $X + k$ 的数组形式。例如，如果 $X = 1231$，那么 X 的数组形式为 [1,2,3,1]。给定数组形式 A 和整数 k，要求计算出 $X+k$ 的数组形式，并输出结果。

输入共三行，第一行为数字 N，表示数组 A 的位数（$1 \leqslant N \leqslant 10$），第二行为用一个空格隔开的 N 个整数，分别表示数组 A 从左向右的各位数字，第三行为整数 k（$0 \leqslant k \leqslant 10^9$）。

假设数组 A=[1,2,3,8]，k=34，那么计算得到 $X+k$ 的数组形式为 [1,2,7,2]。

输入样例：

```
4
1 2 3 8
34
```

输出样例：

```
1 2 7 2
```

分析：一种适用于任意位数的方法是模拟两个数相加的竖式表示。可以先将 k 与 X 的个位数（即数组的最后一个元素）相加。为了方便计算，需要将 A 的元素顺序反转，这样 $A[0]$ 对应 X 的个位。具体操作如下：首先，将个位相加：$A[0] = A[0] + k$；接着考虑 $A[0]$ 向十位的进位问题，可以将进位数存放到 k 中。进位后，更新 $A[0] = A[0] \% 10$；然后，依次处理十位、百位等每一位上的数：$A[i] = A[i] + k$，并循环执行计算该位的值、求进位、更新该位的值，直到所有位都处理完毕，同时保证进位数为 0；否则，继续处理更高位直到进位数为 0。

这种方法适用于任意位数的情况，不受位数限制。

这里设计一个函数完成数组形式 A 和整数 k 的加法，函数原型如下：

```
int  add(int a[], int n, int k);
```

函数功能是计算数组 a 与整数 k 的和，并返回结果数组的长度。在程序实现时，可以直接复用之前已经实现的数组逆置等函数。

本实例的参考代码如下：

```c
#include <stdio.h>
#define N 20
void input(int *a, int n);
void output(int *a, int n);
void swap(int *p1, int *p2);
void invert(int a[], int l, int r);
int  add(int a[], int n, int k);
int main(void)
{
    int n, k, a[N] = {0};
    scanf("%d", &n);
    input(a, n);
    scanf("%d", &k);
```

```
    n = add(a, n, k);
    output(a, n);
    return 0;
}
//函数功能：计算数组 a 与整数 k 的和，并返回结果数组的长度
int add(int a[], int n, int k)
{
    invert(a, 0, n-1);      //将数组逆置，方便从低位向高位计算
    for (int i = 0; i < n; i++)
    {
        a[i] += k;          //a[i]加上 k
        k = a[i] / 10;      //如果 a[i]大于等于 10，则 k 需要加到下一位上
        a[i] %= 10;         //计算 a[i]的个位上的值
    }
    //如果 k 不为 0，说明最高位的值也需要加上 k
    while (k != 0)
    {
        a[n] += k;          //将 k 加到数组最后一位上
        k = a[n] / 10;      //如果最后一位上的值大于等于 10，则 k 需要加到下一位上
        a[n] %= 10;         //计算最后一位上的个位值
        n++;                //数组长度加 1
    }
    invert(a, 0, n-1);      //将数组逆置回来，形成正常的数组
    return n;               //返回数组长度
}
void output(int *a, int n)
{
    //自己补齐完整的代码
}
void input(int *a, int n)
{
    //自己补齐完整的代码
}
void swap(int *p1, int *p2)
{
    //自己补齐完整的代码
}
void invert(int a[], int l, int r)
{
    //自己补齐完整的代码
}
```

【实例 06-19】中位数

描述：中位数是一组按从小到大顺序排列的数据中处在中间位置的一个数（当该组数的个数为奇数时），或是最中间两个数的平均值（当该组数的个数为偶数时）。给定一组无序整数，求出该组数据的中位数。如果求得最中间两个数的平均数，需要向下取整。可以对多组数据进行处理，每组数据的第一行为 N，表示该组数据包含的数据个数，范围为 1～150；下一行为 N 个用空格分隔的整数，每个整数的值不超过 10^8。当 N 为 0 时，表示输入结束。对于每组数据，需要输出一行结果，表示该组数据的中位数。

扫一扫，看视频

输入样例：

```
4
10 30 20 40
3
40 30 50
4
1 2 3 4
0
```

输出样例：

```
25
40
2
```

分析：为了计算中位数，需要对一组数进行排序。排序完成后，根据 *n* 的奇偶性确定中位数的计算方式。无论是递增排序还是递减排序，中位数的结果都是相同的。接下来，介绍一种**冒泡排序方法**，用于对数组进行递增排序。

冒泡排序的思想：从前向后或从后向前依次比较相邻的元素，如果两个相邻元素是逆序对（假设按递增排序，即 arr[*i*] > arr[*j*]，其中 *i* < *j*），则交换它们的位置。

当有 *n* 个元素参与排序时，第一遍处理时需要比较 *n*–1 对相邻元素（arr[*j*], arr[*j*+1]）。处理完成后，最大的元素会被交换到最后一个位置（如果第一个元素的下标从 0 开始，则最后一个元素是 arr[*n*–1]）。也就是说，经过一遍处理后，最大的元素已经移动到了最终位置。因此，在第二遍处理时，最后一个元素 arr[*n*–1]不需要再参与比较。第二次处理需要比较 *n*–2 对相邻元素。这样重复进行 *n*–1 遍处理，最后一遍只剩下一个元素时，排序过程就完成了。

下面是冒泡排序算法的描述。

```
for (int i = 1; i <= n - 1; i++)
{ //i 的值表示扫描的是第几遍，共n-1 遍
    for (int j = 0; j < n - i; j++)
    { //j 的值表示第 i 遍扫描时，相邻元素中前面元素的下标
        if (arr[j], arr[j + 1]为逆序对)
            交换 arr[j]与 arr[j + 1]的值
    }
}
```

初始数据为 6 2 8 1 3 的冒泡排序各遍的结果如下。

第 1 遍结果：2 6 1 3 8（最大数 8 交换到了 arr[4]）。

第 2 遍结果：2 1 3 6 8（次大数 6 交换到了 arr[3]）。

第 3 遍结果：1 2 3 6 8（第三大数 3 交换到了 arr[2]）。

第 4 遍结果：1 2 3 6 8（第四大数 2 交换到了 arr[1]）。

如果 *j* 从 1 开始，则 *j* 的值就代表相邻元素中后面元素的下标，则可将算法描述修改为如下内容。

```
for (int i = 1; i <= n - 1; i++)
{ //i 的值表示扫描的是第几遍，共n-1 遍
    for (int j = 1; j <= n - i; j++)
    { //j 的值表示第 i 遍扫描时，相邻元素中前面元素的下标
        if (arr[j - 1], arr[j]为逆序对)
            交换 arr[j - 1] 与 arr[j]的值
    }
}
```

实际上，在排序过程中，如果某一遍扫描过程中没有相邻元素需要交换位置，则表示数据已经有序了。为了利用这个特性，可以设置一个标记量，初始值为 1。在每一遍扫描之前，将这个标记量的值设为 0。只要有交换发生，就将这个标记量设为 1。因此，如果在某一遍扫描过程中没有出现需要交换的相邻元素，那么这个标记量的值仍为 0。在下一遍扫描时，只要发现这个标记量的值为 0，就可以停止扫描，因为数据已经有序了。改进后的排序算法如下：

```
int exchange = 1;                          //标记是否有交换发生，初值为1，保证至少进行一遍扫描
for (int i = 1; i <= n - 1 && exchange; i++)     //i 的值表示扫描的是第几遍
{
    exchange = 0;
    for (int j = 0; j < n - i; j++)         //j 的值表示第 i 遍扫描时，相邻元素中前面元素的下标
    {
        if (arr[j], arr[j + 1]为逆序对)
            交换 arr[j] 与 arr[j + 1]的值, exchange = 1
    }
}
```

因为整个排序过程存在大数下沉而小数上浮的效果，所以形象地称这种排序方法为**冒泡排序**。

对数组进行排序是一个比较独立的功能，因此可以设计成排序函数，原型如下：

```
void bubbleSort(int a[], int n)
```

对于已经排序的 n 个数，求中位数时，首先需要判断 n 的奇偶性，如果 n 为奇数，则 n/2 就是中位数元素的下标；如果是偶数，则中位数为 n/2 和 n/2–1 两个元素的平均值。

本实例的参考代码如下：

```
#include <stdio.h>
#define N 150
void swap(int *p1, int *p2);
void input(int a[], int n);
void bubbleSort(int a[], int n);
int main(void)
{
    int n, arr[N];
    while (1)
    {
        scanf("%d", &n);
        if (n == 0) break;
        input(arr, n);                      //输入 n 个整数到数组 arr 中
        bubbleSort(arr, n);                 //将数组 arr 中的 n 个数据按非递减顺序排序
        int median;                         //中位数
        if (n % 2 != 0)
            median = art[n / 2];            //奇数情况
        else
            median = (arr[n / 2] + arr[n / 2 - 1]) / 2; //偶数情况
        printf("%d\n", median);
    }
    return 0;
}
void swap(int *p1, int *p2)
{
    //自己补齐完整的代码
}
void bubbleSort(int a[], int n)
{
    for (int i = 1; i <= n - 1; i++)   //n-1 趟起泡
        for (int j = 0; j < n - i; j++)
        {
            if (a[j] > a[j + 1])            //相邻的两个数如果逆序，则交换
                swap(&a[j], &a[j + 1]);
        }
}
void input(int a[], int n)
{
    //自己补齐完整的代码
}
```

上面的代码实现是通过传统的冒泡排序算法对数据进行排序的。建议读者使用改进的冒泡排序算法实现代码。同时可以分析一下，改进后的算法在什么情况下会比传统的冒泡排序算法更快。

【实例 06-20】集合的并集

描述：给定两个整数集合 A 和 B，要求实现集合的并集运算。集合的并集是指将 A 和 B 两个集合中的元素合并到一个新的集合 C 中，并去除重复的元素。例如，对于集合 A ＝{2,7,9}和集合 B＝{3,7,12,2}，其并集 C ＝ A ∪ B ＝ {2,7,9,3,12}。

输入共三行，第一行为集合 A 和 B 的个数，个数不超过 100 个；第二行为集合 A 的数据，第三行为集合 B 的数据。这两个集合中的数据绝对值不超过 10^9。完成并集运算后，输出结果。第一行输出集合 C 中元素的个数，第二行输出集合 C 中的元素，按顺序用空格分隔。

输入样例：

```
3 4
2 7 9
3 7 12 2
```

输出样例：

```
5
2 7 9 3 12
```

分析：可以定义两个长度均为100的整型数组 A、B，分别用于存放集合 A 和集合 B 的元素。根据集合并集的特性，可以知道集合 C 中的元素个数最多为集合 A 的元素个数与集合 B 的元素个数之和，因此需要定义一个长度为 200 的整型数组 C 来存放 A∪B 的元素。

根据集合并集的运算规则，需要确保合并后的集合中不包含重复的元素。并集 C 包含集合 A 中的所有元素，同时还可能包含集合 B 中的一些元素。为了确定需要将集合 B 中的哪些元素添加到集合 C 中，可以依次检查集合 B 中的每个元素 B[i] 是否可以添加到集合 C 中。可以使用循环语句实现这个过程，在集合 A 中查找 B[i]，如果找不到，则将 B[i] 添加到集合 C 中。同时需要一个整型变量 k 记录并集 C 中的元素个数，每添加一个元素就执行 k++ 操作。

集合的并集运算可以简要概述为将集合 A 中的元素添加到并集 C 中，然后再添加集合 B 中与集合 A 中不同的元素。

为了实现集合的并集运算，需要的查找操作可以复用之前实例的 find 函数，这里只需要再设计一个求并集运算的函数即可，函数原型如下：

```
int setUnion(int a[], int n, int b[], int m, int c[]);
```

该函数的功能是求 a、b 对应集合的并集，将结果存放在数组 c 中，返回并集的元素个数。

本实例的参考代码如下：

```
#include <stdio.h>
const int N = 100;                        //集合A、B中元素的最大个数
void input(int a[], int n);
void output(int a[], int n);
int find(int a[], int n, int x);
int setUnion(int a[], int n, int b[], int m, int c[]);
int main(void)
{
    int A[N], B[N], C[2 * N];             //分别存放集合A、B、A∪B 的元素
    int n, m;                             //分别存放集合A、B中元素的个数
    scanf("%d %d", &n, &m);
    input(A, n);                          //输入集合 A 的 n 个元素
    input(B, m);                          //输入集合 B 的 m 个元素
    int k = setUnion(A, n, B, m, C);      //计算集合A和集合B的并集C，返回并集C中的元素个数
    printf("%d\n", k);
    output(C, k);                         //输出并集C
    return 0;
}
int find(int a[], int n, int x)
{
    //自己补齐完整的代码
}
//函数功能：求a、b对应集合的并集，将结果存放在数组c中，返回并集的元素个数
int setUnion(int a[], int n, int b[], int m, int c[])
{
    int k = 0;
    for (int i = 0; i < n; i++)           //将 a 中的 n 个元素按顺序复制到 c 中
        c[k++] = a[i];
    for (int i = 0; i < m; i++)
    {
        if (find(a, n, b[i]) == -1)       //判断在 a 中是否能找到 b[i]
            c[k++] = b[i];                //没有找到，则将 b[i] 复制到 c 中
    }
```

```
        return k;
    }
void input(int a[], int n)
{
    //自己补齐完整的代码
}
void output(int a[], int n)
{
    //自己补齐完整的代码
}
```

【实例 06-21】合并两个有序数组

描述:给定两个非递减排列的整数数组,长度分别为 n 和 m,将这两个数组合并排序后输出。输入共三行:第一行包含两个整数 n 和 m($1 \leq n,m \leq 10000$),表示两个数组的长度;第二行包含 n 个已排序整数,表示第一个数组;第三行包含 m 个已排序整数,表示第二个数组。输出为一行,包含 $n+m$ 个排好序的整数,整数之间用一个空格分隔。

输入样例:

```
2 3
5 9
1 2 10
```

输出样例:

```
1 2 5 9 10
```

分析:需要将两个有序数组合并为一个有序数组,可以设计一个函数来完成这个操作。函数原型如下:

```
int merge(const int a[],int n, const int b[], int m, int c[]);
```

该函数的功能是将数组 a 和数组 b 合并为一个有序数组,并将结果存放在数组 c 中。函数将返回合并后数组 c 的长度。

有序数组合并的基本思路是从两个数组的开头开始比较元素,将较小的元素放入数组 c,并将对应的索引值加 1。当一个数组遍历完后,将另一个数组剩余的元素直接放入数组 c 中,最后返回合并后数组 c 的长度。

本实例的参考代码如下:

```
#include <stdio.h>
#define N = 10000;
int a[N], b[N], c[2 * N];
int merge(const int a[],int n, const int b[], int m, int c[]);
void input(int *a, int n);
void output(int *a, int n);
int main(void)
{
    int n, m, k;
    scanf("%d %d", &n, &m);
    input(a, n);
    input(b, m);
    k = merge(a, n, b, m, c);
    output(c, k);
    return 0;
}
//函数功能:用于合并两个有序数组,并将结果存放在数组 c 中,返回合并后数组的长度
int merge(const int a[],int n, const int b[], int m, int c[])
{
    int i = 0, j = 0, k = 0;
    while (i < n && j < m)
    {
        if (a[i] <= b[j])
            c[k++] = a[i++];        //将数组 a 中的元素放入数组 c,并将 i 和 k 的值加 1
        else
```

```
            c[k++] = b[j++];              //将数组b中的元素放入数组c，并将j和k的值加1
        }
        while (i < n)
            c[k++] = a[i++];              //将数组a中剩余的元素放入数组c，并将i和k的值加1
        while (j < m)
            c[k++] = b[j++];              //将数组b中剩余的元素放入数组c，并将j和k的值加1
        return k;                         //返回合并后数组c的长度
}
void output(int *a, int n)
{
    //自己补齐完整的代码
}
void input(int *a, int n)
{
    //自己补齐完整的代码
}
```

如果数组 a 中的元素互不相同，数组 b 中的元素也互不相同，如何合并后得到一个没有相同元素的数组呢？

实际上，只需要分三种情况比较 a[i]和 b[j]即可。

```
if (a[i] < b[j])
    c[k++] = a[i++];
else if (a[i] > b[j])
    c[k++] = b[j++];
else
{
    c[k++] = a[i++];
    j++;
}
```

扫一扫，看视频

【实例 06-22】两个数组非共有的元素

描述：给定两个整型数组，找出不是两者共有的元素。输入共三行，第一行输入两个整数 N、M（$1 \leqslant N, M \leqslant 20$），分别为两个数组的元素个数；第二行输入第一个数组中的 N 个整数，第三行输入第二个数组中的 M 个整数，整数间以一个空格分隔，每个整数的绝对值不超过 10^9。输出为一行，按输入顺序输出不是两个数组共有的元素，以空格分隔。同一整数不重复输出，且输入的数据要保证输出结果至少有一个整数。

输入样例：

```
10 11
3 -5 2 8 0 3 5 -15 9 100
6 4 8 2 6 -5 9 0 100 8 1
```

输出样例：

```
3 5 -15 6 4 1
```

分析：首先定义长度为 20 的数组 A 和 B，分别存放给定的两个数组中的整数，A、B 中实际的元素个数由输入的整数 N、M 确定，同时需要定义数组 C 存放不是两个数组共有的元素，当 A 和 B 中没有相同元素，并且 A、B 各自也没有相同元素时，C 中的元素个数为 N + M，此时为元素最多的情况，所以 C 的长度需要定义为 40。

在实际操作中，这个问题可以看作是集合的操作。我们需要求得 C 中的元素，它由两部分构成：一部分是 A 中去掉与 B 共有的元素，另一部分是 B 中去掉与 A 共有的元素。最后，要保证 C 中的相同元素只出现一次。因此，在求 C 之前，首先需要对 A 和 B 进行处理，将其中的重复元素去除（集合中的元素不允许重复）。然后，分别求得 A–B 和 B–A，再把两者合并起来放入数组 C 中。

我们仍将采用模块化程序设计思想，为了使代码清晰易懂，需要编写两个新函数：一个用于将集合中的重复元素删除，返回纯集合中的元素个数；另一个用于求不是两个集合 A 和 B 共有的元素组成的集合 C，并返回数组 C 中的元素个数。两个函数的原型如下：

```
int pureSet(int a[], int n);
int diffSet(int a[], int n, int b[], int m, int c[]);
```

在实现这两个新函数时，需要进行查找操作，此时仍然使用之前已经实现的 find 函数。这将确保代码的复用性和高效性。

本实例的参考代码如下：

```
#include <stdio.h>
#include <stdio.h>
#define N 20
void input(int a[], int n);
void output(int a[], int n);
int find(int a[], int n, int x);
int pureSet(int a[], int n);
int diffSet(int a[], int n, int b[], int m, int c[]);
int main(void)
{
    int A[N], B[N], C[2 * N];         //分别存放两个数组中的元素及不是两者共有的元素
    int n, m;                          //分别存放数组 A、B 中的元素个数
    scanf("%d %d", &n, &m);
    input(A, n);
    input(B, m);
    int k = diffSet(A, n, B, m, C);   //调用函数求不是数组 A、B 共有的元素组成的数组 C
    output(C, k);
    return 0;
}
//函数功能：将数组 a 中的重复元素删除，返回纯集合的元素个数
int pureSet(int a[], int n)
{
    int k = 0;
    for (int i = 0; i < n; i++)
        if (find(a, k, a[i]) == -1)    //如果在含有 k 个元素的数组 a 中没有找到 a[i]
            a[k++] = a[i];
    return k;
}
//函数功能：将不是两个数组共有的元素存入数组 c 中，并返回 c 中的元素个数
int diffSet(int a[], int n, int b[], int m, int c[])
{
    n = pureSet(a, n);                 //将 a 变成纯集合
    m = pureSet(b, m);                 //将 b 变成纯集合
    int k = 0;                         //存放 c 中的元素
    for (int i = 0; i < n; i++)        //将 a-b 元素复制到 c 中
        if (find(b, m, a[i]) == -1)
            c[k++] = a[i];
    for (int i = 0; i < m; i++)        //将 b-a 元素复制到 c 中
        if (find(a, n, b[i]) == -1)
            c[k++] = b[i];

    return k;
}
int find(int a[], int n, int x)
{
    //自己补齐完整的代码
}
void input(int a[], int n)
{
    //自己补齐完整的代码
}
void output(int a[], int n)
{
    //自己补齐完整的代码
}
```

【实练06-07】找出两个数组共有的元素

扫一扫，看视频

给定两个整型数组，找出两者共有的元素。输入共三行，第一行输入两个整数 N、M（$1 \leqslant N$, $M \leqslant 20$），分别为两个数组的元素个数；第二行输入第一个数组中的 N 个整数；第三行输入第二个数组中的 M 个整数，整数间以一个空格分隔。输出为一行，按输入顺序输出两个数组共有的元素，以空格分隔。同一整数不重复输出，且输入的数据要保证输出结果至少有一个整数。

输入样例：

```
10 11
3 -5 2 8 0 3 5 -15 9 100
6 4 8 2 6 -5 9 0 100 8 1
```

输出样例：

```
-5 2 8 0 9 100
```

【实例06-23】数组的相对排序

扫一扫，看视频

描述：有两个数组 arr1 和 arr2，arr2 中的元素各不相同，arr2 中的每个元素都出现在 arr1 中。对 arr1 中的元素进行排序，使 arr1 中元素的相对顺序和 arr2 中的相对顺序相同。未在 arr2 中出现过的元素需要按照升序放在 arr1 的末尾，arr1 和 arr2 中的元素个数不超过 1000，并且 0 <= arr1[i], arr2[i] <= 1000。例如，arr1 = [2,3,1,3,2,4,6,7,9,2,19]，arr2 = [2,1,4,3,9,6]，数组的相对排序结果为[2,2,2,1,4,3,3,9,6,7,19]。

分析：因为两个数组中的元素值在 0～1000 之间，所以可以采用计数排序的方法。可以定义一个大小为 1001 的整型数组 a，初始值都为 0，用于统计数组 arr1 中每个数字出现的次数。a[i]的值为整数 i 在数组 arr1 中出现的次数，可以通过 for 循环遍历数组 arr1 实现统计。即如果 x 是数组 arr1 中出现的元素，则 a[x]值增 1。

接下来，遍历数组 arr2，按照其中数字出现的次数，将对应数字从数组 a 中取出相应次数，更新到数组 arr1 中，并将数组 a 中对应数字的计数器清零。最后，遍历数组 a，将其中剩余的数字按照升序依次放到数组 arr1 的末尾，就完成了数组的相对排序。

数组的相对排序可以用函数完成，函数原型如下：

```
void arraySort(int arr1[], int arr1Size, int arr2[], int arr2Size);
```

该函数对数组 arr1 排序，使数组 arr1 中元素的相对顺序和数组 arr2 中元素的相对顺序相同。未在数组 arr2 中出现过的元素需要按照升序放在数组 arr1 的末尾。

本实例的参考代码如下：

```c
#include <stdio.h>
#define N 1001
void input(int a[], int n);
void output(int a[], int n);
void arraySort(int arr1[], int arr1Size, int arr2[], int arr2Size);
int main(void)
{
    int a1[N], a2[N];
    int m, n;
    scanf("%d%d", &m, &n);
    input(a1, m);
    input(a2, n);
    arraySort(a1, m, a2, n);   //调用 arraySort 函数完成数组的相对排序
    output(a1, m);
    return 0;
}
void input(int a[], int n)
{
    //自己补齐完整的代码
}
void output(int a[], int n)
```

```
    {
        //自己补齐完整的代码
    }
    void arraySort(int arr1[], int arr1Size, int arr2[], int arr2Size)
    {
        int a[1001] = {0};      //数组 a 是计数器数组，a[i]的值为整数 i 在数组 arr1 中出现的次数
        for (int i = 0; i < arr1Size; i++)
        {
            a[arr1[i]]++;       //计数器加 1
        }
        int n = 0;
        for (int i = 0; i < arr2Size; i++)
        {
            int k = arr2[i];
            for (int j = 0; j < a[k]; j++)
                arr1[n++] = k;
            a[k] = 0;           //计数器清零
        }
        for (int i = 0; i <= 1000; i++)     //遍历数组 a，把剩余的元素依次放到数组 arr1 中
        {
            int k = a[i];
            for (int j = 0; j < k; j++)
                arr1[n++] = i;
        }
    }
```

运行结果如下：

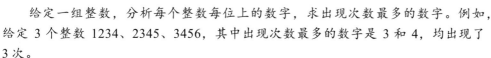
```
11 6↙
2 3 1 3 2 4 6 7 9 2 19↙
2 1 4 3 9 6↙
2 2 2 1 4 3 3 9 6 7 19
```

 　　在程序设计中，通常会使用函数模块化程序设计的模式将对数组的操作封装成函数，通过函数的形参传递数组的指针，实现对数组的访问和处理。可以通过将常见的数组操作，如查找元素、输入、输出、寻找最大值、进行数组逆置等，封装成函数的方式，在多个程序设计中进行复用。这体现了模块化程序设计的优点，使得代码组织更加有序、易于理解和维护。

　　将数组操作封装成函数是一种良好的编程实践，能够提高代码的可复用性，提升开发效率并降低错误发生的概率。

【实练 06-08】出现最多的数字

　　给定一组整数，分析每个整数每位上的数字，求出现次数最多的数字。例如，给定 3 个整数 1234、2345、3456，其中出现次数最多的数字是 3 和 4，均出现了 3 次。

扫一扫，看视频

　　输入共两行，第一行是一个正整数 N（$N \leqslant 1000$），表示接下来有 N 个整数；第二行给出 N 个非负整数，每个数字之间用空格分隔。输出为一行，按照格式"M: $n_1\ n_2\ \cdots$"输出结果，其中 M 是最大出现次数，$n_1, n_2, \cdots$ 是出现次数最多的数字，按从小到大的顺序排列。

　　输入样例：
```
3
1234 2345 3456
```

　　输出样例：
```
3: 3 4
```

【实例 06-24】void*数据类型

扫一扫，看视频

　　描述：void* 数据类型可用于处理不同类型的数据，并通过类型转换的方式访问和操作这些数据。

分析：void*是 C 语言中的一种通用指针类型，可以指向任何类型的数据。由于 void*指向的具体类型并不明确，因此在使用时需要进行类型转换，以便正确地访问指针所指向的数据。

下面通过一个示例程序了解 void*的使用。

```c
#include <stdio.h>
void printData(void *ptr, char dataType);
int main(void)
{
    int num = 10;
    float pi = 3.14;
    char ch = 'A';
    //使用 void*类型的参数和不同的数据类型调用 printData 函数
    printData(&num, 'i'); //输出整数
    printData(&pi, 'f');  //输出浮点数
    printData(&ch, 'c');  //输出字符
    return 0;
}
//函数功能：输出不同类型的数据
void printData(void *ptr, char dataType)
{
    switch (dataType)
    {
    case 'i':
        printf("Data: %d\n", *((int *)ptr));
        break;
    case 'f':
        printf("Data: %.2f\n", *((float *)ptr));
        break;
    case 'c':
        printf("Data: %c\n", *((char *)ptr));
        break;
    default:
        printf("Invalid data type.\n");
    }
}
```

运行结果如下：

```
Data: 10
Data: 3.14
Data: A
```

*((int *)ptr) 是一个类型转换表达式，用于将指针 ptr 强制转换为指向整数类型的指针，然后通过解引用运算符 * 获取该指针所指向的整数值。

这种类型转换和解引用运算符的使用需要谨慎，确保在进行强制类型转换之前，指针 ptr 实际上指向一个整数类型的值，否则可能导致未定义的行为。

通过这个示例程序，可以清楚地看到 void* 数据类型如何用于处理不同类型的数据，并通过类型转换的方式访问和操作这些数据。

【实例 06-25】动态一维数组

扫一扫，看视频

描述：**用常量定义的固定长度的数组称为定长数组**，由于事先无法确定数组的大小，所以通常是按一个预计的最大值指定数组的长度，这有可能造成存储空间的浪费。本实例设计一个程序，在程序运行时，由用户输入一个整型数组的大小，然后使用 malloc 函数动态分配内存，创建一个**动态一维数组**。如果分配成功，那么程序会提示用户输入数组元素，并计算它们的总和。

分析：全局变量是在编译时分配内存的，函数形参和函数内定义的非静态局部变量是在函数调用时分配内存的，因此两者在程序运行时既不能添加，也不能减少。而在实际应用中，有时需要在程序运行时根据使用的需要分配内存。**C 语言提供了动态内存管理机制**，允许开发人

员根据需要在程序运行时**动态地分配和释放内存**。

下面的程序使用 malloc 和 free 函数在程序运行时动态地为变量分配内存，并在不需要使用这些变量时释放内存。

```c
#include <stdio.h>
#include <stdlib.h>
int main(void)
{
    int *array;                     //定义一个指向整型的指针变量
    int size, sum = 0;              //定义数组大小
    printf("输入数组的大小: ");      //提示用户输入数组大小
    scanf("%d", &size);
    //使用 malloc 动态分配内存
    array = (int *)malloc(size * sizeof(int));
    if (array == NULL)              //判断内存是否分配成功
    {
        printf("内存分配失败!\n");
        return -1;
    }
    //读取数组元素并计算它们的总和
    printf("输入%d 个数组元素:\n", size);
    for (int i = 0; i < size; i++)
    {
        scanf("%d", &array[i]);
        sum += array[i];
    }
    //输出数组元素和总和
    printf("数组中的元素是: ");
    for (int i = 0; i < size; i++)
    {
        printf("%d ", array[i]);
    }
    printf("\n 数组的元素和是: %d\n", sum);
    free(array); //释放动态分配的内存

    return 0;
}
```

运行结果如下：

输入数组的大小: 5↙
输入 5 个数组元素:
1 2 3 4 5↙
数组中的元素是: 1 2 3 4 5
数组的元素和是: 15

虽然 array 是一个指针变量，但它指向了由 malloc 分配的 size 个整型空间，因此 array 实际上是一个有 size 个空间大小的一维动态数组。

需要注意的是，**动态分配的内存需要手动释放，否则会导致内存泄漏**。另外，在使用 malloc 函数分配内存时，一定要注意检查返回的指针是否为空，如果为空，则说明内存分配失败。**在实际编程中，还应该注意内存越界和指针释放后的悬空问题。**

C 语言标准库提供了四个用于动态内存管理的函数，分别是 **malloc 和 calloc**（用于分配新的内存空间）、**realloc**（用于调整已分配的内存空间大小）和 **free**（用于释放已分配的内存空间）。

下面通过示例程序学习这四个函数的使用。

（1）malloc 函数和 free 函数。

malloc 函数的原型如下：

```c
void *malloc(size_t size);
```

其中，size 参数指定了需要分配的内存空间的大小，以字节为单位。malloc 函数会在堆区动态分配 size 字节大小的内存，并返回指向分配内存起始地址的指针。如果内存分配失败，malloc 函数将会返回 NULL 指针。

使用 malloc 函数分配的内存区域的内容是未初始化的，即分配的内存空间中的数据是未知

的、随机的。

free 函数的原型如下：

```
void free(void *ptr);
```

其中，ptr 参数是要释放的内存块的起始地址，该内存块是之前使用 malloc、calloc 或 realloc 函数动态分配的。

free 函数用于释放先前动态分配的内存块，将其返回给系统以便再次使用。释放内存后，将不能再访问内存块中的数据。需要注意的是，只能释放之前动态分配的内存块，而不能释放非动态分配的内存块或已经释放的内存块。如果传递给 free 函数的指针是 NULL，则函数将不执行任何操作。

下面再看一个使用 malloc 和 free 函数的示例程序。

```
#include <stdio.h>
#include <stdlib.h>                          //malloc 和 free 函数的原型所在的头文件
int main(void)
{
    int *p1 = (int *)malloc(sizeof(int));           //分配一个 int 类型空间
    if (p1 == NULL)                   //通过测试返回值是否为 NULL 判断分配内存是否成功
    {
        printf("分配内存失败!");
        return -1;
    }
    else
        printf("p1 的值为: %#X\n", p1);
    double *p2 = (double *)malloc(sizeof(double));   //分配一个 double 类型空间
    if (p1 == NULL)
    {
        printf("分配内存失败!");
        return -1;
    }
    else
    {
        *p2 = 3.14159;
        printf("*p2 的值为: %f\n", *p2);
    }
    free(p1);                                //释放 p1 所指的 int 类型空间
    free(p2);                                //释放 p2 所指的 double 类型空间
    p1 = (int *)malloc(sizeof(int) * 5);     //p1 可以指向新的内存空间
    if (p1 == NULL)
    {
        printf("分配内存失败! ");
        return -1;
    }
    else
        printf("成功分配了 5 个连续的 int 类型的内存单元!");
    free(p1);                                //释放 p1 所指的 5 个连续的 int 类型空间
    return 0;
}
```

运行结果如下：

```
p1 的值为: 0XB11490
*p2 的值为: 3.141590
成功分配了 5 个连续的 int 类型的内存单元!
```

通常情况下，调用 malloc 函数动态分配内存空间的操作通常是成功的。

（2）calloc 函数。

calloc 函数的原型如下：

```
void *calloc(size_t nmemb, size_t size);
```

其中，nmemb 指定了需要分配的元素个数；size 指定了每个元素的大小（以字节为单位）。

calloc 函数将会分配 nmemb * size 字节的内存空间，并将所有分配的字节初始化为 0。这一点与使用 malloc 函数分配内存后需要手动初始化不同，是 calloc 函数的优点之一。最终，calloc 函数返回一个指向内存区域起始地址的指针，如果内存分配失败，则返回空指针 NULL。

下面看一个使用 calloc 和 free 函数的示例程序。

```c
#include <stdio.h>
#include <stdlib.h>
int main(void)
{
    int *a = (int *)calloc(10, sizeof(int));      //10 个单元的整型一维动态数组
    if(a == NULL)
    {
        printf("分配失败!/n");return -1;
    }
    for (int i = 0; i < 10; i++)                   //数组 a 的值全为 0
        printf("%d ", a[i]);
    free(a);
    return 0;
}
```

calloc 函数可以使分配的内存中的所有字节都为 0。所以上面程序输出的元素值都是 0。free 函数也可用于释放 calloc 函数分配的内存。

（3）realloc 函数。

realloc 函数的原型如下：

```c
void *realloc(void *ptr, size_t size);
```

该函数的功能是将指针 ptr 所指的内存空间的大小修改为 size 字节，如果重新分配成功，则返回指向被分配内存的指针；否则返回空指针 NULL。当内存不再使用时，应使用 free 函数将内存块释放。函数返回值是重新分配的内存空间的首地址，与原来的首地址不一定相同。

下面看一个使用 realloc 和 free 函数的示例程序。

```c
#include <stdio.h>
#include <stdlib.h>
int main(void)
{
    char *p;
    p = (char *)malloc(100);          //使用 malloc 函数动态地分配 100 字节的内存空间
    if (p != NULL)
        printf("malloc 分配到的内存地址: %p\n", p);
    else
        printf("分配失败!/n");
    //使用 realloc 对之前分配的内存空间进行重新分配，将其大小调整为 256 字节
    char *lcf = (char *)realloc(p, 256);
    if (lcf)
        printf("重新分配到的内存地址: %p\n", lcf);
    else
        printf("分配失败!/n");
    free(lcf);
    return 0;
}
```

运行结果如下：

```
malloc 分配到的内存地址: 0000000000711490
重新分配到的内存地址: 0000000000711490
```

在进行动态内存空间分配时，常用的函数是 malloc 和 free。

 【实例 06-26】欢乐的跳跃

扫一扫，看视频

描述：一个长度为 n（$n>0$）的序列中存在"欢乐的跳跃"，当且仅当相邻元素的差的绝对值经过排序后正好是从 1 到 $n-1$。例如，1 4 2 3 存在"欢乐的跳跃"，因为相邻元素的差的绝对值分别为 3 2 1。判断给定序列是否存在"欢乐的跳跃"。输入为一行，第一个数是 n

（$0 < n < 3000$），为序列长度；接着为 n 个整数，依次为序列中的各元素，各元素的绝对值均不超过 10^9。输出为一行，若该序列存在"欢乐的跳跃"，则输出 Jolly，否则输出 Not jolly。

分析：因为序列的长度不超过 3000，所以可以采用在程序中定义一个符号常量 N，并将其赋值为 3000，然后定义一个长度为 N 的定长数组。但是，为了更有效地利用内存资源，可以在程序运行时动态地分配所需内存，使用完后再尽早释放不需要的内存，这就是动态内存管理。本实例可以根据输入的序列长度 n，申请 n 个连续的整型空间存储整数序列，也就是使用动态一维数组存储整数序列。

本实例仍然采用模块化程序设计思想，并复用已经实现的函数完成输入和排序等任务。现在，只需要再实现一个函数判断给定的序列是否存在"欢乐的跳跃"。该函数的原型如下：

```
int isJolly(int a[], int n);
```

该函数判断 n 个元素的整数序列是否存在"欢乐的跳跃"，存在则返回 1，否则返回 0。

可以采用如下的策略进行判断：首先定义一个存储输入序列元素的数组 a 和一个长度为 n 的整型数组 b，遍历一遍数组 a，把相邻元素差值的绝对值存储在数组 b 中，共 n–1 个元素，之后对数组 b 的 n–1 个元素排序，如果排序后数组 b 中的每个元素 b[i]的值等于 i+1，那么就是"欢乐的跳跃"；否则不是。

本实例的参考代码如下：

```c
#include <stdio.h>
#include <math.h>
#include <stdlib.h>
void bubbleSort(int a[], int n);
void input(int a[], int n);
int isJolly(int a[], int n);
void swap(int *p1, int *p2);
int main(void)
{
    int n;
    scanf("%d", &n);
    if (n == 1) printf("Jolly");            //如果只有一个数，则直接输出
    else
    {
        int *a = (int *)malloc(n * sizeof(int)); //动态数组存放给定的一组数
        input(a, n);
        int re = isJolly(a, n);
        if (re == 1) printf("Jolly");
        else printf("Not jolly");
        free(a);
    }
    return 0;
}
int isJolly(int a[], int n)
{
    int *b = (int *)malloc(n * sizeof(int));    //存放数组 a 相邻元素差的绝对值
    for (int i = 0; i < n - 1; i++)
        b[i] = fabs(a[i + 1] - a[i]);
    bubbleSort(b, n - 1);                       //对数组 b 的 n–1 个元素进行排序
    int isJ = 1;
    for (int i = 0; i < n - 1; i++)
    {
        if (b[i] != i + 1)
            return 0;
            break;
    }
    free(b);
    return isJ;
}
void swap(int *p1, int *p2)
{
    //自己补齐完整的代码
}
```

```
void bubbleSort(int a[], int n)
{
    //自己补齐完整的代码
}
void input(int a[], int n)
{
    //自己补齐完整的代码
}
```

运行结果如下：

```
4 3 2 5 7↵
Jolly
```

扫一扫，看视频

【实例 06-27】随机生成指定长度的字符串

描述：按照指定的字符串长度，在程序运行时动态为随机生成的字符串分配存储空间。

分析：为了动态分配一个字符数组存储字符串，并随机生成该字符串的内容，可以使用 malloc 函数。由于字符串需要一字节的空间来存储串结束标志'\0'，因此分配空间的大小应为指定长度加 1。然后，可以使用 rand 函数生成随机的字符。

本实例的参考代码如下：

```
#include <stdio.h>
#include <stdlib.h>
#include <time.h>
int main(void)
{
    int len;
    char *buffer;                      //字符指针
    srand(time(0));                    //设置随机数种子
    printf("你想要多长的串?");
    scanf("%d", &len);

    buffer = (char *)malloc(len + 1);  //动态分配 len+1 字节的内存空间
    if (buffer == NULL)                //分配失败
        exit(1);

    for (int i = 0; i < len; i++)      //产生随机串
        buffer[i] = rand() % 26 + 'a'; //随机的小写字母
    buffer[len] = '\0';                //字符串结束标志

    printf("随机串: %s\n", buffer);
    free(buffer);                      //释放空间

    return 0;
}
```

运行结果如下：

```
你想要多长的串? 10
随机串: ofozdraamr
```

程序会先通过 scanf 函数读取用户输入的字符串长度，然后使用 malloc 函数分配 len+1 字节的内存空间。其中，len 表示用户输入的字符串长度，+1 是为了额外分配 1 字节的空间，用于存储字符串结束标志 '\0'。

若 malloc 函数成功分配内存，则返回一个指向分配地址的指针，该地址被赋值给 buffer 指针，即 char 类型的指针变量。如果内存分配失败，则返回 NULL 指针，程序将调用 exit(1) 强制终止程序的执行。

程序通过 rand 函数产生随机的小写字母，并将其存储在 buffer 指向的内存空间中。当随机字符串生成完后，需要在字符串末尾添加字符串结束标志 '\0'，表示字符串的结束。

【实例06-28】指针数组

扫一扫，看视频

指针数组是一个数组，其元素都是指针。 每个指针指向内存中的某个地址。如果一个指针数组的元素个数为 n，那么这个数组可以存放 n 个指向同一数据类型的指针。定义指针数组的语法是：

```
type *arrayName[N];
```

其中，type 是所指数据类型的类型名；N 是指针数组的元素个数；arrayName 是指针数组的名称。例如，定义一个指针数组 ptrArr，用于存放 5 个整型指针，可以这样写：

```
int *ptrArr[5];
```

下面通过一个简单的示例程序了解一下指针数组。

```c
#include <stdio.h>
int main(void)
{
    int a = 10, b = 20, c = 30;
    int *arr[3];                    //声明一个指针数组，包含 3 个指针元素
    arr[0] = &a;                    //第一个指针元素指向变量 a 的地址
    arr[1] = &b;                    //第二个指针元素指向变量 b 的地址
    arr[2] = &c;                    //第三个指针元素指向变量 c 的地址
    for (int i = 0; i < 3; i++)
    {
        printf("第%d 个变量的值为: %d\n", (i + 1), *arr[i]); //输出指针元素所指向的值
    }
    return 0;
}
```

运行结果如下：

```
第 1 个变量的值为: 10
第 2 个变量的值为: 20
第 3 个变量的值为: 30
```

该程序定义了 3 个整型变量 a、b 和 c，然后定义了一个指针数组 arr，其中每个指针元素都指向一个整型变量的地址。最后，在循环中使用指针元素访问每个变量的值并输出它们。

通过使用指针数组，可以方便地将多个指针组织在一起，并使用循环语句轻松地对它们进行迭代操作。如果没有指针数组，就需要为每个指针变量编写单独的代码，这将导致程序设计的复杂性大大增加。因此，使用指针数组可以增强程序设计的灵活性和可维护性，在很大程度上简化了代码。

指针数组在许多情况下都是非常有用的，如在处理字符串、动态分配内存和操作多个指针时。通过有效使用指针数组，就可以更好地组织和管理内存中的数据。

【实例06-29】日历问题

扫一扫，看视频

描述：根据从公元 2020 年 1 月 1 日开始逝去的天数，确定日期是哪一年、哪一个月、哪一天和星期几。已知 2020 年 1 月 1 日是星期三（Wednesday）。输入一个整数表示逝去的天数，需要输出对应的日期和星期几，格式为"YYYY-MM-DD DayOfWeek"，其中 DayOfWeek 必须是 Sunday、Monday、Tuesday、Wednesday、Thursday、Friday 或 Saturday 中的一个。

输入样例：

```
5
```

输出样例：

```
2020-01-06 Monday
```

分析：本实例的目标是计算 2020 年 1 月 1 日后的 n 天的日期和星期。为了方便地表示星期，可以设计一个字符指针数组存储字符串形式的星期信息。通过使用该数组，可以将数字形式的星期转换为对应的字符串，使输出更加易读和可理解。

```c
const char *weeks[7] =
```

```
    {"Sunday", "Monday", "Tuesday", "Wednesday", "Thursday", "Friday", "Saturday"};
```

其中，weeks[0]代表星期日（Sunday），weeks[1]代表星期一（Monday），以此类推，weeks[6]代表星期六（Saturday）。对于给定的天数 n，可以通过求余运算$(n+3)\%7$ 确定 n 天后的星期，其中 3 代表 2020 年 1 月 1 日是星期三。

在进行日期计算时，需要考虑到闰年的情况。如果给定的天数 n 超过 1 年的天数，可以通过减去 1 年的天数，并增加 1 年的数值计算接下来的日期。当剩余的天数不足 1 年时，需要按月减去天数，并循环计算直到 n 不足以减掉一个月的天数为止。每个月的天数可以采用数组存储。

本实例的参考代码如下：

```c
#include <stdio.h>
int isLeap(int year);
const char *weeks[7] =                        //字符指针数组
    {"Sunday", "Monday", "Tuesday", "Wednesday", "Thursday", "Friday", "Saturday"};
int md[13] = {0, 31, 28, 31, 30, 31, 30, 31, 31, 30, 31, 30, 31};
int main(void)
{
    int year, month, n, m, daysofyear;
    scanf("%d", &n);
    year = 2020, month = 1, md[2] = 29, daysofyear = 366; //2020 年是闰年
    m = n;                              //临时存储 n 值给 m，用 m 计算星期几
    while (n >= md[month])
    {
        if (n >= daysofyear)            //天数大于等于 1 年的天数
        {
            year++;
            n -= daysofyear;            //减掉 1 年的天数
            if (isLeap(year))           //如果是闰年
            {
                md[2] = 29;
                daysofyear = 366;
            }
            else                        //非闰年
            {
                md[2] = 28;
                daysofyear = 365;
            }
            continue;                   //先按年减，不能减时再按月减
        }
        n -= md[month];                 //按月减天数
        month++;
    }
    printf("%d-%02d-%02d %s", year, month, n + 1, weeks[(m + 3) % 7]);
    return 0;
}
int isLeap(int year)
{
    return year % 400 == 0 || (year % 4 == 0 && year % 100 != 0);
}
```

运行结果如下：

```
1400↙
2023-11-01 Wednesday
```

运行下面的程序，深入理解指针数组和二维数组在内存空间分配方面的区别。

```c
#include <stdio.h>
const char *weeks[7] =
    {"Sunday", "Monday", "Tuesday", "Wednesday", "Thursday", "Friday", "Saturday"};
char weeks2[7][10] =
    {"Sunday", "Monday", "Tuesday", "Wednesday", "Thursday", "Friday", "Saturday"};
int main(void)
{
    printf("weeks 所占字节数：%d, weeks2 所占字节数：%d\n",
        sizeof(weeks), sizeof(weeks2));
    printf("以十进制输出每个串的首地址：\n");
```

```
    for (int i = 0; i < 7; i++)
        printf("%d %d\n", weeks[i], weeks2[i]);
    return 0;
}
```

运行结果如下：

```
weeks 所占字节数：56，weeks2 所占字节数：70
以十进制输出每个串的首地址：
4210688 4206720
4210695 4206730
4210702 4206740
4210710 4206750
4210720 4206760
4210729 4206770
4210736 4206780
```

weeks 是一维指针数组，数组的元素值是字符串常量的地址，一个地址占 8 字节，所以 sizeof(weeks)的值是 56。

weeks2 是二维字符数组，7 行 10 列，因此 sizeof(weeks2)的值是 70。而且二维字符数组的值是可修改的。

在二维字符数组中，相邻行存储的字符串的首地址之间相差 10 字节。这是因为二维数组的每行首地址之间的间隔是根据每行元素所占字节数（这里是 10 个字符）确定的。因此，通过观察这种内存分配的差异，可以更好地理解二维字符数组的存储方式和字符指针数组的区别。

【实例 06-30】杨辉三角——不等长的动态二维数组

扫一扫，看视频

描述：输入 n 值，表示杨辉三角的行数，n 不超过 10，要求使用动态数组存储杨辉三角的每一行，之后输出 n 行的杨辉三角。

分析：杨辉三角每行的元素个数不同，因此可以使用动态内存分配创建每一行的一维数组，再使用一个指针数组存储每行的首地址，从而构建一个不等长的二维数组。这种方法可以更灵活地处理不同行的元素个数，而不需要预先定义固定大小的二维数组。6 行的杨辉三角不等长动态二维数组存储示意图如图 6.7 所示。创建动态二维数组后，可以

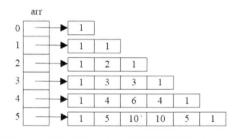

图 6.7　杨辉三角动态二维数组存储示意图

像访问二维数组中的元素一样，也就是通过访问数组下标的方式访问指定位置的元素，并根据需要进行修改或操作。

这种方式设计的数据存储结构更加灵活，可以根据实际需求动态分配内存空间，避免了固定大小数组可能引发的空间浪费或溢出问题，并且可以适应不同行的元素个数变化。

编程时，把 n 行的杨辉三角计算出来后存储到动态二维数组中，之后用双重循环输出杨辉三角。

本实例的参考代码如下：

```
#include <stdio.h>
#include <stdlib.h>
const int N = 10;
int main(void)
{
    int *arr[N];                              //指针数组
    int n;
    scanf("%d", &n);
    for (int i = 0; i < n; i++)               //n 个一维动态数组的首地址存储在指针数组中
        arr[i] = (int *)malloc((i + 1) * sizeof(int));
    for (int i = 0; i < n; i++)               //第一列和主对角线元素赋值 1
        arr[i][0] = arr[i][i] = 1;
```

```
    for (int i = 2; i < n; i++)              //求其他元素
        for (int j = 1; j < i; j++)
            arr[i][j] = arr[i - 1][j - 1] + arr[i - 1][j];
    for (int i = 0; i < n; i++)
    {
        for (int j = 0; j <= i; j++)
            printf("%2d", arr[i][j]);
        printf("\n");
    }
    for (int i = 0; i < n; i++)
        free(arr[i]);
    return 0;
}
```

arr 是一个指针数组，arr[i]是一维动态数组（i+1 个整型单元）的起始地址，这相当于构造一个二维的变长数组。之后在引用数组元素时完全可以当作一个二维数组用。当然，动态分配的数组在程序结束前要用 free 函数释放空间。

指针为程序设计带来了太多的灵活性，这是 C 语言的优势之一。

【实例 06-31】二级指针

扫一扫，看视频

描述：定义一个整型变量 a 存储一个整数，定义一个指针变量 p 存储整型变量 a 的地址，再定义一个指针变量 pp 存储指针变量 p 的地址。

分析：在 C 语言中，**二级指针是指向指针的指针**，它也被称为**指针的指针**。可以通过以下方式定义二级指针。

数据类型 **指针名;

其中，数据类型可以是 C 语言中已定义的任何数据类型，如 int、char、float 等；指针名则可以是任何合法的变量名。本实例的指针变量 pp 就是一个二级指针。

本实例的参考代码如下：

```
#include <stdio.h>
int main(void)
{
    int a = 5;                      //整型变量
    printf("整型变量 a 的地址是: %x\n", &a);
    int *p;                         //一级指针
    int **pp;                       //二级指针
    p = &a;
    pp = &p;
    //*p 的值是 a 的值, *pp 的值是 p 的值, 即 a 的地址, **pp 的值是 a 的值
    printf("*p=%d, *pp=%x, **pp=%d\n", *p, *pp, **pp);
    return 0;
}
```

运行结果如下：

```
整型变量 a 的地址是: 62fe14
*p=5, *pp=62fe14, **pp=5
```

上面代码中，变量 a、p 和 pp 之间的关系如图 6.8 所示。

图 6.8　a、p 和 pp 之间的关系

【实例 06-32】矩阵求和

扫一扫，看视频

描述：定义一个函数，该函数实现矩阵中所有元素的求和。

分析：使用二级指针动态创建一个二维数组以存储矩阵，并定义一个函数计算矩阵的和。

本实例的参考代码如下：

```
#include <stdio.h>
#include <stdlib.h>

int sum(int **p, int row, int col);
```

```c
int main(void)
{
    int m, n;
    printf("请输入一个矩阵的行数和列数：");
    scanf("%d %d", &m, &n);

    int **arr;
    arr = (int **)malloc(m * sizeof(int *));        //申请 m 行空间
    for (int i = 0; i < m; i++)
    {
        arr[i] = (int *)malloc(n * sizeof(int));    //申请 n 列空间
    }
    //这时就可以把 arr 理解成 m 行 n 列的二维数组了，
    //只不过这个二维数组的内存空间是在程序运行时动态分配的
    printf("输入%d 行%d 列的矩阵：\n", m, n);
    for (int i = 0; i < m; i++)
    {
        for (int j = 0; j < n; j++)
        {
            scanf("%d", &arr[i][j]);                //输入二维数组元素
        }
    }
    int s = sum(arr, m, n);                         //调用 sum 函数
    printf("该矩阵的和是：%d", s);                    //输出计算结果
    //动态二维数组空间的释放
    for (int i = 0; i < m; i++)
        free(arr[i]);
    free(arr);
    return 0;
}
//函数功能：计算矩阵的和
int sum(int **p, int row, int col)
{
    int s = 0;
    for (int i = 0; i < row; i++)
    {
        for (int j = 0; j < col; j++)
            s += *(*p + j);                         //累加每个元素的值
        p++;                                        //移动一行
    }
    return s;                                       //返回二维数组元素的和
}
```

运行结果如下：

请输入一个矩阵的行数和列数：3 4✓
输入 3 行 4 列的矩阵：
1 2 3 4✓
5 6 7 8✓
9 10 11 12✓
该矩阵的和是：78

在 main 函数中，使用二级指针创建一个动态二维数组，这种方法可以高效地利用存储空间。通过使用二级指针，可以动态地分配内存以适应不同大小的二维数组，并且可以通过指针数组的索引访问和操作每个元素。这种方式能够灵活地操作二维数组，并且在不需要时能够及时释放所占用的内存空间，提高了程序的效率和内存的利用率。

函数 sum 的第一个参数 int **p 是二级指针，表示接收一个动态二维数组的地址。在函数 sum 中，双重循环遍历二维数组元素，使用*(*p + j)获取当前元素的值，最后将所有元素的值相加得到二维数组元素的和。

【实练 06-09】矩阵的旋转

给定一个 R 行 C 列的矩阵，需要将其顺时针旋转 90°并输出。矩阵的行列数不超过 100，每个元素的取值范围为 0～255。

例如，3 行 4 列的矩阵顺时针旋转 90°前后如图 6.9 所示。

提示：可以定义两个动态二维数组存储旋转前后的矩阵。顺时针旋转 90°，可以先将矩阵转置，再对转置后的矩阵进行左右交换。

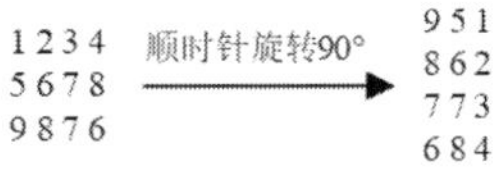

```
1 2 3 4      顺时针旋转90°      9 5 1
5 6 7 8    ───────────────▶    8 6 2
9 8 7 6                        7 7 3
                               6 8 4
```

图 6.9　矩阵顺时针旋转 90°前后示例图

【实例 06-33】通过行指针输出二维数组

行指针也就是指向一维数组的指针，可以使用以下语法。

```
type (*p)[N];
```

其中，**type** 是指向数组元素的类型；N 表示数组元素的数量；p 是一个指向一维数组的指针。要注意一点的是 **N 必须是常量**。

指向一维数组的指针可以用于访问二维数组。通过将指向一维数组的指针指向二维数组的某一行，就可以通过该指针访问和操作该行的元素。

所以，**指向一维数组的指针作为行指针，可用于按行访问和处理二维数组**。

本实例的参考代码如下：

```c
#include <stdio.h>
void printRow(int (*ptr)[2]);
int main(void)
{
    int a[3][2] = {1, 2, 3, 4, 5, 6};   //定长二维数组
    int (*p)[2];
    p = a;                              //p 指向二维数组的第一行

    for (int i = 0; i < 3; i++)
    {
        printRow(p);                    //调用函数输出 p 指向的行的元素
        p++;                            //p 指向二维数组的下一行
    }

    return 0;
}
//函数功能：输出二维数组的某行元素
void printRow(int (*ptr)[2])
{
    for (int i = 0; i < 2; i++)
        printf("%d ", *(*ptr + i));     //访问指向的行的元素
    printf("\n");
}
```

这个程序会输出二维数组的每一行。函数 printRow 接收一个指向二维数组某行的指针，并输出该行的元素。在 main 函数中，定义了一个二维数组 a，并将其第一行的地址赋给指针 p。之后，通过循环不断调用函数 printRow，并将指针 p 指向下一行。

在函数 printRow 中，使用指针 ptr 访问指向的行的元素。通过 *(*ptr + i)，可以访问每个元素并输出。

阅读并运行以下程序代码，以加深对静态二维数组和指针相关概念的理解。

```c
#include <stdio.h>
int main(void)
{
    int a[3][2] = {1, 2, 3, 4, 5, 6};//静态二维数组
```

```
for (int i = 0; i < 3; i++)
{
    for (int j = 0; j < 2; j++)
    {
        printf("数组元素 a[%d][%d]的地址是: %#X ", i, j, &a[i][j]);
    }
    printf("\n");
}
printf("二维数组 a 的值是: %#X\n", a);
printf("而 a+1 的值是:      %#X\n", a + 1);
printf("而 a[0]+1 的值是:   %#X", a[0] + 1);
return 0;
}
```

运行结果如下：

```
数组元素 a[0][0]的地址是: 0X62FE00  数组元素 a[0][1]的地址是: 0X62FE04
数组元素 a[1][0]的地址是: 0X62FE08  数组元素 a[1][1]的地址是: 0X62FE0C
数组元素 a[2][0]的地址是: 0X62FE10  数组元素 a[2][1]的地址是: 0X62FE14
二维数组 a 的值是: 0X62FE00
而 a+1 的值是:      0X62FE08
而 a[0]+1 的值是:   0X62FE04
```

a 是二维数组名，所以是行指针，即 a+1 是跳一行。a[0]、a[1]、a[2]也是地址常量，不可以对它们赋值。a[0]+1 表示 a[0]的地址加上一个元素的大小，这里 a[0]是第一行的地址，所以 a[0]+1 指向第一行的第二个元素，即指向 a[0][1]。

这里的 a 和 a+1 可以理解成数组的行指针，a 指向数组的第一行，a+1 指向数组的第二行。

a 是地址常量，所以不能出现 a++或 a += 2 这样的赋值。

【实例 06-34】计算鞍点

扫一扫，看视频

描述：给定一个 5×5 的矩阵，每行只有一个最大值，每列只有一个最小值。需要在矩阵中查找鞍点，即找到一个元素，它是所在行的最大值，同时是所在列的最小值。输入一个 5 行 5 列的矩阵，如果存在鞍点，则输出该鞍点所在的行、列和值；如果不存在，则输出 not found。

输入样例：

```
11 3 5 6 9
12 4 7 8 10
10 5 6 9 11
8 6 4 7 2
15 10 11 20 25
```

输出样例：

```
4 1 8
```

分析：查找矩阵的鞍点的总体策略是逐行遍历矩阵，从第一行开始找到该行的最大值，并判断该最大值是否也是所在列的最小值。如果找到鞍点，则结束查找；否则继续寻找下一行的最大值，重复上述过程。如果遍历完所有行都没有找到鞍点，则说明鞍点不存在。

为了找到一行的最大值，可以直接调用在一维数组中找最大值的函数 findMax，该函数的返回值就是最大值的列号，记作 col。

这里再设计一个在 5 列的矩阵的第 col 列找最小值的函数，原型如下：

```
int findMinValue(int (*a)[5], int col);
```

该函数返回矩阵第 col 列最小值的行号。如果 findMinValue 函数返回的行号与当前行的行号相同，则找到鞍点，结束查找；否则继续查找下一行。

本实例的参考代码如下：

```
#include <stdio.h>
void input(int (*a)[5], int rows);
int findMax(int a[], int n);
int findMinValue(int (*a)[5], int col);
```

```
int main(void)
{
    int a[5][5];
    input(a, 5);                          //输入数组元素
    int row, col;                         //鞍点的行下标和列下标
    for (row = 0; row < 5; row++)
    {
        col = findMax(a[row], 5);         //在 row 行找最大值, 返回最大值所在的列号
        int r = findMinValue(a, col);     //在 col 列找最小值所在的行号
        if (r == row)
            break;
    }
    if (row == 5)                         //检查是否找到鞍点
        printf("not found");
    else
    {
        //输出鞍点的行号、列号和值
        printf("%d %d %d", row + 1, col + 1, a[row][col]);
    }
    return 0;
}
//函数功能: 输入数组元素
void input(int a[][5], int rows)
{
    for(int i = 0; i < rows; i++)
    {
        for(int j = 0; j < 5; j++)
        {
            scanf("%d", &a[i][j]);
        }
    }
}
//函数功能: 找到数组中的最大值并返回最大值的下标
int findMax(int a[], int n)
{
    //自己补齐完整的代码
}
//找到二维数组指定列中的最小值所在的行, 并返回行索引
int findMinValue(int a[][5], int col)
{
    int row = 0;
    for (int i = 0; i < 5; i++)
    {
        if (a[i][col] < a[row][col])
            row = i;
    }
    return row;
}
```

在函数声明中，findMinValue 的形参可以写成 int (*a)[5]的形式，也可以写成 int a[][5] 的形式。这两种形式是等价的，但通常情况下会使用后者，因为它更直观地表明 a 是一个二维数组，尽管在本质上它仍然是一个指向行的指针。然而，无论采用哪种形式，都不能省略每行的元素个数，并且该数值必须是常量。这样的要求有助于确保在函数中正确处理二维数组的元素。

【实练 06-10】最匹配的矩阵

给定两个矩阵 A 和 B，A 的大小为 $m×n$，B 的大小为 $r×s$，其中 $0<r\leqslant m$, $0 < s \leqslant n$。要求从 A 中找出一个大小为 $r×s$ 的子矩阵 C，使得 C 与 B 的对应元素之间的差值的绝对值之和最小。如果有多个方案，则选择子矩阵左上角元素行号小者；行号相同时，选择列号小者。输出找到的矩阵 C。

扫一扫，看视频

输入的第一行为 m 和 n，之后的 m 行中每行有 n 个整数，表示 A 中各行的元素；第 $m+2$ 行为 r 和 s，之后的 r 行中每行有 s 个整数，表示 B 中各行的元素。输出为 r 行，每行为 s 个空格分隔的整数。其中 $1 \leqslant m \leqslant 100$，$1 \leqslant n \leqslant 100$。

输入样例：

```
3 3
3 4 5
5 3 4
8 2 4
2 2
7 3
4 9
```

输出样例：

```
4 5
3 4
```

【实例06-35】返回指针的函数

扫一扫，看视频

描述：让一个指针变量指向值大的整型变量，之后输出这个指针变量所指空间的值。

分析：可以声明返回指针的函数，即函数的返回值是变量的地址。

本实例的参考代码如下：

```c
#include <stdio.h>
int *fun(int *a, int *b);              //函数声明
int main(void)
{
    int x = 7, y = 8, *p;
    p = fun(&x, &y);                   //函数调用
    printf("最大值是：%d\n", *p);
    return 0;
}
int *fun(int *a, int *b)               //函数定义
{
    if (*a > *b)
        return a;
    else
        return b;
}
```

如果一个函数的返回值是指针，那么该函数称为**指针函数**。指针函数的一般形式如下：

```
类型说明符  *函数名(形参列表)
{
    函数体语句
}
```

指针函数也就是返回值为指针的函数，在 C 语言的字符串处理库中这类函数很多，如 strcat、strchr 等。

第 7 章的字符串处理会用到很多这样的字符串处理库函数。

返回指针的函数需要注意以下几个方面。

（1）函数返回的指针应该指向一个存在的、合法的内存地址。如果返回的指针无效，程序很可能会崩溃或产生未定义的行为。

（2）如果返回指向局部变量的指针，应当注意该变量在函数结束时会被销毁，因此返回的指针将指向一块不存在的内存，这种情况必须避免，如实例 06-03 就是这种情况。

（3）如果返回指向动态分配内存的指针，需要负责在合适时释放这块内存，避免引起内存泄漏。

（4）如果函数返回指向数组的指针，数组应该是静态的、全局的或者动态分配的，并保证在调用函数时仍然有效。

【实例 06-36】通过函数指针调用不同的函数

扫一扫，看视频

描述：定义两个函数，分别用于找出两个整数中的最大值和最小值。在 main 函数中定义一个函数指针，该指针可以指向接收两个 int 类型的参数并返回 int 类型的值的函数。通过函数指针调用函数，输出两个整数中的最大值和最小值。

分析：若在程序中定义一个函数，在编译时，编译器会为函数代码分配一段存储空间，这段空间的起始地址（又称为入口地址）称为这个函数的指针。在 C/C++语言中，函数名具有与数组名类似的特性，数组名代表数组的起始地址，函数名代表函数的起始地址。

同样可以定义一个指向函数的指针变量，这样的指针变量叫作函数指针。函数指针的定义格式如下：

返回值类型 (*函数指针变量)(参数列表)

例如：

```
int (*funp)(int a, int b);
```

这里的 funp 就是函数指针变量，该指针变量可以存储有两个整型参数并且返回值为整型的函数入口地址。

下面的程序代码演示了函数指针的使用。

```
#include <stdio.h>
int max(int, int);
int min(int, int);
int main(void)
{
    int x = 7, y = 8;
    int (*funcPtr)(int, int);          //函数指针
    funcPtr = max;
    int m = funcPtr(x, y);             //函数指针调用函数
    printf("最大值是: %d\n", m);
    funcPtr = min;
    m = (*funcPtr)(x, y);              //函数指针调用函数
    printf("最小值是: %d\n", m);
    return 0;
}
int max(int a, int b)
{
    if (a > b)
        return a;
    else
        return b;
}
int min(int a, int b)
{
    if (a < b)
        return a;
    else
        return b;
}
```

运行结果如下：

```
最大值是: 8
最小值是: 7
```

在这个程序中，可以通过函数指针 funcPtr 动态选择要调用的函数。这样可以在程序运行时根据需要灵活地选择不同的函数。

不过大家是否觉得这么写代码多此一举，实际编程中，更多地把函数指针用作函数的形参，如 qsort 函数或者下面实例的用法。

【实例 06-37】输入两个运算数，输出四则运算的结果

描述：输入两个运算数，并确保第二个运算数不为 0。然后，程序将输出这两个运算数的加法、减法、乘法和除法运算结果。

分析：可以定义 4 个函数，分别用于执行加法、减法、乘法和除法运算。然后，使用函数指针调用这 4 个函数。

本实例的参考代码如下：

```c
#include <stdio.h>
double add(double x, double y);
double sub(double x, double y);
double mul(double x, double y);
double div(double x, double y);
double (*funcTable[4])(double, double) = {add, sub, mul, div}; //函数指针数组
char oper[5] = "+-*/";
int main(void)
{
    double x = 0, y = 0;
    printf("下面进行四则运算，");
    printf("请输入两个运算数：\n");
    scanf("%lf%lf", &x, &y);
    for (int i = 0; i < 4; i++) //遍历函数指针数组，完成加、减、乘、除运算
        printf("%g %c %g = %g\n", x, oper[i], y, funcTable[i](x, y));
    return 0;
}
double add(double x, double y)
{
    return x + y;
}
double sub(double x, double y)
{
    return x - y;
}
double mul(double x, double y)
{
    return x * y;
}
double div(double x, double y)
{
    return x / y;
}
```

运行结果如下：

```
下面进行四则运算，请输入两个运算数：
18 3✓
18 + 3 = 21
18 - 3 = 15
18 * 3 = 54
18 / 3 = 6
```

在上面的程序中，首先 funcTable 是一个数组，而且是一个指针数组，并且是指向函数的指针，这个函数指针数组必须有两个 double 形参，且返回 double 值的函数指针。

由于函数名代表函数的起始地址，因此可以使用函数名作为函数指针数组 funcTable 的初始化值。同时，还定义了一个字符数组 oper，用于存储对应运算符的字符。这样，可以通过调用函数指针数组中的函数执行相应的运算操作。

在 main 函数中，可以使用循环遍历函数指针数组 funcTable。在每次迭代中，可以输出当前运算的表达式和结果，并通过函数指针调用对应的函数完成相应的运算。这样，通过遍历函数指针数组，可以依次执行数组中存储的函数，并输出对应运算的结果。

函数指针还可以作为函数的形参，最典型的就是 stdlib.h 中的 qsort 函数，可以对数组进行

排序。该函数的原型如下：

```
void qsort (void* base, size_t num, size_t size,
            int (*compare)(const void*,const void*));
```

该函数共有 4 个参数，base 是 void 指针，可以指向待排序数组的起始位置；num 是排序的元素个数；size 是每个元素占的字节数；compare 则是函数指针，它指向的比较函数可以确定元素的顺序。

比较函数的原型如下：

```
int compare(const void *a, const void *b);
```

其中，a 和 b 是指向待比较元素的指针。比较函数需要返回一个整数值，以指示两个元素的大小关系。

（1）若返回值小于 0，则表示 a 应该排在 b 前面。

（2）若返回值等于 0，则表示 a 和 b 相等。

（3）若返回值大于 0，则表示 a 应该排在 b 后面。

通过指定不同的比较函数，可以实现按照不同的条件对数组进行排序。

在使用 qsort 函数时，应确保传入的参数是有效的，并且比较函数的实现正确，否则可能会导致排序结果不符合预期。

qsort 函数是一个方便且高效的排序函数，可用于对数组进行快速排序，并根据自定义的比较规则进行排序操作。

下面的实例演示了如何使用 qsort 函数完成数组排序。

扫一扫，看视频

🎁 【实例 06-38】qsort 函数与函数指针

描述：使用 qsort 函数对数组进行升序和降序排序。

分析：可以定义两个比较函数 compare1 和 compare2，用于指定排序方式。其中，compare1 函数用于对整型数组进行升序排序，compare2 函数用于对整型数组进行降序排序。将函数名作为实参传给 qsort 函数，就可以按照比较函数的比较规则进行排序了，这使得 qsort 函数具有比较强的通用性；又由于 base 是 void 指针，通过强制类型转换，基本可以完成所有类型的数组排序。

使用 qsort 对数组进行升序和降序排序的参考代码如下：

```
#include <stdio.h>
#include <stdlib.h>      //qsort
int compare1(const void*a, const void*b)
{
    return (*(int *)a - *(int *)b);
}
int compare2(const void*a, const void*b)
{
    return (*(int *)b - *(int *)a);
}
void output(int a[], int n);
int main (void)
{
    int values[]={40,10,100,60,70,20};
    printf("排序前的数组：\n");
    output(values, 6);
    qsort(values, 6, sizeof(int), compare1);
    printf("\n 升序排序后的数组：\n");
    output(values, 6);
    qsort(values, 6, sizeof(int), compare2);
    printf("\n 降序排序后的数组：\n");
    output(values, 6);
    return 0;
}
void output(int a[], int n)
{
```

```
        //自己补齐完整的代码
    }
```

运行结果如下：

```
排序前的数组：
40 10 100 60 70 20
升序排序后的数组：
10 20 40 60 70 100
降序排序后的数组：
100 70 60 40 20 10
```

qsort 函数的形参 base 是 void 指针，而 compare 是函数指针，qsort 函数具有通用性，可以对任意类型的数组进行升序或降序排序，当然数组元素类型应是可比较大小的。

代码中的表达式：

```
(*(int *)a - *(int *)b);
```

由于 a 和 b 是 void 指针，所以先强制转换为(int *)指针，之后通过指针间接运算符（*）获取指针变量所指的值。

【实例 06-39】最大间距

扫一扫，看视频

描述：给定一个无序的数组 nums，先对数组进行排序，计算相邻元素之间最大的差值并输出。如果数组元素个数小于 2，则输出 0 。对于数组 nums = [3,6,9,1]，最大间距是 3。

分析：先用 qsort 函数对 nums 数组排序，定义一个变量 maxV，用于保存最大间距，初始化为第一对相邻元素的差值。通过遍历数组，计算并比较相邻元素的差值，更新变量 maxV，找到最大的差值。

本实例的参考代码如下：

```
#include <stdio.h>
#include <stdlib.h> //qsort
int cmp(const void *a, const void *b);
int main(void)
{
    int nums[] = {3, 6, 9, 1};
    int n = sizeof(nums) / sizeof(int);      //计算数组大小
    if (n < 2)
        printf("最大间距是：%d", 0);
    else
    {
        qsort(nums, n, sizeof(int), cmp);    //排序
        int maxV = nums[1] - nums[0];        //第一对相邻元素的差值
        for (int i = 2; i < n; i++)          //遍历数组，通过比较找到最大差值
        {
            int x = nums[i] - nums[i - 1];   //相邻元素的差值
            if (x > maxV) maxV = x;
        }
        printf("最大间距是：%d", maxV);
    }
    return 0;
}
int cmp(const void *a, const void *b)
{
    return (*(int *)a - *(int *)b);
}
```

下面的实例也是应用 qsort 函数对数组进行排序。

【实例06-40】数字黑洞

描述：黑洞数是特殊的数，具有奇特的转换特性，即任何一个位数不超过 4 的正整数，在经过有限次"重排求差"操作之后，都能变成 0 或 6174。所谓"重排求差"操作，是指将该数的所有数字按从大到小的顺序排列，再用最大的数减去最小的数得到差值。输入一个位数不超过 4 的正整数 N，编写程序通过这个操作得到最终结果。如果输入的 N 的所有位上的数字都相等，那么输出 $N - N = 0000$。否则，程序将计算的每一步作为一行输出，直到 6174 作为差值出现。

输入样例：

```
6767
```

输出样例：

```
7766 - 6677 = 1089
9810 - 0189 = 9621
9621 - 1269 = 8352
8532 - 2358 = 6174
```

分析：对于给定的整数 N，定义一个长度为 4 的 int 类型的数组 a（将 a 的各个元素初始化为 0），用于存放 N 各个位上的数字，然后对数组 a 的 4 个元素进行排序，计算出由 a 的 4 个元素组成的最大数 maxV 和最小数 minV，按样例输出一行，并计算新的 N；如果条件 N != 0 && N != 6174 成立，则继续求 N 各个位上的数字并存放到数组 a 中，数组 a 元素排序，求 maxV 及 minV，输出，直到条件 N != 0 && N != 6174 不成立。

本实例的参考代码如下：

```c
#include <stdio.h>
#include <stdlib.h> //qsort
int compare(const void *a, const void *b);
int depart(int a[], int x);
int main(void)
{
    int n;
    scanf("%d", &n);
    do
    {
        int a[4] = {0};
        int k = depart(a, n);
        qsort(a, 4, sizeof(int), compare);
        int maxV = 0, minV = 0;
        for (int i = 0; i < 4; i++)
        {
            maxV = maxV * 10 + a[i];
            minV = minV * 10 + a[3 - i];
        }
        printf("%04d - %04d = %04d\n", maxV, minV, maxV - minV);
        n = maxV - minV;
    } while (n != 0 && n != 6174);
    return 0;
}
int compare(const void *a, const void *b)
{
    return (*(int *)b - *(int *)a);
}
//函数功能：整数 x 按位分隔，把每一位存储到数组 a 中
int depart(int a[], int x)
{
    int k = 0;
    do
    {
        a[k++] = x % 10;
```

```
        x /= 10;
    } while (x != 0);

    return k;
}
```

小　　结

计算机的内存单元是按字节编码的，也就是每一字节都会有一个地址值，一般用十六进制表示，可以使用指针变量存储这个地址值，这样就可以使用存储在指针变量中的地址值间接访问内存单元了。因为通过地址值可以找到内存单元，有"指向"作用，所以形象地称为"指针"。

在 C 语言中提供了两种指针运算符：*运算符，取指针所指单元的值，也称为解引用；&运算符，取地址运算符，如果想获取某个内存单元的地址，就要用到这个运算符。内存单元的实际地址值不是我们关心的，我们关心的是利用地址值（指针）给编程带来的好处，如函数的指针形参、函数指针等。

C 语言的字符串处理库函数中，有很多使用字符指针的地方。

如果只是想让指针指向内存单元，不想通过指针变量去改变它所指内存单元的值，可以使用 const，如 const int *p = &x;。

一般来讲，使用内存有两种方法：一种是定义变量或者数组，另一种是使用 malloc 函数动态分配内存单元，但通过 malloc 函数动态分配的内存单元通常要由程序员通过 free 函数释放。

有时需要把指针变量赋值为 NULL（空值），如果某指针变量的值为 NULL，则表示该指针不指向任何内存单元，为了保证代码的安全，在使用指针访问内存单元时，可判断该指针变量是否为空。

若定义一个未初始化的指针变量，因这个指针变量是有值的，所以访问这样的指针变量所指内存单元的值是危险的，这种指针也称为"野指针"，所以定义指针变量时可以为其赋初值 NULL。使用 free 函数释放指针变量所指内存单元时，也要把该指针变量赋值为 NULL。

可以让指针指向数组的某个元素，通过指针访问数组，当然数组元素也可以是指针类型。

如果某个指针变量是函数指针，也可以通过这个指针变量调用函数。

第7章 字 符 串

计算机不仅可以处理整数和浮点数，还可以处理字符串。字符串在计算机中扮演着重要的角色，如编辑文章、处理代码或者记录信息等。在 C 语言中，虽然没有专门的字符串类型，但**可以使用字符数组存放字符串**。C 语言中的字符串以**空字符'\0'作为结束标志**。接下来通过本章的实例更详细地了解字符串的存储、输入、输出和其他基本操作。

【实例 07-01】字符数组与字符串

扫一扫，看视频

描述：将字符串"I like C! "中的所有字符 i 及 I 替换成 y，并输出替换后的字符串。

分析：在 C 语言中，虽然没有专门的字符串类型，但可以使用字符数组存储字符串。**字符串是由若干个字符组成的，可以用一维字符数组表示字符串**。通过操作字符数组的元素，可以访问和修改字符串中的每个字符。

字符数组的定义和其他类型数组的定义格式相同。一维字符数组的元素类型是 char。需要注意的是，**由于字符串以空字符 '\0'结束，所以定义字符数组存放字符串时，数组的长度应该大于字符串的长度**。例如，一个长度为 9 的字符串 "I like C!"，存放它的字符数组的长度至少应该为 10。

通过利用字符数组存储字符串，我们能够访问和修改字符串中的每个字符，并进行一系列的字符串操作。

本实例的参考代码如下：

```c
#include <stdio.h>
int main(void)
{
    char str[10] = {'I', ' ', 'l', 'i', 'k', 'e', ' ', 'C', '!', '\0'}; //10 可以省略
    for (int i = 0; str[i]; i++)
    {
        if (str[i] == 'i' || str[i] == 'I')
            str[i] = 'y';
    }
    printf("%s", str);
    return 0;
}
```

运行结果如下：

```
y lyke C!
```

程序中字符数组的初始化使用了与其他类型数组初始化相同的方法，元素 str[0]对应字符串中的第一个字符'I'，元素 str[9]存放'\0'，字符数组一般用于存放字符串，且必须用下标为字符串长度的元素存放'\0'。即只有最后元素是'\0'的字符数组才表示字符串。

事实上，如果要初始化一个字符数组 str，还可以使用以下方法。

```c
char str[] = "I like C!";
```

这将把字符串" I like C!"分配给字符数组 str，并自动为其添加字符串的结束符'\0'。字符数

组 str 的大小将根据字符串的长度自动确定。

要处理字符串中的各个字符，可以使用循环语句，并使用一个循环变量（如 i）表示字符在字符串中的位置。这样，我们就可以使用 str[i] 访问字符串中的每个字符，从而执行各种操作。

阅读并执行以下代码，以了解另一种存储字符串的字符数组的定义方法。

```c
#include <stdio.h>
int main(void)
{
    char str[] = "I like C!";
    int len = sizeof(str); //计算数组 str 的长度
    printf("数组 str 的长度为:%d\n", len);
    printf("str = %s\n", str);
    for (int i = 0; i < len; i++)
        printf("str[%d]: %c ACSII 值是 %d\n", i, str[i], str[i]);
    return 0;
}
```

运行结果如下：

```
数组 str 的长度为: 10
str = I like C!
str[0]: I ACSII 值是 73
str[1]:   ACSII 值是 32
str[2]: l ACSII 值是 108
str[3]: i ACSII 值是 105
str[4]: k ACSII 值是 107
str[5]: e ACSII 值是 101
str[6]:   ACSII 值是 32
str[7]: C ACSII 值是 67
str[8]: ! ACSII 值是 33
str[9]:   ACSII 值是 0
```

可以看出存放一个字符串的字符数组的长度至少为字符串长度+1。字符串的结束符'\0'是 ACSII 值为 0 的空白字符，不是 ACSII 值为 32 的空格字符。

 在 C 语言中，只有以'\0'字符结尾的字符数组才可以表示字符串，否则只是一般的字符数组。'\0' 是 ASCII 值为 0 的不显示字符。不要混淆空字符（'\0'）和零字符（'0'），零字符的 ASCII 值是 48。

【实例 07-02】标题统计

扫一扫，看视频

描述：统计给定英文论文标题中的字符数，标题可能包含大写和小写英文字母、数字字符、空格和换行符。需要注意的是，在统计字符数时，空格和换行符不计入其中。要求从输入中读取一个长度不超过 20 的字符串 s，并输出统计得到的字符数。

输入样例：

```
Ca 45
```

输出样例：

```
4
```

分析：当然可以采用实例 03-20 的方法。不过，这里将介绍另一种常用的方法。可以把给定的标题视为字符串，在定义存放字符串的字符数组时，要确保数组的长度至少为字符串的最大字符个数加 1。然后，考虑如何输入字符串。由于标题中可能包含空格，而 scanf("%s", str)只能接收不含空格的字符串，因此本程序将使用 stdio.h 头文件中的库函数 fgets 输入字符串。之后即可使用循环语句统计字符串中的数字和字母字符。

本实例的参考代码如下：

```c
#include <stdio.h>
#include <string.h>
#include <ctype.h>
int main(void)
```

```
{
    char str[21];                         //定义长度至少为 21 的字符数组存放标题
    int cnt = 0;                          //存放 str 中的字母、数字个数
    memset(str, 0, strlen(str));          //将 str 中的各个元素初始化为'\0'
    fgets(str, sizeof(str), stdin);       //读入一行可能有空格的字符
    size_t n = strlen(str);        //strlen 返回字符串 str 中的字符个数，最后字符是换行符'\n'
    for (int i = 0; i < n; i++)
    {
        if (isdigit(str[i]))
            cnt++;                        //isdigit(x)判断 x 是否为数字
        else if (isalpha(str[i]))
            cnt++;                        //isalpha(x)判断 x 是否为字母
    }
    printf("%d", cnt);
    return 0;
}
```

程序中使用了 memset 函数对字符数组进行初始化。memset 函数是 string.h 头文件中一种快速清零较大数组或结构体的方法。

函数 memset 的原型如下：

```
void *memset(void *s,  int c, size_t n);
```

memset 函数的作用是将目标内存区域中的每个字节都设为指定的值 c，直到已经设置了指定的字节数 n 为止。

如果要从标准输入中读取不包含空格的字符串并存储到字符数组 str 中，则可以使用 scanf("%s", str)的方式，不需要在 str 的前面加上&符号。但是，如果要读取的字符串中包含空格，则不能使用 scanf 函数。此时，可以使用 fgets 函数。

函数 fgets 的原型如下：

```
char *fgets(char *s, int size, FILE *stream);
```

该函数的功能是从 stream 指定的文件内读入字符，保存到 s 所指定的内存空间，直到出现换行字符或读到文件结尾或已读了 size-1 个字符为止，在字符串最后自动加上字符'\0'作为结束标志。

在程序中使用 fgets 函数时，将 stdin（标准输入设备键盘）传递给 stream 参数，以便从键盘读取字符。但是，用户在键盘上输入的字符个数可能会超过 str 字符数组的最大长度限制。也就是说，如果用户输入的字符个数超过了 str 可以容纳的最大字符数，fgets 函数将会读取 str 能容纳的最大字符数，并将剩余的字符留在输入缓冲区中等待下一次读取。

在对字符串进行处理时，通常需要计算字符串的长度，程序中使用了头文件 string.h 中的 strlen 函数获取字符串 str 的长度，长度不包含'\0'字符。

函数 strlen 的原型如下：

```
size_t strlen(const char *str);
```

可以运行本实例的程序，并输入一个超过 20 个字符的字符串。观察程序的运行结果你会发现，程序的输出结果可能少于实际输入字符串中字母和数字的个数，只会包含前 20 个字符中的字母和数字的个数。

   在定义用于存放字符串的数组时，一定要确保数组的长度足够容纳所需的字符个数，以避免数据丢失或截断。需要根据实际需求计算并确定数组的长度。

【实练 07-01】基因相关性

为了获得基因序列在功能和结构上的相似性，经常需要将几条不同序列的 DNA 进行比对，以判断比对的 DNA 是否具有相关性。现在要比对两条长度相同的 DNA 序列。首先定义两条 DNA 序列相同位置的碱基为一个碱基对。如果一个碱基对中的两个碱基相同，则称为相同碱基对。接着计算相同碱基对占总碱基对数量的比例。如果该比例大于等于给

定的阈值，则判定这两条 DNA 序列是相关的；否则，判定它们不相关。输入的第一行是一个阈值，用于判断两条 DNA 序列的相关性；接下来的两行是两条长度不超过 500 的 DNA 序列。如果两条 DNA 序列相关，则输出 yes；否则输出 no。

输入样例：

```
0.85
ATCGCCGTAAGTAACGGTTTTAAATAGGCC
ATCGCCGGAAGTAACGGTCTTAAATAGGCC
```

输出样例：

```
yes
```

【实例 07-03】被 3 整除

扫一扫，看视频

描述：判断一个小于 100 位的整数能否被 3 整除。

分析：当遇到无法用整型变量存储超过整数范围的大整数时，可以使用字符串存储。对于判断一个整数能否被 3 整除的问题，可以将该整数的每一位数字进行累加求和。如果得到的和能被 3 整除，那么该整数也能被 3 整除。

举个例子，假设有整数 123。可以将它的每一位数字（1、2、3）相加得到总和 6。如果这个和 6 能够被 3 整除，那么就可以判断整数 123 也能被 3 整除。

通过这种方式可以避免使用整型变量存储超过范围的大整数，而是将其表示为一个字符序列，并利用字符序列中的每个字符计算和。

本实例的参考代码如下：

```c
#include <stdio.h>
#include <string.h>
const int N = 101;
int main(void)
{
    char str[N];
    scanf("%s", str);
    int len = strlen(str);
    int sum = 0;
    for (int i = 0; i < len; i++)
    {
        sum += str[i] - '0';
    }
    if (sum % 3 == 0)
        printf("该整数可以被 3 整除!\n");
    else
        printf("该整数不可以被 3 整除!\n");
    return 0;
}
```

运行结果如下：

```
123456789123456789↙
该整数可以被 3 整除!
```

创建一个字符数组 str，大小为 101，用于存储输入的整数。使用 scanf 函数从标准输入读取一个整数，将其保存在字符数组 str 中。使用 strlen 函数获取字符数组 str 的长度，即输入整数的位数。创建一个变量 sum 并初始化为 0，用于计算输入整数的各个位数之和。使用循环遍历字符数组 str 中的每个字符，并将字符转换为对应的整数后加到 sum 上。这里通过将字符数组中的字符减去字符'0'，得到相应的整数值。判断 sum 是否能被 3 整除，如果能被整除，则输出该整数可以被 3 整除，否则输出该整数不可以被 3 整除。

【实例 07-04】信息加密

描述：在传递情报时，需要对情报用一定的方式加密，简单的加密算法虽然不足以完全避免情报被破译，但仍然能防止情报被轻易识别。我们给出一种简单的加密方法，对给定的一个字符串，把其中 a～y、A～Y 的字母用其后继字母替代，即把 z 和 Z 分别用 a 和 A 替代，其他非字母字符不变。输入为一行，包含一个字符串，长度小于 80 个字符，输出该字符串的加密字符串。

输入样例：

```
Hello! How are you!
```

输出样例：

```
Ifmmp! Ipx bsf zpv!
```

分析：因为要加密的字符串最多字符数小于 80，所以可定义 char text[81]存放加密前的字符串。字符串中可能有空格字符，使用函数 fgets 输入字符串。加密方法只是将字母字符替换成另外一个字母，所以密文长度不变，这里仍然用数组 text 存放密文。按加密规则，可以对 text 逐个字符 text[i]进行遍历，如果字符是'a'～'y'，则 text[i]++；如果字符是'z'，则 text[i]= 'a'，大写字母的处理方法与小写字母的处理方法相同，其他字符不修改。

本实例的参考代码如下：

```c
#include <stdio.h>
#include <string.h>
int main(void)
{
    char str[81];                          //存放待输入的待加密的字符串
    memset(str, 0, strlen(str));
    fgets(str, sizeof(str), stdin);
    str[strlen(str) - 1] = '\0';           //将读入的以换行符结束的字符串的换行符替换成'\0'
    for (int i = 0; str[i]; i++)
    {
        if (str[i] >= 'a' && str[i] <= 'y')
            str[i]++;                      //'a'~'y'由后续字母替换
        else if (str[i] == 'z')
            str[i] = 'a';                  //'z'由'a'替换
        else if (str[i] >= 'A' && str[i] <= 'Y')
            str[i]++;
        else if (str[i] == 'Z')
            str[i] = 'A';
    }
    printf("%s", str);
    return 0;
}
```

当使用 fgets 函数接收字符串并存储到字符数组 str 中时，最后的换行符'\n'会被作为字符串的一部分存储。如果不希望将换行符作为字符串的内容，可以通过将最后一个字符替换为空字符'\0'来实现。

一种方法是使用 strlen 函数求出字符串长度，并将最后一个字符替换为空字符，即 str[strlen(str) –1] = '\0'。本实例采用的就是这种方法。

另一种方法是使用 strcspn 函数，该函数用于计算一个字符串中不包含指定字符集中任意字符的前缀长度。可以利用此函数将字符串中的换行符 '\n' 替换为空字符 '\0'。具体做法是使用 str[strcspn(str, "\n")] = '\0'语句实现。

函数 strcspn 的原型如下：

```c
size_t strspn(const char *str1, const char *str2);
```

无论使用哪种方法，都能实现将字符串中最后的换行符替换为空字符的效果。

程序中字符串的输出使用的是函数 printf("%s", str)，也可以用 puts(str)实现输出字符串 str。

函数 puts 的原型如下：

```
int puts ( const char * str );
```

该函数的功能是向标准输出设备（屏幕）输出字符串 str 并换行。

可以将 26 个字母排成环形，也就是将 26 个字母按照 'A'~'Z' 的顺序排列，'A' 后面紧跟着 'B'，'B' 后面紧跟着 'C'，以此类推，而 'Z' 后面紧跟着 'A'。

可以将字母映射到 0~25 的数字范围，其中 'A' 对应数字 0，'B' 对应数字 1，以此类推，'Z' 对应数字 25。然后，就可以利用求余思想进行字母的替换。

也就是说，可以使用 (str[i] –'A' + n) % 26 + 'A' 的方式实现字母替换，其中 str[i] 是当前字母，n 是要替换的数量。这个表达式将字母转换为数字，然后加上替换的数量，再将结果对 26 取余，最后再将结果转回字母表示。

> 在编程中，当遇到类似的循环问题时，可以使用从 0 到 n 进行编号的数据，并考虑将其排列为一个环形结构，然后再利用求余数的方法处理。这种方法能够简化代码并实现所需的功能。

使用求余思想时本实例的字母替换代码可作如下修改。

```
for (int i = 0; str[i]; i++)
{
    if (str[i] >= 'A' && str[i] <= 'Z')
        str[i] = (str[i] - 'A' + 1) % 26 + 'A'; //求余实现每个字母由后续字母替换
    else if (str[i] >= 'a' && str[i] <= 'z')
        str[i] = (str[i] - 'a' + 1) % 26 + 'a';
}
```

【实练 07-02】信息加密

扫一扫，看视频

在传递信息的过程中，为了加密，有时需要按照一定规则将文本转换为密文后发送。这里有一种加密规则：对于字母字符，将其转换为其后的第三个字母，如 A->D, a->d, X->A, x->a。对于非字母字符，保持不变。现在，根据输入的一行字符（长度不超过 100），输出对应的密文。

输入样例：

```
I(2016)love(08)China(15)!
```

输出样例：

```
L(2016)oryh(08)Fklqd(15)!
```

【实例 07-05】信息解密

扫一扫，看视频

描述：小明曾经使用一种简单的加密方式加密消息，即使用一个基于字母表的置换密码，将明文中的每个字符替换为字母表中其后的第五位字母，这样可以得到一个对应的密文。例如，字符 'A' 经过加密后会变成 'F'。你的任务是给定一个密文，解密出明文。密文中出现的字符都是大写字母。除字母外的字符不用进行解码。输入为一行，给出密文，密文不为空，其中的字符数不超过 200。输出为一行，表示密文对应的明文。

明文中的每个字符和密文中字符的对应关系如下。

明文：ABCDEFGHIJKLMNOPQRSTUVWXYZ

密文：FGHIJKLMNOPQRSTUVWXYZABCDE

输入样例：

```
NS BFW, JAJSYX TK NRUTWYFSHJ FWJ YMJ WJXZQY TK YWNANFQ HFZXJX
```

输出样例：

```
IN WAR, EVENTS OF IMPORTANCE ARE THE RESULT OF TRIVIAL CAUSES
```

分析：根据输入要求，可以定义一个长度为 201 的一维字符数组 text 存储输入的密文。加密规则是简单的字母替换，即对于每个大写字母，使用字母表中它后面的第五位字母替代。

根据实例 07-04，我们知道在加密时可以使用"加 5 后求余"的方式得到加密后字母的序号。那么在解密时，自然会想到使用逆运算，即"减去 5 后求余"来还原明文字母。然而，一个问题是在做减法时可能会导致结果为负数。为了解决这个问题，可以使用"减去 5 后加上 26 再求余"的方式处理。也就是可以使用 (ch-'A' + 21) % 26 + 'A' 的表达式实现解密操作，其中 ch 表示当前的密文字符。

本实例的参考代码如下：

```c
#include <stdio.h>
#include <string.h>
int main(void)
{
    char text[201];
    memset(text, 0, sizeof(text));          //初始化数组
    fgets(text, sizeof(text), stdin);       //读取密文
    text[strcspn(text, "\n")] = '\0';       //去除输入中的换行符
    int len = strlen(text);                 //获取密文长度
    //解密密文
    for (int i = 0; i < len; i++)
    {
        if (text[i] >= 'A' && text[i] <= 'Z')
            text[i] = (text[i] - 'A' + 21) % 26 + 'A';
    }
    printf("%s", text);                     //输出明文
    return 0;
}
```

本实例代码要求输入的密文必须是大写字母。此外，对于非字母字符，程序将不会对它们做任何处理。

因为字符串的结束标志是'\0'，而'\0'的 ASCII 值为 0，因此程序可以**通过判断字符是否为 0 来确定字符串是否已经结束**。所以也可以用下面的循环语句进行解密。

```c
for (int i = 0; text[i]; i++)
{
    if (text[i] >= 'A' && text[i] <= 'Z')
        text[i] = (text[i] - 'A' - 5 + 26) % 26 + 'A';
}
```

【实例 07-06】加密的病历单

扫一扫，看视频

描述：将给定的加密的病历单解密，还原信息。加密规律如下：

（1）原文中所有的字符都在字母表中被循环左移了三个位置（如 dec → abz）。

（2）逆序存储（如 abcd → dcba）。

（3）大小写反转（如 abXY → ABxy）。

输入一个加密的字符串，长度小于 50 且只包含大小写字母；输出解密后的字符串。

输入样例：

```
GSOOWFASOq
```

输出样例：

```
Trvdizrrvj
```

分析：由于加密规则是原字母在字母表中的循环左移、逆置、大小写反转，因此加密后的字符个数没有改变，所以解密后的字符串可以用原来存放密文的数组存放。

通过分析发现，三个加密规则的顺序对结果没有影响。对应每个加密规则，都有一个对应的解密规则：对于第一条规则，加密时是循环左移三个位置，解密时需要循环右移三个位置，对于大写字母，解密后的字符为 (str[i] -'A'+3)%26+'A'，小写字母与此类似；对于第二条规则，加密时是逆置，解密时需要再一次逆置，就可以得到解密后的字符串；对于第三条规则，加密时是大小写反转，解密时再做一次大小写反转，就可以得到解密后的字符串。

这种解密规则的设计可以保证对于每个加密规则，都有唯一对应的解密规则，且顺序没有影响。因此，可以通过合理组合这三条规则，实现字符串的加密和解密。

本实例的参考代码如下：

```c
#include <stdio.h>
#include <string.h>
void reverseString(char *s);
void decrypt(char str[]);
int main(void)
{
    char str[50];
    scanf("%s", str);                                      //输入需要解密的字符串
    decrypt(str);                                          //解密字符串
    printf("%s", str);                                     //输出解密后的字符串
    return 0;
}
//函数功能：对字符串进行解密
void decrypt(char str[])
{
    for (int i = 0; str[i]; i++)
    {
        if (str[i] >= 'a' && str[i] <= 'z')                //如果是小写字母
        {
            str[i] = (str[i] - 'a' + 3) % 26 + 'a';        //循环右移三位字符
            str[i] -= 32;                                  //转换成大写字母
        }
        else                                               //如果是大写字母
        {
            str[i] = (str[i] - 'A' + 3) % 26 + 'A';        //循环右移三位字符
            str[i] += 32;                                  //转换成小写字母
        }
    }
    reverseString(str);                                    //逆转字符串
}
//函数功能：逆转字符串
void reverseString(char *s)
{
    int i = 0, j = strlen(s) - 1;
    char tmp;
    while (i < j)
    { //交换字符
        tmp = s[i];
        s[i] = s[j];
        s[j] = tmp;
        i++;
        j--;
    }
}
```

由于密文不含空格字符，所以可以使用 scanf、fgets 等函数输入密文。

本程序采用了模块化程序设计思想，通过两个函数 reverseString 和 decrypt，实现了字符串的逆转和解密功能。这种方式提高了程序的可维护性和可读性，并且方便后续在类似的字符串处理需求中复用代码。

首先，在 main 函数中获取用户输入的待解密字符串，并将其传递给 decrypt 函数进行解密操作。解密完成后，使用 printf 函数将解密后的字符串输出。

在 decrypt 函数中，遍历输入的字符串，并根据字符的 ASCII 值范围进行判断。如果字符是小写字母，则对其进行解密，并转换为对应的大写字母；如果字符是大写字母，则进行相同的解密操作，并转换为对应的小写字母。解密操作采用的是之前提到的对 26 取余数的方法。

最后，使用 reverseString 函数对解密后的字符串进行逆转操作。reverseString 函数采用了双

指针技术，通过从字符串的两端向中间遍历并交换字符的位置实现字符串的逆转。

 模块化程序设计的方式使代码结构清晰，各模块职责明确，提高了代码的可读性和可维护性，并且方便在类似的字符串处理需求中进行复用。

【实练 07-03】字符串加密

需要对由大写字母组成的字符串进行加密。加密包括两种方法：替换法和置换法。
替换法：将每个字母替换为其之后的第 k 个字母。例如，如果 k 取 2，那么 AXZ 经过
替换法加密后变为 CZB（Z 之后的第二个字符为 B）。置换法：改变字符串中字母的顺序，按照
特定的顺序重新排列字母。例如，如果顺序为<2 3 1>，则将 ABC 按照顺序<2 3 1>重新排列变
为 BCA。为增加加密的安全性，将这两种方法联合使用，对字符串进行两次加密。例如，AXZ
经过替换法（k=2）和置换法（顺序<2 3 1>）的加密后变为 ZBC。

输入包含多组数据，每组数据为一行；每组数据由三部分组成：待加密的字符串（长度不
超过 30）、k、顺序。对于每组数据输出一行，为加密后的字符串。

输入样例：

```
AXZ 2 2 3 1
VICTORIOUS 1 2 1 5 4 3 7 6 10 9 8
```

输出样例：

```
ZBC
JWPUDJSTVP
```

【实例 07-07】统计元音字母

扫一扫，看视频

描述：统计一个字符串中元音字母 a、e、i、o、u 出现的次数。输入一行字符串，字符串的
长度小于 80 个字符，所有字母都是小写字母。输出一行，依次输出元音字母 a、e、i、o、u 在
输入字符串中出现的次数，整数之间用空格分隔。

输入样例：

```
hello world
```

输出样例：

```
0 1 0 2 0
```

分析：用字符数组 str 存储输入的字符串。如果使用循环语句依次判断每个字符是哪个元音
字符，然后统计它们出现的次数，需要使用有 5 个分支的多分支 if 语句。这种方法比较烦琐。
相较之下，可以有一种巧妙的方法，即利用数据与下标之间的关系。

可以定义一个长度为 26 的整型数组 cnt，其中 cnt[0]存放字母 'a' 出现的次数，因此 cnt[i]存
放字母 'a'+i 出现的次数。这样，就可以通过计算 str 数组中字符 str[i]的个数，即 cnt[str[i] –'a']，
来统计它在输入字符串中出现的次数。

为了快速依次输出元音字母 a、e、i、o、u 在输入字符串中出现的次数，可以用数组 vowel[]
存放'a'、'e'、'i'、'o'、'u'这 5 个字符。在输出时，可以使用循环语句，循环变量 i 对应的输出值
为 cnt[vowel[i] –'a']。

使用这种方法可以减少判断的复杂度，提高代码的效率和可维护性，也降低了代码的复杂
度和出错的可能性。

本实例的参考代码如下：

```c
#include <stdio.h>
#include <string.h>
int main(void)
{
    char str[80];                              //存放输入的字符串
    char vowel[] = {'a', 'e', 'i', 'o', 'u'};  //字符数组初始化
    int cnt[26] = {0};     //cnt[i]存放字母'a'+i 在字符串 str 中出现的次数，并初始化为 0
```

```
        fgets(str, sizeof(str), stdin);
        str[strcspn(str, "\n")] = '\0';
        int len = strlen(str);                  //计算 str 中字符的个数
        for (int i = 0; i < len; i++)           //依次遍历 str 中的各个字符，统计各字母出现的次数
            if (str[i] >= 'a' && str[i] <= 'z')
                cnt[str[i] - 'a']++;            //'a' -'a' = 0，而'b' - 'a' = 1
        for (int i = 0; i < 5; i++)             //按 vowel 中的元素顺序输出各字母出现的次数
        {
            if (i != 0)
                printf(" ");                    //第一个整数前没有空格
            printf("%d", cnt[vowel[i] - 'a']);
        }
        return 0;
    }
```

注意，程序中的 vowel 是一个字符数组，也可以将 char vowel[] = {'a', 'e', 'i', 'o', 'u'} 这条语句替换为 char vowel[] = "aeiou"。不过这两个数组是不同的，前者的字符数组长度为 5，而后者的长度为 6，因为它包含结尾的特殊字符 '\0'。所以前者的 vowel 不是一个字符串，而后者的 vowel 是一个字符串。

这个区别可能会影响到处理这两个数组的方式，因为在处理字符串时，需要考虑结尾的特殊字符 '\0'。要确保使用正确的数组类型和长度，以避免出现错误。

【实例 07-08】字符数组和字符串的区别

扫一扫，看视频

描述：字符数组是一种字符类型的数组，可以存储任何字符。字符串是一种以'\0'结尾的字符数组，用于表示字符序列。虽然字符数组和字符串在语义和使用上有些区别，但在内存中的存储方式是相同的：都是连续的字符序列。

分析：下面的程序定义了四个字符数组，并进行了初始化。其中，后三个是字符串，而第一个只是一个字符数组，因为它没有以'\0'作为字符序列的结尾。

本实例的参考代码如下：

```
#include <stdio.h>
int main(void)
{
    char str1[] = {'a', 'e', 'i', 'o', 'u'};
    char str2[] = {'a', 'e', 'i', 'o', 'u', '\0'};
    char str3[] = {"aeiou"};
    char str4[] = "aeiou";
    printf("str1 数组的长度 = %d\n", sizeof(str1) / sizeof(char));
    printf("str2 数组的长度 = %d\n", sizeof(str2) / sizeof(char));
    printf("str3 数组的长度 = %d\n", sizeof(str3) / sizeof(char));
    printf("str4 数组的长度 = %d\n", sizeof(str4) / sizeof(char));
    printf("str1 的内容为:%s\n", str1);
    printf("str2 的内容为:%s\n", str2);
    printf("str3 的内容为:%s\n", str3);
    printf("str4 的内容为:%s\n", str4);
    return 0;
}
```

运行结果如下：

```
str1 数组的长度 = 5
str2 数组的长度 = 6
str3 数组的长度 = 6
str4 数组的长度 = 6
str1 的内容为: aeiou7
str2 的内容为: aeiou
str3 的内容为: aeiou
str4 的内容为: aeiou
```

通过运行结果可以观察到 str1 数组在初始化时没有以 '\0' 结尾，因此它的长度为 5。当将其

作为字符串输出时，最后一个字符可能会是一个垃圾字符，因为没有正确的字符串终止符。而其他三种字符数组初始化方式得到的结果是相同的。**通常推荐使用第四种方式进行字符数组的初始化，因为它可以确保字符串以 '\0' 结尾，从而正确地表示字符串。**

【实例 07-09】统计字符数

描述：统计一个由小写字母组成的字符串中，哪个字母出现的次数最多。输入一个长度不超过 1000 的字符串。输出出现次数最多的字母及其出现的次数，中间用一个空格隔开。如果有多个字符出现次数相同且最多，则输出 ASCII 码最小的字符。

输入样例：

```
abbccc
```

输出样例：

```
c 3
```

分析：可以使用实例 07-07 中的方法记录字符串中每个小写字母出现的次数。接着，在记录字母出现次数的数组 cnt 中查找最大值对应的下标 maxk。最后，输出 maxk 对应的字母 'a' + maxk 和出现的次数 cnt[maxk]。

本实例的参考代码如下：

```c
#include <stdio.h>
int findMaxIndex(int a[], int n);
int main(void)
{
    char str[1001];
    int cnt[26] = {0};                    //cnt[i]存放字母'a' + i 出现的次数
    scanf("%s", str);
    for (int i = 0; str[i]; i++)
        cnt[str[i] - 'a']++;
    int maxk = findMaxIndex(cnt, 26);
    printf("%c %d", 'a' + maxk, cnt[maxk]);  //输出 maxk 对应的字母及出现的次数
    return 0;
}
//函数功能：返回整型数组中最大值的下标
int findMaxIndex(int a[], int n)
{
    int idx = 0;
    for (int i = 1; i < n; i++)
    {
        if (a[i] > a[idx])
            idx = i;
    }
    return idx;
}
```

因为给定的字符串只包含小写字母，所以可以使用 scanf 函数读取字符串。需要注意的是，因为数组名本身就是一个地址，所以在传递给 scanf 函数时，可以省略 & 符号，直接使用数组名 str。由于 str 同时代表数组名和数组第一个位置的地址，因此 str 与 &str 取得的地址是一致的。

在该程序中，复用了第 6 章用于查找最大值下标的函数 findMaxIndex 找到出现次数最多的字母。

【实例 07-10】字母重排

描述：输入一行字符串，其中可能包含数字、小写英文字母及其他字符。要求从中挑出所有字母，按照它们在 ASCII 码表中对应的序号从小到大的顺序排序，然后输出这些字母构成的字符串。输入的字符串长度小于 1024 个字符。

输入样例：

```
fasllafsk.afk()(das890124^&(*%^&*((hh8jjjdasj
```

输出样例：

```
aaaaaddfffhhjjjjkkllssss
```

分析：先定义一个长度为 1025 的字符数组 str，用于存储输入的一行字符串。由于字符串中可能包含各种字符，包括空格字符，所以不能使用 scanf("%s", str)函数读取输入的字符串。当然，可以使用 fgets 函数读取字符串。但是，本实例使用带有正则参数的 scanf("%[^\n]", str)函数从键盘输入的数据流中将换行符之前的字符读取到 str 中，并在读取的最后一个字符之后自动添加一个空字符'\0'。

之后可以像前面的实例一样，定义一个长度为 26 的整型数组 cnt，用于统计各字母出现的次数。最后，按照字符 ch 的顺序依次输出 cnt[ch-'a'] 个字符 ch。这样，就可以将输入的一行字符串中的字母按照它们在 ASCII 码表中对应的序号从小到大的顺序排序，并输出构成的字符串。

本实例的参考代码如下：

```c
#include <stdio.h>
#include <string.h>
int main(void)
{
    char str[1025];                    //存放输入的字符串
    int cnt[26] = {0};                 //cnt[i]存放字母'a'+i 出现的次数
    scanf("%[^\n]", str);              //将一行字符串读入 str 中，字符串中可能有空格
    int len = strlen(str);             //计算 str 中的字符个数
    for (int i = 0; i < len; i++)      //依次遍历 str 中的各个字符
        if (str[i] >= 'a' && str[i] <= 'z')
            cnt[str[i] - 'a']++;
    //按 ASCII 值从小到大的顺序输出字符串中的小写字母
    for (char ch = 'a'; ch <= 'z'; ch++)
        for (int j = 0; j < cnt[ch - 'a']; j++) //字母'a'+i 输出 cnt[i]次
            printf("%c", ch);
    return 0;
}
```

按 ASCII 值从小到大的顺序输出字符串中的小写字母时，使用 for(char ch = 'a'; ch <= 'z'; ch++)，循环变量是从'a'开始到'z'，也可以改成下面的方法。

```c
for (int i = 0; i < 26; i++)
    for (int j = 0; j < cnt[i]; j++) //字母'a'+i 输出 cnt[i]次
        printf("%c", 'a' + i);
```

只要正确理解算法的逻辑，就可以使用不同的实现方法完成相同的任务。

为了了解 fgets 函数和 scanf 函数中的%[^\n]格式限定符之间的区别，可以运行下面的程序。

```c
#include <stdio.h>
#include <string.h>
int main(void)
{
    char str1[50], str2[50];
    int len1, len2;
    fgets(str1, 50, stdin);
    scanf("%[^\n]", str2);
    len1 = strlen(str1);
    len2 = strlen(str2);
    printf("字符串 str1 的长度为：%d\n", len1);
    printf("字符串 str2 的长度为：%d\n", len2);
    printf("字符串 str1 的最后字符的 ASCII 值是：%d\n", str1[len1 - 1]);
    printf("字符串 str2 的最后字符的 ASCII 值是：%d", str2[len1 - 1]);
    return 0;
}
```

运行结果如下：

```
ab cd↙
ab cd↙
```

```
字符串 str1 的长度为: 6
字符串 str2 的长度为: 5
字符串 str1 的最后字符的 ASCII 值是: 10
字符串 str2 的最后字符的 ASCII 值是: 0
```

通过键盘输入字符串"ab cd"给字符串变量 str1 和 str2，可以观察到使用 fgets 函数接收的 str1 的长度比使用 scanf 函数接收的 str2 的长度多 1。这是因为 fgets 函数会包括行末的换行符 '\n'。str1 的最后一个字符是换行符'\n'，而 str2 的最后一个字符是空字符'\0'。如果想要使两种方式接收到的字符串相同，可以执行 str1[len1−1] = '\0'的操作，将 str1 中的最后一个字符换行符 '\n' 替换为空字符'\0'。

【实例 07-11】第一个只出现一次的字符

扫一扫，看视频

描述：在给定的字符串中找出第一个仅出现一次的字母。字符串只包含小写字母，输入字符串的长度不超过 100000。如果存在仅出现一次的字母，则输出该字母；否则输出 no。

输入样例：

abcabd

输出样例：

c

分析：对于本实例的问题，可以使用前面实例的方法，定义长度为 26 的整型数组 cnt 存放给定字符串 s 中各小写字母出现的次数，然后对给定的字符串 s 按下标从小到大的顺序依次访问各字符。对于字符 s[i]，查看它的出现次数是否为 1，如果是 1，则得到结果；否则继续访问下一个字符，直到找到出现次数为 1 的字符或字符串中所有字符都被访问完，表明字符串中没有只出现一次的字母。

本实例的参考代码如下：

```c
#include <stdio.h>
#include <string.h>
int findOnce(char *s);
int main(void)
{
    char str[100001];
    scanf("%s", str);
    int result = findOnce(str);      //求 str 中第一个只出现一次的字母的下标
    if (result != -1)
        printf("%c", str[result]);
    else
        printf("no");
    return 0;
}
//函数功能：统计 s 中各小写字母出现的次数，
//返回第一个只出现一次的字母在 s 中的下标，如果不存在，返回-1
int findOnce(char *s)
{
    int cnt[26] = {0};               //cnt[i]存放字母'a' + i 出现的次数
    for (int i = 0; s[i]; i++)
        cnt[s[i] - 'a']++;           //s[i]出现的次数累加到 a[s[i] - 'a']中
    for (int i = 0; s[i]; i++)       //查找 s 中第一个只出现一次的字母
        if (cnt[s[i] - 'a'] == 1)
            return i;                //找到，字母在 s 中的下标为 i
    return -1;                       //没找到
}
```

本实例中，定义了一个名为 findOnce 的字符串处理函数，该函数的形参是一个字符指针 s。函数的功能是：统计 s 所指的字符串中各个小写字母出现的次数，并返回第一个只出现一次的字母在 s 所指字符串中的下标。如果不存在这样的字母，则返回−1。

在主函数中，将存储字符串的数组 str 传递给名为 findOnce 的函数，通过 findOnce 函数返回结果，或者输出 str 串中第一个只出现一次的字符，或者输出 no。

函数 findOnce 的参数 s 是字符指针类型。字符指针通常用于处理与字符串相关的问题。

实际上，应该将函数声明修改为 int findOnce(const char *s)，这样能明确表明函数 findOnce 不会修改参数 s 指向的字符串。这样做可以增加代码的可读性，并更好地表达函数的意图。

【实例07-12】字符串常量

在 C 语言中，可以用字符串常量初始化字符数组，也可以使用字符指针指向字符串常量。然而，这两者是有很大区别的。

扫一扫，看视频

为了更好地理解两者的区别，可以运行下面的程序，使用字符数组和字符指针存储同一个字符串。

```c
#include <stdio.h>
int main(void)
{
    char str[] = "good";
    char *ps = "good";

    str[0] = 'G';    //通过数组修改字符串的第一个字符
    printf("%s\n", str);
    ps[0] = 'H';     //通过字符指针修改字符串常量的第一个字符，可能会通过编译，但运行会出异常
    printf("%s\n", ps);
    return 0;
}
```

程序中的 str 是字符数组，字符数组存储了字符串"good"。而 ps 是字符指针变量，该指针指向字符串常量"good"。字符串常量通常位于只读内存段，这个字符串常量也是一个长度为 5 的字符数组。

字符数组与字符指针指向字符串常量的示意图如图 7.1 所示。

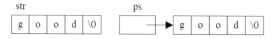

图 7.1　字符数组与字符指针指向字符串常量的示意图

str[0] = 'G'这行代码修改了字符数组 str 的第一个元素，将它的值修改为大写字母 'G'。这是没有问题的。用 printf("%s\n", str)可以输出"Good"。

ps[0] = 'H'这行代码试图修改字符串常量 "good" 中的第一个字符，但实际上这是非法的操作，因为字符串常量所在的内存区域通常是只读的。所以这行代码会导致一个未定义的行为。由于执行 printf("%s\n", ps)语句会尝试输出字符串常量 "good"，但是因为 ps[0] = 'H'这条语句对字符串常量的非法修改，这行代码可能会导致程序崩溃或输出异常结果。

实际上，通过字符指针修改字符串的值是允许的，但是需要注意的是，如果字符串是常量，则不能通过字符指针修改其值。**字符常量的值被编译器放在只读内存区，因此任何试图修改它们的操作都是非法的。**

所以下面的代码是合法的。

```c
#include <stdio.h>
int main(void)
{
    char str[] = "good";
    char *ps = str;            //ps 指针指向了字符数组 str
    ps[0] = 'G';              //可以通过字符指针修改字符数组的内容
    printf("%s", ps);

    return 0;
}
```

【实例 07-13】连续出现的字符

扫一扫，看视频

描述：给定一个字符串，要求在字符串中查找第一个连续出现至少 k 次的字符。输入包含两行，第一行是一个正整数 k，表示字符需要连续出现的最小次数，k 的取值范围为 1～1000；第二行是需要查找的字符串，字符串的长度为 1～2500。如果在字符串中存在一个字符连续出现至少 k 次，则输出该字符；否则输出 No。

输入样例：

```
3
abcccaaab
```

输出样例：

```
c
```

分析：这个问题的解决思路与一维数组中的"最长平台问题"（实例 05-28）类似。可以定义一个整型变量 cnt 记录字符连续出现的次数。由于字符串中的任意字符至少出现一次，因此初始化 cnt 为 1。

对于给定的字符串 str，从第二个字符开始比较，判断它与前一个字符是否连续出现。这可以通过判断 str[i]是否等于 str[i–1]进行。如果相等，则说明第 i 个字符与第 i–1 个字符连续出现，所以 cnt++。如果此时 cnt 等于 k，则中断循环，输出对应的字符，表示该字符连续出现至少 k 次。

如果 str[i] 不等于 str[i–1]，则说明连续出现断裂，将 cnt 设置为 1，并继续查看后续字符。如果所有字符的连续出现次数都小于 k，则输出 No，表示没有连续出现至少 k 次的字符。

本实例的参考代码如下：

```c
#include <stdio.h>
#include <string.h>
int main(void)
{
    int k;
    char str[2505];              //str 存放给定的字符串
    scanf("%d ", &k);
    getchar();                   //接收 k 后面的换行字符
    scanf("%[^\n]", str);
    int cnt = 1, i;              //cnt 存放下标为 i-1 对应的字符至少连续出现的次数
    for (i = 1; str[i] != '\0'; i++)
    {
        if (str[i] == str[i - 1])
        {                        //判断 str[i]是否是前面字符的连续出现
            cnt++;               //str[i]连续出现的次数加 1
            if (cnt == k)
                break;           //str[i]连续出现的次数至少为 k，已找到要求的字符
        }
        else
            cnt = 1;             //str[i]不是前面字符的连续出现
    }
    if (str[i])
        printf("%c", str[i]);    //循环中断退出，说明找到了符合要求的 str[i]
    else
        printf("No");
    return 0;
}
```

程序中使用了 for 循环语句处理字符串，循环条件是 str[i] != '\0'。这个条件其实等价于 i < strlen(str)，因为字符串以空字符 '\0' 结尾，所以当循环遍历到最后一个字符时，str[i]就等于 '\0'。在循环中，如果出现了字符串的结尾字符，那么循环就可以结束。

另外，还可以把 str[i] != '\0' 改成 str[i]，因为 '\0' 字符所对应的 ASCII 值为 0，0 表示假。因此，只要 str[i]不是 0，就代表字符串还没有结束，可以继续循环。如果 str[i]等于 0，则证明已经到达了字符串末尾，循环也可以结束。

07

程序员需要学会阅读别人的代码，并能够理解各种语句的等价写法，这有助于加深对编程语言的理解和应用。

【实例 07-14】字符串 p 型编码

扫一扫，看视频

描述：给定一个完全由数字字符构成的字符串 str，写出 str 的 p 型编码串。例如，字符串 122344111 可被描述为"1 个 1、2 个 2、1 个 3、2 个 4、3 个 1"，因此 122344111 的 p 型编码串为 1122132431；类似的道理，100200300 可描述为"1 个 1、2 个 0、1 个 2、2 个 0、1 个 3、2 个 0"，它的 p 型编码串为 112012201320。输入仅一行，包含字符串 str；每行字符串最多包含 1000 个数字字符。输出该字符串对应的 p 型编码串。

分析：可以采用与实例 07-13 一样的思路统计字符串中数字连续出现的次数。在程序中，可以定义一个整型变量 k 记录前一个字符连续出现的次数。并且，第一个数字字符 str[0] 对应的 k 初始化为 1。然后，从第二个字符开始，依次判断 str[i] 是否是前一个数字字符的连续出现。如果是，则 k++，表示出现次数增加；如果不是，就输出当前的 k 值及前一个字符，并重新让 k 的值变为 1。通过这种方式，可以遍历整个字符串，统计每个数字字符连续出现的次数，并输出结果。

本实例的参考代码如下：

```c
#include <stdio.h>
#include <string.h>
int main(void)
{
    char str[1001];                        //存放给定的数字串
    scanf("%s", str);
    int n = strlen(str), k = 1;            //k 存放前一个字符连续出现的次数
    //从第 2 个字符开始逐个判断是否与前面字符是连续出现
    for (int i = 1; i <= n; i++)
    {
        if (str[i] != '\0' && str[i] == str[i - 1]) //str[i]是前一个数字的连续出现
            k++;
        else
        {
            printf("%d%c", k, str[i - 1]); //输出 str[i]前面 k 个 str[i-1]
            k = 1;                         //修改 k 的值为 1
        }
    }
    return 0;
}
```

如果将程序中的循环语句 for(int i = 1; i <= n; i++) 的循环条件改为 i < n，再次运行程序，我们会发现结果是不正确的，因为最后一个连续数字串没有被编码。

在编写循环语句时，需要明确循环的目的和处理逻辑。

当然，我们可以将循环条件改为 i<n，然后在循环结束后再执行一次 printf("%d%c", k, str[i-1]) 以处理最后的字符。也就是下面的修改形式：

```c
for (i = 1; i < n; i++)
{
    ...
}
printf("%d%c", k, str[i - 1]);              //处理最后的字符
```

编写代码需要注意的一个关键点就是，一定要清晰地理解自己的处理逻辑，然后根据逻辑编写相应的代码，避免出现错误。只有认真思考和分析自己的处理逻辑，并且充分了解问题的背景和需求，才能保证编写出高质量、可靠的代码。

【实例 07-15】统计单词

描述：输入一行字符串，其中包含若干个单词，相邻的单词用一个或多个空格隔开，要求字符串的长度不超过 255。计算并输出字符串中包含的单词个数。

输入样例：

```
Hello    world
```

输出样例：

```
2
```

分析：为了统计字符串中的单词个数，可以设计一个名为 countWords 的函数来完成。函数的原型如下：

```
int countWords(const char *s);
```

const char *s 表示 s 是一个指向常量字符的指针。在函数内部，可以通过 s 访问字符串，但不能对其进行修改。这样可以确保函数的安全性，防止无意间修改数据。

为了计算字符串中的单词个数，可以定义一个整型变量 cnt 用于单词计数。单词计数应该发生在遇到单词的第一个字符时。如果扫描到的字符不是单词的第一个字符，则不增加单词计数。因此，需要设置一个标志变量表示当前字符是否为单词的第一个字符。在本实例中，使用了名为 wordFlag 的变量作为标志，初始值应该为 1。

在遍历字符串的每个字符时，如果字符不是空格且 wordFlag 的值为 1，则增加单词计数，并将 wordFlag 修改为 0，表示当前字符不是单词的第一个字符。如果遇到空格，则将 wordFlag 的值修改为 1，表示下一个字符是单词的第一个字符。

在 main 函数中，可以定义字符数组用于存储输入的字符串，然后调用 countWords 函数计算单词个数，并将结果输出。

本实例的参考代码如下：

```c
#include <stdio.h>
#include <string.h>
int countWords(const char *s);
int main(void)
{
    char str[260];                    //定义字符数组用于存储输入的字符串
    fgets(str, 260, stdin);           //从标准输入中获取字符串，并处理换行符
    str[strlen(str) - 1] = '\0';
    int cnt = countWords(str);        //调用 countWords 函数计算单词个数
    printf("%d", cnt);
    return 0;
}
//函数功能：统计字符 s 中的单词个数
int countWords(const char *s)
{
    int cnt = 0;
    int wordFlag = 1;                 //标志当前字符是否为单词的第一个字符
    for (int i = 0; s[i]; i++)
    {
        if (s[i] != ' ')
        {
            if (wordFlag == 1)
                cnt++;                //遇到单词的第一个字符，增加计数
            wordFlag = 0;             //更改标志变量，表示不是单词的第一个字符
        }
        else
            wordFlag = 1;    //遇到空格，更改标志变量，表示下一个非空格字符是单词的第一个字符
    }
    return cnt;
}
```

在这个实例中，使用了模块化程序设计思想实现代码。

 通过将字符串处理的逻辑封装成函数，可以提高代码的可复用性和扩展性。此外，将处理逻辑与输入/输出分离也使得代码更易于理解和调试。

【实练07-04】首字母变大写

编写一个程序接收输入的多行英文句子，并将每个句子的每个单词的首字母转换为大写字母后输出到屏幕上。每个句子都不超过 100 个字符，且有多个句子需要处理。

扫一扫，看视频

输入样例：

```
i like acm
i want to get an accepted
```

输出样例：

```
I Like Acm
I Want To Get An Accepted
```

【实例07-16】单词的长度

扫一扫，看视频

描述：输入一行单词序列，计算每个单词的长度。在计算长度时，要注意考虑特殊情况，如标点符号（如连字符、逗号）与相邻单词连接的情况，标点符号算作与之相连的单词的一部分。输入的单词序列包含的单词个数最少为 1 个，最多为 300 个，而单词序列总长度不超过 1000。

输入样例：

```
She was born in 1990-01-02 and  from Beijing city.
```

输出样例：

```
3,3,4,2,10,3,4,7,5
```

分析：为了计算字符串每个单词的长度，可以设计一个名为 wordLengths 的函数来完成。函数的原型如下：

```
int wordLengths(const char *s, int *wordLens);
```

其中，s 是指向字符串的指针，而 wordLens 是指向整型数组的指针，这个整型数组用于存储每个单词的长度，该函数返回字符串 s 中的单词个数。

该函数在实现时，可以定义一个整型变量 k 记录单词的长度，初始时为 0。

之后遍历字符串 s 中的每个字符。在遍历过程中，如果字符是空格或者是字符串末尾的'\0'字符且 k>0，说明已经计算完一个单词的长度，存储这个 k 值后，将 k 重新赋值为 0。否则遇到的字符一定是单词中的某个字符，这时 k 值加 1 即可。

在实现这个函数时，要统计出字符串中一共有多少个单词，方便调用这个函数后进行后续的一些处理。

在 main 函数中调用这个函数后，再按照输出要求输出结果即可。

本实例的参考代码如下：

```
#include <stdio.h>
#include <string.h>
int wordLengths(const char *s, int *wordLens);
int main(void)
{
    char str[1010];            //存放输入的单词序列
    int wordLens[300];         //最多 300 个单词
    scanf("%[^\n]", str);      //读取输入的字符串（不包括换行符）并存储在 str 中
    int n = wordLengths(str, wordLens); //调用函数 wordLengths 统计单词长度
    //输出每个单词的长度，格式为逗号分隔的整数序列
    int first = 1;             //用于判断是否是第一个数字
    for (int i = 0; i < n; i++)
```

07

```c
    {
        if (first)
            first = 0;
        else
            printf(",");
        printf("%d", wordLens[i]);
    }
    return 0;
}
//函数功能：统计字符串中单词的长度，并将结果存储在 wordLens 数组中，
//返回字符串中单词的个数
int wordLengths(const char *s, int *wordLens)
{
    int n = strlen(s), k = 0;          //n 是字符串长度，k 是单词长度
    int cnt = 0;                       //统计字符串中单词的个数
    //遍历字符串中的每个字符
    for (int i = 0; i <= n; i++)       //注意这里是 i <= n，因为要遍历到字符串末尾的'\0'字符
    {
        if (s[i] != ' ' && s[i] != '\0')   //如果当前字符不是空格且不是字符串末尾的'\0'字符
            k++;                       //说明是单词的一部分，单词长度加 1
        else if (k > 0)                //说明前一个字符为单词的最后字符
        {
            wordLens[cnt++] = k;       //将单词长度存储在 wordLens 数组中
            k = 0;                     //重置单词长度为 0，准备统计下一个单词的长度
        }
    }
    return cnt;                        //返回统计到的单词个数
}
```

在这个实例中，仍然采用模块化程序设计思想，通过将程序的逻辑分为两部分，使得处理字符串和输出结果的过程更清晰。这种设计有助于代码的可读性和维护性，同时也提高了程序的灵活性和可复用性。

 ## 【实例 07-17】最长的单词

扫一扫，看视频

描述：给定一个以"."结尾的英文句子，单词之间用空格分隔，没有缩写形式和其他特殊形式，求句子中的最长单词。输入一个以"."结尾的英文句子（长度不超过 500），单词之间用空格分隔。输出句子中最长的单词，单词长度不超过 30。如果多于一个，则输出第一个。

输入样例：

```
I am a student of Peking University.
```

输入样例：

```
University
```

分析：由于要在字符串中找到最长单词，因此需要计算字符串中每个单词的长度。这时，可以利用实例 07-16 中的函数代码，稍加修改并设计一个名为 findLongestWord 的函数，这样就充分体现了模块化程序设计的好处。通过这个函数，可以方便地在给定的字符串中找到最长的单词，并将其复制到指定的字符数组中。这个函数的原型如下：

```c
void findLongestWord(const char* s, char* longestWord);
```

其中，s 是指向字符串的指针，这个字符串以"."结尾。而 longestWord 是指向字符数组的指针，最长的单词将会被复制到这个指针所指向的字符数组中。

本实例的参考代码如下：

```c
#include <stdio.h>
#include <string.h>
const int N = 510;
const int WORD_LENGTH = 50;
void findLongestWord(const char *s, char *longestWord);
int main(void)
{
```

```
        char str[N];                              //存放输入的英文句子
        char maxWord[WORD_LENGTH];                //存储英文句子中的最长单词
        scanf("%[^\n]", str);                     //输入英文句子
        findLongestWord(str, maxWord);            //找最长单词
        printf("%s\n", maxWord);                  //输出结果
        return 0;
    }
    //函数功能：找英文句子中的最长单词，最长单词存储到longestWord所指向的字符数组中
    void findLongestWord(const char *s, char *longestWord)
    {
        char tmpWord[WORD_LENGTH];
        int k = 0, maxlen = 0;
        for (int i = 0; s[i] != '\0'; i++)
        {
            if (s[i] != ' ' && s[i] != '.')       //判断当前字符是否为单词的一部分
                tmpWord[k++] = s[i];              //将str[i]复制到单词尾
            else if (k > 0)                       //当前字符为空格或 "."
            {
                if (k > maxlen)                   //当前单词长度更长
                {
                    tmpWord[k] = '\0';            //末尾加结束符'\0'，tmpWord才能表示字符串
                    strcpy(longestWord, tmpWord); //将字符串tmpWord复制到longestWord中
                    maxlen = k;                   //修改最长字符串的长度
                }
                k = 0;
            }
        }
    }
```

在实现 findLongestWord 函数时，使用了函数 strcpy，其原型如下：

```
char *strcpy(char *dest, const char *src);
```

该函数的功能是把 src 所指向的字符串复制到 dest 所指向的空间中，'\0'也会复制过去。成功时返回 dest 字符串的首地址，失败时返回 NULL。

使用这个函数时，参数 dest 所指的内存空间不够大，可能会造成缓冲溢出的错误情况。

为了适应不同背景下对字符串存储的需求，我们可以根据实际问题进行修改，调整存储字符串的字符数组长度和单词长度。例如，对于一些大型字符串的处理，可以采用更大的字符数组和更长的单词长度。

在这个实例中，还可以使用字符串分隔函数 strtok 寻找英文句子中的最长单词。通过使用 strtok 函数，可以将句子按照空格和 "." 进行分隔，并依次遍历每个单词，然后比较它们的长度，最终找到最长的单词。代码如下：

```
#include <stdio.h>
#include <string.h>
const int N = 510;
const int WORD_LENGTH = 50;
int main(void)
{
    char str[N];                    //存放输入的英文句子
    char maxWord[WORD_LENGTH];      //存放最长单词
    scanf("%[^\n]", str);
    char *p = strtok(str, " .");    //使用strtok函数将str中用 "." 或空格分隔的字符串赋值给p
    strcpy(maxWord, p);
    while (p != NULL)
    {
        if (strlen(p) > strlen(maxWord))
            strcpy(maxWord, p);
        p = strtok(NULL, " .");     //注意再次调用strtok函数时，要用NULL
    }
    printf("%s\n", maxWord);
    return 0;
```

```
        }
```

通过使用 strtok 函数寻找最长单词，可以更便捷地处理输入的英文句子，避免手动计算单词长度或编写复杂的逻辑。这种方法可以提高程序的效率和可读性，使代码更加简洁和可维护。

strtok 函数的原型如下：

```
char * strtok ( char * str, const char * delimiters );
```

该函数的功能是按字符串中的任意字符对字符串进行分隔，返回指向被分隔出子字符串的起始位置的指针。首次调用时，str 指向要分隔的字符串，之后再次调用要把 str 设成 NULL。

【实例 07-18】特定单词的个数

扫一扫，看视频

描述：输入一个单词和一篇文章。单词由 1~10 个字母组成，字母不区分大小写；文章长度不超过 1000000，只包含字母和空格。编写一个程序，在给定文章中查找给定单词，并输出该单词在文章中出现的次数和第一次出现的位置（即单词在文章中首次出现的位置，位置从 0 开始）。如果文章中没有出现该单词，则输出–1。

输入样例：

```
To
to be or not to be is a question
```

输出样例：

```
2 0
```

分析：本实例的问题可分为两个子问题：字符串大小写转换和在文章中查找单词。为了解决这两个问题，可以采用模块化程序设计思想，设计两个函数来完成。

这两个函数的原型如下：

```
void toLowercase(const char *s, char *des);
int count(const char *s, const char *word, int *pos);
```

其中，toLowercase 函数将输入的字符串转换为小写，并将结果存储在另一个字符串中。count 函数的作用是统计给定的字符串中特定单词出现的次数，并通过指针参数 pos 记录首次出现的位置。

在实现 count 函数时，可以使用 strtok 函数将字符串以空格作为分隔符进行拆分，然后逐个将单词与目标单词进行比较，以统计出现次数并记录首次出现的位置。

在 main 函数中，需要输入要查找的单词和文章内容，并将它们转换为小写的字符串。然后调用 count 函数进行处理，根据函数的返回值进行相应的输出。

本实例的参考代码如下：

```
#include <stdio.h>
#include <string.h>
#include <ctype.h>
#define N 1000010                          //文章最大空间
#define WORLD_LENGTH 11                     //单词最大空间
void toLowercase(const char *s, char *des);
int count(const char *s, const char *word, int *pos);
char str[N], newStr[N];                     //输入的字符串和转换为小写的字符串
int main(void)
{
    char word[WORLD_LENGTH];                //输入的单词
    char newWord[WORLD_LENGTH];             //转换为小写的单词
    int pos = -1;                           //单词出现的位置
    scanf("%s", word);                      //获取输入的单词
    getchar();                              //清除输入缓冲区的换行符
    fgets(str, N, stdin);                   //获取输入的字符串
    str[strlen(str) - 1] = '\0';            //去除字符串末尾的换行符
    toLowercase(word, newWord);             //将单词转换为小写
    toLowercase(str, newStr);               //将字符串转换为小写
    int cnt = count(newStr, newWord, &pos); //统计单词在字符串中的出现次数
```

```
    if (cnt > 0)
        printf("%d %d", cnt, pos);          //输出单词出现的次数和位置
    else
        printf("-1");                        //输出未找到单词的提示
    return 0;
}
//函数功能：将字符串中的所有字母转换为小写
void toLowercase(const char *s, char *des)
{
    for (int i = 0; s[i]; i++)
    {
        des[i] = tolower(s[i]);              //转换为小写字母
    }
    des[strlen(s)] = '\0';                   //添加字符串结束符
}
//函数功能：统计字符串中一个单词出现的次数
int count(const char *s, const char *word, int *pos)
{
    int cnt = 0;                             //单词出现的次数
    char *p = strtok(s, " ");                //使用空格分隔字符串得到一个个单词
    while (p)
    {
        if (strcmp(p, word) == 0)            //单词比较，判断是否相同
        {
            cnt++;                           //单词出现次数加 1
            if (cnt == 1)
                *pos = p - s;                //记录首次出现的位置
        }
        p = strtok(NULL, " ");               //继续获取下一个单词
    }
    return cnt;                              //返回出现次数
}
```

在 count 函数中，使用了函数 strtok 将文章分隔成单词。如果在分隔过程中遇到第一个与特定单词相同的单词，那么就使用指针变量 pos 所指向的变量记录特定单词在文章中首次出现的位置。在程序中，使用表达式 p−str 计算单词在文章中的位置。

在 count 函数中，还使用了函数 strcmp 判断两个字符串是否相同，它的原型如下：

```
int strcmp(const char *s1, const char *s2);
```

该函数的功能是比较字符串 s1 和字符串 s2 的大小，比较的是字符的 ASCII 码。当 s1 等于 s2 时返回 0；当 s1 大于 s2 时返回大于 0 的整数；当 s1 小于 s2 时返回小于 0 的整数。

【实练 07-05】比较字符串大小

扫一扫，看视频

编写一个程序来忽略字符串中的字母大小写进行比较。输入为两行字符串，每个字符串的长度小于 80。如果第一个字符串小于第二个字符串，则程序输出字符'<'；如果第一个字符串大于第二个字符串，则程序输出字符'>'；如果两个字符串相等，则程序输出字符'='。

【实例 07-19】单词的翻转

扫一扫，看视频

描述：编写一个程序，将输入的句子中的每个单词进行翻转，并按照原文的格式输出。输入只有一行，为一个字符串，字符数不超过 500 个，单词之间以一个空格分隔。输出翻转后的每个单词，单词之间保留一个空格。

输入样例：

```
hello world
```

输出样例：

```
olleh dlrow
```

07

分析：这个实例比较简单，涉及字符串逆置的问题，可以利用实例中实现的字符串逆置函数解决这个问题。由于输入的原文串中每个单词以一个空格为分隔符，因此可以使用 strtok 函数将句子分隔成各个单词，并逐一对这些单词进行逆置操作。最后，只需要将逆置后的单词按照原来的顺序输出即可。

本实例的参考代码如下：

```c
#include <stdio.h>
#include <string.h>
void reverseString(char *s);
int main(void)
{
    char str[510];                      //存放不超过 500 个字符的句子
    fgets(str, sizeof(str), stdin);     //句子中可能含有空格
    str[strlen(str) - 1] = '\0';
    char *p = strtok(str, " ");
    while (p)
    {
        reverseString(p);
        printf("%s ", p);
        p = strtok(NULL, " ");
    }
    return 0;
}
//函数功能：逆转字符串
void reverseString(char *s)
{
    //自己补齐完整的代码
}
```

 【实例 07-20】删除多余的空格

扫一扫，看视频

描述：编写一个程序，删除一个句子中的多余空格，只保留一个空格。句子的开头和结尾没有空格，但句子中可能存在多个连续的空格。需要输入一个字符串（长度不超过 200），然后输出删除多余空格后的句子。

分析：因为要求删除首尾无空格的字符串中的多余空格，所以可以通过一轮遍历字符串的方式进行处理。在遍历前，先定义一个变量 k（初始值为 0），用于存放删除多余空格后句子的长度。在遍历字符串时，如果遇到非空格字符或者非空格字符前的空格，就把这个字符放在字符串下标为 k 的位置，并且 k 值增 1。遍历结束后只需要在 k 的位置再放置字符串结束符'\0'即可。

本实例的参考代码如下：

```c
#include <stdio.h>
#include <string.h>
#define N 210
void removeExtraSpaces(char *s);
int main(void)
{
    char str[N];                        //存放输入的字符串
    fgets(str, sizeof(str), stdin);
    str[strlen(str) - 1] = '\0';        //去掉'\n'
    removeExtraSpaces(str);
    printf("%s\n", str);
    return 0;
}
//函数功能：删除 s 所指字符串中多余的空格，只保留一个空格
void removeExtraSpaces(char *s)
{ //s 所指字符串首尾无空格
    int len = strlen(s);
    int k = 0;                          //k 用于记录字符串 s 中不含多余空格的长度
    for (int i = 0; i < len; i++)
```

```
    {
        if (s[i] != ' ')                        //当前字符不是空格
            s[k++] = s[i];
        else if (s[i] == ' ' && s[i + 1] != ' ')     //不是多余空格
            s[k++] = s[i];
    }
    s[k] = '\0';                                //添加字符串结束符'\0'
}
```

在程序实现时，采用了模块化程序设计思想，通过编写一个名为 removeExtraSpaces 的字符串处理函数，使整个代码更易于维护。

removeExtraSpaces 函数的功能是去除字符串中的多余空格，只保留一个空格。需要注意的是，该函数假设字符串的首尾没有空格，因此，如果字符串首尾存在空格，这些空格将会保留下来。如果首尾可能包含空格，就需要添加额外的处理逻辑来满足要求。

扫一扫，看视频

【实练 07-06】删除多余的空格（升级版）

与实例 07-20 描述基本相同，但句子的开头和结尾可能有空格。

 【实例 07-21】说反话

扫一扫，看视频

描述：编写一个程序，用于颠倒给定英语句子中单词的顺序，并将结果输出。输入的句子以一行字符串形式给出，总长度不超过 500000。句子由若干个单词和若干个空格组成，每个单词的长度不超过 100 个字符。单词由英文字母（区分大小写）组成，单词之间用一个或多个空格分开。要求输出颠倒顺序后的句子，确保单词之间只有一个空格，最后一个单词后面没有空格。

输入样例：

```
Hello World   Here I Come
```

输出样例：

```
Come I Here World Hello
```

分析：定义两个字符数组 str 和 tmps，它们的长度都是 500010。str 数组用于存放给定的句子，而 tmps 数组用于存放扫描过程中获取的单词。

由于要先输出句子中的倒数第一个单词，然后输出倒数第二个单词，以此类推，所以在获取单词时需要从句子的最后一个字符开始向前扫描。获取单词的方法与之前从句子的第一个字符开始向后扫描的方法相同，只不过这次获取的是原单词的逆序。在输出时，再次将它逆序。

在输出单词时，需要考虑两个单词之间是否需要一个空格。为了解决这个问题，可以设置一个变量 start，用于标志是否正在输出第一个单词。从第二个单词开始，每个单词前输出一个空格。

本实例的参考代码如下：

```
#include <stdio.h>
#include <string.h>
#define N 500010
char str[N], tmps[N];
int main(void)
{
    fgets(str, N, stdin);
    str[strlen(str) - 1] = '\0';            //去掉'\n'
    int len = strlen(str), start = 1;       //start 标志当前输出的单词是否为第一个
    for (int i = len - 1; i >= 0;)
    {
        if (str[i] >= 'a' && str[i] <= 'z' || str[i] >= 'A' && str[i] <= 'Z')
        {
            int k = -1;                     //存放从后向前扫描句子时逆置的单词的下标
            do
            {
```

```
                     tmps[++k] = str[i];
                     i--;
                } while (i >= 0 && str[i] != ' ');
                if (start == 0)  //成立时，说明输出的单词不是第一个，需要在它前面输出一个空格
                     printf(" ");
                start = 0;
                for (int j = k; j >= 0; j--)     //tmps 字符串逆序输出
                     printf("%c", tmps[j]);
          }
          i--;                                   //遇到空格时，继续向前扫描
     }
     return 0;
}
```

本实例还可以采用另外一种处理方法。使用二维字符数组 words 存放句子中的所有单词，每个单词通过 strtok 函数分隔获得。参考代码如下：

```
#include <stdio.h>
#include <string.h>
#define N  500010
char str[N], words[N][100];
int main(void)
{
    char *p;
    int k = -1;
    fgets(str, N, stdin);
    str[strlen(str) - 1] = '\0';
    p = strtok(str, " ");
    while(p)
    {
        strcpy(words[++k], p);
        p = strtok(NULL, " ");
    }
    int start = 1;             //输出的单词是否为第一个，值为 1 表示是，否则不是第一个
    for(int i = k; i >= 0; i--)
    {
        if(!start) printf(" ");
        printf("%s", words[i]);
        start = 0;
    }
    return 0;
}
```

一维字符数组可以存储一个字符串，而二维字符数组则可以存储多个字符串。为了使用二维数组存储多个字符串，需要确保它的行数大于等于要存储的字符串的个数，而列数至少应该是最长单词的长度加 1。这样，就能够从前往后处理字符串了。

在处理字符串时，可以使用 strtok 函数将拆分出来的单词一个一个地存储到二维字符数组中。然后，从最后一个单词到第一个单词依次输出它们，每输出一个单词后面都加上一个空格。这种处理逻辑更加简单和易于理解。

实际上，**二维字符数组可以被视为一个一维数组，只是该一维数组的元素是一维字符数组**。

【实例 07-22】单词的排序

描述：输入一行单词序列，相邻单词之间由一个或多个空格间隔。要求输出按照字典序排列的这些单词，如果有重复的单词则只输出一次（要注意大小写）。输入的单词序列至少包含一个单词，最多不超过 100 个单词，每个单词的长度不超过 50 个字符，并且单词之间至少有一个空格分隔。输出的数据只包含字母和空格，没有其他特殊字符。

输入样例：

```
She  wants  to go to Peking University to study  Chinese
```

输出样例：

```
Chinese Peking She University go study to wants
```

分析：这是一个关于字符串排序的问题，可以使用二维字符数组存放多个单词。在本实例中，需要定义一个名为 words 的二维字符数组。其中，数组的第一维表示最多可以存放的单词数，而第二维表示最长单词的长度加 1。

接着，读入单词序列，可以使用前面实例的方法把单词序列的单词依次存放到 words[0]、words[1]、…、words[k-1] 中，其中 k 代表单词的个数。

之后就可以调用冒泡排序函数对这 k 个单词进行排序，并且去除重复的单词。

最后，输出排序和去重后的单词序列。

本实例的参考代码如下：

```c
#include <stdio.h>
#include <string.h>
#define N = 6000                            //一行单词序列的最大总长度
const int WORD_NUM = 100;                    //单词最多的个数
const int WORD_LENGTH = 50;                  //单词的最大长度
int bubblesort(char s[][WORD_LENGTH+1], int n);
char str[N];
int main(void)
{
    char words[WORD_NUM][WORD_LENGTH+1];     //存放单词序列中的单词
    char *p;
    scanf("%[^\n]", str);
    int k = 0;
    p = strtok(str, " ");                    //使用空格分隔字符串，将获取的字符串赋值给 p
    while (p != NULL)
    {
        strcpy(words[k++], p);
        p = strtok(NULL, " ");
    }
    k = bubblesort(words, k);                //调用冒泡排序对 k 个单词进行排序
    for (int i = 0; i < k; i++)
    {
        if (i != 0)
            printf(" ");                     //第一个单词前无空格
        printf("%s", words[i]);
    }
    return 0;
}
//函数功能：对字符串数组 s 进行排序且去重
int bubblesort(char s[][WORD_LENGTH+1], int n)
{
    for (int i = 1; i < n; i++)
    {
        for (int j = 0; j < n - i; j++)
        {
            //判断 s[j] 是否比 s[j+1] 大，如果大，则交换 s[j] 和 s[j+1] 所存放的字符串
            if (strcmp(s[j], s[j + 1]) > 0)
            {
                char tmp[51];
                strcpy(tmp, s[j]);
                strcpy(s[j], s[j + 1]);
                strcpy(s[j + 1], tmp);
            }
        }
    }
                                             //将排序后的 n 个单词进行去重
    int i = 0; //i 存放去重后最后单词的下标（从下标 0 开始）
    for (int j = 1; j < n; j++)
    {
```

```
            if (strcmp(s[j], s[j - 1]) != 0)           //判断s[j]和s[j-1]两个单词是否相同
                strcpy(s[++i], s[j]);                   //不相同时需要保留s[j]
        }
        return i + 1;                                   //返回排序、去重后的单词个数
    }
```

【实例07-23】DNA 排序

扫一扫，看视频

描述：给定多个基因序列，每个序列由 4 个字符 A、C、G、T 组成。每个基因序列都有若干个逆序对，逆序对数量越多则无序度越高。需要按照无序度从小到大的顺序对给定的多个基因序列进行排序。如果有多个序列的无序度相同，则按照它们的原始输入顺序进行输出。

输入的第一行包含两个整数 n 和 m，代表基因序列的长度和基因序列的个数；接下来的 m 行是具体的基因序列，其中，n 的取值范围为 1～50，m 的取值范围为 1～100。输出排序后的 m 个基因序列。

输入样例：

```
10 6
AACATGAAGG
TTTTGGCCAA
TTTGGCCAAA
GATCAGATTT
CCCGGGGGGA
ATCGATGCAT
```

输出样例：

```
CCCGGGGGGA
AACATGAAGG
GATCAGATTT
ATCGATGCAT
TTTTGGCCAA
TTTGGCCAAA
```

分析：可以先实现一个计算基因序列的无序度的函数，函数原型如下：

```
int calDisorder(const char *s);
```

该函数用于计算基因序列 s 的无序度，即逆序对的个数。函数返回基因序列 s 的无序度值。因为是按照无序度排序的，因此可实现一个按无序度排序的冒泡排序，函数原型如下：

```
void bubbleSort(char s[][STR_LENGTH + 1], int a[], int n);
```

a 是对应基因序列的无序度整型数组。对整型数组 a 执行冒泡排序时，若相邻元素发生交换，则与之对应的基因序列数组 s 中的两个元素也会进行相应的交换。

可以实现两个交换函数 swap 和 swapStor，分别完成两个整数的交换和字符串的交换。

程序实现时，定义一个全局二维字符数组存储输入的 m 个基因序列。

在 main 函数中，首先读入整数 n 和 m。然后利用一个 for 循环依次读入 m 个基因序列。在读入每个基因序列后，立即计算其无序度，并将无序度的值存储到一个整型数组 disorder 中。

下一步就可以调用冒泡排序对基因序列数组进行排序。一旦排序完成，可以使用一个 for 循环遍历排序后的数组，并按顺序输出每个基因序列。

本实例的参考代码如下：

```
#include <stdio.h>
#include <string.h>
#define N = 100;                             //最大基因序列个数
#define STR_LENGTH = 50;                     //基因序列最大长度
char DNAStr[N][STR_LENGTH + 1];              //存放基因序列的字符数组
void swap(int *p1, int *p2);
void swapStr(char *s1, char *s2);
int calDisorder(const char *s);
void bubbleSort(char s[][STR_LENGTH + 1], int a[], int n);
int main(void)
```

```
{
    int disorder[N] = {0};                          //每个基因序列的无序度
    int n, m;                                        //基因序列的长度和个数
    scanf("%d %d", &n, &m);
    getchar();
    for (int i = 0; i < m; i++)
    {
        scanf("%s", DNAStr[i]);                      //输入基因序列
        disorder[i] = calDisorder(DNAStr[i]);        //计算无序度
    }
    bubbleSort(DNAStr, disorder, m);                 //根据无序度进行排序
    for (int i = 0; i < m; i++)
        printf("%s\n", DNAStr[i]);                   //输出排序后的基因序列
    return 0;
}
//函数功能：冒泡排序，根据无序度进行排序
void bubbleSort(char s[][STR_LENGTH + 1], int a[], int n)
{
    for (int i = 0; i < n - 1; i++)
    {
        for (int j = 0; j < n - 1 - i; j++)
            if (a[j] > a[j + 1])
            {
                swap(&a[j], &a[j + 1]);
                swapStr(s[j], s[j + 1]);             //同时交换基因序列数组中的元素
            }
    }
}
//函数功能：交换两个整数
void swap(int *p1, int *p2)
{
    int temp = *p1;
    *p1 = *p2;
    *p2 = temp;
}
//函数功能：交换两个字符串
void swapStr(char *s1, char *s2)
{
    char temp[STR_LENGTH + 1];
    strcpy(temp, s1);
    strcpy(s1, s2);
    strcpy(s2, temp);
}
//函数功能：计算基因序列的无序度
int calDisorder(const char *s)
{
    int cnt = 0;
    int len = strlen(s);                             //字符串长度
    for (int i = 0; i < len - 1; i++)
    {
        for (int j = i + 1; j < len; j++)
            if (s[i] > s[j])
                cnt++;                               //计算无序度
    }
    return cnt;
}
```

　　本实例中的程序设计和实现非常注重模块化程序设计思想的应用，采用了清晰的代码结构，使得整个代码更加合理、层次分明，同时也提高了代码的可读性和可维护性。通过采用良好的代码结构，有助于更好地组织代码逻辑，使得程序的思路更加清晰。

　　在程序中，需要关联某一基因序列与它对应的序列串和无序度。程序中定义了两个数组来

存放它们，通过相同的下标进行关联，这种处理方法不是很方便。为了解决这个问题，可以使用结构体类型存储这些信息，这在下一章会学到，之后再对这个程序进行改进。

在这个实例中，要求如果存在无序度相同的序列，就按照原始输入顺序进行输出。这涉及排序算法的稳定性。冒泡排序是一种保持数据稳定性的排序算法，因此本实例使用了冒泡排序实现这个功能。

【实例 07-24】替换单词

描述：输入一个字符串，以回车结束。该字符串由多个单词组成，单词之间用一个空格隔开，区分大小写。现在需要将其中的某个指定单词替换为另一个单词，并输出替换后的字符串。输入共三行：第一行为含有多个单词的字符串 s，第二行为待替换的单词 a，第三行为将用于替换 a 的单词 b；每个输入字符串都没有前导和尾随空格，长度都不超过 100。输出为一行，即替换后的新字符串。

扫一扫，看视频

输入样例：

```
You want someone to help you
You
I
```

输出样例：

```
I want someone to help you
```

分析：替换单词问题的主要目标是将字符串中的某些单词替换为另一个字符串。原始字符串 s 由多个单词组成，每个单词之间用一个空格分隔。因此可以使用 strtok 函数将原始字符串 s 拆分成若干个单词，然后与待替换的单词 a 进行比较。如果找到一个匹配的单词，就将其替换为单词 b。在拆分过程中，可以使用 strcat 函数将所有替换后的单词连接起来，并将结果保存在 result 字符串中。

为了完成这个替换，可以设计一个名为 replaceString 的函数，其函数原型如下：

```
void replaceString(char *s, const char *a, const char *b, char *result);
```

在主函数中，首先输入原始字符串 s、待替换的单词 a、替换的单词 b 和结果字符串 result。result 初始时是一个空串，然后调用 replaceString 函数完成替换操作。最后，输出结果字符串。

本实例的参考代码如下：

```c
#include <stdio.h>
#include <string.h>
void replaceString(const char *s, const char *a, const char *b, char *result);
int main()
{
    char s[101], a[101], b[101];
    char result[10001] = "";            //替换后的字符串
    //输入字符串 s、待替换的单词 a、替换的单词 b
    fgets(s, sizeof(s), stdin);
    fgets(a, sizeof(a), stdin);
    fgets(b, sizeof(b), stdin);
    //去除尾随的换行符
    s[strcspn(s, "\n")] = '\0';
    a[strcspn(a, "\n")] = '\0';
    b[strcspn(b, "\n")] = '\0';
    replaceString(s, a, b, result);
    printf("%s\n", result);             //输出替换后的新字符串
    return 0;
}
//函数功能：将字符串 s 中的单词 a 替换为单词 b
void replaceString( cnstchar *s, const char *a, const char *b, char *result)
{
    char *p = strtok(s, " ");
    while (p != NULL)
    {
```

07

```
            if (strlen(result) != 0)    //除第一个单词外，连接单词时，先连接一个空格
                strcat(result, " ");
            if (strcmp(p, a) == 0)
            {
                strcat(result, b);
            }
            else
            {
                strcat(result, p);
            }
            p = strtok(NULL, " ");
        }
    }
```

程序中使用了 strcat 函数完成两个字符串的连接，该函数的原型如下：

```
char *strcat(char *dest, const char *src);
```

strcat 函数将 src 字符串中的字符依次追加到 dest 字符串的末尾，并返回结果字符串的指针。在使用 strcat 函数时，要确保字符数组有足够的空间容纳连接后的字符串。

【实例07-25】念数字

描述：先输入一个不超过 10^9 的整数，然后输出该整数每个数字对应的拼音。当输入整数为负数时，先输出拼音 fu 表示负数。数字 0～9 对应的拼音为 0: ling、1: yi、2: er、3: san、4: si、5: wu、6: liu、7: qi、8: ba、9: jiu。要完成这个任务，请依次读取输入整数的每一位数字，并将其对应的拼音连接在一起。每个数字的拼音之间用空格分隔，在行尾没有额外的空格。

输入样例：

```
-600
```

输出样例：

```
fu liu ling ling
```

分析：输入的整数可以存储在长度为 15 的一维字符数组 dstr 中。如果输入的整数是负数，则 dstr[0]存储字符 '–'；如果输入的整数不是负数，则 dstr[0]存储整数的最高位。因此，需要判断 dstr[0] == '-' 是否成立。如果成立，则需要先输出拼音 fu；然后扫描数组中的后续数字。那么如何获取读取到的数字对应的拼音呢？

一种简单的方法是定义一个能存储 10 个字符串的二维字符数组 dname，其中 dname[0]存储数字 0 对应的拼音 ling。这样，数字 i 对应的拼音应该是 dname 的下标 i 所对应的字符串。但需要注意的是，字符 dstr[i]对应的数字整数是 dstr[i] –'0'。因此，dstr[i] 对应的拼音是 dname[dstr[i] –'0']。

本实例的参考代码如下：

```
#include <stdio.h>
#include <string.h>
char dname[][5] = {"ling", "yi", "er", "san", "si", "wu", "liu", "qi", "ba", "jiu"};
int main(void)
{
    char dstr[15];              //存放待念的数字串
    int start = 1, i = 0;       //start 标志当前要输出的是否为第一个字符串
    scanf("%s", dstr);
    if (dstr[0] == '-')         //判断整数是否为负数
    {
        printf("fu");
        start = 0;
        i++;                    //如果是负数，则 i++，即 i=1 才对应整数的第一个数字
    }
    for (; dstr[i]; i++)
    {
        if (start == 0)
            printf(" ");        //第二个输出字符串前才有空格
```

```
        printf("%s", dname[dstr[i] - '0']);    //将下标 i 对应的数字字符转换为整数
        start = 0;                             //输出一个串后将 start 设置为 0
    }
    return 0;
}
```

【实练 07-07】田径运动会

校田径运动会上 A、B、C、D、E 分别获得百米、四百米、跳高、跳远和三级跳
冠军。观众甲说：B 获得三级跳冠军，D 获得跳高冠军；观众乙说：A 获得百米冠军，
E 获得跳高冠军；观众丙说：C 获得跳远冠军，D 获得四百米冠军；观众丁说：B 获得跳高冠军，
E 获得三级跳冠军。实际情况是每人说对一句，说错一句。编程求 A、B、C、D、E
各获得哪项冠军。

【实例 07-26】电话号码生成英语单词

描述：在手机键盘上，每个数字键对应多个字母。例如，数字键 2 可以输入a、b、c，数字
键 3 可以输入d、e、f，数字键 4 可以输入g、h、i，数字键 5 可以输入j、k、l，数字键 6 可以输
入m、n、o，数字键 7 可以输入p、q、r、s，数字键 8 可以输入t、u、v，数字键 9 可以输入w、
x、y、z。给定一个字符串和一个电话号码，需要判断这个字符串是否可以由这个电话号码输入。
输入的第一行为一个整数 n，表示后续有 n 行测试数据；接下来的 n 行中，每行包含两个字符串，
分别为要判断的英语单词串和电话号码串，这两个字符串的长度不超过 20，两个字符串之间用空
格分隔。如果输入的英语单词串可以由电话号码产生，则输出 Y；否则，输出 N。

输入样例：
```
3
ILOVEYOU 45683968
computer 26678837
Thankyou 84265967
```

输出样例：
```
Y
Y
N
```

分析：在这个实例中，需要判断给定的英语单词串是否可以由给定的电话号码产生。因为
电话号码的每个数字键对应着多个字母，相同字母的大小写在电话号码上对应相同的数字。所
以，为了进行判断，需要将给定的英语单词串转换为小写字母，以便与电话号码进行匹配。

在接下来的处理中，需要考虑如何快速查找字母对应的数字。一种直接的方法是通过数组
下标找到对应的数字。可以定义一个字符数组 arr[26]，数组的索引 i 代表了 26 个英文字母的顺
序号，而数组元素 arr[i] 则表示了英文字母与数字字符的对应关系。例如，arr[0]的值为 2,表示英
文字母 a 对应的数字字符是 2；而 arr[4]的值为 3，表示英文字母 e 对应的数字字符是 3。通过这
个数组，可以根据输入的字母字符 ch 找到对应的数字，即 arr[ch–'a']。这样，就能够快速获取
字母对应的数字了。可如下定义这个数组，对应关系通过数组的初始化完成。

```
char arr[] = "22233344455566677778889999";
```

为了判断英语单词是否可以由电话号码产生，可以设计一个名为 judge 的函数来实现，这个
函数的原型如下：

```
int judge(char *word, char *phoneNo);
```

该函数接收两个字符串参数，分别是英语单词和电话号码，并判断英语单词是否可以由电
话号码产生。如果能产生，则返回 1；否则返回 0。

在实现这个函数时，首先将给定的英语单词 word 中的所有字母转换为小写字母。之后，利
用之前定义的 arr 数组将转换后的小写字母逐个替换成相应的数字键盘按键，并生成一个对应的

数字串 nums。然后使用 strcmp 函数比较数字串 nums 与电话号码 phoneNo。如果两个串相同，函数返回 1；否则，返回 0。

本实例的参考代码如下：

```c
#include <stdio.h>
#include <string.h>
#include <ctype.h>
const int N = 21;                                    //定义常量N，表示字符串的最大长度
char arr[] = "22233344455566677778889999"; //定义数字键盘按键对应字母的数组
int judge(char *word, char *phoneNo);
int main(void)
{
    char str[N], telstr[N];
    int n;
    scanf("%d", &n);
    while (n--)
    {
        scanf("%s %s", str, telstr);                 //输入需要判断的英语单词序列和电话号码序列
        if (judge(str, telstr))
            printf("Y\n");
        else
            printf("N\n");
    }
    return 0;
}
//函数功能：判断 word 是否能由 phoneNo 生成，如果能，则返回1；否则返回0
int judge(char *word, char *phoneNo)
{
    for (int i = 0; word[i]; i++)
    {
        word[i] = tolower(word[i]);                  //将字符转换为小写字母
    }
    char nums[21] = "";          //定义空字符串 nums，用于存储 word 转换后的数字键盘按键序列
    //将 word 中的每个字母转换为数字键盘相应的按键，
    //拼接成长度与 phoneNo 相同的字符串 nums
    for (int i = 0; word[i]; i++)
        nums[i] = arr[word[i] - 'a'];
    //比较 nums 与 phoneNo，如果相同，则返回1；否则返回0
    if (strcmp(nums, phoneNo) == 0)
        return 1;
    else
        return 0;
}
```

【实练 07-08】478-3279

商家通常喜欢使用容易记忆的电话号码。一种常见的方法是将电话号码拼成一个易于记忆的单词或短语，如 Gino 比萨店的电话号码是 301-GINO；另一种方法是将电话号码分为组合的数字，如必胜客的电话号码是 3-10-10-10。七位电话号码的标准格式为 ×××-××××，如 123-4567。

一般来说，电话号码的数字和字母的映射关系如下：A、B、C 映射到 2，D、E、F 映射到 3，G、H、I 映射到 4，J、K、L 映射到 5，M、N、O 映射到 6，P、R、S 映射到 7，T、U、V 映射到 8，W、X、Y 映射到 9，而字母 Q 和 Z 没有相关的映射。本实例的任务是将给定的七位电话号码转换为标准的 ×××-×××× 格式，其中 x 表示数字。

输入的第一行是电话号码的个数 n（$n<100$）；接下来的 n 行中，每行表示一个七位号码。这些号码可能不符合标准格式，但一定是合法的。对于每行输入，输出一个标准格式的电话号码。

输入样例：

扫一扫，看视频

```
4
4873279
ITS-EASY
888-4567
3-10-10-10
```

输出样例：

```
487-3279
487-3279
888-4567
310-1010
```

 【实例 07-27】回文密码

扫一扫，看视频

描述：给定一个字符串，求它对应的密码。密码生成规则为：如果字符串 str 是回文，则字符串 str 偶数位上的字符组成的字符串就是正确的密码，否则字符串 str 奇数位上的字符组成的字符串就是正确的密码。字符串的长度在 2～100 之间，并且字符串只由字母和数字字符组成。输入一行字符串 str，输出一行代表正确密码的字符串。

输入样例 1：

```
ABcd11dcBA
```

输出样例 1：

```
Bd1cA
```

输入样例 2：

```
X1234y9
```

输出样例 2：

```
X249
```

分析：为了根据输入的要求生成密码，可以使用一个长度为 N 的一维字符数组 str 存储给定字符串，还需要定义一个长度为 N/2 的一维字符数组 password 来存储生成的密码。N 为字符串最大长度，本实例的值设为 110。

为了判断给定的字符串是否是回文，可以创建一个名为 isPalindrome 的自定义函数。

在程序实现时，首先需要判断字符串 str 是否是回文。如果是回文，就可以使用一个循环遍历每个偶数位字符，并将其添加到 password 数组中。如果不是回文，就可以使用一个循环遍历每个奇数位字符，并将其添加到 password 数组中。这样就可以按照输入要求生成密码了。

本实例的参考代码如下：

```c
#include <stdio.h>
#include <string.h>
const int N = 110;
int isPalindrome(const char *s);
int main(void)
{
    char str[N], password[N/2];              //分别存放给定的字符串、求得的密码
    scanf("%s", str);
    int len = strlen(str);
    memset(password, 0, sizeof(password));
    if (isPalindrome(str))
    {
        int i = 0;
        for (int j = 1; j < len; j += 2)     //将偶数序号上的字符复制到 password 中
            password[i++] = str[j];
    }
    else
    {
        int i = 0;
        for (int j = 0; j < len; j += 2)     //将奇数序号上的字符复制到 password 中
            password[i++] = str[j];
```

```
        }
        printf("%s", password);
        return 0;
    }
    //函数功能：判断字符串 s 是否是回文，是则返回 1，否则返回 0
    int isPalindrome(const char *s)
    {
        int n = strlen(s);
        int i = 0, j = n - 1;
        while (i < j)
        {
            if (s[i] != s[j])
                return 0;                //首尾对应字符有一对不相等，则不是回文
            i++;
            j--;
        }
        return 1;
    }
```

扫一扫，看视频

【实例 07-28】验证邮箱

描述：当在 MYOJ 上注册账号时，需要输入邮箱并验证其格式是否合法。验证规则如下：

（1）邮箱中必须包含且仅包含一个'@'符号。

（2）'@'和'.'不能出现在字符串的开头和结尾。

（3）'@'之后必须至少有一个'.'字符，并且'@'和'.'不能直接相连。

如果邮箱满足以上三条规则，则认为是合法的邮箱格式，否则认为是非法的。需要编写程序验证输入的邮箱是否合法。

输入包含多行，每行都为待验证的邮箱地址，其长度小于 100 个字符。每行输入对应一行输出，如果验证合法，则输出 Yes；否则输出 No。

输入样例：

```
.a@b.com
pku@edu.cn
cs101@gmail.com
cs101@gmail
```

输出样例：

```
No
Yes
Yes
No
```

分析：为了验证邮箱的格式是否合法，可以定义一个名为 checkmail 的函数。该函数的原型如下：

```
int checkmail(const char *str);
```

只有当满足（1）～（3）三条规则时，邮箱地址才被认为是合法的。当验证合法时，函数返回值为 1；如果三条规则中有一条不满足，则直接返回 0。下面给出该函数实现的思路。

统计邮箱地址中 '@' 的个数和位置，记录为 xcnt 和 xpos。统计邮箱地址中 '.' 的个数和最后一次出现的位置，记录为 ycnt 和 ylast，并使用一个整型数组 ypos 标记邮箱地址中哪些字符是 '.'，其中 ypos[i] 为 1 表示邮箱地址串下标 i 处是 '.'。

如果 xcnt 不等于 1，则不满足规则（1）；如果邮箱地址的第一个字符为'@'或最后一个字符为'@'，或者第一个字符为'.'或最后一个字符为'.'，则不满足规则（2）；如果 xpos 大于 ylast，或者 mailstr[xpos−1]为'.'或 mailstr[xpos + 1]为'.'，则不满足规则（3）。

在主函数中，可以使用 while 循环不断读取待验证的邮箱地址，直到使用 fgets 函数返回 NULL 为止。然后，根据 checkmail 函数的返回值输出每个邮箱的验证结果。

本实例的参考代码如下：

```
#include <stdio.h>
#include <string.h>
#define N 110
int checkmail(const char *str);
int main(void)
{
    char mailstr[N];                        //存放输入的待验证的邮箱地址串
                                            //当没有数据输入时，fgets 函数返回 NULL
    while (fgets(mailstr, sizeof(mailstr), stdin) != NULL)
    {
        mailstr[strlen(mailstr) - 1] = '\0'; //将最后的换行符修改为'\0'
        int result;
        result = checkmail(mailstr);    //调用 checkmail 函数返回，验证 mailstr 是否合法
        if (result)
            printf("Yes\n");                //合法时输出
        else
            printf("No\n");                 //不合法时输出
    }
    return 0;
}
//函数功能：验证邮箱地址是否合法，如果合法，则返回 1；否则返回 0
int checkmail(const char *str)
{
    int xpos;                              //xpos 存放@在 str 中的下标
    int ypos[100] = {0};                   //ypos[i]为 1 表示 str[i]为'.'
    int ylast = -1;                        //ylast 存放 ypos[i]为 1 的最大 i
    int xcnt = 0, ycnt = 0;                //分别表示'@'、'.'在 str 中出现的次数
    int n = strlen(str);
    //扫描 str[i]，如果是'@'，则修改 xcnt、xpos；如果是'.'，则修改 ycnt、ypos 及 ylast
    for (int i = 0; i < n; i++)
    {
        if (str[i] == '@')
        {
            xpos = i;
            xcnt++;
        }
        else if (str[i] == '.')
        {
            ypos[i] = 1;
            ycnt++;
            ylast = i;
        }
    }
    if (xcnt != 1)
        return 0; //不满足有且仅有一个'@'符号
    else if (str[0] == '@' || str[n - 1] == '@' || str[0] == '.' || str[n - 1] == '.')
        return 0; //不满足'@'和'.'不能出现在字符串的开头和结尾的验证规则
    else if (xpos > ylast || str[xpos - 1] == '.' || str[xpos + 1] == '.')
        return 0; //不满足'@'之后至少要有一个'.'，并且'@'不能和'.'直接相连的验证规则
    else
        return 1;
}
```

如果能够明确待验证的邮箱地址中不含空格，那么也可以使用以下方式输入多个待验证的邮箱地址。

```
while(scanf("%s", mailstr) != EOF)
{
    //执行后续操作
}
```

【实练 07-09】检查合法 C 标识符

请判断给定的字符串是否为合法的 C 语言标识符（注意：给定的字符串一定不能是 C 语言的保留字）。C 语言标识符要求满足以下条件。

扫一扫，看视频

（1）非保留字。

（2）只包含字母、数字和下画线（_）字符。

（3）不以数字开头。

输入包含一行字符串，该字符串不包含任何空格字符，并且长度不超过 20 个字符。输出一行，如果该字符串是合法的 C 语言标识符，则输出 yes；否则输出 no。

输入样例：

```
RKPEGX9R;TWyYcp
```

输出样例：

```
no
```

📚 【实例 07-29】安全密码

扫一扫，看视频

描述：请判断给定的密码是否为安全密码。安全密码应满足以下条件。

（1）密码长度应在 8～16 之间（包含 8 和 16）。

（2）密码的开头必须是大写字母。

（3）密码必须至少包含一个小写字母。

（4）密码必须至少包含一个数字。

（5）密码必须至少包含一个特殊字符。特殊字符可以是'~'、'!'、'@'、'#'、'$'、'%'、'^'、'.'。

输入包含一行字符串，代表密码，字符串不包含空格，且长度不超过 50 个字符。如果该密码满足安全要求，则输出 Yes；否则输出 No。

输入样例 1：

```
Zgh19940211.
```

输出样例 1：

```
Yes
```

输入样例 2：

```
3.1415926
```

输出样例 2：

```
No
```

分析：为了验证密码的安全性，我们可以设计一个函数，其原型如下：

```
int checkpws(const char *psw);
```

其中，参数 psw 是一个指向密码字符串的字符指针。当密码符合安全要求时，该函数将返回 1；否则返回 0。

在实现这个函数时，我们可以按照安全密码需要满足的条件逐个进行验证。只要在验证过程中有任何一个条件不满足，就可以确定该密码是不安全的。

为了验证密码中是否包含特殊字符，可以定义一个特殊字符数组。然后，对于密码串中的每个字符，使用 strchr 函数在这个特殊字符数组中查找。如果密码串中的每个字符都不是特殊字符数组中的字符，那么就可以判断密码不满足安全密码的要求。

在 main 函数中，我们可以读取用户输入的密码串，并调用 checkpws 函数进行验证。根据 checkpws 函数的返回结果，可以输出 Yes 表示密码是安全的，或者输出 No 表示密码是不安全的。

本实例的参考代码如下：

```
#include <stdio.h>
#include <string.h>
#include <ctype.h>
char specialChars[] = "~!@#$%^.";        //存放密码中的特殊字符
int checkpws(const char *psw);
int main(void)
{
    char password[51];                   //存放待验证的密码
    scanf("%s", password);
```

```
        if (checkpws(password))              //调用函数 checkpws 判断 password 是否为安全的
            printf("Yes\n");
        else
            printf("No\n");
        return 0;
}
//函数功能：判断密码 psw 是否是安全的，如果安全，则返回 1；否则返回 0
int checkpws(const char *psw)
{
        int len = strlen(psw), i;
        if (len < 8 || len > 16)              //密码长度大于等于 8，且不超过 16 为合法
            return 0;
        if (psw[0] < 'A' || psw[0] > 'Z')     //密码的开头必须是大写字母
            return 0;
        for (i = 1; i < len; i++)             //密码必须至少包含一个小写字母
            if (islower(psw[i]))
                break;
        if (i == len)
            return 0;                          //不含小写字母
        for (i = 1; i < len; i++)             //密码必须至少包含一个数字
            if (isdigit(psw[i]))
                break;
        if (i == len)
            return 0;                          //不含数字
        for (i = 1; i < len; i++)             //密码必须至少包含一个特殊字符
        {
            char *p = strchr(specialChars, psw[i]); //在特殊字符数组中查找
            if (p != NULL)
                break;
        }
        if (i == len)
            return 0;                          //不含特殊字符
        return 1;                              //psw 是安全的密码
}
```

程序中使用的 strchr 是头文件 string.h 中的函数，它的原型如下：

```
char *strchr(const char *s, int c);
```

该函数在字符串 s 中查找字符 c 第一次出现的位置，并返回该字符的地址。如果找不到该字符，则返回 NULL。

【实练 07-10】IP 地址判断

在基于 Internet 的程序中，我们常常需要判断 IP 字符串的合法性。合法的 IP 形式为 A.B.C.D。其中，A、B、C、D 均为位于[0,255]中的整数。输入一行字符串，长度不超过 30。如果输入的是合法 IP，则输出 Yes；否则输出 No。

输入样例：

```
192.168.110.1
```

输出样例：

```
Yes
```

【实例 07-30】验证子序列

描述：给定两个字符串 s 和 t，判断字符串 s 是否为字符串 t 的子序列。子序列是指从字符串 t 中删除一些字符后，所剩下的字符能够按照原来的顺序组成字符串 s。每行输入包含两个字符串 s 和 t，两个字符串由字母、数字和 ASCII 字符组成，并用空格分隔。字符串 s 和 t 的长度均不超过 100000。对于每行输入，如果 s 是 t 的子序列，则输出 Yes；否则输出 No。

输入样例：

```
sequence subsequence
person compression
VERDI vivaVittorioEmanueleReDiItalia
caseDoesMatter CaseDoesMatter
```

输出样例：

```
Yes
No
Yes
No
```

分析：为了判断 s 是否为 t 的子序列，可以定义一个名为 isSubsequence 的函数。该函数的原型如下：

```
int isSubsequence(const char *s, const char *t);
```

在函数实现时，首先计算字符串 s 和 t 的长度，分别为 slen 和 tlen。如果 slen 大于 tlen，那么可以确定 s 不是 t 的子序列，直接返回 0。

否则，可以使用双指针的方法判断字符串 s 是否为字符串 t 的子序列。初始时，指针 i 和 j 都指向 s 和 t 的第一个字符。在每次循环中，比较 s[i] 和 t[j] 的值。如果两个字符相等，则指针 i 向后移动，继续比较下一个字符。无论是否找到相同的字符，指针 j 都向后移动一位。继续循环，直到 i 或 j 遍历到字符串的末尾。如果 i 最终到达了 s 的末尾（即 s[i] 为结束符\0），则说明 s 中的所有字符都在 t 中找到了相应的位置，返回 1；否则返回 0。

在主函数中循环读入多组字符串 s 和 t。在每次循环中，调用 isSubsequence() 函数判断 s 是否为 t 的子序列。根据函数返回值，如果为 1，则输出 Yes；否则输出 No。程序将持续读入并输出结果，直到程序结束。

本实例的参考代码如下：

```c
#include <stdio.h>
#include <string.h>
#define N = 100001;
char s[N], t[N];
int isSubsequence(const char *s, const char *t);
int main(void)
{
    while (scanf("%s %s", s, t) != EOF)
    {
        if (isSubsequence(s, t))
            printf("Yes\n");
        else
            printf("No\n");
    }
    return 0;
}
//函数功能：判断 s 是否为 t 的子序列，如果是，则返回 1；否则返回 0
int isSubsequence(const char *s, const char *t)
{
    int slen = strlen(s), tlen = strlen(t);
    if (slen > tlen)
        return 0;           //如果 s 的长度大于 t 的长度，则 s 不是 t 的子序列
    int i = 0, j = 0;
    while (s[i] != '\0' && t[j] != '\0')
    {
        if (s[i] == t[j]) {
            i++;            //如果找到了与 s[i] 相同的字符，则 i 向后移动，继续查找下一个字符
        }
        j++;                //无论是否找到相同的字符，j 都向后移动一位
    }
    return s[i] == '\0';
}
```

【实例 07-31】验证子串

扫一扫，看视频

描述：给定两个字符串，验证其中一个字符串是否为另一个字符串的子串。输入两个字符串，每个字符串占一行，长度都不超过 200 且不含空格。若第一个字符串 s1 是第二个字符串 s2 的子串，则输出(s1) is substring of (s2)；若第二个字符串 s2 是第一个字符串 s1 的子串，则输出(s2) is substring of (s1)；否则，输出 No substring。

输入样例：

```
abc
dddncabca
```

输出样例：

```
abc is substring of dddncabca
```

分析：为了验证其中一个字符串是否为另一个字符串的子串，可以使用字符串匹配的方法。C 标准库的函数 strstr 可以实现字符串模式匹配查找。

函数 strstr 的原型如下：

```
char *strstr(const char *s, const char *s1);
```

该函数的功能是在字符串 s 中查找字符串 s1 出现的位置。若找到，则返回在 s 中第一次出现 s1 时的地址；若没找到，则返回 NULL（0）。

对于本实例，首先判断 s2 是否为 s1 的子串。如果 strstr(s1, s2)返回非空指针，则说明 s2 是 s1 的子串，可以直接输出(s2) is substring of (s1)；否则，继续判断 s1 是否为 s2 的子串，如果 strstr(s2, s1)返回非空指针，则说明 s1 是 s2 的子串，可以输出(s1) is substring of (s2)。如果以上条件都不满足，则输出 No substring。

本实例的参考代码如下：

```c
#include <stdio.h>
#include <string.h>
const int N = 201;
int main(void)
{
    char s1[N], s2[N];              //存放输入的两个字符串
    scanf("%s", s1);
    getchar();                      //接收第一个字符串之后的换行符
    scanf("%s", s2);
    if (strstr(s1, s2))             //判断 s2 是否为 s1 的子串
        printf("%s is substring of %s", s2, s1);
    else if (strstr(s2, s1))        //判断 s1 是否为 s2 的子串
        printf("%s is substring of %s", s1, s2);
    else
        printf("No substring");
    return 0;
}
```

使用标准库函数 strstr 解决本实例的问题相对比较简单。

 使用 C 语言的标准库函数对于解决类似字符串处理问题至关重要，因为可以大大简化编程工作。因此，在 C 语言的字符串处理编程中，掌握和熟悉标准库函数是非常重要的。

 【实例 07-32】字符环

扫一扫，看视频

描述：给定两个由字符构成的环。编写程序计算这两个字符环上最长连续公共字符串的长度。例如，字符串"ABCEFAGADEGKABUVKLM"和字符串"MADJKLUVKL"各自首尾连在一起，各自构成一个环；"UVKLMA"是这两个环的一个连续公共字符串。

输入为两行，表示字符环的字符串，字符串长度不超过 255 且不含空格符。输出为两行，第一行为一个整数，表示这两个字符环上最长公共字符串的长度，第二行为最长公共字符串。

输入样例：

```
ABCEFAGADEGKABUVKLM
MADJKLUVKL
```

输出样例：

```
6
UVKLMA
```

分析：可以按照输入要求，定义两个长度为 256 的一维字符数组 str1 和 str2，分别用于存放两个字符环对应的字符串。由于假设字符串中没有空白符，所以可以使用 C 语言标准库函数 scanf 接收输入的两个字符串。输入完成后，计算两个字符串的长度，将其分别存储在变量 len1 和 len2 中。

接下来，要考虑如何在两个字符环上查找公共字符串。如果存在长度为 cnt 的公共字符串，则说明 str1 字符串中从下标 i 开始的 cnt 个字符与 str2 字符串中从下标 j 开始的 cnt 个字符一一对应相等。由于两个字符串是字符环，所以需要在比较 str1[i1] 和 str2[j1] 相等后，计算新的下标 i1 和 j1，可以使用求余操作循环遍历字符串，即 i1 = (i1 + 1) % len1 和 j1 = (j1 + 1) % len2。此外，当两个字符环的公共字符串长度达到上限，即 min(len1, len2)时，应立即中断比较下一对字符是否相等，否则会无限循环比较。

每次找到的最长公共字符串长度 cnt 都要与当前记录的最大值 maxn 进行比较。如果 cnt 大于 maxn，则需要更新 maxn 的值，并且记录最长公共字符串首字符的下标 start 也需要修改。最终，maxn 就是两个字符环的最大公共字符串的长度，而 str1 中从下标 start 开始的 maxn 个字符就是最长的公共字符串。

本实例的参考代码如下：

```c
#include <stdio.h>
#include <string.h>
const int N = 256;                              //字符串的最大长度
int main(void)
{
    char str1[N], str2[N];
    scanf("%s %s", str1, str2);
    int len1 = strlen(str1), len2 = strlen(str2);   //计算字符串的长度
    int maxn = 0, start;                        //最长公共字符串的长度和起始位置
    int minlen = len1 <= len2 ? len1 : len2;    //取两个字符串较短的长度
    for (int i = 0; i < len1; i++)              //枚举法
    {
        for (int j = 0; j < len2; j++)
        {
            int i1 = i, j1 = j, cnt = 0;        //当前比较位置和公共字符串的长度
            while (str1[i1] == str2[j1])
            {
                cnt++;                          //公共字符串长度加 1
                i1 = (i1 + 1) % len1;          //循环遍历第一个字符串
                j1 = (j1 + 1) % len2;          //循环遍历第二个字符串
                if (cnt >= minlen)
                    break;            //如果公共字符串长度大于等于最短字符串长度，则结束比较
            }
            if (cnt > maxn)
            {
                maxn = cnt;                     //更新最长公共字符串的长度
                start = i;                      //更新最长公共字符串的起始位置
            }
        }
    }
    printf("%d\n", maxn);                       //输出最长公共字符串的长度
    int i = start;
    while (maxn--)
    {
```

```
        printf("%c", str1[i]);              //输出最长公共字符串的字符
        i = (i + 1) % len1;                 //循环遍历第一个字符串
    }
    return 0;
}
```

通过使用求余的思想,可以在处理字符环问题时确保正确性,并且保持代码简洁和可读性。这种方法在需要处理循环性质的字符环问题时非常有用,可以避免出现索引越界的错误。

【实例 07-33】字符最大跨距

描述:给定三个字符串 s、s1、s2,它们之间以逗号间隔。其中,s 表示一个长度不超过 300 的字符串,s1 和 s2 表示长度不超过 10 的子字符串。需要判断 s1 和 s2 是否同时在 s 中出现,并且 s1 在 s2 的左边,且它们在 s 中不交叉。然后,计算在满足条件的情况下 s1 和 s2 的最大跨距(即 s2 的起始位置到 s1 的结束位置之间的字符数目)。如果在 s 中没有满足条件的 s1 和 s2 存在,则输出−1。

输入样例:

```
abcd123ab888efghij45ef67kl,ab,ef
```

输出样例:

```
18
```

分析:字符最大跨距问题涉及子串查找。在 C 语言中,可以使用 strstr 函数从左向右查找子串,因此可以使用该函数查找 s1 串。但是 C 语言中没有内置的从右向左查找子串的函数,因此需要自己实现一个从右向左查找子串的函数,函数声明如下:

```
int strstrR(const char *str, const char *sub);
```

该函数的功能是从 str 串末尾开始向前查找子串 sub,并返回子串 sub 在 str 串中的起始位置。如果没有找到子串,则返回−1。开始查找的起始位置是 strlen(str) −strlen(sub)。可以利用 strncmp 函数进行与 sub 的比较。strncmp 函数的功能是比较两个字符串指定长度的字符是否相同。

接下来就可以设计计算跨距的函数了,函数原型如下:

```
int maxSpan(const char *s, const char *s1, const char *s2);
```

该函数用于计算满足条件的 s1 和 s2 在字符串 s 中的最大跨距。

实现这个函数时,首先判断 strstr(s, s1)是否为 NULL,如果为 NULL,则返回−1;否则接着计算 pos1=strstr(s,s1)−s 和 pos2 = strstrR(s, s2)。如果 pos2 等于−1,则返回−1;否则需要判断两个子串是否交叉。其中,两个子串不交叉的条件是 pos2 >= (strstr(s, s1) − s) + strlen(s1)。如果互不交叉,就计算最大跨距。

由于给定的三个字符串是用逗号分隔的,因此需要将其拆分并存储到三个字符数组 s、s1 和 s2 中。在这种情况下,可以使用 strtok 函数拆分这个字符串。strtok 函数通常会结合 while 循环实现字符串的拆分。然而,由于 s、s1 和 s2 是三个独立的字符串变量,因此通过定义一个指针数组存储这三个字符串的地址,并间接地将拆分结果存储到这三个字符数组中。

本实例的参考代码如下:

```
#include <stdio.h>
#include <string.h>
int strstrR(const char *str, const char *sub);
int maxSpan(const char *s, const char *s1, const char *s2);
int main(void)
{
    char str[400];                    //存放包含字符串 s、s1、s2 数据的一行字符串
    char s[301], s1[11], s2[11];      //分别存放字符串 s、s1、s2
    char *pArr[3] = {s, s1, s2};      //字符指针数组
    scanf("%s", str);
    int i = 0;
    //把 str 拆分成 s、s1、s2 三个字符串
    char *p = strtok(str, ",");
```

```
        while (p)
        {
            strcpy(pArr[i], p);
            p = strtok(NULL, ",");
            i++;
        }
        int ans = maxSpan(s, s1, s2);//计算最大跨距
        printf("%d", ans);
        return 0;
    }
    //函数功能：计算满足条件的 s1 和 s2 在字符串 s 中的最大跨距
    int maxSpan(const char *s, const char *s1, const char *s2)
    {
        int len = strlen(s), len1 = strlen(s1), len2 = strlen(s2);
        int pos1 = -1, pos2 = -1; //分别存放 s1 在 s 中首次出现的位置、s2 在 s 中最后出现的位置
        if (strstr(s, s1)== NULL) //判断在 s 中是否有 s1 子串
            return -1;
        pos1 = strstr(s, s1)-s;
        pos2 = strstrR(s, s2);
        if (pos2 == -1)
            return -1;
        if (pos2 >= pos1 + len1)
            return pos2 - (pos1 + len1);
        else
            return -1;
    }
    //函数功能：从右向左查找子串 sub，如果找到，则返回子串 sub 在方串 str 中的位置；否则返回-1
    int strstrR(const char *str, const char *sub)
    {
        int subLen = strlen(sub);
        int strLen = strlen(str);
        for (int i = strLen - subLen; i >= 0; i--)
        {
            if (strncmp(str + i, sub, subLen) == 0)
            {
                return i;                 //返回子串在字符串中的起始位置
            }
        }
        return -1;                        //没有找到子串
    }
```

在这个实例的代码编写中，充分运用了模块化程序设计思想。通过模块化程序设计思想，代码结构更加清晰，功能模块更加明确，使得程序的开发和维护过程更为高效和可靠。

这个实例使用了 C 语言中的许多字符串处理函数。**在实际编程中，可能会经常遇到各种字符串处理问题，因此需要有丰富的 C 语言字符串编程经验。**

本实例使用的 strncmp 的函数原型如下：

```
int strncmp ( const char * str1, const char * str2, size_t num );
```

该函数的功能是比较从 str1 开始的 num 个字符是否与从 str2 开始的 num 个字符一一对应相等。如果两个字符串的前 num 个字符相等，则返回 0。如果两个字符串不相等，则返回一个小于 0 或大于 0 的整数，表示第一个不相等字符的 ASCII 码差值。

【实例 07-34】 删除单词后缀

描述：给定一个单词，如果该单词以 er、ly 或者 ing 后缀结尾，则删除该后缀（要保证删除后缀后的单词长度不能为 0）；否则不进行任何操作。输入为一行，包含一个单词（单词中间没有空格，最大长度为 32）；输出删除后缀的单词。

扫一扫，看视频

输入样例：

```
referer
```

输出样例：

```
refer
```

分析：为了实现删除单词后缀的功能，可以设计一个名为 removeSuffix 的函数，函数原型如下：

```
void removeSuffix (char *word);
```

在实现函数时，首先判断单词 word 的长度是否小于等于 2，如果是，则直接返回。否则，继续进行下一步判断。如果单词 word 的长度大于 3，并且其后缀是 ing，可以通过移除单词的后三个字符删除后缀。否则，如果单词 word 的长度大于 2，需要判断其是否以 er 或 ly 作为后缀，若是，可以通过移除单词的后两个字符删除后缀。

可以使用 strncmp(word + len−3, "ing", 3) 判断单词的后缀是否是 ing，同样也可以用类似的方法判断 er 或 ly 后缀。

在 main 函数中输入一个单词，然后调用 removeSuffix 函数删除单词的后缀，最后输出删除后缀的单词。

本实例的参考代码如下：

```c
#include <stdio.h>
#include <string.h>
void removeSuffix(char *word);
int main(void)
{
    char word[35];                   //存放给定的单词
    scanf("%s", word);
    removeSuffix(word);              //删除后缀
    printf("%s", word);
    return 0;
}
//函数功能：如果单词以 ly、er 或 ing 为后缀，则删除后缀，但删除后不能是空串
void removeSuffix(char *word)
{
    int len = strlen(word);
    //判断 word 最后三个字符组成的字符串是不是 ing
    if(len < 3) return;              //单词长度小于 3，什么都不做
    if (len > 3 && strncmp(word + len - 3, "ing", 3) == 0)
        word[len - 3] = '\0';
    else
    {
        if (strncmp(word + len - 2, "er", 2) == 0)
            word[len - 2] = '\0';
        else if (strncmp(word + len - 2, "ly", 2) == 0)
            word[len - 2] = '\0';
    }
    return 0;
}
```

 【实例 07-35】删除子串

扫一扫，看视频

描述：给定两个字符串 S1 和 S2，删除字符串 S1 中出现的所有子串 S2，要求结果字符串中不能包含 S2。输入共两行，分别给出长度不超过 80、以 Enter 键结束的非空字符串 S1 和 S2。输出一行，即输出删除字符串 S1 中所有的子串 S2 后的结果字符串。

输入样例：

```
Tomcat is a male ccatat
cat
```

输出样例：

```
Tom is a male
```

分析：为了实现删除指定子串的功能，可以设计一个名为 removeSubstr 的函数，函数原型

如下：

```
void removeSubstr(char *s, const char *sub);
```

这个函数实现的总体思路是找到子串 sub 的位置并截断，将截断部分与剩余部分拼接起来形成新的字符串，重复这个过程直到删除所有的子串 sub。

查找子串的位置使用 strstr 函数。截断操作可以在子串出现的首位置处用'\0'赋值。截断处去掉子串后剩余的部分可以复制到一个临时字符串 tmp 中，再使用 strcat 函数把 s 和 tmp 拼接在一起。

本实例的参考代码如下：

```c
#include <stdio.h>
#include <string.h>
void removeSubstr(char *s, const char *sub);
int main(void)
{
    char S1[100], S2[100];
    scanf("%[^\n]", S1);              //读取一行字符串，包含空格
    getchar();                        //清除缓存区中的换行符
    scanf("%[^\n]", S2);              //读取一行字符串，包含空格
    removeSubstr(S1, S2);             //调用函数，删除 S1 中的 S2
    printf("%s\n", S1);               //输出删除后的 S1
    return 0;
}
//函数功能：从字符串 s 中删除指定的字符串 sub
void removeSubstr(char *s, const char *sub)
{
    char tmp[100];                    //存放删除 sub 后的字符串
    int len = strlen(sub);            //子串 sub 的长度
    char *p;                          //指向 sub 子串在 s 中出现的位置
    do
    {
        p = strstr(s, sub);           //在 s 中查找子串 sub，返回其首次出现的位置
        if (p == NULL)
            break;                    //如果没找到，则 s 中不再有子串 sub 了
        else                          //p 所指位置为截断点
        {
            strcpy(tmp, p + len);     //在截断点处删除子串，将剩余部分复制到 tmp 中
            s[p - s] = '\0';          //将 s 的截断点置为'\0'
            strcat(s, tmp);           //将 tmp 拼接在 s 后面
        }
    } while (p != NULL);
}
```

【实例 07-36】十进制形式的 IP 地址

描述：将 32 位的 01 序列转换为点分十进制格式的 IP 地址。点分十进制格式的 IP 地址是将 32 位字节流分成 4 组 8 位的二进制数，并将每组的二进制数转换为十进制数表示，通过 "." 连接形成的字符串。例如，二进制序列 11000000101010000000000000000001 对应的点分十进制格式的 IP 地址为 192.168.0.1。

输入为 N+1 行，第一行为整数 N，表示要转换的 01 序列数量，后面的 N 行每行为一个 32 位的二进制字符串。输出为 N 行，每行为对应的点分十进制格式的 IP 地址。

输入样例：

```
4
00000000000000000000000000000000
00000011100000001111111111111111
11001011100001001110010110000000
01010000001000000000000000000001
```

输出样例：

```
0.0.0.0
3.128.255.255
203.132.229.128
80.16.0.1
```

分析：可以设计一个名为 toDecIP 的函数，实现将二进制串 IP 地址转换为点分十进制格式串的功能。该函数的原型如下：

```
void toDecIP(const char *str, char *decIP);
```

实现的主要思路是从左向右扫描 str 字符串，每次取 8 位二进制串，将其转换为对应的十进制数，然后使用 strcat 函数将这 4 个整数串拼接起来，中间用 "." 隔开。

当拼接时，对于每个十进制数，判断 start 值（初始值为 1）。如果 start 为 0，则表示这个十进制数不是第一个数，此时需要先拼接一个 "."，再拼接这个十进制数。如果 start 为 1，则表示要拼接的十进制数是第一个数，直接拼接这个十进制数，并将 start 的值设为 0。十进制数转换为字符串，可以使用 sprintf 函数实现。

在 main 函数中，首先读入 n 值，然后在 for 循环中，每次循环都会读入一个二进制串，并调用 toDecIP 函数完成转换，最后将结果输出。

本实例的参考代码如下：

```c
#include <stdio.h>
#include <string.h>
void toDecIP(const char *str, char *decIP);
int main(void)
{
    int n;
    scanf("%d", &n);
    for (int i = 0; i < n; i++)
    {
        char str[40], ret[40];          //输入的二进制串和点分十进制格式的IP地址串
        scanf("%s", str);
        toDecIP(str, ret);              //调用函数转换
        printf("%s\n", ret);
    }
}
//函数功能：将二进制串 IP 地址转换为点分十进制格式
void toDecIP(const char *str, char *decIP)
{
    decIP[0] = '\0';                    //初始化为空串
    int num = 0;                        //用于存储当前8位二进制串表示的十进制数
    char buff[10];                      //用于将十进制数转换为字符串
    int start = 1;                      //是否是第一个数字
    int len = strlen(str);
    for (int i = 0; i < len; i++)
    {
        num = num * 2 + str[i] - '0';   //将二进制串转换为十进制数
        if ((i + 1) % 8 == 0)
        {                               //如果已经累计了8位二进制数（1字节）
            if (start == 0)
                strcat(decIP, ".");     //如果不是第一个数字，则拼接一个 "."
            sprintf(buff, "%d", num);   //将十进制数转换为字符串
            strcat(decIP, buff);        //将1字节的数字拼接到输出字符串中
            num = 0;                    //重置num，用于累加下1字节的十进制数
            start = 0;                  //将start置为0，表示之后的数字都不是第一个
        }
    }
}
```

sprintf 函数是在 C 标准库中定义的一个格式化输出函数，它的作用是把格式化的字符输出到指定的字符串缓冲区中。它的函数原型如下：

```
int sprintf(char *str, const char *format, ...);
```

其中，str 指向一个存储输出结果的缓冲区；format 是一个格式化输出字符串；"…"可以是任意数量的参数，用于填充格式化输出字符串中的占位符。

sprintf 函数的使用方法类似于 printf 函数，可以使用各种转换说明符和修饰符指定输出格式。输出的结果会被写入 str 指向的缓冲区中，并且返回写入字符的总数，不包括结尾的'\0'字符。

需要注意的是，sprintf 函数在向指定的字符串缓冲区中写入字符时没有越界检查，所以需要确保缓冲区足够大以避免缓冲区溢出。如果缓冲区大小不足，则会导致不可预测的错误发生。sprintf 函数所属的头文件是 <stdio.h>。

【实练 07-11】十六进制转十进制

输入一个十六进制无符号正整数，位数不超过 8 位，十六进制数中的字母均为大写，数前没有多余的 0。输出该数的十进制表示，数字前不得有多余的 0。十进制数小于 2^{31}。

扫一扫，看视频

输入样例：

```
FFFF
```

输出样例：

```
65535
```

扫一扫，看视频

【实例 07-37】十六进制形式的 IP 地址

描述：在数据库中，可以将 IP 地址以十六进制的形式进行存储，这样可以大大减少占用的空间。例如，对于合法的 IP 地址 192.168.1.1，以十六进制形式表示为 C0A80101，只需要 8 位而不是 11 位。编写一个程序，将输入的合法 IP 地址转换为对应的十六进制字符串，并将字母转换为小写形式。

输入样例：

```
192.168.0.1
```

输出样例：

```
c0a80001
```

分析：具体实现的思路是，首先对输入的 IP 地址进行分隔，提取出每个数字。然后将每个数字转换为对应的十六进制形式，再将它们合并在一起形成十六进制字符串。

可以设计一个名为 toHexIP 的函数，其原型如下：

```
void toHexIP(const char *ip, char *hexIP);
```

在 main 函数中读入数据，并调用 toHexIP 函数完成转换。最后，将结果输出。

本实例的参考代码如下：

```c
#include <stdio.h>
#include <string.h>
const int N = 20;
void toHexIP(const char *ip, char *hexIP);
int main(void)
{
    char IPstr[N], hexIp[N];
    scanf("%s", IPstr);                    //读入 IP 地址
    toHexIP(IPstr, hexIp);                 //转换 IP 地址为十六进制数
    printf("%s", hexIp);                   //输出结果
    return 0;
}
//函数功能：将 IP 地址转换为十六进制数
void toHexIP(const char *ip, char *hexIP)
{
    //复制原字符串到临时字符串，避免原字符串被修改
    char tmp[N];
    strcpy(tmp, ip);
    hexIP[0] = '\0';                       //初始化目标字符串为空
    int num = 0;
```

```
    char *p;
    p = strtok(tmp, ".");                   //strtok 函数用于分隔字符串
    char buff[10];
    while (p)
    {
        sscanf(p, "%d", &num);              //将分隔的数字字符串转换为十进制数
        sprintf(buff, "%02x", num);         //转换拆分出的数字为十六进制数
        strcat(hexIP, buff);                //将转换后的字符串拼接到目标字符串中
        p = strtok(NULL, ".");              //继续分隔下一个数字
    }
}
```

【实练 07-12】*N* 进制转 *M* 进制

扫一扫，看视频

这是一个任意进制间的转换问题，即把一个 *N* 进制整数转化成 *M* 进制数。输入一个 *N* 进制表示的数，输出它对应的 *M* 进制数。

【实例 07-38】ISBN 号码

扫一扫，看视频

描述：编写程序用于验证和修复输入的 ISBN 号码中的识别码。ISBN 码由 9 位数字、1 位识别码和 3 个分隔符组成，形如×-×××-×××××-×。其中分隔符是短横线（-），最后一位是识别码。识别码的计算方法如下：将每位数字与对应的权重相乘（第一位乘以 1，第二位乘以 2，以此类推，最后一位乘以 9），然后求和，并对 11 求余。如果余数是 10，则识别码为大写字母 X。

如果输入的 ISBN 号码的识别码正确，则输出 Right；如果错误，则按照规则输出修复后的 ISBN 号码（包括分隔符 "-"）。

输入仅一行，是一个字符串，表示一本书的 ISBN 号码（保证格式正确）。输出也仅一行，如果输入的 ISBN 号码的识别码正确，则输出 Right；否则，输出修复后的 ISBN 号码，包括分隔符"-"。

输入样例 1：

```
0-670-82162-4
```

输出样例 1：

```
Right
```

输入样例 2：

```
0-670-82162-0
```

输出样例 2：

```
0-670-82162-4
```

分析：可以设计一个名为 check 的函数验证 ISBN 号码中的识别码是否正确。该函数的原型如下：

```
int check(const char *str);
```

该函数的功能是检查 str 是否为正确的 ISBN 号码，如果正确，则返回–1；否则返回正确的识别码。

函数内部定义了两个变量：计数器变量 k 和累加器变量 sum。从第一个字符开始扫描 ISBN 号码，对于数字字符，将其乘以 k 累加到 sum 中，直到扫描完前 9 个数字。

然后，计算正确的识别码 id，即将 sum 对 11 取余。接下来，将计算得到的 id 与给定的 ISBN 中的识别码 str[12] 进行比较。如果两者一致，或者 id 为 10 且 str[12] 是 X，则说明识别码正确，函数返回–1。否则，识别码不正确，函数返回正确的识别码 id。

在主函数中，根据 check 函数的返回值进行输出。如果返回值是–1，就可以确定给定的 ISBN 号码是正确的，输出 Right。否则，将识别码字符 ISBNstr[12] 修改为正确的识别码，并输出正确的 ISBN 号码。

本实例的参考代码如下：

07

```c
#include <stdio.h>
int check(const char *str);
int main(void)
{
    char ISBNStr[14];                      //存放给定的 ISBN 号码
    scanf("%s", ISBNStr);
    int id = check(ISBNStr);               //调用函数检查 ISBNStr 是否正确
    if (id == -1)                          //判断是否正确，如果正确，则 id==-1 成立
        printf("Right");
    else
    { //不正确的情况，将 ISBN 字符串中的识别码（索引为 12）修改为正确的数值
        if (id == 10)
            ISBNStr[12] = 'X';             //返回值为 10，修改为'X'
        else
            ISBNStr[12] = id + '0';        //返回值为小于 10 情况，修改为 id 对应的字符
        printf("%s", ISBNStr);
    }
    return 0;
}
//函数功能：检查 str 是否为正确的 ISBN，如果正确，则返回-1；否则返回正确的识别码
int check(const char *str)
{
    int k = 0, sum = 0;                    //k 记录当前扫描的数字是第几个数字
    for (int i = 0;; i++)
    {
        if (str[i] != '-')
        {
            k++;
            sum += (str[i] - '0') * k;
            if (k == 9)
                break;
        }
    }
    int id = sum % 11;                     //计算正确的识别码
    if (id == str[12] - '0' || id == 10 && str[12] == 'X')
        id = -1;                           //判断 str 中的识别码是否正确，如果正确，则 id = -1
    return id;                             //返回检查结果
}
```

在程序中，将字符 str[i] 转换为对应的整数可以使用表达式 str[i] –'0'，将整数 id 转换为对应的字符可以使用表达式 id + '0'。

【实例 07-39】出书最多的作者

描述：图书馆新进了 m（$10 \leqslant m \leqslant 999$）本图书，每本图书有唯一编号（范围为 1~999）和一个由大写字母表示的作者列表。需要找出参与编著图书数量最多的作者，以及其参与编著的图书列表。

输入共有 $m+1$ 行，第一行为图书数量 m，接下来的 m 行中，每行包含一本图书的信息，包括图书编号和由作者字母组成的字符串。输出共有三行。第一行为参与编著图书数量最多的作者字母（如果有多个作者数量最多，则输出字典序最小的作者）；第二行为该作者参与编著的图书数量；第三行为该作者参与编著的图书编号列表，按输入顺序输出，每两个图书编号之间用空格隔开。

输入样例：

```
11
307 F
895 H
410 GPKCV
567 SPIM
822 YSHDLPM
```

```
834 BXPRD
872 LJU
791 BPJWIA
580 AGMVY
619 NAFL
233 PDJWXK
```

输出样例：

```
P
6
410 567 822 834 791 233
```

分析：根据问题描述，需要定义以下四个数组。

（1）使用一维整数数组 bookNo[1000]存放每本图书的编号。

（2）使用二维字符数组 authorStr[1000][27]存放每本图书的作者列表。

（3）使用一维整数数组 cnt 作为记录作者的计数器，其中 cnt[i] 表示作者字母 'A'+i 参与编著的书的数量。

（4）使用二维整数数组 authorBook[26][1000]存放每个作者参考编著的所有图书编号。

可以设计一个函数 check，该函数的原型如下：

```
void check(int bno, char str[]);
```

其中，bno 表示图书编号；str 表示作者列表。check 函数将图书按照作者列表添加到二维整数数组 authorBook 中，并将相应作者的参与编著图书数量增加 1。

在主函数中，先输入图书数量 *m*，然后使用 for 循环输入每本书的编号和作者列表，并调用 check 函数完成登记和计数。

最后，再调用 findMax 函数找出参与编著图书数量最多的作者，输出结果符合题目要求即可。

本实例的参考代码如下：

```c
#include <stdio.h>
#include <string.h>
void check(int bno, char str[]);
int findMax(int a[], int n);
void output(int k);
int bookNo[1000];                    //bookno[i]存放第 i 本书的编号(i 从 0 开始)
char authorStr[1000][27];            //authorStr[i]存放第 i 本书的作者列表(i 从 0 开始)
int authorBook[26][1000] ={0};       //第 i 行的整数存放作者'A'+i 参与编著的图书记录表
int cnt[26] = {0};                   //cnt[i]为作者'A'+i 参与编著图书的计数器
int main(void)
{
    int m;                           //存放图书数量
    scanf("%d", &m);
    for(int i = 0; i < m; i++)
    {
        scanf("%d %s", &bookNo[i], authorStr[i]);
        //登记第 i 本书的信息，记录这本书的作者参与编著了这本书，并统计出书数
        check(bookNo[i], authorStr[i]);
    }
    int k = findMax(cnt, 26); //调用函数 findMax 根据计数器数组 cnt 查找参与编著图书最多的作者序号
    output(k);                       //输出作者 k 的计数器数及记录表情况
    return 0;
}
//函数功能：将 bno 这本书的编号登记在所有作者的记录表中
void check(int bno, char str[])
{
    int len = strlen(str);

    for(int i = 0; i < len; i++)
    {
        int k = str[i] - 'A';
        authorBook[k][cnt[k]] = bno;         //记录作者 k 参与编著的 bno 书
```

```
                cnt[k]++;                        //作者 k 参与编著的书的计数
        }
}
//函数功能：找到数组中的最大值并返回最大值的下标
int findMax(int a[], int n)
{
    int idx = 0;                                 //最大值下标
    for (int i = 1; i < n; i++)
        if (a[i] > a[idx]) idx = i;
    return idx;
}
//函数功能：输出作者 k 的计数器数及记录表情况
void output(int k)
{
    printf("%c\n", 'A' + k);                     //输出作者字母
    printf("%d\n", cnt[k]);                      //输出作者 k 参与编著书的数量
    for(int i = 0; i < cnt[k]; i++)              //输出作者 k 参与编著的所有书的编号
        printf("%d ", authorBook[k][i]);
}
```

在学习完结构体类型后，可以考虑采用结构体记录每位作者的相关信息，包括参与编著图书的列表和数量等信息。这样可以更方便地处理作者信息，并使代码更加清晰易懂。

【实例07-40】大整数加法

描述：计算两个不超过 200 位的非负整数的和。输入为两行，每行为一个不超过 200 位的非负整数，可能有多余的前导 0。输出为一行，表示两个整数相加后的结果，结果中不能包含多余的前导 0，即如果结果是 342，则应输出 342，而不是 0342。

输入样例：

```
2222222222222222222222
3333333333333333333333
```

输出样例：

```
5555555555555555555555
```

分析：首先要解决的问题是如何存储一个不超过 200 位的大整数。在 C 语言中，任何基本整数类型的变量都无法存放这么大的整数。一种直观的方法是使用一个字符串存储大整数，其中每个字符表示大整数的一位。字符串本质上是一个字符数组，可以将输入的数据直接存放到字符串中。为了方便运算，可以将存放大整数的字符串转换为整数数组进行保存。同时，由于两个数相加时需要对齐个位（低位），然后从低位开始逐位计算，但实际的整数数组中，下标为 0 的位对应的是最高位，而下标最大的位对应的是个位。可以定义函数 invert(char *str, int *a) 完成将大整数 str 转存为整数数组 a 的过程：a[0] 存放个位数，a[1] 存放十位数，以此类推。

接下来实现两个大整数的相加。可以模拟小学生做加法的方法，即个位对齐，从个位开始逐位相加，如果和大于或等于 10，则需要进位。具体操作如下：用整型数组 a 保存第一个加数，用整型数组 b 保存第二个加数，然后逐位相加，将两个数相加的结果仍然存放在数组 a 中，同时需要注意处理进位。图 7.2 是两个整数竖式相加的过程。

如图 7.2 所示，第一个加数是一个三位数，第二个加数是一个四位数，所以两个加数和的位数会比较大的整数多出一位。根据题目要求，需要处理不超过 200 位的大整数相加，所以可以将数组 a 的长度定义为 201。因为结果可能会有 201 位。在实际编程中，并不要求准确计算数组的大小，而是可以稍微多分配一些空间。这样可以避免由于准确计算数组大小而导致数组过小出现越界错误。

```
          3  7  9
    +     9  9  7  6
    ---------------
       1  0  3  5  5
```

图 7.2　两个整数竖式相加的过程

根据两个整数竖式相加的过程，可以得到以下结论。

（1）运算的顺序是，将两个加数靠右对齐（下标为 0 表示个位），从低位向高位计算，先

计算低位再计算高位（从下标 0 开始计算）。

（2）运算的规则是，将两个数相同位相加，计算出当前位上数字的和。如果和大于等于 10，则高一位需要加 1（利用当前位上两个加数的和对 10 取余得到当前位的数值，对 10 取商得到向高位的进位值）。例如，3 + 8 + 1 = 12，向高一位进 1，本位的值是 2。

（3）如果两个加数的位数不一样，按位数多的进行计算。

（4）将和中的前导 0 去掉后，逆序将每位数字转换为字符，然后存放到表示和的字符串中，并进行输出。

本实例的参考代码如下：

```c
#include <stdio.h>
#include <string.h>
#define N 210
char astr[N], bstr[N];          //分别存放第一个加数、第二个加数对应的字符串
int a[N], b[N];                 //分别存放第一个加数、第二个加数逆置后各个位上的数
void invert1(char *str, int *a);
void invert2(int *a, int n);
void add();
int main(void)
{
    scanf("%s", astr);
    scanf("%s", bstr);
    add();
    printf("%s", astr);
    return 0;
}
//函数功能： 将整数字符串 str 逆置存放到整数数组 a 中
void invert1(char *str, int *a)
{
    int len = strlen(str);
    for (int i = 0; i < len; i++)
        a[i] = str[len - 1 - i] - '0';
}
//函数功能：将整数 a 逆置存放到字符串数组 a 中
void invert2(int *a, int n)
{
    for (int i = 0; i < n; i++)
        astr[i] = a[n - 1 - i] + '0';
}
//函数功能：求两个大整数 astr 和 bstr 的和，并将和存放到数组 astr 中
void add()
{
    invert1(astr, a);                       //使 a[0]对应第一个加数的个位
    invert1(bstr, b);                       //使 b[0]对应第二个加数的个位
    int alen = strlen(astr);
    int blen = strlen(bstr);
    int len = alen >= blen ? alen : blen;   //计算较长的加数位数

    //求两个加数各个位上的和，并将和存放到数组 a 中
    for (int i = 0; i < len; i++)
    {
        a[i] = a[i] + b[i];                 //两个加数的第 i 位相加(0 对应个位)
        a[i + 1] += a[i] / 10;              //向高位进位
        a[i] %= 10;                         //进位后 i 位上的值
    }
    //去掉和 a 的前导 0
    int i = len;
    while (i >= 0 && a[i] == 0)
        i--;
    memset(astr, 0, sizeof(astr));          //astr 存放和对应的字符串
    if (i == -1)                            //如果和为 0
```

```
        astr[0] = '0';
    invert2(a, i + 1);                                //将和 a 逆置到 astr 中
}
```

【实练 07-13】大整数减法

计算两个不超过 200 位的非负整数的差。输入为两行，每行为一个不超过 200 位的非负整数，可能有多余的前导 0。输出为一行，表示两个整数相减后的结果，结果中不能包含多余的前导 0。

扫一扫，看视频

【实练 07-14】求一个不超过 10000 的整数的阶乘

求 10000 以内整数 n 的阶乘。输入一个整数 n（$0 \leqslant n \leqslant 10000$），输出 $n!$ 的值。

扫一扫，看视频

小　　结

在 C 语言中，字符数组可以用于存储字符串，但只有在字符数组末尾添加字符串结束符 '\0' 时，才能称之为字符串；否则仍然只是字符数组。

在 C 语言编程中，经常需要处理字符串，可以使用 C 语言提供的字符串处理函数库完成相关的操作，其中常用的函数库是 string.h。如果想使用这些处理字符串的函数，需要在程序中引入该库。

在进行字符串处理时，需要注意避免越界访问字符数组，以防止出现内存错误。可以使用字符串处理函数提供的功能来确保正确地处理字符串，如通过 strlen 函数获取字符串长度等。

通过本章的实例学习，可以掌握 C 语言中与字符串相关的基础知识和常见操作。熟悉这些知识可以更好地处理字符串相关的任务，包括字符串的输入与输出、字符数组操作、字符串处理函数等。

第 8 章　结构体、结构体数组与链表

本章的知识点：

- ➥ 结构体类型声明。
- ➥ 结构体变量的定义和初始化。
- ➥ 结构体变量成员的引用。
- ➥ 结构体数组。
- ➥ 链表。
- ➥ 联合与位字段。

设计程序时，如何用合适的数据类型存储数据对象是非常重要的。基本数据类型都是单一的，只能存储单一的数据值，如人的年龄可以用整型变量存储，一个房间的面积可以用浮点型变量存储。如果是同类型的多个数据，可以用数组存储。现实世界是复杂的，在很多编程问题中，要求存储的都是一组不同类型的相关数据。例如，学生的个人信息就无法用基本数据类型一次性描述清楚，因为包括姓名、成绩、专业、班级等信息。这时就需要使用 C 语言提供的结构体类型的变量存储数据。

结构体是一个或多个变量的集合，可以给这个集合起一个名称，即结构体类型名。与数组不同，**结构体可以存储不同类型的变量**。**结构体中的变量被称为结构体的成员**。成员的类型可以是任意数据类型，包括数组和其他结构体。

声明结构体类型时并不分配内存，而是在定义结构体变量时分配内存。

通过本章的第一个实例先学习如何声明结构体类型并定义结构体变量。

扫一扫，看视频

【实例 08-01】输出学生信息

描述：对于一个大学生，我们希望知道他的姓名 、期末平均成绩、班级评议成绩、是否是学生干部、是否是西部省份学生，以及发表的论文数。现在需要从键盘读取一个学生的这些信息，之后再把这个学生的信息输出显示。

分析：可以定义 6 个变量分别存储一个学生的 6 项数据，从编写代码的角度来看，这 6 个变量是独立存在、不相关的。具体代码如下所示。

```
char name[21];          //姓名
int aveScore;           //期末平均成绩
int classScore;         //班级评议成绩
char leader;            //是否是学生干部
char west;              //是否是西部省份学生
int numPapers;          //发表的论文数
```

实际上这 6 个变量都是为了存储一个学生的相关信息，因此可以构造一个新的数据类型，把与学生相关的信息封装成一个整体，而每个变量作为整体的成员存在。C 语言提供了**结构体类型**用于达到这个目的。对于本实例，可以声明一个结构体类型描述需要存储学生的哪些信息，之后定义结构体变量来存储具体的学生信息。

本实例的参考代码如下：

```
#include <stdio.h>
struct student                //结构体类型声明
```

```
    {
        char name[21];                  //姓名
        int aveScore;                   //期末平均成绩
        int classScore;                 //班级评议成绩
        char leader;                    //是否是学生干部
        char west;                      //是否是西部省份学生
        int numPapers;                  //发表的论文数
    };
    int main(void)
    {
        struct student stu;             //结构体变量定义
        printf("请输入学生的姓名: ");
        scanf("%s", stu.name);
        printf("请输入期末平均成绩: ");
        scanf("%d", &stu.aveScore);
        printf("请输入班级评议成绩: ");
        scanf("%d", &stu.classScore);
        printf("是否是学生干部（Y/N）: ");
        getchar();                      //接收回车符
        scanf("%c", &stu.leader);
        printf("是否是西部省份学生（Y/N）: ");
        getchar();                      //接收回车符
        scanf("%c", &stu.west);
        printf("发表的论文数: ");
        scanf("%d", &stu.numPapers);
        printf("\n%s %d %d %c %c %d\n", stu.name, stu.aveScore, stu.classScore,
                stu.leader, stu.west, stu.numPapers);
        return 0;
    }
```

运行结果如下:

```
请输入学生的姓名: lcr↙
请输入期末平均成绩: 90↙
请输入班级评议成绩: 89↙
是否是学生干部（Y/N）: Y↙
是否是西部省份学生（Y/N）: Y↙
发表的论文数: 2↙
```

```
lcr 90 89 Y Y 2
```

这段代码首先是结构体类型的声明，需要用到关键字 struct，student 为结构体类型名，用大括号括起来的部分称为结构体的成员或字段，每个成员都有自己的名字和类型。**结构体类型的声明描述了一个结构体的组织布局**，结构体的组织布局告诉编译器如何表示数据，明确了结构体的成员在内存中按照声明的顺序进行存储，但它并未让编译器为数据分配空间。

结构体成员可以是基本数据类型，也可以是数组类型，如 name 成员就是一个字符数组，用于存储字符串。

一般情况下，结构体类型声明的语法格式如下:

```
struct 结构体类型名
{
    成员类型 1 成员名 1;
    成员类型 2 成员名 2;
    ...
    成员类型 n 成员名 n;
} [变量名列表];
```

结构体类型名可以省略，但这时就需要在声明结构体类型时定义变量，所以上面的代码也可以改为如下的结构体变量定义。

```
struct
{
    char name[21];                      //姓名
    int aveScore;                       //期末平均成绩
```

```
    int classScore;              //班级评议成绩
    char leader;                 //是否是学生干部
    char west;                   //是否是西部省份学生
    int numPapers;               //发表的论文数
}stu;
```

由于这种定义方法未指定结构体名，不能在程序的其他地方使用结构体类型名来定义具有相同类型的其他结构体变量，因此这种定义方法并不常用。

这段代码可以放在 main 函数里面，也可以放在全局数据区。这里需要注意的一点是，结构体类型声明后面的分号一定不要忘记，否则会出现编译错误。

定义结构体变量时使用如下格式。

```
struct 结构体类型名 变量名列表;
```

例如，定义两个结构体变量。

```
struct student stu1, stu2;              //结构体变量定义
```

如果在定义变量时不想使用 struct，可以使用 C 语言中的关键字 typedef 给结构体类型 struct student 定义别名 Student，这样在定义 struct student 结构体变量时就可以使用 Student 了，**编程时建议使用 typedef 给结构体类型起一个这种用一个词表示的类型名。**

```
typedef struct student
{
    char name[21];               //姓名
    int aveScore;                //期末平均成绩
    int classScore;              //班级评议成绩
    char leader;                 //是否是学生干部
    char west;                   //是否是西部省份学生
    int numPapers;               //发表的论文数
} Student;
```

结构体类型声明和给结构体类型定义别名可以分开写。

```
struct student
{
    char name[21];               //姓名
    int aveScore;                //期末平均成绩
    int classScore;              //班级评议成绩
    char leader;                 //是否是学生干部
    char west;                   //是否是西部省份学生
    int numPapers;               //发表的论文数
};

typedef struct student Student;
```

这样，我们就可以通过 Student 定义结构体变量了，而无须每次都写完整的结构体类型名称。对于较长且复杂的结构体类型，使用别名可以提高代码的可读性和可维护性。使用别名时，具有与原始结构体类型相同的语义和行为，但提供了更具可读性和简洁性的代码。

使用别名时，main 函数中结构体变量的定义语句可改写如下：

```
Student stu;                     //结构体变量定义
```

定义变量时会为每个变量分配内存空间，可以使用 sizeof 运算符测试编译器为结构体变量分配的存储空间大小。可以使用下面的语句计算 stu 变量所占字节数。

```
printf("%d\n", sizeof(stu));
```

在 C 语言中，使用结构体成员运算符（.）访问结构体成员。结构体成员运算符也称为点运算符。使用结构体变量的成员，就像使用同类型的变量一样。因此，要引用学生 stu 的姓名、期末平均成绩可以这样写：stu.name, stu.aveScore，表示的就是 stu 的姓名，stu 的期末平均成绩。

另外，结构体变量可以直接使用赋值语句。如果有 Student 类型的 stu2 变量，可以使用如下的赋值语句让 stu2 与 stu 的值完全一样。

```
stu2 = stu;
```

一般而言，需要将不同类型变量的信息作为一个整体时，结构体非常有用。例如，要开发

08

一个图书管理系统，可以使用结构体类型给出图书的描述，与图书相关的信息作为图书的成员。

🔔 结构体是用户自定义的数据类型，也可称为构造数据类型。通常情况下，结构体声明在所有函数之外，位于 main 函数之前。这使新声明的数据类型在程序的任何地方都可以使用。

【实练 08-01】图书的结构体类型

声明一个存储图书的结构体类型，包含书名、作者、出版年、页数、价格，编程输入两本书的相关信息，并输出这两本书的信息。

扫一扫，看视频

📖 【实例 08-02】计算两点间的距离

描述：输入平面直角坐标系上两个点的坐标，计算并输出这两个点间的距离。

扫一扫，看视频

分析：如果编写一个图形程序，就要处理屏幕上点的坐标。屏幕上点的坐标由表示水平位置的 x 值和表示垂直位置的 y 值组成。可以声明一个名为 coord 的结构体类型，其中包含表示屏幕位置的 x 和 y。

本实例的参考代码如下：

```c
#include <stdio.h>
#include <math.h>
struct coord                              //结构体类型声明
{
    double x;                             //横坐标
    double y;                             //纵坐标
};
int main(void)
{
    struct coord first = {0.0, 0.0}, second;  //结构体变量定义
    double distance;                      //两点间距离

    printf("请输入第一个点坐标: ");
    scanf("%lf %lf", &first.x, &first.y); //点运算符访问结构体成员
    printf("请输入第二个点坐标: ");
    scanf("%lf %lf", &second.x, &second.y);
    double xDiff = first.x - second.x;    //横坐标的差
    double yDiff = first.y - second.y;    //纵坐标的差
    distance = sqrt(xDiff * xDiff + yDiff * yDiff);
    printf("两点间距离是: %f\n", distance);
    return 0;
}
```

运行结果如下：

```
请输入第一个点坐标: 1.1 2.1↙
请输入第二个点坐标: 3.4 5.8↙
两点间距离是: 4.356604
```

结构体变量在定义时可以初始化，本实例在定义 first 结构体变量时把 first 的两个成员的值初始化为 0.0。初始化也就是在定义变量时使用一对花括号把结构体成员的各个初始值括起来，各初始化项用逗号分隔，初始值必须是常量，不能用变量初始化结构体的成员。

与数组一样，如果初始化项的数量少于它所初始化的结构体变量的成员数量，任何"剩余的"成员都用 0 作为它的初始值。

例如，对实例 08-01 中的学生结构体变量 stu 在定义的同时进行初始化时，如果写成如下语句：

```c
struct student stu = {"lcr", 88, 90, 'Y', 'N'};
```

则 stu. numPapers 的值为 0。

C99 和 C11 标准为结构体提供了指定初始化器。结构体的指定初始化器使用点运算符和成员名标识特定的要被初始化的成员。例如，只初始化 student 结构体的 west 和 numPapers 成员，可以这样写：

```
struct student stu = {.west = 'N', .numPapers= 0};
```

同样地，初始化器中没有涉及的成员的值都为 0。

按成员的名字指定初值的优点是容易阅读和验证，因为可以清楚地看出结构体中的成员和初始化器中的值的对应关系。另外，初始化器中的值的顺序不需要与结构体成员的顺序一致，所以程序员不必记住原始类型声明时成员的顺序，而且改变成员的顺序也不会对指定初始化器产生影响。

【实练 08-02】三角形面积

编程计算平面上的 3 个点组成的三角形面积。输入平面上 3 个点的坐标，假设 3 个点不在一条直线上，输出由这 3 个点组成的三角形面积。

扫一扫，看视频

 ### 【实例 08-03】计算矩形的面积

扫一扫，看视频

描述：给定一个矩形的对角坐标，假设矩形的左上角坐标为 (x_1, y_1)、右下角坐标为 (x_2, y_2)，且满足以下条件：左上角的 x 坐标小于右下角的 x 坐标，左上角的 y 坐标大于右下角的 y 坐标，并且所有的坐标均为非负整数。计算这个矩形的面积。

分析：结构体成员可以是结构体类型，所以可以声明一个矩形结构体，里面有两个成员，分别是矩形的左上角坐标和右下角坐标。

本实例的参考代码如下：

```
#include <stdio.h>
struct coord                                        //结构体类型声明
{
    int x;                                          //横坐标
    int y;                                          //纵坐标
};
struct rectangle                                    //结构体类型声明
{
    struct coord topleft;                           //左上角坐标
    struct coord bottomright;                       //右下角坐标
};
int main(void)
{
    struct rectangle myrec;                         //矩形变量定义
    long long length, width, area;
    printf("输入左上角坐标: ");
    scanf("%d %d", &myrec.topleft.x, &myrec.topleft.y);
    printf("输入右下角坐标: ");
    scanf("%d %d", &myrec.bottomright.x, &myrec.bottomright.y);
    length = myrec.bottomright.x - myrec.topleft.x;     //矩形的长
    width = myrec.topleft.y - myrec.bottomright.y;      //矩形的宽
    area = length * width;
    printf("矩形的面积为: %lld\n", area);
    return 0;
}
```

运行结果如下：

输入左上角坐标：4,8↙
输入右下角坐标：7,1↙
矩形的面积为：21

因为结构体成员的类型还是结构体，所以如果想访问矩形左上角的横坐标，需要使用两次点运算符，如本实例中的 myrec.topleft.x 和 myrec.bottomright.y。

因为结构体成员的类型可以是结构体，所以就形成了**多层的结构体嵌套**，C 语言对结构体的嵌套数量不作限制，但**通常不超过三层**。

描述：声明结构体类型，包括 short、字符数组、float 和 double 类型成员，测试该结构体类型变量所占字节数。

分析：可以用 sizeof 运算符计算结构体变量所占字节数，理论上，所占字节数应该是各成员占用内存字节数之和。实际上，结构体变量所占空间并不是简单地将结构体变量中的所有成员各自占的空间相加，这里涉及内存字节对齐的问题。

本实例的参考代码如下：

```c
#include <stdio.h>
typedef struct sample
{
    short int n;
    char c[10];
    float f;
    double b;
}Sample;
int main(void)
{
    Sample s;
    printf("变量s所占字节数为：%lu 字节\n", sizeof(s));
    printf("结构体成员      地址\n");
    printf("    n      %p\n", &s.n);
    printf("    c      %p\n", s.c);
    printf("    f      %p\n", &s.f);
    printf("    b      %p\n", &s.b);
    printf("变量s各成员所占字节数总和为：%lu\n",
            sizeof(s.n) + sizeof(s.c) + sizeof(s.f) + sizeof(s.b));
    return 0;
}
```

运行结果如下：

```
变量s所占字节数为：24 字节
结构体成员      地址
    n      0000000000407030
    c      0000000000407032
    f      000000000040703C
    b      0000000000407040
变量s各成员所占字节数总和为：24
```

这段代码将输出结构体变量 s 的字节大小及各个成员的内存地址。在输出内存地址时，使用了 %p 格式参数，这可增强程序的可移植性。

由于 sizeof 返回的是 size_t 类型的值，因此使用 %lu 格式参数进行输出。

从这个运行结果可以看到，结构体变量 s 所占字节数与各成员所占字节数总和是一样的，但如果把 Sample 结构体的成员 c 改成 char c[11];，再重新运行该程序，结果如下：

```
变量s所占字节数为：32 字节
结构体成员      地址
    n      000000000062FE00
    c      000000000062FE02
    f      000000000062FE10
    b      000000000062FE18
变量s各成员所占字节数总和为：25
```

这时，结构体变量 s 所占字节数与各成员所占字节数的总和是不一样的。实际上，计算机系统一般要求结构体成员的地址是某个字节数的倍数（2 倍、4 倍或 8 倍，与成员的数据类型有关），从而使结构体成员"对齐"。

内存对齐是指数据在内存中存储时遵循一定规则，使得数据的访问效率更高。在计算机系统中，为了提高数据的读取和存储效率，CPU 对数据的访问通常是按照特定大小的块（"字节对齐"的单位）进行的。内存对齐原则要求数据的起始地址必须是其大小的整数倍。

计算机可以自动处理内存对齐，编程者无须了解计算机内部的存放形式。

【实练 08-03】计算结构体变量所占字节数

声明的结构体类型如下：

```
struct sample
{
    int x;
    double y;
};
```

编程输出这个结构体类型变量所占字节数及成员 x 和成员 y 的地址，分析结构体成员是如何"对齐"的。

【实例 08-05】输出 *n* 天后的日期

扫一扫，看视频

描述：见实例 04-16。

分析：因为日期是由年、月、日组成的，所以可以声明一个表示日期的结构体类型，这样就可以定义日期类型变量了。

本实例的参考代码如下：

```
#include <stdio.h>
typedef struct date                          //日期结构体类型
{
    int year, month, day;                    //年、月、日
}Date;
int isLeap(int year);                        //函数声明：判断闰年
Date tomorrow(const Date d);                 //函数声明：计算某个日期下一天的日期
int mdays[13] = {0, 31, 28, 31, 30, 31, 30,  //月之天数数组
                 31, 31, 30, 31, 30, 31};
int main(void)
{
    Date td, d;
    int n;
    scanf("%d %d %d %d", &d.year, &d.month, &d.day, &n);
    td = d;                                  //结构体变量可以直接赋值
    while (n--)
    {
        td = tomorrow(td);
    }
    printf("%4d-%02d-%02d", td.year, td.month, td.day);
    return 0;
}
//函数功能：计算下一天的日期并返回
Date tomorrow(const Date d)
{
    Date td = d;                             //同类型的结构体变量可以使用赋值运算符
    if (isLeap(d.year))
        mdays[2] = 29;
    else
        mdays[2] = 28;
    if (td.day < mdays[td.month])            //非月末、非年末
        td.day++;
    else if (td.month < 12)
    { //月末非年末
        td.month++;
        td.day = 1;
    }
    else
    { //年末
        td.year++;
        td.month = 1;
```

```
            td.day = 1;
        }
        return td;
    }
    int isLeap(int year)
    {
        return year % 400 == 0 || year % 4 == 0 && year % 100 != 0;
    }
```

同类型的结构体变量可以使用赋值运算符，赋值运算实际上也就是结构体成员的赋值运算，如本实例的 td = d，相当于 td.year = d.year;td.month = d.month; d.day = d.day;这 3 条赋值语句。

与其他数据类型一样，**可以把结构体作为实参传递给函数。函数的参数、返回值也可以是结构体类型**。这里就设计了计算某个日期下一天的日期的函数 tomorrow，该函数的形参是结构体类型 Date，函数的返回类型也是结构体类型 Date。

给函数传递结构体和从函数返回结构体都要求生成结构体所有成员的副本，这样会增加程序的运行时系统开销，特别是结构体很大的时候，为了避免这类系统开销，**传递指向结构体的指针代替结构体类型的参数是比较明智的选择**。

下面采用指向结构体的指针参数作为 tomorrow 函数的形参，代码如下：

```
    void tomorrow(Date *d)
    {
        if (isLeap(d->year))
            mdays[2] = 29;
        else
            mdays[2] = 28;
        if (d->day < mdays[d->month])
            d->day++;
        else if (d->month < 12)
        {
            d->month++;
            d->day = 1;
        }
        else
        {
            d->year++;
            d->month = 1;
            d->day = 1;
        }
    }
```

将 main 函数的调用语句改成 tomorrow (&td);，这样形参 d 就指向了 main 函数中的日期结构体变量 td 了。形参 d 与 main 函数中的日期结构体变量 td 的关系如图 8.1 所示。

通过指向结构体的指针访问结构体变量的成员可以使用箭头运算符（–>）。箭头运算符允许通过指针间接引用结构体变量的成员。

所以要通过指针访问 td 的成员 year，可以写成 d->year，含义是 d 所指的成员 year，这样就可以间接修改 td 成员的值了，并且避免了结构体变量副本的产生。

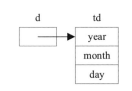

图 8.1　形参 d 与日期结构体变量 td 的关系

当使用指向结构体的指针变量访问结构体成员时，除了箭头运算符（–>）外，还可以使用间接运算符（*） 和圆括号来实现。具体来说，可以通过 (*d).year 这样的方式访问指针 d 所指向的结构体成员 year。在这种情况下，使用圆括号是必要的，因为 *d 表达式需要先求值，然后使用点运算符（.）访问成员。因此，目前来看，有三种访问结构体成员的方式。

（1）使用结构体变量名：td.year。

（2）使用间接运算符（*）和圆括号：(*d).year，其中 d 是指向结构体的指针。

（3）使用箭头运算符（–>）：d->year，其中 d 是指向结构体的指针。

如果一个指针指向了一个结构体变量，常用的访问成员的方法是第（3）种方式。

【实练 08-04】日期的前一天

声明一个日期类型，输入一个日期，计算这个日期的前一天。

扫一扫，看视频

【实例 08-06】结构体中的字符数组和字符指针

描述：声明两个结构体类型，一个结构体的成员是字符数组，另一个结构体的成员是字符指针，看一看这两种成员的区别是什么。

扫一扫，看视频

分析：到目前为止，我们在结构体中都使用字符数组存储字符串，是否可以使用指向 char 的指针代替字符数组？看下面的代码。

```
#include <stdio.h>
#define N 20
struct names
{
    char first[N];
    char last[N];
};
struct pnames
{
    char *first;
    char *last;
};
int main(void)
{
    struct names person1 = {"li", "changrong"};
    struct pnames person2 = {"wang", "yiping"};
    printf("%s and %s\n", person1.first, person2.first);
    printf("person1 所占字节数: %d\n", sizeof(person1));
    printf("person2 所占字节数: %d\n", sizeof(person2));
    return 0;
}
```

运行结果如下：

```
li and wang
person1 所占字节数: 40
person2 所占字节数: 16
```

对于 struct names 类型的结构体变量 person1，字符串存储在结构体内部，然而对于 struct pnames 类型的结构体变量 person2，字符串存储在编译器存储常量的地方。结构体本身只存储两个地址。

> 如果要用结构体成员存储字符串，用字符数组比较好。用指向 char 的指针也行，但是误用会导致严重的问题。

【实例 08-07】成绩统计

描述：某班级有 n 个学生（$n<80$），期末考试的六门学科分别是语文、数学、英语、物理、化学、生物。考试成绩出来了，现要求计算每个学生各学科的成绩总分和各学科的平均分。输入班级人数、每人的学号和各学科成绩，输出每人的学号、成绩和各学科平均分（四舍五入保留 1 位小数）。

扫一扫，看视频

分析：可以声明一个学生结构体类型，用于存储学生相关的信息，学生的信息主要是学号、各科成绩及总成绩。一个班级有多名学生，所以可以定义结构体数组存储学生数据。我们经常会使用结构体数组完成程序设计。

本实例的参考代码如下：

```
#include <stdio.h>
typedef struct student
```

```
{
    int sno;                                          //学号
    int scores[6];                                    //6 门学科的分数
    int totalScore;                                   //总分
} Student;
int main(void)
{
    int n;                                            //学生人数
    double aveScores[6] = {0};                        //存储各学科平均分的数组
    Student stu[100];                                 //学生结构体数组
    scanf("%d", &n);                                  //读入学生人数
    for (int i = 0; i < n; i++)
    {
        scanf("%d", &stu[i].sno);
        stu[i].totalScore = 0;
        for (int k = 0; k < 6; k++)
        {                                             //读入 6 门学科的成绩
            scanf("%d", &stu[i].scores[k]);
            stu[i].totalScore += stu[i].scores[k];    //累加求每个学生的总成绩
            aveScores[k] += stu[i].scores[k];         //累加求各学科的总成绩
        }
    }
    printf("学号\t\t 语文\t 数学\t 英语\t 物理\t 化学\t 生物\t 总分\n");
    for (int i = 0; i < n; i++)
    {
        printf("%d\t", stu[i].sno);
        for (int k = 0; k < 6; k++)
            printf("\t%d", stu[i].scores[k]);
        printf("\t%d\n", stu[i].totalScore);
    }
    printf("各学科平均分");
    for (int k = 0; k < 6; k++)                       //输出各学科的平均分
        printf("\t%.1f", aveScores[k] / n);
    return 0;
}
```

运行结果如下：

```
3↙
2020001 67 89 93 82 87 90↙
2020002 80 98 87 82 89 93↙
2020003 78 86 92 90 67 85↙
```

学号	语文	数学	英语	物理	化学	生物	总分
2020001	67	89	93	82	87	90	508
2020002	80	98	87	82	89	93	529
2020003	78	86	92	90	67	85	498
各学科平均分	75.0	91.0	90.7	84.7	81.0	89.3	

定义结构体数组与定义基本类型数组的语法是一样的，如本实例中的学生结构体数组。

```
Student stu[100];
```

或者定义为

```
struct student stu[100];
```

stu 是包含 100 个元素的结构体数组，每个元素都是 Student 类型的，或者说是 struct student 结构体类型的。每个数组元素用下标区分，与普通的结构体类型变量的使用方法一样，stu[0].sno 表示第 1 个学生的学号，而 stu[0].scores[0]则表示第 1 个学生的语文成绩。

结构体的成员可以包含数组，同时数组元素类型也可以是结构体，许多编程任务都会用到这样的结构体数组，这是比较常见的数据组织方式。

【实例 08-08】账户查询

描述：一共有 10 个个人账户，每个账户都有账号、姓名和余额，账户的姓名不超过 10 个字符。要求按照输入顺序输出所有账户余额大于平均余额的账户，每个账户一行，账

号、姓名和余额之间用空格隔开。余额输出到小数点后 2 位。

输入样例:

```
1 Tom 157.86
2 Jack 233.95
3 Rose 215.99
4 Kite 300
5 Lucy 256.88
6 Black 305.72
7 White 335.93
8 Amy 400
9 Bush 501.64
10 Brown 159.79
```

输出样例:

```
4 Kite 300.00
6 Black 305.72
7 White 335.93
8 Amy 400.00
9 Bush 501.649
```

分析:首先声明一个账户结构体类型,该结构体成员之一是字符数组,用于存储账户的姓名。在 main 函数中定义一个 N 个元素的结构体数组,首先把 N 个账户信息读入结构体数组中,同时计算出余额总和,再求出平均余额;接下来遍历数组,对余额大于平均余额的账户按输出要求输出信息,在遍历数组时使用指向结构体的指针访问数组元素。

本实例的参考代码如下:

```
#include <stdio.h>
const int N = 10;                    //数组元素个数
struct account
{
    int accountNum;                  //账号
    char name[20];                   //姓名
    double balance;                  //余额
};
int main(void)
{
    struct account accs[N];          //N 个元素的结构体数组
    double ave = 0;
    struct account *p = accs;        //指向结构体变量的指针
    for (int i = 0; i < N; i++)
    {
        scanf("%d%s%lf", &accs[i].accountNum, accs[i].name, &accs[i].balance);
        ave += accs[i].balance;      //账户余额累加求和
    }
    ave /= N;                        //计算平均值
    for (int i = 0; i < N; i++)
    {
        if (accs[i].balance > ave)
        {
            printf("%d %s %.2f\n", p->accountNum, p->name, p->balance);
        }
        p++;                         //p 指针后移,指向下一个数组元素
    }
    return 0;
}
```

程序中定义了一个指向结构体的指针变量 p,并将其初始化为指向数组 accs 的第一个元素。

```
struct account *p = accs;
```

通过指针访问结构体数组元素与访问基本数据类型的数组元素的方法并无本质区别,只是在访问结构体成员时需要使用箭头运算符(->),如 p->balance,此时指针 p 指向的是一个结构体,使用箭头运算符可以方便地访问结构体的成员,而不需要额外使用间接运算符(*)和圆括号。

在实际编程中,通过指针访问结构体数组元素的方式非常常见,可以使用指针变量遍历整

个结构体数组，并访问其中的元素。

【实例08-09】浮点数格式

扫一扫，看视频

描述：输入 n 个浮点数，并对这 n 个浮点数进行重新排列，然后输出。第一行为一个正整数 n（$n \leqslant 10000$），后面跟随 n 行，每行为一个浮点数（保证小数点一定会出现），并且浮点数的长度不超过 50 位，需要注意的是，这里的浮点数可能会超过系统标准浮点数的表示范围。输出 n 行，每行对应一个输入，要求每个浮点数的小数点在同一列上，同时要求首列上不会全部是空格。

输入样例：

```
2
-0.34345
4545.232
```

输出样例：

```
 -0.34345
4545.232
```

分析：因为浮点数据的长度超过了 double 类型表示的数据范围，因此可以用字符串存储浮点数；又因为需要对齐输出，所以应该知道小数点在浮点数中的位置，这里可以设计一个结构体存储关于浮点数的这两个信息。

本实例的参考代码如下：

```c
#include <stdio.h>
#include <string.h>
#include <stdlib.h>
typedef struct
{
    char data[51];                  //浮点数用字符串存储
    int pos;                        //小数点的位置
} myFloat;
void space(int n);                  //输出 n 个空格
int main(void)
{
    myFloat *a;                     //指向结构体的指针变量
    int n;
    scanf("%d", &n);
    a = (myFloat *)malloc(sizeof(myFloat) * n); //建立动态结构体数组
    char *p;
    int maxpos = 0;                 //记录所有浮点数小数点所在位置的最大值
    for (int i = 0; i < n; i++)
    {
        scanf("%s", a[i].data);     //读入浮点数
        p = strchr(a[i].data, '.'); //字符查找函数
        a[i].pos = p - a[i].data;   //计算小数点在字符数组中的索引下标
        if (a[i].pos > maxpos)
            maxpos = a[i].pos;
    }
    for (int i = 0; i < n; i++)
    {
        space(maxpos - a[i].pos);   //为了小数点对齐，输出 maxpos - a[i].pos 个空格
        printf("%s\n", a[i].data);
    }
    free(a);                        //释放存储空间
    return 0;
}
void space(int n)
{ //输出 n 个空格
    for (int i = 0; i < n; i++)
        printf(" ");
```

```
    }
```

本程序采用的是动态结构体数组：

```
    a = (myFloat *)malloc(sizeof(myFloat) * n);
```

一定要用 sizeof 计算结构体类型所占字节数，以保证程序的可移植性。

本实例使用字符串查找函数 strchr 查找小数点出现的位置，该函数返回字符指针，用该指针值减去字符串首地址即可计算出小数点的位置，即小数点在字符数组中的索引下标。

对于整数或浮点数，如果基本数据类型无法表示（超出数据类型本身所能表达的范围），常用的方法就是使用字符数组的字符串存储表示。

【实例 08-10】求集合的并集

描述：有两个整数集合 A 和 B，现在要求编程求集合的并集。例如，A＝{2,7,9}，B＝{3,7,12,2}，则集合的并集 C＝A∪B＝{2,7,9,3,12}。集合 A 和 B 中的元素个数不超过 100。输入共三行，第一行为两个整数，分别是集合 A 和 B 中的元素个数，第二行为 A 集合的数据，第三行为 B 集合的数据。输出一行，为集合的并集。

输入样例：

```
3 4
2 7 9
3 7 12 2
```

输出样例：

```
2 7 9 3 12
```

分析：为了求集合的并集 C，可以分为三步。第一步：初始化集合 C 是空集；第二步：把集合 A 的所有元素复制到集合 C 中，这时 C={2,7,9}；第三步：对集合 B 中的每一个元素，在集合 A 中查找，把所有不在集合 A 中的元素复制到集合 C 中。因为集合 B 中的元素 3、12 不在集合 A 中，所以最后集合 C={2,7,9,3,12}。

可以设计一个结构体类型表示集合，该结构体包括两个成员：存储集合元素的整型数组和存储集合中元素个数的整型成员。

本实例的参考代码如下：

```
#include <stdio.h>
#define N = 100;                    //用一个常量表示存储集合的数组空间大小
typedef struct mySet
{
    int data[N];                    //存储集合元素的整型数组
    int length;                     //存储集合中的元素个数
} mySet;

void input(mySet *A, int n);        //在集合中输入 n 个元素
void output(const mySet *A);        //输出集合中的元素
int find(const mySet *A, int k);    //在集合中查找元素是否存在
void setUnion(const mySet *A, const mySet *B, mySet *C); //集合的并运算
int main(void)
{
    int m, n;
    mySet A, B, C;
    scanf("%d%d", &m, &n);
    input(&A, m);                   //输入集合 A 中的 m 个元素
    input(&B, n);                   //输入集合 B 中的 n 个元素
    setUnion(&A, &B, &C);
    output(&C);
    return 0;
}
void input(mySet *A, int n)
{
    for (int i = 0; i < n; i++)
```

```
        scanf("%d", &A->data[i]);
        A->length = n;
}
void output(const mySet *A)
{
    for (int i = 0; i < A->length; i++)
        printf("%d ", A->data[i]);
    printf("\n");
}
int find(const mySet *A, int k)
{
    int i = 0;
    while (i < A->length && A->data[i] != k)
        i++;
    if (i == A->length)
        return -1;                          //集合中不存在 k
    else
        return i;                           //集合中存在 k，返回 k 在集合中的位置
}
void setUnion(const mySet *A, const mySet *B, mySet *C)
{
    int i = 0, j = 0;
    int k = 0;
    while (i < A->length)
        C->data[k++] = A->data[i++];        //把 A 中的元素全部复制到 C 中
    while (j < B->length)
    {                                       //将 B 中存在而 A 中不存在的元素放入 C 中
        if (find(A, B->data[j]) == -1)
            C->data[k++] = B->data[j];
        j++;
    }
    C->length = k;                          //k 是集合 C 中元素的个数
}
```

　　因为 mySet 结构体中有一个数组成员，如果使用结构体类型的形参，当调用函数时，会发生参数的"值传递"，会浪费大量内存空间，所以应该使用指向结构体的指针作为函数的形参。同时，不希望指针所指变量的值发生变化，因此用到了指向常量的指针形参。

　　当使用指针形参时，可以通过指针形参改变所指变量的值，如果不想让指针所指变量的值发生变化，最好使用 const 修饰这个指针变量，这样代码在编译时，就可以检测出是否存在改变指针所指变量值的操作，这是比较好的编程习惯。

【实练 08-05】集合的交运算和差运算

　　编程实现计算并输出集合的交运算和差运算，使用实例 08-10 的结构体类型表示的集合。

扫一扫，看视频

【实例 08-11】按平均成绩排序

　　描述：对 n 个学生按平均成绩降序排序。每个学生有姓名，还有数学、英语和程序设计 3 门课程成绩。输入的第一行是一个整数 n，表示以下会有 n 行，每行四个数据，第一个数据是一个字符串（字符串长度不超过 10 个字符），代表学生的姓名；接下来有三个整数，分别是三门课程的成绩。按平均成绩从高到低输出学生的名次和信息。每行输出一个学生的信息，数据之间以空格隔开。如果平均成绩相等，则按原名单中的顺序输出（即平均成绩相等的学生，在原名单中先出现的应该先输出）。

　　输入样例：

```
6
Mary 86 75 90
```

```
James 77 80 92
Nancy 80 85 78
John 67 89 95
Annie 90 92 83
Jack 91 80 85
```

输出样例：

```
1 Annie 90 92 83
2 Jack 91 80 85
3 Mary 86 75 90
4 John 67 89 95
5 James 77 80 92
6 Nancy 80 85 78
```

分析：因为一个学生有多项信息，因此可以声明一个结构体类型用于存储学生信息，之后使用结构体数组存储 n 名学生的信息。

本实例主要要解决的问题是对结构体数组进行排序，可以采用冒泡排序，按学生的平均成绩降序排序，当平均成绩相同时，冒泡排序不会改变数组元素的相对顺序，可以满足本实例的排序要求。

本实例的参考代码如下：

```c
#include <stdio.h>
#define N 100                            //假定学生的总人数不超 100 人
typedef struct Student
{
    char name[20];                       //学生姓名
    int score[3];                        //数学、英语和程序设计课程的成绩
    double avg;                          //三门课程的平均成绩
} Student;
void bubbleSort(Student a[], int n);     //冒泡排序
void display(Student a[], int n);        //遍历数组
void input(Student a[], int n);          //输入数组
void swap(Student *p1, Student *p2);     //交换两个 Student 类型变量的值
int main(void)
{
    Student a[N];                        //学生结构体数组
    int n;
    scanf("%d", &n);
    input(a, n);
    bubbleSort(a, n);
    display(a, n);
    return 0;
}
void input(Student a[], int n)
{
    for (int i = 0; i < n; i++)
    {
        scanf("%s", a[i].name);
        int sum = 0;
        for (int j = 0; j < 3; j++)
        {
            scanf("%d", &a[i].score[j]);
            sum += a[i].score[j];        //三门课程成绩累加求和
        }
        a[i].avg = sum / 3.0;            //计算平均值
    }
}
void display(Student a[], int n)
{
    for (int i = 0; i < n; i++)
    {
        printf("%d %s ", i + 1, a[i].name);
```

```
        for (int j = 0; j < 3; j++)
            printf("%d ", a[i].score[j]);
        printf("\n");
    }
}
void bubbleSort(Student a[], int n)
{
    int f = 1;  //为1表示有交换发生
    for (int i = 1; i < n && f; i++)
    {
        f = 0;
        for (int j = 0; j < n - i; j++)
        {
            if (a[j].avg < a[j + 1].avg)
            { //按平均成绩降序排序
                swap(&a[j], &a[j + 1]);
                f = 1;
            }
        }
    }
}
void swap(Student *p1, Student *p2)
{
    Student t;
    t = *p1;
    *p1 = *p2;
    *p2 = t;
}
```

排序时，可以用结构体变量的某个成员或某几个成员的组合作为排序码，本实例用学生的平均成绩进行排序，结构体数组的排序问题是比较常见的。

为了增强程序的可读性，本实例采用了模块化程序设计思想，把任务分解为 4 个子任务，这样会使代码的整体结构更清晰。

【实练 08-06】生日相同 I

扫一扫，看视频

在一个有 180 人的大班级中，存在两个人生日相同的概率非常大，现给出每个学生的学号和出生月日。试找出所有生日相同的学生。输入的第一行为整数 n，表示有 n（$n<180$）个学生，此后每行包含一个字符串和两个整数，分别表示学生的学号（字符串长度小于 10）、出生月 m（$1 \leqslant m \leqslant 12$）和出生日 d（$1 \leqslant d \leqslant 31$）。学号、月、日之间用一个空格分隔。对每组生日相同的学生，输出一行，其中前两个数字表示月和日，后面跟着所有在当天出生的学生的学号，数字、学号之间都用一个空格分隔。对所有的输出，要求按日期从前到后的顺序输出；对生日相同的学号，按输入的顺序输出。

输入样例：

```
5
00508192 3 2
00508153 4 5
00508172 3 2
00508023 4 5
00509122 4 5
```

输出样例：

```
3 2 00508192 00508172
4 5 00508153 00508023 00509122
```

提示：对数组按生日排序，可以用 $m*100+d$ 作为排序码。

【实例 08-12】身高排序

扫一扫，看视频

描述：有 *n* 个学生排成一排，从左到右依次编号为 1~*n*。现在给出了这 *n* 位学生的身高，但并不是按照身高排序的。现在这些学生需要按照身高由低到高的顺序重新排列，低的学生在左边，高的学生在右边。如果两个学生身高相同，那么这两个学生的相对顺序不应该发生变化。请输出排序以后从左到右学生的编号。首先输入一个整数 *n*，接下来 *n* 行输入 *n* 个整数，依次表示从左到右的学生的身高。输出一行，为 *n* 个整数，两个数中间用空格隔开，表示重新排列以后从左到右的学生的编号。

输入样例：

```
5
156 178 145 190 156
```

输出样例：

```
3 1 5 2 4
```

分析：本实例与上一个实例问题相似，当然也需要使用结构体数组来完成，结构体成员只需学生的编号和身高即可，但本实例将采用 qsort 函数来完成排序。

本实例的参考代码如下：

```c
#include <stdio.h>
#include <stdlib.h>
struct Student
{
    int no;                                    //学生的编号
    int heigth;                                //学生的身高
};
int cmp(const void *a, const void *b)
{
    struct Student *p1 = (struct Student *)a, *p2 = (struct Student *)b;
    if (p1->heigth != p2->heigth)
        return p1->heigth - p2->heigth;
    else
        return p1->no - p2->no;
}
int main(void)
{
    int n;
    scanf("%d", &n);
    struct Student *s = (struct Student *)malloc(sizeof(struct Student) * n);
    for (int i = 1; i <= n; i++)
    {
        s[i - 1].no = i;                       //学生的编号为 i
        scanf("%d", &s[i - 1].heigth);         //编号为 i 的学生存储在下标为 i-1 的单元中
    }
    qsort(s, n, sizeof(struct Student), cmp);  //排序
    //输出结果
    for (int i = 0; i < n; i++)
    {
        printf("%d ", s[i].no);
    }
    free(s);                                   //释放内存
    return 0;
}
```

本实例使用 qsort 函数对结构体数组进行排序，结构体数组是通过比较结构体的成员值来完成排序的。本实例的 cmp 函数可以给出两个结构体变量的比较规则，如果身高不相同，则按身高由低到高排序；如果身高相同，则按编号排序，因为编号是唯一的，这样可以保证身高相同的学生，编号小的一定会排在左边。相对于实例 08-11 的冒泡排序，qsort 函数的排序速度会更快，所以今后在编程中，如果涉及对数组排序，可以优先考虑使用 qsort 函数。本实例的主要目的是介绍如何使用 qsort 函数对结构体数组排序。

【实练 08-07】分数线划定

某公司为了选拔合适的人才，对所有报名的应聘者进行了笔试，笔试分数达到面试分数线的方可进入面试。面试分数线根据计划录取人数的 150%划定，即如果计划录取 m 名，则面试分数线为第 $m \times 150\%$（向下取整）名的应聘者分数，而最终进入面试的为笔试成绩不低于面试分数线的所有应聘者。现在就请你编写程序划定面试分数线，并输出所有进入面试的选手的报名号和笔试成绩。输入的第一行有两个整数 n、m，中间用一个空格隔开，其中 n 表示报名参加笔试的应聘者总数，m 表示计划录取的人数；第 2～n+1 行，每行包括两个整数，中间用一个空格隔开，分别是应聘者的报名号 k（$1000 \leqslant k \leqslant 9999$）和笔试成绩 s（$1 \leqslant s \leqslant 100$）。输出的第一行有两个整数，用一个空格隔开，第一个整数为面试分数线，第二个整数为进入面试的实际人数；从第二行开始，每行包含两个整数，中间用一个空格隔开，分别表示进入面试的选手的报名号和笔试成绩，按照笔试成绩从高到低输出，如果成绩相同，则按报名号由小到大的顺序输出。

输入样例：

```
6 3
1000 90
3239 88
2390 95
7231 84
1005 95
1001 88
```

输出样例：

```
88 5
1005 95
2390 95
1000 90
1001 88
3239 88
```

提示：利用 qsort 函数对结构体数组排序。

【实例 08-13】谁是解题数量最多的学生

描述：假定有 n 个学生（$1 \leqslant n \leqslant 26$）参加 C 语言程序设计期末考试，学生的姓名为字母（A～Z），假设有 m（$10 \leqslant m \leqslant 999$）道题，每道题的编号为整数（1～9999），请根据解题列表找出解答题目最多的学生和他解答的题目编号。输入的第一行为题目数量 m；其余 m 行，每行是一道题的信息，其中第一个整数为题目编号，接着一个空格之后是一个由大写英文字母组成的没有重复字符的字符串，每个字母代表一名学生。输入数据保证仅有一名学生解题数量最多。输出有多行，第一行为解题最多的学生姓名；第二行为解题的数量；其余各行为该名学生解题的题目编号（按输入顺序输出）。

输入样例：

```
11
307 F
895 H
410 GPKCV
567 SPIM
822 YSHDLPM
834 BXPRD
872 LJU
791 BPJWIA
580 AGMVY
619 NAFL
233 PDJWXK
```

输出样例：

```
P
6
410
567
822
834
791
233
```

分析：首先声明一个结构体类型，用于存储解答相应题目的学生列表；再定义一个结构体数组存储所有题目解答的信息，遍历结构体数组，计算出每位学生解答的题目数量；之后找到解答题目数量最多的学生是哪一个，重新遍历结构体数组，输出对应该学生解答的题目编号。

本实例的参考代码如下：

```c
#include <stdio.h>
#include <string.h>
const int N = 1000;                      //题目的数量不超过 N
typedef struct node
{
    int no;                              //题号
    char author[30];                     //解答该题目的学生列表
} Node;
int main(void)
{
    int n;                               //题目数
    scanf("%d", &n);
    Node a[N];                           //结构体数组
    int count[26] = {0};                 //统计每个学生解答了多少题目
    for (int i = 0; i < n; i++)
    {
        scanf("%d %s", &a[i].no, a[i].author);
        int len = strlen(a[i].author);   //字符串长度也是解答的人数
        for (int j = 0; j < len; j++)
            count[a[i].author[j] - 'A']++;  //统计每位学生解答题目的数量
    }
    int k = 0;
    for (int i = 1; i < 26; i++)
        if (count[i] > count[k])
            k = i;                       //for 循环结束后，k 为解答最多的那位学生的下标值
    char cc = 'A' + k;                   //转换为对应的大写字母
    printf("%c\n%d\n", cc, count[k]);    //输出解题最多的学生的字母和解题数量
    for (int i = 0; i < n; i++)
    {                                    //遍历结构体数组
        if (strchr(a[i].author, cc))     //strchr 是字符串字符查找函数
            printf("%d\n", a[i].no);
    }
    return 0;
}
```

每个考题编号对应一个已经解答了的学生的列表，所以用一个结构体类型封装这两项信息，之后用一个结构体数组保存所有信息。

因为需要统计每个学生解答了多少题，且每个学生的姓名为大写字母，因此可以用一个整数数组存储每个学生解答的题目数，这个数组就是 count[26]，初始值为 0。

```c
count[a[i].author[j] - 'A'] ++;
```

这行代码利用了英文字母与数组下标的对应关系，如果学生是 C，那么字母'C'-'A'的值就是 3，就可以让 count[3]的值自增 1。编程中我们要掌握字母与数组下标之间的这种转换，有利于写出简洁的代码。

【实例08-14】计算与指定数字相同的数的个数（链表）

描述：统计一个整数序列中与指定数字相同的数的个数。输入共三行，第一行为整数序列的长度 n；第二行包含 n 个整数，表示整数序列，整数之间以一个空格分开；第三行为指定的整数 m。输出整数序列中与 m 相同的数的个数。

输入样例：

```
5
2 3 2 1 2
2
```

输出样例：

```
3
```

分析：在之前的编程中，对于一组相同类型的数据一般采用数组存储。实际上，可以使用一种称为**链表**的数据结构存储一组相同类型的数据。**链表由链表节点构成，每个节点包含存储数据的变量和一个指向下一个节点的指针**。可以用单链表存储 n 个整数。单链表有一个称为**头指针**的指针变量，它存储着链表第一个节点的地址。要理解链表，关键在于理解指针变量是存储地址的变量。通过指针变量，可以遍历整个链表，访问每个节点的数据。

对于这个比较简单的问题，可能首先想到的是用数组存储 n 个整数，之后读入整数 m，遍历数组，看有多少个与 m 相同的整数。

下面我们用链表解决这个问题，先用一个单链表存储 n 个整数。针对问题中给的输入样例，可以创建如图 8.2 所示的单链表。

图 8.2　存储 5 个整数的单链表示意图

单链表中的每个节点只有一个指向下一个节点的指针。链表是由节点构成的，**节点可用结构体类型描述**。head 为链表的头指针，head 的值为第一个节点的地址，因此指向链表中的第一个节点，如果链表为空，则头指针的值为 NULL（0）。**在单链表中，最后一个节点的指针域的值为 NULL**，表示它不指向任何其他节点。这也是单链表**尾节点**的标志。这里用符号"^"表示 NULL。

链表创建出来之后就可以对这个链表进行遍历了，看有多少个节点数据域的值与读到的 m 相等。

首先给出图 8.2 所示链表的节点结构体类型声明。

```
typedef struct node
{
    int data;                    //数据域
    struct node *next;           //指针域
} Node;
```

链表中的每个节点都需要与下一个节点相连，所以节点的结构体类型包含一个指向同种结构体的指针，我们把这个结构体称为**递归结构体**。

在单链表中，节点由两部分组成，一部分是存储数据的数据域，另一部分是存储下一个节点地址的指针域。

本实例的参考代码如下：

```
#include <stdio.h>
#include <stdlib.h>
typedef struct node                  //链表节点
{
    int data;
    struct node *next;
} Node;
int main(void)
```

```
{
    int n, m, x, c = 0;
    Node *head = NULL, *s, *tail;            //head 为头指针，tail 为尾指针
    scanf("%d", &n);                          //读入 n 值
    for (int i = 1; i <= n; i++)
    { //读入 n 个整数
        scanf("%d", &x);
        s = (Node *)malloc(sizeof(Node));     //为读入的整数分配节点，s 指向这个节点
        s->data = x;                          //为数据域赋值
        if (i == 1)                           //如果是第一个节点
            head = s;                         //头指针指向第一个节点
        else
            tail->next = s;                   //否则 s 链接到 tail 所指节点的后面
        tail = s;
    }
    tail->next = NULL;                        //尾节点的指针域为空
    scanf("%d", &m);
    Node *p = head;                           //p 指向第一个节点
    while (p != NULL)                         //当 p 不空时，即 p 指向链表中的某个节点
    {
        if (p->data == m)                     //找到与 m 相等的节点，计数加 1
            c++;
        p = p->next;                          //p 指向下一个节点
    }
    printf("%d\n", c);
    while (head != NULL)
    {
        s = head;
        head = head->next;
        free(s);                              //释放 s 所指节点空间
    }
    return 0;
}
```

下面对本实例的代码进行解析。

（1）创建如图 8.2 所示的单链表。

首先定义一个指针变量 head，作为链表的头指针，初始值为 NULL。

接下来读入 n 值，利用这个 n 值，构造一个循环 n 次的 for 循环，每循环一次读取一个整数，为这个整数动态分配节点空间，用指针变量 s 指向这个节点，之后把该节点链接到链表的尾部。当插入的是第一个节点时，由于原来链表为 NULL，也就是 head 值是空的，这时需要让 head 指向第一个节点，每插入一个节点到链表表尾后，指向链表表尾节点的指针都会指向这个新插入的节点，这里用指针变量 tail 指向表尾节点。图 8.3 所示为插入一个节点后的链表示意图。用这种方法创建链表称为**尾插法创建链表**，即每个新节点总是链接到单链表的尾部。也可以用**头插法创建链表**，也就是每次把节点插入第一个节点的前面。可以用下面的代码代替程序中的创建链表的代码，不影响程序运行结果。头插法不需要设置指向表尾的指针，其创建链表的参考代码如下：

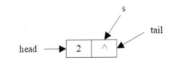

图 8.3　插入一个节点后的链表示意图

```
Node *head = NULL, *s;                    //2 个指针变量
scanf("%d", &n);                          //读入 n 值
for (int i = 1; i <= n; i++)             //读入 n 个整数
{
    scanf("%d", &x);
    s = (Node *)malloc(sizeof(Node));
    s->data = x;
    s->next = head;                       //把 s 节点作为第一个节点插入链表中
    head = s;
}
```

对于链表的编程代码，最好结合链表示意图理解指针的指向。

（2）遍历链表。

遍历链表是指访问链表中的每个节点，且只访问一次。

因为要统计 n 个整数中有多少个数与整数 m 相等，所以需要遍历链表。

设计一个指针变量 p，初始时先让它指向第一个节点。如果 p 的值不空，也就是指向了链表中的某个节点，就比较该节点数据域的值是否与 m 相等，处理后再让 p 指向它的下一个节点，**指向下一个节点可用语句 p = p–>next 表示**。若 p 为空，则说明链表遍历结束。

遍历链表是链表编程中常用的操作。

（3）程序运行结束前释放链表所占空间。

函数中的局部变量和函数形参都是在栈中分配的，一旦离开函数，这些空间会被自动释放，而用 malloc 函数动态分配的空间是在堆中分配的，这个空间不会被自动释放，所以需要由程序员用 free 函数释放。因此可以通过遍历链表的方法一个节点一个节点地释放空间。

使用链表编程要养成良好的习惯：当链表不再使用时，释放链表所占空间，并让头指针为空。

说明：后面关于链表节点空间释放的代码就不列出来了，因为方法都是一样的，读者在调试运行程序时，别忘记释放链表节点空间。

【实例 08-15】删除整数序列中与 x 相等的元素

扫一扫，看视频

描述：给定 n 个整数，将这些整数中与 x 相等的数删除，且这些整数序列存储在一个链表中。例如，给出的整数序列为 1,3,3,0，–3,5，链表存储如图 8.4 所示。要删除的数是 3，删除以后，链表中只剩 4 个元素，如图 8.5 所示。编程实现这个操作。

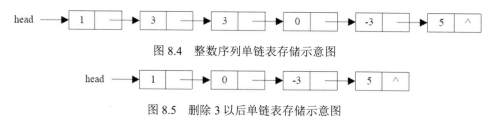

图 8.4　整数序列单链表存储示意图

图 8.5　删除 3 以后单链表存储示意图

输入样例：

```
6
1 3 3 0 -3 5
3
```

输出样例：

```
1 0 -3 5
```

分析：首先创建单链表存储 n 个整数，链表节点类型的声明同实例 08-14，采用尾插法创建 n 个节点的单链表。为了删除链表中与值 x 相等的节点，需要通过头指针 head 遍历链表，找到要删除的节点。下面的代码设计了 3 个函数分别完成链表的创建、删除值为 x 的节点和显示链表所有元素值。

本实例的参考代码如下：

```c
#include <stdio.h>
#include <stdlib.h>
typedef struct node                  //链表节点
{
    int data;
    struct node *next;
} Node;
Node *create(void);                  //尾插法创建链表
Node *del(Node *head, int x);        //删除节点值为 x 的所有节点
void display(Node *head);            //遍历链表
int main(void)
{
```

```
    Node *head = create();
    int x;
    scanf("%d", &x);
    head = del(head, x);
    display(head);
    return 0;
}
//函数功能：尾插法创建链表
Node *create(void)
{
    int n, x;
    scanf("%d", &n);
    struct node *head, *p, *tail;        //head 为头指针，tail 为尾指针
    head = NULL;
    for (int i = 0; i < n; i++)
    {
        scanf("%d", &x);
        p = (struct node *)malloc(sizeof(struct node));
        p->data = x;
        p->next = NULL;
        if (head == NULL)
            head = p;
        else
            tail->next = p;
        tail = p;
    }
    return head;
}
//函数功能：删除链表中节点值为 x 的所有节点
Node *del(Node *head, int x)
{
    struct node *p, *prep = NULL;        //p 是当前节点，prep 指向 p 的前一个节点
    p = head;
    while (p != NULL)
    {
        if (x == p->data)
        {
            struct node *q = p;          //q 指向被删除节点
            p = p->next;                 //p 指向被删除节点的下一个节点
            if (q == head)               //如果删除的是第一个节点
            {
                head = p;                //修改头指针
            }
            else
            {
                prep->next = p;          //修改 prep 的指针域
            }
            free(q);                     //释放被删节点的空间
        }
        else
        {                                //prep 和 p 同时后移
            prep = p;
            p = p->next;
        }
    }
    return head;
}
//函数功能：遍历链表，输出链表每个节点的值
void display(Node *head)
{
    Node *p = head;
    while (p)                            //while(p)等价于 while(p != NULL)
    {
```

```
        printf("%d ", p->data);
        p = p->next;
    }
}
```

通过本实例重点介绍如何在链表中删除一个节点。对于要删除的节点分以下两种情况。

（1）删除 p 所指节点，p 指向第一个节点，如图 8.6 所示。

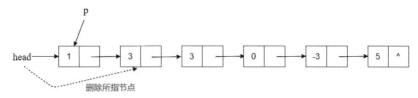

图 8.6　删除链表中第一个节点示意图

只需要让 head 指向 p 的下一个节点即可：head = p->next，之后释放 p 所指节点：free(p)，再让 p 重新指向新的第一个节点：p = head。

（2）删除的不是第一个节点，如图 8.7 所示。

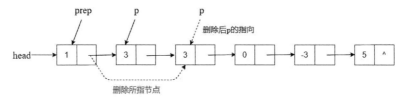

图 8.7　删除链表中非第一个节点示意图

这里的 prep 指向 p 的前一个节点，删除 p 所指节点只需要执行 prep->next = p->next 即可；之后释放 p 所指节点：free(p)；再让 p 重新指向 prep 的下一个节点（图中虚线所指）：p = prep->next。

删除链表的节点是链表处理中的基本操作之一，通过链表的示意图可以更好地理解其实现原理。

实际上我们可以在链表的第一个节点前虚拟出一个节点（通常称作头节点），如图 8.8 所示，这样在删除或插入节点操作时就不需要分两种情况了。

图 8.8　添加了头节点的单链表

这时，如果想让 p 指针指向第一个节点，需要执行 p = head->next，如图 8.9 所示。

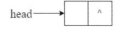

图 8.9　添加了头节点的空单链表

下面为添加了虚拟节点后的链表的创建、链表节点的删除与遍历链表的代码，显然在创建和删除操作上简化了很多。

```
Node *create(void)
{
    int n, x;
    Node *head = (Node *)malloc(sizeof(Node));    //创建头节点
    scanf("%d", &n);
    Node *p, *tail = head;                         //tail 是尾指针
    for (int i = 0; i < n; i++)
    { //尾插法创建链表
```

```
        scanf("%d", &x);
        p = (Node *)malloc(sizeof(Node));
        p->data = x;
        p->next = NULL;
        tail->next = p;
        tail = p;
    }
    tail->next = NULL;
    return head;
}
Node *del(Node *head, int x)                    //删除链表中节点值为 x 的所有节点
{
    Node *p = head->next, *prep = head;         //p 是当前节点, prep 是 p 的前一个节点
    while (p != NULL)
    {
        if (x == p->data)
        {
            prep->next = p->next;
            free(p);
            p = prep->next;
        }
        else
        { //prep 和 p 同时后移
            prep = p;
            p = p->next;
        }
    }
    return head;
}
void display(Node *head)
{
    Node *p = head->next;                        //p 指向第一个节点
    while (p)                                     //while(p) 等价于 while(p != NULL)
    {
        printf("%d ", p->data);
        p = p->next;
    }
}
```

【实例 08-16】按平均成绩排序（链表）

扫一扫，看视频

题目描述同实例 08-11。

分析：采用链表存储学生数据，构建一个按平均成绩排序的单链表，再遍历这个链表输出信息即可。

本实例的参考代码如下：

```
#include <stdio.h>
#include <stdlib.h>
typedef struct student
{
    char name[20];
    int math;
    int english;
    int programming;
    int total;                      //三门课总成绩
    struct student *next;
} Student;
int main(void)
{
    int n;
    scanf("%d", &n);
    Student *head = NULL;           //NULL 必须大写，表示空链表
    Student *s, *tail;              //尾节点
    Student *p, *prep;              //prep 指向 p 的前一个节点
    for (int i = 1; i <= n; i++)
    {
```

08

```
        s = (Student *)malloc(sizeof(Student)); //s 为刚刚获取的节点空间
        scanf("%s%d%d%d", s->name, &s->math, &s->english, &s->programming);
        s->total = s->math + s->english + s->programming;
        //查找插入位置
        prep = NULL;
        p = head;
        while (p != NULL && p->total >= s->total)   //查找 s 节点的插入位置
        {
            prep = p;
            p = p->next;
        }
        s->next = p;                    //p 是 s 的下一个节点
        if (prep == NULL)               //这时 s 插入到第一个节点前
            head = s;
        else
            prep->next = s;             //这时 s 插入到 prep 和 p 中间
    }
    p = head;
    int k = 1;                      //序号
    while (p != NULL)               //遍历链表，输出结果
    {
        printf("%d %s %d %d %d\n", k, p->name,
                p->math, p->english, p->programming);
        p = p->next;
        k++;                        //序号加 1
    }
    return 0;
}
```

与结构体数组不同的是，这里采用的方法是边读入数据，边创建有序链表，每次先让指针变量 s 指向新的节点，之后在链表中**查找插入位置**。插入分两种情况，prep 为空和 prep 不为空。如果 prep 为空，则把新节点插入到第一个节点前；否则插入到 prep 的后面。

下面给出本实例插入创建链表的过程。

（1）初始时链表为空，head 为 NULL。

（2）输入第一个学生数据并创建第一个节点时，因为 prep 为空，所以创建出如图 8.10 所示的链表。

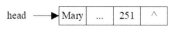

图 8.10　插入第一个节点的链表

（3）输入第二个学生数据并创建一个节点，用指针变量 s 指向该节点，将 s 所指节点插入链表中。先查找插入位置，因为第二个学生的平均成绩小于第一个学生的平均成绩，查找后，p 为空，prep 指向第一个节点，非空，所以将第二个节点插入到 prep 的后面；又因为 p 为空，所以该节点插入到了链表表尾，如图 8.11 所示。

图 8.11　插入第二个节点后的链表，链接到表尾

（4）第三个学生也插入到链表表尾，如图 8.12 所示。

图 8.12　插入第三个节点后的链表，链接到表尾

（5）输入第四个学生数据并创建一个节点，用指针变量 s 指向该节点。通过查找，prep 指向第一个节点，p 指向第二个节点，s 所指节点需要插入 prep 和 p 之间。这时的插入操作就是两条语句：s->next = p; prep->next = s;，插入后如图 8.13 所示，图中的两条虚线箭头表示这两条插入语句。

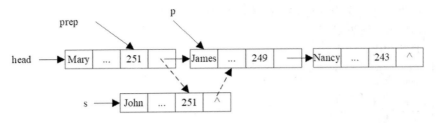

图 8.13　插入第四个节点后的链表，插入到了第一个和第二个节点之间

（6）输入第五个学生数据并创建一个节点，用指针变量 s 指向该节点。通过查找，prep 为空，p 指向第一个节点，s 所指节点需要插入到第一个节点前。这时的插入操作就是这样两条语句：s–>next = p; head = s;，插入后如图 8.14 所示，这种情况的插入会更改链表的头指针，图中的两条虚线箭头表示这两条插入语句。

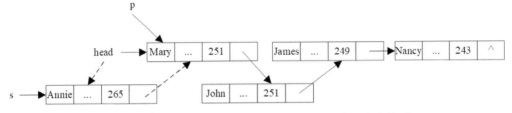

图 8.14　插入第五个节点后的链表，插入第一个节点的前面

（7）第六个节点插入后的结果如图 8.15 所示。

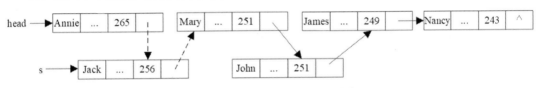

图 8.15　插入第六个节点后的链表

本实例使用单链表实现学生信息的排序和输出，主要涉及链表的查找操作和插入操作。这个链表也可以附加一个头节点，这样就不需要判断所插入的节点是否在第一个节点前了，因为有了头节点，所有节点就都有前一个节点了，有兴趣的读者可以修改上面的代码，使用带头节点的链表。

【实练 08-08】生日相同 II

描述同实练 08-06，要求使用链表存储数据。

提示：按生日建立一个有序链表。

【实例 08-17】去重排序

描述：小吉是银行的会计师，在处理银行账目时遇到了一些问题。有一系列整数，其中含有重复的整数，需要去掉重复数字后排序输出。输入数据共两行，第一行输入整数的个数 n，第二行输入这 n 个整数，整数之间可能有重复，整数之间可能有若干个空格。输出为一行，是这 n 个数去重后从小到大的排序结果。

输入样例：

```
5
4 4 2 1 2
```

输出样例：

```
1 2 4
```

分析：可以创建一个有序链表，在链表中插入不存在的整数后，仍然保持链表的有序性。之后再遍历输出这个链表就可以了。

本实例的参考代码如下：

```c
#include <stdio.h>
#include <stdlib.h>
typedef struct node
{ //链表的节点
    int data;
    struct node *next;
} Node;
Node *create();                              //读入整数序列创建有序链表
void display(Node *head);                    //遍历链表
void destroy(Node *head);                    //销毁链表
int main(void)
{
    Node *head = create();
    display(head);
    destroy(head);
    return 0;
}
Node *create()
{                                            //读入整数序列创建有序链表
    int n, x;
    scanf("%d", &n);
    Node *head = NULL;      //head 为链表的头指针，指向链表中的第一个节点，初始时，链表为空
    Node *prep = NULL, *p = head;            //为了查找插入位置，声明两个指针变量
                                             //prep 指向 p 的前一个节点

    while (n--)
    {
        scanf("%d", &x);
        p = head;                            //p 指向第一个节点
        prep = NULL;                         //第一个节点无前一个节点
        while (p && p->data < x)
        {                                    //当 p 不空并且 x 大于 p 所指向的节点的值时
            prep = p;
            p = p->next;
        }
        if (p && p->data == x)
            continue;                        //如果链表中已经有整数 x
        Node *s = (Node *)malloc(sizeof(Node));  //为整数 x 分配一个节点空间
        s->data = x;
        s->next = p;                         //把 s 所指节点插入 p 所指节点前
        if (prep == NULL)                    //如果 p 是第一个节点
            head = s;                        //新插入的 s 节点成为第一个节点
        else
            prep->next = s;                  //如果 p 不是第一个节点
                                             //s 链接在 prep 的后面
    }
    return head;                             //返回链表的头指针
}
void display(Node *head)
{
    Node *p = head;
    while (p)
    {
        printf("%d ", p->data);
        p = p->next;
    }
}
void destroy(Node *head)
{
    Node *p = head;
    while (p)
```

```
    {
        head = head->next;
        free(p);
        p = head;
    }
}
```

本实例使用链表实现有序插入并输出的程序。

通过输入整数序列，创建一个有序链表，链表中的节点按照数据的大小从小到大排列。

在创建链表的过程中，程序按照以下步骤进行操作。

（1）读入整数序列的长度。

（2）通过循环读入每个整数，并根据链表的有序性插入链表的合适位置。

（3）如果整数已经存在于链表中，则跳过该整数的插入操作。

在创建链表的过程中，如果读入的整数在链表中已经存在了，就跳过插入操作，因此可以删除整数序列中重复的元素。

【实例 08-18】子串计算

描述：给出一个只包含 0 和 1 的字符串（长度在 1～100 之间），求其每一个子串出现的次数。输入为一行一个 01 字符串。对所有出现次数在两次及两次以上的子串，输出该子串及出现次数，中间用单个空格隔开。按子串的字典序从小到大依次输出，每行一个。

输入样例：

```
10101
```

输出样例：

```
0 2
01 2
1 3
10 2
101 2
```

分析：编程求解子串计算问题需要解决两个问题，一个是生成所有子串，并统计每个子串出现的次数，另一个是需要按字典序输出出现两次及两次以上的子串。

第一个问题可以采用枚举的方法生成所有子串，可以用下面的代码实现。

```
int len = strlen(s);
for (int i = 1; i < len; i++)
{                                        //i 表示子串长度
    for (int j = 0; j <= len - i; j++)
    {                                    //j 表示子串的起始位置
        memset(sub, 0, 100);             //把存放子串的字符数组清 0
        strncpy(sub, s + j, i);          //截取子串
    }
}
```

第二个问题可以采用带头节点单链表的方式存储所有子串及子串出现的次数，该链表节点按子串的字典序排列，这样在输出时，只要从第一个节点开始遍历链表即可，把出现两次及两次以上的子串输出。

按照输入样例可以建立图 8.16 所示的带头节点的单链表，head 为头指针，指向头节点。

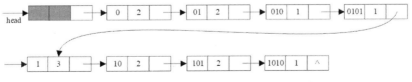

图 8.16　子串按字典序带头节点的单链表示意图

链表的节点包含两个数据项，一个是子串，另一个是子串出现的次数，链表节点定义如下：

```
typedef struct node
```

```
{
    char sub[100];                              //子串
    int count;                                  //子串的次数
    struct node *next;
} Node;
```

创建带头节点单链表的过程与前面实例中创建有序链表的过程是一样的，只是在生成子串时，要先在子串链表中进行查找，如果该子串已经在链表中了，则只需要将次数加 1 即可。如果在链表中不存在，那么就需要为这个子串动态生成节点，按链表的有序性，把该节点链接到链表中，这时该子串出现的次数为 1。

为此可以设计一个函数完成在链表中查找及插入子串的操作，参考代码如下：

```
void insert(Node *head, char sub[])   //插入一个节点
{
    node *p = head->next;              //p 指向第一个节点（头节点可看作是第 0 个节点）
    node *prep = head;                 //prep 是 p 节点的前驱节点
    while (p != NULL)
    {                                  //查找插入位置
        if (strcmp(sub, p->sub) > 0)
        {
            prep = p;
            p = p->next;
        }
        else
            break;
    }
    if (p && strcmp(sub, p->sub) == 0)
        p->count++;                    //sub 子串在链表中存在
    else
    {                                  //sub 子串在链表中不存在，需要插入一个新节点
        Node *s = (Node *)malloc(sizeof(Node));
        strcpy(s->sub, sub);
        s->count = 1;
        s->next = p;
        prep->next = s;                //s 节点插入节点 prep 和 p 之间
    }
}
```

每生成一个子串，就调用这个函数，最开始时，需要建立一个带头节点的单链表。在枚举所有子串的代码中调用这个函数即可，可以参看后面的完整代码。

按字典序建立子串链表后，就可以对这个链表进行遍历了，输出出现次数大于 1 的子串就得到了这个问题的答案，可以设计一 个遍历链表的函数完成这个输出。

本实例的参考代码如下：

```
#include <stdio.h>
#include <stdlib.h>
#include <string.h>
#define N 100
typedef struct node
{
    char sub[N];                                //子串
    int count;                                  //子串出现的次数
    struct node *next;
} Node;
void insert(Node *head, const char *sub);       //在链表 head 中插入 sub 串
void output(Node *head);                        //输出结果
int main(void)
{
    char s[N], sub[N];
    scanf("%s", s);
    Node *head = (Node *)malloc(sizeof(Node));   //head 为头指针，指向头节点
    head->next = NULL;                           //这时链表为空链表
    int len = strlen(s);
```

```
        for (int i = 1; i < len; i++)
        { //i 表示子串长度
            for (int j = 0; j <= len - i; j++)
            {                                           //j 表示子串的起始位置
                memset(sub, 0, N);                       //把存放子串的字符数组清 0
                strncpy(sub, s + j, i);                  //截取子串
                insert(head, sub);        //把子串插入到链表 head 中, 若子串已存在, 则将计数加 1
            }
        }
        output(head);
        return 0;
    }
    //函数功能: 在 head 链表中插入子串, 如果子串在链表中已经存在, 则计数加 1
    //如果不存在, 则在链表中插入该子串, 并保证链表的有序性
    void insert(Node *head, const char *sub)
    {
        //实现代码在前面, 运行时须补齐
    }
    void output(Node *head)
    {
        Node *p = head->next;
        while (p)
        {
            if (p->count > 1)                            //子串的次数大于等于 2 的输出
                printf("%s %d\n", p->sub, p->count);
            p = p->next;
        }
    }
```

本实例采用带头节点的单链表存储数据。头节点作为一个空节点，它的存在使得链表的操作变得更加灵活和方便。带头节点的单链表相对于不带头节点的单链表，有以下几个好处。

（1）头节点统一了链表操作的处理方式。对于链表的各种操作，如插入、删除、查找、修改等，都是从头节点之后的第一个节点开始的。如果没有头节点，那么在进行链表操作时需要特殊处理第一个节点，这会使得代码写起来变得更加烦琐。

（2）头节点让链表的操作更加方便。带头节点的单链表在进行插入、删除节点的操作时不需要额外考虑链表为空的情况，因为头节点始终存在，链表也从未为空过。

（3）头节点可以避免编写特殊判断的代码。因为头节点的存在，链表的第一个节点变成了它之后的第一个节点，这使得在对第一个节点进行操作时，可以直接使用链表的统一操作方式，不需要对第一个节点进行额外的判断。

 　　带头节点的单链表一般被认为是一种更加优秀的链表结构，它简化了链表的操作，同时也减少了特殊判断的代码，代码的可读性更高，且易于维护和使用。

【实练 08-09】集合并运算（要求使用链表存储集合）

扫一扫，看视频

已知两个整数集合 A 与集合 B，且每个集合内数据是唯一的。设计程序完成两个集合的并集运算：C = A∪B，并计算出集合 C 中的元素个数，要求集合 C 的元素是按升序排列的。例如，A={12,34,56,11}，B={34,67,89,66,12}，则 C = {11,12,34,56,66,67,89}。输入两个整数序列，每个整数序列用−1 表示结束，第一个整数序列为集合 A，第二个整数序列为集合 B，输出 C = A∪B 集合中的元素个数，并升序输出集合 C 中的所有元素。

输入样例：

```
12 34 56 11 -1
34 67 89 66 12 -1
```

输出样例：

```
7
11 12 34 56 66 67 89
```

【实例08-19】相交链表

描述：给出两个单链表的头指针 headA 和 headB，找出并返回两个单链表相交的起始节点。如果两个链表不存在相交节点，则返回 NULL，整个链表中不存在环。图 8.17 所示的两个链表在节点值为 6 的节点处相交了。

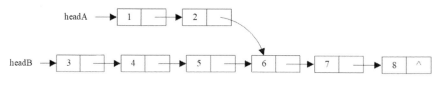

图 8.17　具有相交节点的两个链表

分析：由于链表中不存在环，所以可以进行如下操作。首先判断两个链表是否有任意一个为空，如果有，则说明不存在相交节点，直接返回 NULL。

定义两个指针 p 和 q 分别指向两个链表的第一个节点。遍历链表，每次同时将指针 p 和 q 向后移动一位，直到其中一个指针变为空为止。如果 p 为 NULL，则说明链表 headA 较短，将 p 指针移动到链表 headB 的开始位置；如果 q 为 NULL，则说明链表 headB 较短，将 q 指针移动到链表 headA 的开始位置。对于图 8.17 所示的情况，这一步执行后，p 为空，q 指向 8 这个节点，p 指针移动到 headB 的开始位置，如图 8.18 所示。因为两个链表的长度差是 1，所以 q 指向倒数第 1 个节点。

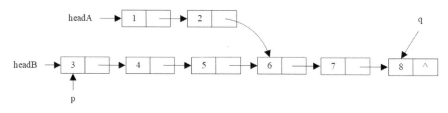

图 8.18　p 指向 headB 开始位置，q 指向倒数第 1 个节点

接下来，同时将指针 p 和 q 向后移动，直到一个指针为 NULL 为止，对于图 8.18，q 为 NULL 后，把 q 指向链表 headA 的开始位置，如图 8.19 所示。

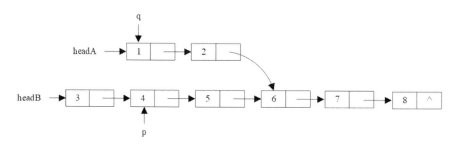

图 8.19　p 和 q 离相交节点的距离相同

再次遍历链表，每次同时将指针 p 和 q 向后移动一位，直到找到相交节点为止（即 p 和 q 指针指向同一个节点）。或者不相交，p 和 q 同时为 NULL。

本实例的参考代码如下：

```c
#include <stdio.h>
#include <stdlib.h>
#include <time.h>
typedef struct node
{ //链表的节点
    int data;
    struct node *next;
```

```
} Node;
Node *create();
void display(Node *head);
Node *getIntersectionNode(Node *headA, Node *headB);
int main(void)
{
    Node *h1, *h2, *h3;
    h1 = create();
    h2 = create();
    h3 = create();
    //第一个链表和第二个链表的表尾指向第三个链表的表头，构建相交链表
    Node *p = h1;
    while (p->next)
        p = p->next;
    p->next = h3;
    p = h2;
    while (p->next)
        p = p->next;
    p->next = h3;
    printf("第 1 个链表是: ");
    display(h1);
    printf("\n");
    printf("第 2 个链表是: ");
    display(h2);
    printf("\n");
    p = getIntersectionNode(h1, h2);
    if (p == NULL)
        printf("两个链表不存在相交节点! ");
    else
    {
        printf("两个链表存在相交节点! \n");
        printf("相交节点的值为: %d\n", p->data);
    }
    return 0;
}
//函数功能：判断两个链表是否存在相交节点，如果存在，则返回相交节点的起始节点；否则返回 NULL
Node *getIntersectionNode(Node *headA, Node *headB)
{
    if (headA == NULL || headB == NULL)        //只要有一个链表为空，就不存在相交节点
        return NULL;
    Node *p = headA, *q = headB;
    while (p && q)                             //只要有一个指针变空，结束循环
    {
        p = p->next;
        q = q->next;
    }
    if (p == NULL)                            //headA 链表短
    {
        p = headB;                           //p 指向 headB 链表的开始位置
        while (q)
        {
            q = q->next;
            p = p->next;
        }
        q = headA;
    }
    else                                     //headB 链表短
    {
        q = headA;                           //q 指向 headA 链表的开始位置
        while (p)
        {
            q = q->next;
            p = p->next;
```

08

```
        }
        p = headB;
    }
    while (p != q)                          //再次遍历链表，直到 p 和 q 相等为止
    {
        q = q->next;
        p = p->next;
    }
    return p;
}
//函数功能：头插法创建长度为 n 的单链表
Node *create()
{
    srand(time(0));
    int n;
    scanf("%d", &n);
    Node *head = NULL, *s;

    for (int i = 1; i <= n; i++)
    {
        s = (Node *)malloc(sizeof(Node));   //链表中节点的值为随机数
        s->data = rand() % 100 + 1;
        s->next = head;
        head = s;
    }

    return head;                            //返回链表的头指针
}
void display(Node *head)
{
    Node *p = head;
    int first = 1;
    while (p)
    {
        if (first)
        {
            printf("%d", p->data);
            first = 0;
        }
        else
            printf("->%d", p->data);
        p = p->next;
    }
}
```

运行结果如下（有相交节点的情况）：

```
3
5
4
第 1 个链表是：90->22->77->78->7->28->94
第 2 个链表是：30->83->43->48->91->78->7->28->94
两个链表存在相交节点！
相交节点的值为：78
```

为了测试两个链表是否有相交节点，在主函数中先通过头插法创建两个链表，然后将这两个链表的尾节点的 next 域指向一个新的链表的第一个节点，从而构成两个有相交节点的链表。

读者可以自己修改上面的 main 函数，只创建两个链表，两个链表不相交，重新运行程序，看一下运行结果。

【实例 08-20】删除链表倒数第 n 个节点

描述：对于给定的单链表，删除该链表倒数第 n 个节点。图 8.20 所示为删除倒数第二个节点的示意图。假设删除的倒数第 n 个节点是存在的，即如果链表的长度为 len，则 $1 \leq n \leq$ len。

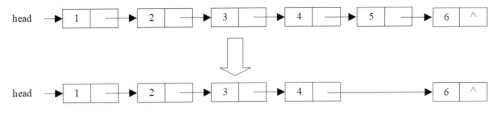

图 8.20　删除倒数第二个节点后的示意图

分析：由于有可能删除的是第一个节点，所以为了方便删除节点，在删除前为该链表附加一个头节点。删除链表中的节点一般分为两个步骤：先找到要删除的节点，之后删除。

首先找到要删除的节点，先让指针 p 指向第一个节点，q 指向头节点。p 指针向后移 n 步，如图 8.21 所示。这时 p 和 q 两个指针中间有 n 个节点。

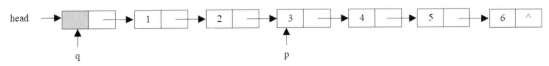

图 8.21　p 指针向后移 n 步后的结果

接下来，p 和 q 指针同时后移，直到 p 变为空指针，这时 q 指向倒数第 n 个节点的前一个节点，再让 p 指向 q 的下一个节点，p 所指节点即是要删除的节点，如图 8.22 所示。

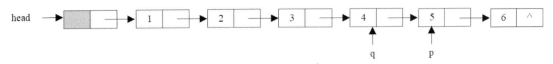

图 8.22　p 指向倒数第 n 个节点，q 指向 p 的前一个节点

接下来就是删除操作了，只需要执行 q–>next = p–>next;free(p)即可，删除后的结果如图 8.20 所示。

本实例的参考代码如下：

```c
#include <stdio.h>
#include <stdlib.h>
#include <time.h>
typedef struct Node
{
    int data;
    struct Node *next;
}Node;
Node *removeNth(Node *head, int n);
Node *createList(int n);
void display(Node *head);
int main(void)
{
    Node *head = createList(6);
    printf("删除前的链表：\n");
    display(head);
    printf("\n");
    printf("删除倒数第二个节点后的链表：\n");
    head = removeNth(head, 2);
```

```
        display(head);
        return 0;
}
//函数功能：删除链表 head 倒数第 n 个节点
Node *removeNth(Node *head, int n)
{
        Node *L = (Node *)malloc(sizeof(Node));
        L->next = head;
        Node *p = head, *q = L;               //p 指向第一个节点，q 指向头节点
        while (n--)
        {
                p = p->next;
        }
        while (p)
        {
                q = q->next;
                p = p->next;
        }
        p = q->next;
        q->next = p->next;
        free(p);
        p = L->next;
        free(L);                              //释放头节点空间
        return p;
}
//函数功能：创建 n 个节点的链表
Node *createList(int n)
{
        Node *head = NULL;
        Node *s;
        srand(time(0));
        while (n--)
        {
                s = (Node *)malloc(sizeof(Node));
                s->data = rand() % 100;
                s->next = head;
                head = s;
        }
        return head;                          //返回链表的头指针
}
//函数功能：链表遍历输出
void display(Node *head)
{
        struct Node *p = head;
        int first = 1;
        while (p)
        {
                if (first)
                {
                        printf("%d", p->data);
                        first = 0;
                }
                else
                        printf("->%d", p->data);
                p = p->next;
        }
}
```

运行结果如下：

删除前的链表：
52->8->68->22->29->23
删除倒数第二个节点后的链表：
52->8->68->22->23

读者可以自己进行测试，上面的代码复用了创建链表和显示链表的代码。

【实例08-21】删除有序链表中的重复元素 I

描述：给定一个已排序的链表的头指针 head，删除所有重复的元素，使每个元素只出现一次。返回已排序的链表，如图 8.23 所示。

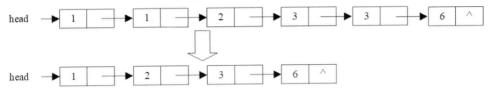

图 8.23　删除有序链表中的重复的元素

分析：如果链表为空或只有一个节点，则不需要做任何处理。如果链表中的节点多于一个，初始时，可以让指针 p 指向第二个节点，而 pre 指向第一个节点，之后用指针 p 遍历链表，在遍历过程中如果 p 与 pre 节点的值相同，则删除 p 节点，删除后要保证 p 的前一个节点仍然由 pre 指向。

本实例的参考代码如下：

```
Node *deleteDuplicates(Node *head)
{
    if (head == NULL || head->next == NULL)//链表为空或只有一个节点
        return head;
    Node *pre = head, *p = head->next;      //p 指向第二个节点，pre 指向第一个节点
    while (p)                                //遍历链表
    {
        if (p->data == pre->data)           //p 所指节点与它的前一个节点值相同，删除 p 节点
        {
            pre->next = p->next;
            free(p);
            p = pre->next;                  //pre 仍然指向 p 的前一个节点
        }
        else                                //不相同，p 和 pre 同时后移
        {
            pre = pre->next;
            p = p->next;
        }
    }
    return head;
}
```

这里只给出了删除相同节点的函数，读者可以复用前面程序中的创建链表和显示链表的函数，自己编写 main 函数代码，对这个函数进行测试。

【实例08-22】删除有序链表中的重复元素 II

描述：给定一个已排序的链表的头指针 head，删除链表中所有重复数字的节点，只保留不同的数字。返回已排序的链表，如图 8.24 所示。

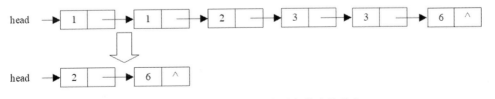

图 8.24　删除有序链表中所有重复数字的节点

分析：如果链表为空或只有一个节点，则不需要做任何处理。如果链表中的节点数多于一

个，则需要对链表进行遍历，把有重复元素的节点删除。由于删除的有可能是第一个节点，为了删除节点方便，在删除前为该链表附加一个头节点。

初始时，让指针 prep 指向头节点，指针 p 指向第一个节点。使用指针 p 遍历链表（结束条件就是指针 p 的值为空）。

遍历过程中，q 是 p 的下一个节点，如果 q 存在且 q 所指节点的值与 p 所指节点的值相同，则说明存在重复元素，将 p 的 next 指针指向 q 的下一个节点，释放 q 节点的内存空间，并将 flag 标记为 1。如果不相等，则判断 flag 是否为 1，如果为 1，说明已经删除了重复元素，需要删除 p 节点，即将 prep 的 next 指针指向 p 的下一个节点，释放 p 节点的内存空间，并将 p 指向 prep 的 next 指针指向的节点，同时将 flag 标记为 0。如果不相等且 flag 为 0，则将指针 prep 和 p 同时向后移动一位。

简单来说，就是先把与 p 相同的节点全部删除后再删除 p。flag 所起的作用主要是在遍历过程中标记是否有与 p 所指节点值相同的节点，有则删除 p，没有则不删除 p。

本实例的参考代码如下：

```c
Node *deleteDuplicates(Node *head)
{
    if (head == NULL || head->next == NULL) //链表为空或只有一个节点
        return head;
    Node *L = (Node *)malloc(sizeof(Node)); //附设一个头节点
    L->next = head;
    Node *prep = L, *p = head, *q;           //prep 是 p 的前一个节点
    int flag = 0;
    while (p)                                 //用 p 遍历链表
    {
        q = p->next;                         //q 是 p 的下一个节点
        if (q && q->data == p->data)         //如果 p 和 q 所指节点的值相同，则删除 q
        {
            p->next = q->next;
            free(q);
            flag = 1;                        //说明有与 p 相同的节点
        }
        else
        {
            if (flag)                        //删除 p
            {
                prep->next = p->next;
                free(p);
                p = prep->next;
                flag = 0;
            }
            else                             //不删除 p，prep 和 p 同时后移
            {
                prep = prep->next;
                p = p->next;
            }
        }
    }
    p = L->next;
    free(L);                                 //释放头节点所占空间
    return p;
}
```

这段代码设计的关键在于三个指针变量之间的关系，prep 是 p 的前一个节点，q 是 p 的下一个节点，用 p 遍历链表，在遍历过程中，用 q 删除所有与 p 相同的节点。

这里只给出了删除相同节点的函数，读者可以复用前面程序中的创建链表和显示链表的函数，自己编写 main 函数代码，对这个函数进行测试。

扫一扫，看视频

【实例 08-23】反转链表 I

描述：对于给定的一个单链表，反转该链表，并返回反转后的链表。

分析：之前创建链表时，如果采用头插法，所创建的链表与输入的数据顺序正好是相反的，所以对于反转链表，可以采用与头插法同样的策略。当链表中的节点个数多于 1 个时，才需要反转。

首先让指针变量 p 指向第二个节点，同时让链表的第一个节点的指针域为空，而 q 是 p 的下一个节点，如图 8.25 所示。之后把 p 所指节点以头插法重新插入 head 链表中，插入 p 所指节点后，再让 p 指向 q，q 指向 q 的下一个节点，如图 8.26 所示。重复这个过程，直到 p 为空时，也就完成了链表的反转。

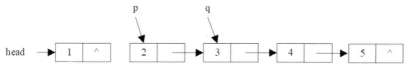

图 8.25　链表反转前的指针变量 p 和 q 的指向

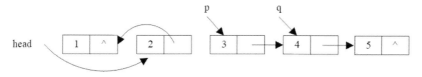

图 8.26　一个节点反转后示意图

本实例的参考代码如下：

```
Node *reverseList(Node *head)
{
    if (head == NULL || head->next == NULL)
        return head;
    Node *p = head->next, *q;
    head->next = NULL;
    while (p)                //遍历链表
    {
        q = p->next;         //p 是 q 的下一个节点
        p->next = head;      //采用头插法，把 p 作为第一个节点插入 head 链表中
        head = p;
        p = q;
    }
    return head;
}
```

这里只给出了反转链表的函数，读者可以复用前面程序中的创建链表和显示链表的函数，自己编写 main 函数代码，对这个函数进行测试。

扫一扫，看视频

【实例 08-24】反转链表 II

描述：给定单链表的头指针 head 与两个整数 left 和 right，其中 left ≤ right。反转从位置 left 到位置 right 的链表节点，返回反转后的链表，如图 8.27 所示。

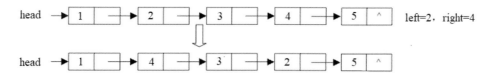

图 8.27　把链表从 left 到 right 进行反转

分析：只有链表中的节点个数大于一个，且 left<right 时才需要进行反转操作。另外，如果 left=1，head 的值会被修改，所以在反转前，可以附加一个头节点。反转的方法与实例 08-23 是一样的。

首先让 p 指向 left 节点，而 pre 指向 p 的前一个节点，这时的 pre->next 可以看作一个链表的头指针，如图 8.28 所示。之后的操作就是把以 pre->next 为头指针的链表进行反转，直到 right 节点为止。

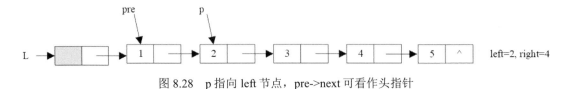

图 8.28　p 指向 left 节点，pre->next 可看作头指针

接下来循环 right–left 次，每次让 q 是 p 的下一个节点，而 p->next 指向 q->next，这相当于把 q 节点从原链表中删除，如图 8.29 所示。再把 q 指向的节点插入 pre 节点的后面。

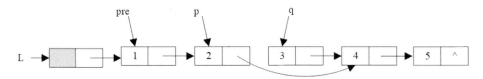

图 8.29　q 节点从原链表中删除

本实例的参考代码如下：

```c
Node *reverseBetween(Node *head, int left, int right)
{
    if (head == NULL || head->next == NULL)
        return head;
if(left==right) return head;

    Node *L = (Node *)malloc(sizeof(Node));
    L->next = head;
    Node *pre = L, *p = head, *q;
    //p 指向 left 标记的节点，pre 是 p 的前一个节点
    for (int i = 1; i < left; i++)
    {
        pre = pre->next;
        p = p->next;
    }
    for (int i = left; i < right; i++)
    {
        q = p->next;
        p->next = q->next;          //这时相当于把 q 节点从原链表中删除
        q->next = pre->next;        //pre->next 起到头指针的作用，头插法插入 q 节点
        pre->next = q;
    }
    head = L->next;
    free(L);
    return head;
}
```

这里只给出了链表反转的函数，读者可以复用前面程序中的创建链表和显示链表的函数，自己编写 main 函数代码，对这个函数进行测试。

【实练 08-10】重排链表中的节点

给定单链表的头指针 head，重排链表中的节点。链表中节点原来的顺序是 $a_1, a_2,$

扫一扫，看视频

$a_3, \cdots, a_{n-2}, a_{n-1}, a_n$，重排后的顺序是 $a_1, a_n, a_2, a_{n-1}, a_3, a_{n-2}, \cdots$。

提示：先计算出链表的长度 n，$n>2$ 时，mid $= (n+2)/2$，之后把原链表在 mid 处断开，把后半段的链表逆转。再按照要求的节点顺序把两个链表合并成一个链表。

【实例 08-25】分隔链表

扫一扫，看视频

描述：给定一个链表的头指针 head 和一个特定值 x，请对链表进行分隔，使得所有小于 x 的节点都出现在大于或等于 x 的节点之前。要求保留两个分区中每个节点的初始相对位置。链表中节点的数目范围为 [0, 200]。图 8.30 是分隔链表的一个示例。

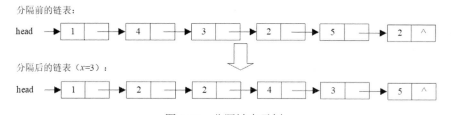

图 8.30　分隔链表示例

分析：可以用 x 的值把原链表拆分成两个链表，一个链表的节点值均小于 x，另一个链表的节点值均大于等于 x，之后再把两个链表首尾相连。

本实例的参考代码如下：

```
Node *partition(Node *head, int x)
{
    if (head == NULL || head->next == NULL)
        return head;
    Node *L1 = (Node *)malloc(sizeof(Node));    //为原链表附加一个头节点
    L1->next = head;
    Node *L2 = (Node *)malloc(sizeof(Node));    //创建新的带头节点的链表 L2
    Node *tail = L2;
    Node *pre = L1, *p = head;             //p 指向原链表第一个节点，pre 是 p 的前一个节点
    //遍历原链表，把比 x 值小的节点从原链表中删除并插入 L2 链表的表尾
    while (p)
    {
        if (p->data < x)
        {
            pre->next = p->next;           //把 p 所指节点删除
            tail->next = p;                //插入 L2 链表的表尾
            tail = p;
            p = pre->next;
        }
        else
        {
            pre = pre->next;
            p = p->next;
        }
    }
    tail->next = L1->next;                  //把 L1 链表链接到 L2 链表表尾
    head = L2->next;
    free(L2);
    free(L1);
    return head;
}
```

在实现代码时，L1 和 L2 链表都是带头节点的链表，目的是简化链表中节点的删除和插入操作。分隔链表的代码综合了链表遍历、查找、删除及插入等链表的基本操作。读者可以自己画链表示意图理解这段代码。

这里只给出了分隔链表的函数，读者可以复用前面程序中的创建链表和显示链表的函数，自己编写 main 函数代码，对这个函数进行测试。

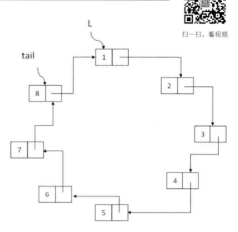

【实例08-26】猴子选大王（循环链表）

扫一扫，看视频

描述：有 n 只猴子，按顺时针方向围成一圈选大王（编号为 $1\sim n$），从第 1 号开始报数，一直数到 m，数到 m 的猴子退出圈外，剩下的猴子再接着从 1 开始报数。就这样，直到圈内只剩下一只猴子时，这个猴子就是猴王。编程实现输入 n、m 后，输出最后猴王的编号。

分析：可以通过模拟的方法找出该问题的解决方法，因为**循环链表本身就是首尾相接的**，正好可以模拟 n 个猴子手拉手围成一圈。如图 8.31 所示，表示有 8 个猴子围成一圈，循环单链表节点的数据域的值表示猴子的编号。

L 是循环单链表的头指针，头指针指向第一个节点；tail 是循环链表的尾指针，尾指针所指节点的指针域指向第一个节点，这样就形成了一个首尾相连的

图 8.31　循环链表模拟 8 个猴子手拉手围成一圈示意图

循环单链表。从 C 语言编程的角度，首先要给出该循环单链表的节点声明，如下所示。

```
typedef struct node
{
    int data;              //数据域，存储猴子编号
    struct node *next;     //指针域
} Node;
```

那么如何创建循环单链表呢？为了模拟 n 个猴子围成一圈，可以采用尾插法创建链表，让最后一个节点存储第一个节点的地址，这样就形成了循环链表。

下面给出了创建循环单链表的函数，参数为整数 n，表示猴子的个数，函数返回循环单链表的尾指针，因为可以通过尾节点的指针域直接找到第一个节点。参考代码如下：

```
Node *creatList(int n)
{ //创建n(n>=1)个节点的循环单链表，返回循环单链表的尾指针
    Node *L = NULL, *s, *tail, *pre;
    for(int i = 1; i <= n; i++)
    { //创建循环单链表，n 为猴子个数
        s = (Node *)malloc(sizeof(Node));
        s->data = i;
        if (i == 1)
            L = s;              //第一个节点
        else
            tail->next = s;
        tail = s;
    }
    tail->next = L;            //尾节点的指针域指向第一个节点
    return tail;               //返回循环单链表的尾指针
}
```

下面对这个函数的实现进行分析。

如果 $n=5$，那么可以通过下面的图示理解 5 个节点的循环单链表的创建过程。

（1）初始时 L 为 NULL，不指向任何节点。

（2）当 i 等于 1 时，也就是 for 循环第一轮循环结束时，会创建如图 8.32 所示的链表，这时链表的头指针 L 和尾指针 tail 都指向这唯一的节点。

（3）当 $i\neq1$ 时，也就是 $i\leq n$ 时，会把新节点链接到 tail 所指节点的后面，图 8.33 所示为 $i=2$ 时节点链接的示意图。这个链接只需要一条赋值语句：tail->next = s;，当然这时新的表尾是 s，所以要执行语句 tail = s;。正如图 8.33 所示，L 值不变，还是指向第一个节点。

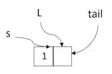

图 8.32　当 i=1 时创建一个节点示意图

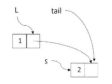

图 8.33　i=2 时节点链接示意图

（4）for 循环共执行 n 次，如 n=5 时，5 个节点都动态创建出来并依次链接到表尾，当 for 循环结束时，所创建的链表如图 8.34 所示，这时这个链表还没有首尾相连。

（5）for 循环结束后，进行链表首尾相连（tail–>next = L），并返回链表的尾指针，至此这个循环单链表也就创建出来了，如图 8.35 所示。

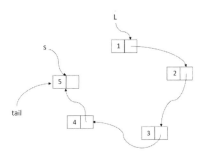

图 8.34　for 循环结束时，所创建的链表示意图

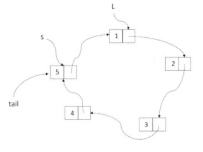

图 8.35　首尾相连后循环单链表示意图

循环单链表创建完成后就要模拟从编号为 1 的猴子开始报数了，先是报数开始前的初始化，指针 s 指向编号为 1 的节点，指针 pre 指向最后一个节点，实际上 pre 是 s 的前一个节点，整数变量 count 初始化为 1，主要用于记录猴子报数过程中已经报到几了。当报到 m 时，就要进行猴子出圈操作了，图 8.36 所示为报数开始前的初始化示意图。

可以用下面的代码模拟报数，当 count 的值为 m（如 m=3）时，停止报数。也就是说，如果当前报数小于 m，即 count<m 时，指针 pre 和 s 都向后移动到下一个节点，直到 count 为 m 时，报数停止，这时指针 s 指向报数为 m 的节点，如图 8.37 所示。可以用 while 循环执行报数操作，代码如下：

```
while (count < m)
{
    count++;
    pre = s;          //pre 是 s 的前一个节点
    s = s->next;      //s 指向下一个节点
}
```

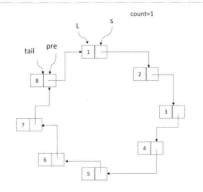

图 8.36　报数前的初始化示意图

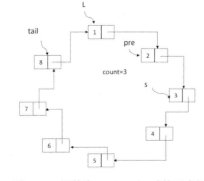

图 8.37　报数为 m（m=3）时的示意图

接下来就是模拟报数为 m 的猴子从圈中退出的操作了，只要执行 pre–>next = s–>next;，就可以把 s 所指节点从链表中删除，如图 8.38 所示。当然还应释放从这个链表删除的节点空间，这只需要执行 free(s);即可。

下一步就是从 1 开始重新报数，这时要做的就是让指针 s 指向下一轮报数为 1 的节点，执行以下两条语句即可。

```
s = pre->next;
count=1;
```

执行后如图 8.39 所示，这样就可以接着报数了。

当链表中只剩下一个节点时，选猴王的过程就该结束了。图 8.40 所示为只有一个节点的循环单链表示意图。

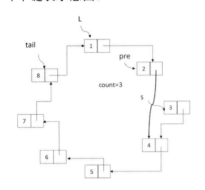

图 8.38 把报数为 m 的节点从
链表中删除

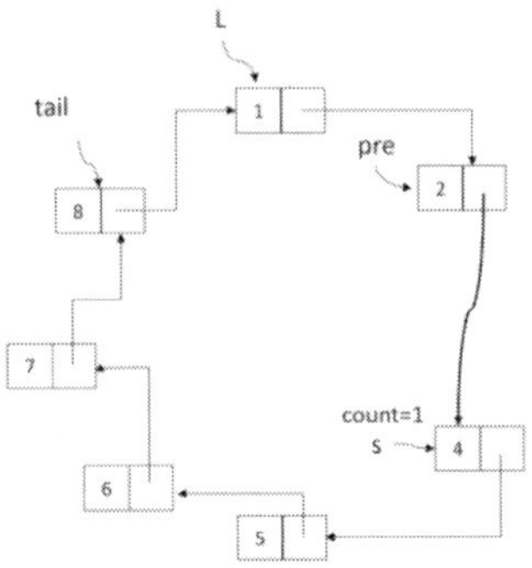

图 8.39 删除一个节点后开始
下一轮报数

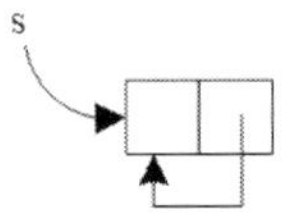

图 8.40 只有一个节点的
循环链表示意图

从图 8.40 中可看出，只有一个节点的循环单链表的判定条件为 s–>next == s 为真。

这些问题解决了，就可以编写一个完整的猴子选大王过程的代码。

本实例的参考代码如下：

```c
#include <stdio.h>
#include <stdlib.h>
typedef struct node
{
    int data;                          //数据域，存储猴子编号
    struct node *next;                 //指针域
} Node;
Node *creatList(int n);                //创建 n 个节点的循环单链表，返回循环单链表的尾指针
int monkeyKing(int n, int m);
int main(void)
{
    int n, m;                          //n 个猴子，报到 m 出圈
    printf("n 个猴子围成一圈，从 1 开始报数，报到 m 出圈，输入 n 和 m:");
    scanf("%d%d", &n, &m);
    int monkeyK = monkeyKing(n, m);
    printf("猴王的编号是：%d\n", monkeyK);
    return 0;
}
Node *creatList(int n)
{                                      //n 个猴子围成一圈
    Node *L = NULL, *s, *tail;
    for (int i = 1; i <= n; i++)
    {                                  //创建循环单链表，n 为猴子个数
        s = (Node *)malloc(sizeof(Node));
        s->data = i;
        if (i == 1) L = s;             //第一个节点
        else tail->next = s;
        tail = s;
    }
    tail->next = L;                    //尾节点的指针域指向第一个节点
    return tail;                       //返回循环单链表的尾指针
}
int monkeyKing(int n, int m)
{
```

```
    struct node *tail;                    //循环单链表尾指针
    tail = creatList(n);
    int count = 1;                        //当前报数，从1开始报数
    struct node *s = tail->next;          //s指向当前正报数的猴子，初始化指向第一个猴子
    struct node *pre = tail;              //pre是s的前一个节点
    while (s->next != s)                  //多于一个节点时
    {
        while (count < m)
        {                                 //没报到m
            pre = s;
            s = s->next;                  //下一个猴子
            count++;                      //报数增1
        }
        //报到m时，删除一个节点
        pre->next = s->next;              //报数为m的猴子出圈
        free(s);
        s = pre->next;
        count = 1;                        //重新从1开始报数
    }
    return s->data;                       //s所指节点就是猴王
}
```

运行结果如下：

```
n 个猴子围成一圈，从1开始报数，报到m出圈，输入n和m:8 3✓
猴王的编号是：7
```

【实例 08-27】环形链表

扫一扫，看视频

描述：给定一个链表的头指针 head，判断链表中是否有环。如果链表中有某个节点，可以通过连续跟踪 next 指针再次到达，则链表中存在环。图 8.41 所示就是一个有环的链表。如果链表中有环，则返回 true；否则，返回 false。

分析：判断链表中是否有环，可以**使用快慢指针的方法**。具体步骤如下。

定义两个指针，一个慢指针 p，一个快指针 q，初始时 p 指向链表的第一个节点，q 指向第二个节点（如果有）。

使用一个循环，快指针每次向前移动 2 步，慢指针每次向前移动 1 步。如果链表中没有环，那么快指针将会先到达链表的末尾（快指针的 next 为 NULL），此时可以判断链表无环，返回 false。

如果链表中有环，那么快指针和慢指针最终会在环中的某个节点相遇，即 p 和 q 指向同一个节点，返回 true。

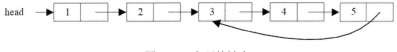

图 8.41　有环的链表

判断链表是否有环的参考代码如下：

```
int hasCycle(struct Node *head)
{
    if (head == NULL)
        return 0;                        //空的单向链表无环
    struct Node *p = head, *q = head->next;
    while (p != q && q && q->next)
    {
        p = p->next;                     //慢指针，走一步
        q = q->next->next;               //快指针，走两步
    }
    if (q == NULL || q->next == NULL)
        return 0;
```

```
        return 1;
    }
```

读者可以自己编写代码创建有环的链表，编写 main 函数，对 hasCycle 函数进行测试。

📚【实例 08-28】序列操作（双向链表）

扫一扫，看视频

描述：有一个从 1 到 *n* 的序列（*n*≤1000），对序列进行 *m* 次操作（*m*≤2000）。每次有两种操作：移动，即将值为 a 和值为 b 之间的数（包括 a 和 b）移到值为 k 的后面，如对于序列 1 2 3 4 5，将 2 到 3 之间的数字移动到数字 4 的后面，序列将变为 1 4 2 3 5；反转，即将值为 a 和值为 b 之间的数反转，如对于序列 1 4 2 3 5，反转 4 和 3，变为 1 3 2 4 5。

输入的第一行是两个整数 *n* 和 *m*；接下来有 *m* 行，每行表示一次操作，每次操作首先输入一个字符表示操作的类型，如果是字符"m"，则表示移动操作，接着输入三个整数 a、b、k，其中 a 等于 b 或者 b 在 a 的后面，k 不在 a 和 b 之间；如果是字符"r"，则表示反转操作，接着输入两个整数 a、b，其中 a 等于 b 或者 b 在 a 的后面。输出经过 m 次操作后的序列，包含 n 个整数。

输入样例：

```
5 5
m 2 3 4
r 4 2
r 1 4
r 2 3
m 3 2 5
```

输出样例：

```
4 5 3 1 2
```

分析：首先要理解题意。题目要求对一个从 1 到 *n* 的序列进行 *m* 次操作，包括移动和反转两种操作。移动操作是将指定范围内的数字移到指定位置的后面，反转操作是将指定范围内的数字反转。

为了解决移动操作涉及大量元素移动的问题，可以使用链表存储序列。在这里，我们选择使用双向链表。使用双向链表可以更方便地进行遍历、查找、插入和删除等操作。

通过使用双向链表，可以避免在数组中进行大量元素的移动操作，提高程序的执行效率。同时，学习和掌握双向链表的使用也是本题的一个目标。

如果在单链表节点中再增加一个指向前一个节点的指针成员，就可以构造双向链表了，如图 8.42（a）所示。

对于本实例的双向链表节点，可声明如下：

```
typedef struct node          //双向链表节点
{
    int data;
    struct node *prior;      //指向前一个节点的指针
    struct node *next;       //指向后一个节点的指针
} Node;
```

对于移动操作，可按如下步骤操作。

（1）找到整数 a 和整数 b 在链表中的位置，用指针变量 pa 和 pb 指向，如图 8.42（b）所示。

（2）把 pa 到 pb 这段链表从 head 所指链表序列中拆下来，相当于把一个链表拆分成两个链表，如图 8.42（c）所示。

（3）接下来找到 k 元素在链表中的位置，指针 pk 指向值为 k 的节点，如图 8.42（d）所示。

（4）把 pa 到 pb 这段链表插入 pk 所指节点的后面，需要使用 4 条赋值语句实现，如图 8.42（e）所示。

（a）序列初始双向链表存储示意图

图 8.42 移动操作过程

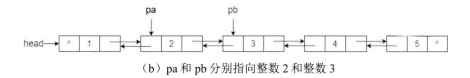

（b）pa 和 pb 分别指向整数 2 和整数 3

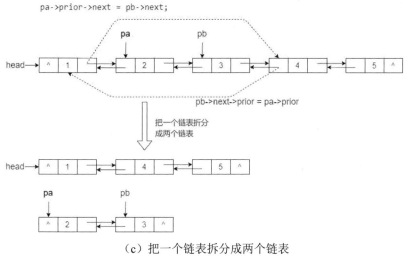

（c）把一个链表拆分成两个链表

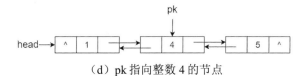

（d）pk 指向整数 4 的节点

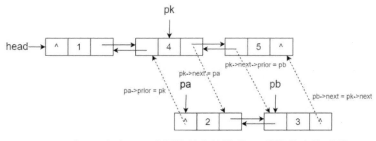

（e）把 pa 为头、pb 为尾的链表链接到 pk 所指节点的后面

图 8.42（续）

要想实现反转，可按以下步骤操作。

（1）查找 a 和 b 在链表中的位置，分别用指针 pa 和 pb 指向。

（2）因为是双向链表，所以可以采用以下策略实现反转：如果 pa 和 pb 不等，即 pa 和 pb 指向的是不同的节点，那么互换两个节点的数据，之后 pa 指针后移，如果这时 pb 不等于 pa，则 pb 指针前移，重复这个操作直到 pa 和 pb 相等为止，也就完成了反转。也就是说，如果 pa 和 pb 相遇了，那么反转也就结束了，这充分利用了双向链表的优点，pa 指针在链表中向后移动，pb 指针在链表中向前移动。

本实例的参考代码如下：

```
#include <stdio.h>
#include <stdlib.h>
typedef struct node                    //双向链表节点
{
    int data;
    struct node *prior;                //指向前一个节点的指针
    struct node *next;                 //指向后一个节点的指针
```

```
    } Node;
Node *create(int n);
void display(Node *head);
Node *find(Node *head, int x);
void reverse(Node *head, int a, int b);
Node *move(Node *head, int a, int b, int k);
int main(void)
{
    //n 为整数序列的长度，m 为操作的个数，a、b、k 为操作的参数
    int n, m, a, b, k;
    char comm;
    scanf("%d%d", &n, &m);
    Node *head = create(n);                    //创建链表
    while (m--)
    {
        getchar();
        comm = getchar();
        if (comm == 'r')
        {
            scanf("%d%d", &a, &b);
            reverse(head, a, b);               //反转操作
        }
        else if (comm == 'm')
        {
            scanf("%d%d%d", &a, &b, &k);
            head = move(head, a, b, k);        //移动操作
        }
    }
    display(head);
    return 0;
}
//函数功能：构造双向链表存储 n 个整数序列，返回头指针
Node *create(int n)
{
    Node *head = NULL;                         //head 为头指针
    Node *tail, *s;                            //tail 为尾指针
    for (int i = 1; i <= n; i++)
    {
        s = (Node *)malloc(sizeof(Node));
        s->data = i;
        if (i == 1)
        {
            head = s;
            s->prior = NULL;
            head = s;
        }
        else
        {
            s->prior = tail;
            tail->next = s;
        }
        tail = s;
    }
    tail->next = NULL;
    return head;
}
//函数功能：遍历双向链表，输出整数序列
void display(Node *head)
{
    Node *p = head;                            //p 指向第 1 个节点（如果链表不空）
    while (p)
    {
        printf("%d ", p->data);
        p = p->next;
    }
```

```
        printf("\n");
}
//函数功能：查找值为 x 的节点，返回指向 x 节点的指针
Node *find(Node *head, int x)
{
    Node *p = head;                          //p 指向值为 x 的节点
    while (p && p->data != x)
        p = p->next;
    return p;
}
//函数功能：反转链表中 a~b 的序列
void reverse(Node *head, int a, int b)
{
    Node *pa = find(head, a);                //a 的位置
    Node *pb = find(head, b);                //b 的位置
    int t;
    while (pa != pb)
    {
        t = pa->data;
        pa->data = pb->data;
        pb->data = t;
        pa = pa->next;
        if (pa != pb)
            pb = pb->prior;
    }
}
//函数功能：将链表中 a~b 的序列移动到 k 的位置
Node *move(Node *head, int a, int b, int k)
{
    Node *pa = find(head, a);                //a 的位置
    Node *pb = find(head, b);                //b 的位置
    /* 下面的语句实现把链表分成两部分。
       a~b 的序列从链表中拆下来形成的链表（链表 1）
       剩余元素的序列(链表 2)
    */
    if (pa->prior)
        pa->prior->next = pb->next;
    else
        head = pb->next;
    if (pb->next)
        pb->next->prior = pa->prior;
    Node *pk = find(head, k);                //k 的位置
    //下面的代码把 pa 开始、pb 结尾的链表插入 pk 所指节点的后面
    pa->prior = pk;
    pb->next = pk->next;
    if (pk->next)
        pk->next->prior = pb;                //如果 pk 不是链表表尾
    pk->next = pa;
    return head;
}
```

双向链表的遍历与单链表的遍历没有区别，只需要使用 next 指针指向后一个节点即可。

对于双向链表的处理，可以利用图示结合代码学习和掌握。

本实例也可以采用数组或单链表存储整数序列，有兴趣的读者可以自己实现不同存储结构下的程序设计。

【实例 08-29】使用联合类型存储数据

与结构体类似的另一种构造数据类型是联合（也称为共用体）。声明联合类型和定义联合类型的变量与结构体十分相似。不同于结构体成员都具有单独的内存空间，联合成员共享同一个内存空间，因此，可以声明一个拥有许多成员的联合，但是同一时刻只能有一个成员允许使用。联合让程序员可以方便地通过不同方式使用同一个内存空间。

下面通过程序代码理解如何使用联合类型。

```c
#include <stdio.h>
#include <string.h>
union Data
{                                  //联合类型声明
    int i;                         //整型成员
    double x;                      //浮点成员
    char str[16];                  //字符串成员
};
int main(void)
{
    union Data var;                //联合类型变量
    printf("%d\n", sizeof(var));   //用 sizeof 运算符计算 union Data 类型变量的空间大小
    printf("%X\n", &var.i);        //联合成员 i 的起始地址
    printf("%X\n", &var.x);        //联合成员 x 的起始地址
    printf("%X\n", var.str);       //联合成员 str 的起始地址
    var.i = 5;
    for (int i = 0; i <= 3; i++)   //输出前 4 字节空间的内容
    {
        printf("%02X ", (unsigned char)var.str[i]);
    }
    var.x = 1.25;
    printf("\n");
    for (int i = 0; i <= 7; i++)   //输出前 8 字节空间的内容
    {
        printf("%02X ", (unsigned char)var.str[i]);
    }
    printf("\n");
    printf("%d\n", var.i);         //前 4 字节解析成整数输出
    strcpy(var.str, "hello");      //字符串内容为 hello
    for (int i = 0; i <= 15; i++)  //输出 16 字节空间的内容
    {
        printf("%02X", (unsigned char)var.str[i]);
    }
    printf("\n%d\n", var.i);       //前 4 字节解析成整数输出
    return 0;
}
```

运行结果如下：

```
16
62FE00
62FE00
62FE00
05 00 00 00
00 00 00 00 00 00 F4 3F
0
68 65 6C 6C 6F 00 F4 3F 25 00 00 00 00 00 00 00
1819043176
```

程序中的 union Data 变量 var 可以存储一个整数、一个浮点数或者存储长度小于 16 的字符串。var 占 16 字节空间。3 个成员的起始地址是相同的。

分析程序代码和程序运行结果，可以很好地理解 union Data 变量 var 的 3 个成员是如何共享内存空间的。

程序员要确保联合对象的内存内容被正确地解释和使用。联合成员的类型不同，允许程序员采用不同的方式解释内存的同一组字节值。因此，当 var.x = 1.25;这条语句执行后，var.i 的值就变成了 0，而不是之前赋值的 5，因为 var.x 与 var.i 的起始位置相同。

同样的字节内容，使用不同的成员就会有不同的解释，这是联合类型的特点。

比较一下联合与结构体，会发现两个最主要的区别如下。

（1）联合和结构体都是由多个不同数据类型的成员组成的，但在任何同一时刻，联合只存放一个被选中的成员，而结构体的所有成员都存在。

（2）对联合的某个成员赋值，将会对其他成员重写，原来成员的值就不存在了，而对结构体的成员赋值是互不影响的。

联合类型常用于（但并非只能用于）节省内存。C 语言常用于嵌入式程序设计等领域，使用联合类型可以方便地处理共用内存的情况。此外，联合类型也常用于操作系统数据结构体或硬件数据结构体。

【实例 08-30】位字段

结构体或联合的成员也可以是位字段。位字段是一个由具有特定数量的位组成的整数变量。如果连续声明多个小的位字段，编译器会将它们合并成一个机器字（word），这使得小单元信息具有更加紧凑的存储方式。当然，也可以使用位运算符独立处理特定位，但是位字段允许我们利用名称来处理位，类似于结构体或联合的成员。

位字段主要用于一些使用空间很宝贵的程序设计中，如嵌入式程序设计。

位字段的声明格式如下：

类型[成员名称]：宽度

类型可以是 _Bool、int、signed int、unsigned int。

signed int 类型的位字段会被解释成有符号数；unsigned int 类型的位字段会被解释成无符号数； int 类型的位字段可以是有符号数或无符号数，由编译器决定，所以使用 int 类型的位字段会有二义性，为了可移植性，尽量避免使用 int 类型的位字段。

成员名称是可选的。但是，如果声明了一个无名称的位字段，则没有办法获取。没有名称的位字段只能用于填充，以帮助后续的位字段将机器字对齐到特定的地址边界。

宽度是指位字段中位的数量。宽度必须是一个常量整数表达式，其值非负，并且必须小于或等于指定类型的位宽。

无名称位字段的宽度可以是 0。在这种情况下，下一个声明的位字段就会从新的可寻址内存单元开始。

下面看一个位字段的编程实例，通过代码的解析了解位字段的使用。

```
#include <stdio.h>
struct Date
{
    unsigned int month : 4;              //日期中的月
    unsigned int day : 5;                //日期中的日
    signed int year : 22;                //日期中的年
    _Bool isDST : 1;                     //如果是夏令时
};
int main(void)
{
    struct Date birthday = {12, 3, 1980};    //以初始化列表的方式初始化变量
    struct Date d;
    d.day = 1;
    d.month = 2;
    d.year = 2019;
    d.isDST = 0;
    printf("%02d-%02d-%04d\n", d.month, d.day, d.year);
    return 0;
}
```

本实例的目的是演示如何使用结构体存储日期信息，以及位字段的使用方法，以便节省内存空间。

在上述结构体声明中，struct Date 结构体只占用 4 字节的空间。其中，成员 month 占用 4 位，成员 day 占用 5 位，成员 year 占用 22 位，成员 isDST 占用 1 位。可以用 sizeof 运算符测试 birthday 所占空间大小。

可以用初始化列表的方式初始化 struct Date 类型的变量，也可以将位字段看作结构体成员，

使用成员运算符（.）或指针运算符（–>）获取，并以类似于对待 int 或 unsigned int 变量的方式对其进行算术运算。

与结构体中的其他成员不同的是，**位字段通常不会占据可寻址的内存位置，因此无法对位字段采用地址运算符（&），也不能对位字段进行位运算**。所以，scanf("%d",&d.day)是不正确的。

小　结

本章学习了结构体类型，C 语言中的结构体是一种自定义的数据类型，可以包含不同类型的数据成员，这些成员可以有不同的数据类型和不同的名称，它们被组合在一起以创建一个完整的对象。

结构体数组是由多个结构体元素组成的连续内存块，所有元素都是同一个结构体类型。通过结构体数组，可以有效地管理和操作一组相关的数据。

链表属于动态数据结构。要学会链表，需要明白指针是怎样将一个一个节点串连到一起的。可以利用链表的示意图理解链表所涉及的关键概念，如头指针、头节点、尾节点、尾指针、指针域等。一般情况下，编程时会使用带头节点的单链表，这样在插入、删除节点时不需要修改头指针的值。在使用链表时要养成良好的习惯，即在建立链表时所申请的内存空间，应该在程序结束之前用一个子程序加以释放，且将链表头指针置空。

本章的重点是结构体数组和链表在编程中的应用。综合应用结构体类型、数组、指针可以构建复杂的数据存储结构。

第9章 位 运 算

本章的知识点：

➡ 位运算符的运算规则。
➡ 特定位的置1、清0、取反操作的实现。
➡ 位运算的其他应用。

C语言提供了位运算功能，也能像汇编语言一样编写系统程序。计算机中的数据在内存中都是以二进制形式存储的。**位运算是直接对整数的二进制位进行操作的运算**，所以位运算比一般运算的速度要快，可以实现一些其他运算不能实现的功能。如果要开发高效率的程序，位运算是必不可少的。位运算是C语言的特点之一。

C语言提供了**位与（&）、位或（|）、按位取反（~）、位异或（^）、左移（<<）和右移（>>）**六种位运算符。位运算符与其他常用运算符之间的优先级关系如图9.1所示。

从高到低
————————————————————————▶

! ~ 算术运算符 << >> 关系运算符 & ^ | && || ?: = ,

图9.1 常用运算符优先级关系图

本章的实例能够使读者快速掌握关于位运算的功能及位运算的常见应用。

扫一扫，看视频

【实例 09-01】判断是奇数还是偶数

描述：输入一个整数 x（$0 \leqslant x \leqslant 10^9$），判断是奇数还是偶数。如果是奇数，则输出 odd；否则输出 even。

分析：根据 x 的取值范围，可以将 x 定义为 int 类型，假设 int 类型数据占 4 字节（32 位）。如果 x 对应的二进制数为 $b_{31} \cdots b_1 b_0$，其中 b_0 表示最低位，则 $x = \sum_{i=0}^{31} b_i 2^i$。如果 x 是奇数，则 b_0 为 1；否则，b_0 为 0。因此，可以通过判断 x 的二进制数最低位（b_0）是 1 还是 0 来确定 x 是奇数还是偶数。

利用位与（&）运算的规则，当两个相应二进制位都为 1 时，结果为 1；否则为 0。因此，位与（&）的运算特点是：$s \& 0$ 的值为 0，$s \& 1$ 的值为 s，其中 s 为 1 或 0。

通过进行 $x \& 1$ 的运算，可以提取出 x（二进制数）的最低位。如果 $x \& 1 == 1$ 成立，则说明 b_0 为 1；否则，b_0 为 0。

因此，可以通过判断 $x \& 1 == 1$ 是否成立来判断 x 是奇数还是偶数。

本实例的参考代码如下：

```c
#include <stdio.h>
int main(void)
{
    int x;

    scanf("%d", &x);
    if(x & 1 == 1)
        printf("odd");
```

```
    else
        printf("even");
    return 0;
}
```

运行结果如下：

```
16↙
even
```

&是一个二元运算符，它对参与运算的两个数据按照二进制位进行"与"运算。如果两个相应二进制位都为 1，那么该位的运算结果就为 1；否则为 0。

在 C 语言中，不能直接使用二进制表示一个数据，但可以使用十进制、八进制或十六进制表示。这些表示形式最终都会在内存中以二进制形式存储。而位与（&）运算符就是对这些二进制位进行运算的。同样的原理也适用于其他位运算符。

例如，unsigned short a = 10, b = 9，则 a & b 值为 8，计算如下：

```
    0 0 0 0 0 0 0 0 0 0 0 0 1 0 1 0
&   0 0 0 0 0 0 0 0 0 0 0 0 1 0 0 1
    0 0 0 0 0 0 0 0 0 0 0 0 1 0 0 0
```

观察运算结果发现，通过位与运算将 a 的某些位保留下来（即与 b 的二进制形式中值为 1 的位置相对应，也就是右端数第 1 位和第 4 位），而将其余位清零，结果为 1000，即十进制的 8。运算结果也可以看作是通过位与运算保留 b 的某些位（即与 a 的二进制形式中值为 1 的位置相对应，也就是右端数第 2 位和第 4 位），同时将其余位清零。

这样的操作可以在需要保留特定位的情况下，清除不需要的位，从而得到期望的结果。

在本章中，未特别说明时，第 k 位指的是从右端开始数的第 k 位。

位与（&）运算和逻辑与（&&）运算非常相似，但需要注意它们的运算区别。&运算是针对两个操作数的二进制位进行逐位运算，如果对应位都为 1，则结果为 1；否则为 0。而&&运算是针对两个布尔表达式进行运算，如果两个表达式都为 true，则结果为 true；否则为 false。尽管看起来相似，但它们的运算对象和结果类型是不同的。要注意使用正确的运算符及理解它们的区别。

【实例 09-02】区间位对应的整数 Ⅰ

扫一扫，看视频

描述：输入一个正整数（该整数不超过 1000），求这个整数的二进制表示中右端 3 位对应的整数。

输入样例：

```
195
```

输出样例：

```
3
```

分析：通过第 k 位为 1 的数与一个整数 a 进行位与操作，可以保留 a 的二进制表示中第 k 位上的值。如果想要获取一个整数 a 的二进制表示中右端 3 位对应的整数，可以构造一个数，它的右端 3 位为 1，而其他位全部为 0，即 7（7 的二进制形式为 111）。

可以利用一个 short 类型变量 a 来存储输入的整数，如果 a 的二进制形式为 0000000011000011，那么计算 a & 7（即 a 与 7 进行位与操作），将会得到二进制数 0000000000000011。这个二进制数对应的十进制整数为 3，它就是 a 的右端 3 位对应的整数。

这种方法不仅简单易懂，而且非常有效，可以快捷地实现从一个整数中提取指定位的值的操作，便于进行位级操作。

本实例的参考代码如下：

```c
#include <stdio.h>
int main(void)
{
    short a;
```

```
    scanf("%d", &a);
    a = a & 7;
    printf("%d", a);        //将 a 以十进制形式输出

    return 0;
}
```

 可以使用位与（&）操作符操作一个整数的二进制表示中的指定位，保留某些位，或将某些位清零。

【实练 09-01】计算二进制数对应的整数

计算一个正整数二进制形式的右端 4 位对应的整数。

扫一扫，看视频

【实例 09-03】将二进制位设置成 1

扫一扫，看视频

描述：输入一个不超过 10^9 的正整数 x，需要将 x 的二进制形式中右端的 2 位设置为 1，并以十六进制形式输出变化前和变化后的数值。

输入样例：

```
12
```

输出样例：

```
0XC
0XF
```

分析：位运算中的位或（|）操作的规则是：两个相应的二进制位都为 0 时，结果为 0；否则，该位结果为 1。如果将 x 定义为 int 类型，可以构造一个整数 a，它的二进制形式中只有右端的第 k 位为 1，其他位为 0。然后，执行 $x = x | a$（也可以写作 $x |= a$），这样就可以将 x 的右端第 k 位设置为 1，而其他位则保持不变。

如果想要将 x 右端的 2 位设置为 1，只需要构造一个二进制形式为右端 2 位为 1，其他位为 0 的整数，即 3。这样执行 $x = x | 3$，最终 x 的二进制形式中右端的 2 位将变为 1。

要以十六进制形式输出一个整数，可以使用"%#X"格式码。如果 x 为 12，其十六进制形式是 0XC；若将右端的 2 位设置为 1 后，x 对应的整数为 15，其十六进制形式为 0XF。

本实例的参考代码如下：

```
#include <stdio.h>
int main(void)
{
    int x;
    scanf("%d", &x);
    printf("%#X\n", x); //%#X 将 a 以十六进制形式输出，a~f 用大写字母
    x |= 3;
    printf("%#X", x);
    return 0;
}
```

| 是一个二元运算符，对于参与运算的两个数据，在它们相应的二进制位上，如果两个二进制位都为 0，则该位的计算结果为 0；否则，该位的计算结果为 1。

例如，unsigned short a = 12, b = 3，a = a | b，计算如下：

```
      0 0 0 0 0 0 0 0 0 0 0 0 1 1 0 0
    | 0 0 0 0 0 0 0 0 0 0 0 0 0 0 1 1
      0 0 0 0 0 0 0 0 0 0 0 0 1 1 1 1
```

运算结果 a = 15。在位或操作的运算结果中，可以将变量 a 的某些位（与变量 b 的二进制位值为 1 的位置对应的位，即右数第 1 位和第 2 位）设置为 1，同时保持其余位不变。而 1111 = 15 = 0XF。

s 为 0 或 1，利用 **$s | 0$ 值为 s，$s | 1$ 值为 1** 的特点，可将一个整数二进制表示中的指定位设置为 1，可以得到：对于任意整数 x，如果 $x |= b_{31} \cdots b_1 b_0$，当 $b_{k-1}=1$，其余位为 0 时，可以将 x（二

09

进制数）右数第 k 位置为 1。

扫一扫，看视频

【实练 09-02】二进制数置 1

将一个正整数二进制形式的右端 4 位设置成 1。

【实例 09-04】2 的 n 次幂倍

扫一扫，看视频

描述：给定一个整数 a（绝对值不超过 10000）和一个正整数 n（$n \leq 10$），要求计算 a 的 2 的 n 次幂倍对应的整数值。

分析：将一个十进制整数 x 左移 n 位，相当于将 x 乘以 10 的 n 次幂（$x * 10^n$）。同样地，将 x 的二进制形式左移 n 位，相当于将 x 乘以 2 的 n 次幂（$x * 2^n$），可以使用位左移 n（$<<n$）运算实现。类似地，使用位右移（$>>$）运算符时，将 x 右移 n 位，相当于将 x 除以 2 的 n 次幂（$x / 2^n$）。

本实例的参考代码如下：

```
#include <stdio.h>
int main(void)
{
    int a, n, result;
    printf("请输入一个整数a（a的绝对值不超过10000）: ");
    scanf("%d", &a);
    printf("请输入一个正整数n（n≤10）: ");
    scanf("%d", &n);
    result = a << n;
    printf("%d 的 2 的%d 次幂倍对应的整数为: %d\n", a, n, result);
    return 0;
}
```

运行结果如下：

请输入一个整数 a（a 的绝对值不超过 10000）: 19↙
请输入一个正整数 n（n≤10）: 2↙
19 的 2 的 2 次幂倍对应的整数为: 76

位左移（$<<$）和位右移（$>>$）的操作规则如下：$a<<n$ 表示将 a 的各二进制位全部左移 n 位，并在右边补 0。结果等于 a 乘以 2 的 n 次幂，高位移出（被舍弃），低位的空位补 0。而 $a>>n$ 表示将 a 的各二进制位全部右移 n 位，移到右端的低位被舍弃。对于无符号数，高位补 0；对于有符号数，高位补符号位（正数补 0，负数补 1）。最终结果等于 a 除以 2 的 n 次幂。

例如，unsigned short a = 19, n = 2，a = a $<<$ n，计算如下：

```
        0 0 0 0 0 0 0 0 0 0 0 1 0 0 1 1
     << 0 0 0 0 0 0 0 0 0 0 0 0 0 0 1 0
        0 0 0 0 0 0 0 0 0 1 0 0 1 1 0 0
```

a 的二进制数左移 2 位，a 高位（左侧）的两个 0 移出，其他的数字都向左平移 2 位，最后在低位（右侧）的两个空位补 0。得到的最终结果是 0000000001001100，转换为十进制是 76。

unsigned short a = 19, n = 2，a = a $>>$ n，计算如下：

```
        0 0 0 0 0 0 0 0 0 0 0 1 0 0 1 1
     >> 0 0 0 0 0 0 0 0 0 0 0 0 0 0 1 0
        0 0 0 0 0 0 0 0 0 0 0 0 0 1 0 0
```

a 的二进制数右移 2 位，把低位的最后两个数字 11 移出，高位补符号位，因为 a 是正数，所以在高位补 0。得到的最终结果是 00000000 00000100，转换为十进制是 4。

在数字没有溢出的前提下，左移操作对于正数和负数都适用。将一个数左移一位，相当于将这个数乘以 2；将一个数左移 n 位，相当于将这个数乘以 2 的 n 次方。右移一位相当于将这个数除以 2，右移 n 位相当于将这个数除以 2 的 n 次方。这里只取商，不考虑余数。

无论是左移还是右移，从一端移出的位不会移入另一端，移出的位的信息都丢失了。左移常用于硬件实现乘以 2 运算，右移常用于硬件实现除以 2 运算。

【实例 09-05】区间位对应的整数 Ⅱ

扫一扫，看视频

描述：给定一个整数 x，以十六进制形式表示，并给定两个整数 k_1 和 k_2。要求计算 x 的二进制表示中，从第 k_1 位到第 k_2 位（从右往左数）所对应的整数。其中，x 的绝对值不超过 10^9，且满足 $1 \leqslant k_1 \leqslant k_2 \leqslant 31$。将得到的整数以十六进制形式和十进制形式输出。

输入为两行，第一行是一个十六进制形式的整数 x；第二行包含两个十进制形式的整数 k_1 和 k_2。输出为一行，包含两个整数，分别是所得整数的十六进制形式和十进制形式，中间用两个空格隔开。

输入样例：

```
0X2DB
4  8
```

输出样例：

```
0X1B  27
```

分析：要获取一个整数 x 的二进制表示中从第 k_1 位到第 k_2 位所对应的数，可以先将 x 进行右移操作，使 k_1 位对应的位置移到最右侧。这可以通过 $x >> (k_1 - 1)$ 实现。接着需要构造一个二进制数，该二进制数从右数连续 $k_2 - k_1 + 1$ 个位均为 1，然后将这个二进制数与 x 右移后得到的数进行位与操作，即可得到所要求的数。

为了构造这个二进制数，可以先计算出需要表示的二进制数的位数 $k = k_2 - k_1 + 1$，然后计算 $2^k - 1$，得到一个二进制表示中从低位开始有 k 个 1 的数，即所需的二进制数 a。

这里的 2^k 表示将 1 向左移动 k 位，可以使用左移运算符（<<）实现。

本实例的参考代码如下：

```c
#include <stdio.h>
int main(void)
{
    int x, k1, k2, res;
    scanf("%x %d %d", &x, &k1, &k2);
    res = x >> (k1 - 1);           //将 x 的二进制表示数右移 k1-1 位，使 k1 对应位移到最右端
    int k = k2 - k1 + 1, a;
    a = (1 << k) - 1;              //构造二进制形式中有 k 个 1 的整数 a
    res &= a;                      //获取 res 的最右端 k 位对应的整数
    printf("%#X %d", res, res);    //%#X 以十六进制形式输出 res
    return 0;
}
```

输入样例 0X2DB 对应的二进制形式是 1011011011，$k_1 = 4$，$k_2 = 8$，从右端第 4 位到第 8 位这一段的二进制数是 11011，它对应的十六进制数为 0X1B，十进制数为 27。

扫一扫，看视频

【实练 09-03】二进制位整数

给定一个整数 a，求 a 的 bit3~bit8 对应的整数（最右端对应 bit0）。

【实例 09-06】位取反

扫一扫，看视频

描述：给定一个整数 x（int）的十六进制形式，要求将 x 的二进制表示中的右端 3 位取反，并将结果以十六进制和二进制的形式输出。如果取反之后的 x 为 0，则只输出单个数字 0。

输入样例：

```
0XB9
```

输出样例：

```
0XBE
10111110
```

分析：当对整数进行按位取反操作（~x）时，将会对整数 x 的二进制表示中的每一位进行取反。如果想要将 x 的特定位取反，需要使用位异或（^）运算。位异或的操作规则是：当 s 为 0 或 1 时，s^0 的结果是 s，s^1 的结果是~s。所以，如果要将 x 的特定位取反，只需构造一个整数 a，使得它的二进制表示中的特定位为 1，其他位为 0，然后执行 x＝x^a，就可以得到 x 的特定位取反后的结果。

如果要将 x 的二进制表示中的右端 3 位取反，需要构造一个数值为 7 的整数 a，即二进制表示为 111。通过执行 x^=a，就可以实现将 x 的二进制表示中的右端 3 位取反。

如果要输出一个整数的二进制数，可以利用右移结合位与运算实现，基本思想就是从高位到低位逐个处理每一个位，使用右移和位与操作获取每一位的值，直到遇到某一位为 1 时，才开始输出，这样可以不用输出二进制形式中前面无用的 0。

本实例的参考代码如下：

```c
#include <stdio.h>
#include <stdbool.h>
void printBinary(int num);
int main(void)
{
    int x;
    scanf("%x", &x);
    x ^= 7;
    printf("%#X\n", x);                //以十六进制形式输出 x
    if (x == 0)
        printf("%d", x);
    else
        printBinary(x);               //调用函数 printBinary 输出 x 的二进制形式
    return 0;
}
//函数功能：输出十进制整数的二进制形式
void printBinary(int num)
{
    int bits = sizeof(num) * 8;       //确定整数的位数
    bool flag = false;                //flag 用于标志是否已经遇到过 1
    for (int i = bits - 1; i >= 0; i--)
    {
        int bit = (num >> i) & 1;     //逐位取出 num 的二进制位
        if (!flag && bit == 0)        //如果 flag 为 false 并且当前位为 0，则继续下一轮循环
            continue;
        else
            flag = true;              //遇到 1，将 flag 设置为 true
        printf("%d", bit);            //输出当前位的值
    }
    printf("\n");
}
```

输入样例中的 0xB9 对应的二进制形式为 10111001，将它的右端 3 位取反之后为 10111110。

位异或（^）操作的规则是：对于参与运算的两个二进制位，如果相应的位值不同（一个为 0，另一个为 1），则该位的运算结果为 1；否则为 0（即 0^0 的结果是 0，1^1 的结果也是 0）。

例如，unsigned short a = 0xB9, b = 7, a = a ^ b，计算如下：

```
  0 0 0 0 0 0 0 0 1 0 1 1 1 0 0 1
^ 0 0 0 0 0 0 0 0 0 0 0 0 0 1 1 1
  0 0 0 0 0 0 0 0 1 0 1 1 1 1 1 0
```

可以看出，运算结果 a＝0XBE，是将 a 的某些位（b 的值为 1 的位置，即右数第 1 位到第 3 位）取反，其余位不变。

当 0 和 1 进行位异或运算时，结果为 1；当 0 与 0 进行位异或运算时，结果为 0。因此，当 s 为 0 或 1 时，0^s 的结果为 s。

当 1 和 1 进行位异或运算时，结果为 0；当 1 和 0 进行位异或运算时，结果为 1。因此，1^s 的结果为取 s 的反码（即取反）。

利用位异或运算可以将一个整数的二进制形式的特定位取反，即 $x\hat{\ }=b_{31}\cdots b_1b_0$，当 $b_{k-1}=1$，其余位为 0 时，可以将 x 的二进制形式的右端第 k 位取反。

扫一扫，看视频

【实练 09-04】取反

将一个正整数二进制形式的右端 5 位取反。

【实例 09-07】交换两个变量的值

描述：给定两个整数 a、b（绝对值均不超过 10^9），使用位运算完成 a、b 值的交换。

分析：1^1=0，0^0=0，即两个相同的数据进行位异或运算，结果为 0。且位异或运算具有交换律，即 $x\hat{\ }y = y\hat{\ }x$。根据这个性质，可以通过以下步骤实现不使用额外变量交换 a 和 b 的值。

（1）让 $a = a\hat{\ }b$，此时 a 的值为 a 和 b 的异或结果。

（2）让 $b = b\hat{\ }a$，将 a 和 b 的异或结果再与 b 异或，此时 b 的值为原始的 a 的值。

（3）让 $a = a\hat{\ }b$，将 a 和 b 的异或结果再与 a 异或，此时 a 的值为原始的 b 的值。

通过依次执行上面三个步骤，就可以实现交换 a 和 b 的值，而不需要使用额外的变量。

本实例的参考代码如下：

```
#include <stdio.h>
int main(void)
{
    int a, b;
    scanf("%d %d", &a, &b);
    a = a ^ b;
    b = b ^ a;
    a = a ^ b;
    printf("%d %d", a, b);
    return 0;
}
```

运行结果如下：

```
2021 2022✓
2022 2021
```

【实例 09-08】简单的加密

扫一扫，看视频

描述：给定一个正整数 text 和另一个整数 key 作为密钥，将 text 加密后生成密文 ciphertext，同时解密 ciphertext 得到 text。输入包含两个整数：text 和 key，范围为 $1\sim10^9$。输出包含两个整数，分别表示 ciphertext 和 text，两个数字之间用空格隔开。

输入样例：

```
2020 20201226
```

输出样例：

```
20199662 2020
```

分析：**可以利用位异或操作的特性实现加密和解密。**将明文与密钥进行位异或操作，得到密文；同时，将密文与相同的密钥进行位异或操作，就可以得到原来的明文。也就是说，ciphertext = text ^ key；text = ciphertext ^ key。

本实例的参考代码如下：

```
#include <stdio.h>
int main(void)
{
    int text, key, ciphertext;          //分别存放待加密的数字、密钥、密文
    scanf("%d %d", &text, &key);
    ciphertext = text ^ key;            //对 text 用 key 作为密钥进行加密得到密文
    text = ciphertext ^ key;            //对 ciphertext 用 key 作为密钥进行解密得到明文
```

```
        printf("%d  %d", ciphertext, text);
        return 0;
    }
```

可以利用位异或操作的性质恢复一个整数 x，即对于一个整数 x，使用任意整数 a 进行两次位异或操作（$x \verb|^| a \verb|^| a$），可以恢复原来的 x。因为位异或操作的逆运算也是位异或操作本身。

【实例 09-09】只出现一次的整数

扫一扫，看视频

描述：给定一组整数，其中只有一个整数出现一次，其余整数都是成对出现的。请找出只出现一次的整数。

输入的第一行是一个整数 n（$1 \leqslant n \leqslant 10^6$），第二行是 n 个非负整数，每个整数不超过 10^9，每两个整数间有一个空格，保证有且仅有一个整数只出现一次，其他的整数都是成对出现的。对于每组数据，输出只出现一次的整数。

输入样例：

```
7
5 6 1 3 5 1 3
```

输出样例：

```
6
```

分析：根据位异或操作规则，两个相同的数进行位异或操作的运算结果为 0，且 $0 \verb|^| x = x$。因此，可以设定一个初始值为 0 的变量 res，然后将 res 与给定整数中的每个数依次进行位异或操作。由于成对出现的数与 res 进行位异或操作后结果为 res，最后 res 的值就是那个只出现一次的数。

本实例的参考代码如下：

```c
#include <stdio.h>
int main(void)
{
    int num, n, res = 0;  //num 存放给定的一组整数
    scanf("%d", &n);
    for (int i = 0; i < n; i++)
    {  //依次输入各个整数，并依次与 res 执行位异或操作
        scanf("%d", &num);
        res ^= num;
    }
    printf("%d", res);
    return 0;
}
```

【实例 09-10】某些位清零

扫一扫，看视频

描述：给定一个十六进制形式的整数 x（$0 \sim 10^9$），以及整数 k（$1 \sim 31$），要求将 x 的二进制表示中从右边数的第 k 位清零，并以十六进制形式输出变化后的 x。

输入样例：

```
0X7E4
6
```

输出样例：

```
0X7C4
```

分析：s 是 1 或 0 时，$s \verb|&| 0$ 的值为 0，$s \verb|&| 1$ 的值为 s，可以利用这一特性构造一个第 k 位为 0，其余位为 1 的数 a。可以通过 $1 << (k-1)$ 实现构造一个第 k 位为 1，其余位为 0 的数 a，然后 $\sim a$ 就是第 k 位为 0，其余位为 1 的数。通过执行操作 $x = x \verb|&| \sim a$，就可以实现将 x 的第 k 位清零。

本实例的参考代码如下：

```c
#include <stdio.h>

int main(void)
{
```

```
    int x, k;

    scanf("%X %d", &x, &k);      //以十六进制形式输入 x
    int a = 1 << (k - 1);        //构造一个二进制形式第 k 位为 1，其他位为 0 的整数
    a = ~a;                      //将 a 变成二进制形式第 k 位为 0，其他位为 1 的整数
    x &= a;                      //使 x 的第 k 位清 0
    printf("%#X", x);

    return 0;
}
```

输入样例中，给定的数 x 为 0x7E4，对应的二进制形式为 11111100100。如果要将 x 的第 6 位清 0，那么 x 的二进制形式应变为 11111000100，对应的十六进制数为 0x7C4。

【实练 09-05】清零

给定一个整数 a，要将其二进制表示中的 bit15~bit23（bit0 对应右端第 1 位）清零，而保持其他位不变。

扫一扫，看视频

【实例 09-11】将区间位设置成 1

描述：给定一个范围为 $0\sim10^9$ 的整数 x（以十六进制形式表示），求将 x 的二进制表示中的第 6~11 位设置为 1 后，得到相对应的整数（以十六进制形式输出）。

输入样例：

```
0X5A4
```

输出样例：

```
0X7E4
```

分析：s 是 1 或 0 时，$s|1$ 的值为 1，$s|0$ 的值为 s，所以可构造一个二进制形式为第 6~11 位为 1，其他位为 0 的整数。直接构造这样的整数比较困难，但可以利用位运算中的左移操作来实现。首先，可以构造一个由 $k=(11-6+1)$ 个 1 组成的整数 a，使用 $(1<<k)-1$ 计算得到。接着，可以通过 $a<<(6-1)$ 的运算，构造一个二进制形式为第 6~11 位是 1，其他位是 0 的整数 a。最后，可以使用 $x|=a$ 将 x 的第 6~11 位设置为 1。

本实例的参考代码如下：

```
#include <stdio.h>
int main(void)
{
    int x;
    scanf("%X", &x);            //以十六进制形式输入 x
    int k = 11 - 6 + 1;
    int a = (1 << k) - 1;       //构造二进制形式为 k 个 1 对应的整数
    a <<= (6 - 1);              //a 变成第 6~11 位为 1，其余位为 0 的数
    x |= a;                     //将 x 的第 6~11 位设置成 1
    printf("%#X\n", x);
    return 0;
}
```

给定的输入样例 0X5A4，对应的二进制形式为 010110100100，将第 6~11 位设置成 1，变成 011111100100，对应的十六进制数为 0X7E4。

【实练 09-06】设置为 1

给定一个整数 a，将其二进制表示中的右数第 3~7 位设置为 1，同时保持其他位不变。

扫一扫，看视频

【实例 09-12】区间位赋值

描述：给定一个整数 x（$1\leqslant x\leqslant10^9$）及整数 k（$0\leqslant k\leqslant255$），求将 x 的第 3~10 位赋值为 k 对应的整数。要求给定的 x 以十六进制形式输入，变化后的 x 也用十六进制形式输出。

扫一扫，看视频

输入样例：

```
0X7E4
36
```

输出样例：

```
0X490
```

分析：s 是 1 或 0 时，$s \& 0 = 0$，$s \& 1 = 1$。首先构造一个数 a，使得其二进制表示中的第 3～10 位为 0，其余位为 1。根据前面的实例可知，令 $m = 10 - 3 + 1$，则可以通过计算 $a = (1 << m) - 1$，$a = \sim(a << (3-1))$ 实现。然后，通过执行 $x \&= a$ 运算，可以将 x 的第 3～10 位清零，其余位不变。最后，再执行 $x |= (k << (3-1))$ 运算，即可将 x 的第 3～10 位赋值为 k。

本实例的参考代码如下：

```
#include <stdio.h>
int main(void)
{
    int x, k;                         //或写成 int a = 0xc3;，为便于分析程序，直接给 a 赋值
    scanf("%x %d", &x, &k);
    int a = (1 << (10 - 3 + 1)) - 1;  //构造二进制形式为 10-3+1 个 1 的整数
    a <<= (3 - 1);                    //将 a 变成 3～10 位为 1、其余位为 0 的数
    a = ~a;                           //将 a 变成 3～10 位为 0、其余位为 1 的数
    x &= a;                           //将 x 变成 3～10 位为 0、其余位不变的数
    x |= (k << (3 - 1));
    printf("%#X\n", x);               //将 a 按十六进制形式输出，字母为大写
    return 0;
}
```

输入样例中的 x 为 0x7E4，对应的二进制形式为 11111100100。构造第 3～10 位为 0，其余位为 1 的数 a 为 10000000011。执行 $x \& a$ 操作后，x 变为 10000000000。令 $k = 36$，对应的二进制形式为 100100。将 k 赋值给 x 的第 3～10 位后，x 变为 10010010000，对应的十六进制数为 0x490。

【实例 09-13】1 的个数

描述：给定一个非负十进制整数 x（$0 \leqslant x \leqslant 10^9$），求该数的二进制表示中 1 的个数。

扫一扫，看视频

分析：最直观的方法是遍历 x 的二进制形式中的每一位，判断是否为 1，并使用一个计数器 cnt 来记录 1 的个数。实际上还可以使用位运算判断某位是否为 1。

第一种方法是借助一个整数 mask。首先，检查 x 的最右边第 1 位是否为 1。为此，将 mask 的二进制形式设为左起第 1 位为 1，其他位为 0，即 mask = 1。然后，判断 $x \&$ mask 是否为 1，若是，则说明 x 的最右边第 1 位是 1，将计数器 cnt 加 1；否则，说明最右边第 1 位不是 1。接下来，检查 x 的最右边第 2 位是否为 1。为此，将 mask 的二进制形式设为左起第 2 位为 1，其他位为 0，通过 mask = mask << 1 实现。然后，再次判断 $x \&$ mask 是否为非零，以此类推，循环 32 次，将 x 的二进制表示中从最右边第 1 位到第 32 位的每一位都判断是否为 1，并将计数器的值作为 x 的二进制表示中 1 的个数。

本实例的参考代码如下：

```
#include <stdio.h>
int numOfOne(unsigned int x);
int main(void)
{
    unsigned int n;
    scanf("%d", &n);
    printf("%d", numOfOne(n));
    return 0;
}
//函数功能：返回 x 的二进制形式中 1 的个数
int numOfOne(unsigned int x)
{
    int cnt = 0;                      //存放 x 的 1 的个数
    unsigned int mask = 1;
```

```
    for (int i = 1; i <= 32; i++)
    {                                  //循环 32 次，从右向左判断 x 的二进制形式中各位是否为 1
        if ((x & mask) != 0)           //& 的优先级低于 !=
            cnt++;
        mask = mask << 1;              //mask 左移一位
    }
    return cnt;
}
```

运行结果如下：

```
1714↙
6
```

十进制数 1714 对应的二进制数为 11010110010，其中共有 6 个 1。

需要注意的是，位运算符的优先级低于关系运算符，所以(x & mask) != 0 一定要加括号。

第二种方法是分析 x 与 x-1 的二进制形式。如果 x 不为 0，则 x-1 与 x 的二进制表示的特点是，从 x 的最后一个 1（即最右边的 1）开始后面的所有位都不同，而这个 1 前面的所有位都相同。因此，通过执行 x &= x-1 操作，可以消去 x 的最后一个 1，同时保持其他位不变。通过循环执行 x &= x-1，每次循环都将最后一个 1 置为 0，其余位不变，直到 x 变为 0，循环的次数就是 x 的二进制表示中 1 的个数。

第二种方法的 numOfOne 函数的实现代码如下：

```
int numOfOne(unsigned int x)
{
    int cnt = 0;
    while (x)
    {
        x &= x - 1; //消去 x 最右端的 1
        cnt++;
    }
    return cnt;
}
```

第二种方法的关键在于使用 x &= x-1 操作消去 x 的二进制表示中最右边的 1，从而使 x 的二进制表示中 1 的数量减少一个。

【实例 09-14】2 的整数幂

扫一扫，看视频

描述：给定一个整数 n（在 int 范围内），判断其是否为 2 的整数幂，如果是，则输出 Yes；否则输出 No。

分析：如果 n≤0，则 n 不是 2 的整数幂。观察 2 的整数幂的二进制表示，如 1 = 1，2 = 10，4 = 100，8 = 1000，…，可以发现，所有 2 的整数幂的二进制表示均为最高位为 1，其余位全为 0。因此，可以通过检查一个整数的二进制表示中是否只有一个 1 来判断该整数是否为 2 的整数幂。

执行 n &= n-1 操作后，如果 n 等于 0，则说明给定的 n 是 2 的整数幂；否则，n 不是 2 的整数幂。

本实例的参考代码如下：

```
#include <stdio.h>
int powerOfTwo(int x);
int main(void)
{
    int x;
    scanf("%d", &x);
    if (powerOfTwo(x))            //调用函数判断 x 是否为 2 的整数幂
        printf("Yes");
    else
        printf("No");
    return 0;
}
```

09

```
//函数功能：如果 x 是 2 的整数幂，则返回 1；否则返回 0
int powerOfTwo(int x)
{
    if (x <= 0)
        return 0;
    if ((x &= (x - 1)) == 0)     //判断消去 x 的一个 1 之后是否没有 1 了
        return 1;
    else
        return 0;
}
```

运行结果如下：

```
64✓
Yes
```

【实例 09-15】集合的子集

扫一扫，看视频

描述：已知一个包含 n 个整数的集合，请输出它的所有非空子集。输入包含两行，第一行为整数 n，表示集合中元素的数量；第二行为集合中的 n 个整数，两个整数之间用单个空格隔开。输出集合的所有非空子集，每个子集占一行，子集的输出顺序不限。

输入样例：

```
3
1 2 3
```

输出样例：

```
{1}
{2}
{1,2}
{3}
{1,3}
{2,3}
{1,2,3}
```

分析：一个集合的子集数量等于该集合所有可能的组合数量之和。因此，对于一个包含 n 个元素的集合，其非空子集数量为 $C_n^1 + C_n^2 + \cdots + C_n^n = 2^n - 1$ 个。对于一个含有 n 个元素的集合，可以使用一个长度为 n 的二进制编码对其中的所有元素进行编码。在这个二进制编码中，最低位（最右端）对应集合中的第一个元素，而最高位对应集合中的最后一个元素。如果某一位上的数值为 1，则表示集合中包含对应位置的元素；否则，表示集合中不包含该元素。

例如，对于一个含有 4 个元素的集合 {1,2,3,4}，编码 0001 表示子集 {1}，编码 0101 表示子集 {1, 3}。因此，含有 4 个元素集合的非空子集可以用编码 0001~1111 表示。要输出所有的子集，只需要将每个子集用二进制编码表示出来，然后按照此编码输出子集中含有的元素即可。

可以使用十进制数表示这些二进制编码。特别地，可以将十进制数 $1 \sim (2^4 - 1)$ 表示为二进制编码 0001~1111。对于含有 n 个元素的集合，可以使用十进制数 $1 \sim (2^n - 1)$ 表示这些二进制编码。对于含有 n 个元素的十进制数 $1 \sim (2^n - 1)$，恰好表示为 $1 \sim (1 << n) - 1$ 这样的编码。

本实例的参考代码如下：

```
#include <stdio.h>
#include <stdlib.h>
void SubSet(int *a, int i);
int main(void)
{
    int *a, N;                    //a 为存放给定 N 个整数的数组的地址
    scanf("%d", &N);
    a = (int *)malloc(sizeof(int) * N);
    for(int i = 0; i < N; i++)    //输入给定的 N 个整数
        scanf("%d", &a[i]);
    int t = 1 << N;               //求 2^N
    for (int i = 1; i < t; i++)   //输出 1,2,…,2^N-1 的二进制数中 1 位上对应的元素
```

```
        SubSet(a, i);
    free(a);
    return 0;
}
//函数功能：输出 i 对应的二进制数中 1 所在位上对应元素构成的集合
void SubSet(int *a, int i)
{
    int k = 0, start = 1;              //k 对应 a 的元素下标
    printf("{");
    while (i)
    {
        if (i & 1)
        {
            if (!start)
                printf(",");
            printf("%d", a[k]);
            start = 0;
        }
        i >>= 1;
        k++;
    }
    printf("}\n");
}
```

小　结

位运算符共有 6 个，分别是&（位与）、|（位或）、^（位异或）、~（位取反）、<<（位左移）和>>（位右移）。位运算的操作数只能是整型或字符型数据，由于它们以二进制格式存储并按位进行操作，因此在对内存要求苛刻的场景下使用，能节约内存并提高程序的运行速度。

移位运算和其他位运算结合，可以实现许多复杂的计算。移位和取反运算结合可以构造出特定的数。例如，要将变量 x 的第 $k+1$ 位设置为 0，可以使用 $x\ \&=\ \sim(1 << k)$ 实现。

第 10 章 文 件

> **本章的知识点：**
> - ❯ 文本文件和二进制文件。
> - ❯ 文件指针。
> - ❯ 打开和关闭文件。
> - ❯ 文件的读/写和定位。

一个完整的程序通常包括数据的输入、处理和输出三个部分。程序设计语言应该具有与外界交互的能力。在 C 语言中，提供了一些输入/输出的库函数。前面介绍的输入函数（如 scanf、getchar、fgets）用于通过键盘获取输入数据，而输出函数（如 printf、putchar、puts）则将数据输出到显示器上。

然而，这种方式存在一个问题：程序运行得到的数据在程序结束后就会消失，无法永久保存。为了解决这个问题，可以使用文件保存程序运行得到的数据，从而在程序运行之后也能查看。文件操作是 C 语言中用于读/写文件的一种机制。通过使用文件操作函数，可以将数据写入文件，也可以从文件中读取数据。

文件在程序设计中扮演着重要的角色，可用于长期存储有效数据。在 C 语言中，与文件有关的操作都是通过 stdio.h 头文件中的库函数实现的，而不是通过单独的文件操作语句。下面几个实例将介绍文件的相关概念、常用的文件处理函数及文件的基本操作。

【实例 10-01】文件的打开与关闭

描述：输入一个字符串（长度不超过 30），表示要打开的文本文件的文件名。以只写方式打开该文件，并输出打开是否成功。如果打开成功，则输出字符串 Success；否则输出字符串 Unsuccess。

输入样例：

```
D:\2023\testfile1.txt
```

输出样例：

```
Success
```

分析：在对文件进行读/写等操作之前，需要**定义一个 FILE 类型的文件指针**，并将其指向要打开的文件。可以使用 fopen 函数打开文件，此时需要传递两个字符串参数：第一个参数是表示要打开的文件名的字符串，第二个参数则表示使用文件的方式。文件名可以是字符串常量，也可以是存储文件名的数组名或字符指针变量。文件名可以是绝对路径（如 D:\2023\testfile1.txt）或相对路径（如.\testfile1.txt 或 testfile1.txt，相对于该 C 程序所在的文件夹）。文件的打开方式可以由文本文件（t 或不写）或者二进制文件（b）以及只读（r）、只写（w）、追加（a）和读/写（+）组合而成，共有 12 种类型。在本实例中，要以只写方式打开给定的文本文件，因此可以使用 w 或 wt 的方式打开文件。在打开文件时，若文件打开成功，则返回一个非空指针；若文件打开失败，则返回 NULL 指针。

本实例的参考代码如下：

```
#include <stdio.h>
int main(void)
```

```
    {
        FILE *fp;                       //fp 是指向 FILE 结构的指针变量
        char filename[31];
        scanf("%s", filename);          //输入要打开的文本文件名
        fp = fopen(filename, "w");      //以只写方式打开 filename 文本文件
        if (fp != NULL)                 //文件打开成功时 fp 不为空
            printf("Success");
        else
            printf("Unsuccess");
        fclose(fp);                     //关闭 fp 所指向的文件
        return 0;
    }
```

请读者进行如下操作（如果没有 D 盘，就把 D 改成 C）。

（1）事先在 D 盘上创建文件夹 2023，在这个文件夹下创建一个名字为 testfile.txt 的文件。运行程序，观察运行结果是否为 Success。

（2）事先在 D 盘上创建文件夹 2023，在这个文件夹下事先没有创建名字为 testfile.txt 的文件。运行程序，观察运行结果是否也是 Success。

（3）事先在 D 盘上没有 2023 文件夹，运行程序，观察运行结果是否还是 Success。

我们会发现，（1）（2）情况的运行结果都是 Success。对于（2）这种情况，运行程序之后，路径 D:\2023\下新建了 testfile.txt 文件，并且这个文件的创建时间是运行程序的时间。但对于（3）这种情况，运行结果是 Unsuccess。

可以得出这样的结论：如果文件名的路径是正确的，以 w 方式打开的文件，如果文件存在，则一定会打开成功；如果文件不存在，则创建这个文件。如果文件名前面的路径是错误的，则文件打开会失败。

在使用文件前必须先打开文件。用于打开文件的函数是 fopen，其原型如下：

```
FILE* fopen(const char* filename, const char* mode);
```

fopen 函数的返回值是指向其所打开文件的 FILE 结构体类型的指针。如果打开失败，会返回 NULL。例如，文件已经损坏、文件的路径不正确，或者用户没有打开此文件的权限等，都可能导致文件打开失败。

fopen 函数有两个形参，第 1 个形参 filename 表示文件名，可包含路径和文件名两部分；第 2 个形参 mode 表示文件的打开模式，见表 10.1。

表 10.1 文件的打开模式

打开模式	说 明
r	以只读模式打开文本文件。该文件必须是存在的，若文件不存在，则会出错
w	以只写模式创建并打开文本文件。如果文件不存在，则创建一个文件；如果文件已经存在，则将文件内容丢弃
a	以只写模式创建并打开文本文件。如果文件不存在，则创建一个文件；如果文件已经存在，则将数据追加到文件中
r+	打开一个已经存在的文件，用于更新（读取和写入）。如果文件不存在，则打开失败；如果文件已经存在，则保留文件原有内容
w+	创建一个文件用于读取和写入。如果文件不存在，则创建一个文件；如果文件已经存在，则将文件内容丢弃
a+	打开或创建一个文件，用于读取和更新；所有的写入操作都在文件的末尾进行，即给文件添加数据的写操作
rb	以二进制模式打开一个已经存在的文件进行读取
wb	以二进制模式创建一个文件进行写入。如果文件已经存在，则丢弃原有的内容
ab	以二进制模式打开或创建一个文件，以追加写入到文件末尾
rb+	以二进制模式打开一个已经存在的文件，进行读/写操作（即更新操作）
wb+	以二进制模式创建一个文件，如果该文件已经存在，则丢弃原有的内容，并进行读/写操作
ab+	以二进制模式打开或创建一个文件，用于更新操作。写入操作会将内容追加到文件末尾

C 语言中的文件都是流式文件，流式文件的存取是以字节为单位的。在 C 语言中，无论一个

文件的内容是什么，都把数据看成是由字节构成的序列，这个由字节构成的序列就称为字节流。

根据数据的组织形式，C 文件可分为两种类型：文本文件和二进制文件，二者的区别在于存储数据的方式。

文本文件存储的是 ASCII 码（或其他字符集）编码的字符序列，可以用普通的文本编辑器查看和编辑。在文本文件中，换行符通常被转换为操作系统特定的换行符（如 Windows 中的\r\n，Linux/UNIX 中的\n）。读取文本文件时，可以使用像 fgets 或 fscanf 这样的函数。

二进制文件中存储的是以字节为单位的数据序列，如整数、浮点数、字符数组等。二进制文件不能用普通文本编辑器查看和编辑。读取二进制文件时，可以使用像 fread 和 fwrite 这样的函数。

文件操作结束之后，需要用 fclose 函数把文件关闭，以释放相关资源，避免文件中的数据丢失。fclose 函数的原型如下：

```
int fclose(FILE *fp);
```

功能是将 fp 与原来指向的文件剥离，释放文件指针和有关的缓冲区。若文件关闭成功，则返回 0；否则，返回 EOF（−1）。

（1）在 C 语言中，当未指明文件类型时，默认按照文本文件进行处理。因此，r 与 rt 是等价的。

（2）对于以 r、r+、rb、rb+ 四种方式打开的文件，文件必须已经存在，否则会打开失败。

（3）对于以 w、w+、wb、wb+ 方式打开的文件，如果文件存在，则打开后会清空文件再写入数据；如果文件不存在，则新建该文件。

（4）对于以 a、a+、ab、ab+ 方式打开的文件，如果文件存在，则将数据追加到文件末尾；如果文件不存在，则新建文件。

【实练 10-01】打开文件

分别以 r+ 和 w+ 方式打开一个不存在的文件。观察以 r+ 方式打开一个不存在的文件时，打开是否不成功；而以 w+ 方式打开不存在的文件时，打开是否成功。

扫一扫，看视频

【实例 10-02】从文件中读取单词

描述：给定一个存放若干个单词（长度小于等于 30）的文本文件，统计该文件中的单词个数并找出最长的单词。这里的单词是指由若干个连续字母组成的词。请提供一个字符串，代表存放单词的文件名。如果文件打开成功，则输出两行结果：第一行为一个整数，表示文件中的单词个数；第二行为一个字符串，表示最长的单词。如果文件打开失败，则输出 open file failed。

扫一扫，看视频

输入样例：

```
D:\2023\wordfile.txt
```

输出样例：

```
11
teacher
```

说明：运行该程序时，需要在 D:\2023 文件夹中创建 wordfile.txt 文件，文件内容如下：

```
this is a dog
I am a teacher and a mum
```

分析：访问文件通常涉及三个步骤，打开文件、读/写文件和关闭文件。首先需要定义一个类型为 FILE *的文件指针变量 fp。由于本实例只需要获取给定文本文件中单词的个数，而不需要向文件写入数据，因此以只读（r）的方式打开给定文件名 filename，即 fp = fopen(filename, "r")。随后，可以使用库函数 fgetc(fp)从文件中读取数据。为了统计单词数量和最长的单词，可以使用第 7 章实例中的方法。在这个过程中，需要注意处理文件末尾的情况，可以调用库函数 feof(fp)判断是否到达文件末尾。文件指针 fp 中的位置指针成员可以自动记录当前的读/写位置，当指针指向最后一个数据的后面时，就表示到达了文件末尾。因此，在读取 fp 所指向的文件中的数据时，可以用!feof(fp)或 feof(fp) == 0 作为循环条件。

本实例使用 if (feof(fp)) break;这种方式中断循环，以便处理以单词结尾的文件的最后一个单词。

本实例的参考代码如下：

```c
#include <stdio.h>
#include <string.h>
int main(void)
{
    FILE *fp;                          //fp 用于指向要打开的文件
    char fileName[31];
    scanf("%s", fileName);             //输入要打开的文本文件名
    fp = fopen(fileName, "r");         //以只读方式打开 filename 文本文件
    if (fp == NULL)                    //文件不存在时返回 NULL，打开失败
    {
        printf("open file failed");
        return 0;
    }
    int cnt = 0, maxLen = 0;           //cnt、maxLen 分别存放单词数及最长的单词的长度
    char maxWord[31] = "", word[31], ch; //maxWord 存放最长的单词
    int i = 0;
    while (1)
    {
        if (feof(fp))                  //判断 fp 所指文件的位置指针是否指向文件末尾
            break;
        ch = fgetc(fp);                //从 fp 所指文件中读取一个字符
        if (ch >= 'a' && ch <= 'z' || ch >= 'A' && ch <= 'Z')//判断 ch 是否为单词的一部分
            word[i++] = ch;
        else if (i > 0)
        {
            cnt++;
            if (i > maxLen)            //判断单词 word 是否比单词 maxWord 长
            {
                word[i] = '\0';
                strcpy(maxWord, word); //修改最长的单词
                maxLen = i;
            }
            i = 0;
        }
    }
    printf("%d\n%s", cnt, maxWord);
    fclose(fp);                        //关闭 fp 所指的文件
    return 0;
}
```

程序中用到了函数 feof，它的原型如下：

```c
int feof(FILE *fp);
```

该函数的功能是判断当前文件位置指针是否已指向 fp 所指文件的末尾。如果文件位置指针已指向文件末尾，则返回非 0 值；否则返回 0。

文件位置指针是文件指针的一个成员，用于指向当前文件指针所指文件读/写的位置。当打开一个文件时，文件位置指针指向文件的第一个数据。当文件位置指针指向文件末尾时，表示文件结束。在 C 语言中，文件可以进行顺序读/写，也可以进行随机读/写。如果进行顺序读/写，则每次读/写完一个数据后，位置指针会自动指向下一个数据的位置。如果进行随机读/写，则必须根据需要改变文件的位置指针。后面的实例将涉及这一点。

在本实例代码中的 while 循环中，feof(fp)用于判断文件指针 fp 是否指向文件末尾。当 feof(fp)的返回值为 0 时，表示文件指针 fp 所指文件的位置指针没有指向文件末尾，即文件尚未结束。

程序中使用 fgetc 函数从指定的文件中读取一个字符，该函数的原型如下：

```c
int fgetc(FILE *fp);
```

该函数的功能是从指定的文件流 fp 中读取一个字符。如果读取成功，则返回字符的 ASCII 码值；如果到达文件末尾或读取失败，则返回常量 EOF（−1）。

函数 fgetc 的一般调用形式为：变量= fgetc(文件指针)；其中，变量可以是 char 型或 int 型。

在读取文件时，正确处理文件末尾是十分重要的。使用 while (!feof(fp)) 作为从文件中读取字符的循环条件时，最后一个字符会被读取两次，因此通常的处理方法如下：

```
ch = fgetc(fp);
while(!feof(fp))
{
    ...
    ch = fgetc(fp);//最后一个 ch 的值为-1，但是无妨，因为其他所有的循环操作都要放在此句上面
}
```

或者使用

```
while((ch = fgetc(fp)) != EOF)
{
    ...
}
```

请运行以下程序并分析，以确定是否能完成本实例中描述的功能。

```
#include <stdio.h>
#include <string.h>
int main(void)
{
    FILE *fp;                          //fp 是指向 FILE 结构的指针变量
    char fileName[31];
    scanf("%s", fileName);             //输入要打开的文本文件名
    fp = fopen(fileName, "r");         //以只读方式打开 filename 文本文件
    if (fp == NULL)
    { //文件不存在时返回 NULL，打开失败
        printf("open file failed");
        return 0;
    }
    int cnt = 0, i = 0, maxLen = 0;
    char maxWord[31] = "", word[31], ch;
    while ((ch = fgetc(fp)) != EOF)
    {
        if (ch >= 'a' && ch <= 'z' || ch >= 'A' && ch <= 'Z') //判断 ch 是否为单词的一部分
            word[i++] = ch;
        else if (i > 0)
        {
            cnt++;
            if (i > maxLen)
            {                          //判断单词 word 是否比单词 maxWord 长
                word[i] = '\0';
                strcpy(maxWord, word);     //修改最长的单词
                maxLen = i;
            }
            i = 0;
        }
    }
    printf("%d\n%s", cnt, maxWord);
    fclose(fp);
    return 0;
}
```

运行结果如下：

```
D:\2023\wordfile.txt↙
10
teacher
```

程序运行结果不正确。程序中使用 (ch = fgetc(fp)) != EOF 作为循环条件，该条件可能导致在处理最后一个单词时出现问题，因为循环在文件末尾终止，而最后一个单词可能不会被处理。

要解决这个问题，可以在循环结束后添加下面这段代码来检查最后一个单词是否已经处理完

毕。通过这样的判断，可以确保最后一个单词被正确处理。请读者自己完善这个程序。

```
if (i > 0)
{
    cnt++;
    if (i > maxLen)
    {
        word[i] = '\0';
        strcpy(maxWord, word);
        maxLen = i;
    }
}
```

【实练 10-02】统计字符个数

统计一个文本文件中字母字符、数字字符和其他字符的个数。

 【实例 10-03】复制文件

描述：将一个给定的文本文件（源文件）的内容复制到另一个文件（目标文件）中，需要输入源文件名和目标文件名。

分析：首先以只读方式打开给定的源文件，并以只写方式打开目标文件。然后使用循环从源文件中逐行读取数据，并将其写入目标文件，直到源文件结束。在读取一行数据时，使用库函数 fgets；在写入文件时，使用库函数 fputs。

本实例的参考代码如下：

```
#include <stdio.h>
int main(void)
{
    FILE *infp, *outfp;             //分别存放源文件和目标文件的指针
    char sFileName[30], tFileName[30]; //分别存放源文件名和目标文件名
    scanf("%s %s", sFileName, tFileName);
    infp = fopen(sFileName, "r");
    outfp = fopen(tFileName, "w");
    if (infp == NULL || outfp == NULL)
    {
        printf("open file failed.");
        return 0;
    }
    char tmpstr[256];
    while (!feof(infp))
    {                               //文件位置还没有移到文件末尾
        fgets(tmpstr, 256, infp);   //从 infp 所指位置开始最多读取 255 个字符存储到 tmpstr 中，
                                    //直到行尾或文件尾
        fputs(tmpstr, outfp);       //将 tmpstr 中的字符串写入 outfp 中占一行
    }
    fclose(infp);
    fclose(outfp);
    return 0;
}
```

运行结果如下：

```
D:\2023\wordfile.txt D:\2023\wordfile1.txt↙
```

打开名为 wordfile.txt 和 wordfile1.txt 的两个文件，可以发现它们的内容相同。这个程序成功地实现了文件复制的功能。它使用 fgets 函数从指定的可读文件中读取数据，并使用 fputs 函数将数据写入指定的文件。

在使用 fgets 函数时，需要使用 feof 或 ferror 函数判断是读取到了文件末尾，还是发生了错误。fputs 函数的原型如下：

```
int fputs(const char *str, FILE *fp);
```

该函数的功能是把字符串写入 fp 所指的文件中，但不包括空字符。若成功写入字符串，则返回非负值；若发生错误，则返回 EOF（–1）。如果参数 str 为空指针或字符串为空，则 fputs 函数不会进行任何操作。

下面的程序使用 fgetc 函数从文件中读取一个字符，并使用 fputc 函数将读取的字符写到文件中，也可以实现文件复制。

```c
#include <stdio.h>
int main(void)
{
    FILE *infp, *outfp;                 //分别存放源文件和目标文件的指针
    char sFileName[30], tFileName[30];  //分别存放源文件名和目标文件名
    scanf("%s %s", sFileName, tFileName);
    infp = fopen(sFileName, "r");
    outfp = fopen(tFileName, "w");
    if (infp == NULL || outfp == NULL)
    {
        printf("open file failed.");
        return 0;
    }
    char ch;
    while ((ch = fgetc(infp)) != EOF)   //文件位置还没有移到文件末尾
        fputc(ch, outfp);               //将 ch 写入 outfp 所指的文件中
    fclose(infp);
    fclose(outfp);
    return 0;
}
```

程序中的 fputc 函数的原型如下：

```c
int fputc (int c, File *fp);
```

该函数的功能是把 c 对应的字符写入 fp 所指的文件中。成功时，返回写入文件的字符的 ASCII 码值；出错时，返回 EOF（–1）。当正确写入一个字符或一字节的数据后，文件内部指针会自动后移一字节的位置。

【实练 10-03】写入文本文件

从键盘输入字符，并将其写入一个文本文件，直到遇到 "#" 结束输入，然后再从该文件中读取文件内容，并在屏幕上输出。

扫一扫，看视频

【实例 10-04】格式化方式读/写文件

描述：在一个文本文件（源文件）中，包含了 $n+1$ 行数据（其中 n 是一个不超过 100 的非负整数）。第一行的数据表示学生的数量 n，接下来的 n 行每行包含 4 个数据。第一个数据是一个字符串，表示学生的姓名（字符串长度不超过 10 且不包含空格），后跟着 3 个整数分别表示数学、英语和程序设计的成绩。需要将学生按照总成绩降序的顺序写入另一个文件（目标文件）中。源文件和目标文件的文件名通过输入给定。

源文件的格式和内容样例如下：

```
6
Mary 86 75 90
James 77 80 92
Nancy 80 85 78
John 67 89 95
Annie 90 92 83
Jack 91 80 85
```

目标文件的格式和内容样例如下：

```
1 Annie 90 92 83
2 Jack 91 80 85
3 Mary 86 75 90
```

```
4 John 67 89 95
5 James 77 80 92
6 Nancy 80 85 78
```

分析：首先，需要声明一个结构体类型 Student，包含一个字符数组 sname 表示名字，一个整型数组 score 表示学生的三门课程成绩，以及一个整型变量 no 表示按总成绩排名的名次。还需要定义两个数组：Student stu[100]和 int sum[100]。其中，stu[i]存放从源文件中读取的第 i+1 个学生的姓名和成绩，sum[i]存放第 i+1 个学生的总成绩。

接着，以只读方式打开源文件。由于已经知道源文件每行数据的类型，因此可以使用格式化读函数 fscanf 从文件中读取数据，并将读取的数据存放到 stu 数组中。

读取完数据后，使用冒泡排序将学生按照总成绩降序排序。排序完成后，用只写方式打开目标文件，并使用格式化写函数 fprintf 将学生信息按照要求写入目标文件中。

最后，当文件操作完成后，需要关闭打开的文件。

本实例的参考代码如下：

```c
#include <stdio.h>
#define N 100
typedef struct Student
{
    char sname[15];              //存放学生的姓名
    int score[3];                //存放学生三门课程的成绩
    int no;                      //存放学生总成绩的名次
} Student;
Student stu[N];
int sum[N];                      //存放学生的总成绩
int n;                           //存放学生数
void readFile(FILE *fp);         //从 fp 所指的文件中读取数据存放到 stu 数组中
void bubbleSort();               //将 stu 数组中的数据按 sum 降序排序
void writeFile(FILE *fp);        //将 stu 数组中的 n 个数据写入 fp 所指的文件中
int main(void)
{
    FILE *fp;
    char fileName[30];
    scanf("%s", fileName);
    fp = fopen(fileName, "r");
    if (fp == NULL)
    {
        printf("open source file failed.");
        return 0;
    }
    readFile(fp);                //从 fp 所指文件中读取数据存到 stu 数组中
    fclose(fp);
    bubbleSort();                //将 stu 数组中的元素按 sum 降序排序
    scanf("%s", fileName);
    fp = fopen(fileName, "w");
    if (fp == NULL)
    {
        printf("open target file failed.");
        return 0;
    }
    writeFile(fp);               //将 stu 数组中的数据写入 fp 所指文件中
    fclose(fp);
    return 0;
}
void readFile(FILE *fp)
{
    fscanf(fp, "%d", &n);        //读取学生数量
    for (int i = 0; i < n; i++)
    {
        //读取第 i 个学生的数据，同时存放到 stu[i]中，并将成绩累加到 sum[i]中
```

```
            fscanf(fp, "%s", stu[i].sname);
            for (int j = 0; j < 3; j++)
            {
                fscanf(fp, "%d", &stu[i].score[j]);
                sum[i] += stu[i].score[j];
            }
        }
    }
    void bubbleSort()
    {
        for (int i = 1; i < n; i++)
            for (int j = 0; j < n - i; j++)
                if (sum[j] < sum[j + 1])
                {
                    Student tmp1 = stu[j];
                    stu[j] = stu[j + 1];
                    stu[j + 1] = tmp1;
                    int tmp2 = sum[j];
                    sum[j] = sum[j + 1];
                    sum[j + 1] = tmp2;
                }
    }
    void writeFile(FILE *fp)
    {
        for (int i = 0; i < n; i++)
        { //将学生 i 的信息写入文件中
            stu[i].no = i + 1;
            fprintf(fp, "%d %s ", stu[i].no, stu[i].sname);
            for (int j = 0; j < 3; j++)
                fprintf(fp, "%d ", stu[i].score[j]);
            if (i != n - 1)
                fprintf(fp, "\n"); //第 i+1 个学生的信息写入之后要加一个换行
        }
    }
```

运行程序前，需要创建一个源文件，假设文件名为 D:\2023\stufile1.txt，将前面给的源文件样例内容复制到该文件中，假设按照学生总成绩排序后的目标文件名为 D:\2023\stufile2.txt。

运行结果如下：

```
D:\2023\stufile1.txt↵
D:\2023\stufile2.txt↵
```

运行程序后，会在 D:\2023\下发现 stufile2.txt 文件，内容为上面给出的目标文件的样例内容。

可以使用格式化写函数 fprintf 将数据按照指定的格式写入文件，类似地，可以使用格式化读函数 fscanf 从文件中按照指定的格式读取数据。

函数 fscanf 的原型如下：

```
int fscanf(FILE *fp, char *format, char *arg_list);
```

该函数的功能是从文件指针 fp 所指向的文件中按照指定的格式字符串 format 将数据读取并存储到 arg_list 中的各个变量中。fscanf 函数在遇到空格和换行时会结束读取，这不同于 fgets 函数，fgets 函数在遇到空格时不会中止读取。当 fscanf 函数成功读取参数时，返回成功读取的参数个数；失败时，返回 EOF（−1）。

函数 fprintf 的原型如下：

```
int fprintf(FILE *fp, char *format, char *arg_list);
```

该函数的功能是将变量列表 arg_list 中的数据按照由文件指针 fp 指定的格式写入文件。与 printf 函数相似，不同之处在于 printf 函数将数据写入屏幕文件（stdout）。当成功将数据写入文件时，fprintf 函数返回写入文件的字符个数；写入失败时，返回一个负值。

【实例10-05】数据块的读/写

描述：读取一个包含学生信息（学生序号、姓名和成绩）的文本文件，将其写入

扫一扫，看视频

一个二进制文件中。然后从该二进制文件中读取数据，并将读取的学生信息在屏幕上输出，同时输出学生的总数。

文本文件内容：

```
1 Annie 96
2 Jack 90
3 Mary 85
4 John 76
5 James 68
6 Nancy 56
```

二进制文件内容：

```
Annie ` ?` ?` 捞>v 淤?？  櫴` `         Jack ` ?` ?` 捞>v 淤?？  櫴` Z
                                       Mary ` ?` ?` 捞>v 淤?？  櫴` U
```

```
John ` ?` ?` 捞>v 淤?？  櫴` L    James ` ?` ?` 捞>v 淤?？  櫴` D    Nancy ` ?` ?`
捞>v 淤?？  櫴` 8
```

屏幕输出：

```
1 Annie 96
2 Jack 90
3 Mary 85
4 John 76
5 James 68
6 Nancy 56
6
```

分析：首先，需要声明一个学生类型 Student，其成员变量包括序号 no、姓名 sname 和成绩 score。接着，需要定义指针 infp 和 fp 分别指向要读取的源文件和要写入的目标文件。字符数组 inFileName 和 fileName 分别用于存放源文件名和目标文件名。

对于源文件，只需要进行读取操作，因此可以使用 infp = fopen(inFileName, "r")打开源文件。而目标文件是二进制文件，需要进行写入和读取操作，所以可以使用 fp = fopen(fileName, "wb+")打开目标文件。

源文件是文本文件，可以使用格式化读函数 fscanf 读取数据，这是比较合适的选择。而对于二进制文件的写入，最好使用数据块写函数 fwrite。在读取二进制文件时，可以使用数据块读函数 fread。每读取一个记录（数据块），如果不是文件末尾，则递增学生数目计数器 n，并将其输出到屏幕上。

本实例的参考代码如下：

```c
#include <stdio.h>
typedef struct
{ //定义学生类型
    int no;
    char sname[30];
    int score;
} Student;
void readWrite(FILE *infp, FILE *fp);    //读取 infp 数据以二进制方式写入 fp 所指文件
int main(void)
{
    FILE *infp, *fp;                     //分别指向只读方式打开的文件、读/写方式打开的文件
    char inFileName[30], fileName[30];
    printf("输入只读文件名: ");
    scanf("%s", inFileName);
    infp = fopen(inFileName, "r");
    if (infp == NULL)
    {
        printf("打开文件%s 失败\n", inFileName);
        return 0;
    }
    printf("输入读/写文件名: ");
    scanf("%s", fileName);
    fp = fopen(fileName, "wb+");
```

```
        if (fp == NULL)
        {
            printf("打开文件%s失败\n", fileName);
            return 0;
        }
        readWrite(infp, fp); //调用函数实现读取infp所指文件中的数据并用数据块写方式写入文件fp
        fclose(infp);
        fclose(fp);
        return 0;
    }
    void readWrite(FILE *infp, FILE *fp)
    {
        Student tmp;
        int n = 0;
        while (fscanf(infp, "%d %s %d", &tmp.no, tmp.sname, &tmp.score) != EOF)
            fwrite(&tmp, sizeof(Student), 1, fp);    //将tmp以数据块写方式写入fp所指二进制文件
        rewind(fp);                                  //将文件的内部指针移到文件首部
        fread(&tmp, sizeof(Student), 1, fp);         //从fp所指二进制文件读取数据存放到tmp中
        while (!feof(fp))
        { //fp没有指向文件末尾时
            n++;
            printf("%d\t%s\t%d\n", tmp.no, tmp.sname, tmp.score);
            fread(&tmp, sizeof(Student), 1, fp);
        }
        printf("%d\n", n);                           //输出学生数
    }
```

在程序运行时，需要从用户输入中获取存放学生信息的源文件名和要写入学生信息的目标文件名。在设计程序时，我们通常需要处理大量数据，因此 C 语言提供了用于二进制文件的数据块读/写函数 fread 和 fwrite，这些函数能够一次读/写一组数据块。

fread 函数的原型如下：

```
int fread(void *buffer, unsigned size, unsigned count, FILE *fp);
```

该函数的功能是从文件指针 fp 指定的文件中，按照二进制形式将 size * count 字节的数据读取到由 buffer 指定的数据块中。参数 buffer 是一个指针，用于存放从文件中读取数据的起始地址；size 表示每个数据块的字节数；count 表示每次读取的数据块的个数。

函数 fread 在成功读取数据时，返回实际读取的数据块数量；若文件已经结束或者发生错误，则返回 0。

fwrite 函数的原型如下：

```
int fwrite(void *buffer, unsigned size, unsigned count, FILE *fp);
```

该函数的功能是按照二进制形式，将由 buffer 指定的数据缓冲区内的 size * count 字节的数据（即一块内存区域中的数据）写入由 fp 指定的文件。参数 buffer 是一个指针，用于存放要写入文件的数据的起始地址；size 表示每个数据块的字节数；count 表示一次写入的数据块的个数。

函数 fwrite 在成功写入数据时，返回实际写入的数据块数量；若文件已经结束或发生错误，则返回 0。

 fread 和 fwrite 是以结构体（记录）为单位的函数，一般用于二进制文件的输入和输出。

在本实例的代码中，如果想通过文件指针 fp 从头按顺序读取文件中的数据，需要将 fp 的文件内部指针重定向到文件的开头。为了实现这个目的，可以使用库函数 rewind。rewind 函数的原型如下：

```
void rewind(FILE *fp);
```

该函数接收一个文件指针 fp 作为参数，然后将该文件的内部指针重定向到文件的开头。

通过调用 rewind 函数，可以确保在写入数据后，重新定位文件指针使其指向文件的开头，从而可以顺序读取文件中的数据。

> wb+ 与 rb+ 的区别如下:
>
> 两者都能操作可读可写的二进制文件,但对于 rb+,如果打开的文件不存在,则会报错(返回 NULL);而对于 wb+,如果文件不存在则会建立,如果文件存在则会覆盖。

【实练 10-04】读/写学生信息

扫一扫,看视频

一条学生的记录包括学号、姓名和成绩信息,要求:

(1)格式化输入多条学生记录。

(2)利用 fwrite 函数将学生信息按二进制方式写入文件。

(3)利用 fread 函数从文件中读出成绩并求平均值。

(4)对文件中的学生按成绩排序,将成绩单写入文本文件。

【实例 10-06】随机读/写文件

扫一扫,看视频

描述:有一个二进制文件,用于存放学生的信息(序号、姓名和成绩)。给定一个学生的姓名和成绩,以及 n 个整数,要求将该学生的信息插入文件末尾,并输出与这 n 个整数对应的学生的信息。该二进制文件可以使用运行实例 10-05 得到的目标文件。

输入共四行:第一行是一个字符串,代表给定的二进制文件名(长度不超过 20);第二行包含一个字符串和一个整数,分别代表要插入学生的姓名和成绩;第三行是一个整数 n,表示要查询学生的数量;四行是 n 个整数,表示要查询的学生的序号(在文件中存放的顺序)。输出 n 行,每行对应一个序号的学生信息。

输入样例:

```
D:\2023\student.txt
Harry 92
2
3 7
```

输出样例:

```
3 Mary 85
7 Harry 92
```

其中,D:\2023\student.txt 二进制文件对应的文本内容如下:

```
1 Annie 96
2 Jack 90
3 Mary 85
4 John 76
5 James 68
6 Nancy 56
```

程序运行之后,在文件最后一行增加了一条信息:7 Harry 92,输入的二进制文件名可以使用实例 10-05 中的写入二进制数据的目标文件名。

分析:对于给定的二进制文件,要求追加数据,同时也要读取数据,所以文件的打开方式应该是 ab+,用 fp 指向打开的文件。

由于要将给定的学生信息追加到文件尾,所以需要获取文件中已有的学生数 cnt(使用 fread 函数读取块数据),这样新追加的学生序号为 cnt+1,之后对给定的 n 个整数,随机读取整数对应序号的学生信息,需要使用 fseek 函数将文件的内部指针移向对应序号的开头,使用 fread 函数读取一个学生的信息并输出。

本实例的参考代码如下:

```c
#include <stdio.h>
#define LEN sizeof(Student)
typedef struct                      //定义 Student 结构体类型
{
    int no;                         //名次
    char sname[30];
```

```
        int score;
    } Student;
    int readFile(FILE *fp);                          //对 fp 所指的文件统计学生数目
    void randRead(FILE *fp, int n);                  //对 fp 所指的文件随机读取 n 个记录
    int cnt = 0;                                      //存放文件中学生的个数
    int main(void)
    {
        FILE *fp;
        char fileName[30];
        scanf("%s", fileName);
        fp = fopen(fileName, "ab+");                  //以二进制追加读方式打开 filename 文件
        if (fp == NULL)
            return 0;
        cnt = readFile(fp);                          //读取文件 fp 获取学生数，计算学生序号
        Student stu;
        scanf("%s %d", stu.sname, &stu.score);
        cnt++;
        stu.no = cnt;
        fseek(fp, 0, 2);                             //将 fp 所指文件的内部指针移向文件末尾
        fwrite(&stu, sizeof(Student), 1, fp);        //追加 stu 数据
        int n;
        scanf("%d", &n);
        randRead(fp, n);                             //调用函数从 fp 所指文件中随机读取 n 个记录
        fclose(fp);
        return 0;
    }
    int readFile(FILE *fp)
    {
        int cnt = 0;
        Student stu;
        fread(&stu, sizeof(Student), 1, fp);
        while (!feof(fp))
        { //fp 所指文件的内部指针还没有到达文件末尾
            cnt++;
            fread(&stu, sizeof(Student), 1, fp);
        }
        return cnt;
    }
    void randRead(FILE *fp, int n)
    {
        Student stu;
        while (n--)
        {
            int k;
            scanf("%d", &k);
            if (k > 0 && k <= cnt)
            {
                fseek(fp, sizeof(Student) * (k - 1), 0); //将 fp 的内部指针移向第 k 个记录
                fread(&stu, sizeof(Student), 1, fp);
                printf("%d %s %d\n", stu.no, stu.sname, stu.score);
            }
        }
    }
```

程序中使用了随机定位函数 fseek，它的原型如下：

```
    int fseek(FILE *fp, long offset, int base);
```

该函数的功能是将文件指针 fp 的位置移动到相对于基准位置 base 的偏移量 offset 处，可以根据需要在文件中进行随机访问，将文件位置指针移到任意位置。

函数的参数有三个：fp，表示文件指针，指向要操作的文件；offset，表示相对于基准位置 base

的字节偏移量，是一个长整数，支持大于 64KB 的文件大小；base，表示文件位置指针移动的基准位置，用于计算偏移量。如果定位操作成功，则返回当前指针位置；如果定位操作失败或出现异常，则返回–1。

ANSI C 定义了 base 的可能取值，并为这些取值提供了符号常量，见表 10.2。

表 10.2　fseek 函数中 base 参数的说明

符号常量	取　值	表示的起始点
SEEK_SET	0	文件开头
SEEK_CUR	1	当前位置
SEEK_END	2	文件末尾

 fseek 函数一般用于二进制文件，在文本文件中由于要进行转换，计算的位置有时会出错。

文件指针的当前位置函数 ftell 的原型如下：

```
long ftell(FILE *fp);
```

该函数的功能是获取文件指针 fp 指向的文件的当前读/写位置，该位置用相对于文件开头的位移量来表示。如果获取当前读/写位置成功，则返回当前位置相对于文件开头的位移量（这是一个长整数）；如果获取当前读/写位置失败或出现异常，则返回–1，表示操作出现错误。

还有两个检测函数可以了解一下。

（1）出错检测函数 ferror，该函数的原型如下：

```
int ferror(FILE *fp);
```

该函数的功能是检测 fp 对应的位置指针是否发生了错误情况，有错时返回非 0。

（2）标志置 0 函数 clearerr，该函数的原型如下：

```
void clearerr(FILE *fp);
```

该函数的功能是使文件错误标志和文件结束标志置为 0。

【实练 10-05】青年歌手大赛记分程序

扫一扫，看视频

编写一个青年歌手大赛记分程序，要求：

（1）使用结构体记录选手的相关信息。

（2）使用链表或结构体数组。

（3）对选手成绩进行排序并输出结果。

（4）利用文件记录初赛结果，在复赛时将其从文件中读出，累加到复赛成绩中，并将比赛的最终结果写入文件。

小　结

对于文件读/写函数，可以根据实际需要灵活选择，从功能上看，fread 函数和 fwrite 函数可以完成文件的各种读/写操作。一般来说，读/写函数的选择原则是根据读/写的数据单位确定的。

（1）读/写一个字符数据：选用 fgetc 和 fputc 函数。

（2）读/写一个字符串：选用 fgets 和 fputs 函数。

（3）读/写多个不含格式的数据：选用 fread 和 fwrite 函数。

（4）读/写多个含格式的数据：选用 fscanf 和 fprintf 函数。

（5）fwrite 函数将数据不经转换直接以二进制的形式写入文件，而 fprintf 函数将数据转换为字符后再写入文件。

第 11 章 递 归

本章的知识点：

➥ 递归与递推。

➥ 减治。

➥ 分治。

➥ 回溯。

➥ 深度优先搜索。

任何可以用计算机求解的问题所需的计算时间都与其规模有关。一般情况下，问题的规模越小，解决问题所需要的计算时间也越短，从而也较容易处理。要想直接解决一个较大规模的问题，有时是相当困难的。这时可以采用"分治"策略，将一个难以直接解决的大问题分割成一些规模较小的相同问题（子问题），并找到**原问题**与这些较小规模**子问题**之间的**递推关系**，最终通过**递归**来解决问题。从程序设计的角度看，递归是指一个过程或函数在其定义中又直接或间接调用自身的一种方法。递归策略只需少量的程序代码即可描述出解题过程所需要的多次重复计算，从而减少了程序的代码量。

递归算法在可计算理论中占有重要地位，它是算法设计的有力工具，对于拓展编程思路非常有用。递归算法并不涉及高深的数学知识，但初学者要建立递归思想却并不容易。

递归通常需要包含三个关键要素：**边界条件、递归前进段和递归返回段**。边界条件是指判断递归是否需要终止的条件，当不满足边界条件时，递归前进，进行下一次递归调用；当满足边界条件时，递归返回，将计算结果传递给上一层递归调用。边界条件的设置非常重要，它决定了递归的终止条件，确保问题得以解决。递归前进段是指根据问题的性质，将原始问题**分解**为规模更小的子问题，并通过递归调用解决这些子问题。递归返回段则是将子问题的解决结果**合并**，得到原始问题的解。

这种递归的结构使得问题的解决过程能够逐步推进，直到达到边界条件，然后通过递归的返回段一步步返回结果，最终得到完整的解决方案。因此，边界条件、递归前进段和递归返回段是递归算法中不可或缺的组成部分，它们相互协作，实现了问题的分解和解决。

本章的重点是利用递归思想设计解决问题的方法。重点介绍四种常用的算法设计方法：**减治、分治、回溯和深度优先搜索**。

其中，减治是一种通过不断缩小问题规模求解问题的方法。它通过将原始问题分解为规模更小的子问题，并递归地解决这些子问题，最终得到原问题的解决方案。

分治是一种将一个难以直接解决的大问题分割成一些规模较小的相同问题（子问题）的方法。通过找到原问题与子问题之间的递推关系，利用递归思想解决子问题，并将子问题的解组合起来得到原问题的解。

回溯是一种通过尝试所有可能的解决方案，并逐步向前推进，直到找到问题的解决方案或遍历所有可能性的方法。回溯算法常用于解决带有约束条件的搜索问题，它通过深度优先搜索的方式逐步构建候选解，当发现当前候选解不满足约束条件时，进行回退操作，继续搜索其他可能的解。

综合来说，通过递归思想设计的减治、分治、回溯和深度优先搜索算法能够有效地解决各种复杂的问题，并在算法设计中发挥重要的作用。

【实例11-01】计算 *n*!

描述：编写递归函数计算 *n*!。

分析：递归是一种在函数中直接或者间接地调用自己的方法，递归思想是将问题的规模不断缩小，直到问题变得足够简单以便可以直接解决为止。在编写递归程序之前，需要对问题进行分析，并找到问题与子问题之间的递推关系。对于计算 *n*!，可以观察到它具有递推关系：*n*! = *n* * (*n*–1)!。这意味着 *n*!可以通过计算(*n*–1)!，并乘以 *n* 得到。

如果有一个名为 fact 的函数，它的原型为 int fact(int n)，用于计算 *n*!。那么，根据上述递推关系，可以将 fact(n)表示为 n * fact(n–1)。

所以，可以通过递归调用 fact(n–1)来计算 *n*!。在每次递归调用中，会将问题规模不断缩小，直到遇到基本情况（当 *n* 等于 1 时，*n*!的值为 1），然后开始通过不断回溯和乘法操作得到最终的结果。

下面利用这个递推式编写一个递归函数来计算 *n*!，代码如下：

```
int fact(int n)
{
    if (n == 0 || n == 1)        //递归出口（边界条件）
        return 1;
    return n * fact(n - 1);      //递归调用
}
```

递归函数通常包含递归出口语句，该语句充当了结束递归的条件。例如，fact 函数中的 if(n == 0) return 1;语句告诉我们，当函数调用时，如果输入的参数值为 0，则直接返回结果。而在函数体中自身调用的递归语句，会不断迭代参数值，直到最终满足递归出口条件。

下面以求 3!为例演示递归计算的过程，如图 11.1 所示，以此帮助我们理解递归的含义。

图 11.1　3!调用与返回示意图

在递归计算中，有一个最基本的情况，即 0!和 1!的值都是 1。计算 fact(3)时，调用 fact(2)函数计算 2!，fact(2)中会调用 fact(1)计算 1!。当 fact(1)被调用时，它直接返回 1。然后，fact(2)中最终得到了 2 * 1 = 2 的结果。最后，fact(3)中得到了 3 * 2 = 6 的结果。

递归计算通过反复调用函数自身来解决问题，每一次调用都会向递归出口靠近，直到达到递归出口的条件并返回结果。必须确保每次递归调用都能向递归出口方向前进，否则可能会导致递归陷入死循环或出现栈溢出等问题。

通过调用 fact(n)，可以计算出 *n*!。这种递归的编程方式能够清晰地体现问题之间的递推关系，使得代码更加简洁和易于理解。

只要存在类似于计算 *n*!这样的递推式问题，都可以写成递归函数。

例如，计算 1~*n* 的和这个问题，可以看作是计算 1~*n*–1 的和之后再与 *n* 相加，因此可以实现一个计算 1~*n* 的和的递归函数。

```
int sum(int n)
{
    if (n == 0 || n == 1)        //递归出口（边界条件）
        return n;
    return sum(n-1) + n;
}
```

再如计算斐波那契数列的递归函数。

```
long long fib(int n)
{
    if (n == 0 || n == 1)        //递归出口（边界条件）
```

```
        return n;
    return fib(n - 1) + fib(n - 2);
}
```

递归函数需要被调用才能执行。下面是一个完整的计算 *n*!的代码，其中在 main 函数中调用了 fact 函数。

```
#include <stdio.h>
int fact(int n);                //计算 n!
int main(void)
{
    int n;
    scanf("%d", &n);            //输入 n 值
    printf("%d", fact(n));      //输出 n!的值
    return 0;
}
int fact(int n)
{
    if (n == 0 || n == 1)       //递归出口（边界条件）
        return 1;
    return n * fact(n - 1);     //递归调用
}
```

通常，**递归函数调用自身的过程会涉及堆栈的增长**，每次递归调用都会将当前的执行状态保存在堆栈中。因此，有时会导致**堆栈溢出**等问题，特别是在递归深度较大时。

如果递归函数满足递归调用在函数的最后一步进行，并且返回值直接作为函数的返回值，不涉及任何需要保存的状态值，这个递归函数就是"**尾递归**"的。**尾递归的函数可以转换为循环结构，从而避免堆栈溢出等问题，同时能够显著提高执行效率。**

对于计算 *n*!的递归函数，就满足尾递归的特点，所以可以直接用循环语句计算。采用循环语句计算阶乘问题可以有效利用计算机的计算能力，避免了递归调用带来的额外开销和可能导致的堆栈溢出问题。所以，计算 *n*!用循环语句是最好的选择，能够更好地发挥计算机的计算能力。

> 许多经典的算法都使用递归实现，如二分查找、深度优先搜索及排序算法等。递归算法可以让我们更容易理解和描述问题，通常也更简短紧凑，代码更具可读性。但递归算法也有明显的缺点，就是有可能会导致堆栈溢出、效率低下等问题。因此，在应用递归算法求解问题时，需要仔细分析问题的性质和特点，权衡递归和非递归算法的优缺点，选择合适的算法实现方法。

【实练 11-01】丑数

使用递归重写实例 04-10 中的判断丑数的函数。

扫一扫，看视频

【实例 11-02】非负整数位数

描述：设计一个递归函数，用于计算一个非负整数的位数。

分析：如果用 length(x)表示一个整数 *x* 的位数，那么 length(x/10)表示去掉个位后的整数的位数。因此，可以得出以下递归关系：length(x) = length(x/10) + 1。当然，当 *x* 是一个小于 10 的正整数时，length(x)的值为 1。

扫一扫，看视频

例如，length(123) = length(12) + 1 = length(1) + 1 + 1 = 3。这样的递归方式可以用于计算非负整数的位数。

本实例的参考代码如下：

```
#include <stdio.h>
int length(int x);
int main(void)
{
    int x;
    scanf("%d", &x);                //输入 x 值
    printf("%d", length(x));        //输出正整数 x 的位数
```

```
        return 0;
}
int length(int x)
{
    if (x < 10)                        //递归出口（边界条件）
        return 1;
    return length(x / 10) + 1;         //递归调用
}
```

当然，这仍然是一个具有尾递归特征的递归函数。

在实际的应用开发中，根据具体情况可以选择使用循环结构的代码替代递归函数。目前的学习阶段注重的是递归思维的训练。一旦掌握了递归的基本概念和技巧，就可以根据具体情况做出选择，使用递归或循环结构，以达到更高效和满足实际需求的目的。

【实练 11-02】判断偶数

扫一扫，看视频

设计一个函数，函数的原型为 int isEven(int n)，该函数的功能是判断给定整数 n 的每一位数字是否都是偶数。如果 n 的每一位数字都是偶数，则返回 1；否则返回 0。分别用递归或非递归的方式实现这个函数，之后自己编写 main 函数对该函数进行测试。

【实例 11-03】Ackermann 函数

扫一扫，看视频

描述：设计一个递归函数，计算 Ackermann 函数的值。

Ackermann 函数的定义如下：

$$Ackermann(m,n)=\begin{cases} n+1, & m=0 \\ Ackermann(m-1,1), & m\neq 0, n=0 \\ Ackermann(m-1,Ackermann(m,n-1)), & m\neq 0, n\neq 0 \end{cases}$$

分析：Ackermann 函数本身是一个递归定义的函数，因此可以使用递归函数计算 Ackermann 的值。ackermann 递归函数如下：

```
int ackermann(int m, int n)
{
    if (m == 0)                                //递归出口（边界条件）
    {
        return n + 1;
    }
    else if (n == 0)
    {
        return ackermann(m - 1, 1);            //递归调用
    }
    else
    {
        return ackermann(m - 1, ackermann(m, n - 1));//递归调用
    }
}
```

ackermann 函数是一个典型的非尾递归函数。这种非尾递归的特性使得 ackermann 函数的计算复杂度增长非常快，甚至在较小的输入值下也可能导致堆栈溢出等问题。因此，使用 ackermann 函数时应格外小心，避免输入较大的值导致不可预测的运行结果或系统问题。

对于 Ackermann 函数而言，完全非递归的实现是非常困难的，因为该函数本身具有高度的递归性质。对于这样的递归函数，想要实现非递归的解法需要借助栈来保存中间结果。然而，非递归实现的复杂性很高，超出了本书的研究范围。

【实练 11-03】计算组合数

计算组合数的公式为 $C(n, k) = C(n-1, k-1) + C(n-1, k)$。其中，$n$ 表示元素总数，k 表示选取的元素个数。可以使用递归计算组合数，基本情况：如果 k 等于 0 或 k 等于 n，那么 $C(n, k)$ 的值为 1。递归情况：计算 $C(n-1, k-1)$ 和 $C(n-1, k)$ 的值，然后将它们相加。用递归编程计算 $C(n, k)$。

提示：虽然递归解法可以计算组合数，但是在计算大型组合数时其效率较低，因为会有大量重复的计算。

【实例 11-04】二进制输出整数

描述： 设计一个递归函数，用于将十进制非负整数转换为二进制数并输出。

分析： 一个十进制非负整数 x 的二进制形式可以由通过将 x 除以 2 得到商的二进制形式和 x 对 2 取余得到的二进制位组合而成。例如，当 x 为 13 时，其二进制形式是 1101，其中 6（即 13 除以 2 得到的商）的二进制形式为 110，而 1（即 13 对 2 取余得到的余数）则作为最低位。这种组合方式可以递归地应用于大于 1 的整数。

虽然没有明确的递推式，但是将一个非负十进制整数转换为二进制数并输出其二进制形式本质上具有递归结构。因此，定义一个递归函数实现这个过程是很合适的。

具体来说，如果函数 printBinary(x) 可以输出整数 x 的二进制形式，那么通过递归调用 printBinary(x/2)，可以输出整数 x/2 的二进制形式。当 x 为 0 或 1 时，由于其二进制形式只有一位，因此其二进制形式仍然是 x 本身。

用于将十进制非负整数转换为二进制数并输出的递归函数如下：

```c
void printBinary(int x)
{
    if (x == 0 || x == 1)          //递归出口（边界条件）
        printf("%d", x);
    else
    {
        printBinary(x / 2);        //递归调用，将 x 除以 2 并向下取整
        printf("%d", x % 2);       //输出 x 除以 2 的余数，即 x 在二进制下的最低位
    }
}
```

完整的程序代码如下：

```c
#include <stdio.h>
void printBinary(int x);
int main(void)
{
    int x;
    scanf("%d", &x);
    printf("整数%d 的二进制形式为：",x);
    printBinary(x);
    return 0;
}
void printBinary (int x)
{
    //自己补齐完整的代码
}
```

运行结果如下：

```
13✓
整数 13 的二进制形式为：1101
```

【实练 11-04】正序输出非负整数 x 的每一位

扫一扫,看视频

设计一个函数,函数的原型为 void printX(int x),该函数的功能是将非负整数 x 的每一位数进行输出,每一位中间有一个空格。要求使用递归的方式实现该函数。然后,编写 main 函数对该函数进行测试。

【实练 11-05】计算 a 的 n 次方

扫一扫,看视频

设计一个函数,函数的原型为 double pw(double a, int n),该函数的功能是计算 a 的 n 次方。要求使用递归的方式实现该函数。然后,编写 main 函数对该函数进行测试。可以基于下面的递推式实现该函数。

$$a^n = \begin{cases} 1, & n = 0 \\ a \times a^{n-1}, & n > 0 \end{cases}$$

📖【实例 11-05】爬楼梯

扫一扫,看视频

描述:王老师爬楼梯,他每次可以选择走 1 级或者 2 级。输入楼梯的总级数,求出不同的走法数。例如,如果楼梯有 3 级,他可以每次都走 1 级,或者第一次走 1 级,第二次走 2 级,还可以第一次走 2 级,第二次走 1 级,总共有 3 种走法。

输入包含多行,每行为一个正整数 n,表示楼梯的级数,$1 \leqslant n \leqslant 30$。输出每行对应的不同的走法数。

输入样例:

```
5
8
10
```

输出样例:

```
8
34
89
```

分析:本实例应用递归思想进行分析。首先设计一个函数,函数原型为 int climbSteps (int n),该函数的功能是计算当有 n 阶台阶时,王老师共有多少种方法爬楼梯。

在爬楼梯的问题中,问题规模由台阶数 n 表示。可以从最小规模的情况开始考虑。当 $n=1$ 时,只有 1 级台阶,显然只有 1 种走法,即 climbSteps (1)=1。当 $n=2$ 时,有两级台阶,有 2 种走法,即第 1 种走法是第 1 步走 2 级台阶,第 2 种走法是第 1 步走 1 级台阶,第 2 步走 1 级台阶。除此之外没有其他走法了,所以 climbSteps (2)=2。当 $n>2$ 时,可以应用减治策略。如果他第 1 步走 1 级台阶,那么剩下的台阶数为 $n-1$。climbSteps $(n-1)$ 表示的是王老师在第 1 步走 1 个台阶的情况下所能走的方法数。同样地,如果他第 1 步走了 2 个台阶,那么剩下的台阶数为 $n-2$。climbSteps $(n-2)$ 则是王老师在第 1 步走 2 个台阶的情况下所能走的方法数。因为王老师只能选择第 1 步走 1 个台阶或者走 2 个台阶,没有其他走法,他总的爬楼梯的方法数为 climbSteps $(n-1)$ + climbSteps $(n-2)$。经分析,可以得到如下递推关系:

$$\text{climbSteps}(n) = \begin{cases} 1, & n = 1 \\ 2, & n = 2 \\ \text{climbSteps}(n-1) + \text{climbSteps}(n-2), & n > 2 \end{cases}$$

显然,这个递推式是 Fibonacci 数列。可以利用这个递推式写出 climbSteps 函数递归和非递归的实现。在这里,主要是应用递归思想分析问题,探讨原问题与子问题的递推关系。一旦获得了这个递推关系,就可以选择递归实现或非递归实现。

递归不仅仅是自己调用自己的一种函数形式,更重要的是递归思想。在算法设计中,递归是一种非常重要的算法设计思想,并且具有极其重要的地位。因此,培养递归计算思维非常重要。

本实例的 climbSteps 函数的递归代码如下：

```
int climbSteps(int n)
{
    if (n == 1)        //递归出口（边界条件）
        return 1;
    if (n == 2)        //递归出口（边界条件）
        return 2;
    return climbSteps(n - 1) + climbSteps(n - 2);
}
```

需要注意的是，climbSteps 函数有两个递归出口，因此递归函数的基本条件可以有多个。该实例的完整代码如下：

```
#include <stdio.h>
int climbSteps (int n); //n阶台阶的走法数
int main(void)
{
    int n;
    while (scanf("%d", &n) != EOF)
    {
        printf("%d\n", climbSteps (n));
    }
    return 0;
}
int climbSteps (int n)
{
    //自己补齐完整的代码
}
```

【实例 11-06】青蛙过河

扫一扫，看视频

描述：如图 11.2 所示，有一条河，左岸上有一个石墩 A，上面落着按编号从小到大排列的 n 只青蛙，编号小的青蛙落在编号大的青蛙上方。河中有 y（≤100）片荷叶和 h（≤30）个石墩，右岸上有一个石墩 B。青蛙需要从左岸的石墩 A 跳到右岸的石墩 B。规则如下：

（1）石墩上可以承受任意数量的青蛙，但荷叶只能承受一只青蛙（无论大小）。

（2）青蛙可以从石墩 A 跳到 B、从石墩 A 跳到河中的荷叶或石墩上或从河中的荷叶或石墩跳到石墩 B。

（3）当石墩上有多只青蛙时，只有编号比石墩上方的青蛙小 1 的青蛙可以落在上面，例如，1 号青蛙只能落在 2 号青蛙上方。

对于给定的 h 和 y，计算最多有多少只青蛙能够根据以上规则顺利地过河。

分析：为了解决这个看起来有点难、没有头绪的问题，我们需要找出问题的规律并进行分析。在这个过程中，可以采用**递归思想，即对原问题进行分解，找出原问题和子问题之间的递归关系**。

根据最终要计算的解和已知的条件，可以定义一个函数 Jump(h, y)，表示在河中有 h 个石墩和 y 片荷叶的情况下，最多可跳过河的青蛙数。

先分析河中没有石墩的情况，也就是当 $h=0$ 时，河中只有 y 片荷叶。当 $y=0$ 时，只有一只青蛙能够从石墩 A 跳到石墩 B，因此 Jump(0,0)=1。当 $y=1$ 时，可以跳过两只青蛙。首先，1 号青蛙从石墩 A 跳到荷叶上，然后 2 号青蛙从石墩 A 跳到石墩 B 上，最后 1 号青蛙从荷叶跳到石墩 B 上，因此 Jump(0,1)=2。类似地，可以推出在河中没有石墩，只有 y 片荷叶时的规律：先是石墩 A 上的 y 只青蛙一只一只地跳到 y 片荷叶上，然后编号为 $y+1$ 的青蛙从石墩 A 跳到石墩 B，最后 y 片荷叶上的 y 只青蛙按照编号由大到小的顺序依次跳到石墩 B 上，所以 Jump(0,y)=$y+1$。

接下来考虑一般情况，即河中至少有一个石墩。可以将河中的 h 个石墩中的一个（记为石墩 C）视为河岸上的石墩 B，如图 11.3 所示。这样一来，青蛙过河问题就可以分解为三个阶段。

（1）使用河中的 $h-1$ 个石墩和 y 片荷叶，此时石墩 A 上会有 Jump($h-1$,y)只青蛙跳到石墩 C 上。

（2）同理，石墩 A 上也会有 Jump(h−1,y)只青蛙跳到石墩 B 上。

（3）最后石墩 C 上的 Jump(h−1,y)只青蛙跳到石墩 B 上。

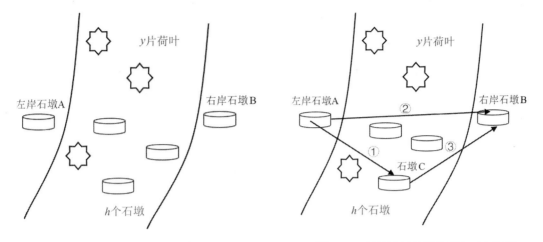

图 11.2　青蛙过河问题示意图　　　　图 11.3　青蛙过河问题分解为三个阶段

经过这三个阶段后，共有 2 * Jump(h−1, y)只青蛙从石墩 A 上跳到了河对岸的石墩 B 上。因此，可推导出如下的递归关系：Jump(h,y) = 2 * Jump(h−1,y)。其中，Jump(h−1,y)是原问题的一个子问题，表示河中 h−1 个石墩、y 片荷叶能跳过多少只青蛙。

综合上述分析可以给出青蛙过河问题的递归关系：

$$\text{Jump}(h,y) = \begin{cases} y+1, & h=0 \\ 2*\text{Jump}(h-1,y), & h>0 \end{cases}$$

使用递归解决青蛙过河问题的参考代码如下：

```c
#include <stdio.h>
long long Jump(int h, int y);
int main(void)
{
    int h, y;
    scanf("%d %d", &h, &y);
    printf("%lld\n", Jump(h, y));
    return 0;
}
long long Jump(int h, int y)
{
    if (h == 0)                    //递归出口（边界条件）
        return y + 1;
    return 2 * Jump(h - 1, y);
}
```

通过参考代码，可以看到递归函数非常简洁。只要能够确定问题的递归关系，就可以用很少的代码编写递归函数。

这个递归函数满足尾递归的条件，因此可以使用循环结构代替这个递归函数。以下是参考代码。

```c
long long Jump(int h, int y)
{
    long long result = y + 1;      //河中石墩数为 0 时
    for (int i = 1; i <= h; i++)
        result = 2 * result;       //直接自底向上推导

    return result;
}
```

这个问题的分析过程告诉我们，**在分析和解决问题时使用递归思想非常有效**。虽然在分析问题的过程中可以得到递推式（递归关系），但并不一定必须用递归函数表达解决方案。在实现过

11

程中，通常情况下，**如果能使用循环结构解决问题，就应该尽可能地避免使用递归函数。**

> 编写递归函数是很重要的，但更重要的是理解如何建立递归关系，并善于运用递归思想找到解决问题的方法。递归的关键在于找到问题的重复性质和规律。只有理解递归的本质和原理，才能更好地运用递归思想解决问题。

【实例 11-07】最大公约数

在第 3 章，我们应用欧几里得算法，用循环结构实现了计算两个整数的最大公约数。本章中，可以设计一个递归函数 $gcd(m, n)$ 来计算正整数 m 和 n 的最大公约数，其递推式如下：若 $m\%n=0$，则 $gcd(m, n) = n$；否则，$gcd(m, n) = gcd(n, m \bmod n)$。

这种算法通过递归的方式不断将问题规模缩小，直到找到最简单的情况。因此，在实现递归函数 $gcd(m, n)$ 时，应该优先考虑这种递归思路。例如，对于 $gcd(24, 36)$ 的计算过程，可以按以下顺序递归计算：$gcd(36, 24)$ –> $gcd(24, 12) = 12$。通过这个递推式，可以很容易地计算出两个整数的最大公约数。

本实例的参考代码如下：

```c
#include <stdio.h>
int gcd(int m, int n);
int main(void)
{
    int m, n;
    scanf("%d%d", &m, &n);
    printf("%d\n", gcd(m, n));
    return 0;
}
int gcd(int m, int n)
{//m 和 n 是不等于 0 的整数
    if (m % n == 0)         //递归出口（边界条件）
        return n;
    return gcd(n, m % n);  //递归调用
}
```

【实例 11-08】选择排序

对于 n 个数据的排序，可以应用选择排序思想将排序过程分为两步。第一步是从这 n 个整数中找到最小值，并将其与第一个元素进行交换。这样一来，未排序的元素个数就减少了一个。因此，第二步就是对剩下的 $n-1$ 个元素应用相同的策略进行排序。这个过程可以继续进行下去，直到序列中只剩下一个元素为止。选择排序是一种减治策略，每次会把未排序序列的个数减少一个，更准确地说，应该是一种减一策略。

因此，可以定义一个选择排序函数 void selectSort(int *a, int n)，其中 a 是待排序数组的起始地址，n 表示元素的个数。当 $n \leqslant 1$ 时，序列已经是有序的，不需要进行任何操作，这是递归的边界条件。否则，排序可以分成两个步骤：第一步是从 n 个数中选择最小元素在数组中的位置，记作 k，然后交换 a[0] 和 a[k] 的值；第二步是递归调用自身对剩下的 $n-1$ 个元素进行排序。通过这种递归方式，可以完成整个序列的排序。

本实例的参考代码如下：

```c
#include <stdio.h>
#include <stdlib.h>
#include <time.h>
const int N = 10;
void output(int *a, int n);
void selectSort(int *a, int n);
void swap(int *, int *);
int main(void)
```

11

```
{
    srand(time(0));
    int a[N];
    for (int i = 0; i < N; i++)        //N个1~100之间的整数
        a[i] = rand() % 100 + 1;
    printf("排序前: \n");
    output(a, N);
    selectSort(a, N);
    printf("\n排序后: \n");
    output(a, N);
    return 0;
}
void output(int *a, int n)
{
    //自己补齐完整的代码
}
void selectSort(int *a, int n)
{
    if (n <= 1)                        //递归出口（边界条件）
        return;
    int k = 0;                         //最小值的数组下标
    for (int i = 1; i < n; i++)
        if (a[i] < a[k])
            k = i;
    if (k != 0)
        swap(&a[0], &a[k]);
    selectSort(a + 1, n - 1);          //递归调用:对n-1个元素排序
}
void swap(int *a, int *b)
{
    //自己补齐完整的代码
}
```

运行结果如下：

```
排序前:
26 93 27 1 90 1 80 78 2 54
排序后:
1 1 2 26 27 54 78 80 90 93
```

【实练11-06】冒泡排序

采用递归的方法实现冒泡排序。

【实例11-09】判断一个单链表是否有序

描述：对于一个空链表或者只有一个元素的链表，认为它是有序的（非递减排序）。如果链表中节点的个数大于1个，则要求所有相邻的两个节点的数据，前一个节点的值小于等于后一个节点的值。

分析：这与选择排序的设计思想是一致的。递归的出口是当链表为空链表或只有一个节点的链表时。否则，采用"分"的策略，将链表视为两个部分：第一个节点和以第二个节点开始形成的链表，如图11.4所示。

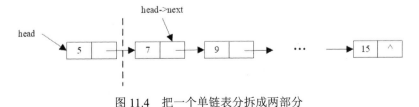

图11.4 把一个单链表分拆成两部分

如果链表的第一个节点的值大于第二个节点的值，那么表明链表并不是有序的。然而，如果第一个节点的值小于等于第二个节点的值，整个链表是否有序取决于 head->next 形成的链表。基于这种策略，可以编写一个递归函数判断链表的有序性。代码如下：

```
bool isIncrease(Node *head)
{
    if (head == NULL || head->next == NULL)        //递归出口
        return true;
    if (head->data > head->next->data)             //递归出口
        return false;
    else
        return isIncrease(head->next);             //递归调用
}
```

读者可以自己试着完成这个函数的测试。

扫一扫，看视频

【实例 11-10】反转链表

描述：对于给定的一个单链表，反转链表，并返回反转后的链表。

分析：在第 8 章已经使用循环结构和非递归函数实现了反转链表。现在可以利用递归思想来设计一个函数实现反转链表。

如果链表为空或只有一个节点（递归出口），则直接返回；否则，将链表分为两部分：第一个节点和从第二个节点开始的剩余链表。如图 11.5（a）所示的虚线把一个链表分为两部分，用一个指针 p 指向第二个节点，而指针 q 指向第一个节点。

可以通过递归调用自身来反转从第二个节点开始的剩余链表，反转后的头节点为 head。同时，指针 p 仍指向原链表的第二个节点，但现在该节点已成为反转后链表的尾节点。接下来，只需要将指针 q 链接到指针 p 后面，并将指针 q 的指针域设置为空，这样就完成了整个链表的反转。图 11.5（b）中的虚线表示将指针 q 链接到指针 p 后面，并且指针 q 的指针域为空。

递归实现的反转链表代码如下：

```
Node *reverseList(Node *head)
{
    if (head == NULL || head->next == NULL)//递归出口
        return head;
    Node *p = head->next, *q = head;
    head = reverseList(head->next);
    p->next = q;
    q->next = NULL;
    return head;
}
```

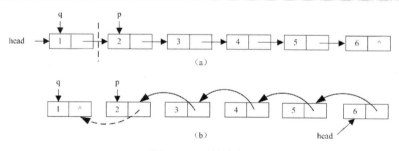

图 11.5　反转链表

 递归实现的反转链表，代码简洁，但当链表非常长时，可能会导致堆栈溢出的问题。

【实例 11-11】从链表中移除节点

扫一扫，看视频

描述：给定一个单链表的头节点 head，如果节点右侧存在比该节点的值更大的节点，则移除该节点，并返回修改后的链表的头节点 head。例如，对于链表

5–>2–>13–>3–>8，需要移除的节点是 5、2 和 3。因此，移除后的链表是 13–>8。链表的节点数目和节点值的范围均为[1, 10^5]。

分析：使用递归思想，可以将链表分为两部分：第一个节点 head 和剩余链表（head–>next），如图 11.6 所示。在递归过程中，可以先处理剩余链表，然后再考虑第一个节点。

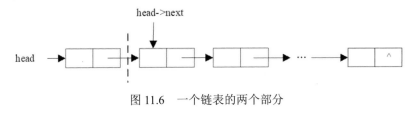

图 11.6　一个链表的两个部分

递归处理完 head–>next 链表后，head–>next 链表已经是完成了节点移除后的链表了，并获取了 head–>next 链表中的最大值。接下来，需要判断是否移除第一个节点。

如果第一个节点的值小于最大值，则可以移除它并返回 head–>next；如果第一个节点的值大于等于最大值，则不需要移除它，只更新最大值，再返回 head 即可。

通过递归调用，可以先处理剩余链表，然后处理第一个节点，从而逐步完成整个链表的节点移除操作。

链表移除节点的递归出口条件有以下两种情况。

（1）如果链表为空，则表示没有节点需要处理，此时不做任何处理并终止递归。

（2）如果链表中只有一个节点，则该节点的值即为最大值，无须进行移除操作，直接返回该节点即可。

通过这两个递归出口条件，可以确保在递归过程中正确地处理链表中的节点，并返回最终结果。

节点的移除实际上是从后往前进行的，如图 11.7（a）所示，虚线右侧只有一个节点，这时虚线右侧的最大值是 8。假设当前节点为 p，可以分为两种情况。如果 p 的值小于最大值，就将它移除；否则，p 向前推进，并更新最大值。在图 11.7（a）中，3 这个节点被删除后，p 向前推进到了 13 这个节点，这时的最大值仍然是 8，如图 11.7（b）所示。因为 13 大于 8，所以最大值更新为 13，p 再次向前推进，如图 11.7（c）所示，重复这个处理直到 head 节点。

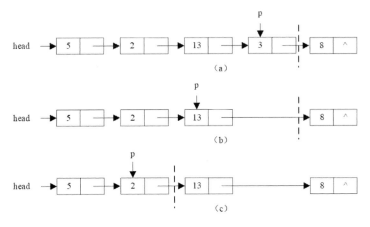

图 11.7　移除节点的过程

通过这种方式，可以从后往前逐个处理链表中的节点，如果当前节点的右侧有大于当前节点的值，则将当前节点移除，从而最终得到一个新的链表。

myRemoveNodes 是一个递归函数，用于移除链表中的节点。函数有两个参数，head 表示链表的头节点，maxp 是一个指针，指向递归过程存储最大值的变量，函数返回移除节点后链表的头节点。在 removeNodes 函数内部，定义了一个整型变量 maxV，用于存储在递归调用过程中的最大值。这个变量在递归过程中会被更新，并与当前节点的值进行比较，以确定最大值。

总之，myRemoveNodes 函数利用递归思想对链表的节点进行移除，并通过 maxV 变量记录递归过程中的最大值。

具体的代码如下：

```c
Node *myRemoveNodes(Node *head, int *maxp)
{
    if (head == NULL)                          //递归出口，链表为空
        return head;
    if (head->next == NULL)                    //递归出口，链表只有一个节点
    {
        *maxp = head->data;                    //最大值也就是这个节点的值
        return head;
    }
    head->next = myRemoveNodes(head->next, maxp); //递归处理 head->next 链表
    if (head->data < *maxp)                    //如果 head 节点的值小于 maxp 指向的最大值
    {
        Node *p = head;
        head = head->next;                     //移除 head 节点
        free(p);                               //释放当前节点的内存
    }
    else
    {
        *maxp = head->data;                    //更新最大值为当前节点的值
    }
    return head;
}
Node *removeNodes(Node *head)
{
    int maxV = 0;                              //存储最大值
    head = myRemoveNodes(head, &maxV);         //处理链表，移除节点
    return head;
}
```

使用递归在处理移除链表节点的问题上可以使代码更简洁。由于单链表的特性，如果不使用递归，使用指针向前推进并处理节点会变得相对麻烦。

所以，针对链表移除节点的问题，递归提供了一种更简洁、直观的解决方案，体现了递归在程序设计中的优势。

> 递归思想的关键在于将原问题拆分为更小的子问题。在链表反转和移除节点的例子中，拆分的方法是一样的。都是把链表拆分为两部分：第一个节点和剩余节点链表。都是先处理剩余节点链表（递归），再处理第一个节点。这种拆分的方法是递归的常见思路，可以应用于许多不同的问题。

读者可以使用实例 08-20 的代码完成这个实例的测试。

🔖 【实例 11-12】汉诺塔问题

扫一扫，看视频

描述：该问题源自印度古老的传说。在一个古老的神庙门前有三根柱子，第一根柱子上按照从大到小的顺序套着 64 个圆盘，大的圆盘在下。目标是将所有的圆盘从第一根柱子移动到第三根柱子上，移动过程需要遵守以下规则。

（1）可以借助第二根柱子进行移动。

（3）每次只能移动一个圆盘。

（3）任何时候大的圆盘都不能压在小的圆盘上。

据传说，当所有圆盘被成功移动完毕时，世界将会灭亡。

编写一个程序，输入圆盘的个数，输出每一步移动的步骤，以解决汉诺塔问题。

分析：可以应用递归思想对问题进行分解。当圆盘数量最少为 1 时，可以直接把 1 号圆盘移动到第三根柱子上。

一般情况，如图 11.8 所示，第一根柱子上有 n 个圆盘，可以把这 n 个圆盘分成两部分：$n-1$ 个圆盘和 n 号圆盘。这时，移动圆盘的问题就可以分解为三个步骤，第一步是将 $n-1$ 个圆盘从第一个柱子移动到第二个柱子上；第二步是将 n 号圆盘移动到第三个柱子上，如图 11.9 所示，是执行前两步后的状态；第三步是将 $n-1$ 个圆盘从第二个柱子移动到第三个柱子上。通过递归处理规模为 $n-1$ 的子问题，就可以解决规模为 n 的汉诺塔问题，因此，移动圆盘问题本身就非常适合使用递归函数来解决。

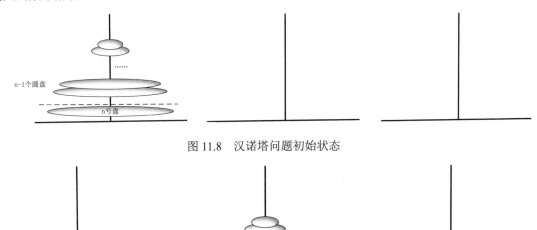

图 11.8 汉诺塔问题初始状态

图 11.9 $n-1$ 个圆盘移动到第二个柱子上且 n 号圆盘移动到第三个柱子上时的状态

如果移动 n 个圆盘的次数为 cnt(n)，那么可以使用递推式 cnt(n)=2*cnt($n-1$)+1 来计算 cnt(n) 的值。这个递推式的递推结果是 cnt(n)=2^n-1。所以当 n=64 时，总步数为 $2^{64}-1$。如果每秒可以移动一步，将 64 个圆盘全部移动完毕需要的时间将长达数十亿年以上。

可以定义一个名为 Move 的函数，该函数接收四个参数：n（表示圆盘的数量）、x、y 和 z（表示柱子的名称，可以用字母表示）。该函数的作用是将 n 个圆盘从柱子 x 借助柱子 y 移动到柱子 z 上。以下是 Move 函数的实现代码。

```
void Move(int n, char x, char y, char z)
{
    if (n == 1)                   //递归出口
        printf("%d# from %c to %c\n", n, x, z);
    else
    {
        Move(n - 1, x, z, y);    //递归调用
        printf("%d# from %c to %c\n", n, x, z);
        Move(n - 1, y, x, z);    //递归调用
    }
}
```

可以将 Move 函数中的递归出口条件设置为 n 等于 0。当 n 等于 0 时，该函数不执行任何操作。改进后的 Move 函数如下：

```
void Move(int n, char x, char y, char z)
{
    if (n > 0)
    {
        Move(n - 1, x, z, y); //递归调用
```

```
        printf("%d# from %c to %c\n", n, x, z);
        Move(n - 1, y, x, z);  //递归调用
    }
}
```

以下是一个完整的程序，用户可以输入圆盘数 n，程序将使用递归函数 Move 完成汉诺塔问题，并输出每一步的移动情况。

```
#include <stdio.h>
void Move(int n, char x, char y, char z);  //函数声明
int main(void)
{
    int n;
    printf("请输入圆盘数量: ");
    scanf("%d", &n);
    printf("移动步骤如下: \n");
    Move(n, 'A', 'B', 'C');
    return 0;
}
void Move(int n, char x, char y, char z)
{
    if (n > 0)
    {
        Move(n - 1, x, z, y);                //递归调用
        printf("%d# from %c to %c\n", n, x, z);
        Move(n - 1, y, x, z);                //递归调用
    }
}
```

运行结果如下：

```
请输入圆盘数量: 3↙
移动步骤如下:
1# from A to C
2# from A to B
1# from C to B
3# from A to C
1# from B to A
2# from B to C
1# from A to C
```

汉诺塔问题不太容易找到非递归的算法。

为了更好地理解汉诺塔问题的递归解法，可以用"与或节点图"对算法进行描述，如图 11.10 所示。这种方法可以直观地展示出递归过程中函数调用之间的逻辑关系，方便读者理解和掌握该算法。

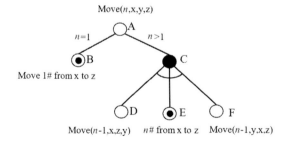

图 11.10　汉诺塔问题与或节点图

图 11.10 中的"○"表示**或节点**，"●"表示**与节点**，"◉"表示**终端节点**。A 节点是或节点，表示依据条件，或者执行 B，或者执行 C。B 节点是终端节点，表示 1 号圆盘从 x 柱移动到 z 柱。C 节点是与节点，与它关联的 D、E、F 三个节点用弧线连起来，表示从左到右地执行，D 节点表示移动 n–1 个盘子从 x 柱到 y 柱，E 节点表示 n 号圆盘从 x 柱移动到 z 柱，E 节点表示移动 n–1

个圆盘从 y 柱到 z 柱。

下面以 3 个圆盘为例画出递归的与或节点图，如图 11.11 所示。

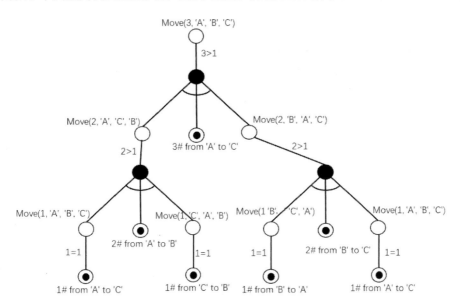

图 11.11　3 个圆盘的递归的与或节点图

图 11.11 很好地表示了整个递归的移动圆盘的过程，这个图很像一棵倒置的树，终端节点从左到右正好是 3 个圆盘的 7 个移动步骤。**n 值越大，树的深度越大，表示递归深度越大，消耗栈的空间就越多。**

【实例 11-13】红与黑

描述：编写一个程序，用于计算在一间长方形的房子中，地上铺了红色和黑色两种颜色的正方形瓷砖的情况下，从一块黑色瓷砖出发，能够到达多少块黑色瓷砖。

输入包括多组数据。每组数据的第一行是两个整数 w 和 h，分别表示 x 方向和 y 方向瓷砖的数量，w 和 h 都不超过 20。在接下来的 h 行中，每行包括 w 个字符。每个字符表示一块瓷砖的颜色："."表示黑色的瓷砖；"#"表示红色的瓷砖；"@"表示黑色的瓷砖，代表初始位置，该字符在每组数据中仅出现一次。当在一行中读入的是两个 0 时，表示输入结束。对于每个数据集合，请分别输出一行，显示从初始位置出发能够到达的黑色瓷砖数，计数时包括初始位置的黑色瓷砖。

输入样例：

```
6 9
....#.
.....#
......
......
......
......
#@...#
.#..#.
0 0
```

输出样例：

```
45
```

分析：本问题的设计思想与实例 11-05 的设计思想相似：从初始位置出发，走向下一步有四种选择，即上、下、左、右四个方向。每走一步，将经过的黑色瓷砖标记为红色，以避免重复经过同一瓷砖。经过的黑色瓷砖数应为四个方向上所经过的黑色瓷砖总和。走完一步后，从新的位置继续计算走过的黑色瓷砖数，是原问题的一个子问题。因此，可以应用递归思想设计程序。

本问题的递归出口是位置 (x, y) 不合法或者这个位置是红色瓷砖。

定义一个名为 count 的递归函数，该函数有两个参数，分别表示当前所站瓷砖位置的行下标和列下标。经过上面的分析可以得到如下递归关系。

count(x, y) = 1 + count(x-1, y) + count(x+1, y) + count(x, y-1) + count(x, y+1)

其中，1 表示当前位置正处于黑色瓷砖上；count(x–1, y)表示从点$(x–1, y)$出发能够走过的黑色瓷砖总数；count(x+1, y)表示从点$(x+1, y)$出发能够走过的黑色瓷砖总数；count(x, y–1)表示从点$(x, y–1)$出发能够走过的黑色瓷砖总数；count(x, y+1)表示从点$(x, y+1)$出发能够走过的黑色瓷砖总数。

以下是 count 函数的实现代码。

```c
int count(int x, int y)
{
    if (x < 0 || x >= h || y < 0 || y >= w)         //如果走出矩阵范围
        return 0;
    if (str[x][y] == '#')                            //该瓷砖已被走过
        return 0;
    str[x][y] = '#';                                 //将走过的瓷砖做标记
    return 1 + count(x - 1, y) + count(x + 1, y) +
        count(x, y - 1) + count(x, y + 1);
}
```

以下是一个完整的程序，可以读入多组数据，并输出每组数据所经过的黑色瓷砖总数。瓷砖矩阵和矩阵的宽高被定义为全局变量，以简化对函数的参数传递。

```c
#include <stdio.h>
char str[30][30];                                    //红黑瓷砖矩阵
int w, h;                                            //矩阵的宽和高
int count(int x, int y);
int main(void)
{
    int x, y;
    while (scanf("%d%d", &w, &h) && w != 0 && h != 0)  //多组数据
    {
        for (int i = 0; i < h; i++)
        {
            scanf("%s", str[i]);
            for (int j = 0; j < w; j++)
            {
                if (str[i][j] == '@')                //记录初始所在瓷砖的位置
                {
                    x = i;
                    y = j;
                }
            }
        }
        int sum = count(x, y);
        printf("%d\n", sum);
    }
    return 0;
}
int count(int x, int y)
{
    //自己补齐代码
}
```

【实例 11-14】魔幻二维数组

描述：生成一个 $n \times n$ 的魔幻二维数组，数组中的数字从左上角开始，按照顺时针螺旋递减。例如，对于 4×4 的数组，结果应为

扫一扫，看视频

16	15	14	13
5	4	3	12
6	1	2	11
7	8	9	10

输入一个整数 n，满足 $0 < n \leqslant 20$。输出一个 $n \times n$ 的魔幻二维数组，要求每个数字占用 3 个字符宽度，数字之间用空格隔开。

分析：假设要生成一个 $n \times n$ 的魔幻二维数组，可以将它拆分成两部分：上下左右四周一圈和中间部分的 $(n-2) \times (n-2)$ 的二维数组。生成过程可以从数组的 $(0,0)$ 开始，先从左向右放第一行，再从上到下放第 n 列，之后从右向左放第 n 行，最后从下向上放第一列，四周放完数后，剩余的未添数是一个 $(n-2) \times (n-2)$ 的二维数组，其起始位置为 $(1, 1)$。

一般情况下，对于一个 $n \times n$ 的二维数组，如果起始位置是 (x, x)，那么放完一圈数后，需要放的是一个 $(n-2) \times (n-2)$ 的二维数组，起始位置为 $(x+1, x+1)$。

因此，生成魔幻二维数组存在递归关系，可以使用递归函数完成魔幻二维数组的生成。

定义一个名为 genMagicSquare 的递归函数，函数原型为 void genMagicSquare(int n, int x)，其中参数 n 表示二维魔幻数组的维数，参数 x 表示从 (x,x) 位置开始顺时针生成魔幻二维数组。生成的魔幻二维数组定义为全局变量，以减少传参的复杂性。

在函数中，可以先判断递归出口条件：如果 n 为 0，则直接返回；如果 n 为 1，则在 (x,x) 位置放 1 即可。否则，需要按照从左向右放第一行、从上向下放第 n 列等方法，顺时针放置一圈数字。此后通过递归调用 genMagicSquare 函数，完成 $(n-2) \times (n-2)$ 二维数组的生成，起始位置为 $(x+1, x+1)$。

以下是 genMagicSquare 函数的实现代码。

```
void genMagicSquare(int n, int x)
{
    if (n == 0)                              //递归终止条件
        return;
    if (n == 1)                              //递归终止条件
    {
        a[x][x] = 1;
        return;
    }
    int k = n * n;
    for (int col = 0; col < n; col++)        //第一行
        a[x][x + col] = k--;
    for (int row = 1; row < n; row++)        //最后一列
        a[row + x][x + n - 1] = k--;
    for (int col = x + n - 2; col >= x; col--)   //最后一行
        a[x + n - 1][col] = k--;
    for (int row = x + n - 2; row > x; row--)    //第一列
        a[row][x] = k--;
    genMagicSquare(n - 2, x + 1);            //递归调用
}
```

以下是一个完整的程序，可以读入一个不大于 20 的正整数 n，并输出一个 $n \times n$ 的魔幻二维数组。

```
#include <stdio.h>
int a[20][20];                              //魔幻二维数组
void genMagicSquare(int n, int x);
void output(int a[][20], int n);
int main(void)
{
    int n;
    scanf("%d", &n);
    genMagicSquare(n, 0);
    output(a, n);
    return 0;
}
void genMagicSquare(int n, int x)
```

```
    {
        //自己补齐代码
    }
    void output(int a[][20], int n)
    {
        for (int i = 0; i < n; i++)
        {
            for (int j = 0; j < n; j++)
            {
                printf("%3d ", a[i][j]);
            }
            printf("\n");
        }
    }
```

【实例11-15】分解因子

扫一扫，看视频

描述：给定一个正整数 a，将其分解为若干个正整数的乘积，即 $a = a_1 \times a_2 \times a_3 \times \cdots \times a_n$，并且满足 $1 < a_1 \leq a_2 \leq a_3 \leq \cdots \leq a_n$。求解的是满足以上条件的分解方法的数量。需要注意的是，对于 a 本身就是一种分解方法。

举例来说，对于整数 20，存在四种因子分解方法。

$20 = 2 \times 2 \times 5$

$20 = 2 \times 10$

$20 = 4 \times 5$

$20 = 20$

输入的第一行包含一个整数 n，表示测试数据的组数。接下来的 n 行每行包含一个整数 a（$1 < a < 32768$）。输出 n 行，每行表示对应输入的满足要求的分解方法的数量。

输入样例：

```
2
2
20
```

输出样例：

```
1
4
```

分析：可以先对样例进行分析，以便找到问题的规律，从而更好地理解问题并找到解决方法。分析发现，20 的分解方法里除了自己是一种分解方法外，其他分解方法的第一个因子小于等于 20 的平方根，即第一个因子只能是 2 或 4。这是因为分解方法要求 $1 < a_1 \leq a_2 \leq a_3 \leq \cdots \leq a_n$。

如果 2 是它的第一个因子，那么 20 除以 2 的商是 10。而整数 10 的最小因子为 2 的分解方法有两种，即 $10 = 2 \times 5$ 和 $10 = 10$。因此，20 的第一个因子为 2 的因子分解方法数为 2。

如果 4 是它的第一个因子，那么 20 除以 4 的商是 5。而整数 5 的最小因子为 5 的分解方法只有一种，即 $5 = 5$，所以 20 的第一个因子为 4 的因子分解方法数为 1。

所以 20 的因子分解方法数是 4 个（第一个因子是 2 的有 2 个，第一个因子是 4 的有 1 个，自己是 1 个）。

通过上面的分析可以设计一个名为 cnt 的递归函数，函数原型为 int cnt(int a, int m)，该函数的功能是计算出 a 的第一个因子大于等于 m 的因子分解方法数。因此，对于 20 的因子方法数也就是 cnt(20, 2)。

设 k 是小于等于 a 的平方根的最大整数，那么 cnt 函数具有下面的递归关系。

$$\text{cnt}(a, m) = 1 + \sum_{i=m}^{k} \text{cnt}\left(\frac{a}{i}, i\right), \quad 其中，a\%i == 0$$

递归出口是 $[m, k]$ 之间没有 a 的因子。

根据这个递归关系，可以得到以下的递归函数实现。

```
int cnt(int a, int m)
{
    int s = 1;
    for (int i = m; i * i <= a; i++)
    {
        if (a % i == 0)
            s += cnt(a / i, i);
    }
    return s;
}
```

这个递归函数没有明确的递归出口，实际的递归出口是当执行 for 语句时，无法找到 a 的因子。在这种情况下，会返回 1，代表 a 自身作为一种因子分解方法。

以下是一个完整的程序，首先读取一个整数 n 的值，然后读取 n 个整数。对于每个读入的整数，程序将调用 cnt 函数计算其因子分解方法数，并将结果输出。

```
#include <stdio.h>
int cnt(int a, int m);
int main(void)
{
    int n, a;
    scanf("%d", &n);
    while (n--)
    {
        scanf("%d", &a);
        printf("%d\n", cnt(a, 2));
    }
    return 0;
}
int cnt(int a, int m)
{
    //自己补齐代码
}
```

【实练 11-07】整数划分问题

将正整数 n 表示成一系列正整数之和的方式有很多种，如可以表示为 $n = n_1 + n_2 + \cdots + n_k$，其中，$n_1 \geq n_2 \geq \cdots \geq n_k$，$k \geq 1$。

扫一扫，看视频

这种形式被称为正整数 n 的划分方式。正整数 n 的不同划分方式的个数被称为正整数 n 的划分数，记作 $P(n)$。

例如，正整数 6 有如下 11 种不同的划分方式，因此 $P(6) = 11$。

6
5+1
4+2，4+1+1
3+3，3+2+1，3+1+1+1
2+2+2，2+2+1+1，2+1+1+1+1
1+1+1+1+1+1

【实练 11-08】放苹果

扫一扫，看视频

把 M 个同样的苹果放在 N 个同样的盘子里，允许有的盘子空着不放，问共有多少种不同的分法？例如，5,1,1 和 1,5,1 是同一种分法。第一行是测试数据的数目 t（$0 \leq t \leq 20$），以下每行均包含两个整数 M 和 N，以空格分开，$1 \leq M, N \leq 10$。对输入的每组数据 M 和 N，用一行输出相应的分法数量。

输入样例：

```
2
7 3
10 5
```

输出样例：

```
8
30
```

扫一扫，看视频

【实例 11-16】折半查找

描述：给定一个 *n* 个元素有序的（升序）整型数组 nums 和一个目标值 target，编写一个函数搜索 nums 中的 target，如果目标值存在，则返回下标；否则返回–1。

分析：折半查找是一种递归算法，适用于有序序列。它的主要策略是每次通过与查找范围内的中间元素进行比较缩小查找范围。如果与中间元素相等，则查找结束并返回结果；否则，根据比较结果选择在中间元素的左侧或右侧范围进行下一轮查找。这个查找方法也被称为二分查找，因为每次比较或者找到目标元素，或者将查找的范围缩小一半。

该算法有两个递归终止条件：如果找到目标元素，则直接返回；如果查找范围为空集，则说明没有找到。

按照本实例的要求可以实现一个折半查找算法，实现代码如下：

```c
int biSearch(int nums[], int left, int right, int target)
{
    if (left > right)                              //递归出口：查找范围已经为空了，查找失败
        return -1;
    int mid = (left + right) / 2;                  //计算中间索引位置
    if (target == nums[mid])                       //递归出口：如果中间值等于目标元素
        return mid;                                //返回中间值的下标
    if (target < nums[mid])
        return biSearch(nums, left, mid - 1, target);     //在左侧继续查找
    else
        return biSearch(nums, mid + 1, right, target);    //在右侧继续查找
}
```

以下是使用折半查找算法在一个有序数组中查找目标值的代码。首先，随机生成一个包含 *N* 个整数的数组；然后，使用快速排序算法 qsort 将数组排序；接下来，输入一个要查找的目标值，使用折半查找算法在已经排好序的数组中查找该值，并将查找结果输出。

```c
#include <stdio.h>
#include <stdlib.h>
#include <time.h>
const int N = 10;
int biSearch(int nums[], int left, int right, int target);
int compare(const void *a, const void *b)
{
    return *(int *)a - *(int *)b;
}
int main(void)
{
    srand(time(0));
    int a[N];
    for (int i = 0; i < N; i++)
        a[i] = rand() % 100 + 1;
    qsort(a, N, sizeof(int), compare);
    for (int i = 0; i < N; i++)
        printf("%d ", a[i]);
    printf("\n\n请输入要查找的元素1~100: ");
    int x;
    scanf("%d", &x);
    int re = biSearch(a, 0, N - 1, x);
    if (re == -1)
        printf("未找到!");
```

```
        else
            printf("目标值是序列中的第%d 个元素。", re+1);
        return 0;
    }
    int biSearch(int nums[], int left, int right, int target)
    {
        //自己补齐代码
    }
```

程序的一次运行结果如下：

```
1 8 13 15 25 35 66 66 71 100
```

请输入要查找的元素 1~100：15✓
目标值是序列中的第 4 个元素。

【实练 11-09】搜索插入位置

给定一个排序数组和一个目标值，在数组中找到目标值，并返回其索引。如果目标值在数组中不存在，则返回它将会被按顺序插入的位置。例如，数组为[1,3,5,6]，目标值为 2，则插入位置为 1。

 ## 【实例 11-17】两数之和

描述：给定一个包含 n 个元素的升序整型数组 nums 和一个目标值 target，请你从数组中找出两个数的和等于目标数 target。数组中的元素互不重复且每个输入只有唯一的答案，不可以重复使用相同的元素求和。

输入的第一行为整数 n，表示数组元素个数；第二行为 n 个整数，表示有序的升序整型数组 nums，每个整数之间用空格分隔；第三行为整数 target，表示目标值。输出两个下标 i 和 j，使得 nums[i]+nums[j]等于 target，且 $i<j$。

输入样例 1：

```
4
2 7 11 15
9
```

输出样例 1：

```
0 1
```

输入样例 2：

```
5
-1 0 1 3 10
-1
```

输出样例 2：

```
0 2
```

输入样例 3：

```
6
-1 0 1 4 8 14
13
```

输出样例 3：

```
0 5
```

分析：可以使用双指针的方法直接找到两个数的下标。为了提高查找效率，可以先应用折半查找算法找到数组中小于等于 target 的最大整数值的位置，记为 k。然后，在下标范围[0, k]内使用双指针的方法查找两个数的下标，使它们的和等于 target。

下面是查找比目标值小的最大整数下标的折半查找递归函数的实现。

```
int biSearch(int nums[], int left, int right, int target)
{
    if (left > right)                                    //递归出口
```

```
            return right;
        int mid = (left + right) / 2;                    //计算中间索引位置
        if (target < nums[mid])
            return biSearch(nums, left, mid - 1, target);    //在左侧继续查找
        else
            return biSearch(nums, mid + 1, right, target);   //在右侧继续查找
    }
```

下面是本实例的完整代码。

```c
#include <stdio.h>
#include <stdlib.h>
int biSearch(int nums[], int left, int right, int target);
int main(void)
{
    int n;
    scanf("%d", &n);
    int *nums = (int *)malloc(sizeof(int) * n);
    for (int i = 0; i < n; i++)
        scanf("%d", &nums[i]);
    int target;
    scanf("%d", &target);
    int k = biSearch(nums, 0, n - 1, target);            //折半查找
    int i = 0, j = k;
    while (nums[i] + nums[j] != target)
    {
        if (nums[i] + nums[j] > target)
            j--;
        else
            i++;
    }
    if (i < j)
        printf("%d %d", i, j);
    else
        printf("%d %d", j, i);
    free(nums);
    return 0;
}
int biSearch(int nums[], int left, int right, int target)
{
    //自己补齐代码
}
```

因为 nums 数组中有可能有负数，因此有可能导致查找范围超出[0, k]的范围。这种情况下，如果不进行特殊处理，可能会出现 $i > j$ 的情况。因此，在实现代码时，获取到两个整数的下标后，需要对 i 和 j 的大小进行判断，以确保最后输出的结果满足 $i < j$ 的条件。

【实例 11-18】归并排序

扫一扫，看视频

归并排序是一种高效、稳定的排序算法，其核心思想基于**分治策略**。

分治策略可以分为三个步骤：**分、治、合并**。其中，**分**的目的是将原问题划分为更小规模的子问题，**治**的目的是通过相同的方法处理子问题以获得它们的解，**合并**的目的是将子问题的解整合在一起形成原问题的解。由于分治策略中的子问题与原问题具有相同的处理方法，因此分治算法具有递归的特点，非常适合用递归实现。也就是说，通过递归将原问题划分为子问题，并通过相同的递归方式直到子问题可以进一步简化为直接解决的小问题，然后将小问题的解组合起来逐步求解大问题的解。这种递归关系使得算法的实现更加简洁、清晰，并能够减少代码量。

可以应用分治策略实现归并排序函数，函数原型为 void mergeSort(int arr[], int left, int right)。该函数的功能是对 arr[left, right]进行排序。归并排序的算法可以用与或节点图表示，如图 11.12 所示。

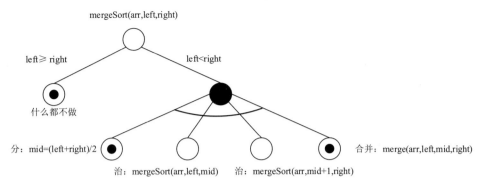

图 11.12　归并排序的与或节点图

如果 left<right，首先进行分的步骤，计算 mid = (left+right)/2，将原序列分成左右两部分，分别为 arr[left,mid]和 arr[mid+1,right]。接着，进行治的步骤，也就是递归地对分好的左右两部分进行排序。最后，进行合并的步骤，将左右两部分已经有序的序列合并成一个有序序列。通过这样的过程，就可以完成整个排序过程。

总之，**归并排序利用分治策略将排序过程拆分为分、治、合并三个步骤**，通过递归实现对子问题的排序，最终将子问题的解合并为原问题的解，从而实现对整个数组的排序。

下面是归并排序的函数实现。

```c
void mergeSort(int arr[], int left, int right)
{
    if (left < right)
    {
        int mid = left + (right - left) / 2;    //计算中间位置：分
        mergeSort(arr, left, mid);              //递归地对左子数组进行排序：治
        mergeSort(arr, mid + 1, right);         //递归地对右子数组进行排序：治
        merge(arr, left, mid, right);           //合并两个已排序的子数组：合并
    }
}
```

代码中 mid 的计算方法可以避免数据溢出。

在归并排序算法中，为了将两个有序子数组合并成一个有序数组，可以实现一个函数 merge，该函数的功能是将两个有序的子数组 arr[left, mid]和 arr[mid+1, right]合并为一个有序的数组。具体的实现看下面完整的程序。

```c
#include <stdio.h>
#include <stdlib.h>
void merge(int arr[], int left, int mid, int right);
void mergeSort(int arr[], int left, int right);
int main(void)
{
    int arr[] = {12, 11, 13, 5, 6, 7, 1, 8};        //待排序数组
    int n = sizeof(arr) / sizeof(arr[0]);            //数组长度
    printf("原数组: ");
    for (int i = 0; i < n; i++)
        printf("%d ", arr[i]);
    mergeSort(arr, 0, n - 1);
    printf("\n 排序后的数组: ");
    for (int i = 0; i < n; i++)
        printf("%d ", arr[i]);
    return 0;
}
void merge(int arr[], int left, int mid, int right)
{
    int i = 0, j = 0, k = left;
    int n1 = mid - left + 1;                          //arr[left, mid]元素个数
```

```
        int n2 = right - mid;                    //arr[mid+1, right]元素个数
        int *L = (int *)malloc(sizeof(int) * n1);    //临时数组
        int *R = (int *)malloc(sizeof(int) * n2);    //临时数组
        //将数据复制到临时数组
        for (i = 0; i < n1; i++)
            L[i] = arr[left + i];
        for (j = 0; j < n2; j++)
            R[j] = arr[mid + 1 + j];
        i = 0, j = 0, k = left;
        //合并临时数组到原数组
        while (i < n1 && j < n2)
        {
            if (L[i] <= R[j])
            {
                arr[k++] = L[i++];
            }
            else
            {
                arr[k++] = R[j++];
            }
        }
        //将剩余元素复制回原数组
        while (i < n1)
        {
            arr[k++] = L[i++];
        }
        while (j < n2)
        {
            arr[k++] = R[j++];
        }
        free(L);                                 //释放临时数组
        free(R);                                 //释放临时数组
    }
    void mergeSort(int arr[], int left, int right)
    {
        //自己补齐代码
    }
```

【实例 11-19】数组中的逆序对

描述：给定一个数组，如果数组中的两个数字满足前面的数字大于后面的数字，则这两个数字构成一个逆序对。现在需要编写一个函数来计算给定数组中逆序对的总数。数组长度小于等于50000。

例如，对于数组[6,7,1,3,5,9]，它包含 6 个逆序对，即(6,1)，(6,3)，(6,5)，(7,1)，(7,3)，(7,5)。

分析：在第 5 章中，我们已经介绍了使用枚举方法计算逆序对的个数。然而，当数据规模较大时，该方法的效率非常低。实际上，可以将归并排序算法中的思想运用到逆序对问题中，以得到更高效的解法。

算法的思想就是在递归归并排序左右区间时，分别计算出左右区间的逆序对的个数，记作cnt1 和 cnt2。在将左右两个有序区间合并成一个的过程中，比较时，如果右区间的元素值小于左区间的元素值，那么左区间的从当前元素开始的剩余元素将与右区间的这个元素都构成逆序对。把所有这样的逆序对的数量统计在一起，也就是在归并两个有序区间时计算出来的逆序对个数，记作 cnt。最终整个数组的逆序对个数就应该是 cnt1 + cnt2 + cnt。

本实例实现了一个函数 int mergeSort(int *arr, int left, int right)。该函数可以基于递归的归并排序算法计算出数组 arr 中逆序对的个数。具体的实现代码可以在下面的完整程序中找到。

```
#include <stdio.h>
#define N 50000
void input(int *arr, int n);
```

```
int mergeSort(int *arr, int left, int right);
int temp[N];                                    //全局数组，归并时的辅助数组
int main(void)
{
    int a[N];
    int n;
    scanf("%d", &n);
    input(a, n);
    printf("%d", mergeSort(a, 0, n - 1));       //输出数组 a 中逆序对的个数
    return 0;
}
//归并排序，返回数组 arr 中逆序对的个数
int mergeSort(int *arr, int left, int right)
{
    if (left >= right)
        return 0;                               //递归出口
    else
    {
        int mid = left + (right - left) / 2;    //中间位置
        int lcnt = mergeSort(arr, left, mid);   //左区间逆序对的个数
        int rcnt = mergeSort(arr, mid + 1, right); //右区间逆序对的个数
        int cnt = 0;
        int k = left, i = left, j = mid + 1;    //合并时的三个指针 k、i 和 j
        while (i <= mid && j <= right)
        {
            if (arr[i] <= arr[j])
                temp[k++] = arr[i++];           //左区间的值小于右区间的值
            else
            {
                temp[k++] = arr[j++];           //右区间的值小于左区间的值
                cnt += mid - i + 1;             //累加逆序对的个数，为左区间剩余的个数
            }
        }
        while (i <= mid)                        //将剩余的左区间的值复制到 temp 中
            temp[k++] = arr[i++];
        while (j <= right)                      //将剩余的右区间的值复制到 temp 中
            temp[k++] = arr[j++];
        for (int i = left; i <= right; i++)
            arr[i] = temp[i];
        return lcnt + rcnt + cnt;    //左区间逆序对个数+右区间逆序对个数+归并时的逆序对个数
    }
}
void input(int *arr, int n)
{
    for (int i = 0; i < n; i++)
        scanf("%d", &arr[i]);
}
```

这种方法可以极大地提高计算效率，使得计算数组的逆序对个数变得更加高效。

【实练 11-10】统计数字

某次科研调查中，获得了 n（$1 \leq n \leq 200000$）个自然数。每个自然数都不超过 1.5×10^9。已知这些数中不相同的数不超过 10000 个。现在需要统计每个自然数出现的次数，并按照自然数从小到大的顺序输出统计结果。

扫一扫，看视频

输入包含 $n+1$ 行数据：第一行是整数 n，表示自然数的个数；接下来的 n 行，每行包含一个自然数。输出包含 m 行数据（m 为 n 个自然数中的不相同数的个数），结果按自然数从小到大的顺序输出。每行输出两个整数，分别表示自然数和该数出现的次数，用一个空格隔开。

输入样例：

```
2
4
2
4
5
100
2
100
```

输出样例：

```
2 3
4 2
5 1
100 2
```

【实例 11-20】快速排序

扫一扫，看视频

快速排序是一种基于**分治策略**的高效排序算法。可以使用与或节点图描述该算法，如图 11.13 所示。

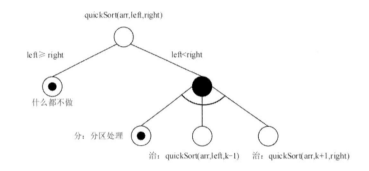

图 11.13　快速排序的与或节点图

图 11.13 中的分区处理可以选择待排序序列中的第一个元素作为基准进行划分。分区后，基准元素会被放置在 arr[k]中，此时 arr[k]左边的元素都小于等于 arr[k]，而 arr[k]右边的元素都大于等于 arr[k]。接下来，可以对 arr[left, k–1]和 arr[k+1, right]进行递归排序。这样，左右两个子问题执行完排序后，整个序列也就有序了。因此，快速排序子问题的解不需要再进行合并处理。

图 11.14 是快速排序算法中一次分区处理的例子，如何进行分区可以参考下面快速排序函数中的分区处理操作。

图 11.14　以 arr[left]为基准的分区处理

下面是快速排序的函数实现。

```
void quickSort(int *arr, int left, int right)
{
    int t = arr[left];
    int l = left, r = right;
    if (l < r)
    {
        do
        {
            while (l < r && arr[r] >= t)        //从右向左找第一个小于基准值的数
                r--;
```

```
        if (l < r)
            arr[l++] = arr[r];              //将找到的数放到基准值左边
        while (l < r && arr[l] <= t)        //从左向右找第一个大于基准值的数
            l++;
        if (l < r)
            arr[r--] = arr[l];              //将找到的数放到基准值右边
    } while (l < r);
    arr[l] = t;                             //最后将基准值放到正确的位置
    quickSort(arr, left, l - 1);            //递归调用，对左右两部分进行排序
    quickSort(arr, l + 1, right);           //递归调用，对左右两部分进行排序
    }
}
```

以第一个元素作为基准进行分区时，左右两个分区中的元素个数可能会相差很大。为了改进这种情况，可以选择其他的基准元素，如从序列中随机选取，或者选择某个中间值，如第一个、中间的和最后一个三者的中间值。主要目的是希望进行分区处理后，左右两个分区中的数据个数尽可能相近。

关于快速排序的其他方面改进以及性能分析等内容，本书不做过多讨论。本书关注的重点是基于分治策略的递归算法设计。

对快速排序函数的测试可以使用实例 11-18 中对归并排序函数的测试程序。

【实例 11-21】排序链表

描述：给定链表的头节点 head，将链表按升序排列并返回排序后的链表。

分析：快速排序不仅适用于对数组进行排序，还可用于对链表进行排序。基本的设计思想如下：

（1）首先遍历链表，找出最小值和最大值，然后计算两者的平均值。

（2）第二次遍历链表，将链表分成两部分：一部分是小于或等于平均值的节点组成的链表，另一部分是大于平均值的节点组成的链表。

（3）对这两个链表分别采用相同的方式进行处理，直到每个链表都是有序的为止。

（4）最后，将这两个链表的头尾相连，即完成了排序。

递归的出口有两个。

（1）当链表为空或链表仅有一个节点时，这是最小规模，不需要进行排序，因此返回原链表。

（2）在第一次遍历时，若最大值和最小值相同，则说明链表中的所有元素都相等，已经有序了，因此直接返回原链表。

本实例的参考代码如下：

```
#include <stdio.h>
#include <stdlib.h>
#include <time.h>
typedef struct ListNode                     //链表节点
{
    int val;
    struct ListNode *next;
} ListNode;
ListNode *createList(void);
void display(ListNode *head);
ListNode *sortList(ListNode *head);
int main(void)
{
    ListNode *head = createList();
    printf("原始链表: ");
    display(head);
    head = sortList(head);
    printf("排序后链表: ");
    display(head);
```

```
        return 0;
    }
    //函数功能：对链表排序
    ListNode *sortList(ListNode *head)
    {
        if (head == NULL || head->next == NULL) //递归出口
            return head;
        int l = head->val;                       //第一个节点的值
        int r = l;
        int mid;
        ListNode *p = head->next;                //第二个节点
        while (p)
        {
            l = l < p->val ? l : p->val;         //最小值
            r = r > p->val ? r : p->val;         //最大值
            p = p->next;
        }
        if (l == r)                              //递归出口
            return head;
        mid = l + (r - l) / 2;                   //计算最大值与最小值的平均值
        ListNode *h1 = NULL, *h2 = NULL;         //两个空链表
        p = head;
        ListNode *q;
        while (p)                                //第二次遍历链表
        {
            q = p->next;
            if (p->val <= mid)                   //把小于 mid 值的节点以头插法插入 h1 链表
            {
                p->next = h1;
                h1 = p;
            }
            else                                 //把大于 mid 值的节点以头插法插入 h2 链表
            {
                p->next = h2;
                h2 = p;
            }
            p = q;
        }
        h1 = sortList(h1);                       //递归对 h1 链表排序
        h2 = sortList(h2);                       //递归对 h2 链表排序
        p = h1;
        while (p->next)                          //p 指向 h1 链表的表尾
            p = p->next;
        p->next = h2;                            //将 h2 链接到 h1 链表的表尾
        return h1;
    }
    //函数功能：创建链表
    ListNode *createList(void)
    {
        ListNode *head = NULL, *s;
        srand(time(0));
        int n = rand() % 20 + 10;                //生成 10～30 之间的随机数作为链表长度
        while (n--)
        {
            s = (ListNode *)malloc(sizeof(ListNode));
            s->val = rand() % 100 + 1;           //生成 1～100 之间的随机数作为节点的值
            s->next = head;
            head = s;
        }
        return head;
    }
```

```
//函数功能: 遍历链表
void display(ListNode *head)
{
    ListNode *p = head;
    while (p)
    {
        printf("%d ", p->val);
        p = p->next;
    }
    printf("\n");
}
```

【实练 11-11】使用归并排序对链表进行排序

 【实例 11-22】分书问题

扫一扫, 看视频

描述: 有编号分别为 0、1、2、3、4 的 5 本书, 准备分给 5 个人 A、B、C、D、E, 每个人的阅读兴趣可以用一个 5 行 5 列的二维数组加以描述, like[i][j] 表示第 i 个人对第 j 本书是否喜欢, 喜欢值为 1, 不喜欢值为 0。编写一个程序, 输出所有分书方案, 让人人都满意。假定 5 个人对 5 本书的阅读兴趣如图 11.15 所示。

扫一扫, 看视频

书 人	0	1	2	3	4
A	0	0	1	1	0
B	1	1	0	0	1
C	0	1	1	0	1
D	0	0	0	1	0
E	0	1	0	0	1

图 11.15　5 个人对 5 本书的阅读兴趣

分析: 可以考虑基于人的分书策略, 即一个人一个人地去分书, 对于第 i 个人, 如果要把第 j 本书分给他, 需要满足两个条件: 他喜欢第 j 本书, 即 like[i][j]=1; 同时第 j 本书没有分给别人, 因此可以定义一个一维数组 book[5], 初始状态元素值均为 0, 如果第 j 本书分出去了, 则 book[j] 的值为 1。如果 book[j] 的值为 0, 则表示第 j 本书未分配, 可以分给第 i 个人。通过这种方式实现, 可以保证每个人都分到自己喜欢的书, 并且每本书都最多只会被分配一次。

因此, 能把第 j 本书分给第 i 个人的条件是 like[i][j] == 1 && book[j] == 0 成立。为此, 可以定义一个名为 Try(i) 的函数, 其中 i 的取值范围为 0~4, 表示尝试给第 i 个人分书。可以按照书的编号顺序, 先尝试将 0 号书分配给当前人, 然后分配 1 号书, 接着是 2 号书, 以此类推。可以使用一维数组 take[5] 记录每个人分到的书。如果第 j 本书可以分给第 i 个人, 则需要按照下面的步骤进行操作。

第一步: 把第 j 本书分给第 i 个人, 即 take[i] = j, book[j] = 1。

第二步: 检查当前 i 是否等于 4。如果 i 不为 4, 则表示尚未将所有 5 本书分完, 此时需要递归尝试给下一个人分书, 即 Try(i+1)。如果 i 等于 4, 则说明已经得到一个新的分书方案, 此时可以先增加方案计数器 n 的值, 然后输出此方案下每个人分到的书。

第三步: 回溯, 即让第 i 个人退回第 j 本书, 同时恢复 j 未被选中的标志, 即 book[j] = 0。这一步在已经输出了第 n 个方案后, 需要寻找下一个分书方案时必不可少。

总之, 该算法采用了回溯的思想, 通过不断尝试, 寻找符合条件的分书方案。在实现过程中, 需要通过**回溯恢复数据**, 以保证能够找到所有可行的分书方案。**回溯本质上就是在做出一种选择后, 撤回之前的选择, 以便寻找其他的方案。**

图 11.16 是给第 i 个人分书的与或节点图, 通过与或节点图可以形式化地描述如何给 5 个人

分书，同时能够枚举出所有可能的分书方案。算法从第 0 个人开始分书，并依次向后递归，使得每个人都能获得符合条件的书。

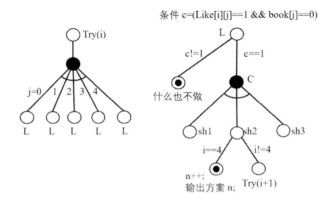

图 11.16　给第 i 个人分书的与或节点图

图 11.16 中的 sh1 节点对应的是第一步，即把第 j 本书分配给第 i 个人，sh2 节点对应第二步，sh3 节点对应第三步，负责回溯，即撤回把第 j 本书分配给第 i 个人。

利用图 11.16 所提供的与或节点图，就能够比较容易地实现 Try 函数。在本实例中，由于可能存在多种分书方案，所以将分书方案编号设为全局变量，并将其初始化为 0。全局变量还有兴趣二维数组、书分配与否的状态数组 book 和记录分书方案的 take 数组。在主函数中，我们从第 0 个人开始尝试分书，即调用 Try(0)函数。这种回溯算法设计策略可以帮助我们找出所有的分书方案。

本实例的参考代码如下：

```c
#include <stdio.h>
int take[5];                         //take 数组记录分书方案
int n = 0;                           //分书方案数
int like[5][5] = {{0, 0, 1, 1, 0},   //兴趣二维数组
                  {1, 1, 0, 0, 1},
                  {0, 1, 1, 0, 1},
                  {0, 0, 0, 1, 0},
                  {0, 1, 0, 0, 1}};
int book[5] = {0, 0, 0, 0, 0};       //book 数组记录书是否已分配
void Try(int i);                     //给第 i 个人分书
int main(void)
{
    Try(0);                          //从第 0 个人开始分书
    return 0;
}
//给第 i 个人分书
void Try(int i)
{
    int j, k;
    for (j = 0; j <= 4; j++)
    { //枚举思想，从第 0 本书开始看哪本书可以分给第 i 个人
        if (like[i][j] == 1 && book[j] == 0)
        {
            take[i] = j;             //第 j 本书分给第 i 个人
            book[j] = 1;             //标记第 j 本书已分配，不能再分给其他人
            if (i == 4)
            {                        //表明最后一个人也分到了自己喜欢的书
                n++;                 //解决方案数加 1
                printf("第%d 个方案\n", n);  //输出分配方案
                for (int k = 0; k <= 4; k++)
                {
                    printf("%d 号书分给%c\n", take[k], (char)(k + 65));
                }
```

```
                    printf("\n");
                }
                else
                    Try(i + 1);                 //给下一个人分书
                book[j] = 0;                     //回溯，第 j 本书不分给第 i 个人
            }
        }
    }
}
```

运行结果如下：

```
第 1 个方案
2 号书分给 A
0 号书分给 B
1 号书分给 C
3 号书分给 D
4 号书分给 E

第 2 个方案
2 号书分给 A
0 号书分给 B
4 号书分给 C
3 号书分给 D
1 号书分给 E
```

　　利用与或节点图可以很好地理解递归与回溯，如果某个问题需要给出多种方案，就可以利用分书方案这个实例的设计思想进行程序设计，如输出 n 个整数的全排列。

【实例 11-23】n 个整数的全排列

扫一扫，看视频

描述：输入整数 n，输出 $1 \sim n$ 的全排列。

分析：实例 11-22 的回溯算法设计思路同样也适用于输出 n 个整数的全排列。

采用递归与回溯思想的 n 个整数的全排列的参考代码如下：

```
#include <stdio.h>
int take[10];                           //n 个整数的一种排列
int s = 0;                              //方案数
int n;                                  //n 个整数的全排列
int number[10] = {0};                   //number[j]记录整数 j 是否已分配
void Try(int i);                        //全排列的第 i 位分配了整数 j
int main(void)
{
    scanf("%d", &n);
    Try(1);                             //从第 1 位开始分配整数
    return 0;
}
void Try(int i)
{
    int j, k;
    for (j = 1; j <= n; j++)            //枚举思想
    {
        if (number[j] == 0)            //满足第 j 个整数分给第 i 位
        {
            take[i] = j;
            number[j] = 1;             //标记第 j 个整数已分配，不能再分给其他位
            if (i == n)
            {                          //表明最后一位也分到了整数
                s++;                   //解决方案数加 1
                printf("第%d 个排列：", s);  //输出分配方案
                for (int k = 1; k <= n; k++)
                {
                    printf("%d ", take[k]);
                }
                printf("\n");
```

```
                    }
                 else
                    Try(i + 1);                    //给下一位分配整数
                 number[j] = 0;                     //回溯，整数 j 不分给第 i 位
              }
          }
    }
```

运行结果如下：

```
3↙
第 1 个排列：1 2 3
第 2 个排列：1 3 2
第 3 个排列：2 1 3
第 4 个排列：2 3 1
第 5 个排列：3 1 2
第 6 个排列：3 2 1
```

通过对比这两个实例的代码，会发现它们的代码框架基本相同。全排列问题中将第 j 个整数分配给第 i 位，与分书问题中将第 j 本书分配给第 i 个人本质上是相同的。

注意，运行这个程序时，输入的 n 值不要超过 10。

　　在解决各种类型的组合问题时，采用递归加回溯的策略通常是非常有效的，因为这种策略可以逐步遍历所有可能的组合。通过递归调用构建组合，然后使用回溯选择其他可能的元素，能够系统地生成和探索问题的所有可能解，从而找到最优解或满足特定条件的解。因此，在面对组合问题时，递归加回溯策略是一个强大而灵活的工具，能够帮助我们解决各种复杂的组合问题。

【实例 11-24】八皇后

扫一扫，看视频

描述：八皇后问题是一个古老而著名的问题，也是回溯算法的经典案例。该问题由国际西洋棋棋手马克斯·贝瑟尔于 1848 年提出：在一个 8×8 格的国际象棋棋盘上放置 8 个皇后，使它们互相之间不能攻击到对方，即任意两个皇后都不能处于同一行、同一列或同一斜线上。确定共有多少种满足条件的不同摆放方式。最初，德国数学家高斯认为这个问题有 76 种不同的方案。后来在 1854 年，柏林的一本象棋杂志上，不同的作者发表了 40 种不同的解法。后来有人使用图论的方法解出了总共 92 种满足条件的不同结果。请编程输出这 92 种方案。

分析：可以使用 8 位整数字符串表示八皇后问题的每一种方案，如 15863724 就是其中的一种方案，如图 11.17 所示。八皇后问题的本质是在 1～8 这 8 个整数的全排列中找出满足条件的 92 种方案。全排列包含的排列总数为 8 的阶乘，即 8! = 40320 种。虽然无法逐个验证这些排列是否符合条件，但是在每一种排列中，已经保证了八个皇后不在同一行和同一列。因此，现在只需要找出不在同一对角线上的方案。

可以使用坐标 (i,j) 表示八皇后问题棋盘上的一个格子，其中 i 表示行号，j 表示列号。每个格子存在于两条对角线上，如图 11.18 所示。

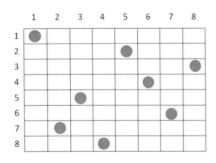

图 11.17　八皇后问题的一个解

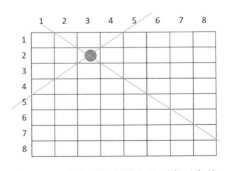

图 11.18　八皇后问题棋盘的两条对角线

八皇后问题棋盘上的每条对角线都对应着一个常数，该常数是该对角线上所有格子的行号和

列号之和（从左下到右上的对角线）或差（从右下到左上的对角线）。例如，从左下到右上的对角线上，包含坐标为(2,3)的格子，它的行号和列号之和是 5。而从右下到左上的对角线上，包含同样的格子，它的行号和列号之差是–1。在 8×8 的八皇后问题中，从左下到右上的对角线和从右下到左上的对角线各有 15 条。

为了找出八皇后的 92 种方案，可以使用产生 n 个整数全排列的回溯法。

可以定义一个函数 Try(i)，该函数用于在第 i 行放置皇后。需要从第 1 列开始，依次检查在该列放置皇后是否合法，如果合法，则需要依次完成以下三个步骤。

第一步：在坐标为(i, j)的位置上放置皇后。

第二步：检查当前是否已经放置了 8 个皇后（即 i 是否等于 8）。如果已经放置了 8 个皇后，则需要将方案数 n 加 1，并输出当前方案的数字字符串；否则，需要递归调用 Try($i+1$)，进行下一行皇后的放置。

第三步：回溯，即将坐标为(i, j)的位置上的皇后移除。

下面考虑程序实现。首先需要定义一个符号常量 N，代表 N 个皇后，这样可以提高程序的可维护性。判断一个位置是否能放置皇后需要满足三个条件：该位置对应的列、两条对角线上都没有皇后。因此，可以使用三个一维 bool 数组分别记录每个皇后所在位置对应的列、两条对角线上是否有皇后。

（1）bool C[N]：C[j]为 true 表示第 j 列目前没有皇后。

（2）bool L[2*N+1]：L[$i–j$+N+1]为 true 表示 $i–j$ 这条对角线上没有皇后。其中，由于 $i–j$ 的值可能为负数，需要将其加上 N+1 以适应数组下标。

（3）bool R[2*N+1]：R[$i+j$]为 true 表示 $i+j$ 这条对角线上没有皇后。

因此，放置皇后需要满足的条件是 C[j] && L[$i–j$+N+1] && R[$i+j$]。同时，还需要一个一维数组记录 N 个皇后所在的列号，即 Q[N+1]。

当一个位置能够放置皇后时，需要执行下面的操作。

```
Q[i] = j;                    //在第 i 行的第 j 列上放置了皇后
C[j] = false;                //标记第 j 列不可再放置皇后
L[i-j+N+1] = false;          //标记第 i - j + N + 1 条对角线不可再放置皇后
R[i+j] = false;              //标记第 i + j 条对角线不可再放置皇后
```

撤销操作也很简单，只需要将上述操作逆向执行即可。

程序主要就是实现一个递归函数 Try(i)，其中 i 代表当前进行到第几行，它依次遍历每一列，判断是否能够放置皇后，如果可以，则继续递归调用 Try($i+1$)；否则尝试放置下一列的皇后。如果 i 等于 N，则说明已经放置完了 N 个皇后，此时将方案数加 1 并输出当前方案即可。

本实例的参考代码如下：

```
#include <stdio.h>
#include <stdbool.h>
#define N 8
int Q[N + 1];                //Q[i] 表示第 i 行放置皇后的列号
bool C[N + 1];               //C[j] 表示第 j 列是否可行
bool L[2 * N + 1];           //L[k] 表示从左下到右上的第 k 条对角线是否可行
bool R[2 * N + 1];           //R[k] 表示从右下到左上的第 k 条对角线是否可行
int n = 0;                   //记录方案数
void Try(int i);
int main(void)
{
    //初始化数组 C 和两个对角线数组 L、R
    for (int j = 1; j <= N; j++)
        C[j] = true;
    for (int i = 2; i <= 2 * N; i++)
    {
        L[i] = R[i] = true;
    }
    Try(1);                  //从第 1 行开始放置皇后
```

```
        return 0;
    }
    void Try(int i)
    {
        for (int j = 1; j <= N; j++)
        {
            //判断当前位置是否可行
            if (C[j] && L[i - j + N + 1] && R[i + j])
            {
                Q[i] = j;                       //在第 i 行的第 j 列上放置了皇后
                C[j] = false;                   //标记第 j 列不可再放置皇后
                L[i - j + N + 1] = false;       //标记第 i - j + N + 1 条对角线不可再放置皇后
                R[i + j] = false;               //标记第 i + j 条对角线不可再放置皇后
                if (i == N)                     //如果所有皇后都已放置好
                {
                    n++;                        //方案数加 1
                    printf("%d:", n);
                    //输出当前方案
                    for (int k = 1; k <= N; k++)
                    {
                        printf("%d", Q[k]);
                    }
                    printf("\n");
                }
                else
                    Try(i + 1);                 //继续放置下一行的皇后
                //恢复状态，进行回溯
                C[j] = true;                    //恢复第 j 列可以放皇后
                L[i - j + N + 1] = true;        //恢复第 i - j + N + 1 条对角线可以放皇后
                R[i + j] = true;                //恢复第 i + j 条对角线可以放皇后
            }
        }
    }
```

通过三个回溯的编程实例可以发现，解决问题的编程模式是比较固定的。这种模式的核心思想是枚举出所有可能的方案，并通过条件判断，将不可能的方案直接排除，提高了算法的效率。因为通过条件判断可以在枚举过程中提前"剪枝"，减少了很多不必要的枚举，从而避免了算法做一些无用的判断。

回溯算法的特点是可以找到所有的解，因此在需要寻找所有解的问题中非常高效。

【实例 11-25】迷宫问题

扫一扫，看视频

描述：小明在一次探险中走进了一个迷宫，迷宫是一个 n 行 n 列的方格矩阵。每个方格只有两种状态："."表示可通行，"#"表示不可通行。小明只能向上、下、左、右四个方向的相邻方格移动。他想知道是否能够从起点 A 到达终点 B，若起点或终点为"#"，则是无法到达的。

输入数据包含多组。第一行为整数 k，表示数据的组数；接下来是 k 组数据，每组数据的第 1 行是一个正整数 n（$1 \leqslant n \leqslant 100$），表示迷宫的规模是 $n \times n$ 的；接下来是一个 $n \times n$ 的矩阵，矩阵中的元素为"."或者"#"；再接下来一行是 4 个整数 ha、la、hb、lb，表示起点 A 和终点 B 所在的方格。迷宫的行列下标从 0 开始。对于每组数据，输出 Yes 表示可以从起点 A 到达终点 B，输出 No 表示无法到达。

输入样例：

```
2
3
.##
..#
```

```
#..
0 0 2 2
5
.....
###.#
..#..
###..
...#.
0 0 4 0
```

输出样例：

```
Yes
No
```

分析：图 11.19 是一个 8×8 的迷宫方格矩阵，其中 A 表示起点，B 表示终点。要判断从起点 A 到终点 B 是否存在路径，可以采用以下方法：小明先从起点 A 开始，向前走一步，他可以选择前往 C、D、E、F 中的任意一个（前提是这些方格是可走的，即方格的值为 "."）。假设他选择了前往 C，然后判断从 C 到 B 是否存在路径，如果存在，那么就可以确定从起点 A 到终点 B 存在路径，搜索结束。如果从 C 到 B 不存在路径，那么他就回到起点 A，重新选择一个可走的方格，并进行下一步探索。如果 C、D、E、F 这四个方向都无法到达终点 B，说明起点 A 到终点 B 之间不存在路径。

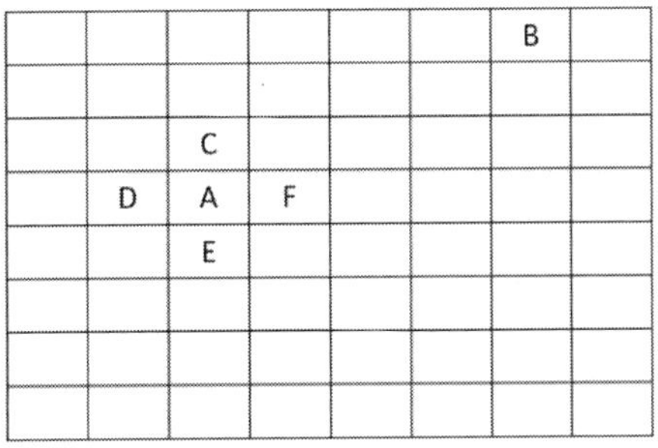

图 11.19　迷宫方格矩阵

这种搜索路径的策略被称为**深度优先搜索算法**，因为在每个方格处，首先探索一个方向，直到无法再继续前进，然后回溯到上一个方格，再探索下一个方向。**这样的搜索策略具有递归关系，因此可以使用递归函数来实现。**

设计一个名为 dfs 的函数，原型为 bool dfs(int x, int y)，该函数的功能是使用**深度优先搜索算法**在迷宫方格矩阵中搜索从迷宫的某个方格(x, y)到终点是否存在路径，如果从(x, y)到终点存在路径，则返回 true；否则返回 false。

下面是 dfs 函数的实现代码。

```
bool dfs(int x, int y)
{
    if (x < 0 || x >= n || y < 0 || y >= n) //如果(x,y)在迷宫外边，则返回false
    {
        return false;
    }
    if (maze[x][y] == '#')                  //如果该位置不可通行，则返回false
    {
        return false;
    }
    if (x == hb && y == lb)                 //如果已经到达终点，则返回true
    {
        return true;
    }
    maze[x][y] = '#';                       //该位置已经走过了，将其变成不可通行
    //否则，从四个方向继续递归搜索
```

```
    if (dfs(x - 1, y))                          //上
    {
        return true;
    }
    if (dfs(x, y + 1))                          //右
    {
        return true;
    }
    if (dfs(x + 1, y))                          //下
    {
        return true;
    }
    if (dfs(x, y - 1))                          //左
    {
        return true;
    }
    maze[x][y] = '.';                           //如果四个方向都不能到达终点，则将标记还原(回溯)
    return false;                               //四个方向都走不到终点，返回 false
}
```

下面来实现本实例的程序。

首先，程序中定义了一些全局变量，包括一个二维字符数组用于存储迷宫，迷宫的规模为 n，起点位置为(ha, la)，终点位置为(hb, lb)。

然后，使用一个 while 循环读取 k 组数据。每次读取数据后，调用 dfs(ha, la) 函数搜索从起点到终点的路径。根据函数返回的结果，按照题目的要求输出 Yes 或 no。

本实例的参考代码如下：

```c
#include <stdio.h>
#include <string.h>
#include <stdbool.h>
char maze[101][101];                //存储迷宫
int n, ha, la, hb, lb;              //n 行 n 列的迷宫
bool dfs(int x, int y);             //定义 dfs 函数
int main(void)
{
    int k;
    scanf("%d", &k);
    while (k--)
    {
        scanf("%d", &n);
        //读取迷宫矩阵
        for (int i = 0; i < n; i++)
        {
            scanf("%s", maze[i]);
        }
        scanf("%d%d%d%d", &ha, &la, &hb, &lb);
        if (maze[ha][la] == '#' || maze[hb][lb] == '#')
        {
            printf("No\n");
        }
        else
        {
            if (dfs(ha, la))
            {
                printf("Yes\n");
            }
            else
            {
                printf("No\n");
            }
        }
    }
}
```

```
        return 0;
    }
bool dfs(int x, int y)
{
    //运行程序时，自己补齐代码
    }
```

> 深度优先搜索的核心思想是沿着某个路径尽可能深入地进行搜索，直到无法继续前进。然后，回溯到前一个节点，继续探索其他可行的路径。这种搜索方式通常通过递归来实现。
>
> 深度优先搜索算法一般只能找出一个问题的解，而无法获得全部的解。如果想要获取全部解，需要结合回溯方法来实现。

【实练 11-12】红与黑（深度优先搜索算法）

使用深度优先搜索算法重新编程实现实例 11-13。

【实例 11-26】跳马问题

描述：在半张中国象棋的棋盘上，一只马从左下角跳到右上角，只允许往右跳，不允许往左跳，问能有多少种跳马方案？如图 11.20 所示。

分析：因为只是求出有多少种跳马方案，所以可以采用类似于实例 11-05 的处理策略。马位于棋盘上的 (x,y) 位置时，下一步有四种可能的跳马选择，如图 11.21 所示。因此可以设计一个名为 count 的函数，其原型为 int count(int x, int y)，用于计算从位置 (x,y) 跳到右上角的跳马方案数。

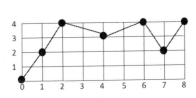

图 11.20 跳马问题的一种跳马方案

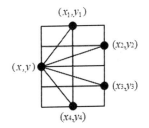

图 11.21 从 (x,y) 位置跳出下一步的四种选择

当马位于 (x, y) 位置时，可以将问题拆解成从当前位置跳跃至四个相邻位置 (x_i, y_i) 的情况，并求解出这四个跳马方案的和，即为 count(x, y) 的值。因此，在计算 count(x, y) 时，存在递归关系。

基于这种策略，可以实现 count 函数，并在主函数中调用 count(0,0) 计算从左下角到右上角共有多少种跳马方案。

本实例的参考代码如下：

```
#include <stdio.h>
const int M = 8;                    //右上角 x 坐标
const int N = 4;                    //右上角 y 坐标
int dx[] = {0, 1, 2, 2, 1};        //四个方向的 x 偏移量
int dy[] = {0, 2, 1, -1, -2};      //四个方向的 y 偏移量
int count(int x, int y);           //从(x,y)跳到(M,N)的跳马方案数
int main(void)
{
    printf("跳马方案数共%d 种！", count(0, 0));
    return 0;
}
//计算从位置(x,y)到达目标点(M,N)的跳马方案数
int count(int x, int y)
{
    int num = 0;
    if (x == M && y == N)
        return 1;                   //递归出口，到达右上角
```

```
    for (int i = 1; i <= 4; i++)
    {
        //判断下一个跳跃位置是否在棋盘范围内
        if (x + dx[i] <= M && y + dy[i] >= 0 && y + dy[i] <= N)
            num += count(x + dx[i], y + dy[i]);
    }
    return num;
}
```

运行结果如下：

跳马方案数共 37 种！

在 count 函数中，首先定义了一个变量 num 用于记录跳马方案数。然后，通过递归的方式进行四个方向的跳马尝试。利用预先定义的 dx 和 dy 数组，可以依次计算出马跳一步到达的位置坐标(x + dx[i], y + dy[i])。

在每次跳马时，通过判断跳一步的位置是否在棋盘范围内来确定是否递归调用 count 函数。如果跳一步的位置在棋盘范围内，则将该位置的跳马方案数累加到 num 中。

最后，返回累加结果 num，即为从初始位置(x, y)到达目标点(M, N)的跳马方案数。

如果想知道每一种跳马方案的每一步跳法，可采用深度优先搜索结合回溯的方法。

下面的程序代码使用了**深度优先搜索算法和回溯算法**解决跳马问题，并获得所有可能的跳马方案及每一步的跳法。

```
#include <stdio.h>
#define M 8
#define N 4
#define MAXSETP 9                    //路径的最大长度
int dx[] = {0, 1, 2, 2, 1};
int dy[] = {0, 2, 1, -1, -2};
int num;                            //总方案数
int path[MAXSETP][2];               //保存路径
void jump(int x, int y, int step);
int main(void)
{
    num = 0;
    path[0][0] = 0;
    path[0][1] = 0;
    jump(0, 0, 1);                  //调用跳马函数，初始位置是(0,0)，步数是1

    printf("\n总方案数：%d", num);   //输出总方案数

    return 0;
}
void jump(int x, int y, int step)
{
    int x1, y1;
    for(int i = 1; i <= 4; i++)
    {
        x1 = x + dx[i];
        y1 = y + dy[i];

        //如果新位置在棋盘范围内
        if(x1 <= M && y1 >= 0 && y1 <= N)
        {
            path[step][0] = x1;
            path[step][1] = y1;

            if(x1 == M && y1 == N) //找到一种方案
            {
                num++;
                printf("方案%d: ", num);
                for(int k = 0; k <= step; k++)
                {
                    printf("(%d, %d)", path[k][0], path[k][1]);
```

```
            }
            printf("\n");
        }
        else
        {
            jump(x1, y1, step + 1);  //递归继续搜索下一步
        }
    }
}
```

运行结果如下：（部分）

方案1: (0,0)(1,2)(2,4)(4,3)(6,4)(7,2)(8,4)
方案2: (0,0)(1,2)(2,4)(4,3)(5,1)(6,3)(8,4)
...
方案36: (0,0)(2,1)(4,0)(5,2)(6,4)(7,2)(8,4)
方案37: (0,0)(2,1)(4,0)(5,2)(6,0)(7,2)(8,4)
总方案数: 37

该程序使用**深度优先搜索算法**和**回溯算法**解决跳马问题。在 main 函数中，通过调用 jump 函数从初始位置(0, 0)开始搜索跳马路径。

jump 函数利用递归回溯的方式在每一步尝试所有可行的跳马方向。如果当前位置为目标位置(M, N)，则输出找到的一种方案；否则，递归调用 jump 函数进行下一步搜索。

程序中，num 记录总方案数，path 数组用于保存路径，MAXSETP 定义了路径的最大长度。

【实练 11-13】集合分解

扫一扫，看视频

给你一个数字集合，问能否将集合中的数分成六个集合，且每个集合中的数字和相等。输入包含多组数据，第一行为整数 T，表示数据的组数；接下来的 T 行，每行一组数据，第一个数是 N，且 N≤30，表示集合中数字的个数；之后有 N 个整数，整数之间用一个空格分隔。

编程判断每组数字集合是否可以分解。如果能分解，则输出 Yes；否则输出 No。

输入样例：

```
3
20 1 2 3 4 5 5 4 3 2 1 1 2 3 4 5 5 4 3 2 1
20 1 1 1 1 1 1 1 1 1 1 1 1 1 1 1 1 1 1 1 1
9 1 2 4 3 3 5 6 6 6
```

输出样例：

```
Yes
No
Yes
```

小　结

递推和递归是计算机算法设计中常用的两种工具。递推算法的关键是通过数学方法找到递推公式，该公式可以通过循环迭代的方式从初始状态递推到终止状态，也可以通过递归函数来描述，但递推的执行效率更高。

递归函数是指能够直接调用自身或通过其他函数间接调用自身的函数。本章讨论的实例都是直接使用递归函数。本章的重点是应用递归思想设计解决问题的算法。

推荐使用与或节点图来描述递归算法，这种图形化的表示可以使抽象的问题更加形象化和形式化，有助于对问题进行分析和理解。

在本章的递归算法设计中，我们应用了不同的策略来解决不同类型的问题。例如，使用**减治策略**可以通过不断缩小问题规模来解决问题，如选择排序、链表逆转和折半查找；使用**分治策略**

可以将问题分解成更小的子问题进行求解，如归并排序和快速排序；使用**回溯策略**可以找到多组解，如分书问题和八皇后问题；使用**深度优先搜索算法**可以判断迷宫问题中是否存在要找的路径。

总之，在算法设计中，递归思想扮演着非常重要的角色。在解决更多问题时，建议培养自己的递归思维。

第 12 章　栈 和 队 列

本章的知识点:

➥ 栈和栈的应用。

➥ 队列和队列的应用。

编程时,我们使用数组或链表存储线性序列,线性序列的特点是每个数据都有其相对的位置,有至多一个直接前驱和至多一个直接后继,主要操作是删除线性序列中的某个元素或在线性序列中的某个位置插入一个元素。我们把这样的线性序列称为线性表,栈和队列也是线性表,只不过在插入或删除元素时只允许在线性表的两端进行,不能在线性表中间的某个位置进行插入或删除。栈限定只能在栈顶执行插入操作(入栈)和删除操作(出栈)。栈就像一个底端封闭、顶端开口的容器,如图 12.1 (a) 所示,具有**后进先出**的特点。队列限定只能在队头执行删除操作(出队),在队尾执行插入操作(入队),具有**先进先出**的特点,队列类似于管道,一端流入,另一端流出,如图 12.1 (b) 所示。

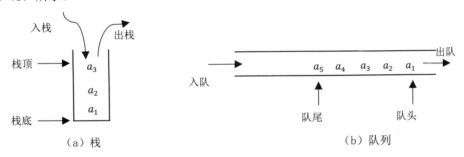

图 12.1　栈和队列示意图

本章将通过一些编程实例了解栈和队列及它们的应用。栈和队列可以看作装载数据的容器,栈讲究的是"**后进先出**",即最后进栈的数据,最先出栈;队列讲究的是"**先进先出**",即最先进队列的数据,也最先出队列。

对于初学者,了解一些栈和队列的相关知识,可以帮助我们用比较简单的方法解决实际问题,对于栈和队列的应用可在学习数据结构时有更深入的理解。

栈常用的操作主要是初始化栈、入栈、出栈、判断栈是否为空和取栈顶元素;队列常用的操作主要是构造一个初始化队列、入队、出队、判断队列是否为空和取队头元素。

在实际编程中,可以使用**数组或链表**来实现栈和队列,具体选择哪种实现方式取决于应用场景和需求。

【实例 12-01】十进制非负整数转换为二进制数输出

扫一扫,看视频

描述:把十进制非负整数转换成二进制数并输出。输入一个正整数,输出该整数的二进制数。

输入样例:

输出样例:

分析：将一个十进制的非负整数转换为二进制数，可以使用除 2 取余的方法进行转换。具体步骤如下：

（1）选择一个非负十进制整数作为初始值。

（2）将初始值除以 2，记录商和余数。

（3）将商作为新的初始值，重复第（2）步直到商为 0 为止。

（4）将每次得到的余数按倒序排列，得到的结果即为转换后的二进制数。

将十进制数 13 转换为二进制数的步骤如下：

$13 \div 2 = 6$，余数为 1

$6 \div 2 = 3$，余数为 0

$3 \div 2 = 1$，余数为 1

$1 \div 2 = 0$，余数为 1

将得到的余数倒序排列，即得到二进制数 1101。因此，十进制数 13 转换为二进制数为 1101。因为余数应该按照它们获取的顺序逆序输出，符合"后进先出"的特点，所以可以使用一个栈来存储余数。在将余数放入栈中后，只需不断弹出栈顶元素并输出，直到栈空为止，这样输出的二进制数就是题目中要求的结果。

本实例的参考代码如下：

```c
#include <stdio.h>
int main(void)
{
    int s[100];                    //整数栈
    int top = -1;                  //空栈
    int x;
    scanf("%d", &x);
    do
    {
        s[++top] = x % 2;          //余数入栈
        x /= 2;                    //整除 2
    } while (x != 0);
    while (top != -1)              //判断栈是否为空，top 为-1 时表明栈空
    {
        printf("%d", s[top--]);    //取栈顶元素并出栈
    }
    return 0;
}
```

由于栈具有后进先出的特性，使栈成为程序设计中的有用工具。

对于栈的基本操作主要有 5 个：初始化栈、入栈、出栈、取栈顶元素和判断栈是否为空，本实例用一个一维的整数数组表示栈。

初始化栈：

```c
int S[100], top = -1;              //整数栈，初始时栈空
```

入栈只需要一条语句：

```c
S[++top] = x;
```

取栈顶元素：

```c
x = S[top];
```

出栈：

```c
top--;
```

取栈顶元素并出栈：

```c
x = S[top--];
```

判断栈是否为空可以用关系表达式：

```c
top == -1
```

12

图 12.2 是十进制整数 13 转换为二进制数时的余数进栈示意图。

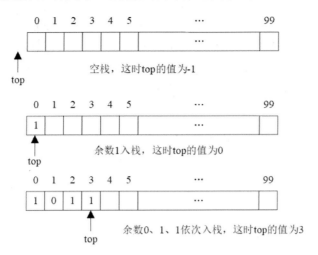

图 12.2　十进制整数 13 转换为二进制数时的余数进栈示意图

当然，对栈这种数据结构我们也可以用一个单链表来实现，参考代码如下：

```c
#include <stdio.h>
#include <stdlib.h>
typedef struct node
{
    int data;
    struct node *next;
} Node;
int main(void)
{
    Node *top = NULL, *s;                     //空链表（空栈）
    int x;
    scanf("%d", &x);
    while (x != 0)
    {
        s = (Node *)malloc(sizeof(Node));     //为入栈元素分配节点空间
        s->data = x % 2;
        s->next = top;                        //在链表头插入节点，入栈
        top = s;
        x /= 2;
    }
    while (top != NULL)                       //判断栈是否为空
    {
        printf("%d", top->data);              //取栈顶元素
        s = top;                              //下面的 3 条语句完成出栈
        top = top->next;
        free(s);                              //释放节点空间
    }
    return 0;
}
```

链表实现的栈定义一个指针变量 top 表示栈顶，top 的初始值为 NULL，表示空栈。
入栈操作本质上是在链表的表头插入一个节点。

```c
s->data = x; s->next = top; top = s;
```

出栈操作本质上是删除链表中的第一个节点。

```c
top = top->next;
```

取栈顶元素。

```c
x=top->data;
```

判断栈是否为空可以用关系表达式。

```
top == NULL
```

用数组还是链表，完全可以根据具体问题来选择，也可以根据自己的编程喜好决定。

数组实现的栈和链表实现的栈各有优缺点，具体对比如下：

（1）数组实现的栈需要在创建时指定大小，如果存储的元素超过初始大小，则需要重新分配更大的数组并移动元素。而链表实现的栈则没有这个问题，可以动态地添加节点。

（2）链表实现的栈比数组实现的栈更灵活，因为链表可以动态地增加和删除节点。如果需要支持不确定大小的数据集，使用链表实现的栈更适合。

> 如果需要高效地入栈和出栈操作，且已知数据集大小，可以选择数组实现的栈。如果需要动态地增加和删除元素，或者不确定数据集大小，则可以选择链表实现的栈。

【实例 12-02】D 进制的 A+B

扫一扫，看视频

描述：输入两个非负十进制整数 A 和 B（$\leq 2^{30}-1$），输出 $A+B$ 的 D（$1<D\leq 10$）进制数。输入在一行中，依次给出 3 个整数 A、B 和 D，输出 $A+B$ 的 D 进制数。

输入样例：

```
123 456 8
```

输出样例：

```
1103
```

分析：非负十进制数转换为 D 进制数与转换为二进制数的方法是相同的。我们只需先计算 A 与 B 的和，然后使用栈将该和转换为 D 进制数并输出。

本实例的参考代码如下：

```
#include <stdio.h>
int main(void)
{
    int s[100];                         //整数栈
    int top = -1;                       //空栈
    int a, b, d;
    scanf("%d%d%d", &a, &b, &d);
    int x = a + b;
    do
    {
        s[++top] = x % d;               //入栈
        x /= d;
    } while (x != 0);
    while (top != -1)                   //判断栈是否为空
    {
        printf("%d", s[top--]);         //取栈顶元素并出栈
    }
    return 0;
}
```

程序的主要思路是使用栈将 a + b 按照 d 进制进行转换；每次将 x % d 的结果入栈，然后将 x 更新为 x / d；重复这个过程直到 x 等于 0；最后从栈顶开始，依次取出元素并输出，直到栈为空。

【实练 12-01】不多于 5 位的正整数的输出

利用栈实现不多于 5 位的正整数的输出。提示：使用栈存储整数的每一位。

【实例 12-03】删除最外层的括号

扫一扫，看视频

扫一扫，看视频

描述：定义有效括号字符串为""、"(" + A + ")" 或 A + B，其中 A 和 B 都是有效的括号字符串，"+" 代表字符串的连接。例如，""、"()"、"()()"和"(())()"都是有效的括号字符串。如果有效字符串 s 非空，且不存在将其拆分为 s = A + B 的方法，我们称其为原语，其中 A 和 B 都是非空有效括号字符串。给出一个非空有效字符串 s，长度 $\leq 10^5$，考虑将其进行

原语化分解，使得：$s = P\_1 + P\_2 + \cdots + P\_k$，其中 P_i 是有效括号字符串原语。对 s 进行原语化分解，删除分解中每个原语字符串的最外层括号，返回 s。

输入样例：

(() ()) (())

输出样例：

() () ()

对样例的解释：输入字符串为 "(()())(())"，原语化分解得到 "(()())" + "(())"，删除每个部分中的最外层括号后得到 "()()" + "()" = "()()()"。

分析：可以利用栈来解决这个问题。具体来说，遍历字符串，遇到'('入栈，遇到')'出栈。由于处理的是有效括号字符串，可以使用计数的方法来模拟入栈和出栈操作。初始时，定义一个计数器变量cnt=0，遇到'('时，cnt 加 1，如果 cnt 是 1，则说明是最外层的左括号。遇到')'时，cnt 减 1；如果减 1 结果为 0，相当于栈空，则说明这是最外层的右括号。

所以计数器加 1 是入栈，减 1 是出栈，计数器为 0 为空栈。基于这样的策略，可以通过遍历一遍字符串来删除外层括号。

本实例的参考代码如下：

```c
#include <stdio.h>
#include <string.h>
void removeOuterParentheses(const char *s, char *des);
int main(void)
{
    char str[10001], des[10001];                    //des 存储去掉外层括号的字符串
    scanf("%s", str);
    removeOuterParentheses(str, des);
    printf("%s\n", des);
    return 0;
}
//函数功能：去除字符串中的外层括号
//参数 s 是一有效括号字符串，des 用于存储去除外层括号后的字符串
void removeOuterParentheses(const char *s, char *des)
{
    int cnt = 0;
    int len = strlen(s);
    int k = 0;
    for (int i = 0; i < len; i++)
    {
        if (s[i] == '(')
        {
            cnt++;                                   //入栈
            if (cnt != 1) des[k++] = s[i];           //说明这个左括号不是最外层的括号
        }
        else
        {
            cnt--;                                   //出栈
            if (cnt != 0) des[k++] = s[i];           //说明这个右括号不是最外层的括号
        }
    }
    des[k] = '\0';
}
```

如果输入的串是"()()"，则输出的是空串。

 在本实例中，使用一个整数计数器来模拟栈的行为，而不是使用数组栈或链表栈等常见的栈的实现方式。将+1 模拟为入栈操作，-1 模拟为出栈操作，计算器的值为 0 表示栈为空。这种计数器方式的栈非常适用于与括号匹配相关的问题。在实际应用中，可以根据具体情况选择使用不同的方案对栈进行实现，关键是确保能够正确地实现栈的基本逻辑和功能。

【实例 12-04】括号匹配

扫一扫，看视频

描述：假设表达式中只包含三种括号：圆括号()、方括号[ ]和花括号{ }，它们可以相互嵌套。例如，([{}])或({[][()]})等都是正确的格式，而{[]}))或{[()]或([]}都是不正确的格式。

现在给定一串括号，如果输入的右括号多余，则输出 Extra right brackets；如果输入的左括号多余，则输出 Extra left brackets；如果输入的括号不匹配，则输出 Brackets not match；如果输入的括号匹配，则输出 Brackets match。表达式串的长度不超过 100。

分析：检查括号是否匹配可以用栈来解决。如果遇到左括号，则将其压入栈中；如果遇到右括号，则检查栈顶元素与其是否匹配，若不匹配，则表示出现了错误，并结束程序。若读入整个字符串后，栈中还有剩余元素，则表示缺少右括号；反之，如果字符串还没有读完，但栈已经为空，则表示缺少左括号；最后，若字符串已经完整读完，且栈也为空，则匹配成功。

本实例的参考代码如下：

```c
#include <stdio.h>
#include <stdbool.h>
bool isMatch(char left, char right);
int main(void)
{
    char s[100];                        //字符栈
    int top = -1;                       //空栈
    char str[100];                      //括号字符串
    scanf("%s", str);
    int i = 0;
    while (str[i] != '\0')              //遍历括号字符串
    {
        if (str[i] == '(' || str[i] == '{' || str[i] == '[')
            s[++top] = str[i];          //左括号入栈
        else
        {
            if (top == -1)
                break;                  //栈空了
            if (isMatch(s[top], str[i]))
                top--;                  //出栈
            else
                break;                  //出现了不匹配的括号
        }
        i++;
    }
    if (top != -1)
    {
        if (str[i] != '\0')
            printf("Brackets not match\n");
        else
            printf("Extra left brackets\n");
    }
    else if (str[i] != '\0')            //栈空，括号字符串未结束
        printf("Extra right brackets");
    else                               //栈空，括号字符串也结束，匹配
        printf("Brackets match\n");
    return 0;
}
//函数功能：判断给定的两个括号字符是否匹配
bool isMatch(char left, char right)
{
    if (left == '(' && right == ')')
        return true;
    else if (left == '[' && right == ']')
        return true;
    else if (left == '{' && right == '}')
        return true;
    return false;
```

12

```
    }
```

运行结果如下：

```
([{}])↙
Brackets match
```

本实例的代码采用的是数组栈。相对来说，数组栈的代码更简洁。如果能预测出栈所需最大空间，使用数组栈更适合。

> 该程序只进行了简单的错误检查，对于任何字符串输入，只会返回其中一个错误类型。如果有多个错误类型共存，则只会返回遇到的第一个错误类型，后面的错误都不会被发现。

【实练 12-02】括号的最大嵌套深度

计算有效括号字符串 s 的最大嵌套深度。字符串 s 由数字 0~9 和字符'+'、'-'、'*'、'/'、'('、')'组成，且字符串 s 是有效的括号字符串。输入只有一行，一个有效的括号字符串，长度不超过 100；输出一行，为该字符串最大嵌套深度。例如，s="(1+(2*3)+((8)/4))+1"的最大嵌套深度为 3。

扫一扫，看视频

提示：遍历字符串，遇到左括号+1，遇到右括号-1，统计最大值。

【实练 12-03】删除无效括号

扫一扫，看视频

给定一个由'('、')' 和小写字母组成的字符串 s。你的目标是删除最少的 '(' 或者 ')'，使得剩下的字符串成为一个有效的括号字符串。有效的括号字符串满足以下任一条件。

（1）空字符串或只包含小写字母的字符串。

（2）可以写为 AB 的字符串，其中 A 和 B 都是有效的括号字符串。

（3）可以写为(A)的字符串，其中 A 是有效的括号字符串。

你需要返回任意一个合法的括号字符串。换句话说，你需要删除最少数量的括号，以使剩下的字符串有效。注意，只需要返回一个合法的括号字符串，不需要返回所有可能的合法字符串。字符串 s 的长度小于等于 10^5。

例如，s = "a)b(c)d"，则"ab(c)d"是一个合法字符串；s = "))((", 则""也是一个合法字符串。

【实例 12-05】写出这个数

描述：输入一个正整数 n。然后计算 n 的各位数字之和，并用汉语拼音写出和的每一位数字。输入只包含一个自然数 n 的值，保证 $n<10^{100}$。输出只有一行，按顺序输出 n 的各位数字之和的每一位的汉语拼音，拼音之间用一个空格分隔。

扫一扫，看视频

输入样例：

```
123456789098765432112345678789
```

输出样例：

```
yi san wu
```

分析：由于处理的整数可能非常大，因此选择使用字符串来表示整数。首先，设计一个函数，用于逐位求和。为了逆向处理整数，可以将整数的每一位取余后放入栈中。接着，可以在栈不为空的情况下循环将栈中的元素出栈，并输出对应的汉语拼音字符串，从而完成整数的逆向输出。

本实例的参考代码如下：

```c
#include <stdio.h>
const int N = 105;
int sum(const char *str);
int main(void)
{
    char number[][10] = {"ling", "yi", "er", "san",
                         "si", "wu", "liu", "qi", "ba", "jiu"};
    char str[N];
```

```
    scanf("%s", str);
    int re = sum(str);
    int S[N];
    int top = -1;
    while (re)
    {
        S[++top] = re % 10;
        re /= 10;
    }
    int flag = 1;                    //使用 flag 的目的是输出最后一个汉语拼音后，后面没有多余的空格
    while (top != -1)
    {
        if (flag)
        {
            printf("%s", number[S[top--]]);
            flag = 0;
        }
        else
            printf(" %s", number[S[top--]]);
    }
    return 0;
}
//函数功能：字符串形式的数字串按位求和
int sum(const char *str)
{
    int s = 0, i = 0;
    while (str[i])
    {
        s += str[i++] - '0';
    }
    return s;
}
```

本实例的代码实现相对简单，仍然利用了栈的后进先出特性。需要注意的是，该程序只适用于非负整数的处理，并且对输入的整数字符串的长度做了限制，不超过 100 个字符。

【实例 12-06】回文链表

描述：编写一个函数，用于判断给定单链表（头指针为 head）是否是一个回文链表。若是回文链表，则返回 true；否则返回 false。所给链表的节点个数不超过 100000。图 12.3 所示的链表即为一个回文链表。

图 12.3　回文链表

链表节点的类型声明如下：

```
struct ListNode
{
    int data;
    struct ListNode *next;
};
```

函数原型为 bool isPalindrome(struct ListNode *head)。

分析：可以借助栈对链表遍历，把每个节点入栈。然后对原链表再次遍历，在遍历过程中让链表中的节点值与栈顶所指节点值比较，如果不等，则直接返回 false；否则将栈顶元素出栈。如果能遍历所有的节点且栈空了，说明这个链表就是一个回文链表，返回 true 即可。

isPalindrome 函数的实现代码如下：

```
const int N = 100005;                //栈空间大小
bool isPalindrome(struct ListNode *head)
```

```
{
    struct ListNode *S[N];          //栈中元素类型为链表节点地址
    int top = -1;                   //栈顶指针,初始化为-1表示空栈
    struct ListNode *p = head;
    //遍历链表,链表节点入栈
    while (p)
    {
        S[++top] = p;
        p = p->next;
    }
    p = head;
    //遍历链表并与栈顶元素进行比较
    while (p)
    {
        if (p->data != S[top]->data)
            return false;
        p = p->next;
        top--;                      //出栈
    }
    return true;
}
```

读者可以自己完成这个函数的测试。

 【实例 12-07】说反话

扫一扫,看视频

描述:给定一句英语,要求编写程序,将句中所有单词的顺序颠倒输出。输入仅一行,为总长度不超过 80 个字符的字符串。字符串由若干单词和若干空格组成,其中单词是由英文字母(区分大小写)组成的字符串,单词之间用 1 个空格分开,输入保证句子末尾没有多余的空格。输出占一行,输出倒序后的句子。

输入样例:

```
Hello World Here I Come
```

输出样例:

```
Come I Here World Hello
```

分析:本实例仍然涉及逆序输出,所以自然想到用栈进行数据处理。因为栈的内容是字符串,所以可以定义一个二维字符数组 S,模拟栈的使用,用于存储拆分后的每个部分。首先,使用 fgets 函数读取一行输入,并使用 strtok 函数将字符串分隔成单词,并将每个单词存储到栈 S 中。然后,遍历栈 S,依次弹出栈中的元素并输出,从而实现了逆序输出。

本实例的参考代码如下:

```
#include <stdio.h>
#include <stdlib.h>
#include <string.h>
int main(void)
{
    char str[100];
    char S[80][30];                              //定义一个数组作为栈,存储字符串的每个部分
    int top = -1;                                //栈顶指针初始化为-1,表示栈为空
    fgets(str, sizeof(str), stdin);              //获取用户输入的英语字符串
    if (str[strlen(str) - 1] == '\n')            //去掉串尾的'\n'
        str[strlen(str) - 1] = '\0';
    char *p;
    p = strtok(str, " ");                        //使用空格将英语字符串分隔成多个单词
    //将每个单词依次存入栈中
    while (p)
    {
        strcpy(S[++top], p);
        p = strtok(NULL, " ");
    }
    int flag = 1;
```

```
    while (top != -1)                           //栈不空
    {
        if (flag)
        {
            printf("%s", S[top--]);
            flag = 0;
        }
        else
            printf(" %s", S[top--]);
    }
    return 0;
}
```

本实例采用了基于栈的方法来实现逆序输出，代码逻辑相对简单，易于理解。

【实例 12-08】后缀表达式计算

扫一扫，看视频

描述： 后缀表达式是一种表达式类型，其操作数位于操作符之前。例如，一个一位数的后缀表达式为 32+5*4-，对应的四则运算表达式为(3+2)*5-4。请编写一个程序，计算一个一位数的后缀表达式。该表达式支持加、减、乘、除运算，其中除法为整除。同时，请确保测试数据是合法的表达式，不会出现除以 0 的错误。输入运算数为一位整数的后缀表达式，输出后缀表达式的值。

输入样例：

32+5*4-

输出样例：

21

分析： 应用栈来完成后缀表达式的计算，遍历后缀表达式中的每个字符。如果当前字符是数字字符，则将其转换为对应的数字，并将数字入栈；如果当前字符是操作符，则从栈中弹出两个操作数，并根据操作符进行计算。计算结果再次入栈。循环结束后，栈中最后剩余的元素即为后缀表达式的计算结果。

本实例的参考代码如下：

```
#include <stdio.h>
int compute(int a, int b, char op);
int evaluatePostfixExpression(char *exp);
int main(void)
{
    char exp[100];
    scanf("%s", exp);
    int result = evaluatePostfixExpression(exp);
    printf("%d", result);
    return 0;
}
int compute(int a, int b, char op)
{
    switch (op)
    {
    case '+': return a + b;
    case '-': return a - b;
    case '*': return a * b;
    case '/': return a / b;
    }
}
//函数功能：接收一个合法的后缀表达式，返回后缀表达式计算结果
int evaluatePostfixExpression(char *exp)
{
    int stack[100];                             //定义一个栈来存储操作数
    int top = -1;
    int a, b;                                   //存储两个操作数
    for (int i = 0; exp[i]; i++)
```

```
    {
        if (exp[i] >= '0' && exp[i] <= '9')
            stack[++top] = exp[i] - '0';        //遇到数字字符时，将其转换为对应的数字并入栈
        else
        {
            b = stack[top--];                              //弹出栈顶元素作为操作数 b
            a = stack[top--];                              //弹出栈顶元素作为操作数 a
            stack[++top] = compute(a, b, exp[i]);          //将计算结果入栈
        }
    }
    return stack[top];                          //返回栈中最后剩余的元素，即为后缀表达式的计算结果
}
```

> 　　该程序只能处理操作数为一位的整数，并且无法检测后缀表达式的合法性。如果后缀表达式不合法，程序可能会出现计算错误或异常情况。因此，使用该程序时需要注意输入合法的表达式，以保证计算结果的正确性。

【实例 12-09】棒球比赛

扫一扫，看视频

描述：你作为一场特殊棒球比赛的记录员，需要对每一次操作进行记录，并计算当前的得分。比赛由若干回合组成，过去几回合的得分可能会影响后面几回合的得分。

对于这个问题，你将得到一个操作序列 ops，包含 1～1000 个元素，其中每个元素可以是以下四种情况之一。

- 一个整数 x：表示本回合获得 x 分。每个整数的范围为[–30000, 30000]。
- "+"：表示本回合获得的分数是前两次获得分数的总和。
- "D"：表示本回合获得的分数是上一次获得分数的两倍。
- "C"：表示上一次的分数无效，将其从记录中移除。

请设计一个函数，对 ops 所代表的操作序列进行处理，并返回计算所得的总分数。"+" 操作前面总是有两个有效的分数，"C" 和 "D" 操作前面总是有有效的分数。例如，ops = ["5","2","C","D","+"]，则棒球比赛的分数是 30。

分析：可以用栈来处理给定的操作序列。在遍历操作序列时，根据不同的操作类型进行相应的操作：对于"+"操作，从栈中弹出两个元素进行计算并将结果入栈；对于"D"操作，将栈顶元素的两倍值入栈；对于"C"操作，将栈顶元素出栈；而对于整数操作，则将其转换为整数并入栈；最后，将栈中的元素相加并返回总得分，这可以遍历栈来实现。函数的设计代码如下：

```
int calPoints(char **operations, int operationsSize)
{
    int s[1000];                              //创建一个栈数组用于记录得分
    int top = -1;                             //栈顶指针，初始值为-1，表示空栈
    for (int i = 0; i < operationsSize; i++)
    {
        if (strcmp(operations[i], "+") == 0)   //如果当前操作是 "+"
        {
            int a = s[top];                        //获取栈顶元素
            top--;                                 //出栈
            int b = s[top];                        //获取新栈顶元素
            s[++top] = a;                          //将之前出栈的元素重新入栈
            s[++top] = a + b;                      //将两个栈顶元素之和入栈
        }
        else if (strcmp(operations[i], "D") == 0) //如果当前操作是 "D"
        {
            int a = s[top];                        //获取栈顶元素
            s[++top] = 2 * a;                      //将该元素的两倍入栈
        }
        else if (strcmp(operations[i], "C") == 0) //如果当前操作是 "C"
        {
            top--;                                 //将栈顶元素出栈，表示该分数无效
```

```
        }
        else                                    //其他情况，即当前操作为整数
        {
            s[++top] = atoi(operations[i]);     //将整数转换为对应的数值并入栈
        }
    }
    int sum = 0;                                //初始化总得分为 0
    while (top != -1)                           //循环遍历栈中的元素
    {
        sum += s[top];                          //将栈顶元素累加到总得分中
        top--;                                  //出栈
    }
    return sum;                                 //返回最终的总得分
}
```

为了测试上面的函数，下面提供一个使用该函数的示例 main 函数的代码。

```
int main(void)
{
    char *ops[1000];                 //创建一个指针数组用于存储操作序列的字符串指针
    char str[10001];                 //创建一个字符数组用于存储输入的操作序列字符串
    printf("请输入操作序列，序列中的元素用逗号分隔：\n");
    scanf("%s", str);
    char *p = strtok(str, ",");
    int k = 0;                       //用于记录操作序列的长度
    while (p)
    {
        ops[k] = p;                  //将当前拆分得到的字符串指针存储到指针数组中
        p = strtok(NULL, ",");
        k++;                         //操作序列长度+1
    }
//调用 calPoints 函数，传入操作序列及其长度，计算得分
    int score = calPoints(ops, k);
    printf("这场棒球比赛的得分是: %d", score);  //输出最终得分

    return 0;
}
```

运行结果如下：

请输入操作序列，序列中的元素用逗号分隔：
5,-2,4,C,D,9,+,+✓
这场棒球比赛的得分是: 27

读者可以自己运行这个程序，因为程序中使用了标准库函数 atoi 将字符串转换为整型数，因此需要包含 <stdlib.h> 头文件。

【实例 12-10】比较含退格符的字符串

描述：给定字符串 s 和 t，并分别输入到空文本编辑器中。其中，'#'表示退格符。当去除所有退格符后，s 和 t 仍相等，返回 true。注意，对于空文本输入退格符，文本仍为空。字符串 s 和 t 的长度均小于等于 200，且只包含小写字母和'#'字符。

例如，s = "ab#c"，t = "ad#c"，则去除所有退格符后 s 和 t 相等；s = "a#c"，t = "b"，则去除所有退格符后 s 和 t 不相等。

分析：为了处理含有退格符的字符串，可以借助栈的思想。使用一个指针 top 来指示栈顶位置，初始时栈为空（top = −1）。然后使用 for 循环遍历输入的字符串，如果当前字符是退格符'#'且栈不为空，就出栈；如果当前字符不是退格符'#'，就入栈。最后，再加上一个字符'\0'表示退格后的字符串结束了。这样处理后，栈中剩余的字符就是去除了退格符后的最终字符串。

本实例的参考代码如下：

```
#include <stdio.h>
#include <string.h>
void removeBackspaces(char *str);
```

```
int main(void)
{
    char s[205], t[205];
    printf("请输入两个含退格符的字符串（\'#\'表示退格符）：\n");
    scanf("%s %s", s, t);
    removeBackspaces(s);              //去掉 s 字符串中的退格符
    removeBackspaces(t);              //去掉 t 字符串中的退格符
    strcmp(s, t) == 0;
    if (strcmp(s, t) == 0)
    {
        printf("这两个字符串是相等的，处理完退格符的字符串是%s", s);
    }
    else
    {
        printf("这两个字符串不相等");
    }
    return 0;
}
//函数功能：去除字符串中的退格符
void removeBackspaces(char *str)
{
    int top = -1;                    //空栈
    int len = strlen(str);

    for (int i = 0; i < len; i++)
    {
        if (str[i] == '#' && top != -1)
        {
            top--;                   //出栈
        }
        else if (str[i] != '#')
        {
            str[++top] = str[i];     //入栈
        }
    }
    str[++top] = '\0';
}
```

运行结果如下：

请输入两个含退格符的字符串（'#'表示退格符）：
ab#c↙
ad#c↙
这两个字符串是相等的，处理完退格符的字符串是 ac

在去除含退格符的字符串时，并没有使用新的栈空间，只是在原字符串基础上使用 top 指针进行入栈和出栈操作，入栈 top++，出栈 top--。所以使用栈解决问题时，重要的是利用栈的**后进先出**特性，使用时可以很灵活。

【实例 12-11】计算中缀表达式

描述：人们通常使用中缀表达式来表示四则运算，如(23+34*45/(5+6+7))。现在给定一个中缀表达式，需要编写一个程序来计算表达式的值。输入的第一行为表达式的数量 n，接下来的 n 行每行为一个中缀表达式。表达式中只包含数字、四则运算符和圆括号，操作数都是正整数，数字、运算符和括号之间没有空格。中缀表达式的字符串长度不超过 600。对于每一组测试数据，输出表达式的值。输入的中缀表达式保证不会出现除数为 0 的情况。

输入样例：

3
3+5*8

```
(3+15)*5/2
(23+34*45/(5+6+7))
```

输出样例：

```
43
45
108
```

分析：当计算含有四种运算符的中缀表达式时，需注意运算符的优先级。四则运算的规则是先乘除后加减，同时可以使用括号改变计算顺序。可以按照从左向右的顺序遍历中缀表达式的每个字符，根据运算符的优先级决定入栈或出栈的操作。计算过程中，可以使用两个栈：操作数栈和运算符栈。

使用栈进行中缀表达式计算的步骤如下。

第一步：创建两个栈，一个用于存储运算符（运算符栈），另一个用于存储操作数（操作数栈），并且在运算符栈压入一个字符'#'，它的优先级最小。

第二步：从左到右遍历中缀表达式的每个元素。如果遇到操作数，则将其压入操作数栈；如果遇到运算符，进行以下处理。

（1）如果是左括号，则直接将左括号压入运算符栈。

（2）如果运算符的优先级大于栈顶的运算符优先级，则直接将运算符压入运算符栈。

（3）如果运算符的优先级小于等于栈顶的运算符优先级，则将栈顶的运算符弹出并从操作数栈弹出两个操作数，计算相应的结果，将结果压入操作数栈，重复此步骤直到运算符的优先级大于栈顶的运算符，然后将该运算符压入运算符栈。

（4）如果运算符为右括号，则将栈顶的运算符弹出并从操作数栈弹出两个操作数，计算相应的结果，将结果压入操作数栈，重复此步骤直到栈顶为左括号。之后弹出左括号。

第三步：已经到中缀表达式串尾了，这时如果运算符栈栈顶不是'#'，那么从操作数栈和运算符栈中分别弹出操作数和运算符，并进行相应的计算，直到运算符栈的栈顶为'#'为止。

第四步：取出操作数栈的栈顶即为中缀表达式的计算结果。

图 12.4 是中缀表达式(3+15)*5/2 的计算过程。

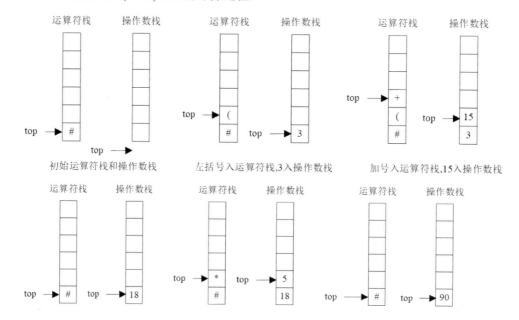

图 12.4　表达式(3+15)*5/2 的计算过程

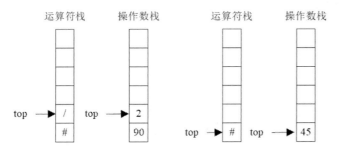

除运算符入运算符栈,2入操作数栈　　　　到串尾了，运算符栈依次弹出一个运算符，操作
数栈弹出两个操作数，直到栈顶是#符号为止，
这时操作数栈栈顶即为表达式的计算结果

图 12.4（续）

为了实现上面的算法，可以先定义一个函数规定每个运算符的优先级，乘、除的优先级高于加、减。运算符优先级的函数定义如下：

```c
int priority(char c)
{
    switch(c)
    {
        case '#':
        case '(': return 0;
        case '+':
        case '-': return 1;
        case '*':
        case '/': return 2;
        default: return -1;
    }
}
```

对于表达式中的每一个字符，如果是数字，就把它和接下来的连续数字字符一起组成一个整数，放到操作数栈中，可用下面的代码实现。

```c
if (exp[i] >= '0' && exp[i] <= '9')
{
    int sum = exp[i] - '0';
    int j = i + 1;
    while (exp[j] && exp[j] >= '0' && exp[j] <= '9')
    {
        sum = sum * 10 + exp[j] - '0';
        j++;
    }
    opnd[++opndTop] = sum;
    i = j - 1;
}
```

完整的计算中缀表达式的参考代码如下：

```c
#include <stdio.h>
int priority(char c);
int compute(int a, int b, char op);
int infixCompute(char *exp);
int main(void)
{
    int n;
    scanf("%d", &n);
    char exp[700];
    while(n--)
    {
```

```
            scanf("%s", exp);
            int result = infixCompute(exp);
            printf("%d\n", result);
    }
    return 0;
}
//函数功能：运算符优先级
int priority(char c)
{
    switch(c)
    {
        case '#':
        case '(': return 0;
        case '+':
        case '-': return 1;
        case '*':
        case '/': return 2;
        default: return -1;
    }
}
int compute(int a, int b, char op)
{
    switch(op)
    {
        case '+': return a + b;
        case '-': return a - b;
        case '*': return a * b;
        case '/': return a / b;
        default: return 0;
    }
}
//函数功能：计算中缀表达式
int infixCompute(char *exp)
{
    char oper[100];
    int opnd[100];
    int operTop = -1, opndTop = -1;
    oper[++operTop] = '#';
    for (int i = 0; exp[i]; i++)
    {
        if (exp[i] >= '0' && exp[i] <= '9')
        {
            int sum = exp[i] - '0';
            int j = i + 1;
            while (exp[j] && exp[j] >= '0' && exp[j] <= '9')
            {
                sum = sum * 10 + exp[j] - '0';
                j++;
            }
            opnd[++opndTop] = sum;
            i = j - 1;
        }
        else if (exp[i] == '(')
        {
            oper[++operTop] = '(';
        }
        else if (exp[i] == ')')
        {
            while (oper[operTop] != '(')
            {
                int b = opnd[opndTop--];
                int a = opnd[opndTop--];
                char c = oper[operTop--];
```

```
                opnd[++opndTop] = compute(a, b, c);
            }
            operTop--;
        }
        else if (priority(exp[i]) > priority(oper[operTop]))
        {
            oper[++operTop] = exp[i];
        }
        else
        {
            while (priority(exp[i]) <= priority(oper[operTop]))
            {
                int b = opnd[opndTop--];
                int a = opnd[opndTop--];
                char c = oper[operTop--];
                opnd[++opndTop] = compute(a, b, c);
            }
            oper[++operTop] = exp[i];
        }
    }
    while (oper[operTop] != '#')
    {
        int b = opnd[opndTop--];
        int a = opnd[opndTop--];
        char c = oper[operTop--];
        opnd[++opndTop] = compute(a, b, c);
    }
    return opnd[opndTop];
}
```

本实例的代码有点长，关键还是要理解栈在计算中缀表达式过程中的作用。

 本实例的代码只是对含有四则运算符和括号的中缀表达式进行计算。对于其他特殊运算符或函数，需要添加额外的处理逻辑。同时，还需要考虑表达式的非法情况和异常处理，如括号不匹配、中缀表达式格式错误等。另外，在编码时要充分使用函数的模块化程序设计思想。

【实例 12-12】小孩报数问题

扫一扫，看视频

描述：有 n 个小孩围成一圈，从第 1 个小孩开始依次编号。现在规定从第 w 个小孩开始报数，当报到第 s 个小孩时，该小孩出列。然后从下一个小孩开始继续报数，仍然是报到第 s 个小孩出列。如此重复进行，直到所有的小孩都出列（当总人数不足 s 时，仍然循环报数）。要求找出小孩出列的顺序。输入的第一行是小孩的人数 n（$n \leqslant 64$）；接下来每行输入一个小孩的名字（名字不超过 15 个字符）；最后一行输入 w 和 s，两者用逗号间隔。按照出列的顺序输出小孩的名字，每行输出一个。

输入样例：

```
5
Xiaoming
Xiaohua
Xiaowang
Zhangsan
Lisi
2,3
```

输出样例：

```
Zhangsan
Xiaohua
Xiaoming
Xiaowang
Lisi
```

分析：本实例可以使用第 8 章猴子选大王的方法来解决。下面使用队列来解决，步骤如下：

（1）输入小孩的总数 n。

（2）用一个二维数组存储小孩的名字，从下标 1 开始存储，数组下标即该小孩的编号。

（3）输入报数的起点 w 和报数的数字 s。

（4）小孩编号 $w \sim n$ 先入队，之后 $1 \sim w-1$ 编号入队，这样就可以从队头开始报数了。

（5）创建一个计数器变量 count，初始化为 1，用于计录报数的次数。

（6）循环执行以下步骤，直到出队 $n-1$ 个小孩为止。

① 从队列中出队一个小孩的编号。

② 如果 count 等于 s，则表示该小孩需要出列，将其输出。

③ 否则，将该小孩的编号重新入队。

④ 将 count 加 1。

（7）输出最后一个出列的小孩编号对应的名字。

本实例的参考代码如下：

```c
#include <stdio.h>
#include <string.h>
#include <stdlib.h>
const int N = 100;
int main(void)
{
    int n, w, s;
    scanf("%d", &n);                        //输入小孩的总数
    char children[N][20];                   //存储小孩名字的二维字符数组
    for (int i = 1; i <= n; i++)
    {
        scanf("%s", children[i]);
    }
    scanf("%d,%d", &w, &s);                 //输入从第 w 个小孩开始报数，报到第 s 个时出列
    //创建一个数组 Q 作为队列，用于存储小孩的编号
    int *Q = (int *)malloc(sizeof(int) * (n + 1));
    int front = 0, rear = 0;                //初始化队头和队尾下标为 0，表示队列为空
    //将第 w~n 个小孩的编号依次入队
    for (int i = w; i <= n; i++)
    {
        Q[rear++] = i;
    }
    //将第 1~w-1 个小孩的编号依次入队
    for (int i = 1; i < w; i++)
    {
        Q[rear++] = i;
    }
    int c = 1; //计数器，表示已经出列的小孩数
    while (c < n)
    {
        int count = 1;
        //循环遍历队列，模拟小孩报数出列的过程
        while (count < s)
        {
            Q[rear] = Q[front];             //将队头元素移到队尾
            rear = (rear + 1) % (n + 1);    //将队尾下标往后移一位
            front = (front + 1) % (n + 1);  //将队头下标往后移一位
            count++;                        //计数器加 1
        }
        printf("%s\n", children[Q[front]]); //输出出列小孩的名字
        front = (front + 1) % (n + 1);      //将队头下标往后移一位
        c++;                                //已出列小孩计数器加 1
    }
    printf("%s\n", children[Q[front]]);     //输出最后一个出列小孩的名字
    free(Q);
    return 0;
```

```
    }
```

本实例是一个数组形式的队列，可以用两个整型变量指示队头元素和队尾元素的下一个位置。为了尽可能地利用空间，我们采用了循环数组。**循环数组的一个特点是，数组最后一个元素的下一个空间是数组的第一个元素。**这样，当队尾指针达到数组的最后一个位置时，它可以循环到数组的第一个位置，继续存储元素。同样，当队头指针达到数组的最后一个位置时，它也可以循环到数组的第一个位置，继续访问数组中的元素。循环队列如图 12.5 所示，图中的实线箭头表示队头，虚线箭头表示队尾。

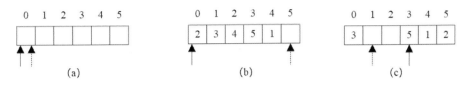

图 12.5　循环队列示意图

图 12.5（a）中，队列是空的，因为一共有 5 个小孩，所以使用了 6 个空间的循环队列。本实例的代码中，队列采用了一维动态数组，这时队头和队尾指针的值都为 0。

图 12.5（b）表示小孩在报数前所有小孩编号入队后的状态。因为从第 2 号小孩开始报数，所以 2 号小孩在队头。此时，队列是满的。一般情况下，可以通过判断队尾的下一个位置是否为队头来判断队列是否满。

图 12.5（c）表示第一个报数到 3 的 4 号小孩出列后队列的情况。此时，队列中少了一个元素。

因为使用循环数组表示队列，所以在进行入队和出队操作时会用到**求模运算**。出队时，队头指针会后移。

```
front = (front + 1) % (n + 1);          //将队头下标向后移一位
```

入队时，队尾指针也会后移。

```
rear = (rear + 1) % (n + 1);          //将队尾下标向后移一位
```

无论是入队操作还是出队操作，都是通过指针的后移来实现的。只是出队时，会先使用队头元素再后移指针；而入队时，会先将新元素放入队尾再后移指针。

需要注意的是，**循环队列通过多用一个空间来区分队空和队满**。具体地说，当队头和队尾指针指向同一个位置时，队列是空的；而当队尾的下一个位置与队头的位置相同时，队列是满的。

循环队列的另一个好处是不需要移动队列中的元素，因此效率较高。

　　通过使用基于循环数组的队列，我们能够便捷地进行入队和出队操作，并且判断队列为空或队列已满也变得很简单。这种设计使得算法在实现的同时具备了较高的效率。

【实例 12-13】银行业务队列简单模拟

扫一扫，看视频

描述：假设某银行有 A、B 两个业务窗口，A 窗口的处理速度是 B 窗口的两倍，即当 A 窗口处理完两个顾客时，B 窗口处理完一个顾客。现在给定顾客的序列，请按业务完成的顺序输出顾客的编号。假定不考虑顾客到达银行的时间间隔，并且当不同窗口同时处理完两个顾客时，A 窗口的顾客编号优先输出。

输入为一行正整数，第一个数 n（$n \leqslant 1000$）表示顾客的总数，后面跟着 n 位顾客的编号。其中，编号为奇数的顾客需到 A 窗口办理业务，编号为偶数的顾客则到 B 窗口办理业务。数字间以空格分隔。请按业务处理完成的顺序输出顾客的编号。

输入样例：

```
8 2 1 3 9 4 11 13 15
```

输出样例：

```
1 3 2 9 11 4 13 15
```

分析：银行的业务流程按照先到先服务的原则进行，因此可以使用队列进行模拟。

在实现代码时，可以定义两个队列 qA 和 qB，分别表示窗口 A 和窗口 B。初始时，它们都是空队列。

通过一个循环来模拟顾客的入队过程。每当读入一个顾客的编号 x 后，如果 x 是奇数，则将其加入队列 qA；如果 x 是偶数，则将其加入队列 qB。

然后，再通过另一个循环处理输出。每一次循环，只要队列 qA 或 qB 中仍有元素，就依次出队并输出队列中的顾客编号。在每轮循环中，首先从队列 qA 中出队两个元素（如果有），然后再从队列 qB 中出队一个元素（如果有）。整个循环过程会一直持续，直到队列 qA 和 qB 都为空时才结束。

由于最多有 1000 位顾客，每个顾客只会入队一次，因此可以使用顺序队列来实现。在顺序队列中，入队操作是通过 rear++进行的，出队操作是通过 front++进行的。判断队列是否为空的条件是 front 和 rear 相等。

在实际使用队列时，一定要根据问题的特点灵活选择使用顺序队列或循环队列来模拟队列的实现。

本实例的参考代码如下：

```c
#include <stdio.h>
const int N = 1000;                              //银行最多顾客人数
int main(void)
{
    int qA[N];                                   //A 队列
    int qB[N];                                   //B 队列
    int frontA = 0, rearA = 0, frontB = 0, rearB = 0;   //初始时队列为空
    int n, x;
    scanf("%d", &n);
    //循环读入顾客编号并根据编号奇偶性分别入队到 A、B 队列中
    while(n--)
    {
        scanf("%d", &x);
        if(x % 2)
        {
            qA[rearA++] = x;                     //队尾入队
        }
        else
        {
            qB[rearB++] = x;                     //队尾入队
        }
    }
    //循环依次出队并输出顾客编号，每一轮，A 出队两个，B 出队一个
    while(frontA != rearA || frontB != rearB)
    {   //只有队列 A 和 B 都空时出队才结束
        if(frontA != rearA)
        {
            printf("%d ",qA[frontA++]);
        }
        if(frontA != rearA)
        {
            printf("%d ",qA[frontA++]);
        }
        if(frontB != rearB)
        {
            printf("%d ",qB[frontB++]);
        }
    }
    return 0;
}
```

本实例的代码使用队列的概念模拟顾客的排队和处理过程，通过控制出队的顺序，实现了输

出顾客编号的业务处理顺序要求。

 　　循环队列和顺序队列都是数组实现的队列，它们具有简单、灵活、实用等优点。循环队列是首尾相接的循环数组（逻辑上的），而顺序队列不会重复使用已经出队的空间。

 【实例 12-14】Freda 的队列

扫一扫，看视频

描述：小明有一个队列，最初它是空的。现在小明接到了一系列指令，每个指令包含一个整数 x。如果 $x>0$，则表示在队列开头加入一个数 x；如果 $x=0$，则表示将队列复制一份，并将复制的队列接在现有队列的末尾；如果 $x=-1$，则表示弹出队列头部的数，并输出这个数值。

输入的第一行包含一个整数 n（$1 \leq n \leq 10^6$），表示指令的个数；接下来 n 行，每行一个整数 x（$-1 \leq x \leq 10^9$），描述每条指令。对于每条 $x=-1$ 的指令，如果此时队列不为空，则输出一个整数，表示从队头弹出的数；否则不进行任何操作。

输入样例：
```
8
3
4
0
-1
-1
-1
-1
1
```

输出样例：
```
4
3
4
3
```

分析：先定义一个空队列，队列空间的大小为 2 倍的指令个数即可。先读入 n 值。之后通过循环语句接收一系列操作指令，也就是读到的 x 值，并根据 x 值进行相应的操作。

（1）如果 $x>0$，则将 x 插入队列的队头。

（2）如果 $x=-1$，则从队列的队头弹出一个元素并输出。

（3）如果 $x=0$，则将队列中已有的元素复制到队尾。由于最多有 n 个指令，队列中最多存储 n 个数即可，所以，如果队列中已经有了 n 个元素，就可以不执行复制操作，以节省时间和空间，而且这不会影响最终的结果。

本实例的参考代码如下：
```c
#include <stdio.h>
#include <stdlib.h>
int main(void)
{
    int *q;                              //队列指针
    int front, rear;                     //队头和队尾下标
    front = rear = 0;                    //初始化队列为空
    int n, x;
    scanf("%d", &n);                     //输入操作的次数
    int N = 2 * n;                       //队列空间大小为 2 倍的操作次数
    q = (int *)malloc(sizeof(int) * N);  //分配队列空间
    while (n--)
    {
        scanf("%d", &x);                 //输入操作指令
        if (x > 0)
        {
            front = (front - 1 + N) % N; //队头指针前移，在队头插入
            q[front] = x;                //入队
```

```
    }
    else if (x == -1)
    {
        if (front != rear)                  //队列不空时
        {
            printf("%d\n", q[front]);       //输出队头
            front = (front + 1) % N;        //出队
        }
    }
    else if (x == 0)
    {
        int len = (rear - front + N) % N;//计算队列中元素的个数
        //当队列中的元素个数大于操作次数时，不需要复制原队列中的元素
        //因为最多有 n 个命令，最多出队 n 个元素，这样既省空间又省时间
        if (len <= n)                       //复制队列到队尾
        {
            int i = front;
            int k = rear;
            while (i != k)
            {
                q[rear] = q[i];             //复制元素到队尾
                i = (i + 1) % N;
                rear = (rear + 1) % N;
            }
        }
    }
}
free(q);                                    //释放队列空间
return 0;
}
```

本实例使用的队列可以被视为双端队列，因为它允许在队列的队头进行入队和出队操作，而只能在队列的尾部进行入队操作。本实例使用的是循环队列，其中入队和出队只需通过移动队头和队尾的位置，当然需要借助求余运算。

编程时可以根据问题本身的特点做一些优化处理，以减少程序运行时占用的时间和空间。

 一般来说，如果只允许在线性表的两端进行操作，那么就是队列；如果只允许在一端进行操作，那么就是栈。在实际应用中，可以根据问题的特点进行灵活的调整，只要不涉及在线性表的中间位置进行插入或删除操作，就可以使用数组或单链表等来模拟栈或队列。

【实例 12-15】买票需要的时间

扫一扫，看视频

描述：现在有 n（$1 \leq n \leq 100$）个人排队买票，其中第 0 个人站在队伍最前方，第 $n-1$ 个人站在队伍最后方。给定一个下标从 0 开始的整数数组 tickets，数组长度为 n，其中第 i 个人想要购买的票数为 tickets[i]（$1 \leq$ tickets[i] ≤ 100）。每个人买票都需要用掉恰好 1 秒。每个人一次只能买一张票，如果需要购买更多票，则必须走到队尾重新排队（此过程瞬间发生，不计入时间）。如果一个人没有需要继续购买的票，那么他将会离开队伍。求返回位于位置 k（$0 \leq k < n$）的人完成购票所需的时间（以秒为单位）。

输入的第一行是整数 n，表示有 n 个买票人。第二行是 n 个整数，表示每个人买票的张数；第三行是位置（编号）k。输出位置为 k 的人完成购票所需的时间。

输入样例：

3
2 3 2
2

输出样例：

6

分析：可以采用模拟的方法来计算编号为 k 的人买完他所需的所有票所需的总时间。我们可以用一个链表来表示队列，队列中的每个节点存储买票者的编号和需要购买的票数。使用两个指针 front 和 rear 分别指向队头和队尾。

首先，创建一个包含 n 个节点的单链表来代表初始的排队情况，每个节点存储一个买票者的编号和需要购买的票数。

接下来，执行以下操作：卖一张票给队头的人，然后队头要出队。如果队头的人恰好是编号为 k 的人，并且在买完这张票后，他的票数减为 0，那么可以结束计算。

如果队头的人的票数为 0，但并非编号为 k 的人，那么他将直接离开队列，即出队。如果队头的人在买完一张票后还有剩余的票要买，那么他将出队，然后重新排到队尾，即入队。

因此，整个计算过程是通过使用链表队列来模拟排队买票的情景。

本实例的参考代码如下：

```c
#include <stdio.h>
#include <stdlib.h>
const int N = 100;
typedef struct Node
{
    int idx;                                      //初始时买票队伍中人的编号(从 0 开始)
    int nums;                                     //票数
    struct Node *next;
} QNode;
int buyTime(int *tickets, int n, int k);
int main(void)
{
    int tickets[N], n, k;
    scanf("%d", &n);
    for (int i = 0; i < n; i++)
        scanf("%d", &tickets[i]);
    scanf("%d", &k);
    printf("%d", buyTime(tickets, n, k));
    return 0;
}
//函数功能：编号为 k 的人买到所需的票需要的时间
int buyTime(int *tickets, int n, int k)
{
    QNode *front = NULL, *rear = NULL;            //空队列
    QNode *s;
    //n 个买票的人排队（链表队列）
    for (int i = 0; i < n; i++)
    {
        s = (QNode *)malloc(sizeof(QNode));
        s->idx = i;
        s->nums = tickets[i];
        s->next = NULL;
        if (rear == NULL)
            front = rear = s;
        else
            rear->next = s;
        rear = s;
    }
    int times = 0;                               //编号为 k 的人买票的总时间
    while (1)
    {
        front->nums--;                           //买票（队头的人买一张票）
        times++;
        if (front->idx == k && front->nums == 0) //队头的人买完票且编号为 k 的人
            break;
        s = front;
        front = front->next;                     //买了一张票，队头的人出队
```

```
        s->next = NULL;
        if (s->nums > 0)                    //如果队头的人还有票没买到，则重新排队
        {
            rear->next = s;
            rear = s;
        }
    }
    return times;
}
```

本实例的问题比较适合使用链表来表示队列。因为当有 n 个人排队买票时，可以用链表中的节点来表示每个人。每个节点代表一个买票的人，如果他买到所需的票，他就会离开队列，这时链表中的节点数量会减少；如果还有票没有买到，他会从队头出队，然后重新排到队尾。这样的设计非常好地模拟了排队买票的场景。

【实例 12-16】Rabin-Karp 字符串匹配

扫一扫，看视频

描述：现在有一个仅由小写字母组成的字符串 s。假设将字母 a、b、c、…、z 依次编号为 1、2、3、…、26。现在需要在 s 中找到所有长度为 m 且字母编号和为 q 的子串。

首先输入一个整数 n，表示测试数据的个数。接下来的 n 行，每行包含一个测试数据，每个测试数据由三部分组成：字符串 s（长度不超过 100）、整数 m（m 小于 s 的长度）和整数 q。

输出符合条件的子串个数，之后每行输出一个相应的子串。

输入样例：

```
1
abcabc 3 6
```

输出样例：

```
4
abc
bca
cab
abc
```

分析：可以定义一个二维字符数组作为存储满足条件的子串的队列。对于每个字符串 s，枚举所有长度为 m 的子串，并计算子串的字母编号和，如果和为 q，则将该子串入队到子串队列中。处理结束后，遍历队列，并输出所有满足条件的子串。

本实例的参考代码如下：

```c
#include <stdio.h>
#include <string.h>
const int N = 101;
int sum(char *str);
int main(void)
{
    int t, m, q;
    scanf("%d", &t);
    char s[N], sub[N];               //字符串，子串
    char Q[N][N];                    //存储所有子串的队列
    int front = 0, rear = 0;         //队列的头尾指针
    while (t--)
    {
        scanf("%s%d%d", s, &m, &q);
        int n = strlen(s);
        int c = 0;
        //枚举出所有长度为 m 的子串
        for (int i = 0; i <= n - m; i++)
        {
            strncpy(sub, s + i, m);
            sub[m] = '\0';
```

```
            if (sum(sub) == q)
            {
                c++;
                strcpy(Q[rear++], sub);                    //入队
            }
        }
        printf("%d\n", c);
        //输出所有子串
        while (front != rear)
        {
            printf("%s\n", Q[front++]);
        }
    }
    return 0;
}
//函数功能：计算字符串 str 中每个字符的编号和
int sum(char *str)
{
    int s = 0;
    int len = strlen(str);
    for (int i = 0; i < len; i++)
    {
        s += str[i] - 'a' + 1;
    }
    return s;
}
```

扫一扫，看视频

【实例 12-17】机器翻译

描述：小晨的计算机上安装了一个机器翻译软件。该软件使用固定大小为 m 的内存缓存最近使用过的单词的译文，如果内存已满，则清空最早使用的单词来腾出空间。一篇英语文章的长度为 n 个单词，编程计算软件需要从外存中查找多少次词典才能完成翻译。

输入的第一行是用空格分隔的两个正整数 m 和 n，分别表示内存缓存容量和文章长度；第二行是 n 个非负整数，按照文章的顺序，每个数表示一个英文单词。输出一个整数，表示需要查词典的次数。

输入样例：

```
3 7
1 2 1 5 4 4 1
```

输出样例：

```
5
```

分析：内存缓冲区具有先进先出的特点，因此可以使用循环队列作为内存缓冲区，缓冲区的容量为 m。初始时，可以让队列中的元素全部初始化为–1，表示缓冲区为满。当需要查找一个单词时，首先在缓冲区中查找，如果缓冲区中没有这个单词，就直接将其入队，也就是将其添加到缓冲区中。由于缓冲区一开始就是满的状态，并且是循环队列，当将单词入队时，队头元素自然就被删除了。因此，不需要设置队头指针。由于队列始终保持满的状态，查找时也不需要考虑队列满或不满的问题。

本实例的参考代码如下：

```c
#include <stdio.h>
#include <stdlib.h>
int find(int a[], int n, int x);
int main(void)
{
    int *q;                                    //队列作为缓冲区
    int m, n;
```

```
    scanf("%d%d", &m, &n);
    q = (int *)malloc(sizeof(int) * m);        //q 为内存缓冲区，容量为 m
    for (int i = 0; i < m; i++)
        q[i] = -1;          //初始化缓冲区（因单词的编号≥0）
    int rear = 0;          //队尾指针为 0，这时队列满，队尾指针指向队尾元素的下一个位置（也就是队头）
    int x;
    int t = 0;             //统计写入缓冲区单词的次数
    while (n--)
    {
        scanf("%d", &x);
        if (!find(q, m, x))                     //如果缓冲区中没有
        {
            q[rear] = x;                        //将单词加入缓冲区
            rear = (rear + 1) % m;              //循环队列
            t++;
        }
    }
    printf("%d\n", t);
    free(q);
    return 0;
}
//函数功能：在缓冲区中查找 x 是否存在，存在则返回 1；否则返回 0
int find(int a[], int n, int x)
{
    for (int i = 0; i < n; i++)
        if (x == a[i])
            return 1;
    return 0;
}
```

在实现代码时，缓冲区就是一个一维数组，可以借用队列的概念来编写和理解代码，以增强代码的可读性和逻辑性。

在使用队列时，根据问题的特点，可以在队头、队尾及空间利用方面进行一些更加灵活的设计，重要的是使用好队列的"先进先出"特性。

【实例 12-18】Blah 数集

扫一扫，看视频

描述：大数学家高斯小时候偶然间发现了一个有趣的自然数集合——Blah。对于以 a 为基的集合 Ba，定义如下：

（1）a 是集合 Ba 的基，同时也是 Ba 的第一个元素。

（2）如果 x 在集合 Ba 中，那么 $2x+1$ 和 $3x+1$ 也都在集合 Ba 中。

（3）集合 Ba 中没有其他元素。

现在，小高斯想知道，如果将集合 Ba 中的元素按照升序排列，第 n 个元素会是多少。

输入包括多行，每行输入包含两个数字：集合的基 a（$1≤a≤50$）和所求元素序号 n（$1≤n≤10^6$）。对于每个输入，输出集合 Ba 的第 n 个元素的值。

输入样例：

```
1 100
28 5437
```

输出样例：

```
418
900585
```

分析：可以定义一个队列 q 来存储集合 Ba。开始时，将集合的基 a 入队列 q。然后，利用集合 Ba 的递推关系，按顺序逐个计算并入队列 q，直到产生第 n 个元素，即得到了问题的解，然后将其输出。

由于存在两个递推式，一个 x 会产生两个元素。为了保持队列中的元素有序，可以设置两个

队头指针 f1 和 f2，初始时它们的值都为 0。队头指针 f1 对应的元素 q[f1]通过 2x+1 递推出下一个元素 t1，队头指针 f2 对应的元素 q[f2]通过 3x+1 递推出下一个元素 t2。然后比较 t1 和 t2 的大小，将较小的元素入队（如果这个元素已经在队尾了，就不入队列了），并执行对应的队头指针 f1 或 f2 的出队操作。按照这样的规则，就能够生成一个有序的队列。

本实例的参考代码如下：

```c
#include <stdio.h>
long long q[100001];                //队列
int main(void)
{
    int a, n;
    long long t1, t2;
    while (scanf("%d%d", &a, &n) != EOF)
    {
        int r = 1;                  //队尾下标
        q[0] = a;                   //a 入队
        int f1 = 0, f2 = 0;         //两个队头下标
        while (r < n)
        {
            t1 = q[f1] * 2 + 1;     //f1 的队头产生下一个元素（2x+1）
            t2 = q[f2] * 3 + 1;     //f2 的队头产生下一个元素（3x+1）
            int x = t1 < t2 ? t1 : t2;  //小的是新的 Ba 集合中的元素
            //小的出队
            if (t1 < t2)
                f1++;               //出队
            else
                f2++;               //出队
            if (x == q[r - 1])      //x 已经在队列中了
                continue;
            q[r++] = x;             //入队
        }
        printf("%lld\n", q[n - 1]);
    }
    return 0;
}
```

 这个程序的设计展示了队列的灵活应用，同时也强调了编码实践的重要性，只有在较多的实践中不断思考、总结，才能不断提高编码能力并且更加熟练地使用各种数据结构和算法。

【实例 12-19】滑动窗口

扫一扫，看视频

描述：给定一个长度为 n（$n \leq 10^6$）的数组，现在有一个大小为 k 的滑动窗口从数组的最左端滑动到最右端。每次滑动窗口，可以看到窗口中的 k 个数字。窗口每次向右滑动一个数字的距离。如图 12.6 所示，数组是[1, 3, −1, −3, 5, 3, 6, 7]，k = 3。你的任务是计算滑动窗口在每个位置时的最大值和最小值。

窗口位置								最大值	最小值
[1	3	−1]	−3	5	3	6	7	−1	3
1	[3	−1	−3]	5	3	6	7	−3	3
1	3	[−1	−3	5]	3	6	7	−3	5
1	3	−1	[−3	5	3]	6	7	−3	5
1	3	−1	−3	[5	3	6]	7	3	6
1	3	−1	−3	5	[3	6	7]	3	7

图 12.6　滑动窗口示例

输入共两行：第一行包含两个整数 n 和 k，分别表示数组的长度和滑动窗口的大小；第二行包含 n 个数字，表示数组中的元素。输出共两行：第一行为滑动窗口从左至右滑动的每个位置的

最小值；第二行为滑动窗口从左至右滑动的每个位置的最大值。

输入样例：

```
8 3
1 3 -1 -3 5 3 6 7
```

输出样例：

```
-1 -3 -3 -3 3 3
3 3 5 5 6 7
```

分析：滑动窗口问题可以使用单调队列找出窗口中的最大值或最小值。

单调队列是指队列中的元素是单调递增或单调递减的。 对于滑动窗口问题，可以用一个**双端队列**来维护一个滑动窗口内的单调性。这个双端队列可以以**队头出队、队尾入队和出队**。

定义一个数组 q 用于存放单调队列，同时定义队头 h=0 和队尾 t=−1，初始时队列为空。注意 t 是队尾位置，而不是队尾的下一个位置，这与之前的队列的队尾设置不一样，主要原因是在队尾能入队也能出队。

在遍历数组的过程中，维护单调队列。首先检查队头是否超出窗口范围，如果队头不在窗口内，则需要将队头出队，即将队头下标 h 加 1。之后，不断将当前元素和队尾指向的元素进行比较，如果队列为空或者队尾元素小于当前元素，则当前元素入队；否则弹出队尾元素，重复与队尾进行比较。将当前元素的下标加入队列的末尾，这样可以保证队列的单调性。因为找的是滑动窗口的最小值，因此单调队列 q 是一个升序的单调队列，队头就是滑动窗口的最小值。处理时，要注意边界，滑动窗口中的元素需要有 *k* 个。

输出滑动窗口的最大值时，只需要在第二次遍历数组时，维护单调队列为降序即可。

本实例的参考代码如下：

```c
#include <stdio.h>
const int N = 1000005;
int n, k;
//用数组 a 记录原数列，数组 q 模拟单调队列
int a[N], q[N];
int main(void)
{
    scanf("%d%d", &n, &k);
    for (int i = 0; i < n; i++)
        scanf("%d", &a[i]);
    //求最小值
    int h = 0, t = -1;              //h 是单调队列的队头，t 是单调队列的队尾
    for (int i = 0; i < n; i++)
    {
        //队列的头必须在窗口内部
        if (h <= t && q[h] < i - k + 1)
            h++;
        while (h <= t && a[q[t]] >= a[i])
            t--;
        q[++t] = i;
        //必须满足每个窗口 k 个数
        if (i >= k - 1)
            printf("%d", a[q[h]]);
    }
    printf("\n");
    //求最大值
    h = 0, t = -1;                  //空单调队列
    for (int i = 0; i < n; i++)
    {
        if (h <= t && q[h] < i - k + 1)
            h++;
        while (h <= t && a[q[t]] <= a[i])
            t--;
        q[++t] = i;
```

```
            if (i >= k - 1)
                printf("%d", a[q[h]]);
        }
    return 0;
}
```

【实例 12-20】判断栈和队列

描述：栈和队列都提供两个操作：Push（加入一个元素）和 Pop（弹出一个元素）。栈是"后进先出"，而队列是"先进先出"。给定一个数据序列，需要根据进出顺序判断该序列使用的是栈还是队列。

输入包含 t 组测试数据，每组测试数据的第一行是一个整数 n，表示操作的次数；接下来的 n 行表示操作序列，每行包含两个整数 type 和 val。当 type 为 1 时，表示执行 Push 操作，val 代表加入的数字；当 type 为 2 时，表示执行 Pop 操作，val 代表弹出的数字。每组测试数据的操作次数范围为 3～2000。对于每组测试数据，输出一行，表示该组数据对应的是栈还是队列，输出 Stack 或 Queue。

输入样例：

```
2
6
1 1
1 2
1 3
2 3
2 2
2 1
4
1 1
1 2
2 1
2 2
```

输入样例：

```
Stack
Queue
```

分析：栈操作只有入栈和出栈两种，队列操作也只有入队和出队两种。因此，可以通过对操作序列的观察，判断其是否遵守栈或队列的特性，从而判断其类型。可以按照栈的规则进行判断，如果符合栈的"后进先出"特性，那么就是栈，否则就是队列。

程序实现时，可以利用一个循环，处理每一组测试数据，内部嵌套一个循环，处理每一个操作。在处理每个操作时，如果是入栈，则将操作数 x 压入栈；如果是出栈，则比较栈顶元素和操作数 x 是否相等，若不相等则说明该序列不是栈而是队列，若都相等则是栈。

本实例的参考代码如下：

```c
#include <stdio.h>
#include <stdbool.h>
const int N = 2000;
int main(void)
{
    int s[N];                        //顺序栈
    int top = -1;                    //top 表示栈顶指针，初值为-1，表示栈为空
    int t, type, n, x;
    scanf("%d", &t);
    while (t--)
    {
        scanf("%d", &n);             //输入每组测试数据中操作的次数
        bool st = true;
        while (n--)
```

```
    {
        scanf("%d %d", &type, &x);           //输入操作类型(type)和操作数(x)

        if (type == 1)                       //入栈类型
        {
            s[++top] = x;                    //将 x 入栈
        }
        else                                 //出栈类型
        {
            if (s[top] != x)                 //如果栈顶元素不等于 x，即可判定不是栈
            {
                st = false;
            }
            top--;                           //栈顶指针 top 向下移动，出栈
        }
    }
    if (st)                                  //如果能成功出入所有栈元素，则为栈
        printf("Stack\n");
    else                                     //否则为队列
        printf("Queue\n");
}
return 0;
}
```

小　结

　　栈和队列可被视为装载数据的容器，通常在问题求解时用作辅助数据存储。栈的结构类似于一只底封口、顶开口的杯子，具有"**后进先出**"的特点；而队列类似于一条两端开口的管道，具有"**先进先出**"的特点。

　　栈和队列可以使用数组或单链表表示。就操作而言，数组形式的栈和队列更简单。当然，如果无法预知栈或队列中的数据量，也可以选择使用链表形式。实际编程时，可以根据问题的特点做出相应的选择。

　　栈和队列在编程中得到广泛应用，可以有效解决各种问题，提高程序的效率和可读性。

第 13 章   前缀和与差分

本章的知识点：

⤷ 一维前缀和与差分。
⤷ 二维前缀和与差分。

一维前缀和是指在一个一维数列中，计算从起点到每个位置的累积和，并将这些累积和存储在一个一维辅助数组中，用于快速获取任意区间的和。一维差分是指把原始数组中相邻两个元素之间的差值存储在一个辅助数组中。通过一维差分数组，可以快速计算出原始数组中某个区间的和及进行修改操作等。

二维前缀和是指计算每个位置的左上方的矩阵元素的累积和，并将这些累积和存储在一个二维辅助数组中，用于快速获取任意子矩阵的和。而二维差分数组则是指在一个二维矩阵中，存储每个位置与其相邻位置的差值，用于高效地对矩阵进行增量修改和计算。

总之，**利用数组的前缀和是一个非常常用和重要的技巧**，在解决数组相关问题时具有广泛的应用。

【实例 13-01】子数组的和

扫一扫，看视频

描述：给定一个长度为 n 的数组，需要执行 m 次操作来求解每个操作对应区间 $[L, R]$ 中元素的和。

输入的第一行有两个整数 n 和 m（$1 \leqslant n, m \leqslant 100000$），分别表示数组的长度和需要求和的操作次数；第二行包含 n 个整数，表示数组的具体内容，其中每个整数的绝对值不超过 1000；接下来的 m 行，每行包括两个整数 L 和 R，表示需要求和的区间的起点和终点（$1 \leqslant L \leqslant R \leqslant n$）。输出共 m 行，每行一个整数，代表对应操作的区间元素和。

输入样例：

```
10 3
5 2 -3 1 -5 10 150 300 1200 93
1 3
2 5
1 8
```

输出样例：

```
4
-5
460
```

分析：可以定义一个长度为 100001 的整型数组 nums 来存放给定数组中的数据。同时，再定义一个与 nums 相同长度的整型辅助数组 preSum，用于存放 nums 的前缀和。这里的下标从 1 开始。开始时，设置 preSum[0] = 0。接下来，对于每个下标 i（$1 \leqslant i \leqslant n$）可以通过以下方式计算 preSum[$i$]的值：preSum[$i$] = preSum[$i-1$] + nums[$i$]。这样就可以得到一个辅助数组 preSum，其中的 preSum[i]表示 nums 数组中前 i 个元素的和。

通过使用辅助数组 preSum，就可以更高效地计算区间[L, R]中元素的和，而无须对该区间内的每个元素进行逐个累加。

也就是说，可以通过计算 preSum[R] - preSum[$L-1$]来得到区间[L, R]中元素的和。原因是辅助数组 preSum 存储的是 nums 数组的前缀和，即 preSum[i]存放的是 nums 数组中前 i 个元素的和。因此，preSum[R]表示 nums 数组中前 R 个元素的和，preSum[$L-1$]表示 nums 数组中前 $L-1$ 个元素的和。

本实例的参考代码如下：

```c
#include <stdio.h>
#define N 100001
int nums[N], preSum[N];                          //preSum[i]存放子数组[1..i]元素的和
int main(void)
{
    int n, m;
    scanf("%d %d", &n, &m);
    preSum[0] = 0;
    for(int i = 1; i <= n; i++)
    {//输入原数组数据，同时预处理：求原数组的前缀和数组元素的值
        scanf("%d", &nums[i]);
        preSum[i] = preSum[i - 1] + nums[i];    //计算 preSum[i]
    }
    while(m--)
    {//操作 m 次，输入区间的端点，利用前缀和数组求区间元素的和
      int L, R;
      scanf("%d %d", &L, &R);
      printf("%d\n", preSum[R] - preSum[L - 1]);
    }
    return 0;
}
```

前缀和的计算非常简单，只需额外创建一个数组来记录。在上述代码中，preSum 就是数组 nums 的前缀和数组。在解决区间问题时，可以考虑使用前缀和的思想。前缀和提供了关于数组元素累加和的有用信息，使得我们能够更快速地解决区间相关的问题。

> 为了统一处理边界元素的问题，在计算前缀和时最好从 $i = 1$ 开始计数，并且初始化 preSum[0] = 0。这种做法有助于简化边界条件的处理。通过从索引 1 开始计算前缀和，可以避免对特殊情况下的边界元素进行额外的处理。而将 preSum[0]初始化为 0，则可以确保前缀和数组的第一个元素存储的是原数组的第一个元素的值，这样在使用前缀和时也更加方便。

【实例 13-02】和为 k 的子数组个数

扫一扫，看视频

描述：给定一个整数数组和一个整数 k，统计数组中和为 k 的子数组的个数。数组的长度最大为 50000。

输入的第一行为 n 和 k，其中 n 代表数组中整数的个数（$1 \leq n \leq 50000$，$|k| \leq 10^9$）；第二行为数组的 n 个整数（每个整数的绝对值不超过 10000）。输出一个整数，表示数组中和为 k 的子数组的个数。

输入样例：

```
13 5
2 -4 3 1 -6 6 5 -1 -6 5 4 -3 1
```

输出样例：

```
10
```

分析：首先计算给定数组中所有元素的前缀和，并枚举出子数组的范围，通过对前缀和数组中对应元素的减法操作，可以快速计算原数组中任意子数组的和，然后检查每个子数组的和是否等于 k，如果相等，则计数器加 1。

本实例的参考代码如下：

```c
#include <stdio.h>
#define N 50001
int nums[N], preSum[N]; //preSum[i]存放子数组[1..i]的和
```

```
int main(void)
{
    int n, k;
    scanf("%d %d", &n, &k);
    preSum[0] = 0;
    for (int i = 1; i <= n; i++)
    { //预处理：求 nums 的前缀和数组
        scanf("%d", &nums[i]);
        preSum[i] = preSum[i - 1] + nums[i];     //计算 preSum[i]
    }
    int cnt = 0;                                 //存放满足和为 k 的子数组的个数
    for (int i = 1; i <= n; i++)
    { //枚举子数组第一个元素的下标
        int sum = 0;
        for (int j = i; j <= n; j++)
        { //枚举子数组最后一个元素的下标
            sum = preSum[j] - preSum[i - 1];
            if (sum == k)
                cnt++;                           //判断子数组的和是否为 k
        }
    }
    printf("%d\n", cnt);
    return 0;
}
```

对于数据量较大的情况，时间复杂度可能较高，因此需要寻找更高效的算法来解决该问题。

【实练 13-01】连续自然数的和

扫一扫，看视频

寻找所有连续自然数段，使得这些自然数段中的所有元素之和等于给定的自然数 m。例如，当给定的 $m=20$ 时，存在一个自然数段[2, 6]，其中包含的所有自然数之和为 20。

输入中包含一个正整数 m（$10 \leqslant m \leqslant 2000000$），表示需要寻找连续自然数段的目标和。输出按照升序排列的所有符合条件的连续自然数段。每行输出两个自然数，分别为该自然数段的第一个数和最后一个数，两个数之间用一个空格隔开。

输入样例：

```
30
```

输出样例：

```
4 8
6 9
9 11
```

📖【实例 13-03】最大子段和

扫一扫，看视频

描述：给定一个长度为 n 的序列 nums，需要找到其中连续且非空的一段，使得这段和最大。输入的第一行是一个整数 n（$n \leqslant 200000$），表示序列的长度；第二行是序列的 n 个整数，绝对值不超过 1000。输出一个整数，表示最大子段和。

输入样例：

```
7
2 -4 3 -1 2 -4 3
```

输出样例：

```
4
```

分析：为了计算最大子段和，可以定义一个变量 maxSum 来存储结果。根据描述，可以将 maxSum 初始化为一个较小的值，如–200000000。接下来可以使用实例 13-02 提到的方法，枚举所有可能的子数组[i, j]的下标范围。在计算子数组的和时，可以利用前缀和的思想，通过计算 preSum[j] –preSum[i–1]来得到子数组[i, j]的元素和。将每个子数组的和与 maxSum 进行比较，并更新 maxSum 的值为较大的那个和值，最终得到的 maxSum 即为最大子段和。

本实例的参考代码如下：

```c
#include <stdio.h>
int max(int a, int b)
{
    return a >= b ? a : b;
}
int preSum[200050] = {0};        //前缀和数组
int main(void)
{
    int n, tmp;                  //数组的长度，临时变量
    scanf("%d", &n);
    //输入数组的数据，同时计算数组的前缀和
    for (int i = 1; i <= n; i++)
    {
        scanf("%d", &tmp);
        preSum[i] = preSum[i - 1] + tmp;
    }
    //枚举子数组[i,j]，求和，并求最大的和
    int maxSum = -200000000;
    for (int i = 1; i <= n; i++)
        for (int j = i; j <= n; j++)
            maxSum = max(maxSum, preSum[j] - preSum[i - 1]);
    printf("%d", maxSum);
    return 0;
}
```

【实练 13-02】长度为 k 的子数组的最大和

给定一个数列和正整数 k，需要求连续排列的 k 个整数和的最大值。输入的第一行包含两个正整数 n（$n \leqslant 100000$）和 k（$1 \leqslant k \leqslant n$），分别表示数列的长度和连续整数的个数；第二行包含 n 个整数，代表数列的元素。输出一个整数，表示连续排列的 k 个整数和的最大值。

扫一扫，看视频

输入样例：

```
5 3
2 5 -4 10 3
```

输出样例：

```
11
```

扫一扫，看视频

【实例 13-04】字符的个数

描述：给定一个字符串、某个字符 ch 及询问次数 m，需要计算每次询问中子串[l, r]中字符 ch 的个数。输入共有 $m+3$ 行，第一行为一个字符串（长度不超过 100）；第二行为一个字符；第三行为一个表示询问次数的整数 m；接下来的 m 行中，每行包括两个整数 l 和 r（$1 \leqslant l \leqslant r \leqslant$ 字符串长度），表示询问区间的开始位置和结束位置。输出共 m 行，每行一个整数，表示对应询问区间中字符 ch 的个数。

输入样例：

```
cakaakykakaakakhae
a
3
1 3
2 5
3 12
```

输出样例：

```
1
3
```

分析：此问题是求某区间内含有给定字符的个数，因此可以考虑使用前缀和思想。首先对读入的字符串进行预处理，使用单重循环可以求出字符串 str 中字符 ch 的个数。定义一个 int 类型数组 preSum，其中 preSum[i + 1]存放下标从 0 到 i 的字符中 ch 字符的个数，即 preSum[i] = preSum[i−1] + (str[i−1] == ch)。然后通过查询 preSum[r] −preSum[l−1]即可获取区间[l, r]中字符 ch 的个数。

本实例的参考代码如下：

```c
#include <stdio.h>
#include <string.h>
#define N 101
int main(void)
{
    char str[N], ch;
    int preSum[N] = {0};              //preSum[i]存放 str 中前 i 个字符中 ch 字符的个数
    fgets(str, N, stdin);
    str[strlen(str) - 1] = '\0';
    scanf("%c", &ch);
    int len = strlen(str);
    for (int i = 1; i <= len; i++)  //求字符串 str 的 0~i 个字符中 ch 字符的个数 preSum[i]
        preSum[i] = preSum[i-1] + (str[i-1] == ch);
    int m, l, r;                      //分别存放询问次数、询问区间的起始位置和结束位置
    scanf("%d", &m);
    //输入各区间起始位置和结束位置，利用前缀和计算并输出此区间中字符 ch 的个数
    while (m--)
    {
        scanf("%d %d", &l, &r);
        printf("%d\n", preSum[r] - preSum[l - 1]);
    }
    return 0;
}
```

前面四个实例都是一维前缀和的应用，现在来看一下一维差分的应用。

给定一组数 nums[1]，⋯，nums[n]，定义一个辅助数组 diff，其中 diff[i]存放原数组 nums 的第 i 个元素与第 i−1 个元素的差，即 diff[i]表示 nums[i] − nums[i−1]且 diff[1] = nums[1]。因此，diff 数组记录的就是 nums 数组的差分。

对于一个数列的不同区间[L, R]进行 m 次修改操作（如将区间中的所有元素都加上或减去相同的数 c）。那么如何能够快速求出修改后数列的值呢？如果使用暴力枚举法，每次修改区间[L, R]（如都加上 c），假设数列用数组 nums 存放，那么需要使用以下循环语句进行计算：

```c
for (int i = L; i <= R; i++)
{
    nums[i] += c;
}
```

如果数列的长度为 n，进行 m 次操作，则最坏情况下需要执行 n×m 次操作。如果利用差分与前缀和操作，只需要 m 次操作的几倍来实现即可。

下面的实例介绍如何使用差分与前缀和方法对数据进行预处理，从而提高计算的效率。

【实例 13-05】操作后的序列

扫一扫，看视频

描述：给定一个长度为 n 的整数序列，以及 m 个操作。每个操作包含三个整数 L、R 和 c，表示将序列中[L, R]范围内的每个数都加上 c。请计算所有操作执行完后的序列。

输入第一行包含两个整数 n 和 m（$1 \leqslant n, m \leqslant 100000$）；第二行包含 n 个整数，表示整数序列；接下来的 m 行，每行包含三个整数 L、R 和 c（$1 \leqslant L \leqslant R \leqslant n, -1000 \leqslant c \leqslant 1000$），表示一个操作。输出一行，包含 n 个整数，表示最终序列。

输入样例：

```
6 3
1 2 2 1 2 1
1 3 1
3 5 1
1 6 1
```

输出样例：

```
3 4 5 3 4 2
```

分析：可以定义一个数组 nums，长度为 100001，用于存放给定的原序列。同时，可以创建一个与 nums 长度相同的数组 diff，用于存放 nums 的差分序列。其中，diff[1] = nums[1]，diff[i] = nums[i] – nums[i–1]。例如，diff[1] + diff[2] = nums[1] + nums[2] – nums[1] = nums[2]，即 nums[2] = diff[1] + diff[2]。同样地，nums[3] = nums[2] + diff[3]=diff[1]+diff[2]+diff[3]。

可以观察到，**对于一个序列的差分序列求前缀和，可以得到原序列**。也就是说，差分与前缀和是互逆操作。将这一特点应用于对 nums 序列的区间[L, R]执行加 c 操作，首先求出 nums 的差分数组 diff，然后执行以下两个操作：①diff[L] += c，②diff[R+1] –= c。操作①使得从 L 开始的 diff 的前缀和都增加 c，即 nums 中从 L 开始的元素都增加 c；操作②使得从 R+1 开始的 diff 的前缀和都减少 c，即 nums 中从 R+1 开始的元素都减少 c，从而实现了 nums 序列的[L, R]区间的元素都增加了 c。

本实例的参考代码如下：

```c
#include <stdio.h>
#define N 100001
int nums[N], diff[N];              //分别存放原始序列、差分序列
int main(void)
{
    int n, m;
    scanf("%d %d", &n, &m);        //输入原始序列长度及操作次数
    for (int i = 1; i <= n; i++)   //输入原始序列，同时计算差分序列
    {
        scanf("%d", &nums[i]);
        diff[i] = nums[i] - nums[i - 1];
    }
    //对区间[l,r]执行加c操作
    int l, r, c;
    while (m--)
    {
        scanf("%d %d %d", &l, &r, &c);
        diff[l] += c;
        diff[r + 1] -= c;
    }
    //对差分序列diff求前缀和，得到nums序列
    nums[0] = 0;
    for (int i = 1; i <= n; i++)
        nums[i] = nums[i - 1] + diff[i];
    for (int i = 1; i <= n; i++)    //输出操作后的序列
        printf("%d ", nums[i]);
    return 0;
}
```

【实练 13-03】种树

扫一扫，看视频

小明在他的果树园里种植了 n 棵果树，这些树排列成一排，标号为 1~n。初始时，所有果树的高度都为 0，即它们还没有长出来。小明拥有一种魔法，每次使用这种魔法，可以将标号连续落在区间[l, r]中的果树的高度增加 1。他可以使用 m 次这种魔法。现在，他非常好奇的是，在使用 q 次魔法后，他的所有果树的高度是多少？

输入为 m+1 行，第一行输入两个整数 n 和 m，表示果树的数量和魔法使用的次数，其中 1≤ n, m≤100000；接下来的 m 行，每行输入两个整数 l 和 r，表示小明借助魔法使得标号落在区间

[l, r]内的果树的高度增加 1。输出一行，包含 n 个整数，每个整数之间以一个空格分隔，表示每棵果树的高度。

【实例 13-06】校门外的树

扫一扫，看视频

描述：在一条长度为 L 的马路上，种植了一排相邻间隔 1 米的树木。现有 m 个区间需要移除树木（包括区间端点），并且需要计算 n 个区间内剩余树木的数量。其中，$1 \leq L \leq 1000000$，$1 \leq m,n \leq 10000$。

第一行输入三个整数 L、m 和 n（L 代表马路长度，m 代表要移除树木的区域数量，n 代表需要计算剩余树木数量的区间数量）；接下来的 $m+n$ 行，每行包含两个整数，表示一个区域的起始点和终止点的坐标。输出 n 行，每行包含一个整数，表示每个区间内剩余树木的数量。

输入样例：
```
500 3 2
150 300
100 200
470 471
0 500
280 350
```

输出样例：
```
298
50
```

分析：在实例 05-17 给出的实现方法中，当 m 和 n 较大时，效率可能会较低。为了提高计算效率，可以借助**差分**与**前缀和**的思想来实现。下面是具体的实现步骤。

首先定义一个数组 tree，其中 tree[i]存放位置 i 处的树是否被移走。初始时，将区间[0, L]中所有位置的树的状态都设置为 0，即 tree[i]=0，表示这些位置上的树还没有被移走。

接下来，对需要移走树的区间[a,b]进行操作，将这些区间上所有位置的元素都加 1。可以通过执行 tree[a]++和 tree[b+1]−−的操作来实现。这样，通过对差分序列 tree 求前缀和，可以得到移走树后的状态。

最后，利用前缀和操作 tree[i] = tree[i−1] + (tree[i]==0)来计算区间[0, i]内剩余树的数量。对于每个询问的区间[a,b]，可以通过计算 tree[b]和 tree[a−1]的差值来得到该区间内剩余树的数量。如果 a 为 0，则该数量为 tree[b]，否则为 tree[b]−tree[a−1]。

本实例的参考代码如下：
```c
#include <stdio.h>
#define N 1000000
int tree[N + 1];        //tree[i]初始时存放 i 坐标处的树是否被移走，以及之后区间[0,i]中树的数量
int main(void)
{
    int L, m, n;                    //分别存放马路的长度、要移走树的区间数、询问的区间数
    scanf("%d %d %d", &L, &m, &n);
    int a, b;                       //a、b 分别存放每个区域的起始点和终止点的坐标
    while (m--)
    {                               //对每个区间[a,b]执行差分操作
        scanf("%d %d", &a, &b);
        tree[a]++;
        tree[b + 1]--;
    }
    //对差分序列 tree 进行前缀和操作，恢复存放树是否被移走的状态的原始序列
    for (int i = 1; i <= L; i++)
        tree[i] = tree[i - 1] + tree[i];
    tree[0] = (tree[0] == 0);       //前缀和的第一个元素为原序列的第一个元素值
    for (int i = 1; i <= L; i++)    //计算前缀和序列中的各元素值
        tree[i] = tree[i - 1] + (tree[i] == 0);
    while (n--)
    { //对于每个询问区间[a,b]计算该区间树的棵数
```

```
        scanf("%d %d", &a, &b);
        if (a == 0)
            printf("%d\n", tree[b]);
        else
            printf("%d\n", tree[b] - tree[a - 1]);
    }
    return 0;
}
```

扫一扫，看视频

📚 【实例 13-07】子矩阵的和

描述：给定一个 n 行 m 列的整数矩阵，要进行 q 次询问，每次询问给定四个整数 x_1、y_1、x_2、y_2，其中 (x_1, y_1) 和 (x_2, y_2) 表示一个子矩阵的左上角坐标和右下角坐标。对于每个询问，需要输出子矩阵中所有数的和。输入有 $1+n+q$ 行，第一行包含三个整数 n、m、q；接下来 n 行，每行包含 m 个整数，表示矩阵中的元素；接下来 q 行，每行包含四个整数 x_1、y_1、x_2、y_2，表示一组询问。输出 q 行，每行输出一个询问的结果。

输入样例：

```
3 4 3
1 7 2 4
3 6 2 8
2 1 2 3
1 1 2 2
2 1 3 4
1 3 3 4
```

输出样例：

```
17
27
21
```

分析：如果子矩阵的左上角坐标为 (x_1, y_1)、右下角坐标为 (x_2, y_2)，则可以通过以下的双重循环来计算子矩阵中所有元素的和。

```
int sum = 0;
for (int i = x1; i <= x2; i++)
    for (int j = y1; j <= y2; j++)
        sum += nums[i][j];
```

如果需要多次求出不同子矩阵的所有元素的和，使用上面的方法会导致效率较低。可以使用二维前缀和来提高计算效率。

假设矩阵的元素使用二维数组 nums 存放，行、列下标均从 1 开始。为了求得图 13.1 中所示的白色矩形区域中元素的和，需要设置区域左上角和右下角的坐标分别为 (x_1, y_1) 和 (x_2, y_2)。为了实现这一目标，将一维前缀和进行推广，定义一个二维前缀和数组 preSum。其中，元素 preSum[x][y] 存放左上角坐标为 $(1, 1)$、右下角坐标为 (x, y) 的矩形区域内的所有矩阵元素的和。也就是说，preSum[x][y] 存放的是图 13.2 中所有区域元素的和，即 nums 矩阵的前缀和。

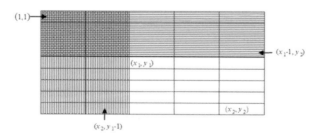

图 13.1　子矩阵元素和与前缀和的关系

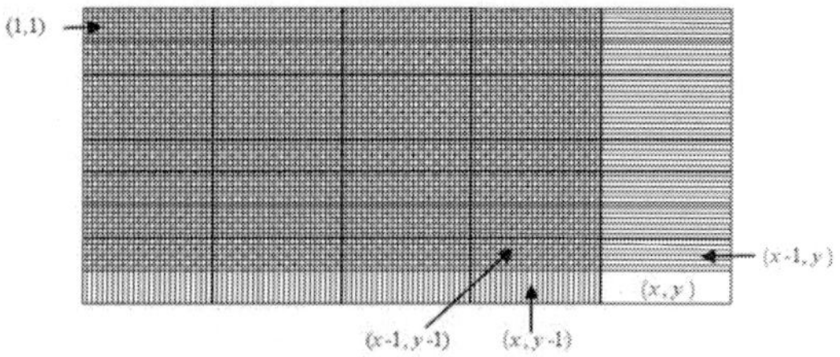

图 13.2　矩阵前缀和的计算

参照一维前缀和的计算方法，可以得出图 13.1 所示的子矩阵（白色矩形区域）元素的和应该是 (x_2, y_2) 左上角所有元素的和（preSum$[x_2][y_2]$）减去 (x_1-1, y_2) 左上角元素的和（即横纹区域+格子区域），再减去 (x_2, y_1-1) 左上角元素的和（即竖纹区域+格子区域），最后再加上 (x_1-1, y_1-1) 左上角元素的和（即格子区域）。总之，白色矩形区域中矩阵元素和的计算公式如下：

preSum$[x_2][y_2]$ − preSum$[x_1-1][y_2]$ −preSum$[x_2][y_1-1]$ + preSum$[x_1-1][y_1-1]$)

如何得到 preSum $[x][y]$ 的值呢？即如何得到图 13.2 中所有区域元素的和。

根据 preSum$[x][y]$ 的定义，可以推导出其值。也就是说，通过 preSum$[x-1][y]$、preSum$[x][y-1]$、preSum$[x-1][y-1]$ 及 nums$[x][y]$ 之间的关系，可以得到如下 preSum$[x][y]$ 的计算公式。

preSum$[x][y]$ = nums$[x][y]$ + preSum$[x-1][y]$ + preSum$[x][y-1]$ − preSum$[x-1][y-1]$

为了计算 preSum 数组，需要先进行初始化。也就是将二维数组 preSum 的第 0 行和第 0 列的所有元素设为 0，即 preSum[0][j] = preSum[i][0] = 0。 这样可以确保在计算 preSum$[x][y]$ 时，不会出现索引越界或计算错误的情况。

本实例的参考代码如下：

```c
#include <stdio.h>
#define N 1005
#define M 1005
int nums[N][M] = {0};        //nums[i][j]存放矩阵第 i 行第 j 列的元素的值
int preSum[N][M] = {0};      //preSum[i][j]存放以(1,1)为左上角、(i,j)为右下角的子矩阵元素的和
int main(void)
{
    int n, m, q;
    scanf("%d %d %d", &n, &m, &q);
    for (int i = 1; i <= n; i++) //输入数据并计算 nums 的前缀和
        for (int j = 1; j <= m; j++)
        {
            scanf("%d", &nums[i][j]);
            preSum[i][j] = nums[i][j] + preSum[i - 1][j] + preSum[i][j - 1] -
                    preSum[i - 1][j - 1];
        }
    int x1, y1, x2, y2;
    while (q--)
    { //输入每次询问区域的左上角、右下角下标，利用前缀和计算并输出该区域元素的和
        scanf("%d %d %d %d", &x1, &y1, &x2, &y2);
        printf("%d\n", preSum[x2][y2] - preSum[x1 - 1][y2] -
                preSum[x2][y1 - 1] + preSum[x1 - 1][y1 - 1]);
    }
    return 0;
}
```

【实练 13-04】数星星

小明在无聊的时候常常仰望天空，他将天空分为了一个 $n \times m$ 的网格，每个格子中都有若干颗星星。现在他想知道从第 (x_1, y_1) 到第 (x_2, y_2) 区域内一共有多少颗星星。输入共 $1+n+q$ 行，第一行包含三个整数：n、m 和 q（n，$m \leqslant 1000$，$q \leqslant 10000$），其中，n 和 m 表示网格的行数和列数，q 表示询问个数。接下来的 n 行中，每行包含 m 个整数，表示第 i 行第 j 列

扫一扫，看视频

格子中的星星个数；随后是 q 行询问，每行包含 x_1、y_1、x_2 和 y_2 四个整数，表示所询问的区域为 (x_1, y_1) 到 (x_2, y_2) 的范围。需要输出 q 行结果，结果表示每一个询问中 (x_1, y_1) 到 (x_2, y_2) 区域内的星星个数。

输入样例：

```
3 3 2
1 2 3
4 5 6
7 8 9
1 1 3 3
3 3 2 2
```

输出样例：

```
45
28
```

 【实例 13-08】修改后的矩阵

扫一扫，看视频

描述：给定一个 $n×m$ 的整数矩阵和 q 个操作，每个操作包含五个整数 x_1、y_1、x_2、y_2、c。其中，(x_1, y_1) 和 (x_2, y_2) 分别表示一个子矩阵的左上角坐标和右下角坐标。每个操作都要将选中的子矩阵中的每个元素的值加上 c。请输入 $n+q+1$ 行，第一行为 n、m、q 三个整数；接下来的 n 行表示整数矩阵，每行包含 m 个整数；再接下来的 q 行，每行包含 x_1、y_1、x_2、y_2、c 五个整数，表示一个操作。输出 n 行，每行包含 m 个整数，表示经过 q 次操作后的矩阵（$1 \leqslant n, m \leqslant 1000$，$1 \leqslant q \leqslant 100000$，$1 \leqslant x_1 \leqslant x_2 \leqslant n$，$1 \leqslant y_1 \leqslant y_2 \leqslant m$，$-1000 \leqslant c \leqslant 1000$，$-1000 \leqslant$ 矩阵内元素的值 $\leqslant 1000$）。

输入样例：

```
3 4 3
1 2 2 1
3 2 2 1
1 1 1 1
1 1 2 2 1
1 3 2 3 2
3 1 3 4 1
```

输出样例：

```
2 3 4 1
4 3 4 1
2 2 2 2
```

分析：对于一个 $n×m$ 的矩阵，需要对其中某个区域内的所有数值进行加或减同一个数的操作，并求出修改后的矩阵，类似于一维差分的思想，结合二维前缀和运算，可以定义一个二维差分数组：$\text{diff}[i][j] = \text{nums}[i][j] - \text{nums}[i-1][j] - \text{nums}[i][j-1] + \text{nums}[i-1][j-1]$，通过二维差分数组可以计算出矩阵中每个元素的值：$\text{nums}[i][j] = \text{diff}[i][j] + \text{diff}[i-1][j] + \text{diff}[i][j-1] - \text{diff}[i-1][j-1]$。

当需要修改某个区域的元素时，对一维差分数组只需要调整两个位置的元素即可，即 $\text{diff}[l] \mathrel{+}= c$，$\text{diff}[r+1] \mathrel{-}= c$。那二维差分数组呢？如图 13.3 所示。

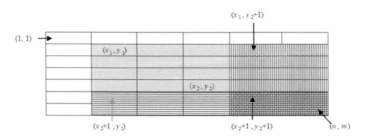

图 13.3　二维差分数组

在一个 $n \times m$ 的矩阵中，如果需要给左上角坐标为(x_1, y_1)、右下角坐标为(x_2, y_2)的矩形区域内的所有元素都加上一个值 c，可以使用类比一维差分的方法进行操作。以下是具体的步骤。

（1）先执行 $\text{diff}[x_1][y_1] += c$，这会使左上角$(x_1, y_1)$到右下角$(n, m)$的矩形区域内的所有元素都加上 c。

（2）然后执行 $\text{diff}[x_1][y_2+1] -= c$，这会将竖直方向上的边界区域和格子区域内的元素恢复到原来的值。

（3）接着执行 $\text{diff}[x_2+1][y_1] -= c$，这会将水平方向上的边界区域和格子区域内的元素都减去 c。此时，水平边界区域内的元素恢复到原来的值，而格子区域内的元素则为原值减去 c。

（4）最后执行 $\text{diff}[x_2+1][y_2+1] += c$，使得格子区域内的元素恢复到原来的值。

类似于一维区域的修改，可以循环读入修改区域的左上角、右下角的坐标及 c 的值，然后使用步骤（1）到（4）对差分数组 diff 的四个元素进行修改。最后，再使用二维前缀和公式，即 $\text{nums}[i][j] = \text{diff}[i][j] + \text{diff}[i-1][j] + \text{diff}[i][j-1] - \text{diff}[i-1][j-1]$，来获取矩阵中每个元素的值。

本实例的参考代码如下：

```c
#include <stdio.h>
#define N 1005
int nums[N][N] = {0};
int diff[N][N] = {0};
//diff[i][j]存放 nums[i][j]-nums[i-1][j]-nums[i][j-1]+nums[i-1][j-1]的值
int main(void)
{
    int n, m, q;
    //输入数据，同时计算差分矩阵元素
    scanf("%d %d %d", &n, &m, &q);
    for (int i = 1; i <= n; i++)
        for (int j = 1; j <= m; j++)
        {
            scanf("%d", &nums[i][j]);
            diff[i][j] = nums[i][j] - nums[i - 1][j] - nums[i][j - 1]
                        + nums[i - 1][j - 1];
        }
    //输入操作区域及 c 值，修改差分矩阵四个元素的值
    int x1, y1, x2, y2, c;
    while (q--)
    {
        scanf("%d %d %d %d %d", &x1, &y1, &x2, &y2, &c);
        diff[x1][y1] += c;
        diff[x1][y2 + 1] -= c;
        diff[x2 + 1][y1] -= c;
        diff[x2 + 1][y2 + 1] += c;
    }
    //由差分矩阵求修改后矩阵的值
    for (int i = 1; i <= n; i++)
    {
        for (int j = 1; j <= m; j++)
        {
            diff[i][j] += diff[i - 1][j] + diff[i][j - 1] - diff[i - 1][j - 1];
            printf("%d ", diff[i][j]);
        }
        printf("\n");
    }
}
```

 【实例13-09】地毯问题

描述：在一个 $n \times n$ 的格子上，有 m 块地毯。给出这些地毯的信息，问每个格子被多少块地毯覆盖。

输入包含 $m+1$ 行，第一行包含两个正整数 n 和 m（$n,m\leqslant 1000$）；接下来的 m 行，每行包含两个坐标(x_1, y_1)和(x_2, y_2)，表示一块地毯的位置，其中，左上角的坐标为(x_1, y_1)，右下角的坐标为(x_2, y_2)。输出包含 n 行，每行包含 n 个正整数。第 i 行第 j 列的正整数表示(i, j)这个格子被多少块地毯覆盖。

输入样例：

```
5 3
2 2 3 3
3 3 5 5
1 2 1 4
```

输出样例：

```
0 1 1 1 0
0 1 1 0 0
0 1 2 1 1
0 0 1 1 1
0 0 1 1 1
```

分析：本实例的问题可以转换为对一个 $n\times n$ 的矩阵进行操作。初始时，所有元素均为 0。接下来，执行 m 次操作，每次操作都会将给定的左上角(x_1, y_1)和右下角(x_2, y_2)的矩形区域中的元素加 1。需要求得经过这些操作后，矩阵中每个元素的值。

可以使用一维数组的方式来解决。当需要将区域(x_1, y_1)到(x_2, y_2)内的元素都加 1 时，可以逐行遍历从 x_1 到 x_2 的每一行（假设当前行为第 i 行），并执行如下操作：diff[i][y_1]++;diff[i][y_2]−−;。

最后再对 diff 元素逐行求前缀和，即可求得 m 次修改后矩阵的值，矩阵中(i,j)的值就是被 m 块地毯覆盖的次数。由于原始矩阵的所有元素均为 0，所以对应的差分矩阵 diff 也是 0 阵，全局数组默认初始全为 0。

本实例的参考代码如下：

```c
#include <stdio.h>
#define N 1001
int diff[N][N], nums[N][N];
int main(void)
{
    int n, m;
    int x1, y1, x2, y2;
    scanf("%d%d", &n, &m);
    while (m--)
    {
        scanf("%d%d%d%d", &x1, &y1, &x2, &y2);
        //从x1行到x2行，对每行元素的[y1,y2]区间进行差分
        for (int i = x1; i <= x2; i++)
        {
            diff[i][y1]++;
            diff[i][y2 + 1]--;
        }
    }
    for (int i = 1; i <= n; i++)     //计算差分序列diff[i][j]的前缀和，求矩阵元素的值
        for (int j = 1; j <= n; j++)
            nums[i][j] = diff[i][j] + nums[i][j - 1];
    for (int i = 1; i <= n; i++)     //输出矩阵
    {
        for (int j = 1; j <= n; j++)
            printf("%d ", nums[i][j]);
        printf("\n");
    }
    return 0;
}
```

对于二维数组的前缀和与差分问题，可以使用一维数组的前缀和与差分解决。

13

【实练 13-05】区间和的个数

给你一个整数数组 nums 和两个整数 lower、upper。求数组中值位于范围[lower, upper]（包含 lower 和 upper）之内的区间和的个数。区间和 $S(i, j)$ 表在 nums 中，位置为从 i 到 j 的元素之和，包含 i 和 $j(i \leqslant j)$。例如，nums = [−2,5,−1], lower = −2, upper = 2，结果是 3。

扫一扫，看视频

小　结

前缀和与差分是一种常用的预处理方法，可用于频繁对某个区间进行操作的场景，可有效降低查询的时间复杂度。

前缀和主要用于区间求和，初始化复杂度为 $O(n)$，每次查询仅需 $O(1)$ 时间就能得到结果。

差分则主要用于区间增加和单点查询。区间增加的复杂度仅为 $O(1)$，而单点查询相当于求差分数组的前缀和，复杂度为 $O(n)$。

前缀和与差分不仅仅在于计算前缀和的过程（实际上，只要有一点编程基础，就能轻松完成这项工作），而且还在于如何巧妙地利用前缀和与差分来解决问题。

第14章 贪心算法

本章的知识点：

➜ 多阶段决策问题。
➜ 贪心选择策略。
➜ 贪心算法的基本要素。

贪心算法是一种基于**贪心策略**的算法，在每一步选择中都采取**当前状态下的最优选择**，以达到全局最优解的目标。

让我们以人民币支付问题为例进行讨论，通过这个问题可以了解**贪心选择策略和多阶段决策**的概念。

假设现在需要支付一笔 345 元的费用，可用的人民币面额包括 100 元、50 元、20 元、10 元、5 元和 1 元纸币，且张数不限。希望用最少的人民币张数来支付，应该采取什么方案呢？

可以将支付过程分成多个阶段。首先，在第一个阶段支付 300 元，使用 3 张 100 元纸币。这时剩余支付金额为 45 元，这仍然是一个人民币支付问题，只是需要支付的金额少了。接下来，在第二个阶段选择用 2 张 20 元纸币支付，这时剩余金额为 5 元。最后，在第三个阶段可以选择用 1 张 5 元纸币支付，这样剩余需要支付的金额就变为了 0，完成了支付过程。

人民币支付问题涉及两个关键概念：**多阶段决策和贪心选择**。支付过程被分成三个阶段，每一步都是基于当前状态下的最优选择，希望剩余支付金额尽可能少。这就是贪心选择的思想。同时，每一个阶段的选择并不会影响之前做出的选择，这是贪心算法的一个主要特征。

然而，需要注意的是，这种**贪心选择并不一定能够得到最优解**。例如，如果人民币面额只有 25 元、10 元和 1 元三种，且需要支付 30 元，按照贪心选择策略应该先支付 1 张 25 元纸币，然后再支付 5 张 1 元纸币，总共需要 6 张纸币。但实际上，最优的方案是使用 3 张 10 元纸币，并没有获取最优的支付方案。也就是说，对于该问题，最优解中不一定包含面额最大的纸币。

要使用贪心算法获取问题的最优解，需要满足两个基本要素：贪心选择性质和最优子结构。贪心选择性质是指所求问题的整体最优解可以通过一系列局部最优的选择（贪心选择）来达到。最优子结构是指当一个问题的最优解包含子问题的最优解时，该问题具有最优子结构。

一般情况下，确定贪心算法是否适用于特定问题，需要通过证明贪心选择性质和最优子结构来进行。直接证明可能比较复杂，通常采用反证法进行证明。本书内容不对贪心算法做深入研究，而是**通过经典应用实例来了解贪心算法的编程框架**。

📖【实例 14-01】分发饼干

扫一扫，看视频

描述：假设你是一位很棒的家长，想要给你的孩子们一些小饼干，但是每个孩子最多只能给一块饼干。对于每个孩子 i，都有一个胃口值 $g[i]$，它是能够满足孩子胃口的饼干的最小尺寸。而对于每块饼干 j，都有一个大小 $s[j]$。如果 $s[j] \geq g[i]$，那么就可以将此饼干 j 分配给孩子 i，孩子 i 将会被满足。你的目标是尽可能满足更多数量的孩子，并输出这个最大数量。

输入共三行，第一行是 m 和 n，其中 $1 \leq m \leq 30000, 0 \leq n \leq 30000$，分别表示孩子数和饼干数；第二行是 m 个孩子的胃口值；第三行是 n 个饼干的大小。输出一行，表示能够满足的最多孩子数量。

输入样例：

```
2 3
1 2
1 2 3
```

输出样例：

```
2
```

分析：分发饼干可以视为多阶段决策问题。每给一个孩子分到一个饼干就完成了一个阶段，也就是只有当一个孩子分到饼干后再考虑给下一个孩子分。通过尽可能先满足胃口小的孩子并选择可以满足他们需求的最小饼干，可以使得分完一个饼干后，所剩余的饼干数最多，以确保有更多的饼干可以分配给更多其他孩子。这个问题具有最优子结构和无后向性，因此可以使用贪心算法获得问题的最优解。

这种分饼干的策略需要对胃口数组和饼干数组进行升序排序。

排序后，可以使用双指针法来处理。初始化时，将第一个孩子的索引 i 设置为 0，表示第一个孩子，将第一个饼干的索引 j 设置为 0，表示第一个饼干。如果当前饼干的大小 $s[j]$ 大于等于当前孩子的胃口 $g[i]$，则将饼干 j 分配给孩子 i，并将 i 和 j 都递增 1。否则，只将 j 递增 1，继续寻找能够满足当前孩子需求的饼干。在分发饼干的过程中，可以统计已经分发的饼干数量。当没有可分发的饼干或者所有的孩子都分到了饼干时，就完成了分发饼干的过程。

本实例的参考代码如下：

```c
#include <stdio.h>
#include <stdlib.h>
int sendCookies(int *g, int gSize, int *s, int sSize);
void input(int a[], int n);
int main(void)
{
    int m, n;
    scanf("%d %d", &m, &n);
    int *g = (int *)malloc(sizeof(int) * m);
    int *s = (int *)malloc(sizeof(int) * n);
    input(g, m);
    input(s, n);
    int cnt = sendCookies(g, m, s, n);
    printf("%d", cnt);
    free(g);
    free(s);
    return 0;
}
void input(int a[], int n)
{
    for (int i = 0; i < n; i++)
        scanf("%d", &a[i]);
}
int compare(const void *p1, const void *p2)
{
    return *((int *)p1) - *((int *)p2);
}
//函数功能：返回分发的饼干的最大数量
//g 是孩子胃口的数组，gSize 是该数组的大小；s 是饼干大小的数组，sSize 是该数组的大小
int sendCookies(int *g, int gSize, int *s, int sSize)
{
    qsort(g, gSize, sizeof(int), compare);
    qsort(s, sSize, sizeof(int), compare);
    int cnt = 0;
    int i = 0, j = 0;              //双指针
    while (i < gSize && j < sSize)
    {
        if (s[j] >= g[i])          //j 饼干可以分给 i 小孩
        {
```

```
                    cnt++;
                    i++;
                }
                j++;
            }
            return cnt;
        }
```

【实练 14-01】最大总和

扫一扫，看视频

给定长度为 $2n$ 的整数数组 nums，你的任务是将这些数分成 n 对，即 (a_1, b_1)，(a_2, b_2)，$\cdots$，(a_n, b_n)，使得 $1 \sim n$ 的 $\min(a_i, b_i)$ 的总和最大。n 的取值范围为 $1 \sim 10^4$，nums[i] 的取值范围为 $-10^4 \sim 10^4$。

输入共两行，第一行是一个整数 n，第二行是 $2n$ 个整数，中间用空格分隔。输出一个整数，表示最大总和。

输入样例：

```
2
1 4 2 3
```

输出样例：

```
4
```

📖 【实例 14-02】三角形的最大周长

扫一扫，看视频

描述：给定由一些正数（代表长度）组成的数组 nums，返回由其中三个长度组成的、面积不为 0 的三角形的最大周长。如果不能形成任何面积不为 0 的三角形，则返回 0。数组 nums 长度的取值范围为 $3 \sim 10^4$，nums[i] 的取值范围为 $1 \sim 10^6$。

输入共两行，第一行是一个整数 n，第二行是 n 个整数，中间用空格分隔。输出一个整数，表示三角形的最大周长。

输入样例：

```
3
2 1 2
```

输出样例：

```
5
```

分析：本实例的问题可以视为一个**多阶段决策**问题。每个阶段都是从 nums 数组中选择最大的三个整数作为候选数。如果这三个数能够组成一个三角形，则直接返回三个数的和作为最大周长。如果不能组成三角形，那么就从 nums 数组中删除最大的数，并继续进行下一个阶段的选择。重复这个过程，直到选出的三个数能够组成一个三角形，或者 nums 数组中剩余的数不足三个为止。

这种选择策略可以保证获得问题的最优解。因为每次选择最大的三个数，可以最大限度地让周长最大。通过动态删除最大的数并继续选择下一个候选数，可以保证每个阶段都在满足条件的情况下选择最大的三个数，进一步确保问题的最优解。

在具体实现时，首先对 nums 数组降序排序。接着，将索引 i 初始化为 0，并检查 i 能否向后移动两位以确保至少还有三个数可以选择。如果存在三个数 nums[i]、nums[i+1] 和 nums[i+2] 能够组成三角形，则直接返回这三个整数的和，算法结束。否则，将 i 增加 1，重复之前的策略。如果最终没有可选的三个数，则说明无法组成三角形，那么结果就为 0。

本实例的参考代码如下：

```c
#include <stdio.h>
#include <stdlib.h>
int largestPerimeter(int *nums, int numsSize);
void input(int a[], int n);
int main(void)
{
    int n;
    scanf("%d", &n);
    int *nums = (int *)malloc(sizeof(int) * n);
    input(nums, n);
    int sum = largestPerimeter(nums, n);
    printf("%d", sum);
    free(nums);
    return 0;
}
void input(int a[], int n)
{
    for (int i = 0; i < n; i++)
        scanf("%d", &a[i]);
}
int compare(const void *p1, const void *p2)
{
    return *((int *)p2) - *((int *)p1);
}
//函数功能：计算给定数组中能够构成的三角形最大周长
int largestPerimeter(int *nums, int numsSize)
{
    qsort(nums, numsSize, sizeof(int), compare);    //降序排序
    int sum = 0;                                    //三角形最大周长
    int i = 0;
    while (i + 2 < numsSize)                         //满足至少有三个数可选
    {
        if (nums[i + 1] + nums[i + 2] > nums[i])     //可以组成三角形
        {
            sum = nums[i + 1] + nums[i + 2] + nums[i];
            break;
        }
        i++;
    }
    return sum;
}
```

由于 nums 数组已经按降序排序，因此只需确保选出的两个较小数之和大于最大数即可满足组成三角形的条件。

【实练 14-02】字符串中的最大奇数

给定一个字符串 num，表示一个大整数。请在字符串 num 的所有非空子字符串中找出值最大的奇数，并以字符串形式返回。如果不存在奇数，则返回一个空字符串""。子字符串是字符串中的一个连续的字符序列。字符串 num 的长度取值范围为 $1 \sim 10^5$，num 仅由数字组成且不含前导 0。

输入样例 1：

52

输出样例 1：

5

输入样例 2：

35427

输出样例 2：

```
35427
```

【实例 14-03】6 和 9 组成的最大数字

描述：输入一个仅由数字 6 和 9 组成的正整数 num（$1 \leqslant num \leqslant 10^4$）。最多只能翻转一位数字，将 6 变成 9，或者把 9 变成 6。输出可以得到的最大整数。

输入样例：

```
9669
```

输出样例：

```
9969
```

分析：可以采用贪心策略，从左向右遍历整数 num 的每一位数字，一旦发现该位数字是 6，就将其替换为 9。这样替换后得到的整数一定是最大的。

为了实现从左向右分离整数 num 的每一位，可以首先计算出整数 num 的位数 n。这可以通过使用 ceil(log10(num+1)) 来计算，之后计算出 power=10^{n-1}。这样就可以通过循环从左向右依次分离出每一位数字。当遇到数字 6 时，可以将其替换为 9。当然分离的同时，要将分离出的每一位数字重新组合成一个整数。

本实例的参考代码如下：

```c
#include <stdio.h>
#include <stdlib.h>
#include <math.h>
int maxNum(int num);
int main(void)
{
    int n;
    scanf("%d", &n);
    int result = maxNum(n);
    printf("%d", result);
    return 0;
}
//函数功能：num 是由 6 和 9 组成的整数，将 num 中的某个 6 替换成 9，返回所有替换方案中的最大整数
int maxNum(int num)
{
    int n = (int)ceil(log10(num + 1));      //计算整数 num 的位数
    //计算权值，即最高位的 10 的幂
    int power = 1;
    for (int i = 1; i < n; i++)
    {
        power *= 10;
    }
    int result = 0;                         //结果变量
    int a;
    int f = 0;                              //f 标记是否遇到 6，如果遇到，则值为 1
    //循环处理每一位数字
    while (num)
    {
        a = num / power;                    //取出当前位的数字（num 的最高位）
        //如果当前数字为 6 且之前没有替换过 6
        if (a == 6 && f == 0)
        {
            a = 9;
            f = 1;
        }
        result = result * 10 + a;           //将当前数字添加到结果中
        //更新 num 和 power
        num = num % power;
        power /= 10;
```

```
        }
    return result;                        //返回替换后的结果
}
```

贪心算法通过每一步选择局部最优解来构建全局最优解。本实例通过从左向右依次处理每一位数字，并在需要的情况下进行替换，可以确保得到最大的结果。

【实例 14-04】活动安排

描述：假设有一个包含 n 个活动的集合 S，这些活动需要使用同一个资源，并且在同一时间只能被一个活动占用。每个活动在某个指定时间段内开始并结束，即开始时间为 b_i，结束时间为 e_i（$b_i < e_i$），活动 i 需要的执行时间为 $e_i - b_i$。假设最早的活动开始时间为 0。活动一旦开始执行，就不能被中断直到执行完毕。如果两个活动 i 和 j 满足 $b_i \geq e_j$ 或者 $b_j \geq e_i$，那么这两个活动就是兼容的。现在，需要设计一种算法来找到占用该资源的最多活动的最优安排方案。

图 14.1 所示为 n 个活动组成的集合 S 的示例（$n=11$）。

活动 i	1	2	3	4	5	6	7	8	9	10	11
开始时间	5	3	1	0	3	2	12	8	6	8	5
结束时间	7	8	4	6	5	13	15	11	10	12	9

图 14.1　n 个活动组成的集合 S 示例

分析：这个问题可以通过贪心算法来解决。算法的思路是选择结束时间最早的活动，因为这样会给后续活动留下更多的时间。通过这种贪心选择策略，可以保证选出的活动尽可能多且相互兼容。可以按照下面的步骤进行。

（1）将所有活动按照结束时间的先后顺序进行排序，即按照 e_i 从小到大排序，如图 14.2 所示。

活动 i	3	5	4	1	2	11	9	8	10	6	7
开始时间	1	3	0	5	3	5	6	8	8	2	12
结束时间	4	5	6	7	8	9	10	11	12	13	15

图 14.2　按照活动的结束时间升序排列的活动列表

（2）初始化一个空的活动安排列表，并将第一个活动（即结束时间最早的活动）添加到该列表中。

（3）依次遍历剩下的活动，对于每个活动 i，如果它的开始时间 b_i 大于等于已安排活动列表中最后一个活动的结束时间，则将活动 i 添加到安排列表中。

（4）继续遍历剩下的活动，重复步骤（3）直到遍历完所有活动。

（5）返回活动安排列表的长度作为安排的活动数量最多的最优方案。

程序在实现时，可以声明一个结构体类型 Action，用于表示每个活动的序号 id、起始时间 b 和结束时间 e。

实现活动安排时，可以设计一个名为 schedule 的函数，该函数的原型为 int schedule(Action a[], int n, int x[])。其中，a 是活动数组；n 是活动个数；活动安排列表用一个整型数组 x 表示，如果 x[i]=1，则表示 a[i].id 这个活动被加入了活动安排列表。函数返回最多的活动兼容数量。

实现 schedule 函数时，先用快速排序函数 qsort 对活动数组进行排序，排序的依据是活动的结束时间。然后，通过遍历活动数组找到能够兼容的活动，并将其加入活动列表，同时更新前一个兼容活动的结束时间。最后，返回被选择的活动数量。

在 main 函数中，首先读取活动的数量 n，然后通过循环输入每个活动的起始时间和结束时间。接下来调用 schedule 函数，传入活动数组 a、活动数量 n 和解数组 x，得到可安排的活动数量。最后，通过循环输出被选择的活动信息。

该程序的活动序号从 1 开始，所以存储活动时也从数组的下标 1 开始存储。

本实例的参考代码如下：

```c
#include <stdio.h>
#include <stdlib.h>
#include <stdbool.h>
#include <string.h>
const int N = 20;                      //活动的数量最大值
typedef struct Action                  //活动结构体类型声明
{
    int id;                            //活动序号
    int b;                             //活动起始时间
    int e;                             //活动结束时间
} Action;
int schedule(Action a[], int n, int x[]);
int compare(const void *p1, const void *p2)
{
    return (((struct Action *)p1)->e - ((struct Action *)p2)->e);
}
int main(void)
{
    Action A[N + 1];                   //下标 0 不用
    int n;                             //活动数量
    int x[N + 1]={0};                  //解数组，x[i]=1 表示第 i 个活动被选择
    int count = 0;                     //安排的活动数量
    scanf("%d", &n);
    //输入活动列表
    for (int i = 1; i <= n; i++)
    {
        A[i].id = i;
        scanf("%d %d", &A[i].b, &A[i].e);
    }
    count = schedule(A, n, x);
    //输出结果
    printf("最多可安排 %d 个活动，安排的活动列表如下:\n", count);
    for (int i = 1; i <= n; i++)
    {
        if (x[i])
            printf("第%d个活动:%d %d\n", A[i].id, A[i].b, A[i].e);
    }
}
//函数功能：求解最大兼容活动子集，返回可安排的活动数量
int schedule(Action a[], int n, int x[])
{
    int cnt = 0;
    qsort(a + 1, n, sizeof(Action), compare);   //a[1..n]按活动结束时间递增排序
    int preend = 0;                             //前一个兼容活动的结束时间
    for (int i = 1; i <= n; i++)                //扫描所有活动
    {
        if (a[i].b >= preend)                   //找到一个兼容活动
        {
            x[i] = 1;                           //选择活动 a[i]
            cnt++;
            preend = a[i].e;                    //更新 preend 值
        }
    }
    return cnt;
}
```

运行结果如下：

最多可安排 4 个活动，安排的活动列表如下：
第 3 个活动：1 4
第 1 个活动：5 7
第 8 个活动：8 11
第 7 个活动：12 15

扫一扫，看视频

📖 【实例 14-05】背包问题 I

描述：假设有 n 个物品，每个物品有编号 $1 \sim n$，重量为 $w_1 \sim w_n$，价值为 $v_1 \sim v_n$，其中 w_i 和 v_i 均为正数。有一个最大重量为 W 的背包，需要在不超过背包负重的前提下使得背包装入的总价值最大化。这里的每个物品可以分为若干份，可以取一部分装入背包，而不是只能选择装入或不装入。

分析：这个背包问题与 0-1 背包问题的不同之处在于，可以装入部分物品。解决该问题的方法是按照物品的单位价值从大到小排序，并依次将物品装入背包。如果背包未装满且剩余容量足够装入当前物品，则可以全量装入；如果剩余容量不足以装入当前物品，则可以部分装入。这个过程可以看作是一个多阶段决策问题，并且具有贪心选择性质和最优子结构，因此可以获得最优解。通过贪心算法，将单位价值较高的物品优先装入背包，可以实现在保证最大价值的情况下，尽可能利用背包的容量。

具体实现背包问题时，可以设计一个名为 Knap 的函数。该函数的原型为 double Knap(Item items[], int n, double x[], double weight)，其中，items 是物品数组，已经按照单位价值从大到小排序；n 是物品个数；x 是背包问题的解数组，如果物品 i 可以全部装入背包，则 x[i]=1，如果只能部分装入，则 x[i]=w/w_i，w 是剩余背包容量；wi 是第 i 个物品的重量；weight 是背包的最大装载重量。函数返回背包的最大价值。

这个函数的具体实现可以按照贪心策略，依次将物品按照单位价值从大到小装入背包。对于每个物品，当背包剩余容量足够装入整个物品时，则将其整个装入；当背包剩余容量不足以装入整个物品时，则只装入剩余容量的一部分物品。最后，返回背包中装入物品的总价值即可。

本实例的参考代码如下：

```c
#include <stdio.h>
#include <stdlib.h>
#include <string.h>
const int MAXN = 20;                          //物品个数最大值
//物品结构体类型
typedef struct
{
    double w;                                 //物品重量
    double v;                                 //物品价值
    double p;                                 //p=v/w，单位物品价值
} Item;
double Knap(Item items[], int n, double x[], double weight);
int compare(const void *p1, const void *p2);
void output(Item a[], int n);
int main(void)
{
    Item items[] = {{0}, {10, 20}, {20, 30}, {30, 66},
                    {40, 40}, {50, 60}};      //物品数组
    int n = sizeof(items) / sizeof(Item) - 1; //物品个数
    double W = 100;                           //背包容量
    double V;                                 //最大价值
    double x[MAXN];                           //背包问题的解
    printf("求解过程\n");
    for (int i = 1; i <= n; i++)              //计算单位物品价值 v/w
        items[i].p = items[i].v / items[i].w;
    printf("排序前: \n");
    output(items, n);
    qsort(items + 1, n, sizeof(Item), compare); //按单位物品价值排序
```

```c
    printf("排序后: \n");
    output(items, n);
    V = Knap(items, n, x, W);                    //调用 Knap 函数求解背包问题
    printf("求解结果: \n");                        //输出结果
    printf("x: [");
    for (int j = 1; j < n; j++)
        printf("%g, ", x[j]);
    printf("%g]\n", x[n]);
    printf("总价值=%g\n", V);
    return 0;
}
//函数功能: 求解背包问题并返回总价值
double Knap(Item items[], int n, double x[], double weight)
{
    double V = 0;                                //V 初始化为 0
    memset(x, 0, (n + 1) * sizeof(double));      //初始化 x 向量
    int i = 1;
    while (items[i].w <= weight)                 //物品 i 能够全部装入时循环
    {
        x[i] = 1;                                //装入物品 i
        weight -= items[i].w;                    //减少背包中能装入的余下重量
        V += items[i].v;                         //累计总价值
        i++;                                     //继续循环
    }
    if (weight > 0)                              //当余下重量大于 0 时
    {
        x[i] = weight / items[i].w;              //将物品 i 的一部分装入
        V += x[i] * items[i].v;                  //累计总价值
    }
    return V;
}
int compare(const void *p1, const void *p2)
{
    double a = ((Item *)p1)->p;
    double b = ((Item *)p2)->p;
    if (a > b)
        return -1;
    else if (a < b)
        return 1;
    else
        return 0;
}
void output(Item a[], int n)
{
    for (int i = 1; i <= n; i++)
        printf("%.2f %.2f %.2f\n", a[i].w, a[i].v, a[i].p);
}
```

运行结果如下:

```
求解过程
排序前:
10.00 20.00 2.00
20.00 30.00 1.50
30.00 66.00 2.20
40.00 40.00 1.00
50.00 60.00 1.20
排序后:
30.00 66.00 2.20
10.00 20.00 2.00
20.00 30.00 1.50
50.00 60.00 1.20
40.00 40.00 1.00
求解结果:
```

```
x: [1, 1, 1, 0.8, 0]
总价值=164
```

【实例 14-06】最优分解

描述：设 n 是一个正整数。现在要求将 n 分解为若干个互不相同的自然数之和，且使这些自然数的乘积最大。例如，整数 10，可以分解为 $2 \times 3 \times 5 = 30$。

分析：对整数进行分解分析可以发现，$a + b = n$，如果 $|a - b|$ 越小，$a \times b$ 就越大。

因为需要将正整数 n 分解为若干互不相同的自然数的和，同时又要使自然数的乘积最大。当 $n < 4$ 时，对 n 的分解的乘积是小于 n 的；当 $n \geq 4$ 时，$n = 1 + (n-1)$ 因子的乘积也是小于 n 的，所以 $n = a + (n-a)$，$2 \leq a \leq n-2$，可以保证乘积大于 n，即越分解乘积越大。

所以可以采用如下贪心策略：将 n 分成从 2 开始的连续自然数的和，如果最后剩下一个数，将此数在后项优先的方式下均匀地分给前面各项。

该贪心策略首先保证了正整数所分解出的因子之差的绝对值最小，即 $|a - b|$ 最小；同时又可以将其分解成尽可能多的因子，且因子的值较大，从而确保最终所分解的自然数的乘积可以取得最大值。

本实例的参考代码如下：

```c
#include <stdio.h>
#include <stdlib.h>
#include <string.h>
#define N 50
int intDecompose(int n, int a[]);
int main(void)
{
    int n;
    int a[N] = {0}; //记录所分解的自然数
    scanf("%d", &n);
    if (n < 1 || n > 100)
        printf("请输入一个 100 以内的正整数！");
    else
    {
        long long result = 1;
        int k = intDecompose(n, a);
        printf("分解结果如下：\n");
        printf("%d=", n);
        for (int i = 0; i < k; i++)
        {
            if (i == 0)
                printf("%d", a[i]);
            else
                printf("+%d", a[i]);
            result = result * a[i];
        }
        printf(",乘积结果为：%lld", result);
    }
    return 0;
}
//函数功能：正整数 n 的最优分解
int intDecompose(int n, int a[])
{
    int k = 0;
    if (n < 5) //若 n<5，结果是其本身
    {
        a[k++] = n;
        return k;
    }
    else
    { //若 n>= 5
```

```
            a[k] = 2;
            n -= 2;
            //贪心策略：先从 2 开始分成连续自然数的和
            for (; n > a[k];)
            {
                k++;
                a[k] = a[k - 1] + 1;
                n -= a[k];
            }
            //如果剩下一个数，将其按后项优先的方式均匀分给前面各项
            if (n == a[k])
            {
                a[k]++;
                n--;
            }
            for (int j = 0; j < n; j++)
            {
                a[k - j]++;
            }
            return k + 1;
        }
    }
```

运行结果如下：

```
30↙
```

分解结果如下：

```
30=2+3+4+6+7+8,乘积结果为: 8064
```

本实例的 main 函数对输入的 n 值进行验证，确保 n 是一个正整数且不超过 100。这是为了防止将整数拆分后的乘积结果溢出。为了确保乘积的结果不溢出，使用了 long long 类型进行计算。这样可以保证在计算过程中不会丢失精度，从而得到正确的结果。

【实练 14-03】多处最优服务次序问题

假设有 n 个任务需要在 s 个服务处进行处理，每个服务处可以处理一个任务，并且完成一个任务所需的时间各不相同。请找到一个任务处理顺序，使得总的等待时间最少。

输入包括两行：第一行包含两个正整数 n 和 s，表示有 n 个任务和 s 个服务处（$1 \leq s \leq n \leq 10^5$）；第二行包含 n 个整数，表示 n 个任务分别所需的处理时间（$1 \leq T_i \leq 10000$）。输出一个整数，表示总的最少等待时间。

输入样例：

```
10 2
56 12 1 99 1000 234 33 55 99 812
```

输出样例：

```
3360
```

【实例 14-07】区间覆盖

描述：用变量 i 表示 x 轴上的坐标范围为[i−1, i]的区间（长度为 1）。给定 m 个不同的整数，表示 m 个这样的区间。现在的目标是通过画线段覆盖所有区间，其中每条线段可以任意长，但是必须满足以下条件：所画线段的长度之和要最小，并且线段的数量不能超过 n。

输入共两行：第一行输入两个整数 m 和 n（$1 \leq m \leq 200$，$1 \leq n \leq 50$）；第二行输入 m 个整数，表示这些区间。输出一行，为覆盖所有区间线段的长度之和。

例如，给定 5 个数字，分别为 1、3、4、8、11，表示这些数字对应的区间。需要通过画线段来覆盖所有区间，同时要求画出的线段数量不超过三条，那么，需要选取最优的画线方案使得所有区间都被覆盖，同时线段长度之和最小。如图 14.3 所示，可以用三条线段覆盖，长度之和为 6。

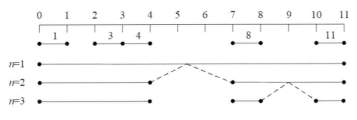

图 14.3 区间覆盖的例子

输入样例：

```
5 3
1 3 11 8 4
```

输出样例：

```
6
```

分析：可以使用整数数组 position 存储 m 个区间，并进行降序排序。如果 $n \geq m$，则可以使用 m 条长度为 1 的线段覆盖所有区间，所求线段长度和为 m。

如果使用一条线段覆盖所有区间，那么所需线段的长度为 position[$m-1$] $-$position[0] $+ 1$，如图 14.3 所示中 $n = 1$ 的情况。

如果使用两条线段覆盖所有区间，可以将一条线段分为两段，在最大区间间距处断开，如图 14.3 所示中 $n = 2$ 的情况。实际上，这是一个贪心选择，选择使得线段总和最小的局部最优解。断开线段的前提是存在未断开的大于 0 的区间间距。

对于使用三条线段覆盖所有区间的情况，可以选择断开右边的线段，如图 14.3 所示中 $n = 3$ 的情况。

总之，在每个阶段，选择最大的未断开区间间距进行断开，最多断开 $n-1$ 次，直到没有可断开的区间。这是典型的贪心算法。

为了实现这个贪心算法，应先计算每个区间的区间间距，并将其降序排序。这样就可以计算使用多少条线段覆盖 m 个区间，并计算所使用线段的长度总和。

本实例的参考代码如下：

```c
#include <stdio.h>
#include <stdlib.h>
const int N = 200;
int intervalCover(int position[], int m, int n);
int main(void)
{
    int m, n;                          //区间总数和覆盖区间的最多线段数
    int posi[N];                       //m 个区间
    scanf("%d %d", &m, &n);
    for (int i = 0; i < m; i++)        //输入 m 个区间
        scanf("%d", &posi[i]);
    int length = intervalCover(posi, m, n);
    printf("%d\n", length);
    return 0;
}
int compare(const void *p1, const void *p2)
{
    return (*((int *)p2) - *((int *)p1));
}
//函数功能：用最多 n 条线段覆盖 m 个区间的线段长度和的最小值
int intervalCover(int position[], int m, int n)
{
    qsort(position, m, sizeof(int), compare);      //对区间降序排序
    int distance[N];
    for (int i = 0; i < m - 1; i++)                //计算区间之间的距离
        distance[i] = position[i] - position[i + 1] - 1;
```

```
    qsort(distance, m - 1, sizeof(int), compare);          //按距离降序排序
    if (n >= m)                                              //线段数超过区间数时
    {
        return m;
    }
    int nLine = 1;                                           //所用线段数
    int totalLength = position[0] - position[m - 1] + 1;    //一条线段的总长度
    int nDivide = 0;                                         //断开段的次数
    while (nLine < n && distance[nDivide] > 0)              //断开线段次数不超过 n-1
    {
        nLine++;
        totalLength -= distance[nDivide];
        nDivide++;
    }
    return totalLength;
}
```

本实例的 intervalCover 函数完成了区间覆盖的计算，并可以计算所需的最少线段数目及最小总长度。然而，目前的函数没有提供覆盖区间所使用线段的端点信息。读者可以思考如何修改这个函数，以表示和存储所使用线段的端点信息，并在计算完成后输出这些线段的端点。这样，可以获得更详细的线段信息，进一步了解区间的覆盖情况。

【实例 14-08】删数问题

扫一扫，看视频

描述：有一个长度为 n（$n \le 240$）的正整数，从中取出 s（$s < n$）个数，使剩余的数保持原来的次序不变，求这个正整数经过删数之后最小是多少。

输入样例：

```
1785438 4
```

输出样例：

```
138
```

分析：对于本实例，可以先尝试寻找规律。观察给定的数字串，可以发现一个有趣的规律：它由一个又一个逐渐增加后又逐渐减少的数字序列组成。例如，对于数字串 1785438，前面的一段数字序列是 178543，它先递增之后又递减，这个序列中的数字 8 是最大的。如果删除这个最大的数字 8，就可以得到一个最小的数字串。因此，删除一个数字时，通常会选择删除递增序列的最后一个数字或者递减序列的第一个数字。可以重复这个操作 s 次，从而得到问题的最优解。

基于这个策略可以设计一个贪心算法。每个阶段总是找到第一个递增序列的结尾数字并把它删除，之后进入下一个阶段继续这个操作，直到删除 s 个数字。这样，就可以从局部最优解逐步得到全局最优解。

本实例的参考代码如下：

```c
#include <stdio.h>
#include <string.h>
#define N 250
int main(void)
{
    char bigInt[N];                          //利用字符数组存储大整数
    int s, i, len;
    scanf("%s %d", bigInt, &s);
    len = strlen(bigInt);                    //计算整数的长度
    while (s != 0)                           //循环 s 次，删除 s 个整数
    {
        i = 0;
        while (bigInt[i] <= bigInt[i + 1])    //循环退出时，bigInt[i]的值大于 bigInt[i+1]
            i++;
        //删除 bigInt[i]字符，删除时\0 也同步前移一个字符位置
```

```
            while (i <= len)
            {
                bigInt[i] = bigInt[i + 1];
                i++;
            }
            len--;                              //整数长度减1
            s--;
        }
        i = 0;
        while (bigInt[i] == '0')
            i++;                                //跳过前面多余的0
        if (bigInt[i] == '\0')                  //空串或全部是0的串，输出0
            printf("0");
        else
            printf("%s", bigInt + i);
        return 0;
    }
```

在编写代码时，需要注意删除 s 个数字后的结果串中可能存在多余的前导 0，因此在输出数字串时，需要检查并且跳过这些前导 0。例如，当输入为 10563 时，删除第一个数字后，会留下 0563 这个字符串，此时如果直接输出，会有多余的前导 0 出现。因此，需要在程序中特别处理这种情况。

 严谨的编程过程应该考虑到各种可能的输入和输出情况，并进行充分的测试以保证程序质量。

【实练 14-04】最大数

扫一扫，看视频

给定一组非负整数 nums，重新排列每个数的顺序（每个数不可拆分）使之组成一个最大的整数。注意，这个最大整数可能非常大，所以需要用字符串来表示。

输入共两行：第一行是一个整数 n，表示一组非负整数的个数；第二行是 n 个非负整数，每个非负整数的值不超过 10^9。输出一行，为 n 个数重新排列后的最大整数。

输入样例：

```
5
3 30 34 5 9
```

输出样例：

```
9534330
```

扫一扫，看视频

【实例 14-09】背包问题 II

描述：给定 n 个物品的长度 L_i 和背包的长度 M，每个背包最多可以装两个物品。想知道要装下所有物品至少需要多少个背包。

输入共两行：第一行是整数 n 和 M，分别表示物品的数量（$1 \leq n \leq 10^5$）和背包的长度，中间用一个空格分隔；第二行有 n 个整数，为 n 个物品的长度 L_i。输出一行，一个整数，为最少的背包数量。

输入样例：

```
10 80
70 15 30 35 10 80 20 35 10 30
```

输出样例：

```
6
```

分析：因为每个背包最多可以装两个物品，可以考虑把长的和短的放入一个背包以最大化利用背包的长度，所以可以采用贪心算法设计该问题的解决方案。

首先按照物品长度降序排序，然后使用双指针法从数组的两端向中间遍历。左指针初始化为数组的最左端，右指针初始化为数组的最右端。如果左右两端的物品长度之和大于背包长度，则将左端的物品放入一个单独的背包中；如果左右两端的物品长度之和小于等于背包长度，则将左右两端的物品放入同一个背包中。重复此过程，直到遍历完整个物品数组。最后，把使用的背包数量相加即为该问题的解。

本实例的参考代码如下：

```c
#include <stdio.h>
#include <stdlib.h>
const int N = 100005;
int compare(const void *p1, const void *p2)
{
    return (*((int *)p2) - *((int *)p1));
}
int main(void)
{
    int cnt = 0;                              //背包数量
    int n, m;                                 //物品个数和背包长度
    int a[N];                                 //物品数组
    scanf("%d %d", &n, &m);
    for (int i = 1; i <= n; i++)
    {
        scanf("%d", &a[i]);
    }
    qsort(a + 1, n, sizeof(int), compare);    //对物品按长度降序排序
    int left = 1, right = n;                  //双指针
    while (left <= right)
    {
        if (a[left] + a[right] > m)           //一个背包只装长的
        {
            left++;
            cnt++;
        }
        else                                  //一个背包装两个物品，1个长的，1个短的
        {
            cnt++;
            left++;
            right--;
        }
    }
    printf("%d\n", cnt);
    return 0;
}
```

本实例的贪心算法可以保证获得最优解，因为在计算最少背包数量时，首先将那些只能放入一个背包的物品放入背包，然后再将剩下的物品以两个为一组放入背包。这样的策略可以充分利用背包的空间，确保背包的利用率最高，从而得到最少的背包数量。

【实例 14-10】最优合并问题

扫一扫，看视频

描述：给定 k 个已经排好序的序列 $s_1, s_2, \cdots, s_k$，需要设计一个算法确定合并这些序列的最优合并顺序，以使得总比较次数最少；同时，也需要确定最差合并顺序，以使得总比较次数最多。假设 2 路合并算法合并两个长度为 m 和 n 的序列需要 $m+n-1$ 次比较。

输入共两行：第一行包含一个正整数 k（$k \leqslant 1000$），表示有 k 个待合并序列；第二行包含 k 个正整数，表示 k 个待合并序列的长度。输出两个整数，中间用空格隔开，表示计算出的最多比较次数和最少比较次数。

输入样例：

```
4
5 12 11 2
```

输出样例：

分析：最优合并和最差合并的总比较次数可以采用贪心算法计算。也就是每次选择长度最小的序列进行合并，可以得到最少比较次数；每次选择长度最大的序列进行合并，可以得到最多比较次数。两个长度分别为 m 和 n 的序列合并需要 $m+n-1$ 次比较。

因此，对于最多比较次数，假设有以下 k 个序列需要合并：$s_1, s_2, \cdots, s_k$。首先选择长度最大的两个序列进行合并，如 s_i 和 s_j，比较次数为 s_i+s_j-1。然后，将合并后的序列长度 s_i+s_j 插入序列中，重复这个过程，直到只剩下一个序列。

对于最少比较次数，也假设有 k 个序列需要合并：$s_1, s_2, \cdots, s_k$。首先选择长度最小的两个序列进行合并，如 s_i 和 s_j，比较次数为 s_i+s_j-1。然后，将合并后的序列长度 s_i+s_j 插入序列中，重复这个过程，直到只剩下一个序列。

下面要考虑如何选择两个最小（最大）值，一种方法是对序列进行排序。取排序后的两个最小（最大）值，但当把两个最小（最大）值的和加入序列后还需要重新排序，所以可以考虑另一种方法，也就是采用**递归减治**策略。每次只是从序列中选出两个最小（最大）值，如 a 和 b，比较次数为 $a+b+1$，之后把 $a+b$ 加入序列中，这时序列个数减 1，对这个序列重复这个操作即可，递归出口是序列中只剩下一个时，比较次数为 0，计算结束。

可以设计名为 selectTwo 的递归函数完成最少（最多）比较次数的计算，该函数的原型为 int selectTwo(int a[], int n, int (*cmp)(const int a, const int b))。实现思路是：如果数组 a 的元素个数小于等于 1，则直接返回 0，表示不需要合并。否则从数组 a 中选择两个最小（最大）的元素，并交换它们与数组最前面的两个元素的位置，确保最小（最大）的元素位于第一个位置。计算合并次数 sum，即 sum = a[0] + a[1] − 1。更新 a[1] 的值为 a[0] + a[1]。递归调用 selectTwo(a+1, n−1, cmp) 函数，计算剩下的元素的最少（最多）合并次数，将 sum + selectTwo(a+1, n−1, cmp) 作为函数的返回值。

本实例的参考代码如下：

```c
#include <stdio.h>
#include <stdlib.h>
int selectTwo(int a[], int n, int (*cmp)(const int a, const int b));
int compare1(const int a, const int b);
int compare2(const int a, const int b);
void swap(int *p, int *q);
int main(void)
{
    int k;
    scanf("%d", &k);                            //输入 k 的值
    int *a = (int *)malloc(k * sizeof(int));
    int *b = (int *)malloc(k * sizeof(int));
    //读取数组 a 的值，并将其复制给数组 b
    for (int i = 0; i < k; i++)
    {
        scanf("%d", &a[i]);
        b[i] = a[i];
    }
    int maxCnt = selectTwo(b, k, compare1);     //合并最多次数
    int minCnt = selectTwo(a, k, compare2);     //合并最少次数
    printf("%d %d", maxCnt, minCnt);            //输出结果
    free(a);
    free(b);
    return 0;
}
void swap(int *p, int *q)
{
    int t = *p;
    *p = *q;
```

```
        *q = t;
    }
    //比较函数1：比较 a 与 b 的大小，返回 a 是否大于 b
    int compare1(const int a, const int b)
    {
        return a > b;
    }
    //比较函数2：比较 a 与 b 的大小，返回 a 是否小于 b
    int compare2(const int a, const int b)
    {
        return a < b;
    }
    //函数功能：计算最少合并次数或最多合并次数
    int selectTwo(int a[], int n, int (*cmp)(const int, const int))
    {
        if (n <= 1)                            //递归出口，如果少于两个元素，则直接返回 0
            return 0;
        int k = 0;
        //找到当前数组最大/最小的元素的下标 k
        for (int i = 1; i < n; i++)
            if (cmp(a[i], a[k]))
                k = i;
        swap(&a[0], &a[k]);                    //将当前最大/最小的元素与第一个元素交换
        //找到当前数组第二大/第二小的元素的下标 k
        k = 1;
        for (int i = 2; i < n; i++)
            if (cmp(a[i], a[k]))
                k = i;
        swap(&a[1], &a[k]);                    //将第二大/第二小的元素与第二个元素交换
        int sum = a[0] + a[1] - 1;             //计算合并次数
        a[1] = a[0] + a[1];                    //更新 a[1] 为两个序列合并后的长度
        //递归调用 selectTwo 函数，计算剩下的元素的最少/最多合并次数
        return sum + selectTwo(a + 1, n - 1, cmp);
    }
```

selectTwo 函数利用函数指针 cmp 作为比较的方式，以实现对元素的最小/最大值进行选择和交换。这种用法是 C 语言中的一种技巧，可以增加代码的灵活性。

【实练 14-05】字典序最小问题

扫一扫，看视频

小王的农场有一些奶牛，每头奶牛有一个名字。他想要将这些奶牛排成一排，参加比赛。比赛的规则是按照奶牛名字的首字母的字典序逐个进行评判。为了尽快参加比赛，小王可以重新排列奶牛的顺序。他可以将奶牛从原队列的第一头或最后一头依次移到新队列的末尾，直到新队列中所有奶牛都确定位置。请帮忙找到这种方式下字典序最小的字符串。

输入为两行：第一行为一个整数 N，表示奶牛的数量，N 不超过 100；第二行为 N 个大写字母（A～Z），每个字母之间用一个空格隔开，第 i 个字母表示原队伍中第 i 个位置上的奶牛的首字母。输出一行，表示字典序最小的字符串。

输入样例：

```
6
A C D B C B
```

输出样例：

```
ABCBCD
```

小　结

贪心算法是一种常见的优化算法，用于求解最优化问题。它的核心思想是通过做出局部最优的选择来达到全局最优的解。在每一步中，贪心算法通过选择当前最优的策略来进行决策，而不考虑未来的结果。

贪心算法具有以下特点。

（1）贪心选择性质：贪心算法通过每一步的贪心选择来得到最优解，即每一步选择局部最优解，然后组合起来得到全局最优解。

（2）最优子结构性质：问题的最优解包含了子问题的最优解。因此，通过求解子问题的最优解，可以得到原问题的最优解。

（3）不回溯性：贪心算法一旦做出了选择，就不会回溯。

本章 10 个实例都涉及使用贪心算法来解决最优化问题，其核心设计思想都是在每一步中选择当前最优的策略，以获得全局最优解。在实际应用中，其具体实现方式可能不同，但大多都遵循贪心算法的基本框架，即通过局部最优的选择来达到全局最优的目标。

虽然贪心算法可以高效地解决一些问题，但并不是所有问题都适合采用贪心算法。贪心算法的选择基于当前的最优决策，可能会导致得到次优解或不可行解。因此，在使用贪心算法时需要仔细分析问题的特点，并进行合理的设计和优化。

第 15 章 动态规划

动态规划（Dynamic Programming，DP）方法通常用于解决包含**多个阶段决策**的问题。如果问题具有方案数、最值、存在性等性质，可以尝试使用动态规划方法求解。该方法将原问题分解成若干个相对简单的子问题（即阶段），利用子问题间的**递推**关系依次求得各子问题的解。通过列出各种可能的局部解并决策保留可能达到最优的局部解，确定每个阶段的最优决策，并最终得到原问题的最优解。动态规划方法通常适用于有重叠子问题、最优子结构和无后效性特点的问题，并且解决问题所需的时间远远少于暴力解法。

实际使用动态规划方法比较困难，因为解题时有各种不同的问题，找出子问题以及通过子问题重新构造最优解的过程很难统一。

本书介绍几个经典的动态规划入门问题。这类问题的状态容易表示，转移方程也不难写，包括递推、最长上升序列（LIS）和最长下降序列（LDS）、背包等几类问题。

1. 递推类型（递推形式单一，从前往后，依次枚举）

 【实例 15-01】爬楼梯

爬楼梯问题在第 11 章已经给出了递归解法。递归函数如下：

```
int climbSteps(int n)
{
    if (n == 1)        //递归出口（边界条件）
        return 1;
    if (n == 2)        //递归出口（边界条件）
        return 2;
    return climbSteps(n - 1) + climbSteps(n - 2);
}
```

图 15.1 所示为 $n=6$ 时的递归执行树。

当 $n=6$ 时，climbSteps(4)执行了 2 次，climbSteps(3)执行了 3 次，climbSteps(2)执行了 5 次，climbSteps(1)执行了 3 次。如果 n 更大，重复执行的次数会更多，导致执行效率较低。造成效率低的原因是有许多重复的分支，因此需要进行剪枝操作以提高效率。

为了解决这个问题，可以使用一个数组 dp 来存储上 i 级台阶的方法数。数组具有随机存取的特点，通过下标可以快速获取对应元素的值，这样可以大大提高执行效率。**将子问题的解存储在数组中的方法就是动态规划的思想。**

对于上 n 级台阶的爬楼梯问题，可以将其分解为上到 1 级台阶、上到 2 级台阶，一直到上到 n 级台阶的子问题。使用 dp[i]来存储上到 i 级台阶时的方法数，可以得到初始条件为 dp[1]=1，dp[2]=2。对于其他的 dp[i]，可以利用 dp[i−1]和 dp[i−2]来求得。根据前面的分析，可以得到递推关系式：dp[i] = dp[i−1] + dp[i−2]。dp[n]就是所求的答案。

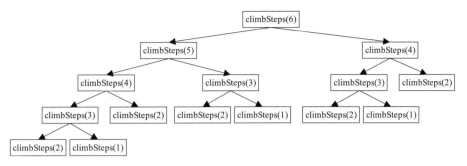

图 15.1　n=6 时的递归执行树

可以看出，在初始条件的基础上，可以逐步推导得到其他 dp[i] 的值。递推过程按照 i 的值从小到大进行，而且每个 dp[i] 的方法数不受后面求得的 dp[i] 的影响。

使用动态规划的爬楼梯问题的参考代码如下：

```
#include <stdio.h>
#define N 51
int climbSteps(int n);
int main(void)
{
    int n;
    scanf("%d", &n);
    printf("%d", climbSteps(n));
    return 0;
}
int climbSteps(int n)
{
    int dp[N];
    dp[1] = 1;                              //对应递归函数的出口
    dp[2] = 2;                              //对应递归函数的出口
    for (int i = 3; i <= n; i++)
        dp[i] = dp[i - 1] + dp[i - 2];      //对应递归函数的递归语句
    return dp[n];
}
```

这是一个非常简单的动态规划实例。在动态求解过程中，使用一维数组存放子问题的解。根据问题的不同，需要定义子问题，并选择合适维度的数组存储子问题的解，同时确定数组元素存放的是什么。然后，根据如何递推其他子问题的解来确定递推式。还需要给出初始条件，并按照合理的递推方向逐步求解各个子问题的解，最终得到整个问题的解。

利用动态规划方法解题实际上就是一个逐步递推的过程。与贪心算法的思想不同，动态规划要求每一步的递推都是当前的最优解（这是递推正确性的依赖）。在利用动态规划方法解题时，需要自己定义状态，这些状态用于表示子问题或阶段的解，同时定义状态转移方程。通常情况下，使用表格来存储中间结果，求解过程就是填表的过程。

【实例 15-02】数塔问题

扫一扫，看视频

描述：根据给定的数塔图，要求从顶层走到底层，每一步可以选择向左下方移动或者向右下方移动。目标是找到经过的节点数字之和的最大值。

输入共 R+1 行：第一行为一个整数 R（1≤R≤1000），表示数塔的行数；接下来的 R 行，每行包含数塔对应行的整数。这些整数都是非负的，且不大于 100。输出一个整数，代表求得的最大和。

例如，对于给定的数塔图（图 15.2），路径 9–>12–>11–>18–>10 将产生最大和 60。

15

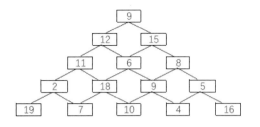

图 15.2 数塔图

输入样例：

```
5
9
12 15
11 6 8
2 18 9 5
19 7 10 4 16
```

输出样例：

```
60
```

分析：要计算从数塔的顶层到底层所经历的数字和的最大值，可以将该问题分解为从每个位置(i,j)到底层的子问题，每个子问题都可以保证所求的问题的最优解。这些**子问题具有重叠子结构，并且每个子问题的最大值不会受到后续子问题解的影响**，这符合动态规划的解题条件。

假设用一个二维数组 nums 来存储数塔中的数据，其中第 i 行的第 j 个数据存放在 nums$[i][j]$ 中（注意，i 从 1 开始）。现在的目标是求从$(1,1)$开始，每一步可以向正下方走或者向右下方走，到达最底层时经过的数字之和的最大值。为了解决这个问题，定义一个二维数组 dp，其中 dp$[i][j]$ 表示从(i,j)到底层经历的数字之和的最大值。最终，可以得到 dp$[1][1]$作为所求答案。

dp$[i][j]$的值由以下递推关系得到：dp$[i][j]$ = nums$[i][j]$ + max$\{$dp$[i+1][j]$, dp$[i+1][j+1]\}$，即当前位置(i,j)的值加上正下方位置$(i+1,j)$和右下方位置$(i+1,j+1)$的 dp 值中的最大值。初始条件可以设定为 dp$[n][j]$ = nums$[n][j]$，其中 n 为数塔的总行数，j 的取值范围为 $1\sim n$。求解 dp 数组的元素值的递推方向是从底层向上，同一行中从左向右或从右向左都可以。

通过以上的动态规划递推过程可以计算出 dp 数组的所有元素值，最终所求的最大和即为 dp$[1][1]$。

本实例的参考代码如下：

```c
#include <stdio.h>
#define R 1010
int nums[R][R];
int dp[R][R];                    //状态：dp[i][j]表示从(i,j)到最底层经历的数字之和的最大值
int dataTower(int n);
int max(int a, int b);
int main(void)
{
    int r;                       //存放数塔的行数
    scanf("%d", &r);
    for (int i = 1; i <= r; i++)
        for (int j = 1; j <= i; j++)
            scanf("%d", &nums[i][j]);    //输入数塔的数据
    printf("%d", dataTower(r));          //调用函数求数塔从最高点到最底层的最大值
    return 0;
}
int max(int a, int b)
{
    return a >= b ? a : b;
}
//函数功能：计算数塔从顶层到最底层经历的数字之和的最大值，并将结果返回
int dataTower(int n)
```

```
    {
        for (int j = 1; j <= n; j++)          //边界初始化：最底层的(i, j)的dp[i][j]值为nums[i][j]
            dp[n][j] = nums[n][j];
        //利用状态转移方程填表（求 dp 中各元素的值）
        for (int i = n - 1; i >= 1; i--)      //枚举行标: n-1 ~ 1，递推行从下到上
            for (int j = 1; j <= i; j++)      //枚举列标:  1 ~ i，列从左到右
                dp[i][j] = nums[i][j] + max(dp[i + 1][j], dp[i + 1][j + 1]);
        return dp[1][1];
    }
```

在解决这个问题时，还可以使用自顶向下的递推方法，但子问题的解和状态转移方程和自底向上的递推方法是不同的。下面代码中的 dataTower 函数定义了子问题及状态转移方程。阅读并理解它与自底向上的递推方法的区别。

自顶向下递推的 dataTower 函数的参考代码如下：

```
int dataTower(int n)
{
    dp[1][1] = nums[1][1];                    //边界初始化
    for (int i = 2; i <= n; i++)              //利用状态转移方程填表（求 dp 中各元素的值）
        for (int j = 1; j <= i; j++)
        {
            if (j == 1)                       //(i,j)在第一列的情况
                dp[i][j] = dp[i - 1][j] + nums[i][j];
            else if (i == j)                  //(i,j)在主对角线的情况
                dp[i][j] = dp[i - 1][j - 1] + nums[i][j];
            else                              //(i,j)为其他情况
                dp[i][j] = max(dp[i - 1][j - 1], dp[i - 1][j]) + nums[i][j];
        }
    //求 dp 第 n 行元素中的最大值
    int maxV = 0;
    for (int j = 1; j <= n; j++)
        if (dp[n][j] > maxV)
            maxV = dp[n][j];
    return maxV;
}
```

dp 数组中存放的值与从底层到顶层方向递推时是不同的，dp[i][j]存放的是从顶层到(i,j)经历数字和的最大值。**求解问题的方法很多，选择适合的方法就是最好的。**

【实练 15-01】三角形最小路径和

扫一扫，看视频

描述：给定一个三角形，找出自顶向下的最小路径和。每一步只能移动到下一行中相邻的节点上。输入为 N+1 行，第一行为三角形行数，接下来的 N 行为三角形每行的数据。输出一个整数，为自顶向下的最小路径和。

输入样例：

```
4
2
3 4
6 5 7
4 1 8 3
```

扫一扫，看视频

输出样例：

```
11
```

【实例 15-03】最少通行费

描述：一个商人穿过一个 N×N 的正方形网格。商人需要从网格的左上角进入，经过每个小方格都要花费 1 个单位时间并缴纳相应的费用，最后在 2N-1 个单位时间内从右下角离开。在每个小方格中，商人只能向右或向下移动，不能对角线穿越，也不能离开网格。商人希望通过选择路径使得最终的费用最少化。例如，根据输入样例，最少费用为 1+2+5+7+9+12+19+21+33=109。

输入包含 $N+1$ 行：第一行是一个整数 N，表示正方形网格的宽度（$1 \leqslant N < 100$）；接下来的 N 行，每行有 N 个不大于 100 的整数，代表网格上对应小方格的费用。输出需要支付的最少费用。

输入样例：

```
5
1  4  6  8   10
2  5  7  15  17
6  8  9  18  20
10 11 12 19  21
20 23 25 29  33
```

输出样例：

```
109
```

分析：本实例与实例 15-02 类似，使用动态规划方法求解。具体求解过程可以按以下步骤进行。

（1）确定子问题：为了到达网格中的 (i,j) 处并保证总费用最少，需要知道到达其上方 $(i-1,j)$ 和左方 $(i,j-1)$ 的最少总费用。因此定义二维数组 dp，其中 dp[i][j] 表示从左上角到达 (i,j) 处的最少总费用。则 dp[0][0] 为左上角到 $(0,0)$ 处的最少总费用，dp[$n-1$][$n-1$] 为所求答案。

（2）确定状态转移方程：根据子问题，可得状态转移方程为 dp[i][j] = min(dp[$i-1$][j], dp[i][$j-1$]) + nums[i][j]，其中 nums[i][j] 表示网格中位置 (i,j) 的费用。

（3）确定初始条件：由于商人只能向右或向下移动，因此初始条件为 dp[0][0] = nums[0][0]，第一行和第一列的 dp[i][j] 可以根据如下公式递推得到：dp[0][i] = dp[0][$i-1$]+nums[0][i]，dp[i][0] = dp[$i-1$][0]+nums[i][0]，其中 $i=1 \sim (n-1)$。

（4）确定递推方向：根据状态转移方程，需要按从上到下、从左到右的方向递推计算各子问题的解。

总之，采用上述动态规划方法求解本实例问题，可以以最少的费用穿过正方形网格，并保证在 $2N-1$ 个单位时间内从左上角移动到右下角。

本实例的参考代码如下：

```c
#include <stdio.h>
#define N 105
int nums[N][N];                    //nums[i][j]存放(i,j)对应方格的费用
int dp[N][N];                      //dp[i][j]存放从左上角到(i,j)的费用
int min(int a, int b);
int minPass(int n);
int main(void)
{
    int n;
    scanf("%d", &n);
    for (int i = 0; i < n; i++)
        for (int j = 0; j < n; j++)
            scanf("%d", &nums[i][j]);
    printf("%d", minPass(n));       //调用函数 minPass 求通过 n*n 的最少费用
    return 0;
}
int min(int a, int b)
{
    return a <= b ? a : b;
}
//函数功能：计算 n*n 左上角到右下角的最少费用，并将结果返回
int minPass(int n)
{
    //边界值赋值及计算
    dp[0][0] = nums[0][0];
    for (int i = 1; i < n; i++)
    {
        dp[0][i] = dp[0][i - 1] + nums[0][i];      //第一行 dp 元素初始化
        dp[i][0] = dp[i - 1][0] + nums[i][0];      //第一列 dp 元素初始化
```

```
        }
        //其他状态值计算
        for (int i = 1; i < n; i++)
            for (int j = 1; j < n; j++)
                dp[i][j] = min(dp[i - 1][j], dp[i][j - 1]) + nums[i][j];
        return dp[n - 1][n - 1];                        //返回原问题对应的解
    }
```

当然，也可以从下到上、从右向左递推，请阅读下面的代码，分析子问题的定义及状态转移方程。

从下到上递推的最少费用 minPass 函数代码如下：

```
int minPass(int n)
{
    //边界值赋值及计算
    dp[n - 1][n - 1] = nums[n - 1][n - 1];
    for (int j = n - 2; j >= 0; j--)
    {
        dp[n - 1][j] = nums[n - 1][j] + dp[n - 1][j + 1];//最后一行 dp 元素初始化
        dp[j][n - 1] = nums[j][n - 1] + dp[j + 1][n - 1];//最后一列 dp 元素初始化

    }
    //计算其他状态值
    for (int i = n - 2; i >= 0; i--)
        for (int j = n - 2; j >= 0; j--)
        {
            dp[i][j] = nums[i][j] + min(dp[i + 1][j], dp[i][j + 1]);
        }
    return dp[0][0]; //返回原问题的解
}
```

子问题的定义：dp[i][j]存放从(i,j)到右下角的费用。

状态转移方程：

$$dp[n-1][j] = nums[n-1][j] + dp[n-1][j+1]$$
$$dp[j][n-1] = nums[j][n-1] + dp[j+1][n-1]$$
$$dp[i][j] = nums[i][j] + min(dp[i+1][j], dp[i][j+1])$$

扫一扫，看视频

🍲 【实例 15-04】最短路径

描述：图 15.3 所示为城市之间的交通图，线段上的数字表示经过此路径的费用，单向通行由 A→E。试用动态规划的最优化原理求出 A→E 的最少费用。输入 N+1 行，第一行为城市的数量 N；接着 N 行，每行有 N 个整数，表示两个城市间费用组成的矩阵数据（元素值为 0，表示对应的城市间没有路径）。输出两行，第一行为一个整数，代表第一个城市到第 N 个城市的最少费用；第二行为费用最少的路径。

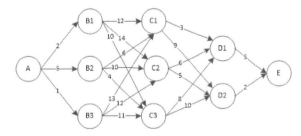

图 15.3　城市之间的交通图

输入样例：

```
10
0 2 5 1 0 0 0 0 0 0
0 0 0 0 12 14 10 0 0 0
```

0	0	0	0	6	10	4	0	0	0
0	0	0	0	13	12	11	0	0	0
0	0	0	0	0	0	0	3	9	0
0	0	0	0	0	0	0	6	5	0
0	0	0	0	0	0	0	8	10	0
0	0	0	0	0	0	0	0	0	5
0	0	0	0	0	0	0	0	0	2
0	0	0	0	0	0	0	0	0	0

输出样例：

```
19
1->3->5->8->10
```

分析：**使用动态规划方法求解最短路径问题需要满足路径不存在环的前提。**首先将原问题分解成多个阶段的子问题，对应图 15.3 的情况，可以将问题分为四个阶段：第一阶段是从起点 A 到达城市 Bi，第二阶段是从城市 Bi 到达城市 Cj，第三阶段是从城市 Ci 到达城市 Dj，第四阶段是从城市 Di 到达终点 E。

借助逆向递推的思想，可以从终点开始向起点逐步计算每个阶段的最短路径值。为了保存每个城市到终点的最短路径值，可以定义一个一维数组 dp，其中 dp[i]表示从城市 i 到终点 E 的最短路径值（这里使用编号 1~10 分别代表城市 A、B1、B2、B3、C1、…、D2、E）。同时，使用数组 post 记录每个城市到终点的最短路径中该城市的后继城市的下标。其中，dp[n]初始化为 0，表示终点 E 到自身的最短路径值为 0，post[n]初始化为−1。n 为终点的下标，dp[1]为原问题的解。

使用递推关系式 dp[i] = min{nums[i][j] + dp[j]}计算 dp[i]，其中 j 取值为(i+1)~n，且当 i 到 j 之间有路线时。同时记录 post[i] = j。然后通过循环语句 for(i=1; post[i]!= −1; i = post[i])，从起点 A 开始输出最短路径。

本实例的参考代码如下：

```c
#include <stdio.h>
#define N 105
int nums[N][N];                //城市之间的交通图二维数组
int dp[N];                     //用于存放从城市 i 到终点的最少费用
int post[N];                   //用于存放城市 i 到终点的最短路径中城市 i 的下一个城市 j
int minFee(int n);
void printPath(int n);
int main(void)
{
    int n;
    scanf("%d", &n);
    for (int i = 1; i <= n; i++)
        for (int j = 1; j <= n; j++)
            scanf("%d", &nums[i][j]);
    //输出最少费用和路径
    printf("%d\n", minFee(n));
    printPath(n);
    return 0;
}
//函数功能：计算从起点城市 1 到终点城市 n 的最少费用，并返回
int minFee(int n)
{
    //初始化 dp 数组和 post 数组
    for (int i = 1; i <= n; i++)
    {
        dp[i] = 32767;         //dp 数组用于存放从城市 i 到终点的最少费用
        post[i] = -1;          //post 数组用于存放城市 i 到终点的最短路径中城市 i 的下一个城市 j
    }
    dp[n] = 0;                 //终点到终点的距离为 0
    for (int i = n - 1; i >= 1; i--)           //逆序计算 dp 数组
        for (int j = i + 1; j <= n; j++)
            if (nums[i][j] != 0 && nums[i][j] + dp[j] < dp[i]) //当 i 到 j 之间有路线时
            {
```

```
                  dp[i] = nums[i][j] + dp[j];      //计算城市 i 到终点的最短距离
                  post[i] = j;                     //从城市 i 到城市 j
              }
      return dp[1];
}
//函数功能：从起点开始输出路径
void printPath(int n)
{
    int start = 1;
    for (int i = 1; i != -1; i = post[i])
    {
        if (start != 1)
            printf("->");
        printf("%d", i);
        start = 0;
    }
}
```

 　　也可以从起点向终点方向进行递推求解。但需要注意的是，有环的图的最短路径问题不可以使用动态规划方法解决。

　　实例 15-02～实例 15-04 均属于路径问题，使用数组来存放子问题解的最值，当遇到最大或最小问题，而且问题规模较大时，可以尝试使用动态规划方法解决。

【实例 15-05】不同的路径

扫一扫，看视频

　　描述：有一个机器人位于一个 $m×n$ 网格的左上角。机器人每一时刻只能向下或向右移动一步。机器人试图到达网格的右下角，请问有多少条不同的路径？输入一行，两个整数，分别表示网格的行数 m 和列数 n（$m,n≤100$）。输出一个整数，代表机器人达到网格右下角的路径数。

　　输入样例：

```
3 3
```

　　输出样例：

```
6
```

　　分析：可以使用与实例 15-03 相同的方法来解决，定义子问题 $dp[i][j]$ 为从左上角到 (i,j) 处的不同路径数，而 $dp[m-1][n-1]$ 则代表了问题的答案，即从左上角到达网格右下角的路径数。

　　根据状态转移方程 $dp[i][j] = dp[i-1][j] + dp[i][j-1]$，可以计算出每个网格点的路径数。同时，需要对边界进行初始化，因为只有一种路径可以到达第一行和第一列，所以初始化 $dp[0][j]$ 和 $dp[i][0]$ 都为 1。

　　本实例的参考代码如下：

```
#include <stdio.h>
#define N 101
int uniquePaths(int m, int n);
int main(void)
{
    int m, n;                         //分别存放网格的行数和列数
    scanf("%d %d", &m, &n);
    printf("%d", uniquePaths(m, n));
    return 0;
}
//函数功能：计算 m*n 网格从左上角到右下角的路径数，并返回结果
int uniquePaths(int m, int n)
{
    int dp[N][N];                     //dp[i][j]表示从左上角走到(i,j)的不同路径数
    for (int j = 0; j < n; j++)       //初始化第一行的值
        dp[0][j] = 1;                 //从左上角到(0,j)的路径数为1
    for (int i = 0; i < m; i++)       //初始化第一列的值
        dp[i][0] = 1;                 //从左上角到(i,0)的路径数为1
```

15

```
        //动态规划计算其他元素的值
        for (int i = 1; i < m; i++)
            for (int j = 1; j < n; j++)
            {
                dp[i][j] = dp[i - 1][j] + dp[i][j - 1];
            }
        return dp[m - 1][n - 1];
}
```

本实例属于可以使用动态规划方法解决的一类**求方案数**的问题。

扫一扫，看视频

【实例 15-06】子数组的最大和

描述：给定一个整型数组，数组中一个或连续的多个整数组成一个子数组。求所有子数组的和的最大值。输入两行，第一行为一个整数，代表数组的长度 n（$1 \leqslant n \leqslant 100000$），第二行为数组中的 n 个整数（每个整数绝对值不超过 10000）。输出一个整数，代表子数组和的最大值。

输入样例：

```
8
1 -2 3 10 -4 7 2 -5
```

输出样例：

```
18
```

分析：对于本实例这个问题，可以使用动态规划方法来解决。假设有一组整数，存储在一个整型数组 nums 中（其中 nums[0] 存放数组的第一个元素）。定义一个一维整型数组 dp，其中 dp[i] 存放以 nums[i] 结尾的子数组的最大和。初始情况下，dp[0] 的值为 nums[0]。

对于其他的 dp[i]，可以通过比较两个子数组的和来计算得到。第一个子数组是由…nums[$i-1$] 和 nums[i] 构成的，和为 dp[$i-1$] + nums[i]；第二个子数组只包含 nums[i] 一个元素，和为 nums[i]。所以状态转移方程为 dp[i] = max(dp[$i-1$] + nums[i], nums[i])。

本实例的目标是求出 dp[i] 中的最大值，而在动态求解 dp[i] 的过程中，可以用一个变量 maxSum 来存储前 i 个元素中最大的 dp[i]。

本实例的参考代码如下：

```
#include <stdio.h>
#include <stdlib.h>
#define N 100001
int dp[N], arr[N];
int max(int a, int b);
int maxSubArray(int *nums, int n);
int main(void)
{
    int n;
    scanf("%d", &n);
    for (int i = 0; i < n; i++)
        scanf("%d", &arr[i]);
    printf("%d", maxSubArray(arr, n));
    return 0;
}
int max(int a, int b)
{
    return a >= b ? a : b;
}
//函数功能：计算子数组的最大和，并返回结果
int maxSubArray(int *nums, int n)
{
    dp[0] = nums[0]; //初始化
    int maxSum = dp[0];
    for (int i = 1; i < n; i++)
    {
        //动态规划方法求 dp[i]
```

```
        dp[i] = max(nums[i], dp[i - 1] + nums[i]);
        maxSum = max(maxSum, dp[i]);
    }
    return maxSum;
}
```

程序中的状态转移方程为 dp[i] = max(nums[i], dp[i−1] + nums[i])，其中，nums[i]表示只包含下标为 i 的元素的子数组情况，而 dp[i−1] + nums[i]表示至少包含下标为 i−1 和下标为 i 的元素的子数组情况。

【实练 15-02】子数组和的绝对值的最大值

给定一个有 n 个整数的数组，找出一个总和绝对值最大的连续子数组。输入有两行，第一行为一个正整数 n（n<1000），表示数组中整数的个数；第二行为数组中的 n 个整数（每个整数的绝对值不超过 100000），以一个空格分开各个整数。输出一个整数，表示子数组的总和绝对值的最大值。

输入样例：

```
5
1 -3 2 3 -4
```

输出样例：

```
5
```

【实练 15-03】环状子数组的最大和

给定一段长度为 n 的环状序列 nums，其中 nums1 和 nums$n$ 被认为是相邻的。选择连续的两段子序列，使得这两段子序列不重叠且非空，并且它们的和最大。

输入有两行，第一行为一个整数 N（$1 \leqslant N \leqslant 100000$），表示序列的长度；第二行有 N 个整数，整数之间用空格隔开，并且每个整数的绝对值不超过 1000。输出一个整数，表示最大的两段子序列的和。

输入样例：

```
8
2 -4 3 -1 -4 2 -4 3
```

输出样例：

```
5
```

【实例 15-07】拆分乘积最大的整数

描述：给定一个正整数 n，要求将其拆分为至少两个正整数之和，并使得这些整数的乘积最大化。我们需要求得最大乘积的值。

输入为一个整数 n（$2 \leqslant n \leqslant 100$），表示待拆分的正整数。输出一个整数，表示拆分后整数乘积的最大值。例如，10 = 3 + 3 + 4，3×3×4 = 36。

输入样例：

```
10
```

输出样例：

```
36
```

分析：使用动态规划方法来解决。想要求出 n 的整数拆分乘积的最大值，可以求出 1～n 每个整数的拆分整数乘积的最大值。创建一个名为 dp 的一维整数数组，大小为 101，其中 dp[i]存储整数 i 子问题的解，而 dp[n]就是要求解的问题答案。

初始时，dp[2]的值为 1，因为 2=1+1，1×1=1。接下来从 dp[3]开始计算直到 dp[n]，在计算每个 dp[i]时，需要枚举 j 从 1～i−1，因为需要将 i 拆分成至少两个正整数之和。对于 i 和 j，可以通过下面的状态转移方程求得 dp[i]的值。

$$dp[i] = \max\{dp[i], \max\{ dp[i-j] * j, (i-j) * j\} (1 \leqslant j < i) \}$$

由于 $dp[i]$ 的值依赖于 $dp[i-j]$，而 $i-j$ 可能等于 1。根据 $dp[i]$ 的含义，$dp[1]$ 应该等于 1。
本实例的参考代码如下：

```c
#include <stdio.h>
#include <stdlib.h>
#define N 101
int max(int a, int b);
int maxMul(int *dp, int n);
int main(void)
{
    int n;
    int *dp = (int *)malloc(sizeof(int) * N); //dp[i]存放 i 可拆成整数的最大乘积
    scanf("%d", &n);
    printf("%d", maxMul(dp, n));                //调用函数 maxMul 求 n 的拆分整数的最大乘积
    free(dp);
    return 0;
}
int max(int a, int b)
{
    return a >= b ? a : b;
}
//函数功能：求 n 的拆分整数的最大乘积并返回
int maxMul(int *dp, int n)
{
    dp[1] = 1; //1 = 1
    dp[2] = 1; //2 = 1 + 1, 1 * 1 = 1
    for (int i = 3; i <= n; i++)
    {
        dp[i] = 0;
        for (int j = 1; j < i; j++)
        {
            int tmp = max(dp[i - j] * j, (i - j) * j);
            dp[i] = max(dp[i], tmp);
        }
    }
    return dp[n];
}
```

程序中的 tmp = max(dp[i - j] *j, (i - j) * j), dp[i - j] *j 是拆成两个以上整数的情况，(i - j) * j 是拆成两个整数的情况。

【实例 15-08】聪明的小王

扫一扫，看视频

描述：小王正在参加一个寻宝活动，他需要在一排相邻的房间内寻找现金。每个房间内都藏有一定的现金，唯一影响他寻宝的因素是相邻房间之间装有相互连通的警报系统。如果两间相邻的房间在同一天被人闯入，系统就会报警。给定一个正整数数组代表每个房间存放的金额，要求计算小王在不触动警报装置的情况下一天之内能够寻到的最高金额。

输入的数据共有 2t+1 行，第一行是一个整数 t（$t \leqslant 50$），表示有 t 组数据；接下来是每组数据，每组数据的第一行是一个整数 n（$1 \leqslant n \leqslant 100$），表示一共有 n 个房间，第二行是 n 个正整数（不超过 400，且用空格分开），表示每个房间中的现金数量。对于每组数据，输出一行，包含一个整数，表示小王在不触动警报装置的情况下可以得到的现金数量。

输入样例：

```
2
3
1 8 2
4
10 7 6 14
```

15

输出样例：

```
8
24
```

分析：小王寻宝问题可分解为小王在前 i 个房间中寻找现金时能够获得的最高金额的子问题。该问题具有最优子结构和重叠子问题，并且每个子问题只与它前面子问题的最优解及当前状态有关，因此是一个典型的可用动态规划方法解决的问题。

具体解决方法如下。

（1）定义子问题：使用一维数组 dp 存放子问题的解，dp[i]表示小王在前 i 个房间中所能获得的最高金额，因此 dp[0]为 0，dp[1]为 money[1]，其中 money[1]表示第 1 个房间内的现金数。dp[n]即为所求问题的答案。

（2）状态转移方程：计算 dp[i]时，由于相邻房间之间有警报系统，小王不能进入相邻的房间。因此，对于前 i 个房间可寻找的最大金额，需要考虑以下两种情况：小王不进入第 i 个房间，则可获得前 $i-1$ 个房间的最高金额；小王进入第 i 个房间，则可获得前 $i-2$ 个房间的最高金额加上第 i 个房间的现金数。这两种情况中的较大值即为小王寻找前 i 个房间所能获得的最高金额。因此，状态转移方程为 dp[i] = max(dp[$i-1$], dp[$i-2$] + money[i])，其中 money[i]表示第 i 个房间内的现金数。

（3）根据 dp 的定义，需要计算 dp[0]和 dp[1]的值，然后递推计算 dp[2]~dp[n]的值。

本实例的参考代码如下：

```c
#include <stdio.h>
#include <stdlib.h>
int max(int a, int b);
int findMoney(int *money, int n);
int main(void)
{
    int t, n, *a;
    scanf("%d", &t);
    while (t--)
    {
        scanf("%d", &n);
        a = (int *)malloc(sizeof(int) * (n + 1));
        for (int i = 1; i <= n; i++)
            scanf("%d", &a[i]);
        printf("%d\n", findMoney(a, n));      //调用函数 findMoney，计算找到的最多现金
        free(a);
    }
    return 0;
}
int max(int a, int b)
{
    return a >= b ? a : b;
}
//函数功能：在 n 个房间内找最多的现金并返回结果
int findMoney(int *money, int n)
{
    int dp[110];
    dp[0] = 0;                     //寻找到第 0 个房间的最高金额为 0
    dp[1] = money[1];              //寻找到第 1 个房间的最高金额为 money[1]
    for (int i = 2; i <= n; i++)
        dp[i] = max(dp[i - 2] + money[i], dp[i - 1]);
    return dp[n];
}
```

对于语句 dp[i] = max(dp[$i-2$] + money[i], dp[$i-1$])，寻找到前 i 个房间时，dp[$i-2$] + money[i]表示进入第 i 个房间可获取的最大值，dp[$i-1$]表示不进入第 i 个房间时可获取的最大值。

上面的方法是从第一个房间向最后一个房间进行递推，当然也可以从后向前递推，代码如下：

```
int findMoney(int *money, int n)
{
    int dp[110];  //dp[i]存放小王已经寻找了 i~n 个房间可获取的最大金额
    dp[n] = money[n];
    dp[n - 1] = max(money[n], money[n - 1]);
    for(int i = n - 2; i >= 1; i--)
        dp[i] = max(dp[i + 1], dp[i + 2] + money[i]);
    return dp[1];
}
```

2．最长上升序列和最长下降序列类型

最长上升序列（Longest Increasing Sequence，LIS）和**最长下降序列**（longest descending sequence，LDS）是一类经常用动态规划方法解决的问题。在本部分，将直接确定子问题数组元素的含义，然后分析状态的递推公式，最后确定边界值的初始化和递推方向。

扫一扫，看视频

【实例 15-09】最长上升子序列

描述：给定一个序列，求出最长上升子序列的长度。对于一个序列 b_i，当 $b_1 < b_2 < \cdots < b_s$ 时，我们称这个序列是上升的。对于给定的序列 $a_1, a_2, \cdots, a_n$，可以找到一些上升的子序列 $a_{i_1}, a_{i_2}, \cdots, a_{i_K}$，其中 $1 \leqslant i_1 < i_2 < \cdots < i_K \leqslant n$。例如，对于序列 1, 7, 3, 5, 9, 4, 8，有一些上升子序列，如 1, 7、1, 3, 5, 8 等。在这些子序列中，最长上升子序列的长度是 4，如 1, 3, 5, 8。

输入的第一行是一个整数 n，代表序列的长度，其取值范围为 $1 \leqslant n \leqslant 1000$；第二行是序列的 n 个整数，这些整数的取值范围为[0,10000]。输出一个整数，代表最长上升子序列的长度。

输入样例：

```
7
1 7 3 5 9 4 8
```

输出样例：

```
4
```

分析：假设原序列用 int 类型的一维数组 nums 存放，可以将问题分解成求以元素 nums[i]结尾的最长递增子序列长度的子问题。定义一个 int 类型的一维数组 dp，用于存放各个子问题的解，其中 dp[i]存放的是以 nums[i]元素结尾的 LIS 长度。

对于每个 dp[i]，因为以 nums[i]结尾的最长递增子序列至少有这个元素本身，所以将 dp[i]初始化为 1。接着，将 nums[i]和它前面的每一个数 num[j]（$0 \leqslant j \leqslant i-1$）依次比较大小。如果 nums[j] < nums[i]且 dp[j]+1 > dp[i]，则 dp[i]=dp[j]+1，即 dp[i] = max{dp[j]+1,$0 \leqslant j < i$}。由于 $j < i$，所以 dp[i]的计算是按照 i 从小到大的方向进行递推。

每次求得的 dp[i]可以与当前的最大长度变量 maxLen 比较大小，用 maxLen 存放 LIS 的长度。最终，就可以得到最长上升子序列的长度，即 maxLen 的值。

本实例的参考代码如下：

```
#include <stdio.h>
#define N 1001
int LISFun(int *nums, int n);
int main(void)
{
    int nums[N], n;
    scanf("%d", &n);
    for (int i = 0; i < n; i++)
        scanf("%d", &nums[i]);
    printf("%d", LISFun(nums, n)); //调用函数 LISFun，求 nums 中最长上升子序列的长度
    return 0;
}
//函数功能：计算序列 nums 的最长上升子序列的长度并返回
int LISFun(int *nums, int n)
{
```

```
int dp[N];              //dp[i]存放以元素 nums[i]结尾的最长上升子序列的长度
int maxLen = 0;         //maxLen 存放 dp[i]的最大值,即 nums 数组的最长上升子序列的长度
for (int i = 0; i < n; i++)
{
    dp[i] = 1;
    for (int j = 0; j < i; j++)
        if (nums[j] < nums[i] && dp[j] + 1 > dp[i])
            dp[i] = dp[j] + 1;
    if (dp[i] > maxLen)
        maxLen = dp[i];
}
return maxLen;
}
```

此外,还可以将 LIS 问题的子问题定义为求以 nums[i]作为首元素的最长上升子序列的长度。可以使用从后向前递推的方法来编写 LISFun 函数的实现代码。

```
int LISFun(int *nums, int n)
{
    int dp[N];                  //dp[i]存放以元素 nums[i]开头的最长上升子序列的长度
    int maxLen = 0;             //maxLen 存放 dp[i]的最大值,即 nums 数组的最长上升子序列的长度
    for (int i = n - 1; i >= 0; i--)
    {
        dp[i] = 1;
        for (int j = i + 1; j < n; j++)
        {
            if (nums[j] >= nums[i] && dp[j] + 1 > dp[i])
                dp[i] = dp[j] + 1; //修改 dp[i]的值
        }
        if (dp[i] > maxLen)
            maxLen = dp[i];
    }
    return maxLen;
}
```

【实练 15-04】求最长不下降序列

假设有一个由 n 个不相同的整数组成的数列,记为 $b(1)$, $b(2)$, $\cdots$, $b(n)$,其中 $b(i)$ $\neq b(j)$($i \neq j$)。如果存在索引序列 $i\_1 < i\_2 < i\_3 < \cdots < i\_e$,并且满足 $b(i\_1) \leq b(i\_2) < \cdots \leq b(i\_e)$,则称为长度为 e 的不下降序列。要求找出最长的不下降序列。

扫一扫,看视频

输入的第一行为数字 n,第二行为 n 个整数,用空格隔开。输出有两行,第一行输出最大长度 max,第二行输出一个由 max 个整数组成的不下降序列。可能存在多种满足条件的结果,只需输出其中一种即可。

输入样例:

```
14
13 7 9 16 38 24 37 18 44 19 21 22 63 15
```

输出样例:

```
8
7 9 16 18 19 21 22 63
```

【实例 15-10】拦截导弹

扫一扫,看视频

描述:为了防御敌方导弹的袭击,某国家设计了一种导弹拦截系统。然而该系统存在一个缺陷:第一发炮弹可以到达任意高度,但随后的每一发炮弹的高度不能超过前一发炮弹的高度。因此,可能需要多套拦截系统才能拦截所有导弹。需要计算出该系统最多能拦截多少导弹,以及确定至少需要配备多少套导弹拦截系统才能拦截所有导弹。

输入包含两行,第一行是一个整数 n,表示导弹的数量;第二行包含 n 个整数,表示导弹依次飞来的高度。每个导弹的高度都不超过 30000,且为正整数。输出包含两行,第一行只有一个

整数，表示最多能拦截的导弹数量；第二行也只有一个整数，表示至少需要配备的导弹拦截系统的数量。导弹数量不会超过 1000。

输入样例：

```
8
389 207 155 300 299 170 158 65
```

输出样例：

```
6
2
```

分析：求一套导弹拦截系统最多能拦截导弹的数量，实际上是求导弹序列的最长下降子序列的长度（允许相邻元素相同）。而求最少需要配备的导弹拦截系统数量问题，则是求导弹序列的最长上升子序列的长度。在最长上升子序列中，每个元素都代表一个导弹拦截系统所能拦截的第一个导弹的高度。

假设使用一个名为 nums 的数组来存放给定的导弹到达的高度序列，再定义两个一维数组，分别为 downdp 和 updp。其中，downdp[i]表示以 nums[i]结尾的最长下降子序列（LDS）的长度（允许相邻元素相同），而 updp[i]表示以 nums[i]结尾的最长上升子序列（LIS）的长度。这两个状态转移方程分别如下：

$$downdp[i] = max\{downdp[j]+1, 1 \leqslant j < i\}$$
$$updp[i] = max\{updp[j]+1, 1 \leqslant j < i\}$$

downdp[i]和 updp[i]均初始化为 1。然后，按照 i 从小到大的顺序递推，同时记录递推过程中 downdp 和 updp 两个数组中的最大值。

本实例的参考代码如下：

```c
#include <stdio.h>
#define N 1005
int nums[N];
int downdp[N];    //downdp[i]存放以第 i 个导弹高度为结尾的 LDS（含相邻元素相等情况）的长度
int updp[N];      //updp[i]存放以第 i 个导弹高度为结尾的 LIS 的长度
int max(int a, int b)
{
    return a >= b ? a : b;
}
int main(void)
{
    int n;
    scanf("%d", &n);
    for (int i = 1; i <= n; i++)
        scanf("%d", &nums[i]);
    int maxISLen = 0, maxDSLen = 0; //分别存放 LIS 的长度、LDS（含相邻元素相等情况）的长度
    for (int i = 1; i <= n; i++)
    {
        downdp[i] = 1;
        updp[i] = 1;
        for (int j = 1; j < i; j++)
        {
            if (nums[j] >= nums[i])
                downdp[i] = max(downdp[i], downdp[j] + 1);
            else
                updp[i] = max(updp[i], updp[j] + 1);
        }
        if (downdp[i] > maxDSLen)
            maxDSLen = downdp[i];
        if (updp[i] > maxISLen)
            maxISLen = updp[i];
    }
    printf("%d\n", maxDSLen);
    printf("%d", maxISLen);
```

```
    return 0;
}
```

【实练 15-05】登山

扫一扫，看视频

五一假期到了，ACM 队组织大家去登山观光。他们发现山上一共有 n 个景点，决定按顺序依次浏览这些景点，即所浏览景点的编号必须大于前一个浏览景点的编号。同时，队员们还有一个登山习惯：不连续浏览海拔相同的两个景点，一旦开始下山，就不再向上走。为了尽可能多地浏览景点，队员们希望找到一条符合以上要求的路径，然后计算该路径上的景点数量。

编写一个程序帮助队员们完成任务。输入包含两行，第一行为 n，表示景点数（$2 \leq n \leq 1000$）；第二行为 n 个整数，表示每个景点的海拔高度。请输出符合要求的路径上最多浏览的景点数量。

输入样例：

```
8
186 186 150 200 160 130 197 220
```

输出样例：

```
4
```

【实例 15-11】友好城市

扫一扫，看视频

描述：某个国家有一条大河横贯东西，河流的南北两岸分别有 n 个城市，位置各不相同。北岸每个城市都有一个唯一的友好城市在南岸，不同城市的友好城市也不相同。每对友好城市都向政府申请在河上开辟一条直线航道连接两个城市。但由于河上经常雾太大，为避免航道交叉，政府必须在保证任意两条航线不相交的情况下，最大化批准申请的数量。

编写一个程序，给定南北岸城市的位置信息，计算政府能够批准的最大申请数。输入为 $n+1$ 行，其中第一行为一个整数 n（$1 \leq n \leq 5000$），表示城市数；第 $2 \sim n+1$ 行的每行包含两个整数，表示南北两岸一对友好城市的坐标（坐标在 $0 \sim 10000$ 范围内）。输出一个整数，表示政府能够批准的最大申请数。

输入样例：

```
7
22 4
2 6
10 3
15 12
9 8
17 17
4 2
```

输出样例：

```
4
```

分析：按照规定的航线起点和终点，假设所有航线的起点都在南岸。可以对航线按照起点坐标进行排序，然后通过比较航线起点和终点的坐标，判断是否会相交。只要航线 a 的起点小于航线 b 的起点，并且航线 a 的终点也小于航线 b 的终点，那么航线 a 和航线 b 就不会相交。因此，求有多少条不相交的航线，实际上就是求航线终点坐标序列的最长上升子序列的长度。可以将问题转化为一个典型的动态规划问题。

首先，按照南岸城市的坐标进行升序排序（或者按照北岸城市的坐标排序也可以）。接着，需要确保每对友好城市的航线都不会相交。为了满足这个条件，那么每对友好城市的南岸（或者北岸）城市的坐标必须呈上升趋势。也就是说，越排在前面的城市对应的友好城市也要越靠前。

解决这个问题的关键在于将问题的表面逐步剖析，找到其中最本质的内容，然后设计算法并编写程序来实现。实现程序的具体步骤如下：

（1）声明一个表示友好城市的结构体类型 friCity，它包含两个整数成员 south 和 north，分别表示每对友好城市南岸和北岸城市的坐标。可以使用一个 friCity 类型的数组 nums 来存放友好城市对。

（2）对数组 nums 按照 south 属性进行升序排序。

（3）求排序后的 nums 数组中 north 序列的最长上升子序列的长度。这个长度值即为政府能够批准的最多申请数。

本实例的参考代码如下：

```c
#include <stdio.h>
#define N 5005
typedef struct                   //结构体 FriCity
{
    int south, north;
} FriCity;
void bubbleSort(FriCity *a, int n);
int main(void)
{
    FriCity nums[N];
    int n;
    scanf("%d", &n);
    for (int i = 0; i < n; i++)
        scanf("%d %d", &nums[i].south, &nums[i].north);
    bubbleSort(nums, n);   //调用函数 bubbleSort，将 nums 按南岸城市的坐标 south 升序排序
    int dp[N], maxLen = 0;
    for (int i = 0; i < n; i++)
    { //求 nums 中 north 的 LIS 长度
        dp[i] = 1;
        for (int j = 0; j < i; j++)
        {
            if (nums[j].north < nums[i].north && dp[j] + 1 > dp[i])
                dp[i] = dp[j] + 1;
        }
        if (dp[i] > maxLen)
            maxLen = dp[i]; //求最大的 dp[i]
    }
    printf("%d", maxLen);
    return 0;
}
void bubbleSort(FriCity *a, int n)
{
    for (int i = 1; i < n; i++)
    {
        for (int j = 0; j < n - i; j++)
            if (a[j].south > a[j + 1].south)
            {
                FriCity tmp = a[j];
                a[j] = a[j + 1];
                a[j + 1] = tmp;
            }
    }
}
```

【实例 15-12】信封套娃

扫一扫，看视频

描述：给定一些信封，每个信封都标有宽度和高度，用整数对 (w, h) 表示。当另一个信封的宽度和高度均比当前信封大时，则当前信封可以放入另一个信封中。现在要求计算最大可嵌套信封数量及对应的信封尺寸。

输入共 $n+1$ 行，其中第一行为整数 n，表示信封数量（$1 \leqslant n \leqslant 500$）；接下来的 n 行每行包含两个整数，表示一个信封的宽度和高度，保证这些数值在 $1 \sim 500$ 之间。输出共两行，第一行为最大可嵌套信封数量，第二行为从小到大列出的最大嵌套信封尺寸，每个信封的格式为 (w, h)。

输入样例：

```
7
3 5
1 2
2 6
7 12
8 9
2 8
10 11
```

输出样例：

```
4
(1,2) (2,6) (8,9) (10,11)
```

分析：这个问题的思路类似于实例 15-11。首先，需要声明一个名为 EType 的信封结构体类型，其中包含 width（宽度）和 height（高度）两个成员变量。可以使用 EType 类型的数组 nums 来存放给定的 n 个信封信息。

然后需要对 nums 数组按照 width 成员进行非递减排序。当 width 相同时，还要按照 height 的非递减顺序进行排序。之后，需要对排好序的 nums 数组的 height 序列求最长上升子序列的长度，但是同时也要确保 width 是递增的。在求解最长上升子序列的过程中，还需要记录 nums[i] 的前驱元素下标 pre[i]。最后，将最长上升子序列的长度 dp[maxk] 记录下来。

程序最后输出最大的嵌套信封数量 dp[maxk]。同时调用递归函数 printEn 输出嵌套信封中对应的信封尺寸。

本实例的参考代码如下：

```c
#include <stdio.h>
const int N = 510;
typedef struct
{
    int width, height;
} EType;
void bubbleSort(EType *a, int n);
void printEn(EType *a, int *pre, int k);
int main(void)
{
    EType nums[N];
    int n, pre[N];            //pre[i]存放 LIS 中 nums[i]的前驱下标
    int dp[N];                //dp[i]表示第 i 个信封是最大信封时的最大嵌套信封数量
    scanf("%d", &n);
    for (int i = 0; i < n; i++)
        scanf("%d %d", &nums[i].width, &nums[i].height);
    bubbleSort(nums, n);    //对 nums 信封数据按 width 非递减排序
    int maxk = 0;
    for (int i = 0; i < n; i++)
    {                        //求排序后的 nums 数组的 height 序列的 LIS 长度及最大的 LIS 长度
        pre[i] = -1;
        dp[i] = 1;
        for (int j = 0; j < i; j++)
            if (nums[j].width < nums[i].width && nums[j].height <
                        nums[i].height && dp[j] + 1 > dp[i])
            {
                dp[i] = dp[j] + 1;
                pre[i] = j;
            }
        if (dp[i] > dp[maxk])
            maxk = i;
    }
    printf("%d\n", dp[maxk]);
    printEn(nums, pre, maxk); //调用函数 printEn 输出可嵌套的最大的信封信息
    return 0;
```

```
}
//函数功能：对数组 a 按信封宽度非递减排序，同时按高度非递减排序
void bubbleSort(EType *a, int n)
{
    for (int i = 1; i < n; i++)
        for (int j = 0; j < n - i; j++)
            if (a[j].width > a[j + 1].width ||
                a[j].width == a[j + 1].width && a[j].height > a[j + 1].height)
            {
                EType tmp;
                tmp = a[j];
                a[j] = a[j + 1];
                a[j + 1] = tmp;
            }
}
void printEn(EType *a, int *pre, int k)
{
    if (k != -1)
    {
        printEn(a, pre, pre[k]);
        printf("(%d,%d) ", a[k].width, a[k].height);
    }
}
```

【实例 15-13】合唱队形

扫一扫，看视频

描述：有 n 位学生站成一排，音乐老师要求其中的 $n-k$ 位学生出队，使得剩下的 k 位学生不交换位置就可以排成合唱队形。合唱队形的条件是：假设 k 位学生从左到右依次编号为 $1, 2, \cdots, k$，他们的身高分别为 $h_1, h_2, \cdots, h_k$，满足 $h_1 < h_2 < \cdots < h_i, h_i > h_{i+1} > \cdots > h_k$ ($i: 1 \sim k$)。编程实现已知 n 位学生的身高，计算需要最少几位学生出队，使得剩下的学生能够排成合唱队形。

输入有两行，第一行是一个整数 n（$2 \leqslant n \leqslant 100$），表示学生的总数；第二行有 n 个整数，用空格分隔，第 i 个整数 h_i（$130 \leqslant h_i \leqslant 230$）是第 i 位学生的身高（以厘米为单位）。输出一个整数，表示最少需要几位学生出队。

输入样例：

```
8
186 186 150 200 160 130 197 220
```

输出样例：

```
4
```

分析：本实例也是关于最长上升子序列和最长下降子序列的问题。假设学生的身高序列存储在数组 nums 中。定义两个一维整数数组 updp 和 downdp。其中，updp[i] 存放以元素 nums[i] 结尾的最长上升子序列长度，而 downdp[i] 则存放以元素 nums[i] 开头的最长下降子序列长度。

计算出所有的 updp[i] 和 downdp[i] 的值后，可以求出 downdp[i]+updp[i]−1 的最大值，从而得到合唱队形的人数为 downdp[i]+updp[i]−1。最后，最少出队的学生数为 n − (downdp[i] + updp[i] −1)。

本实例的参考代码如下：

```
#include <stdio.h>
const int N = 105;
int main(void)
{
    int nums[N], n;
    int updp[N];            //updp[i]存放以 nums[i]结尾的 LIS 长度
    int downdp[N];          //downup[i]存放以 nums[i]开头的 LDS 长度
    scanf("%d", &n);
    for (int i = 0; i < n; i++)
    {
        scanf("%d", &nums[i]);
        updp[i] = downdp[i] = 1;
```

```
    }
    // 计算 updp[i]
    for (int i = 1; i < n; i++)
    {
        for (int j = 0; j < i; j++)
            if (nums[j] < nums[i] && updp[j] + 1 > updp[i])
                updp[i] = updp[j] + 1;
    }
    //计算 downdp[i]
    for (int i = n - 1; i >= 0; i--)
    {
        for (int j = i + 1; j < n; j++)
            if (nums[j] < nums[i] && downdp[j] + 1 > downdp[i])
                downdp[i] = downdp[j] + 1;
    }
    //计算以 nums[i]结尾的上升子序列长度和以 nums[i]开头的下降子序列长度的最大值
    int max = 0;
    for (int i = 0; i < n; i++)
    {
        if (updp[i] + downdp[i] > max)
            max = updp[i] + downdp[i];
    }
    printf("%d", n - (max - 1)); // nums[i]计算了两次，所以要减去
    return 0;
}
```

📖 【实例 15-14】挖地雷

扫一扫，看视频

描述：在一个地图上有 n 个地窖（$n \leqslant 200$），每个地窖中埋有一定数量的地雷。给出地窖之间的连接路径，其中路径都是单向的，并且保证小序号的地窖指向大序号的地窖。另外，不存在从一个地窖出发，经过若干地窖后又回到原始地窖的路径。某人可以从任意地窖开始挖地雷，并沿着指定的连接路径往下挖（只能选择一条路径）。当没有可用的连接路径时，挖地雷的工作就结束了。设计一个挖地雷的方案，使他能够挖到尽可能多的地雷。

输入：第一行为一个整数 n，代表地窖的个数；第二行为 n 个整数，依次代表每个地窖中的地雷数；接着若干行，每行为两个整数：x_i、y_i，表示从 x_i 可到 y_i，$x_i < y_i$；最后一行为"0 0"表示结束。

输出：第一行输出挖地雷的路径，形式为 $k_1 -> k_2 -> \cdots -> k_v$；第二行为一个整数，代表能挖到最多的地雷数。

输入样例：

```
6
5 10 20 5 4 5
1 2
1 4
2 4
3 4
4 5
4 6
5 6
0 0
```

输出样例：

```
3->4->5->6
34
```

分析：本实例的问题涉及使用动态规划方法解决有向图的情况。可以使用一个整数类型的一维数组 mine 来存储每个地窖中的地雷数量，并使用一个二维数组 graph 来表示地窖之间的路径关系，其中 graph[i][j]的值为 1 表示从地窖 i 到地窖 j 存在路径，值为 0 表示没有路径。

可以将问题分解成子问题，即计算到达地窖 i 时挖掘的最多地雷数量，可以使用一个一维数

组 dp 来存储子问题的解，其中 dp[i]表示到达地窖 i 时挖掘的最多地雷数量。同时，可以使用一个一维数组 pre 来存储与路径相关的信息，其中 pre[i]存储当 dp[i]最大时地窖 i 的前驱地窖序号，如果没有前驱地窖，则 pre[i]值为–1。初始化时，设置 dp[i] = mine[i]和 pre[i] = –1。

对于 dp[j]，可以使用递推公式 dp[j] = max{graph[i][j] != 0 && dp[i] + mine[j]}来计算。同时，执行 pre[j] = i，并求出最大的 dp[j]。为了输出挖掘到最多地雷时的路径信息，可以定义一个递归函数 printPath。

本实例的参考代码如下：

```c
#include <stdio.h>
#define N 201
void printPath(int k);          //输出挖到最多地雷时的路径
int mineFun(int *nums, int n);  //求挖到的最多地雷数及挖地雷的路径
int graph[N][N];                //graph[i][j]值为 0 代表 i 到 j 没有路径，1 代表 i 到 j 有路径
int dp[N];                      //dp[i]存放从开始点到 i 号地窖时挖到最多的地雷数
int pre[N];                     //pre[i]存放 dp[i]对应的 i 号地窖的前驱地窖号
int start = 1;
int main(void)
{
    int n, mine[N];             //mine[i]存放地窖 i 中的地雷数
    scanf("%d", &n);            //输入地窖数
    for (int i = 1; i <= n; i++)
    {
        scanf("%d", &mine[i]);
        dp[i] = mine[i];
        pre[i] = -1;            //初始 pre[i]为-1，表示地窖 i 为开始点
    }
    int a, b;
    while (1)
    {
        scanf("%d %d", &a, &b);
        if (a == 0)
            break;
        graph[a][b] = 1;
    }
    int maxk = mineFun(mine, n); //调用函数 mineFun 求能挖到的最多地雷数及挖地雷的路径
    printPath(maxk);            //调用函数输出挖地雷的路径
    printf("\n%d", dp[maxk]);
    return 0;
}
void printPath(int k)
{
    if (k != -1)
    {
        printPath(pre[k]);
        if (start == 0)
            printf("->");       //当前输出的 k 不是第一个，则输出->
        start = 0;
        printf("%d", k);
    }
}
int mineFun(int *mine, int n)
{
    int maxk = 1;               //maxk 存放最大 dp[i]对应的 i
    for (int j = 1; j <= n; j++)
    {                           //枚举挖地雷路径中 i->j 中的 j
        for (int i = 1; i < j; i++)     //枚举 i
            if (graph[i][j] != 0 && dp[i] + mine[j] > dp[j])
            { //对于 i-->j 中的 i，计算 dp[j]
                dp[j] = dp[i] + mine[j];
                pre[j] = i;
            }
```

15

```
            if (dp[j] > dp[maxk])
                maxk = j;
        }
        return maxk;
    }
```

3. 背包问题类型

背包问题是可用动态规划方法解决的一类典型问题，这里介绍常用的基础背包问题，包括每件物品只有一件的最优值问题（0-1 背包问题）、物品有无数件的最优值问题（完全背包问题）以及 0-1 背包和完全背包正好装满的最优问题。

【实例 15-15】0-1 背包问题

扫一扫，看视频

描述：一位旅行者有一个最多能装载 m(kg) 的背包。现在有 n 件物品，它们的重量分别为 w_1、w_2、$\cdots$、w_n（以 kg 为单位），它们的价值分别为 v_1、v_2、$\cdots$、v_n。现在需要找到一种装载方案，使得旅行者背包里装载的物品能获得最大的总价值。

输入的第一行包含两个整数 m 和 n，分别表示背包的容积和物品的数量（其中 $m \leqslant 200$，$n \leqslant 30$）；接下来的 n 行，每行包含两个整数 w_i 和 v_i，分别表示每个物品的重量和价值。输出一个整数，表示旅行者获得的最大总价值。

输入样例：

```
7 4
3 9
5 10
2 7
1 3
```

输出样例：

```
19
```

分析：可以将这个问题分解为子问题，即求背包容量为 j 时，从前 i 件物品中选择时能获得的最大总价值。由于这个问题涉及两个变量——物品和背包容量，因此可以使用一个二维数组 dp[n+1][m+1] 来存放子问题的解。其中，dp[i][j] 表示背包容量为 j 时，从 1～i 件物品中选择时的子问题的解，那么原问题的解即为 dp[n][m]。

对于第 i 件物品，如果当前的背包容量 j 小于这个物品的重量 w_i，那么此时的 dp[i][j] 的值应该与 dp[$i-1$][j] 相同；如果当前的背包容量 j 大于等于这个物品的重量 w_i，那么此时的 dp[i][j] 的值应该取两种情况中的较大者：不装入第 i 件物品和装入第 i 件物品。因此可以得到求解子问题解的递推公式：

$$dp[i][j] = \begin{cases} dp[i-1][j], & j < w_i \\ \max(dp[i-1][j], \ dp[i-1][j-w_i]+v_i), & j \geqslant w_i \end{cases}$$

在进行递推之前，需要对数组进行初始化。为了保证递推公式中的 $i-1$ 和 $j-w_i$ 在有效范围内，可以进行如下初始化：dp[0][j] = 0（背包为空时总价值为 0）、dp[i][0] = 0（背包容量为 0 时总价值为 0）。在定义 dp 数组时，就可以进行初始化。

求解子问题时，第 i 行的 dp 值是由第 $i-1$ 行确定的，而且第 0 行的元素已知。因此，在递推子问题的解时，可以使用两个循环进行枚举：i 从 1 到 n，j 从小到大（或者从大到小）。

本实例的参考代码如下：

```
#include <stdio.h>
#define N 31
#define M 201
int w[N], v[N];                 //分别存放每件物品的重量、价值
int max(int a, int b);
int knapsack01(int n, int m);
int main(void)
{
```

```
    int m, n;                        //分别存放背包最多承重、物品数
    scanf("%d %d", &m, &n);
    for (int i = 1; i <= n; i++)
        scanf("%d %d", &w[i], &v[i]);
    printf("%d", knapsack01(n, m));
    return 0;
}
//函数功能：求两个整数 a 和 b 的最大值，并返回这个最大值
int max(int a, int b)
{
    return a >= b ? a : b;
}
//函数功能：求物品数量为 n，背包容积为 m 时，能获得的最大总价值
int knapsack01(int n, int m)
{
    int dp[N][M] = {0};     //dp[i][j]为当背包最多装 j(kg)时，从前 i 件物品中选择时的最大价值
    for (int i = 1; i <= n; i++)           //枚举每件物品
        for (int j = 1; j <= m; j++)
        { //枚举背包可承载的重量
            dp[i][j] = dp[i - 1][j];       //背包当前承重小于第 i 件物品重量，不能选择 i 物品
            if (j >= w[i])
                dp[i][j] = max(dp[i][j], dp[i - 1][j - w[i]] + v[i]);
        }
    return dp[n][m];
}
```

实际上子问题的解也可以使用一维数组存放。下面的函数 knapsack01 使用了一维数组来存储子问题的解，并且采用了从大到小的枚举顺序来递推 dp[j]的值。

```
int knapsack01(int n, int m)
{
    int dp[M] = {0};           //dp[j]为当背包最多能装 j kg时，从前 i 件物品中选择时的最大价值
    for (int i = 1; i <= n; i++)           //枚举每件物品
        for (int j = m; j >= w[i]; j--)    //从大到小枚举背包承重，保证 dp[j-w]是 dp[i-1]时的值
            dp[j] = max(dp[j], dp[j - w[i]] + v[i]);

    return dp[m];
}
```

 使用一维数组存放子问题的解时，枚举背包容量时需要从大到小进行。

🔖 【实例 15-16】机器分配

扫一扫，看视频

描述：某公司拥有 m 台高效设备，计划将这些设备分配给 n 个分公司，以最大化公司的总盈利。其中，$m \leq 15$，$n \leq 10$。分配原则是每个分公司可以获得任意数量的设备，但总设备数量不能超过 m 台。编写一个程序来确定如何分配这些设备，以获得最大的总盈利值。

输入共有 $n+1$ 行：第一行包含两个整数 n 和 m，表示分公司数量和设备数量的限制；接下来是一个 $n \times m$ 的矩阵，其中第 i 行第 j 列的元素表示第 i 个分公司分配 j 台设备所带来的盈利。输出共有 $n+1$ 行：第一行为最大盈利值，接下来的 n 行表示每个分公司所分配的设备数量。

输入样例：

```
3 3
30 40 50
20 30 50
20 25 30
```

输出样例：

```
70
1 1
2 1
3 1
```

分析：按照公司的顺序划分阶段，首先将 m 台设备分配给第一个分公司，并记录所获得的盈利值。然后，继续将 m 台设备分配给前两个分公司，并与前一个阶段记录的结果进行比较，保留较大的盈利值。重复这个过程，直到所有 m 台设备都分配给了 n 个分公司。同时，记录获得最大盈利值时各个分公司分配的设备数量。

实现时，可以定义一个二维数组 dp，其中 dp[i][j]表示前 i 个分公司共分配 j 台设备时的最大盈利值。对于第 i 个分公司，可以将设备的数量从 0 到 j 进行枚举，假设当前分配的设备数量为 k，那么状态转移方程可以表示为 dp[i][j] = max(dp[$i-1$][$j-k$] + nums[i][k], dp[i][j])，其中，num[i][k] 是第 i 个分公司分配 k 台设备所带来的盈利。

为了记录获得最大盈利值时各个分公司分配的设备数量，可以使用一个二维数组 result，其中 result[i][j]存储当前共分配 j 台设备时第 i 个分公司分配的设备数量。在状态转移时，更新 result 数组即可。

为了输出各个分公司分配的设备数量，可以定义一个递归函数 printResult。递归地从 result[n][m]开始，根据 result 数组依次输出每个分公司分配的设备数量。

本实例的参考代码如下：

```c
#include <stdio.h>
#define N 11
#define M 16
int dp[N][M], result[N][M]; //dp[i][j]存放将 j 台设备分配给前 i 个分公司时的最大盈利值
int disMachine(int nums[][M], int n, int m);
void printResult(int i, int j);
int main(void)
{
    int n, m, nums[N][M] = {0};
    scanf("%d %d", &n, &m);
    for (int i = 1; i <= n; i++)
        for (int j = 1; j <= m; j++)
            scanf("%d", &nums[i][j]);
    //调用函数 disMachine 求将 m 台设备分配给 n 个分公司的最大盈利值，同时求得各个分公司分配的设备数
    int ans = disMachine(nums, n, m);
    printf("%d\n", ans);
    printResult(n, m);                       //调用函数输出各个分公司分配的设备数
    return 0;
}
//函数功能：求将 m 台设备分给 n 个分公司的最大盈利值及各个分公司的分配数量
int disMachine(int nums[][M], int n, int m)
{
    for (int i = 1; i <= n; i++)           //枚举分公司 i：1 ~ n
        for (int j = 1; j <= m; j++)       //枚举给前 i 个分公司分配的设备数 j：1 ~ m
            for (int k = 0; k <= j; k++)   //枚举给第 i 个分公司分配的设备数 k：0 ~ j
            {
                //寻找最大盈利值时，第 i 个分公司分配的设备数
                if (dp[i - 1][j - k] + nums[i][k] >= dp[i][j])
                {
                    dp[i][j] = dp[i - 1][j - k] + nums[i][k];
                    result[i][j] = k;        //存放第 i 个分公司分配的设备数
                }
            }
    return dp[n][m];
}
//函数功能：输出将 j 台设备分配给前 i 个分公司盈利值最大时第 i 个分公司分配的设备数
void printResult(int i, int j)
{
    if (i != 0)
    {
        printResult(i - 1, j - result[i][j]); //递归调用第 i-1 个分公司分配的设备数
        printf("%d %d\n", i, result[i][j]);
```

```
        }
    }
```

【实例 15-17】购物最大优惠

描述：某家超市正在进行打折促销活动。小明能够提起 w 单位重量的物品，并且他的购物袋容积为 v 个单位体积。经过了解每种打折商品的重量、体积和实际优惠金额后，小明希望在自己的体力和购物袋容量限制下，尽可能多地享受购物的优惠。超市规定每种打折商品只能购买一件。

现在需要计算出小明能够获得的最大优惠金额，以及实际应该购买的各商品的序号。输入共有 n+1 行，其中第一行包括三个整数：w、v 和 n，分别表示小明的体力限制、购物袋容量和商品种类数，满足条件 $1 \leq w,v \leq 100$，$1 \leq n < 10$；接下来的 n 行，每行包含三个整数：gw、gv 和 gc，分别表示某种商品的重量、体积和优惠金额，这三个整数均是不超过 100 的正整数。输出共有两行，第一行为小明能够获得的最大优惠金额；第二行为购买的商品序号，按照从小到大的顺序排列，并用空格分隔，若第二行的序列不唯一，则输出按照最小字典序排列的序列。

输入样例：

```
10 9 4
8 3 6
5 4 5
3 7 7
4 5 4
```

输出样例：

```
9
2 4
```

分析：可以使用动态规划方法来解决购物最大优惠问题。这个问题在 0-1 背包问题的基础上增加了一个可提起重量的维度。

定义一个 int 类型的二维数组 dp[w+1][v+1]，其中 dp[j][k]表示当从前 i 个商品中进行选择时，对于可提起 j 重量且购物袋容量为 k 时能够得到的最大优惠金额。将 dp[0][0]初始化为 0，原问题的解为 dp[w][v]。

对于状态转移方程，需要比较不购买第 i 件商品和购买第 i 件商品时哪一个能够获得更大的优惠金额。具体而言，可以使用以下状态转移方程：

$$dp[j][k] = \max(dp[j][k], dp[j - gw[i]][k - gv[i]] + gc[i])$$

其中，gw[i]、gv[i]、gc[i]分别表示第 i 件商品的重量、体积和优惠金额。这个状态转移方程表示在选择购买第 i 件商品时，将从剩余的可提起重量 j − gw[i]和购物袋容量 k − gv[i]中选择能够获得最大优惠金额的状态。

递推的方向是按照商品的顺序从第 1 件到第 n 件，同时可提起的重量 j 从 w 到 gv[i]，购物袋容量 k 从 v 到 v[i]进行递推。

本实例的参考代码如下：

```c
#include <stdio.h>
#include <string.h>
#define N 101
int dp[N][N] = {0};
typedef char ResType[N];  //ResType 存放最大优惠时物品序号字符串
ResType res[N][N]; //res[j][k]存放前 i 个物品最大 j 重量、最大 k 体积时能够获得的最大优惠的序号串
int main(void)
{
    int w, v, n;
    int gw[N], gv[N], gc[N];
    scanf("%d %d %d", &w, &v, &n);
    for (int i = 1; i <= n; i++)
        scanf("%d %d %d", &gw[i], &gv[i], &gc[i]);
    for (int i = 1; i <= n; i++)
```

```
        for (int j = w; j >= gw[i]; j--)
            for (int k = v; k >= gv[i]; k--)
            {
                if (dp[j - gw[i]][k - gv[i]] + gc[i] > dp[j][k])
                {
                    dp[j][k] = dp[j - gw[i]][k - gv[i]] + gc[i];
                    char tmpstr[3];
                    memset(tmpstr, 0, sizeof(tmpstr));
                    tmpstr[0] = i + '0';
                    tmpstr[1] = ' ';
                    strcpy(res[j][k], res[j - gw[i]][k - gv[i]]);
                    strcat(res[j][k], tmpstr);
                }
            }
    printf("%d\n", dp[w][v]);
    printf("%s", res[w][v]);
    return 0;
}
```

扫一扫，看视频

【实例 15-18】装箱问题

描述：有一个箱子的容量为 v（正整数，$1 \leqslant v \leqslant 20000$），同时有 n 件物品（$1 \leqslant n \leqslant 30$）。每个物品都有一个体积（正整数）。现在需要找出选择哪些物品可以使得箱子的剩余空间最小。

输入共有两行，第一行包含两个整数 v 和 n，分别表示箱子的容量和物品的数量；第二行包含 n 个正整数（$n \leqslant 10000$），并且两个正整数之间有一个空格，表示各个物品的体积。输出一个整数，表示箱子的剩余空间。

输入样例：

```
24 6
8 6 12 9 8 5
```

输出样例：

```
1
```

分析：由于每件物品只有一件，这个问题属于 0-1 背包问题。可以将每件物品的体积看作其价值，目标是在不超过箱子容量的情况下，选择物品使得装入箱子的物品体积最大化。

可以定义装箱问题的子问题：对于从前 i 个物品中选择装入容量为 j 的箱子时，求物品体积的最大值。可以使用一个一维数组 dp[v+1] 来存放子问题的解，其中 dp[j] 表示当选择从前 i 个物品中装入容量为 j 的箱子时，物品体积的最大值。最后求解出 dp[v]，而箱子剩余空间则是 v–dp[v]。

可以通过以下状态转移方程来确定子问题的解及递推的方向：对于体积为 w 的第 i 件物品，需要在选择装入它和不选择装入它的两种情况中选择能够使 dp[j] 值更大的方案。因此，状态转移方程可以表示为当 $j \geqslant w$ 时，dp[j] = max{dp[j], dp[$j - w$] +w}。为了保证在计算 dp[j] 时能够用到物品 $i-1$ 的值 dp[$j-w$]，需要按照从大到小的方向递推 j 的取值。为了初始化 dp 数组，可以将 dp[j] 初始值设为 0，其中 j 的取值范围为 0～v。

本实例的参考代码如下：

```
#include <stdio.h>
#define V 20010
int max(int a, int b);
int dp[V];
int main(void)
{
    int v, n, w;                    //分别存放箱子体积、物品数及临时存放每件物品的体积
    scanf("%d %d", &v, &n);
    for (int i = 1; i <= n; i++)    //枚举第 i 件物品，决策是否装入箱子
    {
        scanf("%d", &w);            //输入第 i 件物品的体积
        for (int j = v; j >= w; j--)    //枚举箱子体积为 v, …, w 时，计算 dp[j]
            dp[j] = max(dp[j], dp[j - w] + w);
```

15

```
        }
        printf("%d", v - dp[v]);              //问题的解是箱子剩余的最小空间
        return 0;
    }
    //函数功能：求两个整数 a 和 b 的最大值，并返回这个最大值
    int max(int a, int b)
    {
        return a >= b ? a : b;
    }
```

【实例 15-19】完全背包问题

扫一扫，看视频

描述： 假设有 n 种物品，每种物品有一个重量和一个价值，每种物品的数量是无限的。同时，有一个背包，最大承重为 m。从 n 种物品中选取若干件（同一种物品可以多次选取），使其重量的和小于等于 m，而价值的和为最大。

输入共 $n+1$ 行，第一行为两个正整数 m 和 n（$m \leq 200, n \leq 30$），分别表示背包最大承重和物品数量；接下来的 n 行中，每行两个整数 w_i 和 v_i，分别表示每个物品的重量和价值。所有物品的重量单位与背包最大承重的单位相同。输出一个整数，表示最大总价值。

输入样例：

```
7 4
3 9
5 10
2 7
1 3
```

输出样例：

```
24
```

分析： 原问题分解成的子问题和子问题的定义与 0-1 背包问题是一致的。唯一不同的是子问题的递推公式。由于每种物品有多件，当 $j \geq w_i$ 时，需要在 $dp[i-1][j]$ 和 $dp[i][j-w_i]+v_i$ 之间选择较大值，即递推公式为

$$dp[i][j] = \begin{cases} dp[i-1][j], & j < w_i \\ \max(dp[i-1][j], dp[i][j-w_i]+v_i), & j \geq w_i \end{cases}$$

本实例的参考代码如下：

```c
#include <stdio.h>
#define N 31
#define M 201
int w[N], v[N];                            //分别存放每件物品的重量和价值
int max(int a, int b);
int knapsack(int n, int m);
int main(void)
{
    int m, n;                              //分别存放背包最大承重和物品数
    scanf("%d %d", &m, &n);
    for (int i = 1; i <= n; i++)
        scanf("%d %d", &w[i], &v[i]);
    printf("%d", knapsack(n, m));
    return 0;
}
int max(int a, int b)
{
    return a >= b ? a : b;
}
int knapsack(int n, int m)
{
    int dp[N][M] = {0};      //dp[i][j]存放背包能装 j 重量、从前 i 件物品中选择时的最大总价值
    for (int i = 1; i <= n; i++)           //枚举每件物品
        for (int j = 1; j <= m; j++)       //枚举背包可承载的重量
```

```
        {
            dp[i][j] = dp[i - 1][j];          //背包当前承重小于第 i 件物品重量，不能选择 i 物品
            if (j >= w[i])
                dp[i][j] = max(dp[i][j], dp[i][j - w[i]] + v[i]);
        }
    return dp[n][m];
}
```

同样地，也可以使用一维数组来存放问题的解。与 0-1 背包问题不同的是，对于物品的承重量 j，需要从小到大进行枚举，以确保物品 i 可以被选择多次。下面是使用一维数组存放完全背包子问题解的 knapsack 函数的定义。

```
int knapsack(int n, int m)
{
    int dp[M] = {0};                    //dp[j]背包能装 j 重量，从前 i 件物品中选择时的最大总价值
    for (int i = 1; i <= n; i++)        //枚举每件物品
        for (int j = w[i]; j <= m; j++)  //从小到大枚举背包承重，保证 dp[j-w] 是 dp[i-1] 时的值
            dp[j] = max(dp[j], dp[j - w[i]] + v[i]);
    return dp[m];
}
```

完全背包问题与 0-1 背包问题的不同之处在于，使用一维数组存放子问题的解时，需要按照背包的容量从小到大进行枚举。

【实例 15-20】多重背包问题

扫一扫，看视频

描述：假设有 n 件物品和一个容量为 m 的背包，每件物品都有一定的数量 s 可用。第 i 件物品的数量最多为 s_i，每件物品的体积为 v_i，价值为 w_i。现在需要找到一种装载方式，使得装入背包的物品总体积不超过背包容量，同时总价值最大化。最后，输出最大价值。

输入共有 $n+1$ 行，第一行有两个整数 n 和 m（$0 < n, m \leqslant 1000$），两个整数之间用空格隔开，分别表示物品的数量和背包的容量；接下来的 n 行，每行包含三个整数 v_i、w_i、s_i（$0 < v_i, w_i, s_i \leqslant 1000$），三个整数之间用空格隔开，分别表示第 i 件物品的体积、价值和数量。输出一个整数，表示最大价值。

输入样例：

```
4 5
1 2 3
2 4 1
3 4 3
4 5 2
```

输出样例：

```
10
```

分析：这种背包问题是 0-1 背包问题的扩展情况。可以把第 i 个物品看作选 0 件、选 1 件、选 2 件、……、选 s_i 件，从而将问题转换为背包容量为 j 时，从前 i 个物品中选取若干件物品装入背包，使得背包总体积不超过 j 且总价值最大。

可以使用一维数组 dp，其中 dp[j] 表示背包容量为 j 时的子问题解。由于问题求的是最大价值，所以需要初始化 dp[i] 为 0。问题的最终答案即为 dp[m]。

子问题 dp[j] 的求解方式与 0-1 背包问题相同，如果使用外层循环枚举物品 i，那么内层背包容量 j 的枚举需要从大到小进行。

```
for(int i = 0; i < n; i++)
    for(int j = n; j >= v[i]; j--)
        d[j] = max(d[j], d[j - v[i]]+w[i], d[j-2*v[i]]+2*w[i],...,d[j-s*v[i]]+s*w[i])
```

当求解 dp[j] 时，可以内嵌一个循环来枚举 k 的取值范围（$0 \sim s$）。对于每个 k 的取值，可以使用以下公式更新 dp[j] 的值。

$$dp[j] = \max(dp[j], dp[j-k * v] + k * w)$$

本实例的参考代码如下：

```c
#include <stdio.h>
#define N 110
int max(int a, int b);
int main(void)
{
    int n, m;
    int dp[N] = {0};
    scanf("%d %d", &n, &m);
    for (int i = 1; i <= n; i++)
    {                                        //枚举第 i 件物品
        int v, w, s;                         //分别存放每件物品的体积、价值、数量
        scanf("%d %d %d", &v, &w, &s);
        for (int j = m; j >= v; j--)         //枚举背包容量为 j
            for (int k = 1; k <= s && k * v <= j; k++)
                dp[j] = max(dp[j], dp[j - k * v] + k * w);
    }
    printf("%d", dp[m]);
    return 0;
}
int max(int a, int b)
{
    return a >= b ? a : b;
}
```

　　多重背包问题是 0-1 背包问题的扩展，所以使用一维数组存放子问题的解时，背包容量需要从大到小进行枚举。

【实例 15-21】将整数划分成 *k* 个整数

扫一扫，看视频

描述：对于给定的正整数 *n* 和整数 *k*，希望找到一种划分方式，将 *n* 表示为 *k* 个整数的和，即 $n = n_1 + n_2 + \cdots + n_k$。每个整数均大于 0，且划分方式中的整数满足 $n_1 \leqslant n_2 \leqslant \cdots \leqslant n_k$。计算共有多少种不同的划分方式。例如，对于 *n*=5 和 *k*=3，一种可能的划分方式是 5=1+2+2，另一种可能的划分方式是 5=1+1+3。输入两个正整数 *n* 和 *k*（$1 \leqslant k \leqslant n \leqslant 100$）。输出一个整数，表示总划分数。

输入样例：

```
5 3
```

输出样例：

```
2
```

分析：这个问题可以归类为装满 *k* 个物品的完全背包问题。可以将此问题拆解为求将整数 *i* 划分成 *j* 个整数和的划分方法数的子问题（其中 *i* 的取值范围为 0～*n*，*j* 的取值范围为 0～*k*）。可以使用一个二维数组 dp 来存储这些子问题的结果，其中 dp[*i*][*j*] 表示将整数 *i* 划分成 *j* 个整数和的划分方法数。

首先，需要初始化 dp[0][0] 为 1，这是完全背包问题中的常见操作。对于其他的 dp[*i*][*j*]，可以分成两类：一类是 *j* 个整数中至少含有一个 1，另一类是 *j* 个整数中没有 1。前者可以表示为 dp[*i*−1][*j*−1]，后者可以表示为 dp[*i*−*j*][*j*]。因此，可以得到如下递推关系式。

$$dp[i][j] = dp[i-1][j-1] + dp[i-j][j]$$

最终，求解到 dp[*n*][*k*]，即整数 *n* 划分成 *k* 个整数和的划分方法数。

图 15.4 为输入 *n*=5、*k*=3 时，二维数组 dp 元素的值。

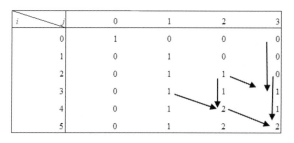

图 15.4　d[*i*][*j*]表示将整数 *i* 划分成 *j* 个整数和的划分方法数

本实例的参考代码如下：

```c
#include <stdio.h>
#define N 101
int dp[N][N] = {0};                 //dp[i][j]存放将整数 i 划分成 j 个整数和的划分方法数
int partition(int n, int k);
int main(void)
{
    int n, k;
    scanf("%d %d", &n, &k);
    printf("%d", partition(n, k));  //调用函数 partition 求将 n 划分成 k 个整数和的划分方法数
    return 0;
}
//函数功能：将整数 n 划分成 k 个整数和的划分方法数
int partition(int n, int k)
{
    dp[0][0] = 1;                   //0 划分成 0 个整数有一种划分方法
    for (int i = 1; i <= n; i++)
        for (int j = 1; j <= i; j++)
            dp[i][j] = dp[i - 1][j - 1] + dp[i - j][j]; //含有 1 划分+不含有 1 划分
    return dp[n][k];
}
```

在程序中，有一个常用的操作是将 dp[0][0] 设置为 1，这用于刚好装满背包的情况。对于 dp[*i*][*j*]，将 *i* 拆分成 *j* 个整数可以分为两种情况：第一种情况是 *j* 个整数中含有 1，此时划分方法数等于 dp[*i*−1][*j*−1]；第二种情况是 *j* 个整数中没有 1，此时最小整数大于 1，可以将划分的 *j* 个整数都减去 1，此时划分方法数等于 dp[*i*−*j*][*j*]。

　在求解将背包装满的问题中，通常需要注意初始化的问题：需要将 dp[0][0] 设置为 1 或将 dp[0] 设置为 1。

【实练 15-06】放苹果

扫一扫，看视频

将 *m* 个同样的苹果放到 *n* 个同样的盘子中，允许其中某些盘子为空，问一共有多少种不同的放法（用 *k* 表示）。需要注意，5、1、1 和 1、5、1 被视为同一种分法。请在一行中输入两个整数 *m* 和 *n*，以空格分开，其中 $1 \leq m, n \leq 10$。输出一个整数，代表可行的放苹果方案数。

输入样例：

7 3

输出样例：

8

以下几个实练的描述与实例 15-21 的描述类似。

【实练 15-07】划分成若干正整数之和

扫一扫，看视频

输入样例：

5

输出样例：

7

【实练 15-08】划分成若干不超过 k 的正整数之和

扫一扫，看视频

输入样例：

7 3

输出样例：

8

【实练 15-09】划分成若干不同的正整数之和

扫一扫，看视频

输入样例：

5

输出样例：

3

【实练 15-10】划分成若干奇数之和

输入样例：

5

输出样例：

3

【实例 15-22】兑换零钱最少

扫一扫，看视频

描述：给定 n 种不同面额的零钱，以及一个金额 m，计算兑换给定金额 m 所需的最少零钱张数。如果无法使用任意组合的零钱达到金额 m，则返回–1（假设每种零钱有无限张）。

输入共三行：第一行为零钱的种类数 n；第二行是由 n 个整数组成的一行，每个整数代表零钱的面值；第三行是一个整数 m，表示要兑换的金额数（$m \leqslant 1000$，$n \leqslant 50$，每种零钱的面额不大于 100）。输出一个整数，表示最少所需的零钱张数。如果无法成功兑换，则输出–1。

输入样例：

3
1 2 5
11

输出样例：

3

分析：为了解决此问题，可以采用完全背包的方法。假设零钱的面额存在一个名为 change 的数组中，change[1]存放第一种零钱的面额。可以将问题分解成使用前 j 种零钱时凑出金额 i 的最少零钱张数的子问题，然后定义一个 int 类型的二维数组 dp，dp[i][j]表示使用前 i 种零钱时凑出金额 j 的最少零钱张数的子问题的解，原问题的解为 dp[n][m]。如何求各子问题的解呢？可以尝试不同的金额 j，用前 i 种零钱凑出 j，对于第 i 种零钱 change[i]，如果 $j <$ change[i]，则 dp[i][j] = dp[i–1][j]；否则，需要比较使用和不使用第 i 种零钱时的最小值，即 dp[i][j] = min{dp[i–1][j], dp[i][j – change[i]] + 1}。

由于计算 dp[i][j]需要依赖 dp[i–1][j]和 dp[i][j–change[i]]，因此可以按照 j 从 1 到 m、i 从 1 到 n 的方向递推 dp[i][j]。在递推之前，需要对边界值进行初始化：dp[i][0] = 0。此外，可能存在一些金额是零钱凑不出来的情况，如只有 2 元、5 元就凑不出 1 元、3 元的金额，这样就是无效元素，无法参与子问题的计算。因此，可以定义一个常量 INF（大于 m），用于表示正无穷。除了 dp[i][0] = 0 外，还需要将其他 dp[i][j]的初始值设置为 INF。在递推过程中，仅当元素不为正无穷时才进行计算。

本实例的参考代码如下：

15

```c
#include <stdio.h>
#define N 51
#define M 1001
#define INF 1010        //存放一个表示正无穷的数，求最小问题通常用较大的数进行初始化
int dp[N][M];           //dp[i][j]表示使用前 i 种零钱凑出金额 j 时的最少零钱张数
int changeFun(int *change, int n, int m);
int min(int a, int b);
int main(void)
{
    int n, nums[N], m;                      //分别存放零钱张数、零钱面值、要兑换的金额
    scanf("%d", &n);
    for (int i = 1; i <= n; i++)
        scanf("%d", &nums[i]);
    scanf("%d", &m);
    printf("%d", changeFun(nums, n, m));    //调用函数 changeFun 返回兑换的零钱最少张数
    return 0;
}
int min(int a, int b)
{
    return a <= b ? a : b;
}
//函数功能：计算使用 n 种零钱兑换 m 金额时的最少零钱张数，并返回结果
int changeFun(int *change, int n, int m)
{
    for (int i = 0; i <= n; i++)
        dp[i][0] = 0; //兑换 0 金额时零钱张数为 0
    for (int i = 0; i <= n; i++)
        for (int j = 1; j <= m; j++)
            dp[i][j] = INF;
    for (int i = 1; i <= n; i++)
    {
        for (int j = 1; j <= m; j++)
        {
            dp[i][j] = dp[i - 1][j];
            if (j >= change[i] && dp[i][j - change[i]] != INF)
                dp[i][j] = min(dp[i][j], dp[i][j - change[i]] + 1);
        }
    }
    if (dp[n][m] == INF)
        dp[n][m] = -1;
    return dp[n][m];
}
```

将 dp[*i*][*j*]的值初始化为 INF 是一种常见的操作，通常用于表示没有可执行方案的情况。这样一来，在递推过程中，如果 dp[*i*][*j*]的值仍为 INF，就意味着无论怎样尝试都无法凑出金额 *j*，因此可以忽略这个子问题，减少计算量。

【实练 15-11】完全平方数

给定正整数 *n*，需要找到一些完全平方数（如 1、4、9、16 等），使它们的和恰好为 *n*，而且使用的完全平方数的数量最少。请问，最少需要几个完全平方数？

扫一扫，看视频

输入样例：

30

输出样例：

3

说明：30 = 1 + 4 + 25。

 【实例 15-23】兑换零钱方案数问题 I

扫一扫，看视频

描述：给定 *n* 种不同面额的零钱和金额 *m*，要求计算兑换金额 *m* 的方案数（相

同的零钱可以重复计算，在不同的顺序下算作不同的方案）。

输入共三行，第一行输入零钱的种类数 n；第二行输入 n 个整数，代表零钱的面值，整数之间用空格分隔；第三行输入一个整数 m，代表要兑换的金额。输出一个整数，表示兑换方案的总数。注意，$m \leq 1000$，$n \leq 50$，每种零钱的面额不大于 100。

输入样例：

```
3
1 2 3
4
```

输出样例：

```
7
```

分析：假设不同零钱的面值存放在数组 change 中，其中 change[1]存放第一种零钱的面值。定义子问题为求凑出金额 j（范围为 $0 \sim m$）的方案数，并且使用一维数组 dp 存放子问题的解。其中，dp[j]表示凑出金额 j 的方案数。原问题即为求解凑出金额 m 的方案数，因此 dp[m]就是所要求的答案。

要计算 dp[j]，需要考虑凑出金额 j 所选取的零钱面值的顺序不同会被视为不同的方案。例如，针对样例中的情况，当 $m = 4$ 时，存在以下兑换方案：1+1+1+1、1+1+2、1+2+1、2+1+1、2+2、1+3、3+1，共计七种方案。

思路类似于爬楼梯问题的求解，首先考虑第一个零钱选取哪个面值。以 change = [1, 2, 5] 为例，当第一个零钱选取面值 1 时，剩下金额的方案数即为 dp[$j-1$]。因此，可以得出递推关系：dp[j] = dp[$j-1$] + dp[$j-2$] + dp[$j-5$]。

所以子问题的递推关系为：当 $j \geq$ change[i] 时，$\mathrm{dp}[j] = \sum_{i=1}^{n} \mathrm{dp}[j - \mathrm{change}[i]]$。

计算 dp[i]需要依赖 dp[$j-$change[i]]，因此需要按照金额 j 从小到大的顺序进行递推计算 dp[j]。需要注意的是，需要初始化 dp[0]为 1，即当金额为 0 时，兑换方案数为 1。这是求解方案数问题的一个常用技巧，所有的 dp[j]最后都要转换为 dp[0]求解，而对于其他的 dp[j]，都初始化为 0。

可以将本实例问题看作一个完全背包问题，需要考虑物品的顺序，并且要正好装满背包。

本实例的参考代码如下：

```c
#include <stdio.h>
#define N 51
#define M 1001
long long changeWays(int *change, int n, int m);
int main(void)
{
    int n, nums[N], m;                       //分别存放零钱种类数、零钱面值、要兑换的金额
    scanf("%d", &n);
    for (int i = 1; i <= n; i++)
        scanf("%d", &nums[i]);
    scanf("%d", &m);
    printf("%lld", changeWays(nums, n, m)); //调用函数 changeWays 计算兑换方案数
    return 0;
}
//函数功能：计算 n 种零钱兑换 m 金额时的方案数，并返回结果
long long changeWays(int *change, int n, int m)
{
    long long dp[M] = {0};                   //dp[j]存放凑出金额 j 的方案数
    dp[0] = 1;                               //求方案数的常用操作
    for (int j = 1; j <= m; j++)
        for (int i = 1; i <= n; i++)
            if (j >= change[i])
                dp[j] += dp[j - change[i]];
    return dp[m];
}
```

【实例 15-24】兑换零钱方案数问题 II

扫一扫，看视频

描述：给定 n 种不同面额的零钱和金额 m，要求计算兑换金额 m 的方案数（不考虑兑换的顺序）。

输入共三行，第一行输入零钱的种类数 n；第二行输入 n 个整数，代表零钱的面值，整数之间用空格分隔；第三行输入一个整数 m，代表要兑换的金额。输出一个整数，表示兑换方案的总数。注意，$m \leq 1000$，$n \leq 50$，每种零钱的面额不大于 100。

输入样例：

```
3
1 2 3
4
```

输出样例：

```
4
```

分析：将所求问题分解为求从前 i 种零钱中选择凑出金额 j 的方案数。定义二维数组 dp 存放子问题的解，其中 dp[i][j]代表从前 i 种零钱中选择凑出金额 j 的方案数。

对于 dp[i][j]，如果 $j <$ change[i]，则意味着无法使用第 i 种零钱，则 dp[i][j] = dp[i–1][j]。否则，当需要凑出金额 j 时，有两种选择：一种是不选择零钱 i，对应的方案数为 dp[i–1][j]；另一种是选择零钱 i，对应的方案数为 dp[i][j–change[i]]。即当 $j \geq$ change[i]时，兑换金额 j 的方案数为 dp[i–1][j] + dp[i][j–change[i]]。边界值初始化为 dp[i][0] = 1、dp[0][j] = 0。

可以按照 i 从 1 到 n、j 从 1 到 m 的顺序递推 dp[i][j]，这个问题可以视作完全背包问题正好装满的情况。与实例 15-23 不同的是，此方案不考虑零钱兑换的顺序。

本实例的参考代码如下：

```c
#include <stdio.h>
#define N 101
#define M 1001
int dp[N][M] = {0};
int changeWays(int *change, int n, int m);
int main(void)
{
    int n, nums[N], m; //分别存放零钱种类数、零钱面值、要兑换的金额
    scanf("%d", &n);
    for (int i = 1; i <= n; i++)
        scanf("%d", &nums[i]);
    scanf("%d", &m);
    printf("%d", changeWays(nums, n, m));
    return 0;
}
int changeWays(int *change, int n, int m)
{
    for (int i = 0; i <= n; i++)
        dp[i][0] = 1;
    for (int i = 1; i <= n; i++)
        for (int j = 1; j <= m; j++)
        {
            if (j < change[i])
                dp[i][j] = dp[i - 1][j];
            else
                dp[i][j] = dp[i - 1][j] + dp[i][j - change[i]];
        }
    return dp[n][m];
}
```

对于样例 $m = 4$，兑换的方案为 1+1+1+1、1+1+2、2+2、1+3，共四种方案。

【实练 15-12】买书

扫一扫，看视频

小明手里有 n 元钱全部用来买书，书的价格为 10 元、20 元、50 元、100 元。求小明有多少种买书方案（每种书可购买多本）？

输入样例：

```
20
```

输出样例：

```
2
```

扫一扫，看视频

【实例 15-25】将整数拆分成质数

描述：对于任意大于 1 的自然数 n，可以将其拆分成若干个 2～n 的质数和的表达式（包括 n 本身），可能存在多种不同的拆分形式。现在需要求给定的整数 n 可以拆分成多少种质数和的表达式（不考虑质数的顺序，即 2+3 和 3+2 被视为同一种表达式）。

输入一个整数 n，表示要拆分的整数（$2 \leqslant n \leqslant 200$）。输出一个整数，表示 n 可以拆分成质数和的表达式的方案数。

输入样例：

```
9
```

输出样例：

```
4
```

分析：本实例的问题可以归纳为求解完全背包问题中的方案数。将 n 视为背包的容量，将各个质数看作物品的体积。要解决这个问题，可以使用筛选法，将 2～200 之间的质数存放在数组 prime 中，其中 prime[i] 存放第 i 个质数。

为了存放子问题的解，使用一维数组 dp，其中 dp[j] 表示将 j 拆分成前 i 个质数和的方案数。初始时，设置 dp[0]=1，这是求解方案数问题的必要操作，而 dp[n] 就是要求解的答案。

此外，还需要设置 dp[1] = 0。接下来，如何求解其他的 dp[j] 呢？当 $j \geqslant$ prime[i] 时，可以更新 dp[j] 的值为 dp[j] + dp[j-prime[i]]。

本实例的参考代码如下：

```c
#include <stdio.h>
#include <stdlib.h>
#define N 201
int prime[N];                           //prime[i]存放第 i 个质数
int shiftPrime();
int splitFun(int *dp, int n, int m);
int main(void)
{
    int n;
    int *dp = (int *)malloc(sizeof(int) * N); //dp[j]存放将 j 拆分成前 i 个质数和的方案数

    scanf("%d", &n);
    int m = shiftPrime();               //求 2~200 之间的质数及个数
    printf("%d", splitFun(dp, n, m));   //调用函数 splitFun 求将 n 拆分成质数和的方案数
    free(dp);
    return 0;
}
//函数功能：求 2 ~ 200 之间的质数，存放到数组 prime 中，并返回质数个数
int shiftPrime()
{
    int a[N] = {0};                     //a[i] = 0 表示 i 是质数
    for(int i = 2; i * i <= 200; i++)
    {                                   //枚举 2~sqrt(200)之间的数 i
        if(a[i] == 0)
        for(int j = i + i; j <= 200; j += i)  //筛选质数的 k 倍为质数（k>1）
            a[j] = 1;
    }
    int cnt = 0;
    for(int i = 2; i <= 200; i++)       //将 2~200 之间的质数存到 prime 中，记录质数个数 cnt
        if(a[i] == 0) prime[++cnt] = i;
    return cnt;
```

```
}
//函数功能：求拆分 n 成质数和的方案数
int splitFun(int *dp, int n, int m)
{
    dp[0] = 1;
    for(int j = 1; j <= n; j++)
        dp[j] = 0;
    for(int i = 1; i <= m; i++)               //枚举第 i 个质数
        for(int j = prime[i]; j <= n; j++)    //枚举要拆分的数 j
            dp[j] += dp[j - prime[i]];        //求拆分 j 的方案数
    return dp[n];
}
```

对于样例中的 9，拆分成质数和表达式的方案为 2+2+2+3、2+2+5、2+7、3+3+3，共四种方案。

4．其他类问题

【实例 15-26】最长公共子序列

扫一扫，看视频

描述：给定两个字符串 X 和 Y，需要求它们的**最长公共子序列长度**。一个字符串的子序列是指从给定字符序列中随意地去掉若干个字符（不一定连续）后所形成的字符序列。例如，对于字符串 X="ABCBDAB" 和 Y="BCDB"，Y 是 X 的一个子序列。

输入共两行，分别为两个长度不超过 1000 的字符串（无空格）。输出一个非负整数，表示求得的最长公共子序列长度。

输入样例：

```
dace
abcdea
```

输出样例：

```
3
```

分析：最长公共子序列问题明显具有最优子结构和重叠子问题的特点，因此可以使用动态规划方法求解。假设 $Z_t=\{z_1, z_2, \cdots, z_t\}$ 是两个已知字符串对应序列 $X_m=\{x_1, x_2, \cdots, x_m\}$ 和 $Y_n=\{y_1, y_2, \cdots, y_n\}$ 的最长公共子序列，则有以下两种情况。

（1）当 $x_m=y_n$ 时，有 $z_t=x_m=y_n$，且 Z_{t-1} 是 X_{m-1} 和 Y_{n-1} 的最长公共子序列。

（2）当 $x_m \neq y_n$ 时，如果 $z_t \neq x_m$，则 Z_t 是 $X_{m-1} = \{x_1, x_2, \cdots, x_{m-1}\}$ 和 Y_n 的最长公共子序列。如果 $z_t \neq y_n$，则 Z_t 是 X_m 和 $Y_{n-1} = \{y_1, y_2, \cdots, y_{n-1}\}$ 的最长公共子序列。

因此，可以将问题分解为求解 $X_i=\{x_1, x_2, \cdots, x_i\}$ 与 $Y_j=\{y_1, y_2, \cdots, y_j\}$ 的最长公共子序列长度子问题。可以使用二维数组来存放子问题的解，其中元素 dp[i][j] 表示 X_i 与 Y_j 的最长公共子序列的长度。当 X_i 或 Y_j 是空串时，它们的最长公共子序列是空串，因此有 dp[i][0] = 0 和 dp[0][j] = 0。在其他情况下，根据上述两种情况，可以得到子问题解的递推公式如下：

如果 $x_i=y_j$，则 dp[i][j] = dp[i-1][j-1] + 1。

如果 $x_i \neq y_j$，则 dp[i][j] = max(dp[i-1][j], dp[i][j-1])。

当 X="dace"，Y="abcdea" 时，通过上述递推式计算的 dp 数组的结果如图 15.5 所示。

i \ j		1 a	2 b	3 c	4 d	5 e	6 a
	0	0	0	0	0	0	0
1 d	0	0	0	0	1	1	1
2 a	0	1	1	1	1	1	2
3 c	0	1	1	2	2	2	2
4 e	0	1	1	2	2	3	3

图 15.5　X 与 Y 最长公共子序列 dp 元素的值

本实例的参考代码如下：

```
#include <stdio.h>
```

```
#include <string.h>
#define N 1001
int dp[N][N];              //dp[i][j]存放s1串前i个字符与s2串前j个字符中的最长公共子序列长度
int max(int a, int b);
int LCSFun(char *s1, char *s2);
int main(void)
{
    char str1[N], str2[N];
    scanf("%s\n%s", str1, str2);
    printf("%d", LCSFun(str1, str2));
    return 0;
}
int max(int a, int b)
{
    return a >= b ? a : b;
}
//函数功能：计算s1和s2的最长公共子序列长度并返回结果
int LCSFun(char *s1, char *s2)
{
    int m = strlen(s1), n = strlen(s2);
    for (int i = 0; i <= n; i++)            //s1串为空的情况
        dp[0][i] = 0;
    for (int i = 0; i <= m; i++)            //s2串为空的情况
        dp[i][0] = 0;
    for (int i = 1; i <= m; i++)            //枚举s1串的第i个字符（s1[i-1]）
        for (int j = 1; j <= n; j++)        //枚举s2串的第j个字符（s2[j-1]）
        {
            if (s1[i - 1] == s2[j - 1])     //比较s1的第i个字符与s2的第j个字符是否相等
                dp[i][j] = dp[i - 1][j - 1] + 1;  //相等情况
            else
                dp[i][j] = max(dp[i - 1][j], dp[i][j - 1]); //不相等情况
        }
    return dp[m][n];
}
```

📖 【实例 15-27】最长回文子串

扫一扫，看视频

描述：给定一个字符串 s，需要找到其中的最长回文子串。输入一个长度不超过 1000 的字符串，输出一个字符串，代表字符串的一个最长回文子串。如果有多个最长回文子串，输出其中任意一个即可。

输入样例：

```
babad
```

输出样例：

```
bab
```

注意：aba 也是一个有效答案。

分析：此问题具有使用动态规划方法求解的特点。给定一个字符串 s，需要找到其中的最长回文子串。可以定义子问题为判断字符串 s 的某个区间（i~j）是否为回文，其中 i 为起始位置，j 为结束位置（j 的取值范围为 0 到字符串 s 的长度减 1）。可以使用一个二维数组 dp 来存储子问题的解，其中 dp[i][j] 表示字符串 s 的区间 s[i]~s[j] 是否为回文，如果是回文则为 1；否则为 0。

首先，对于只有一个字符的字符串，它一定是回文，所以可以初始化 dp[i][i]=1。接下来，当字符串 s 的两个字符 s[i] 和 s[j] 相同时，如果 i+1=j 或者 s[i+1]~s[j-1] 也是回文，则可以确定 s[i]~s[j] 是回文。所以，可以得到递推公式如下：

$$\mathrm{dp}[i][j] = \begin{cases} 1 & s[i] = s[j] \text{且} j - i == 1 \text{或} \mathrm{dp}[i+1][j-1] == 1 \\ 0 & \text{其他} \end{cases}$$

为了求解最长的回文子串，在计算 dp 数组之前，需要定义两个变量：maxLen 和 start，分别用

于记录最长回文子串的长度和起始位置。初始时，maxLen=1，start=0（因为一个字符本身就是回文）。

当计算 dp 数组时，如果 dp[i][j]=1，即 s[i]～s[j]是回文子串，还需要判断这个回文子串的长度是否大于当前最长回文子串的长度（即 $j - i + 1 > $ maxLen）。如果是，则需要更新 maxLen $= j - i + 1$ 和 start $= i$。

本实例的参考代码如下：

```c
#include <stdio.h>
#include <string.h>
int maxLen = 1, start = 0;  //分别存放最长回文子串的长度及对应字符的下标
int dp[1000][1000];         //dp[i][j]存放下标i~j的子串是否为回文，是则值为1，不是则值为0
void getLPStr(const char *s, char *ps);
int main(void)
{
    char str[1001], palStr[1001];       //分别存放输入的字符串及求得的最长回文子串
    scanf("%s", str);
    memset(palStr, 0, sizeof(palStr));  //将palStr初始化为空串
    getLPStr(str, palStr);              //调用函数求str的最长回文子串并复制到palStr
    printf("%s", palStr);
    return 0;
}
//函数功能：求s最长回文子串ps
void getLPStr(const char *s, char *ps)
{
    int len = strlen(s);
    for (int i = 0; i < len; i++)
        dp[i][i] = 1;                   //只有一个字符的子串是回文子串
    for (int j = 1; j < len; j++)       //递推主对角线上方的元素，下标满足 i <= j
        for (int i = 0; i < j; i++)
        { //当i和j对应的字符相等时，如果i、j相邻或i+1~j-1是回文串，则i~j之间的字符串也是回文串
            if (s[i] == s[j] && (j - i == 1 || dp[i + 1][j - 1]))
                dp[i][j] = 1;
            if (dp[i][j] == 1 && j - i + 1 > maxLen)
            {                           //如果i~j之间的字符串是回文串，且长度大于当前的maxLen
                maxLen = j - i + 1;     //修改最长回文子串长度
                start = i;              //修改最长回文子串的开始字符下标
            }
        }
    //将s串中从下标start开始的maxLen个字符复制到ps中
    strncpy(ps, s + start, maxLen);
}
```

小　结

动态规划和分治算法都可以将复杂问题分解成若干个子问题，先求解子问题的解，然后根据子问题的解得到原问题的解。但是，动态规划和分治算法有一些不同之处。动态规划所分解的若干个子问题通常是相互依赖的，如果使用分治算法求解，就会对重叠的子问题进行重复求解，从而浪费大量时间。因此，在动态规划中，我们需要保存计算过的子问题的解，在以后的计算中直接使用，以节约时间。

动态规划利用一个数组来记录计算过的子问题的解。每当一个子问题被求解出来，就保存它的答案，无论以后的计算是否会用到。这就是动态规划的基本思想。

在本章中，主要介绍了递推、最长上升子序列、背包等几类问题的一些实例。读者可以根据这些实例来扩展学习其他类型的动态规划问题。

附录 A   运算符的优先级与结合性

优先级	运算符	含 义	结合方向
1	() [] . -> ++ ——	圆括号、函数调用运算符 数组下标 引用结构体成员 指向结构体成员 后缀增 1 后缀减 1	自左向右
2	++ —— + - ! ~ (类型标识符) * & sizeof	前缀增 1 前缀减 1 正号 负号 逻辑非 按位取反 类型强制转换 解引用（间接寻址） 取地址 计算占用内存字节数	自右向左
3	* / %	乘法 除法 取模（求余数）	自左向右
4	+ -	加 减	自左向右
5	<< >>	按位左移 按位右移	自左向右
6	< <= > >=	小于关系 小于等于关系 大于关系 大于等于关系	自左向右
7	== !=	等于关系 不等于关系	自左向右
8	&	按位与	自左向右
9	^	按位异或	自左向右
10	|	按位或	自左向右
11	&&	逻辑与	自左向右
12	||	逻辑或	自左向右
13	?:	三元条件表达式	自右向左
14	= += -= *= /= %= &= ^= |= <<= >>=	赋值及复合赋值	自右向左
15	,	逗号	自左向右

附录 B 常用字符的 ASCII 码对照表

	0	1	2	3	4	5	6	7	8	9
0	NUL	SOH(^A)	STX(^B)	ETX(^C)	EOT(^D)	ENQ(^E)	ACK(^F)	BEL(bell)	BS(^H)	HT(^I)
1	LF(^J)	VT(^K)	FF(^L)	CR(^M)	SO(^N)	SI(^O)	DLE(^P)	DC1(^Q)	CD2(^R)	DC3(^S)
2	DC4(^T)	NAK(^U)	SYN(^V)	ETB(^W)	CAN(^X)	EM(^Y)	SUB(^Z)	ESC	FS	GS
3	RS	US	SP(空格)	!	"	#	$	%	&	'
4	(	)	*	+	,	−	.	/	0	1
5	2	3	4	5	6	7	8	9	:	;
6	<	=	>	?	@	A	B	C	D	E
7	F	G	H	I	J	K	L	M	N	O
8	P	Q	R	S	T	U	V	W	X	Y
9	Z	[	\	]	^	_	`	a	b	c
10	d	e	f	g	h	i	j	k	l	m
11	n	o	p	q	r	s	t	u	v	w
12	x	y	z	{	|	}	~	DEL		

注：表格中的每个格子对应一个字符编码的十进制 ASCII 码，其中左边的数字表示字符编码的高位，上面的数字表示字符编码的低位。例如，F 的字符编码是 70，&的字符编码是 38。